福建木本植物检索表

游水生　兰思仁　陈世品　游章湉　编著

中国林业出版社

图书在版编目（CIP）数据

福建木本植物检索表/游水生等编著 . —北京：中国林业出版社，2013. 7（2017. 7 重印）
ISBN 978-7-5038-7093-4

Ⅰ. ①福…　Ⅱ. ①游…　Ⅲ. ①木本植物 – 目录索引 – 福建省　Ⅳ. ①S717. 257

中国版本图书馆 CIP 数据核字（2013）第 140678 号

策划编辑：洪蓉
责任编辑：洪蓉　　陈英君

出版	中国林业出版社（100009　北京西城区德内大街刘海胡同 7 号）
	电话：（010）83143564
发行	中国林业出版社
印刷	北京卡乐富印刷有限公司
版次	2013 年 7 月第 1 版
印次	2017 年 7 月第 2 次
开本	787mm×1092mm　1/16
印数	1501～2500 册
印张	23. 75
字数	720 千字
定价	48. 00 元

前　言

　　福建位于中国东南沿海，陆地面积 12.4 万平方千米，平面形状斜长方形，东西最大间距约 480 千米，南北最大间距约 530 千米；地跨中、南亚热带，处于泛北极植物区和古热带植物区的交汇处。福建气候区域差异较大，属亚热带湿润季风气候，区内水热条件优越、垂直分带较明显，气候复杂多样利于各种植物生长，原生树木丰富，引种栽培的树木也易于驯化利用。尤其 20 世纪 90 年代以来，为满足林业生产、园林绿化等方面的需要，从省外、国外引进了大量的树种资源。由于数量较大，树种的定名、识别有一定的困难。为此，编者为满足院校教学需求、为方便科研机构和基层组织野外调查方面的工作，将福建木本植物进行整理、修订、补充、编成《福建木本植物检索表》。在编写过程中，核对了福建各植物标本室所藏的树木标本；查阅了历年来重要的植物分类学文献、著作，尽可能做到检索可靠、定名正确；并在福建农林大学林学院多年科研和教学实践基础上，广泛吸收了各方面的意见，进行了全面修订。本书共记载福建木本植物 155 科 795 属 2697 种、亚种、变种、变型及栽培变种，其中蕨类木本植物 2 科 3 属 6 种，裸子植物 10 科 38 属 137 种及种下类群，被子植物 143 科 754 属 2554 种及种下类群。

　　本书着眼于华东和华南地区，重点在福建，除收录大量野生植物外，对重要的城市绿化、观赏植物、药用植物等也大量收集，较详细而系统地反映了福建木本植物资源概况及各树种、各类群的形态特征和地理分布。本书不仅适于高等院校的教学，对于从事生物、农、林、园艺、医药、环保、中学教育等行业的工作者也有较高的实用价值，是广大植物爱好者了解福建木本植物的一本重要参考手册，也为福建生态省建设提供科学依据和基本资料。

　　本书裸子植物部分按郑万钧系统、被子植物部分按修订的哈钦松系统编写。

　　在编写过程中，福建农林大学郑清芳、黄克福、郭振庭、李振琴，台湾大学罗汉强、钟国芳，台湾宜兰大学陈子英等前辈和同仁提供指导意见、标本鉴定和文献资料，谨致谢忱！编写和标本的鉴定参考了大量植物志书、福建各地的植物名录和福建各植物标本馆馆藏标本，谨对这些资料的作者致以谢意！感谢1979～2013年各届参与野外调查、标本保存和资料收集的研究生、本科生及基层工作人员付出的努力！感谢陈清玉女士为文稿整理和编排付出的艰苦工作！本书出版得到了福建农林大学森林培育国家重点学科省重点建设项目、林学国家级特色专业建设项目的资助，特致谢意！

由于编者水平有限，难免有错误和欠妥之处，敬请专家和读者批评指正，以供今后修改。

编者

于 2013 年 4 月

Preface

Fujian is located in the southeast of China, mid-and south-subtropical zone, with land area of 124000 square kilometers, the maximum distance from the west to the east of 480 km and the maximum distance from the north to the south of about 530 kilometers across. The flora in Fujian is in the interchange of Holarctic and Palaeotropical region. Regional climate in Fujian are different belonging to a humid subtropical monsoon climate. The superior hydrothermal condition and obvious vertical zoning are good for all kinds of domestic and foreign plant growth. Trees from other regions were introduced for the forestry production and greening since the 1990s. The abundant trees were difficult for nomenclature and identification. *Keys of Woody Plants in Fujian* was compiled based on the references related to Fujian flora, specimens collected in all herbariums in Fujian and field observing for the purpose to meet the need of teaching and investigation. 155 families, 795 genera and 2697 species (subspecies, variety, form and cultivar) of trees in Fujian were compiled in this book, including 2 families, 3 genera and 6 species of ferns, 10 families, 38 genera and 137 species of gymnosperms, 143 families, 754 genera and 2554 species of angiosperms.

This book focuses on the flora of eastern and southern China, mainly in Fujian. The collection of abundant wild plants and foreign arbors for greening, medicine and ornamentation revealed detailedly and systematically the resources, morphological characters and geographical distribution of trees in Fujian. This book is suitable for teaching and some work about biology, agriculture, forestry, horticulture, medicine, environmental protection, high school education as an important reference handbook. It provides scientific basis for ecological construction of Fujian.

The section of gymnosperm in the book was laid out according to Zheng Wanjun system, and the section of angiosperm according to Hutchinson system revised.

In the process of writing, Zheng Qingfang, Huang Kefu, Guo Zhenting and Li Zhenqin from Fujian Agriculture and Forestry University, Luo HanQiang and Zhong Guofang from Taiwan University, Chen Ziying from Taiwan Yilan University provided guidance, specimen identification and documentations. The references of plant flora, tree list about Fujian, and specimens were provided by the writers and collectors. Some undergraduates, postgraduates and forestry staff entered the service of field investigation, specimen preparing and documents collection. Ms. Chen Qingyu assisted compilation of the manuscript. The publication was supported by the key discipline of Silviculture in Fujian and the national special project of Forestry undergraduate major. We would like to express our sincere thanks to all of them.

Because of the limited knowledge of editors, there may be many mistakes and omissions. We would highly appreciate it if the professions and readers offer comments and suggestions for revising.

The compilers
April 2013

目　　录

分 科 检 索 表

1. 无种子，以孢子繁殖(I 蕨类植物 Pteridophyta)。
    2. 孢子囊单生于叶腋，通常密集成顶生的圆柱形的孢子囊穗 ················· **1. 石松科 Lycopodiaceae**
    2. 孢子囊生于叶的下面，聚生成圆形或半长圆形的孢子囊群 ················· **2. 桫椤科 Cyatheaceae**
1. 有种子。
    3. 胚珠裸露，不包于子房内；球花单性；种子具 1 至多数子叶(II 裸子植物 Gymnospermae)。
        4. 乔木或灌木；花无假花被，胚珠无细长的珠被管，开花时胚珠完全裸露或珠孔裸露；次生木质部无导管，具管胞；或多或少有树脂。
            5. 叶羽状深裂，集生于常不分枝的树干顶部或块状茎上；大孢子叶叶状，上部羽状分裂，下部柄状，其两侧有胚珠 2~10 枚 ················· **3. 苏铁科 Cycadaceae**
            5. 叶不为羽状深裂；树干多分枝。
                6. 落叶乔木；叶扇形，具多数 2 叉状细脉，叶柄长；雌球花具长梗，顶端常 2 叉(稀 3~5 叉或不分叉)，叉端具珠座，其上着生 1 直立胚珠；外种皮肉质 ················· **4. 银杏科 Ginkgoaceae**
                6. 常绿或落叶，叶形多种多样，不为扇形，无柄或有短柄。
                    7. 由多数至 3 枚珠鳞组成雌球花，珠鳞生于苞鳞腋部，稀珠鳞不发育或苞鳞不显著；雌球花发育为球果，种鳞扁平或盾形，成熟时张开，稀种鳞肉质并合生；种子无肉质套被或假种皮。
                        8. 雌雄异株，稀同株；雄蕊具 4~20 枚悬垂的花药，排成内外两行，花粉无气囊；球果的苞鳞仅有 1 粒种子，种子与苞鳞合生或离生，两侧有翅或无翅；叶钻形、卵形或披针形；常绿性 ················· **5. 南洋杉科 Araucariaceae**
                        8. 雌雄同株，稀异株；雄蕊具 2~9 枚背腹面排列的花药；球果的种鳞腹面有 1 至多粒种子。
                            9. 球果的种鳞与苞鳞离生(仅基部合生)，每种鳞具 2 粒种子，种子上端具翅、近无翅或无翅；雄蕊具 2 花药，花粉有气囊或无气囊，或具退化气囊；叶条形或针形，基部不下延；种鳞与叶均为螺旋状排列 ················· **6. 松科 Pinaceae**
                            9. 球果的种鳞与苞鳞半合生(先端分离)或完全合生，稀种鳞甚小而苞鳞甚大或苞鳞退化，每种鳞具 1 至多粒种子；种子两侧具窄翅或无翅，或下部具翅，或上部具一长一短之翅；雄蕊具 2~9 花药，花粉无气囊；叶的基部通常下延，种鳞与叶螺旋状排列或交互对生或轮生。
                                10. 种鳞与叶均螺旋状排列，稀交互对生(水杉属)；每种鳞具 2~9 粒种子；种子两侧具窄翅或下部具翅；叶披针形、钻形、鳞形或条形，常绿或落叶性 ················· **7. 杉科 Taxodiaceae**
                                10. 种鳞与叶均为交互对生或轮生，每种鳞具 1 至多粒种子；种子两侧具窄翅或无翅，或上部有一长一短之翅；叶鳞形或刺形；常绿性 ················· **8. 柏科 Cupressaceae**
                    7. 雌球花不发育为球果，而形成一或几个种子，种子全部或部分包于肉质套被或假种皮中；胚珠 1~2 (稀多数)生于花梗上部或苞腋，具辐射对称或近于辐射对称的囊状或杯状套被，或胚珠单生于花轴或侧生短轴顶端的苞腋，具辐射对称的盘状或漏斗状珠托，或花梗上部的花轴上具数对交互对生的苞片，每苞腋着生 2 胚珠，具辐射对称的囊状珠托。
                        11. 雄蕊具 2 花药，花粉常有气囊；胚珠倒生或半倒生，1~2 (稀多数)生于花梗上部或顶端的苞腋，具辐射对称或近于辐射对称的囊状或杯状套被；种子核果状，全部为肉质假种皮所包，着生于肉质或非肉质的种托上；或种子坚果状，生于杯状肉质或较薄而干的假种皮中，无肉质种托 ················· **9. 罗汉松科 Podocarpaceae**
                        11. 雄蕊具 3~9 花药，花粉无气囊；胚珠直立，单生于花轴顶端的苞腋，或两枚成对生于花轴的苞腋；种子核果状，全部包于肉质假种皮中，或露出顶端尖头，或种子坚果状，生于杯状肉质假种皮中。

12. 雌球花具长梗，生于小枝基部的苞腋，稀生枝顶，花轴具数对交互对生的苞片，每苞腋着生 2 胚珠，具囊状珠托；种子 2~8(稀 1)生于膨大的花轴上，核果状，全部包于肉质种皮中 ………… …………………………………………………………………… **10. 三尖杉科** Cephalotaxaceae

12. 雌球花具短梗或无梗，单生或成对生于叶腋或苞腋，胚珠单生于花轴或侧生短轴顶端，具盘状或漏斗状珠托；种子核果状，全部为肉质假种皮所包或仅露出顶端尖头，或种子坚果状，包于杯状肉质假种皮中 …………………………………………………………………… **11. 红豆杉科** Taxaceae

4. 木质藤本；花具假花被，胚珠珠被顶端伸长成细长的珠被管；次生木质部具导管；无树脂 ………… …………………………………………………………………… **12. 买麻藤科** Gnetaceae

3. 具典型的花，雌蕊由 1 至多数心皮构成，胚珠生于子房内，由柱头接受花粉，子房发育为果实；种子具 1~2 子叶；木质部有导管，稀无导管而具管胞(**Ⅲ 被子植物 Anngiospermae**)。

13. 种子通常具 2 个子叶，茎具明显的皮层和髓心，维管束通常排成一圈，有形成层，木本植物的茎每年增粗，形成年轮；叶具网状脉；花部通常为 4~5 出数，稀 3 出数(**i 双子叶植物 Dicotyledoneae**)。

14. 花无花被。

15. 花两性。

16. 雄蕊 2；子房 2 室；奇数羽状复叶；翅果 ………………………… **123. 木犀科** Oleaceae

16. 雄蕊 1~3，合生成 1 体；子房 1 室；单叶；小核果 ………………… **139. 金粟兰科** Chloranthaceae

15. 花单性或杂性。

17. 子房 3 室；具杯状花序：为 1 朵雌花和多数具 1 雄蕊的雄花着生在 1 总苞内；植物体常有乳液 … …………………………………… **77. 大戟科** Euphorbiaceae(**大戟属** *Euphorbia*)

17. 子房 1~2 室或 6~10 室，雄蕊 1 至多数；花单生、簇生或为头状、总状、穗状、柔荑花序；植物体无乳液。

18. 顶生头状花序由 1 朵两性花和多数雄花组成，或全为雄花，基部具 2 枚白色叶状苞片；子房下位，6~10 室；核果 …………………………………… **36. 珙桐科** Davidiaceae

18. 子房 1~2 室。

19. 子房 2 室。

20. 子房下位、半下位、稀上位；蒴果；常被星状毛；单叶互生 …… **39. 金缕梅科** Hamamelidaceae

20. 子房上位；翅果；羽状复叶，对生 ………………………… **123. 木犀科** Oleaceae

19. 子房 1 室。

21. 离心皮雌蕊，雌雄同株；头状花序；几无花丝，药隔盾形；小坚果基部有褐色长毛；具叶柄下芽；叶掌状分裂，托叶圆领状 ………………………… **40. 悬铃木科** Platanaceae

21. 复雌蕊，柱状 2~4 裂。

22. 雄花簇生，雌花单生；花丝极短，药隔伸出成细尖头，胚珠 2、并生，从子房腔顶部悬垂；坚果形扁，边缘具翅；植物体具丝状胶质，小枝髓心片状分隔 …… **54. 杜仲科** Eucommiaceae

22. 柔荑、穗状或头状花序。

23. 子房具 2~4 侧膜胎座，胚珠多数，花盘杯状或腺体状；蒴果，种子基部围有丝毛………… …………………………………………………………………… **44. 杨柳科** Salicaceae

23. 子房具 1~2 胚珠。

24. 子房具 2 胚珠；果序球形或椭圆形，坚果小，上部具翅，外被 2 木质小苞片；小枝细长、绿色、多节；叶齿状、轮生 ………………………… **50. 木麻黄科** Casuarinaceae

24. 子房具 1 胚珠、直立、基生；叶不为齿状。

25. 羽状复叶；雌花生于披针形苞片腋部，果序卵状圆柱形，果苞坚硬，宿存，坚果小、扁平、两侧具窄翅 …………………………… **49. 胡桃科** Juglandaceae(**化香属** *Platycarya*)

25. 单叶。

26. 雄蕊 2 ~ 16，柱头 2；核果，外被瘤点及油腺点；叶具树脂点，无托叶，常绿性，枝叶无辛辣味…… ………………………………………………………………………… **45. 杨梅科 Myricaceae**

26. 雄蕊 1 ~ 4，柱头 2 ~ 4；浆果；有托叶；多为藤本，枝叶具辛辣味 ………… **138. 胡椒科 Piperaceae**

14. 花有花被。

27. 单被花，无真正的花冠，有时花被片呈花冠状或花被片排列成 2 至几轮，不明显区分为花萼、花冠。

28. 仅雄花或雌花有花被。

29. 雄花有花被，雌花无花被。

30. 雄花具 1 雄蕊，外被 2 花被及 2 小苞片，轮生于鞘内，多数集生枝梢成柔荑花序状；雌花为头状花序；小坚果上部具翅，外被 2 木质化小苞片；小枝细长、绿色、多节，节间具细纵棱脊；叶退化为齿状，4 ~ 12 轮生，基部连合成鞘状 ……………………… **50. 木麻黄科 Casuarinaceae**

30. 雄花具 2 ~ 4 雄蕊，外被 4 花被或无花被柱头 2 裂；小坚果有翅或无翅；叶不退化为齿状 ……… …………………………………………………………………………… **46. 桦木科 Betulaceae**

29. 雄花无花被，雌花有花被，与子房贴生，形成下位或半下位子房，在子房顶端或周围有花被裂齿或痕迹。

31. 雄蕊 1 ~ 3，合生成 1 体，子房 1 室，胚珠 1、直生、悬垂，花柱短；小核果；植物体有香味；叶对生，托叶小，叶柄在基部稍合生 ……………………… **139. 金粟兰科 Chloranthaceae**

31. 雄蕊 3 至多数，花丝分离，子房 2 室或不完全 2 室，花柱 2；叶互生，稀对生。

32. 头状、总状、穗状或柔荑花序；子房半下位、下位或上位，2 室，每室具多数胚珠；蒴果 2 裂；常被星状毛 ………………………………………………… **39. 金缕梅科 Hamamelidaceae**

32. 柔荑花序；花丝先端分叉，药室分离，顶端有毛，子房下位，不完全 2 室，每室具 1 倒生胚珠；坚果为叶状苞片或总苞所包被 ……………………………… **48. 榛科 Corylaceae**

28. 雌花、雄花均有花被，稀仅雄花或雌花有花被。

33. 离心皮雌蕊；聚合果。

34. 萼片 4 ~ 5，排成 1 轮，花两性，稀单性，雄蕊多数，离心皮雌蕊多数；聚合瘦果，宿存花柱羽毛状；藤本，叶对生 …………… **131. 毛茛科 Ranunculaceae(铁线莲属 Clematis)**

34. 萼片或花被片排成 2 至多轮，稀 1 轮；叶互生或簇生。

35. 雄蕊 6 或 9 ~ 12，离心皮雌蕊 3(~ 12)；藤本；掌状复叶、3 小叶，稀羽状复叶…………… ………………………………………………………………………… **133. 木通科 Lardizabalaceae**

35. 雄蕊 10 至多数，稀少数，离心皮雌蕊 7 至多数；单叶。

36. 离心皮雌蕊着生在中空花托的内面；聚合瘦果；叶对生，无托叶 ……… **23. 蜡梅科 Calycanthaceae**

36. 离心皮雌蕊着生在隆起或扁平的花托上；叶互生。

37. 雄蕊 4 ~ 18，离生或合生成头状圆锥状的雄蕊柱；花单性；藤本，叶常有透明腺点，无托叶 ………………………………………………………… **15. 五味子科 Schisandraceae**

37. 雄蕊分离；花两性，稀单性；乔木或灌木。

38. 离心皮雌蕊多数，稀少数，螺旋状排列在柱状花托上，胚珠 1 至多数；托叶包被芽，小枝具环状托叶痕 …………………………………………… **13. 木兰科 Magnoliaceae**

38. 离心皮雌蕊 7 ~ 15，轮状排列在扁平的花托上，胚珠 1；无托叶 ……… **14. 八角科 Illiciaceae**

33. 复雌蕊，稀心皮靠合，或部分合生，结果时分离为小果瓣，稀单雌蕊。

39. 子房 2 至多室。

40. 心皮靠合或部分连合，结果时分离为小果瓣；花单性或杂性，圆锥花序；花萼 4 ~ 6 裂，花丝连合为柱状；聚合果；常被有星状毛 …………………… **70. 梧桐科 Sterculiaceae**

40. 心皮完全连合。

41. 萼片或花被片分离，稀基部连合。

42. 花两性, 雄蕊多数, 生于花盘上, 花药顶部孔裂, 子房 2 至多室; 叶互生 ··· **69. 杜英科 Elaeocarpaceae**
42. 花单性或杂性。
 43. 叶对生, 无托叶; 萼片 5, 雄蕊 8(4~10), 每室 2 胚珠; 翅果 ·············· **117. 槭树科 Aceraceae**
 43. 叶互生, 有托叶; 萼片 1~5, 甚小, 雄蕊 2~10, 每室 1 胚珠; 蒴果近球形或椭圆形, 2 瓣裂 ········
  ·· **39. 金缕梅科 Hamamelidaceae**
41. 萼片或花被片基部连合, 或成管状、钟状。
 44. 花被连合成管状, 花两性; 蒴果; 单叶, 互生, 全缘, 无托叶。
  45. 花被管 5 裂, 黄绿色, 被柔毛, 雄蕊 10, 着生在花被管喉部, 子房 2 室; 聚伞花序 ···············
   ·· **59. 沉香科 Aquilariaceae**
  45. 花被管弯曲, 3 裂, 暗紫色或黄绿色; 花两侧对称; 雄蕊 6, 环绕花柱并与其结合, 子房下位, 6 室;
   藤本 ······························ **137. 马兜铃科 Aristolochiaceae(马兜铃属 *Aristolochia*)**
 44. 花被仅在基部连合, 或为钟状。
  46. 花两性。
   47. 雄蕊 2, 花萼小, 4 齿裂, 子房 2 室, 每室 1 胚珠; 翅果; 奇数羽状复叶, 对生 ·················
    ·· **123. 木犀科 Oleaceae**
   47. 雄蕊 4~15 或更多。
    48. 雄蕊 8~10, 子房 2~5 室, 小浆果; 奇数羽状复叶, 叶具透明油腺点 ········ **108. 芸香科 Rutaceae**
    48. 雄蕊 8~5, 子房 2~4 室; 核果; 单叶, 叶无透明油腺点 ············ **102. 鼠李科 Rhamnaceae**
  46. 花单性或杂性。
   49. 子房 2 室。
    50. 花杂性; 翅果; 叶对生, 无托叶。
     51. 雄蕊 8(4~10), 有花盘; 单叶 ································ **117. 槭树科 Aceraceae**
     51. 雄蕊 2, 无花盘, 羽状复叶 ······························ **123. 木犀科 Oleaceae**
    50. 花单性; 叶互生, 稀对生。
     52. 雄雌同株, 有托叶。
      53. 子房下位, 雄花无花萼, 雌花花萼与子房合生; 雄蕊 3~14; 坚果外被叶状总苞 ···········
       ··· **48. 榛科 Corylaceae**
      53. 子房上位或半上位。
       54. 雌花无花被, 2~3 朵集生苞腋, 形成短柔黄花序; 雄花被膜质, 4 裂, 3~4 朵集生苞腋, 形成
        下垂柔黄花序, 雄蕊 2~4; 小坚果 2~3 集生苞腋 ·············· **46. 桦木科 Betulaceae**
       54. 雌花和雄花均有花被, 总状或穗状花序, 花单生或簇生。
        55. 子房上位, 雄蕊多数, 稀 6~8 ······················ **77. 大戟科 Euphorbiaceae**
        55. 子房半上位或上位, 雄蕊 5(7~10); 蒴果 2 瓣裂; 常被星状毛 ···············
         ·· **39. 金缕梅科 Hamamelidaceae**
     52. 雌雄异株, 无托叶。
      56. 总状花序; 雄蕊 5~12, 子房不完全 2 室; 核果, 种子 1; 单叶, 互生或簇生 ·············
       ·································· **43. 交让木科 Daphniphyllaceae**
      56. 圆锥花序, 雄蕊 2, 子房 2 室; 翅果; 羽状复叶, 对生 ·········· **123. 木犀科 Oleaceae**
   49. 子房 3~7 室, 稀 2 室。
    57. 子房上位。
     58. 偶数羽状复叶, 无托叶, 圆锥花序, 花杂性; 雄蕊 8 或 10(5~10)、排成 2 轮, 子房 3(~6)室, 3
      裂, 每室 1 胚珠 ·········· **113. 无患子科 Sapindaceae**
     58. 单叶; 花单性。
      59. 无托叶; 花萼 4(~6)裂, 雄蕊 4~6, 花药基部着生, 子房多为 3 室; 雌雄同株; 常绿性 ·······
       ··· **42. 黄杨科 Buxaceae**
      59. 有托叶。

60. 植物体无乳液；子房4~5室；核果；种子无种阜 ·············· **102. 鼠李科** Rhamnaceae

60. 植物体常有乳液及腺点、星状毛、鳞片；子房3(2~多)室；蒴果、浆果；种子有种阜 ···············

·· **77. 大戟科** Euphorbiaceae

57. 子房下位，3~7室；雌雄同株；雄花为柔荑或头状花序，雌花具总苞，单生、簇生或着生在雄花序基

部；雄蕊4~20(~40)；坚果具壳斗 ·················· **47. 壳斗科** Fagaceae

39. 子房1室。

61. 胚珠2至多数。

62. 子房上位。

63. 雄蕊多数。

64. 花两性，花萼钟状、漏斗状、齿裂、花丝分离、突出；头状花序或花序呈圆柱状；荚果；叶互生

·· **25. 含羞草科** Mimosaceae

64. 花单性或杂性。

65. 总状或近伞房花序；花萼小，10~12裂，雄蕊20~40，子房具2胚珠；核果，1种子；叶具腺齿，

托叶大 ··············· **22. 蔷薇科** Rosaceae(**假稠李属** Maddenia)

65. 聚伞或圆锥花序；子房具3~5侧膜胎座，胚珠6至多数，花柱3~5；花萼3~5裂；蒴果、核果

或浆果；叶2列 ··············· **57. 大风子科** Flacourtiaceae

63. 雄蕊1~10(~12)。

66. 雄蕊1；花单性；雄花具1~2花被片；雌花无花被 ·············· **50. 木麻黄科** Casuarinaceae

66. 雄蕊3~10(~12)；花两性，稀单性。

67. 花被片3出数，2至多轮，雄蕊6，与花被片对生，花药2瓣裂；胚珠多数，或少数，直立、基生

·· **136. 小檗科** Berberidaceae

67. 花被片4~5(~6)出数，1轮，雄蕊4~10(~12)、花药纵裂。

68. 子房具1至多数胚珠，花被4裂，雄蕊4，花丝贴着在花被裂片上 ·············

·· **62. 山龙眼科** Proteaceae

68. 子房具多数胚珠，雄蕊3~10(~12)，着生在花托或花盘上。

69. 花柱2~5，侧膜胎座；蒴果；单叶 ·············· **58. 天料木科** Samydaceae(**嘉赐树属** Casearia)

69. 花柱单生，胚珠着生在腹缝线上；荚果；羽状复叶

·· **24. 苏木科** Caesalpiniaceae(**无忧花属** Saraca)

62. 子房下位，花萼基部管状，与子房合生；无托叶。

70. 雄蕊10，排成2列，子房具2~3胚珠；穗状或总状花序；核果扁平，有角或2~5翅 ·············

·· **93. 使君子科** Combretaceae(**榄仁树属** Terminalia)

70. 雄蕊3~6，子房具1~3胚珠；穗状、总状、聚伞、伞形花序，或花单生，果为不开裂的核果或坚

果 ·· **100. 檀香科** Santalaceae

61. 胚珠单生。

71. 子房上位。

72. 花萼或花被基部分离，稍连合或成钟状、杯状，但不为管状。

73. 雄蕊2~30，花丝合生成球状体、柱状体或盾状盘；雌雄异株；植物体有香味；叶常有透明斑点 ···

·· **19. 肉豆蔻科** Myristicaceae

73. 雄蕊分离，或花丝基部连合，或花丝着生在花被瓣上。

74. 花药2或4室，瓣裂，花丝基部常有腺体；植物体具芳香油 ·············· **17. 樟科** Lauraceae

74. 花药2室，纵裂，雄蕊与花被裂片对生。

75. 花两性。

76. 花两侧对称，花被花冠状，4裂，裂片条形，雄蕊4，花丝贴着在花被裂片上，下位腺体4，花

柱顶部棒形；坚果不裂 ·············· **62. 山龙眼科** Proteaceae(**山龙眼属** Helicia)

76. 花小，辐射对称；花被淡绿色或暗色，稀白色，粉红色，4~8裂，雄蕊4~18，花丝分离或在基部连合。

  77. 雄蕊8~18(~6)，花萼5(~4)裂，排成2轮，白色或粉红色；托叶膜质、鞘状 ················
    ·· **140. 蓼科 Polygonaceae**

  77. 雄蕊4~8，花萼4裂，淡绿色或暗色；托叶不为鞘状 ············· **51. 榆科 Ulmaceae(榆属 Ulmus)**

75. 花单性或杂性。

  78. 花两侧对称；花被花冠状，4裂，裂片条形，雄蕊4，花丝贴着在裂片上，下位腺体4；圆锥花序，雌雄异株；坚果 ······················· **62. 山龙眼科 Proteaceae(假山龙眼属 Heliciopsis)**

  78. 花小；辐射对称，花被花淡绿色或暗色，雄蕊3~9，花丝分离。

    79. 柱头3裂，雄蕊3~5；总状或圆锥花序、腋生，雌雄异株；核果；3小叶或羽状复叶；植物体具树脂、有清香 ················· **116. 漆树科 Anacardiaceae(黄连木属 Pistacia)**

    79. 柱头2裂；单叶。

      80. 植物体常有乳液；花常密集成头状、穗状或柔荑花序或生于中空的花托内壁上；花萼常4裂；雄蕊4 ································· **52. 桑科 Moraceae**

      80. 植物体无乳液。

        81. 胚珠悬垂在子房腔近顶部；雌花多单生叶腋，雄花为伞房、聚伞或圆锥花序；花萼3~9；叶2列 ······················· **51. 榆科 Ulmaceae**

        81. 胚珠直立；多为聚伞花序再集生为穗状或圆锥花序；瘦果，为增大的干燥或肉质花萼所包被；表皮细胞常具钟乳体 ······················· **53. 荨麻科 Urticaceae**

72. 花萼或花被管状，或钟状、壶状、漏斗状。

  82. 雄蕊12~13，花丝合生成柱状，花药合生；花被壶状或钟状，稀管状；浆果，2裂 ················
    ··· **19. 肉豆蔻科 Myristicaceae(肉豆蔻属 Myristica)**

82. 花丝分离，或基部连合，或花丝着生在花被片上。

  83. 雄蕊5~10或8；无托叶。

    84. 雄蕊5~10，花丝长；聚伞花序，常具有鲜艳色彩的总苞；花萼似花冠；瘦果 ················
      ·· **61. 紫茉莉科 Nyctaginaceae**

    84. 雄蕊8，为2列着生于花被管上；头状、短总状或穗状花序，稀单生；浆果、核果 ················
      ··· **60. 瑞香科 Thymelaeaceae**

  83. 雄蕊4或3~5。

    85. 雄蕊3~5；聚伞花序再集生为穗状或圆锥花序；瘦果，包被在增大的干燥或肉质花萼内；植物体有时有刺毛，富韧皮纤维；有托叶；表皮细胞常具钟乳体 ············· **53. 荨麻科 Urticaceae**

    85. 雄蕊4，着生在花被管上。

      86. 花稍两侧对称；花被管花冠状、橙黄色，裂片4，条状，与花丝贴生；木质蒴果；叶二回羽状深裂 ··· **62. 山龙眼科 Proteaceae(银桦属 Grevillea)**

      86. 花辐射对称；花被管在子房之上收缩，花丝分离；坚果包藏在肉质花被内，成核果状；单叶，全缘；植物体被盾状鳞片及星状毛 ··················· **101. 胡颓子科 Elaeagnaceae**

71. 子房下位，或花被管与子房贴生。

  87. 雄花为柔荑花序；柱头2裂。

    88. 雄蕊8~40或3~12；雌花单生，短穗状或柔荑花序，花被4裂；坚果，为肉质或木质外皮所包被，或坚果具窄翅；具树脂，有香味；奇数羽状复叶，无托叶 ························
      ··· **49. 胡桃科 Juglandaceae**

    88. 雄蕊4~5；植物体有乳液；单叶，有托叶 ·················· **52. 桑科 Moraceae**

87. 花单生，或为聚伞、穗状、头状、伞房、圆锥花序。

  89. 花药瓣裂，雄蕊4(3~5)，常有腺体状退化雄蕊；聚伞花序；无托叶 ····························
    ·· **18. 莲叶桐科 Hernandiaceae**

89. 花药纵裂，稀顶孔开裂或横裂。

  90. 头状或穗状花序，雌花有时单生；植物体有乳液，有托叶 ·············· **52. 桑科 Moraceae**

  90. 聚伞花序，或花单生；无乳液。

    91. 胚珠直立；多为聚伞花序，再集生为穗状或圆锥状花序；瘦果为增大的干燥或肉质花萼所包；有托叶；表皮细胞常具钟乳体 ·············· **53. 荨麻科 Urticaceae**

    91. 胚珠悬垂或胚珠和胎座愈合；聚伞花序或花单生；寄生性；无托叶。

      92. 胚珠悬垂在基生胎座上；花药纵裂；花萼常肉质 ·············· **100. 檀香科 Santalaceae**

      92. 胚珠和胎座愈合、不明显；花药纵裂，顶孔开裂或横裂；叶对生或轮生··· 99. 桑寄生科 Loranthaceae

27. 花具花萼和真正的花冠。

93. 花冠为分离的花瓣组成。

  94. 离心皮雌蕊或心皮靠合，稀单雌蕊具 2 并列胚珠。

    95. 花两性。

      96. 花托壶状或瓶状，离心皮雌蕊多数，着生在花托内壁；聚合瘦果；灌木。

        97. 萼片、花瓣多数，逐渐过渡，区别不明显，萼片分离；雄蕊 5 ~ 6 或 10 ~ 30；花单生；单叶对生，无托叶 ·············· **23. 蜡梅科 Calycanthaceae**

        97. 花萼 5 裂，花瓣5(~4)；花托结果时变为肉质，多为红色、橙红色；伞房或圆锥花序或花单生；奇数羽状复叶，稀单叶，托叶与叶柄连合；常具皮刺 ·············· **22. 蔷薇科 Rosaceae(蔷薇属 Rosa)**

      96. 花托扁平、隆起或为柱状。

        98. 雄蕊多数。

          99. 萼片和花瓣 3 数 1 轮，排列成 3 至多轮；花丝甚短。

            100. 离心皮雌蕊 6 ~ 15，轮状排列在花托上，每子房具 1 胚珠；药隔常为腺体状，药室内向侧生；聚合蓇葖星形 ·············· **14. 八角科 Illiciaceae**

            100. 离心皮雌蕊多数，稀少数，螺旋状排列在柱状花托上；每子房具 1 至多数胚珠。

              101. 药隔顶端钝尖，花药窄长；蓇葖果或具翅坚果；小枝具环状托叶痕 ·············· **13. 木兰科 Magnoliaceae**

              101. 药隔顶端平截，花药长圆形或长椭圆形；浆果有柄，无托叶 ·············· **16. 番荔枝科 Annonaceae**

          99. 花萼 5(4 ~ 8)，花瓣 5(~10)，花丝较长。

            102. 花萼杯状、钟状或管状；雄蕊和花瓣着生在萼筒上；聚合果 ·············· **22. 蔷薇科 Rosaceae**

            102. 萼片分离，雄蕊和花瓣着生在花托上。

              103. 萼片 4(5 ~ 8)，花瓣状；有时具花瓣状退化雄蕊；离心皮雌蕊多数，每子房 1 胚珠；聚合瘦果，果宿存羽毛状柱头；叶对生，常为复叶，有卷须，稀单叶 ·············· **131. 毛茛科 Ranunculaceae(铁线莲属 Clematis)**

              103. 萼片 5(~4)，宿存，花瓣 5(4 ~ 8)；离心皮雌蕊 1 ~20，每子房 2 至多数胚珠；叶互生。

                104. 花瓣大，5 ~ 10；药室外向；离心皮雌蕊 2 ~5；花单生枝顶或簇生；聚合蓇葖；叶形大，羽状深裂 ·············· **130. 芍药科 Paeoniaceae**

                104. 花较小，药室侧生或内向；离心皮雌蕊 1 至多数；种子常具假种皮 ·············· **20. 五桠果科 Dilleniaceae**

        98. 雄蕊 10(~5)；每子房 2 胚珠；花丝长，基部常连合；离心皮雌蕊 5(1 ~ 4)；蓇葖 1(~ 2 ~ 3)；有假种皮；藤本；1 ~ 3 小叶或奇数羽状复叶、互生 ·············· **21. 牛栓藤科 Connaraceae**

    95. 花单性或杂性。

      105. 头状花序；萼片三角状，有毛；花瓣匙形，花丝甚短，药隔在顶端增大为盾状鳞片；坚果倒圆锥状，基部具长毛；叶柄下隐芽，托叶鞘状；叶形大，掌状分裂 ·············· **40. 悬铃木科 Platanaceae**

105. 不为头状花序。

  106. 离心皮雌蕊多数。

    107. 萼片、花瓣 9～15，区别不明显，渐变为花瓣状；雄蕊多数，离生或合生成圆锥状的雄蕊柱；每子房 2～5 胚珠；聚合浆果；藤本；单叶互生，常有透明腺点 ………… **15. 五味子科** Schisandraceae

    107. 花丝分离；每子房 1 胚珠。

      108. 雄蕊 6，药室外向；萼片 6，花瓣 6；浆果具柄，着生在球状花托上；藤本；3 小叶复叶，无托叶 ………………………………………………… **132. 大血藤科** Sargentodoxaceae

      108. 雄蕊多数。

        109. 花萼 4(5～8)；瘦果具宿存羽毛状花柱；叶对生，多为复叶，有卷须，无托叶 ………………………………………………… **131. 毛茛科** Ranunculaceae(**铁线莲属** Clematis)

        109. 花萼 5 深裂，宿存，花瓣 5；花托隆起，结果时变为肉质；聚合小核果；多有皮刺；有托叶 …… ……………………………………………… **22. 蔷薇科** Rosaceae(**悬钩子属** Rubus)

  106. 离心皮雌蕊 2～10。

    110. 花部 3 出数；萼片分离；花序腋生；藤本。

      111. 雌雄同株；总状花序或花簇生；每子房多数胚珠，聚合浆果 3；常绿藤本；掌状复叶 ………… ……………………………………………… **34. 木通科** Lardizabalaceae(**牛姆瓜属** Holboellia)

      111. 雌雄异株；聚伞、总状或圆锥花序，花簇生，稀单生；每子房 2 胚珠；核果扁，种子马蹄形；单叶，有时掌状分裂，稀 3 小叶 ………………………… **134. 防己科** Menispermaceae

    110. 花部 4～5 出数。

      112. 叶具透明油腺点；雄蕊 3～8 ……………………………………… **108. 芸香科** Rutaceae

      112. 叶无透明油腺点；雄蕊 4～5；花盘 4～5 裂 ……… **109. 苦木科** Simaroubaceae

94. 单雌蕊或复雌蕊。

  113. 子房上位。

    114. 子房 2 至多室。

      115. 雄蕊花丝分离或在基部连合或合生成束。

        116. 雄蕊多数。

          117. 花药肾形至线形，1 室，花粉平滑；花两性，型大，花萼肉质，不规则分裂，常具副萼；蒴果，果皮内壁密被毛；大乔木 ………………………… **71. 木棉科** Bombacaceae

          117. 花药 2 室，稀 3～4。

            118. 花药纵裂。

              119. 子房 10 至多室。

                120. 花两性，花萼 5 裂，花瓣 5；柑果；单身复叶，互生，具透明油腺点 ………………… ……………………………………………… **108. 芸香科** Rutaceae(**柑橘属** Citrus)

                120. 花单性或杂性。

                  121. 子房 5 至多室，每室多数胚珠；花药丁字着生；藤本；单叶互生 …………… ……………………………………… **80. 猕猴桃科** Actinidiaceae(**猕猴桃属** Actinidia)

                  121. 子房 2～12 室，每室 1 胚珠；花丝分离或为 1～5 束或连合成 1 体或 4 裂体；植物体具黄色树脂；单叶对生，具透明油腺点 ……………… **87. 山竹子科** Clusiaceae(**山竹子属** Garcinia)

              119. 子房 2～8 室。

                122. 花两性。

123. 侧膜胎座；萼片4，花瓣4，子房具长柄；浆果；藤本 ··· **64. 白花菜科 Capparidaceae(槌果藤属 Capparis)**

123. 中轴胎座。

124. 叶互生。

125. 无花盘。

126. 花萼杯状，花丝分离，雄蕊和花瓣着生在萼筒上；圆锥花序顶生；聚合蓇葖；奇数羽状复叶 ··· ··· **22. 蔷薇科 Rosaceae(珍珠梅属 Sorbaria)**

126. 萼片分离或连合，花丝分离或基部连合，雄蕊和花瓣为下位着生；单叶。

127. 药隔长尖，花瓣极度扭曲，圆锥花序，花萼裂片常于结果时增大为翅状 ··························· ··· **82. 龙脑香科 Dipterocarpaceae**

127. 药隔不明显，花瓣覆瓦状、镊合状，稀旋转状排列。

128. 花萼镊合状排列，或有副萼，花瓣基部常有腺体；聚伞花序；富韧皮纤维；多被星状毛；有托叶 ··· **68. 椴树科 Tiliaceae**

128. 花萼覆瓦状排列，宿存；花单生；稀簇生，无托叶 ················ **78. 山茶科 Theaceae**

125. 有花盘。

129. 花丝在基部连合，雄蕊 10～20；花瓣宿存，硬化；蒴果；叶无透明腺点 ······················ ··· **73. 粘木科 Ixonanthaceae**

129. 花丝分离，雄蕊15至多数；花瓣脱落；浆果；叶具透明油腺点 ········ **108. 芸香科 Rutaceae**

124. 叶对生。

130. 雄蕊花丝连合成 3～5 束，具肉质下位腺体；萼片5，花瓣5；子房3室；蒴果。种子有翅；叶具透明油腺点 ··················· **86. 金丝桃科 Hypericaceae(黄牛木属 Cratoxylum)**

130. 花丝分离；花萼 4～8 裂，宿存；子房3至多室。

131. 花萼钟形，厚革质；花药肾形，丁字着生；子房 4 至多室 ········· **91. 海桑科 Sonneratiaceae**

131. 花萼半球形，常有棱脊，花瓣有皱纹；子房 3～6 室；蒴果 ·· ··· **141. 千屈菜科 Lythraceae(紫薇属 Lagerstroemia)**

122. 花单性或杂性。

132. 子房 3 室，每室 1 胚珠；花单性；蒴果；植物体常有乳液 ··········· **77. 大戟科 Euphorbiaceae**

132. 子房 2 至多室；花杂性。

133. 叶对生；子房 2～12 室，每室 1 胚珠；花萼4、花瓣4；具黄色树脂；叶具透明腺点 ············ ··· **87. 山竹子科 Clusiaceae**

133. 叶互生；子房多室，每室多数胚珠；花萼5，稀 2～4 片，花瓣5，有时 4 或 6 片；无黄色树脂，叶无透明腺点 ··················· **80. 猕猴桃科 Actinidiaceae(猕猴桃属 Actinidia)**

118. 花药孔裂，稀短纵裂。

134. 子房多室，每室多数胚珠；花杂性或单性异株；浆果；藤本 ········· **80. 猕猴桃科 Actinidiaceae**

134. 子房 2～8 室。

135. 花单生叶腋或近枝顶簇生；花萼宿存 ···························· **78. 山茶科 Theaceae**

135. 聚伞、总状或圆锥花序。

136. 有花盘；子房 2～5 室，每室多数胚珠；花瓣先端常为撕裂状或全缘；总状或圆锥花序 ·········· ··· **69. 杜英科 Elaeocarpaceae**

136. 无花盘，聚伞或圆锥花序。

137. 花萼镊合状排列；常被星状毛；有托叶 ···························· **68. 椴树科 Tiliaceae**

137. 花萼覆瓦状排列；花药丁字着生；常被粗毛或鳞片；无托叶 ········· **79. 水东哥科 Saurauiaceae**

116. 雄蕊少数，稀至 15。

138. 子房 3～8 室。

139. 子房 4～8 室。

140. 花两侧对称；花萼钟状、微 5 裂，花瓣具爪，花丝有毛，花药丁字着生，顶孔开裂；无花盘；子房 3～5 室，每室 2 胚珠；总状花序，顶生，直立；蒴果木质，3 瓣裂；奇数羽状复叶，互生⋯⋯⋯⋯⋯⋯⋯⋯⋯⋯⋯⋯⋯⋯⋯⋯⋯⋯⋯⋯⋯⋯⋯⋯ **114. 伯乐树科 Bretschneideraceae**

140. 花辐射对称，稀稍两侧对称；花丝无毛。

141. 花药 1 室，肾形至线形，花药平滑；花大，花萼肉质，不规则分裂，常有副萼；雄蕊 5；子房 5 室，每室多数胚珠；蒴果，果皮内壁密被毛；大乔木 ⋯⋯⋯⋯⋯ **71. 木棉科 Bombacaceae**

141. 花药 2 室。

142. 花药纵裂。

143. 无花盘。

144. 花丝分离。

145. 叶对生；花萼半球形或钟状，4～8 裂，裂片间常有附属体；花瓣着生在近萼管顶部；蒴果横裂，种子多数 ⋯⋯⋯⋯⋯⋯⋯⋯⋯ **141. 千屈菜科 Lythraceae**

145. 叶互生。

146. 花两性。

147. 子房 4 室，侧膜胎座突出形成不完全 4 室，雄蕊 8，花萼 4，花瓣 4；每花具 2 枚在基部连合的小苞片；浆果；无乳液 ⋯⋯⋯⋯⋯⋯ **41. 旌节花科 Stachyuraceae**

147. 子房 5 室或假 5 室，侧膜胎座，雄蕊 4～5(～8)，花萼(～7)5(～8)，花瓣(～3)5(～8)；每花无 2 枚在基部连合的小苞片；有乳液 ⋯⋯⋯⋯⋯⋯ **67. 番木瓜科 Caricaceae**

146. 花单性或杂性。

148. 雄蕊 10；子房假 5 室，侧膜胎座，胚珠多数 ⋯⋯⋯⋯⋯⋯⋯ **67. 番木瓜科 Caaricaceae**

148. 雄蕊 2～5；子房 2～9 室，中轴胎座，每室 1～2 胚珠⋯⋯⋯⋯⋯⋯ **95. 冬青科 Aquifoliaceae**

144. 花丝在基部连合。

149. 子房每室具多数胚珠，雄蕊 10，其中 5 个雄蕊无花药；子房 5 裂；浆果具 3～5 棱脊；奇数羽状复叶 ⋯⋯⋯⋯⋯⋯⋯⋯⋯⋯⋯⋯⋯ **111. 酢浆草科 Oxalidaceae**

149. 子房每室具 1～2 胚珠；单叶。

150. 发育雄蕊 5，退化雄蕊 5，花瓣旋转排列，子房 3～5 室；蒴果 ⋯⋯⋯⋯ **75. 亚麻科 Linaceae**

150. 雄蕊 10，排成 2 轮，基部连合；花瓣内面常有舌状体；浆果 ⋯⋯⋯ **76. 古柯科 Erythroxylaceae**

143. 有花盘。

151. 叶常有透明油腺点；花盘内生；雄蕊 4～10，药隔先端常有腺体；子房 4～5(2～6)室，每室 1～2 胚珠；浆果或核果 ⋯⋯⋯⋯⋯⋯⋯⋯⋯⋯⋯⋯ **108. 芸香科 Rutaceae**

151. 叶无透明油腺点。

152. 子房 2～5 深裂，稀不裂，每室 1 胚珠；雄蕊 4～10，花丝基部常有小鳞片或毛；奇数羽状复叶 ⋯⋯⋯⋯⋯⋯⋯⋯⋯⋯⋯⋯⋯⋯⋯⋯⋯⋯⋯ **109. 苦木科 Simaroubaceae**

152. 子房不裂。

153. 子房每室 1 胚珠；雄蕊 10；核果；奇数羽状复叶，富树脂 ⋯⋯⋯⋯ **116. 漆树科 Anacardiaceae**

153. 子房每室 2 至多数胚珠。

154. 雄蕊 10～20，花丝基部合生；花萼 5～6，花瓣 5～6，宿存，常硬化；子房 4～6 室；伞房花序；蒴果室间开裂，种子有翅 ⋯⋯⋯⋯⋯⋯⋯⋯ **73. 粘木科 Ixonanthaceae**

154. 雄蕊 5～10，花丝分离；子房 4～5 室。

155. 雄蕊 8～10；花单性或杂性；每室 2 胚珠；核果；奇数羽状复叶⋯ **110. 橄榄科 Burseraceae**

155. 雄蕊 5 或 4～6。

156. 每室 2 胚珠；有假种皮；单叶 ·· **97. 卫矛科** Celastraceae

156. 每室 8 ~ 12 胚珠；蒴果室轴 5 瓣裂，种子有翅；奇数羽状复叶 ··· 112. **楝科** Meliaceae（香椿属 *Toona*）

142. 花药顶孔开裂。

  157. 雄蕊 5，花丝基部靠合；花萼宿存；蒴果有角，种子顶端有翅 ········ **81. 五列木科** Pentaphylacaceae

  157. 雄蕊 8 ~ 10。

    158. 每室 10 胚珠；花萼宿存；浆果；叶互生 ························· **80. 猕猴桃科** Actinidiaceae

    158. 每室多数胚珠；药隔延伸为附属体；叶对生，具主脉 3 ~ 9 条 ········ **94. 野牡丹科** Melastomataceae

139. 子房 3 室。

 159. 花辐射对称。

 160. 花两性。

  161. 雄蕊 6 ~ 15。

   162. 花药纵裂，稀孔状短裂。

    163. 无花盘，稀花盘甚小。

     164. 每室多数胚珠；雄蕊 4 ~ 8 ~ 12（ ~ 多数）；花萼裂片间常有附属体，花瓣着生在近萼筒顶部，在芽内皱折；蒴果横裂 ······························· **141. 千屈菜科** Lythraceae

     164. 每室 1 ~ 2 胚珠；雄蕊 10 或 15。

      165. 每室 2 胚珠；雄蕊 15（ ~ 10），药隔锥尖成或凸尖；花萼裂片结果时增大为翅状；富树脂；常被星状毛或盾状鳞片 ······························· **82. 龙脑香科** Dipterocarpaceae

      165. 每室 1 胚珠；雄蕊 10，花丝基部多合生，稀分离。

       166. 花萼裂片常有腺体，花瓣有爪，齿裂或撕裂；果分裂为 1 ~ 3 果瓣；叶对生，常被丁字毛或腺体 ·· **74. 金虎尾科** Malpighiaceae

       166. 花萼钟状，5 裂，宿存，花瓣内面有舌状体；核果；叶互生 ········ **76. 古柯科** Erythroxylaceae

    163. 有花盘。

     167. 叶具透明油腺点；药隔先端常有腺体 ························· **108. 芸香科** Rutaceae

     167. 叶无透明油腺点；药隔无腺体 ···················· **110. 橄榄科** Burseraceae（橄榄属 *Canarium*）

   162. 花药孔裂，或孔状短裂。

    168. 无花盘或花盘退化；每室多数胚珠；花药顶孔开裂 ·······························

    ·················· **83. 桤叶树科**（山柳科）Clethraceae（山柳属 *Clethra*）

    168. 有花盘；每室 1 或少数胚珠；花药孔状短裂 ·················· **74. 金虎尾科** Malpighiaceae

  161. 雄蕊 4 ~ 5。

   169. 无花盘。

    170. 花丝在基部连合；子房每室具假隔分为 2 小室，每小室具 1 胚珠；蒴果 ·····················

    ···················· **75. 亚麻科** Linaceae（石海椒属 *Reinwardtia*）

    170. 花丝分离；每室多数胚珠；蒴果；有假种皮 ·················· **63. 海桐科** Pittosporaceae

   169. 有花盘。

    171. 每室多数胚珠；稀少数。

     172. 雄蕊着生在花盘上；花瓣甚窄；蒴果 2 瓣裂；单叶，互生 ······· **30. 鼠刺科** Escalloniaceae

     172. 雄蕊常生在杯状花盘外缘；羽状复叶或单小叶，对生 ········· **119. 省沽油科** Staphyleaceae

    171. 每室 1 ~ 2 胚珠。

     173. 叶具透明油腺点；药隔顶端常有腺体，雄蕊 4 ~ 5；无托叶 ·········· **108. 芸香科** Rutaceae

     173. 叶无透明油腺点；药隔无腺体，有托叶。

      174. 胚珠 2，着生在子房腔内角；花瓣开展；蒴果；常有假种皮 ········· **97. 卫矛科** Celastraceae

174. 胚珠 1、基生、直立；花瓣凹入，有爪，常包被雄蕊；核果、蒴果、翅果⋯ **102. 鼠李科 Rhamnaceae**

160. 花单性或杂性；有花盘。

  175. 雄蕊 6 ~ 10(~ 15)。

    176. 每室 1 ~ 2 倒生胚珠，并生，悬垂；花盘有时退化为腺体；种子有种阜；常有乳液；多为单叶，叶基部或有腺体 ⋯⋯⋯⋯⋯⋯⋯⋯⋯⋯⋯⋯⋯⋯⋯⋯⋯⋯⋯⋯⋯ **77. 大戟科 Euphorbiaceae**

    176. 花盘发达；种子无种阜；无乳液；羽状复叶。

      177. 花盘 10 裂；雄蕊 10；子房 2 ~ 5 深裂；雌雄异株；翅果 1 ~ 5 ⋯⋯⋯⋯⋯⋯⋯ ⋯⋯⋯⋯⋯⋯⋯⋯⋯⋯⋯⋯⋯⋯ **109. 苦木科 Simaroubaceae（ 臭椿属 *Ailanthus*）**

      177. 花盘环状、杯状或 5 裂，具有角状体；雄蕊 6 ~ 10。

        178. 雄蕊 6（ ~ 10 ），着生在花盘外缘；花瓣 3 ~ 5；核果 ⋯⋯⋯⋯⋯⋯⋯⋯⋯ ⋯⋯⋯⋯⋯⋯⋯⋯⋯⋯⋯⋯ **110. 橄榄科 Burseraceae（ 橄榄属 *Canarium*）**

        178. 雄蕊 8 ~ 10，着生在花盘内缘或花盘之上，花丝常有毛；花瓣 5，其内面或有鳞片；蒴果或核果状 ⋯⋯⋯⋯⋯⋯⋯⋯⋯⋯⋯⋯⋯⋯ **113. 无患子科 Sapindaceae**

  175. 雄蕊 2 ~ 5（ ~ 6 ）；每室 1 ~ 2 胚珠。

    179. 无花盘，雄蕊 2 ~ 4；花萼 4（ ~ 5 ）；子房 3 ~ 8 室；花杂性异株；核果 ⋯⋯ **95. 冬青科 Aquifoliaceae**

    179. 有花盘。

      180. 叶具透明油腺点；药隔顶端常有腺体；每室 1 胚珠；圆锥花序；小核果⋯⋯⋯ ⋯⋯⋯⋯⋯⋯⋯⋯⋯⋯⋯⋯ **108. 芸香科 Rutaceae（ 茵芋属 *Skimmia*）**

      180. 叶无透明油腺点；花隔顶端无腺体。

        181. 胚珠 2，着生在子房腔内角；花瓣开展；蒴果；常有假种皮 ⋯⋯⋯ **97. 卫矛科 Celastraceae**

        181. 胚珠 1、基生、直立；花瓣凹入，有爪，常包被雄蕊；核果 ⋯⋯⋯⋯⋯ ⋯⋯⋯⋯⋯⋯⋯⋯⋯⋯⋯⋯ **102. 鼠李科 Rhamnaceae（ 鼠李属 *Rhamnus*）**

159. 花两侧对称；每室 2 胚珠。

  182. 无花盘；花萼钟状，微 5 裂；花瓣着生在萼管上；雄蕊 8，花丝有毛，花药丁字着生，2 顶孔开裂；子房 3 ~ 5 室；木质蒴果，3 瓣裂；奇数羽状复叶，互生，无托叶 ⋯⋯⋯⋯⋯⋯⋯⋯ ⋯⋯⋯⋯⋯⋯⋯⋯⋯⋯⋯⋯⋯ **114. 伯乐树科 Bretschneideraceae**

  182. 有花盘；花药纵裂。

    183. 叶对生，掌状复叶；冬芽有胶质；雄蕊 5 ~ 9，着生在花盘内缘；蒴果，种子大、种脐大 ⋯⋯⋯ ⋯⋯⋯⋯⋯⋯⋯⋯⋯⋯⋯⋯ **118. 七叶树科 Hippocastanaceae**

    183. 叶互生。

      184. 花盘偏于一边；雄蕊 7 ~ 8；蒴果⋯⋯⋯⋯⋯⋯⋯⋯ **113. 无患子科 Sapindaceae**

      184. 花盘围绕子房基部；雄蕊 5，外面 3 枚退化；核果 ⋯⋯⋯⋯⋯⋯⋯⋯⋯⋯⋯⋯⋯ ⋯⋯⋯⋯⋯⋯⋯⋯⋯⋯⋯⋯ **115. 清风藤科 Sabiaceae（ 泡花树属 *Meliosma*）**

138. 子房 2 室。

  185. 花两性。

    186. 无花盘。

      187. 雄蕊 2，花药有尖头或椭圆状；花萼小，4 裂；花瓣 4；坚果有翅或核果 ⋯⋯ **123. 木犀科 Oleaceae**

      187. 雄蕊 4 ~ 12，稀多数。

        188. 叶互生；雄蕊 5。

          189. 花成对腋生，无假种皮；叶具掌状脉 ⋯⋯⋯⋯⋯ **39. 金缕梅科 Hamamelidaceae（ 双花木属 *Disanthus*）**

          189. 圆锥或伞房花序；有假种皮；叶羽状脉 ⋯⋯⋯⋯⋯⋯ **63. 海桐科 Pittosporaceae**

        188. 叶对生；雄蕊 4 ~ 12。

190. 萼片 4～5；雄蕊多为 8 或 4～10；子房扁平；翅果 ················· **117. 槭树科** Aceraceae

190. 花萼管状或钟状，4 或 6 裂，裂片间常有附属体；蒴果横裂 ·········· **141. 千屈菜科** Lythraceae

186. 有花盘。

191. 花两侧对称；雄蕊 5、有时 3 枚退化；每室 2 胚珠；核果·········· **115. 清风藤科** Sabiaceae

191. 花辐射对称。

192. 雄蕊 4～5；单叶或掌状复叶。

193. 花序与叶对生，总花梗有卷须；藤本；枝条有关节；叶互生，具透明腺点 ··················

··· **103. 葡萄科** Vitaceae

193. 花序顶生或腋生；无卷须。

194. 每室多数胚珠；无托叶；花瓣甚窄；蒴果 2 瓣裂；叶常具腺齿 ·················

·································· **30. 鼠刺科** Escalloniaceae（鼠刺属 *Itea*）

194. 每室 1～2 胚珠；有托叶。

195. 胚珠 1；花瓣凹入；种子无假种皮 ········· **102. 鼠李科** Rhamnaceae

195. 胚珠 2，花瓣不凹入；种子常具假种皮 ········· **97. 卫矛科** Celastraceae

192. 雄蕊 6～10；羽状复叶 ················· **110. 橄榄科** Burseraceae（橄榄属 *Canarium*）

185. 花单性或杂性。

196. 无花盘；每室 1～2 胚珠，雄蕊 2(3～4)，花瓣窄长条形；核果·········

························· **123. 木犀科** Oleaceae（流苏树属 *Chionanthus*）

196. 有花盘。

197. 花两侧对称；花瓣 5，大小不相等；雄蕊 5，3 枚退化；子房 2～3 室，每室 2 胚珠；核果 ·········

··· **115. 清风藤科** Sabiaceae（泡花树属 *Meliosma*）

197. 花辐射对称。

198. 雄蕊 6 或 8，稀 4 或 10；无托叶。

199. 叶对生；子房扁平；雄蕊 8(4～10)；翅果 ················· **117. 槭树科** Aceraceae

199. 叶互生，羽状复叶。

200. 雄蕊 6(～10)；每室 2 胚珠；奇数羽状复叶 ················· **110. 橄榄科** Burseraceae

200. 雄蕊 8；每室 1 胚珠；偶数羽状复叶 ················· **113. 无患子科** Sapindaceae

198. 雄蕊 4～5；有托叶。

201. 花序与叶对生，总花梗有卷须；花 4 出数，柱头 4 裂；浆果；藤本；有卷须；枝条有关节；叶互生、具透明腺点 ················· **103. 葡萄科** Vitaceae（崖爬藤属 *Tetrastigma*）

201. 花序顶生或腋生，无卷须。

202. 胚珠 2，着生在子房腔内角；花瓣开展；雄蕊 5；蒴果；常具假种皮 ······ **93. 卫矛科** Celastraceae

202. 胚珠 1，基生、直立；花瓣凹入，有瓣爪，常包被雄蕊，雄蕊 4～5；子房 2～4 室；核果·········

··· **102. 鼠李科** Rhamnaceae（鼠李属 *Rhamnus*）

115. 花丝连合成管状体、柱状体或鞘状体。

203. 花两性。

204. 花辐射对称。

205. 花药 1 室；花大；花萼肉质，不规则分裂，常有副萼；花瓣外密被白毛；子房 5 室；蒴果，果皮内壁密被毛；乔木；掌状复叶 ················· **71. 木棉科** Bombaceae（吉贝属 *Ceiba*）

205. 花药 2 室或花丝分裂形成 1 室花药。

206. 花萼下常有小苞片或副萼；雄蕊多数，花丝分裂形成 1 室花药；子房多为 5 室，稀多室或 2～3 室；蒴果常分裂为果瓣；叶多具掌状脉，被星状毛或鳞片；富韧皮纤维 ········· **72. 锦葵科** Malvaceae

206. 花通常无副萼；花药 2 室。

  207. 无花盘；雄蕊多数；单叶或掌状复叶；被星状毛 ················ **70. 梧桐科** Sterculiaceae

  207. 有花盘；或花盘不显著；雄蕊 8 ~ 10(5)；羽状复叶，无托叶 ·········· **112. 楝科** Meliaceae

204. 花两侧对称。

  208. 穗状或总状花序；萼片 5，2 枚为花瓣状；花瓣 3；子房 2 室；蒴果 ·························

    ·· **66. 远志科** Polygalaceae（**远志属** *Polygala*）

  208. 花单生、簇生或聚伞花序；花萼管状，5 裂；花瓣 5；子房 5 室，被星状毛，果膏葵状 ·········

    ·· **70. 梧桐科** Sterculiaceae（**山芝麻属** *Helicteres*）

203. 花单性或杂性。

  209. 单叶对生，侧脉细密，无托叶；花萼 4，花瓣 4；子房 2 ~ 12 室，每室 1 胚珠；浆果；有假种皮 ······

    ·· **87. 山竹子科** Clusiaceae（**山竹子属** *Garcinia*）

  209. 叶互生。

    210. 花单性，子房 3 室，每室 1 ~ 2 倒生胚珠、并生、悬垂；有花盘或退化为腺体；种子有种阜；常有乳

      液；多为单叶，叶基无或有腺体，有托叶 ·········· **77. 大戟科** Euphorbiaceae

    210. 花杂性；圆锥花序；子房 1 ~ 3 室

      211. 花具叶状小苞片 4 ~ 6，结果时增大为翅状；子房 2 ~ 3 室，每室 2 胚珠；蒴果 3 瓣裂；叶具掌状脉

        ·· **72. 锦葵科** Malvaceae（**翅果麻属** *Kydia*）

      211. 花小、球形，无小苞片，杂性异株；子房 1 ~ 2(3 ~ 5)室，每室 2 ~ 1 胚珠；浆果状；叶羽状脉

        ·· **112. 楝科** Meliaceae（**米仔兰属** *Aglaia*）

114. 子房 1 室。

 212. 花辐射对称。

  213. 花两性。

    214. 花药瓣裂；花萼和花冠或花被瓣 3 枚 1 轮，2 至多轮。

      215. 雄蕊 3 ~ 4 轮，每轮 3 枚，花丝常有腺体；子房具 1 胚珠；植物体富含芳香油 ·············

        ·· **17. 樟科** Lauraceae

      215. 雄蕊 6，与花瓣对生；子房具 1 至多数胚珠；植物体常有刺 ·········· **136. 小檗科** Berberidaceae

    214. 花药纵裂；花部通常 4 ~ 5 出数。

      216. 雄蕊多数。

        217. 花丝合生。

          218. 花丝合生成管状；荚果旋卷；二回羽状复叶 ·····························

            ······················· **25. 含羞草科** Mimosaceae（**围涎树属** *Pithecellobium*）

          218. 花丝基部连合成 3 ~ 5 束，与花瓣对生，子房具 3 ~ 5 侧膜胎座；蒴果；单叶对生，有时轮生，具

            透明油腺点 ················ **86. 金丝桃科** Hypericaeae（**金丝桃属** *Hypericum*）

        217. 花丝分离。

          219. 花萼钟状或杯状，花瓣、雄蕊着生在萼筒上，子房具 2 悬垂胚珠；核果 ·········

            ····························· **22. 蔷薇科** Rosaceae（**李亚科** Prunoideae）

          219. 雄蕊着生在子房基部，侧膜胎座或边缘胎座，子房具 2 至多数胚珠。

            220. 雌蕊由 1 心皮构成，边缘胎座，子房扁平；花药小，先端具 1 脱落性腺体；荚果；二回稀一回

              羽状复叶 ······························ **25. 含羞草科** Mimosaceae

            220. 雌蕊由 2 个以上心皮构成，具 2 ~ 10 侧膜胎座。

              221. 叶对生，全缘，叶柄基部合生，无托叶；柱头 5 ~ 10 裂，有花盘；子房因侧膜胎座凸入有时形

                成 5 ~ 10 假室；蒴果；植物体有香味 ·········· **56. 半日花科** Cistaceae（**岩蔷薇属** *Cistus*）

              221. 叶互生，有托叶。

                222. 子房具长柄；花萼 4，花瓣 4；有花盘；浆果；藤本，具有托叶刺 ·············

                  ··················· **64. 白花菜科** Capparidaceae（**槌果藤属** *Capparis*）

222. 子房无柄。

 223. 无花盘；花萼基部有2腺体；花药马蹄形，顶部短纵裂；侧膜胎座2；蒴果被软刺；种皮稍肉质，红色 ·················· **55. 胭脂树科 Bixaceae**

 223. 有花盘，或在花瓣与子房间有附属体；侧膜胎座3~5；叶2列 ········ **57. 大风子科 Flacourtiaceae**

216. 雄蕊4~10。

 224. 边缘胎座；雄蕊10(~4)，花丝分离。

  225. 花萼5深裂，花瓣较大，多为覆瓦状排列 ·················· **24. 苏木科 Caesalpiniaceae**

  225. 花萼柱状钟形，齿裂或5深裂，花瓣较小，或为圆形，瓣爪长，多镊合状排列，花药先端有腺体 ·················· **25. 含羞草科 Mimosaceae**

 224. 侧膜或特立中央胎座。

  226. 花萼杯状或钟状，花瓣、雄蕊着生在萼筒上(周位着生)；子房1室，胚珠2；核果；有托叶········ **22. 蔷薇科 Rosaceae(李亚科 Prunoideae)**

  226. 花萼不为杯状、钟状，花瓣、雌蕊着生在花托上(下位着生)

   227. 二至三回羽状复叶；雄蕊6，萼片多数 ·················· **135. 南天竹科 Nandinaceae**

   227. 单叶；雄蕊4~10，萼4~6。

    228. 胚珠多数。

     229. 花盘缺裂或腺体状，雄蕊4~10；蒴果，种子有冠毛或翅；小枝细，叶鳞片状 ·················· **65. 柽柳科 Tamaricaceae**

     229. 无花盘。

      230. 雄蕊8或10。

       231. 雄蕊10，着生花冠上，子房假5室；叶掌状深裂；有乳液 ········ **67. 番木瓜科 Caricaceae**

       231. 雄蕊8，子房假4室；花具2小苞片 ·················· **41. 旌节花科 Stachyuraceae**

      230. 雄蕊5，萼片5，大小相等，无退化雄蕊；子房有时具不完全2~5室；蒴果；种子有假种皮；叶近轮生 ·················· **63. 海桐科 Pittosporaceae**

    228. 胚珠1~3；雄蕊5，有花盘，花盘5裂 ·················· **96. 茶茱萸科 Icacinaceae**

213. 花单性或杂性。

 232. 雄蕊合生成管状或壶状。

  233. 雄蕊多数合生成管状，花药小，顶端具腺体；荚果旋卷；二回羽状复叶 ·················· **25. 含羞草科 Mimosaceae(围涎树属 Pithecellobium)**

  233. 雄蕊合生成壶状，顶端5齿裂，花药5~6(~10)；浆果状；羽状复叶或3小叶；雌雄异株·················· **112. 楝科 Meliaceae(米仔兰属 Aglaia)**

 232. 雄蕊花丝分离，稀基部连合。

  234. 子房具多数胚珠，稀少数。

   235. 子房具少数胚珠；雄蕊4~5，着生在花瓣上；浆果具1种子；叶常有油腺点；藤本状；无托叶 ··· **104. 紫金牛科 Myrsinaceae(酸藤子属 Embelia)**

   235. 子房具多数胚珠；雄蕊多数或5~10；浆果。

    236. 雄蕊10，着生在花冠筒上；雌花具5花瓣；具乳液；叶形大，掌状深裂，集生树干顶端·················· **67. 番木瓜科 Caricaceae**

    236. 雄蕊多数或5~8；无乳液。

     237. 雌雄异株；花萼5裂，花瓣5；雄蕊多数，或5~8；子房具3~6侧膜胎座 ·················· **57. 大风子科 Flacourtiaceae**

     237. 花杂性；萼片4，花瓣4；雄蕊多数；子房有长柄，具2侧膜胎座 ·················· **64. 白花菜科 Capparidaceae(鱼木属 Crateva)**

  234. 子房具1~2胚珠。

   238. 花药瓣裂，花丝有腺体；植物体富含芳香油 ·················· **17. 樟科 Lauraceae**

   238. 花药纵裂，花丝无腺体。

239. 雄蕊多数；具黄色树脂，有透明油腺点 ·················· **87. 山竹子科 Clusiaceae (红厚壳属 *Calophyllum*)**

239. 雄蕊 1 ~ 10；无黄色树脂，无透明油腺点 ·················· **116. 漆树科 Anacardiaceae**

212. 花两侧对称，荚果。

 240. 花稍两侧对称；近轴的花瓣在内面，雄蕊分离；多为一至二回羽状复叶，稀单叶；通常无托叶 ······
  ······················ **24. 苏木科 Caesalpiniaceae**

 240. 花冠蝶形；旗瓣在外面；雄蕊合生成 1 ~ 2 束，稀分离 ·················· **26. 蝶形花科 Fabaceae**

113. 子房下位、半下位，稀 1/3 下位。

241. 雄蕊多数。

 242. 叶互生。

  243. 花瓣细长形兼长方形，最后向外翻转 ·················· **34. 八角枫科 Alangiaceae**

  243. 花瓣不呈细长形，或为细长形时也不向外翻转。

   244. 叶无托叶。

    245. 叶全缘；果实肉质或木质 ·················· **89. 玉蕊科 Lecythidaceae**

    245. 叶缘多少有些锯齿或齿裂；果实呈核果状，其形歪斜 ·················· **32. 山矾科 Symplocaceae**

   244. 叶有托叶。

    246. 花瓣极度扭曲，常有毛；雄蕊药隔向上延伸；花萼裂片中有 2 个或更多个在果实上变大而呈翅状
     ······················ **82. 龙脑香科 Dipterocarpaceae**

    246. 花瓣呈覆瓦状或旋转状排列；花药隔并不向上延伸；花萼裂片也无上述变大的情形。

     247. 花成伞房、圆锥、伞形或总状等花序，稀可单生；心皮 2 ~ 5 个，或子房 2 ~ 5 室，每室 1 ~ 2 胚珠；梨果 ·················· **22. 蔷薇科 Rosaceae (苹果亚科 Maloideae)**

     247. 花成头状或肉穗花序；心皮 2 个，或子房 2 室，每室 2 ~ 6 胚珠；蒴果 ··················
      ······················ **39. 金缕梅科 Hamamelidaceae**

 242. 叶对生。

  248. 子房 3 ~ 7 室，或 2 层叠生，上室具侧膜胎座，下室具中轴胎座，胚珠多数；花萼 5 ~ 7 裂；花瓣 5 ~ 7 或多数，有皱纹；浆果球形，外皮厚，假种皮肉质；常有枝刺；无托叶 ······ **92. 石榴科 Punicaceae**

  248. 子房不为 2 层叠生。

   249. 无花盘；种子小、多数。

    250. 花全为能育的；花瓣白色、显著；蒴果室背开裂 ·················· **27. 山梅花科 Philadelphaceae**

    250. 花序上有些花为不育的，具花瓣状萼片，能育的花较小，蒴果顶部或横间开裂；种子常有翅和网纹 ·················· **28. 绣球科 Hydrangeaceae**

   249. 有花盘。

    251. 每室 2 胚珠；小枝节部肿胀；子叶圆柱状或合生 ·················· **90. 红树科 Rhizophoraceae**

    251. 每室多数胚珠。

     252. 子房下位，1 ~ 5 室；常有透明油腺点 ·················· **88. 桃金娘科 Myrtaceae**

     252. 萼管与子房基部合生，子房半下位或 1/3 下位，4 至多室 ·················· **91. 海桑科 Sonneratiaceae**

241. 雄蕊少数，稀至 15。

 253. 雄蕊 6 ~ 10，稀至 15。

  254. 子房 2 ~ 10 室。

   255. 无花盘。

    256. 每室 2 胚珠；雄蕊 15(~ 10)，药隔长锥尖或凸尖；萼管裂片结果时增大为翅状 ··················
     ······················ **82. 龙脑香科 Dipterocarpaceae**

    256. 每室几个至多数胚珠。

     257. 叶互生；雄蕊 7 ~ 10，药隔延伸为 3 ~ 2 齿裂的附属体或无附属体；子房 3(4 ~ 5)；蒴果 ··················
      ······················ **31. 野茉莉科 Styracaceae**

     257. 叶对生。

258. 花药顶孔开裂，稀纵裂，药隔常延伸成附属体；叶常具 3～9 主脉 ……………………………
　　　………………………………………………………… **94. 野牡丹科** Melastomataceae

258. 花药纵裂，药隔无附属体。

259. 花全为能育的；花瓣白色、显著；蒴果室背开裂或浆果 ………… **27. 山梅花科** Philadelphaceae

259. 花序上有少数花为不育的，具花瓣状萼片，能育的花较小；蒴果顶部或棱间开裂；种子常有翅
　　　和网纹 ……………………………………………………… **28. 绣球科** Hydrangeaceae

255. 有花盘。

260. 叶互生；聚伞花序，腋生；萼片和花瓣均为 4～10，花瓣条形，常外卷；雄蕊 8～20；子房 1～2 室，
　　　每室 1 胚珠；核果 ……………………………………………… **34. 八角枫科** Alangiaceae

260. 叶对生。

261. 花单生叶腋；花瓣 5，雄蕊 10，药隔常有腺体；蒴果；叶有透明油腺点 ……………………
　　　…………………………………………… **88. 桃金娘科** Myrtaceae（岗松属 Baeckea）

261. 聚伞花序、单生或簇生；花瓣 4～6（3～14），雄蕊 6～12（10～28）；果革质，不裂；小枝节部肿胀
　　　……………………………………………………………… **90. 红树科** Rhizophoraceae

254. 子房 1 室。

262. 每室 2～12 或多数胚珠。

263. 子房半下位，胚珠多数；花萼 4～12 裂，花瓣 4～12，雄蕊 4～12、与花瓣对生；有腺体与花萼裂片
　　　对生；花柱、胎座均为 3～5；果顶部开裂，中部具宿存花萼、花瓣；叶互生 ………………………
　　　…………………………………… **58. 天料木科** Samydaceae（天料木属 Homalium）

263. 子房下位，胚珠 2～12；叶对生。

264. 胚珠 2～6；花萼管状、4～5 齿裂，雄蕊 10、花药丁字着生；有花盘；果常有翅 …………………
　　　………………………………………………………………… **93. 使君子科** Combretaceae

264. 胚珠 6～12；花萼 4 浅裂、平截；雄蕊 8、药隔基部有距；花瓣 4；浆果或核果 ………………
　　　………………………………… **94. 野牡丹科** Melastomataceae（谷木属 Memecylon）

262. 每室 1 胚珠；核果，或坚果具窄翅。

265. 聚伞花序；花萼裂片和花瓣均为 4～10；花瓣条形、常外卷、基部靠合；核果 …………………
　　　………………………………………………………………… **34. 八角枫科** Alangiaceae

265. 伞形、头状或总状花序，花萼 5 齿裂。

266. 头状、总状或伞形花序；花瓣 5，覆瓦状排列；果为核果状或翅果状 …… **35. 蓝果树科** Nyssaceae

266. 伞形花序；花瓣 5，镊合状排列，雄蕊常有 5 枚不发育；木质干果长达 4.5cm …………………
　　　………………………………………… **37. 五加科** Araliaceae（马蹄参属 Diplopanax）

253. 雄蕊 2～5。

267. 子房 2～10 室。

268. 花药顶孔开裂，稀纵裂，药隔常延伸成附属体；蒴果或浆果；叶对生，具 3～9 主脉…………………
　　　………………………………………………………………… **94. 野牡丹科** Melastomataceae

268. 花药常纵裂，药隔无附属体。

269. 伞形花序，常再集生为穗状、总状、头状或圆锥状复花序；花盘着生在子房顶部；子房 2～10 室，
　　　每室 1 胚珠；核果；托叶贴生叶柄基部或生于叶柄内 ………………… **37. 五加科** Araliaceae

269. 头状、总状、聚伞或圆锥花序，稀为伞形花序。

270. 子房下位，每室 1 胚珠；无托叶。

271. 花萼 4 齿裂或小，花瓣 4，或 3 ~ 5(伞形花序生于叶面) ··
··· **33. 山茱萸科 Cornaceae**(**青荚叶属** *Helwingia*)

271. 花萼 5 齿裂，花瓣 5 ··· **35. 蓝果树科 Nyssaceae**

270. 子房半下位或 1/3 下位。

272. 无花盘；子房 2 室，半下位，每室 1 胚珠；蒴果，种子黑色；常被星状毛··················
··· **39. 金缕梅科 Hamamelidaceae**

272. 有花盘；子房 2 ~ 3 室，1/3 下位或藏于花盘内。

273. 每室多数胚珠；花瓣甚窄；蒴果 2 瓣裂；叶常具腺齿，无托叶 ····························
··· **30. 鼠刺科 Escalloniaceae**(**鼠刺属** *Itea*)

273. 每室 1 胚珠、直立、基生；花萼 5 裂、宿存；花瓣 5；蒴果或核果；花杂性或两性；托叶小 ···
··· **102. 鼠李科 Rhamnaceae**

267. 子房 1 室。

274. 子房半下位；托叶小或无 ··················· **58. 天料木科 Samydaceae**(**天料木属** *Homalium*)

274. 子房下位；无托叶。

275. 胚珠多数，2 侧膜胎座；雄蕊 5；花萼宿存；浆果 ····················· **29. 醋栗科 Grossulariaceae**

275. 胚珠 1。

276. 雄蕊着生在花瓣上；寄生灌木，用吸根侵入寄主；单叶对生或轮生，通常厚革质，或退化为鳞片；
浆果；无种皮 ··· **99. 桑寄生科 Loranthaceae**

276. 雄蕊下位，着生在花托上。

277. 头状花序；雄蕊 5 ~ 12 ································· **35. 蓝果树科 Nyssaceae**

277. 聚伞或圆锥花序；雄蕊 4 ~ 5。

278. 聚伞花序；花丝基部有 1 对腺体，花药瓣裂；果具 2 宽翅和 2 窄翅或果包藏于膨大的总苞内 ···
··· **18. 莲叶桐科 Hernandiaceae**

278. 圆锥花序；花盘垫状或 4 角状；花药纵裂；浆果或核果 ············· **33. 山茱萸科 Cornaceae**

93. 花冠为连合的花瓣组成。

279. 子房由 2 心皮构成，心皮分离或靠合；胚珠多数；形成两个分离或靠合的蓇葖果(腹缝开裂)，稀浆果
状，种子多数，常具成束丝毛，稀有翅；花萼内常有腺体或鳞片；常有副花冠，或为毛状、鳞片状附
属体；雄蕊 5，着生花冠筒上，花药常在柱头周围黏合；叶对生、轮生，稀互生；多有乳液。

280. 花粉不形成花粉块；花盘环状、杯状，或为分离腺体 ·············· **124. 夹竹桃科 Apocynaceae**

280. 花粉在药室内形成花粉块；无花盘················· **125. 萝藦科 Asclepiadaceae**

279. 不具有上列综合性状。

281. 花丝连合成管状或在基部连合。

282. 雄蕊多数。

283. 子房 1 室，边缘胎座；荚果；二回羽状复叶 ·············· **25. 含羞草科 Mimosaceae**

283. 子房 5(2 至多数)室，中轴胎座；单叶。

284. 花常具副萼或小苞片；花丝连合成柱状，花丝顶端分裂，花药 1 室；有托叶··················
··· **72. 锦葵科 Malvaceae**

284. 花无副萼；花丝分离或稍连合，花药 2 室；无托叶 ············· **78. 山茶科 Theaceae**

282. 雄蕊 3 ~ 10(~ 16)。

285. 雄蕊 8 ~ 12(~ 16)。

286. 花单性，雌雄同株；雄蕊 8 ~ 12，花盘腺体状；子房 2 ~ 4 室；雄花花瓣旋卷状排列，雌花无花
瓣；蒴果 ··· **77. 大戟科 Euphorbiaceae**(**麻风树属** *Jatropha*)

286. 花两性；雄蕊 10（~16）；子房 1 室或上部 1 室；花萼钟状或管状、宿存 ………………………………………………………………… **31. 野茉莉科 Styracaceae**

285. 雄蕊 3~6。

  287. 花单性，雌雄异株；花丝合生成管状，花药横裂；子房 1 室，胚珠 2，柱头 3~5 裂；圆锥花序；核果扁平；藤本；叶盾形 ……………… **134. 防己科 Menispermaceae（轮环藤属 Cyclea）**

  287. 花两性，雄蕊 5。

    288. 花丝连合成管状，基部与花冠黏合，花丝管顶端 5 齿裂；子房 3~6 室，每室 1 胚珠；伞房状聚伞花序与叶对生；浆果；一至四回羽状复叶，稀单小叶 … **103. 葡萄科 Vitaceae（火筒树属 Leea）**

    288. 花丝基部连合，子房 4 室，每室 2 胚珠；具 5 枚齿状退化雄蕊；聚伞花序；蒴果；叶互生 …………………………………… **75. 亚麻科 Linaceae（青篱柴属 Tirpitzia）**

281. 花丝分离或仅在基部连合。

 289. 子房上位。

  290. 雄蕊多数。

   291. 子房 1 室，边缘胎座；花药小，花隔先端具腺体；荚果；羽状复叶……………………………………………………………… **25. 含羞草科 Mimosaceae（金合欢属 Acacia）**

   291. 子房 3~12 室，中轴胎座；浆果；单叶。

    292. 花药丁字着生，孔裂或短纵裂；浆果；叶集生枝顶，侧脉显著、平行，常被粗毛或鳞片 ………………………………………………………………… **79. 水东哥科 Saurauiaceae**

    292. 花药不为丁字着生，花药纵裂。

     293. 花单生或几朵集生；萼片分离或稍连合；药隔不突出；子房 2~10 室，每室 2 至多数胚珠；无托叶 ……………………………………………………… **78. 山茶科 Theaceae**

     293. 圆锥花序；萼筒 5 裂，结果时增大为翅状；药隔长尖；子房 3 室，每室 2 胚珠；常被星状毛或盾状鳞片；有托叶 ……………… **82. 龙脑香科 Dipterocarpaceae**

  290. 雄蕊少数，稀至 15。

   294. 子房 2 至多室。

    295. 花两性。

     296. 雄蕊 6~10，稀至 15。

      297. 花瓣仅在基部稍连合；子房 3 室，每室 2 胚珠 ………………… **82. 龙脑香科 Dipterocarpaceae**

      297. 花冠管状、钟状、壶状或漏斗状，4~6 裂；子房 5~14 室；雄蕊着生在花冠筒上。

       298. 雄蕊 6 或 12，常有退化雄蕊，花药纵裂；子房 6~14 室，每室 1 胚珠；浆果；常有乳液 ……………………………………………………………… **106. 山榄科 Sapotaceae**

       298. 雄蕊 10；胚珠多数。

        299. 花药纵裂；子房假 5 室，侧膜胎座；浆果；叶大，掌状深裂；有乳液 ……………………………………………………………… **67. 番木瓜科 Caricaceae**

        299. 花药常有附属物，顶孔开裂；子房 5（~10）室，中轴胎座；蒴果，稀为肉质花萼所包被；叶形小、全缘 ……………………………… **84. 杜鹃花科 Ericaceae**

     296. 雄蕊 2~5。

      300. 花药顶孔开裂，稀短纵裂；每室多数胚珠。

       301. 花药常有附属体，雄蕊 5~10，着生在花盘上；子房 5~10 室；蒴果 … **84. 杜鹃花科 Ericaceae**

       301. 花药黏合成圆锥体，雄蕊 5，着生在花冠筒上；子房 2 室；浆果；被星状毛 ……………………………………………………… **145. 茄科 Solanaceae（茄属 Solanum）**

      300. 花药纵裂。

302. 雄蕊 2；子房 2 室；叶对生、轮生，稀互生。

 303. 花辐射对称；雄蕊 2（3 ~ 4）；无花盘；每室 1 ~ 2 胚珠；花萼 4（ ~ 15）裂，花冠 4（ ~ 11）裂；叶对生，
  稀互生 ·· **123. 木犀科** Oleaceae

 303. 花萼 2 唇形或不规则分裂；花冠针状，2 唇形；雄蕊 2、内藏；每室多数胚珠；蒴果细长、2 裂；种子
  有毛 ·· **127. 紫葳科** Bignoniaceae（ 梓属 Catalpa ）

302. 雄蕊 4 ~ 5。

 304. 雄蕊下位，花瓣基部连合或靠合成帽盖状；子房 2 室，每室 2 胚珠；花序与叶对生，总花梗常有卷须；
  浆果；藤本 ··· **103. 葡萄科** Vitaceae

 304. 雄蕊着生在花冠筒上。

  305. 花辐射对称。

   306. 每室多数胚珠。

    307. 叶互生；聚伞花序；花冠裂片折叠或旋转排列；有花盘；雄蕊 5；浆果········ **145. 茄科** Solanaceae

    307. 叶对生。

     308. 无花盘。

      309. 花冠裂片覆瓦状排列；蒴果；种子有翅。

       310. 雄蕊 5；花冠 5 裂 ·· **120. 马钱科** Loganiaceae

       310. 雄蕊 4；花冠 4 裂；常被星状毛 ··························· **121. 醉鱼草科** Buddlejaceae

      309. 花冠裂片镊合状排列；浆果；种子无翅 ············· **122. 马钱子科** Strychnaceae

     308. 有花盘；花冠 5 裂 ·· **127. 紫葳科** Bignoniaceae

   306. 每室 1 ~ 2（ ~ 4）胚珠。

    311. 叶近对生、对生或轮生；子房每室 1 胚珠；雄蕊着生花冠筒上。

     312. 子房 1 ~ 2 室；雄蕊 5，退化雄蕊 5；花萼裂片圆，花具三角状小苞片；浆果；叶近对生，脉腋常
      有小纹孔，叶柄顶端有时具 2 枚小附属物；有时具乳液 ········· **107. 肉实树科** Sarcospermataceae

     312. 子房 4 室；雄蕊 5 ~ 6；花萼钟形，5 ~ 6 浅裂，结果时增大；核果；叶型大 ··········
      ·· **129. 马鞭草科** Verbenaceae（ 柚木属 Tectona ）

    311. 叶互生，稀对生。

     313. 雄蕊 4（2 强），药室叉开；子房 2 ~ 10 室；花冠钟状或漏斗状；小核果稍透明；叶具透明腺点 ···
      ·· **149. 苦槛蓝科** Myoporaceae

     313. 雄蕊 4 ~ 12，药室不叉开。

      314. 花具总苞；花冠裂片折扇状旋转排列，有花盘；藤本；有时有乳液 ·····················
       ·· **146. 旋花科** Convolvulaceae

      314. 花无总苞；花冠裂片覆瓦状排列，稀近旋转排列。

       315. 花萼 4 ~ 8 裂，裂片常为 2 轮排列；常有退化雄蕊，子房 2 ~ 12 室，浆果；老茎生花；常有乳液
       ·· **106. 山榄科** Sapotaceae

       315. 花萼 5 裂、宿存；雄蕊 5；子房 2 ~ 4 室；核果 ············ **128. 厚壳树科** Ehretiaceae

  305. 花两侧对称。

   317. 雄蕊 5；花稍两侧对称。

    318. 二至四回羽状复叶；总状花序；蒴果 ·········· **127. 紫葳科** Bignoniaceae（ 木蝴蝶属 Oroxylum ）

    318. 单叶；圆锥花序；核果为宿存增大的花序所包被 ····· **129. 马鞭草科** Verbenaceae（ 柚木属 Tectona ）

   317. 雄蕊 4（2 强），有时为 2。

    319. 子房每室具几个至多数胚珠。

     320. 胚珠几个；花单生，聚伞或总状花序，密集叶腋，有苞片；蒴果弹裂，种子有种钩，稀果不裂···
      ·· **148. 爵床科** Acanthaceae

     320. 胚珠多数；圆锥或总状花序，稀花单生，无苞片；种子常有翅。

      321. 侧膜胎座；柱头 2 唇裂；种子无胚乳；多为羽状复叶，顶端小叶有时为卷须状··················

······ **127. 紫葳科** Bignoniaceae

321. 中轴胎座；花柱单生或 2 裂；种子具肉质胚乳；单叶 ·········· **147. 玄参科** Scrophulariaceae

319. 子房每室具 1~2 胚珠。

322. 叶互生，稀对生，有透明腺点；子房 2~10 室；小核果稍透明；胚乳薄或稀少············

·········· **149. 苦槛蓝科** Myoporaceae

322. 叶对生；种子无胚乳。

323. 每室 1 胚珠，子房常 4 裂，2~4(~10)室，聚伞或总状花序，再集生为头状或圆锥花序；核果，常分裂为几个小果············ **129. 马鞭草科** Verbenaceae

323. 每室 2 至几个胚珠，子房 2 室；花单生，聚伞或总状花序，密集叶腋；蒴果弹裂，种子有种钩，稀果不裂············ **148. 爵床科** Acanthaceae

295. 花单性或杂性。

324. 奇数羽状复叶。

325. 雄蕊 6~10，花盘 5 裂，外生；子房 3 室············ **113. 无患子科** Sapindaceae

325. 雄蕊 2(~4)；无花盘；子房 2 室············ **123. 木犀科** Oleaceae(白蜡树属 *Fraxinus* L.)

324. 单叶。

326. 雄蕊 2(~4)；子房 2 室；叶对生 ············

······ **123. 木犀科** Oleaceae(木犀属 *Osmanthus* Lour.、流苏树属 *Chionanthus* L.、木犀榄属 *Olea* L.)

326. 雄蕊 3 至多数；子房 2~16 室；叶互生。

327. 花瓣 4(~5)，仅基部稍连合；雄蕊 4(~5)；子房 4(3~8)室；无花盘；核果 ············

·········· **95. 冬青科** Aquifoliaceae

327. 花冠壶状、管状或漏斗状。

328. 侧膜胎座，假 5 室，胚珠多数；雄花花冠管状，雄蕊 10；叶大，掌状深裂；有乳液 ············

·········· **67. 番木瓜科** Caricaceae

328. 中轴胎座，2~16 室，每室 1~2 胚珠；雄蕊 3 至多数。

329. 聚伞花序或花单生；雄蕊 3 至多数，子房 2~16 室；花萼 3~7 裂，结果时增大、宿存；浆果

·········· **105. 柿树科** Ebenaceae

329. 花簇生或蝎尾状聚伞花序；雄蕊 5，着生在花冠筒上；子房 2~4 室，花萼 5 裂、增大宿存、包被果实············ **128. 厚壳树科** Ehretiaceae

294. 子房 1 室。

330. 雄蕊 10；侧膜胎座，胚珠多数；花萼 5 齿裂，雄花花冠长管状，雌花花瓣初靠合后分离；浆果；有乳液；叶大，掌状深裂，集生树干顶端 ············ **67. 番木瓜科** Caricaceae

330. 雄蕊 4~6。

331. 花具总苞；花冠裂片折扇状旋转排列，稀覆瓦状；有乳液；藤本；种子常有毛 ············

·········· **146. 旋花科** Convolvulaceae

331. 花无总苞；花冠裂片多覆瓦状排列，稀镊合状或旋转状排列。

332. 每室多数稀少数胚珠。

333. 叶互生、稀对生，常有油腺点；花辐射对称；萼片、花冠常有腺点；基生或特立中央胎座；雄蕊 4~5；无花盘；浆果············ **104. 紫金牛科** Myrsinaceae

333. 叶对生，稀互生，2 侧膜胎座，有花盘。

334. 花辐射对称；花瓣 4，条形，镊合状排列；浆果 ············ **30. 鼠刺科** Escalloniaceae

334. 花两侧对称；花冠钟状、漏斗状，有时为唇形；雄蕊 4(2 强)，稀为 5；蒴果；种子常有翅 ············

·········· **127. 紫葳科** Bignoniaceae

332. 每室 1~2 胚珠。

335. 叶对生、近对生、稀近轮生，脉腋常有纹孔，叶柄顶端有时具 1 对附属物；圆锥花序，腋生，有三

角状小苞片；花萼裂片圆形；花冠管短，裂片圆；雄蕊 5，有退化雄蕊；子房 1 ~ 2 室，每室 1 胚珠、上升；浆果；有时具乳液 …………………………… **107. 肉实树科 Sarcospermataceae**

335. 叶互生或旋叠状。

 336. 花萼小，4 ~ 5 裂；花药下常有毛；每室 2 胚珠，悬垂于子房腔顶部；核果 …………………………
                   96. 茶茱萸科 Icacinaceae

 336. 花萼管状或漏斗状，具 5 ~ 15 棱脊，常干膜质，花萼基部有干膜鞘状苞片、宿存；雄蕊 5；子房 1 室，1 胚珠，悬垂在基生胎座上；胞果或蒴果 …………………… **142. 蓝雪科 Plumbaginaceae**

289. 子房下位、半下位或 1/3 下位。

337. 子房半下位或 1/3 下位。

 338. 雄蕊多数。

  339. 子房 2 ~ 5 室，每室 2 ~ 4 胚珠，悬垂；雄蕊着生在花冠基部；核果，每室 1 种子…………………
                        32. 山矾科 Symplocaceae

  339. 每室多数胚珠；常绿性。

   340. 花冠 5 裂；花药具长突尖头；子房 3 室，胚珠自子房腔顶部悬垂；柱头 3 裂；果浆果状…………
                 78. 山茶科 Theaceae(红楣属 Anneslea)

   340. 花萼、花冠合生成帽状体，横裂脱落；萼管与子房基部合生；子房 3 — 6 室；蒴果；种子极多、微小 …………………… **88. 桃金娘科 Myrtaceae(桉属 Eucalyptus)**

 338. 雄蕊 5 ~ 10(~ 15)。

  341. 花两侧对称；花冠偏斜，5 裂，一边裂至基部，镊合状排列；子房 1 ~ 2 室，胚珠 1 ~ 2；柱头顶部为杯状体；核果；无托叶 …………………… **143. 草海桐科 Goodeniaceae(草海桐属 Scaevola)**

  341. 花辐射对称。

   342. 雄蕊 10(~ 15)，花丝下部连合 …………………………… **31. 野茉莉科 Styracaceae**

   342. 雄蕊 4 ~ 5。

    343. 子房 1 室。

     344. 胚珠多数；特立中央胎座 …………………… **104. 紫金牛科 Myrsinaceae(杜茎山属 Maesa)**

     344. 胚珠 1、基生…………………………………………………… **144. 菊科 Asteraceae**

    343. 子房 2 ~ 3 室；有花盘。

     345. 花萼小；花冠管状或钟状，4 ~ 6 裂；花盘肉质；子房下部 3 室，上部 1 室，胚珠 3，悬垂在中轴顶部；核果状，基部为增大的花萼所包被；无托叶 …………………………………………
             98. 铁青树科 Olacaceae(青皮木属 Schoepfia)

     345. 花萼 5 裂；花瓣 5，靠合成帽状；子房 2 ~ 3 室，埋藏在花盘内，每室 1 ~ 2 胚珠、基生、直立，托叶小………………………………………………… **102. 鼠李科 Rhamnaceae**

337. 子房下位。

346. 子房 2 至多室。

347. 叶对生。

 348. 有托叶，生于叶柄内或叶柄间，分离或连合，有时为叶状、刚毛状、鞘状、三角状长尖等多种形态；雄蕊常为 4 ~ 5；常有花盘；子房 2(~ 4 ~ 10)室 …………………… **126. 茜草科 Rubiaceae**

 348. 无托叶，或托叶甚小。

  349. 雄蕊多数；花瓣 4 ~ 5 裂，稍黏合，一起脱落，或花萼花冠合生成帽状体，横裂脱落；子房 2 室或 3 ~ 6 室，每室多数胚珠；浆果或蒴果；叶有透明油腺点 …………… **88. 桃金娘科 Myrtaceae**

  349. 雄蕊 4 ~ 5；子房 2 ~ 8 室；花冠裂片覆瓦状排列；无花盘 …………… **38. 忍冬科 Caprifoliaceae**

347. 叶互生。

350. 雄蕊多数。

 351. 伞形或头状花序。

  352. 子房 4 至多室，每室 1 胚珠；花瓣基部合生，或连合成帽状体；伞形花序再集生成圆锥状或复伞形花序；核果；叶型大，掌状分裂或掌状复叶 …………………… **37. 五加科 Araliaceae**

  352. 子房 3 ~ 6 室，胚珠多数；花萼、花瓣合生成帽状体，横裂脱落；蒴果；种子极多、微小；富含芳香油 …………………… **88. 桃金娘科 Myrtaceae(桉属 Eucalyptus)**

351. 穗状、总状或圆锥花序。

    353. 花萼 5 裂，花瓣 5~10 深裂；子房 2~5 室，每室 2~4 胚珠；无花盘；核果 ·················
    ·· **32. 山矾科** Symplocaceae

    353. 花萼 3~4 裂；子房 2~4 室，每室 2 至多数胚珠；有花盘；果革质，稍 4 棱形；叶型大，集生枝顶 ·················· **89. 玉蕊科** Lecythidaceae

350. 雄蕊少数。

  354. 雄蕊 8~10。

    355. 子房 2~4 室，每室 4 胚珠；花药纵裂，花丝基部合生；常被星状毛或鳞片·················
    ·· **31. 野茉莉科** Styracaceae

    355. 子房 4~5(~10)室；胚珠多数；花药常顶孔开裂，稀纵裂，药室常有附属物；浆果·············
    ·· **85. 越橘科** Vacciniaceae

  354. 雄蕊 4~5 ·· **143. 草海桐科** Goodeniaceae(草海桐属 *Scaevola*)

346. 子房 1 室。

356. 叶对生。

  357. 花冠 6 裂，裂片反曲或稍旋卷；花柱基部以上有节；寄生植物；无托叶······················
  ··· **99. 桑寄生科** Loranthaceae(苞花寄生属 *Elytranthe*)

  357. 花冠 5~11 裂；自养绿色植物。

    358. 圆锥或聚伞花序，具不孕花；花萼 5 齿裂；花冠 4~5 裂；雄蕊 5；核果扁；有托叶或无
    ·· **38. 忍冬科** Caprifoliaceae(荚蒾属 *Viburnum*)

    358. 花单生或为伞房花序；萼管有棱脊；花冠 5~11 裂；雄蕊 5~11；侧膜胎座 2~6；胚珠多数；有托叶················· **126. 茜草科** Rubiaceae(栀子属 *Gardenia*)

356. 叶互生，无托叶；雄蕊 5(~4)。

  359. 花单生叶腋或为聚伞花序；花冠 5 裂、偏斜、一边分裂至基部；子房 1~2 室，柱头顶部为杯状体；核果.143. 草海桐科 Goodeniaceae(草海桐属 *Scaevola*)

  359. 头状花序；花冠舌状或管状；花药连合，围绕花柱；子房 1 室、1 胚珠；瘦果，有冠毛或无·········
  ·· **144. 菊科** Asteraceae

13. 种子具 1 个子叶；茎无髓心，维管束散生，无形成层，不能次生增粗，叶多具平行脉，稀具网状脉；花部 3 出数，稀 4~5 出数(**ii 单子叶植物 Monocotyledoneae**)。

360. 乔木状或灌木状竹类，茎通常中空有节，稀实心，节上具秆环和箨环；叶具叶鞘、叶耳和叶舌；花小，外被外稃，花被退化为浆片，雄蕊 3 或 6；花柱 2 或 3，子房 1 室，1 胚珠；几朵小花集生为小穗；颖果，稀为坚果或浆果 ················· **155. 禾本科** Poaceae(竹亚科 Bambusoideae)

360. 茎实心，节不明显；具浆果、核果或蒴果。

  361. 花被不发育，或无花被；雄蕊多数；子房 1 室；树干有支柱根或气根；叶窄长、条形，基部有叶鞘，革质，具龙骨，叶缘及龙骨常具刺；叶螺旋状排列，集生枝顶；聚花果矩圆形或球形，由多数核果或浆果状小果所构成 ················· **154. 露兜树科** Pandanaceae

  361. 花被裂片 6、稀为 3；雄蕊 6、稀为 3 或多数；子房通常 3 室。

    362. 叶于芽中呈折叠状；主干通常不分枝，叶形甚大，集生于树干顶端；叶革质，叶柄基部具纤维质叶鞘并包被树干；肉穗花序具佛焰苞，花小，通常淡绿色；浆果或核果，外果皮常为纤维质或被反曲的鳞片 ···················· **153. 棕榈科** Arecaceae

    362. 叶于芽中不呈折叠状。

      363. 子房上位，或花被和子房相分离；花为 3 出或 4 出数，排成腋生的伞形花序；叶常基生或互生，叶具网状支脉；··························· **151. 菝葜科** Smilacaceae

      363. 子房下位，或花被多少有些和子房相愈合。

        364. 花两侧对称；大型多年生草本，具分枝的根状茎；叶型巨大，中脉粗壮，具多数羽状平行脉；雄花着生在花轴上部，雌花生于下部；花被管 5 齿裂；雄蕊 6，其中 1 枚为退化雄蕊；肉质的长浆果 ····················· **150. 芭蕉科** Musaceae

        364. 花常辐射对称，也即花整齐或近整齐；有根茎，地上茎短或发达，叶常聚生茎顶或基生；花被筒短或长，裂片不等或近相等，雄蕊 6；蒴果 ············· **152. 龙舌兰科** Agavaceae

I 蕨类植物门 Pteridophyta

1. 石松科 Lycopodiaceae

本科 2 属、400 多种，我国 1 属、17 种，福建木本 1 属、1 种。

石松属 *Lycopodium* L.

本属 400 种，我国 20 多种，福建木本 1 种。

石子藤石松 *L. casuarinoides* Spring 全省各地常见。

2. 桫椤科 Cyatheaceae

本科 6 属、约 900 种，我国 3 属、约 20 种，福建木本 2 属、5 种。

分 属 检 索 表

1. 叶柄基部鳞片坚硬，中部棕黑色，由狭长之厚壁细胞组成，边缘具较短之薄壁细胞形成淡棕色特化之窄边 ·· **1. 木桫椤属** *Alsophila* R. Br.
1. 叶柄基部鳞片柔软，黄白色，均由狭长之薄壁细胞组成；无特化之窄边，边缘有黑色斜上刺毛 ············ ·· **2. 白桫椤属** *Sphaeropteris* Bernh.

1. 木桫椤属 *Alsophila* R. Br.

本属约 300 种，我国 15 种，福建木本 4 种。

分 种 检 索 表

1. 羽状脉间不分裂；细脉单生；孢子囊群生于细脉中下部，囊群无盖(分布于南靖、华安) ············ ·· **1. 黑桫椤** *A. podophylla* Hook.
1. 羽状脉间分裂为裂片；细脉分叉或单生。
2. 细脉单生或分叉；孢子囊群生于细脉中上部，囊群无盖；干短，平卧，总叶柄宿存。
3. 干无叶痕；羽片长 60cm，宽 20cm，总叶柄基部上之鳞片常褐色，但边缘渐变为淡色(分布于南靖) ······ ·· **2. 针毛桫椤** *A. metteniana* Hance
3. 干有叶痕；羽片长 15~35cm，宽 3~15cm，总叶柄基部上之鳞片全褐色(分布于南靖、华安、龙岩、德化、永安、武夷山) ·· **3. 细齿桫椤** *A. denticulata* Bak.
2. 细脉分叉，稀单生；孢子囊群生于细脉分叉近中肋处，囊群有或无盖；干高达 6m(分布于南靖、永安、平和、福清和福州) ·· **4. 刺桫椤** *A. spinulosa*（Hook.）Tryon

2. 白桫椤属 *Sphaeropteris* Bernh.

本属约 120 种，我国约 7 种，福建木本 1 种。

笔筒树 *S. lepifera*（Hook.）Tryon 分布于福清和连江。

Ⅱ　裸子植物门 Gymnospermae

3. 苏铁科 Cycadaceae

本科 9 属、约 110 种，我国仅 1 属、25 种，福建木本有 1 属、8 种。

苏铁属 *Cycas* L.

本属约 25 种，我国 25 种以上，福建木本包括引种栽培 8 种。

分 种 检 索 表

1. 大孢子叶上部的顶片显著扩大，长卵形至宽圆形，边缘深条裂。
  2. 大孢子叶上部的顶片长较宽为长或近相等；叶脉两面隆起或只在其中一面显著隆起，叶上面叶脉的中央无凹槽。
   3. 大孢子叶上部的顶片边缘有 10~20 对裂片，顶生裂片不增大或略增大，常呈条状钻形。
    4. 树干甚矮小，基部显著膨大；叶柄长约为羽片的 1/3，羽状裂片薄革质或革质，基部两侧收缩常对称，不下延（厦门引种）‥‥‥‥‥‥‥‥‥‥‥‥‥‥‥‥ 1. 云南苏铁 *C. siamensis* Miq.
    4. 树干较高，基部不膨大；叶柄长度超过羽片的 1/4，羽状裂片厚革质或革质，基部两侧收缩常不对称，多少下延。
     5. 叶的羽状裂片长 20~30cm，宽 1~1.3cm，中脉两面显著隆起；大孢子叶柄的中上部着生 6~10 胚珠，其上部的 1~3 胚珠的外侧常有钻形的裂片（分布于南平等地）‥‥‥‥‥‥‥‥‥‥‥‥‥‥‥‥ 2. 四川苏铁 *C. szechuanensis* Cheng et L. K. Fu
     5. 叶的羽状裂片较小，长 10~20cm，宽 4~8mm，中脉只在下面显著隆起，在上面平或稍隆起；大孢子叶柄的中上部着生 2~6 胚珠，其外侧无裂片。
      6. 叶的羽状裂片之边缘向下反卷，下面通常有毛；大孢子叶和胚珠密被淡黄色或淡灰黄色茸毛，大孢子叶的茸毛宿存，种子之毛逐渐脱落（全省各地常见）‥‥‥‥‥‥‥‥ 3. 苏铁 *C. revoluta* Thunb.
      6. 叶的羽状裂片之边缘不反卷，下面无毛；大孢子叶密被黄褐色至锈色茸毛，后逐渐脱落或宿存，胚珠光滑无毛。
       7. 叶的羽状裂片宽 4~7mm；胚珠和种子的外种皮具薄纸质、分离而易碎的外层，为金黄色至橘红色，种子成熟后大孢子叶仅下部和近先端之上面的茸毛脱落或部分脱落（厦门引种）‥‥‥‥‥‥‥‥‥‥‥‥‥ 4. 攀枝花苏铁 *C. panzhihuaensis* L. Zhou et S. Y. Yang
       7. 叶的羽状裂片宽 7~12mm；胚珠和种子的外种皮不分离，红褐色，种子成熟时大孢子叶的茸毛逐渐脱落（厦门、漳州、泉州、福州等地常栽培）‥‥‥‥ 5. 台湾苏铁 *C. taiwaniana* Carruth.
   3. 大孢子叶上部的顶片边缘有 5~7 对裂片，顶生裂片显著增大，呈长圆形，长 3.5~4cm，宽 1.5~2cm（厦门等地引种）‥‥‥‥‥‥‥‥‥‥‥‥‥‥‥‥ 6. 海南苏铁 *C. hainanensis* C. J. Chen
  2. 大孢子叶上部的顶片宽较长为大；叶脉两面显著隆起，叶上面叶脉的中央有一条凹槽（厦门等地栽培、作观赏树）‥‥‥‥‥‥‥‥‥‥‥‥‥‥‥‥ 7. 篦齿苏铁 *C. pectinata* Griff.
1. 大孢子叶上部的顶片微扩大，三角状窄匙形，边缘具细短的三角状裂齿（厦门等地栽培、作庭园观赏树）‥‥‥‥‥‥‥‥‥‥‥‥‥‥‥‥‥‥‥‥‥‥‥‥ 8. 华南苏铁 *C. rumphii* Miq.

4. 银杏科 Ginkgoaceae

本科仅 1 属 1 种。

银杏属 *Ginkgo* L.

本属仅 1 种及 12 栽培品种，我国特产。

银杏 *G. biloba* L.

全省各地常见栽培、作观赏树。

主要的栽培品种如下：

'洞庭皇' *G. biloba* 'Dongtinghuang' 种子倒卵形，丰满，核平均重 3.53g，大小为 1.75 × 2.93 × 1.48(cm)。原产于江苏苏州洞庭西山。

'小佛手' *G. biloba* 'Xiaofoshou' 种子矩圆形，核平均重 2.63g，大小为 1.62 × 2.62 × 1.32 (cm)。原产于江苏苏州洞庭西山。

'鸭尾银杏' *G. biloba* 'Yawei yinxing' 核先端扁平而尖，形同鸭尾，多为实生。原分布于江苏苏州洞庭东山。

'佛指' *G. biloba* 'Fozhi' 种子倒卵状矩圆形，核平均重 2.63g，大小为 1.7 × 2.7 × 1.3 (cm)，壳薄，仁饱满，浆水足，产量高，每个结种子枝上可结种子 1 ~ 20 个不等，一般结 2 ~ 4 个为好。原产于江苏泰兴。

'卵果佛手' *G. biloba* 'Luanguofoshou' 种子卵形，先端略小，中部以下渐宽；核大而丰圆，椭圆形或菱形，两端微尖。原产于浙江诸暨马店。

'圆底佛手' *G. biloba* 'Yuandifoshou' 种子矩圆形，两端均圆钝；核长椭圆形，先端微尖而基部圆钝，极丰满。原产浙江诸暨下度。

'橄榄佛手' *G. biloba* 'Ganlanfoshou' 种子长倒卵形，先端微圆钝，中上部最大，下部狭窄；核狭长椭圆形，先端圆，顶端尖，基部极狭。原产于广西兴安。

'无心银杏' *G. biloba* 'Wuxinyinxing' 种子扁圆形，顶端圆钝而饱满，基部平而微凹；核宽卵状扁圆形，棱脊不明显，大小为 2.1 × 2 × 1.6(cm)，胚乳发育丰富而无胚乳，无苦味。原产于江苏苏州洞庭西山。

'大梅核' *G. biloba* 'Dameihe' 种子大，近圆形，先端圆钝，基部微宽；核圆略扁，先端圆钝或微尖，基部渐狭。原产浙江诸暨。

'桐子果' *G. biloba* 'Tongziguo' 种子大，扁圆形，先端圆钝，基部宽；核近圆形，先端宽，钝圆无尖，基部较宽，两侧棱脊显著，底部鱼尾状。原产广西兴安。

'棉花果' *G. biloba* 'Mianhuaguo' 种子椭圆形，先端钝圆，顶端有细的顶点凸起，顶点附近有"一"字或"＋"字形沟纹，种子基部较宽，常结双种子；核扁椭圆形，略狭窄，先端圆宽而尖，两侧棱脊显著，边缘尖锐，下部较狭，底部具 1 个或 2 个小凸点。原产广西兴安。

'大马铃' *G. biloba* 'Damaling' 种子矩圆形，顶端圆钝而基部平宽，顶端凸起而有尖头；核椭圆形，肥大，先端钝尖而基部圆，中部以上有棱脊，翼不明显。原产浙江诸暨。

5. 南洋杉科 Araucariaceae

本科 2 属约 40 种，我国引入 2 属 4 种，福建木本引入 2 属 4 种。

分 属 检 索 表

1. 种子与苞鳞合生，无翅或两面有与苞鳞合生的翅；叶钻形、鳞片形、针状镰刀形、披针形或卵状三角形
·· **1. 南洋杉属** *Araucaria* Juss.

1. 种子与苞鳞离生，一侧具翅；叶长圆状披针形或椭圆形 ·················· **2. 贝壳杉属** *Agathis* Salisb.

1. 南洋杉属 *Araucaria* Juss.

本属约 18 种，我国引入 3 种，福建木本引入 3 种。

分 种 检 索 表

1. 叶型大，扁平，披针形或卵状披针形，长 2.5～5cm，宽 6～12mm，通常无中脉而具多数平列细脉；雄球花生于叶腋；球果的苞鳞两侧边缘厚；种子无翅（福州和厦门有栽培，作观赏树）……………………………………………………………………………………………… **1. 大叶南洋杉** *A. bidwillii* Hook.

1. 叶型小，钻形、鳞片形、卵形或三角状卵形，长不超过 1.5cm，宽不及 3mm，具明显或不明显的中脉，无平列细脉；雄球花生于枝顶；球果的苞鳞两侧具薄翅；种子两侧具结合而生的阔翅。

  2. 叶卵形、三角状卵形或三角状钻形，通常上下扁或下面具纵脊；球果椭圆状卵形；苞鳞顶端具锐尖的长尾状尖头，尖头显著地向后反曲（福州、厦门引种，作为园林树）……… **2. 南洋杉** *A. cunninghamia* Sweet

  2. 叶钻形，通常两侧扁，有 4 条棱脊；球果较大，近球形；苞鳞顶端具锐尖的三角状尖头，尖头向上弯（福州、厦门等地引种，作为园林树）………………………… **3. 异叶南洋杉** *A. heterophylla*（Salisb.）Franco

2. 贝壳杉属 *Agathis* Salisb.

本属约 20 多种，我国引种 1 种，福建木本引种 1 种。

贝壳杉 *A. dammara*（Lamb.）Rich. 福州和厦门引种栽培。

6. 松科 Pinaceae

本科 10 属、230 种，我国 10 属、93 种、24 变种，福建木本包括引种 9 属、21 种及变种。

分 属 检 索 表

1. 叶条形，稀针形，螺旋状排列，或在短枝上端呈簇生状，均不成束。

  2. 叶条形扁平或具四棱；仅具长枝，无短枝，球果当年成熟。

    3. 球果成熟后种鳞自中轴脱落，球果腋生，直立；叶扁平，上面中脉凹下；小枝上有圆形、微凹的叶痕 ……………………………………………………………………………… **1. 冷杉属** *Abies* Mill.

    3. 球果成熟后种鳞宿存。

      4. 球果直立，型大；种子连翅与种鳞近等长；叶扁平，上面中脉隆起；雄球花簇生枝顶 ……………………………………………………………………………………… **2. 油杉属** *Keteleeria* Carr.

      4. 球果通常下垂，稀直立；种子连翅较种鳞为短；雄球花单生叶腋。

        5. 小枝有微隆起的叶枕或叶枕不明显；叶扁平，有短柄，上面中脉凹下，很少平或微隆起，仅下面有气孔线，很少上面有气孔线。

          6. 球果较大，苞鳞伸出于种鳞之外，先端 3 裂；叶内具两个边生树脂道；小枝无叶枕或微有叶枕……………………………………………………………………………… **3. 黄杉属** *Pseudotsuga* Carr.

          6. 球果较小，苞鳞不露出，稀微露出，先端不裂或 2 裂；叶内维管束鞘下有一树脂道；小枝有隆起或微隆起的叶枕 ……………………………………………………………………… **4. 铁杉属** *Tsuga* Carr.

        5. 小枝有显著隆起的叶枕；叶四棱状或棱状条形，四面有气孔线，或条形扁平或微扁平，仅上面有气孔线，无柄，中脉两面隆起；球果的苞鳞极小 ……………………………… **5. 云杉属** *Picea* Dietr.

  2. 叶条形扁平、柔软，或针形、坚硬；有长枝和短枝；叶在长枝上螺旋状排列，在短枝上呈簇生状；球果当年或翌年成熟。

    7. 叶扁平，柔软，条形；落叶性；球果当年成熟。

8. 雄球花单生于短枝顶端；种鳞革质，宿存；芽鳞先端钝；叶较窄，宽2mm以内 ……… **6. 落叶松属 Larix** Mill.

8. 雄球花簇生于短枝顶端；种鳞木质，熟时脱落；芽鳞先端尖；叶较宽，2～4mm ……… **7. 金钱松属 Pseudolarix** Gord.

7. 叶针形，坚硬；常绿性；球果翌年成熟，熟时种鳞自中轴脱落 ……………… **8. 雪松属 Cedrus** Trew.

1. 叶针形，2、3、5、(稀1或多至8)针一束，生于苞片状鳞叶腋部的退化短枝顶端；常绿性；球果翌年成熟，种鳞宿存，背面上方具鳞盾和鳞脐 …………………………………………… **9. 松属 Pinus** L.

1. 冷杉属 Abies Mill

本属约50种，我国有22种，数变种，福建木本引种2种。

分 种 检 索 表

1. 球果的苞鳞上端露出或先端的尖头露出（厦门引种） …………………… **1. 日本冷杉 A. firma** Sieb. et Zucc.

2. 球果的苞鳞不露出（厦门引种） ……………………………… **2. 秦岭冷杉 A. chensiensis** Van Tiegh.

2. 油杉属 Keteleeria Carr.

本属11种，我国9种，福建木本包括引种5种、1变种。

分 种 检 索 表

1. 叶较窄长，长6.5cm，宽2～3mm，边缘不向下反曲，很少微反曲，上面沿中脉两侧各有2～10条气孔线，很少无气孔线（福州引种） ……………………………………………… **1. 云南油杉 K. evelyniana** Mast.

1. 叶较短，长1.2～4(5)cm，宽2～2.5mm，边缘多少向下反曲，很少不反曲，上面无气孔带，或沿中脉两侧各有1～5条气孔带，或中上部或先端有少数气孔线。

 2. 种鳞背面露出部分密生短毛，上部边缘常外曲（分布于光泽） ……… **2. 柔毛油杉 K. pubescens** Cheng et L. K. Fu

 2. 种鳞背面露出部分无毛或近无毛。

 3. 种鳞卵形或近斜方状卵形，上部边缘微向外曲；冬芽圆形，1年生枝干后呈淡黄灰色、淡黄色或淡灰色（福州栽培） …………………………………… **3. 铁坚油杉 K. davidiana** (Bertr.) Beissn.

本省厦门等地引种1变种：3a. 青岩油杉 K. davidiana var. chien-peii 冬芽球形，1年生小枝干后红褐色或褐色。

 3. 种鳞宽圆形、斜方形或斜方状圆形，上部边缘微向内曲。

 4. 球果较大、种鳞宽圆形，上部宽圆或中央微凹或上部圆，下部宽楔形；1年生枝常疏被毛或无毛，干后橘红色或浅粉红色；叶窄而稍厚，边缘不向下反曲，或宽而向下反曲，上面无气孔线，先端钝圆（全省常见） ……………………………………… **4. 油杉 K. fortunei** (Murr.) Carr.

 4. 球果较小；种鳞斜方形或斜方状圆形，上部通常宽圆而狭，很少为宽圆形；1年生枝常被或多或少短柔毛，极少无毛，干后红褐色或淡紫褐色；叶较宽，边缘常向下反曲，上面常无气孔线，或沿中脉两侧有1～5条气孔线，或仅先端或中上部有少数气孔线，先端圆或微凹（分布于北部山区） ……………………………………………………………………………………………………… **5. 江南油杉 K. cyclolepis** Flous

3. 黄杉属 Pseudotsuga Carr.

本属约18种，我国5种，福建木本1种。

华东黄杉 P. gaussenii Flous

分布于建宁、政和。

4. 铁杉属 *Tsuga* Carr.

本属约 14 种，我国 5 种 3 变种，福建木本 2 种。

分 种 检 索 表

1. 叶在小枝上呈不规则二列，顶端凹缺，上面中脉凹下，仅下面有气孔线；叶肉薄壁组织中无石细胞；花粉粒无明显气囊；雌球花的珠鳞大于苞鳞；球果下垂，较小，长 1.5~2.5cm；苞鳞短，不露出（分布于上杭、武夷山）·········· **1. 南方铁杉** *T. chinensis*（Franch.）Pritz. var. *tchekiangensis*（Flous）Cheng et L. K. Fu
1. 叶在小枝上辐射伸展，顶端尖或略钝，上面中脉平坦或下部微凹，两面均有气孔线；叶肉薄壁组织中有石细胞；花粉粒有气囊；雌球花的苞鳞大于珠鳞；球果直立，较大，长 2~6cm；苞鳞长，顶端露出（分布于德化、永安、上杭、连城）················· **2. 长苞铁杉** *T. longibracteata* Cheng

5. 云杉属 *Picea* Dietr.

本属约 40 种，中国有 20 种、5 变种，福建木本引入 1 种。

云杉 *P. asperata* Mast.

厦门、福州等地栽培。

6. 落叶松属 *Larix* Mill.

本属约 18 种，中国有 10 种、1 变种，福建木本引入 2 种。

分 种 检 索 表

1. 种鳞上部边缘不外曲或微外曲；1 年生长枝色浅，不为红褐色，无白粉（厦门栽培）··········
···················· **1. 落叶松** *L. gmelinii*（Rupr.）Rupr.
1. 种鳞上部边缘显著向外反曲，卵状长圆形或卵方形，背面有褐色细小疣状突起和短粗毛；一年生长枝红褐色，有白粉（厦门栽培）················· **2. 日本落叶松** *L. kaempferi*（Lamb.）Carr.

7. 金钱松属 *Pseudolarix* Gord.

本属仅 1 种。

金钱松 *P. kaempferi*（Lindl.）Gord. 分布于永安、浦城。

8. 雪松属 *Cedrus* Trew

本属有 4 种，分布于中国 1 种，福建木本引种 1 种。

雪松 *C. deodara*（Roxb.）G. Don 厦门、福州、南平等地引种。

9. 松属 *Pinus* L.

本属 80 种，我国 22 种、10 变种，引种 16 种，福建木本 19 种，其中 17 种、引种 1 种。

分 种 检 索 表

1. 叶鞘早落，鳞叶不下延，叶内具 1 条维管束。
  2. 种鳞的鳞脐顶生，无刺；针叶常 5 针一束。
    3. 种子无翅或具极短之翅。球果成熟时种鳞不张开，种子不脱落；小枝无毛（福州引种）·············
···················· **1. 华山松** *P. armandii* Franch.
    3. 种子具结合而生的长翅。
      4. 针叶细长，长 7~20cm；球果圆柱形或窄圆柱形，长 8~25cm。
        5. 小枝无毛，微被白粉；针叶长 10~20cm，下垂（厦门引种）··········· **2. 乔松** *P. griffithii* McClelland.

　　　5. 幼枝被毛，后即脱落，无白粉；针叶长 7 ~ 14cm，不下垂（厦门引种栽培）…………………………………………………………………………………………………… **3. 北美乔松** *P. strobus* L.

　　　4. 针叶长不及 8cm；球果较小，卵圆形、卵状椭圆形，长 4 ~ 7.5cm（厦门、福州引种）…………………………………………………………… **4. 日本五针松** *P. parviflora* Sieb. et Zucc.

　2. 种鳞的鳞脐背生；针叶 3 针一束；叶内树脂道边生；树皮灰绿色，裂成薄片剥落（福州引种栽培，供观赏）…………………………………………………… **5. 白皮松** *P. bungeana* Zucc. ex Endl.

1. 鞘宿存，稀脱落，鳞叶下延，叶内具 2 条维管束；种鳞的鳞脐背生，种子上部具长翅。

　6. 枝条每年生长 1 轮，1 年生小球果生于近枝顶。

　　7. 针叶 2 针一束，稀 3 针一束。

　　　8. 针叶内树脂道边生。

　　　　9. 1 年生枝有白粉或微有白粉（厦门等地引种）…………………………… **6. 赤松** *P. densiflora* Sieb. et Zucc.

福州、厦门等地引种 1 栽培品种：7a 平顶赤松 *P. densiflora* ‘Umbraculifera’ 主要区别在于树冠伞形或平顶，树干从近基部多分枝。树姿优美，供观赏。

　　　　9. 1 年生枝无白粉。

　　　　　10. 针叶粗硬，径 1 ~ 1.5mm；鳞盾肥厚隆起，鳞脐有短刺。

　　　　　　11. 球果熟时色深，栗褐色或深褐色，有光泽，基部通常斜歪；小枝黄褐色，有光泽（厦门引种栽培）…………………………………………………………… **7. 高山松** *P. densata* Mast.

　　　　　　11. 球果熟时色浅，淡黄色或淡褐黄色，无光泽，基部不斜歪；小枝褐黄色，无光泽（厦门引种栽培）…………………………………………………………… **8. 油松** *P. tabulaeformis* Carr.

　　　　　10. 针叶细柔，径 1mm 或不足 1mm；鳞盾平或仅微隆起，鳞脐通常无刺（全省各地极常见）…………………………………………………………… **9. 马尾松** *P. massoniana* Lamb.

　　　8. 针叶内树脂道中生。

　　　　12. 球果较小，长 10cm 以内，熟时种鳞张开。

　　　　　13. 冬芽褐色；球果长 3 ~ 5cm（全省内陆较高山地常见）………… **10. 黄山松** *P. taiwanensis* Hayata

　　　　　13. 冬芽银白色；球果长 4 ~ 6cm（福州、厦门早年已有栽培）………… **11. 黑松** *P. thunbergii* Parl.

　　　　12. 球果较大，长 9 ~ 18cm，圆锥状卵形或椭圆状卵形，熟时种鳞不张开，鳞盾强隆起，鳞脐具凸起的刺；针叶长 10 ~ 25cm（福州引种）………… **12. 海岸松** *P. pinaster* Ait.

　　7. 针叶 3 针一束，稀 3、2 针并存。

　　　14. 球果较小，长 8cm 以内，最长不超过 11cm，鳞盾隆起或微隆起，鳞脐具短刺或近无刺。

　　　　15. 球果圆卵形，基部通常斜歪，针叶通常较短，最长不超过 15cm（厦门引种栽培）…………………………………………………………… **7. 高山松** *P. densata* Mast

　　　　15. 球果圆锥状卵形，基部对称；针叶较长，可达 30cm（厦门引种）…………………………………………………………… **13. 云南松** *P. yunnanensis* Franch.

　　　14. 球果较大，长 8 ~ 20cm，鳞盾强隆起，鳞脐隆起成锥状三角形，先端具尖刺（福州引种）…………………………………………………………… **14. 长叶松** *P. palustris* Mill.

　6. 枝条每年生长 2 至数轮，1 年生小球果生于小枝侧面。

　　16. 针叶 3 针一束，或 3、2 针并存，少有 4 ~ 5 针一束。

　　　17. 针叶较长，长 12 ~ 30cm；球果较大，长 6 ~ 13cm；主干上无不定芽。

　　　　18. 针叶 3 针一束，稀 2 针一束，径约 1.5mm；树脂道通常 2 个（有时多至 4 个），中生，间或其中 1 个内生（福州引种栽培）…………………… **15. 火炬松** *P. taeda* L.

　　　　18. 针叶 3、2 针并存，或 3 针一束，稀 4 ~ 5 针或 2 针一束，径 1.5 ~ 2mm；树脂道内生。

　　　　　19. 针叶 3、2 针并存，鳞叶深绿色，有光泽；球果圆锥状卵形；种子黑色，种翅易落（全省各地引种）…………………………………………………………… **16. 湿地松** *P. elliottii* Engelm.

　　　　　19. 针叶 3 针一束，少有 4 ~ 5 针，更少有 2 针一束并存，鳞叶鲜绿色；球果窄圆锥形或圆柱状圆锥形种子色淡，种翅基部残留（福州等地引种）·················· **17. 加勒比松** *P. caribaea* Morelet

17. 针叶较短，长 7 ~ 15cm；球果较小，长 3 ~ 7cm；主干上常有不定芽（福州引种，生条良好）···········
·· **18. 萌芽松** *P. echinata* Mill.

16. 针叶 2 针一束。

20. 针叶刚硬，径约 2mm，明显扭曲，树脂道中生或内生；球果大，长 9 ~ 18cm，鳞盾锥状隆起，鳞脐有
短刺（福州引种）·· **12. 海岸松** *P. pinaster* Ait.

20. 针叶细柔，径约 1mm，不扭或微扭曲，树脂道边生；球果较小，长 4 ~ 7cm，鳞盾平或微隆起，鳞脐
通常无刺（全省各地极常见）·· **9. 马尾松** *P. massoniana* Lamb.

7. 杉科 Taxodiaceae

　　本科 10 属、16 种，我国有 5 属、7 种，引种 4 属、7 种，福建木本包括引种 8 属、13 种
及栽培品种。

分属检索表

1. 叶由二叶合生而成，两面中央有一条纵槽，长 5 ~ 15cm，生于鳞状叶腋部不发育的短枝顶端，辐射开展，
在枝端呈伞状；球果的种鳞木质，种子 5 ~ 9 ····························· **1. 金松属** *Sciadopitys* Sieb. et Zucc.
1. 叶为单生，在枝上螺旋状散生，稀对生。
　2. 叶和球果的种鳞均为螺旋状着生。
　3. 常绿乔木；侧生小枝均有芽，冬季不脱落。
　　4. 球果的种鳞（或苞鳞）扁平，革质。
　　　5. 叶条状披针形，扁平，边缘有细齿；球果较大，具苞鳞，每种鳞具 3 个种子 ······················
　　　·· **2. 杉木属** *Cunninghamia* R. Br.
　　　5. 叶鳞状钻形或钻形，全缘；球果较小，无苞鳞，每种鳞有 2 个种子 ····· **3. 台湾杉属** *Taiwania* Hayata
　　4. 球果的种鳞盾形，木质。
　　　6. 叶钻形，螺旋状着生，略呈 5 行；球果近无柄，直立，种鳞上缘有 3 ~ 6 个尖齿，背部具三角状突起
　　　·· **4. 柳杉属** *Cryptomeria* D. Don
　　　6. 叶条形，在侧枝上排成二列；球果有长柄，下垂；种鳞无裂齿，顶端有横凹槽。
　　　·· **5. 北美红杉属** *Sequoia* Endl.
　3. 落叶或半常绿乔木；侧生小枝无芽，冬季与叶一起脱落。
　　7. 球果的种鳞扁平或具棱脊，种子脱落后种鳞陆续脱落 ··················· **6. 水松属** *Glyptostrobus* Endl.
　　7. 球果的种鳞盾状，成熟后种鳞与种子一起脱落 ··················· **7. 落羽杉属** *Taxodium* Rich.
2. 叶和球果的种鳞均对生；叶片条形，排成二列，侧生小枝和叶片于冬季一起脱落；球果的种鳞盾形，能
育的种鳞有 5 ~ 9 个种子；种子扁平，周围有狭翅 ············· **8. 水杉属** *Metasequoia* Miki ex Hu et Cheng

　　1. 金松属 *Sciadopitys* Sieb. et Zucc.
　　本属 1 种，福建木本引入栽培。
　　金松 *S. verticillata*（Thunb.）Sieb. et Zucc. 福州和厦门引入栽培。
　　2. 杉木属 *Cunninghamia* R. Br.
　　本属有 2 种及 2 个栽培变种，福建木本 1 种、1 个栽培品种。
　　杉木 *C. lanceolata*（Lamb.）Hook. 全省各地常见。福建常见 1 栽培品种：'灰叶'杉木
C. lanceolata 'Glauca' 与原种主要区别在于叶灰绿色或蓝绿色，两面有明显的白粉。散生于杉

木林中。

　　3. 台湾杉属 *Taiwania* Hayata

　　本属 2 种，福建木本 1 种。

　　台湾杉 *T. cryptomerioides* Hayata 分布于古田及屏南等地。

　　4. 柳杉属 *Cryptomeria* D. Don

　　本属 2 种，分布于我国和日本，福建木本包括引种 2 种、2 栽培品种。

分 种 检 索 表

1. 叶顶端向内弯；种鳞较少，约 20 片；苞鳞的尖头和种鳞顶端的裂齿较短，裂齿长 2 ~ 4mm；每种鳞通常
　 具 2 个种子(全省内陆山区较常见) ························ **1. 柳杉** *C. fortunei* Hooibrenk ex Otto et Dietr.
1. 叶直伸，顶端通常不向内弯；种鳞 20 ~ 30 片；苞鳞的尖头和种鳞顶端的裂齿较长，长 6 ~ 7mm；每种鳞
　 具 2 ~ 5 个种子(福建各地常见栽培) ························ **2. 日本柳杉** *C. japonica*（L. f.）D. Don

本省有 2 个栽培品种：

2a. **短叶柳杉** *C. japonica* 'Araucarioides'，叶短，长不及 1 ~ 1.5cm，较硬，长短不等，长叶和
　　　短叶在小枝上交错成段；小枝细长。福州引种，供观赏。

2b. **圆头柳杉** *C. japonica* 'Yuantouliusha'，乔木，高达 9m；主干高 3 ~ 5m，上部分成多干，
　　　侧枝多；树冠球形。福州等地引种，供观赏。

　　5. 北美红杉属 *Sequoia* Lindl.

　　本属仅 1 种，我国有引种栽培，福建也引种栽培。

　　北美红杉 *S. sempervirens*（Lamb.）Lindl. 福州引种。

　　6. 水松属 *Glyptostrobus* Endl.

　　本属 1 种，福建也有。

　　水松 *G. pensili*（Staunt.）Koch 分布于漳平、德化、仙游、长乐、福州、连江。

　　7. 落羽杉属 *Taxodium* Rich.

　　本属 3 种，我国均有引种。福建木本引种栽培 3 种。

分 种 检 索 表

1. 叶条形，扁平，排成二列，呈羽状；大枝水平开展。
　2. 落叶性；叶长 1 ~ 1.5cm，排列较疏，侧生短枝排成二列(福州等地引种栽培) ························
　　·· **1. 落羽杉** *T. distichum*（L.）Rich.
　2. 半常绿性或常绿性；叶长约 1cm，排列紧密，侧生短枝不为二列(福州等地引种栽培) ············
　　··· **2. 墨西哥落羽杉** *T. mucronatum* Tenore
1. 叶钻形，螺旋状着生，不排成二列状；大枝向上伸展(福州和厦门等地栽培) ························
　　··· **3. 池杉** *T. ascendens* Brongn.

　　8. 水杉属 *Metasequoia* Miki ex Hu et Cheng

　　本属仅 1 种，福建引种栽培。

　　水杉 *M. glyptostroboides* Hu et Cheng 本省各地常见栽培。

8. 柏科 Cupressaceae

　　本科 22 属、约 150 种，我国包括引入 9 属、约 45 种、6 变种，福建木本包括引种 9 属、

21 种、15 栽培变种。

分属检索表

1. 球果的种鳞木质或近革质，成熟时张开；种子通常有翅，很少无翅。
  2. 种鳞扁平或鳞背稍隆起，但不为盾形，覆瓦状排列；球果当年成熟。
    3. 鳞叶较大，两侧的鳞叶长 4 ~ 7mm，下面有明显的白色气孔带；球果近球形，发育的种鳞各有3 ~ 5 个种子；种子两侧具翅 ·· **1. 罗汉柏属** *Thujopsis* Sieb. et Zucc.
    3. 鳞叶较小，长不超过4mm，下面无明显的白色气孔带；球果圆形或卵状长圆形，发育的种鳞各有 2 个种子。
      4. 鳞叶长 1 ~ 2mm；球果中间 2 ~ 4 对种鳞有种子。
        5. 生鳞叶的小枝平展或近平展；种鳞 4 ~ 6 对，薄、近革质、背部无尖头；种子两侧有窄翅 ·· **2. 崖柏属** *Thuja* L.
        5. 生鳞叶的小枝直展或斜展；种鳞 4 对，厚、木质、背部有一尖头；种子无翅 ·· **3. 侧柏属** *Platycladus* Spach
      4. 鳞叶长 2 ~ 4mm；仅中间 1 对各具 2 个种子；种子上部具 2 个不等长的翅 ··· **4. 翠柏属** *Calocedrus* Kurz
  2. 种鳞盾形，镊合状排列；球果次年或当年成熟。
    6. 鳞叶小，长不超过2mm；球果有 4 ~ 8 对种鳞；种子两侧有窄翅。
      7. 生鳞叶的小枝不排成平面，或很少排成平面；球果次年夏季成熟；发育的种鳞各有 5 至多个种子 ··· ·· **5. 柏木属** *Cupressus* L.
      7. 生鳞叶的小枝平展，排成平面，或某些栽培变种不排成平面；球果当年冬季成熟；发育的种鳞各有 2 ~ 5（通常 3）个种子 ·· **6. 扁柏属** *Chamaecyparis* Spach
    6. 鳞叶较大，两侧的鳞叶长 3 ~ 6(~ 10)mm；球果有 6 ~ 8 对种鳞；种子上部具 2 个大小不等的翅 ········· ·· **7. 福建柏属** *Fokienia* Henry et Thomas
1. 球果肉质，成熟时不张开或仅顶端略张开；种子无翅。
  8. 叶全为刺叶或鳞叶，或刺叶和鳞叶生于同一植株上，刺叶基部无关节，下延生长；球花单生于枝顶；雌球花具 3 ~ 8 片轮生或交叉对生的珠鳞；胚珠生于珠鳞的上面基部；球果的种鳞顶端完全结合 ···················· **8. 圆柏属** *Sabina* Mill.
  8. 叶全为刺叶，基部有关节，不下延生长；球花单生于叶腋；雌球花具 3 片轮生的珠鳞；胚珠生于两珠鳞之间；球果的种鳞顶端不完全结合，略张开 ······························ **9. 刺柏属** *Juniperus* L.

    1. 罗汉柏属 *Thujopsis* Sied. et Zucc.
    本属 1 种，福建木本引种 1 种。
    罗汉柏 *Th. dolabrata* (L. f.) Sieb. et Zucc. 福州和厦门引种，生长较好。
    2. 崖柏属 *Thuja* L.
    本属约 6 种，中国 2 种，引入栽培 3 种，福建木本引入 1 种。
    香柏 *Th. occidentalis* L. 福州引种。
    3. 侧柏属 *Platycladus* Spach
    本属仅 1 种，福建木本引种 1 种、5 栽培品种。
    侧柏 *P. orientalis* (L.) Franco 全省各地广为栽培。
    福建栽培品种有：
    1a. 千头柏 *P. orientalis* ‘Siebodii’ 丛生灌木，无明显主干，高 3 ~ 5m；枝密生；树冠呈略长圆形；种鳞有锐尖头，被极多白粉。福建多栽作绿篱或园景树。

1b. 金塔柏 *P. orientalis* 'Beverleyensis' 树冠塔形；叶金黄色。

1c. 洒金柏 *P. orientalis* 'Aurea Nana' 矮生密丛，圆形至卵圆；高 1.5m；叶淡黄绿色，入冬略褐绿。

1d. 金黄球柏 *P. orientalis* 'Semperaurescens' 矮型紧密灌木；树冠近于球形；高达 3m；叶全年呈金黄色。

1e. 窄冠侧柏 *P. orientalis* 'Zhaiguancebai' 树冠窄；枝向上伸展或略上伸展；叶光绿色；生长旺盛。

4. 翠柏属 *Calocedrus* Kurz

本属 2 种，福建木本栽培 1 种。

台湾翠柏 *C. macrolepis* Kurz var. *formosana* (Florin) Cheng et L. K. Fu 本省福州和厦门有栽培。

5. 柏木属 *Cupressus* L.

本属约 20 种，我国 5 种，引入 4 种，福建木本包括引种 8 种。

分 种 检 索 表

1. 生鳞叶的枝圆或具四棱；球果通常较大，径 1~3cm；每种鳞具多数种子。
  2. 鳞叶背部有明显或微明显的纵脊，生鳞叶的小枝四棱形。
   3. 鳞叶背部无明显腺点。
    4. 鳞叶蓝绿色或灰绿色，有蜡质白粉。
     5. 鳞叶先端微钝或稍尖；球果大，径 1.6~3cm，种鳞 4~5 对（厦门、福州等地引种）…………………………………………………… **1. 干香柏 *C. duclouxiana* Hickel**
     5. 鳞叶先端尖；球果较小，径 1~1.5cm，种鳞 3~4 对（福州等地引种）…………………………………………………………… **2. 墨西哥柏 *C. lusitanica* Mill.**
    4. 鳞叶绿色，无白粉；球果无白粉。
     6. 分枝粗壮；雄球花中间的鳞片有 6~10 个花粉囊；球果长大于宽，长达 2.5~3.8cm（厦门、福州等地）……………………………… **3. 大果柏 *C. macrocarpa* Gord.**
     6. 分枝较细；雄球花鳞片有 4~6 个花粉囊；球果近于圆形，较小。
      7. 鳞叶先端钝或钝尖，暗绿色；球果较大，径 2~3cm，具 8~14 枚鳞片（福州等地引种）……………………………………… **4. 地中海柏 *C. sempervirens* L.**
      7. 鳞叶先端尖，淡绿色；球果较小，径 1~1.5cm，具 6~10 枚鳞片（厦门等地引种栽培）…………………………………………… **5. 加利福尼亚柏 *C. goveniana* Gord.**
   3. 鳞叶背部有明显的腺点，先端锐尖或尖，蓝绿色，微被白粉；球果多为宽椭圆状球形或矩圆状椭圆形（厦门、福州等地引种）……………… **6. 绿干柏 *C. arizonica* Greene**
  2. 鳞叶背部无纵脊，生鳞叶的小枝圆柱形，细长，微下垂或下垂；球果深灰褐色（福州引种）……………………………………………… **7. 喜马拉雅柏木 *C. torulosa* D. Don**
1. 生鳞叶的小枝扁平，下垂；球果小，径 0.8~1.2cm，每种鳞具 5~6 粒种子（全省各地常见栽培）………………………………………… **8. 柏木 *C. funebris* Endl.**

6. 扁柏属 *Chamaecyparis* Spach

本属 6 种，我国 1 种、1 变种，引入 4 种，福建包括引种 3 种、6 栽培品种。

分 种 检 索 表

1. 小枝下面的鳞叶无白粉；鳞叶顶端锐尖；球果直径约 6mm（福州和南平引种，生长良好）……………
……………………………………………………………**1. 美国尖叶扁柏** *Ch. thyoides* (L.) Britton
1. 小枝下面的鳞叶有显著的白粉。
　2. 鳞叶顶端钝；球果直径 8～10mm，种鳞 4 对（福州和厦门栽培）…………………………………
………………………………………………………………**2. 日本扁柏** *Ch. obtusa* (Sieb. et Zucc.) Endl.
　　本种著名的观赏品种很多，福建常见的有：
　　2a. 云片柏 *C. obtusa* 'Breviramea' 着生鳞叶的小枝呈云片状，很别致可爱。厦门引种。
　　2b. 洒金云片柏 *C. obtusa* 'Brevitamea-Aurea' 小枝延长而窄，顶端呈金黄色。厦门引种。
　　2c. 孔雀柏 *C. obtusa* 'Tetragona' 灌木或小乔木；枝近直展，生鳞叶的小枝辐射状排列，或微排成平面，
　　　短，末端鳞叶枝四棱形；鳞叶背部有纵脊，光绿色。厦门引种。
　2. 鳞叶顶端锐尖；球果直径约 6mm，种鳞 5 对（福州引种栽培）………………………………………
………………………………………………………………**3. 日本花柏** *C. pisifera* (Sieb. et Zucc.) Endl.
　　本种著名的观赏品种很多，福建常见的有：
　　3a. 线柏 *C. pisifera* 'Filifera' 灌木或小乔木，树冠卵状球形或近球形；枝叶浓密，绿色或淡绿色；小枝细
　　　长下垂至地；鳞叶先端长锐尖。厦门引种。
　　3b. 绒柏 *C. pisifera* 'Squarrosa' 灌木或小乔木，大枝斜展，枝叶浓密；叶 3～4 轮生，条状刺形，长 6～
　　　8mm，先端尖，柔软，下面中脉两侧有白粉带。厦门引种。
　　3c. 羽叶花柏 *C. pisifera* 'Plumosa' 灌木或小乔木，树冠圆锥形；枝叶浓密；鳞叶钻形，长 3～4mm，柔
　　　软，开展，呈羽毛状。厦门引种。

　　7. 福建柏属 *Fokienia* Henry et Thomas
　　本属仅 1 种，福建木本 1 种。
　　福建柏 *F. hodginsii* (Dunn) Henry et Thomas 分布于福州、永泰、仙游、德化、永安、漳
平、华安、龙岩、上杭。
　　8. 圆柏属 *Sabina* Mill.
　　本属 50 种，我国 15 种，福建木本包括引种 4 种、栽培变种、变型、品种 8 种。

分 种 检 索 表

1. 叶全为刺形，三叶轮生，很少为交叉对生。
　2. 球果具 1 个种子；直立灌木或小乔木（厦门、连城、福州、南平、武夷山等地引种）………………
………………………………………………………………**1. 高山柏** *S. squamata* (Buch.-Ham.) Ant.
　2. 球果具 2～3 个种子；匍匐灌木（连城、福州、南平、武夷山等地引种）………………………………
………………………………………………………………**2. 铺地柏** *S. procumbens* (Endl.) Iwata et Kusaka
1. 叶全为鳞形，或仅幼株及萌生枝有刺形；球果通常具 2～3 个种子。
　3. 鳞叶先端急尖或渐尖，腺体位于叶背的中下部或近中部，生鳞叶的小枝常呈四棱形；幼树上的刺叶交叉
　　对生，不等长；球果具 1～2 个种子（厦门和南平引种）…………**3. 北美圆柏** *S. virginiana* (Linn) Ant.
　3. 鳞叶先端钝，腺体位于叶背的中部，生鳞叶的小枝圆柱形或近方形；球果具 1～4 个种子（全省各地广泛
　　栽培）………………………………………………………………**4. 圆柏** *S. chinensis* (L.) Antoine.
　　本种著名的观赏品种很多，福建常见的有：
　　4a. 垂枝圆柏 *S. chinensis* f. pendula 小枝长而下垂。
　　4b. 偃柏 *S. chinensis* var. sargentii 匍匐灌木，小枝直展成密丛状，刺叶常交叉对生，长 3～6mm，排成较

紧密，微斜展；球果带蓝色。

4c. 龙柏 *S. chinensis* 'Kaizuca' 树冠窄圆柱形，分枝低，大枝常有扭转向上之势，小枝密集；多为鳞叶，树冠下部有时具少数刺叶。

4d. 球柏 *S. chinensis* 'Globosa' 矮小灌木，树冠球形，枝密生，多为鳞叶，间有刺叶。

4e. 金叶桧 *S. chinensis* 'Aurea' 灌木，鳞叶初为深金黄色，后渐变为绿色。

4f. 金球桧 *S. chinensis* 'Aureoglobosa' 灌木，树冠球形，枝密生，绿叶丛中杂有金黄色叶。

4g. 塔柏 *S. chinensis* 'Pyramidalis' 枝近直展，密集，树冠圆柱状塔形，叶多为刺叶，间有鳞叶。

4h. 鹿角桧 *S. chinensis* 'Pfitzeriana' 丛生灌木，主干不发育，大枝自地面向上斜展。

9. 刺柏属 *Juniperus* L.

本属约 10 种，我国 3 种，引种 1 种，福建木本包括引种 2 种。

分 种 检 索 表

1. 叶上面中脉绿色，两侧各有 1 条白色、稀紫色或淡绿色气孔带；球果熟时淡红褐色（全省各地常见）……………………………………………………………………… **1. 刺柏** *J. formosana* Hayata
1. 叶上面有 1 条白色气孔带，无绿色中脉；球果熟时淡褐色或蓝黑色（厦门引种）…………………………………………………………………………… **2. 杜松** *J. rigida* Sieb. et Zucc.

9. 罗汉松科 Podocarpaceae

本科 8 属、130 种，我国 2 属、14 种，福建木本包括引种 2 属、8 种、2 变种。

分 属 检 索 表

1. 雌球花生于叶腋或苞腋；种子核果状，直立，全部为肉质套被所包，着生于肉质或稍肥厚的种托上，偶有苞片不发育成肉质种托，常有梗 ……………………… **1. 罗汉松属** *Podocarpus* L'Her. ex Persoon
1. 雌球花生于小枝顶端；种子坚果状，仅基部为杯状肉质或较薄而干的假种皮所包，苞片不增厚成肉质种托，通常无梗 ………………………… **2. 陆均松属** *Dacrydium* Soland. ex Forst. f.

1. 罗汉松属 *Podocarpus* L'Her. ex Pers.

本属 100 种，我国 13 种，福建木本包括引种 7 种、2 变种。

分 种 检 索 表

1. 种子顶生，无梗，种托稍肥厚肉质；叶小，异型，鳞形、锥形或锥状条形，常生于同一树上，两面有气孔线，树脂道 1（福州和厦门引种，供观赏） ……………………………… **. 1. 鸡毛松** *P. imbricatus* Bl.
1. 种子腋生，有梗，种托肥厚肉质或不发育；叶大，同型，卵形、卵状披针形、线状披针形或椭圆状披针形。
  2. 叶对生或近对生，排成二列，无明显中脉，具多数平行细脉；树脂道多数。
  3. 种托肥厚肉质；叶卵形，两面有气孔线，幼叶更清楚（厦门引种） …… **2. 肉托竹柏** *P. wallichiana* Presl
  3. 种托不发育，不肥厚或稍粗；叶仅下面有气孔线。
   4. 叶革质，长不及 9cm，通常宽 2.5cm 以下；种子径 1.2~1.5cm（全省各地常见）……………………………………………………………………… **3. 竹柏** *P. nagi* (Thunb.) Zoll. et Mor.
   4. 叶厚革质，长 8~18cm，宽 2.2~4.2cm；种子径 1.5~4.2cm（厦门引种）……………………………

    ··· **4. 长叶竹柏** *P. fleuryi* Hickel

2. 叶螺旋状着生，不排成二列状，具明显的中脉；种子着生于肉质肥厚的种托上。

  5. 叶小，长 1.3~3.5cm，先端钝尖或圆(福州引种) ·············· **5. 短叶罗汉松** *P. brevifolius* (Stapf) Foxw.

  5. 叶通常长于 3.5cm。

    6. 叶披针形，常稍弯，上部渐狭，顶端长渐尖，长 7~17cm(或更长)，宽 9~15mm(或更宽)(分布于仙游、连江、龙岩、永定) ··················· **6. 百日青** *P. neriifolius* D. Don

    6. 叶线状披针形，上部稍狭，顶端短尖或钝尖，长 7~10cm，宽 5~8mm(分布于永安、永定、龙岩及福鼎) ··················· **7. 罗汉松** *P. macrophylla* (Thunb.) D. Don

    福建常见的变种有：

      7a. 狭叶罗汉松 *P. macrophylla* var. *angustifolius* 叶长 5~9cm，宽 3~6mm，叶先端渐狭成长尖头，叶基楔形。

      7b. 小叶罗汉松 *P. macrophylla* var. *maki* 小乔木或灌木，枝直上着生。叶密生，长 2~7cm，较窄，两端略钝圆。

    2. 陆均松属 *Dacrydium* Soland ex Forst. f.

本属 20 种，我国 1 种，福建木本引种 1 种。

陆均松 *D. pierrei* Hick. 福州有引种栽培。

10. 三尖杉科 Cephalotaxaceae

本科 1 属、9 种，我国 7 种，福建木本包括引种 3 种、1 变种。

三尖杉属 *Cephalotaxus* Sieb. et Zucc. ex Endl.

本属 9 种，我国 7 种，福建木本包括引种 3 种、1 变种。

分 种 检 索 表

1. 叶通常长 4~13cm，顶端渐尖并有长尖头，基部楔形或阔楔形；雄球花直径约 1cm，梗长 4~8mm(全省较常见) ··················· **1. 三尖杉** *C. fortunei* Hook. f.

1. 叶通常长 1.5~5cm，先端微急尖、急尖或渐尖。

  2. 叶质地较厚；种子卵圆形，椭圆状卵形或近球形(分布于武夷山) ···················

    ··················· **2. 粗榧** *C. sinensis* (Rehd. et Wils.) Li

本省有 1 变种：2a. 宽叶粗榧 *C. sinensis* var. *latifolia* 小枝粗壮；叶宽 5~6mm，干后边缘反曲。分布于武夷山。

  2. 叶质地较薄；种子倒卵状椭圆形或倒卵形(厦门和福州引种) ·········· **3. 海南粗榧** *C. hainanensis* Li

11. 红豆杉科 Taxaceae

本科 5 属、23 种，我国 4 属、12 种，福建木本包括引种 4 属、7 种及变种。

分 属 检 索 表

1. 叶上面有明显的中脉；雌球花单生叶腋或苞腋；种子生于杯状或囊状假种皮中，上部或顶端露出。

  2. 叶螺旋状排列；雄球花单生叶腋，不组成穗状球花序；雌球花有短梗或近无梗；种子生于杯状假种皮中，上部露出。

    3. 小枝不规则互生；叶下面具两条淡黄色或淡灰绿色气孔带；种子熟时假种皮红色 ···················

    ··················· **1. 红豆杉属** *Taxus* L.

3. 小枝近对生或近轮生；叶下面具两条白粉气孔带；种子熟时假种皮白色 ………………………
……………………………………………………………… **2. 白豆杉属** *Pseudotaxus* Cheng

2. 叶交叉对生；雄球花多数，组成穗状球花序，2~6 序集生枝顶；雌球花有长梗；种子包于囊状假种皮
中，仅顶端尖头露出 ……………………………………… **3. 穗花杉属** *Amentotaxus* Pilger

1. 叶上面中脉不明显或微明显，交叉对生；雌球花成对生于叶腋，无梗；雄球花单生叶腋；种子全部包于
肉质假种皮中 ……………………………………………………… **4. 榧树属** *Torreya* Arn.

1. 红豆杉属 *Taxus* L.

本属约 11 种，我国有 4 种，福建木本包括引种 2 种、1 变种。

分 种 检 索 表

1. 叶排列较密，不规则两列，常呈'V'形开展，条形，通常较直或呈镰状，上下近等宽，先端急尖；小枝基
部常有宿存芽鳞（福州引种）………………………… **1. 伽罗木** *T. cuspidata* Sieb. et Zucc. var. *nana* Rehd.

1. 叶排列较疏，二列，条形、披针形或条状披针形，多呈镰状，间或较直，上部通常渐窄，先端渐尖或微
急尖，基部两侧偏斜；芽鳞脱落或部分宿存于小枝基部。

 2. 叶较短，条形，微呈镰状或较直，长 1.5~2.2cm，宽 2~3mm，下面中脉带上密生均匀而微小圆形角质
乳头状突起点，其色泽常与气孔带相同；种子多呈卵圆形，稀倒卵圆形（福州引种）……………………
………………………………………………………… **2. 红豆杉** *T. chinensis*（Pilg.）Rehd.

 2. 叶较宽长，披针状条形或条形，常呈弯镰状，长 2~4.5cm，宽 3~5mm，下面中脉带的色泽与气孔带不
同，中脉带上局部有成片或零星的角质乳头状突起，稀无角质乳头状突起点；种子微扁，呈倒卵圆形，
稀柱状矩圆形（全省常见）………………………………………………………………………………
…………………… **3. 南方红豆杉** *T. wallichiana* Zucc. var. *mairei*（Lemee et Lévl.）S. Y. Hu ex Liu

2. 白豆杉属 *Pseudotaxus* Cheng

本属 1 种，我国特产，福建木本 1 种。

白豆杉 *P. chienii*（Cheng）Cheng 分布于武夷山。

3. 穗花杉属 *Amentotaxus* Pilger

本属 3 种，福建木本 1 种。

穗花杉 *A. argotaenia*（Hance）Pilger 分布于永定、永安。

4. 榧树属 *Torreya* Arn.

本属 7 种，我国 4 种，福建木本 2 种。

分 种 检 索 表

1. 叶线形，较短，通常直，长 1.1~2.5cm；种子的胚乳周围稍向内凹（分布于武夷山、建瓯）…………
…………………………………………………………………………… **1. 榧树** *T. grandis* Fort. ex Lindl.

1. 叶线状披针形，较长，通常向上方稍弯，呈镰刀状，长 3.6~9cm；种子的胚乳周围向内深凹（分布于泰
宁）……………………………………………………………………… **2. 长叶榧树** *T. jackii* Chun

12. 买麻藤科 Gnetaceae

本科 1 属、30 多种，中国 7 种，福建木本 2 种。

买麻藤属 *Gnetum* L.

本属 30 多种，我国 7 种，福建木本 2 种。

分 种 检 索 表

1. 叶型大，长 10～20cm，宽 4～10cm；雄球花穗较长，1～2 次分枝，各分枝具 13～17 轮环状总苞，环状总苞在开花时多向外展开，每轮总苞内有雄花 20～40 朵；成熟种子有明显的短梗，长 2～5mm（分布于南靖、龙岩、福清、连江、南平）·································· **1. 买麻藤** *G. montanum* Markgr.
1. 叶型小，长 4～10cm，宽 2.5～3.5cm；雄球花穗短小，单出或分枝，各分枝具 5～12 轮环状总苞，环状总苞在开花时紧闭而不向外展开，每轮总苞内有雄花 40～70 朵；成熟种子无梗（分布于龙岩、华安、永春、仙游、永泰、南平、福州、福清、宁德）········ **2. 小叶买麻藤** *G. parvifolium*（Warb.）C. Y. Cheng ex Chun

Ⅲ 被子植物门 Angiospermae

双子叶植物纲 Dicotyledoneae

13. 木兰科 Magnoliaceae

本科 14 属、250 种，中国 11 属、90 种，福建木本包括引种 7 属、58 种、2 变种、1 亚种、1 杂交种。

分 属 检 索 表

1. 叶全缘，极少顶端 2 裂；聚合果由多数蓇葖组成，成熟时不脱落；蓇葖果沿背缝线或腹缝线开裂。
  2. 花顶生，雌蕊群无柄或很少具极短柄。
    3. 每心皮具 4 ~ 10 个胚珠；每蓇葖果具 4 ~ 10 个种子 ···················· **1. 木莲属 Manglietia** Bl.
    3. 每心皮具 2 个胚珠；每蓇葖果具 1 ~ 2 个种子。
      4. 花两性；托叶与叶柄多少合生，叶柄有托叶痕 ···················· **2. 木兰属 Magnolia** L.
      4. 花单性，稀为杂性，即两性花与雄花同生一植株；托叶不与叶柄合生，叶柄无托叶痕 ··········
      ·· **3. 拟单性木兰属 Parakmeria** Hu et Cheng
  2. 花腋生，雌蕊群具明显的柄。
    5. 心皮全部发育，合生或部分合生，果时完全合生，形成带肉质或厚木质的聚合果。
      6. 花被片 12 ~ 18；心皮多数；聚合果带肉质，熟时横裂，与肉质外果皮不规则脱落，中轴及背面的中脉
      宿存 ································ **4. 合果木属 Paramichelia** Hu
      6. 花被片 9；心皮 10 ~ 12；果时完全合生，聚合果表面弯拱起伏，小果熟时裂成 2 果瓣，厚木质，干后
      单独或数个自中轴脱落；种子悬垂于宿存中轴上 ·············· **5. 观光木属 Tsoongiodendron** Chun
    5. 心皮部分不发育，分离，蓇葖沿背缝线或同时沿腹线 2 瓣裂，形成穗状的聚合果 ··············
    ································ **6. 含笑属 Michelia** L.
1. 叶具 4 ~ 6 裂片，顶端截形或成宽阔的凹缺，全形如马褂状；聚合果由多数有翅的小坚果组成，成熟时全
  部脱落；小坚果不开裂 ································ **7. 鹅掌楸属 Liriodendron** L.

    1. 木莲属 Manglietia Bl.
    本属约 30 种，中国 20 余种，福建木本包括引种栽培 12 种。

分 种 检 索 表

1. 蓇葖果成熟时腹部着生在中轴上，背缝开裂。
  2. 叶两面无毛。
    3. 托叶痕为叶柄长的 1/3 以下。
      4. 叶较大，长 13 ~ 35.5cm；聚合果长 5 ~ 12cm，径 5 ~ 13cm（福州引种） ··············
      ································ **1. 大果木莲 M. grandis** Hu et Cheng
      4. 叶较小，长 8 ~ 14cm；聚合果长不及 4cm（分布于永定、上杭、武夷山等地）··············
      ································ **2. 乳源木莲 M. yuyuanensis** Law
    3. 托叶痕为叶柄长的 1/2 以上；叶窄披针形、长圆状倒卵形或窄倒卵形，长 20 ~ 30cm，侧脉 16 ~ 20 对，

干时两面网脉凸起(福州引种) ························ **3. 中缅木莲** *M. hookeri* Cubitt. et Smith
2. 叶两面多少有毛。
  5. 叶长圆状倒卵形,长 20~50cm,宽 10~20cm;聚合果长 6.5~12cm,径 6~10cm;幼枝、叶下面、果梗密被锈茸毛(福州引种) ········· **4. 大叶木莲** *M. megaphylla* Hu et Cheng
  5. 叶长 6~20cm,宽不超过 7cm。
    6. 小枝、芽、叶柄和果梗密被锈毛、卷曲茸毛;花梗长 6~10cm;聚合果卵形(福州引种) ············
    ·· **5. 毛桃木莲** *M. moto* Dandy
    6. 小枝、芽、叶柄和果梗被细柔毛或平伏长毛。
      7. 花蕾卵形;雌蕊群卵形;花被片卵形或宽卵形。
        8. 花梗细长,长 6.5~7cm,向下弯曲;叶窄倒披针形或倒卵状椭圆形,长 12~15cm,宽 2~5cm(福州引种) ············· **6. 桂南木莲** *M. chingii* Dandy
        8. 花梗粗短,长不及 3cm。
          9. 叶窄椭圆状倒卵形或倒披针形,长 8~16cm,宽 2.5~5cm,侧脉 8~16 对。
            10. 叶革质;外轮花被片长圆状椭圆形;基部心皮长 5~6mm,花柱长约 1mm,每心皮有胚珠 8~10(分布于三明等地) ··············· **7. 木莲** *M. fordiana* Oliv
            10. 叶薄革质;外轮花被片宽卵形或倒卵形,基部心皮长 8~9mm,花柱不明显,每心皮有胚珠 5~6(福州、南平等地引种) ········· **8. 海南木莲** *M. hainanensis* Dandy
          9. 叶倒卵形,长圆状倒卵形,长 10~20cm,宽 5~9.5cm,侧脉 12~21 对;聚合果卵形,长 4~6cm(福州引种) ············· **9. 桂木莲** *M. forrestii* W. W. Smith ex Dandy
      7. 花蕾长圆状椭圆形;雌蕊群圆柱形,花被片三分之一以下渐窄成爪状。
        11. 叶先端通常短尾尖,侧脉 12~24 对;叶柄长 3~5cm;雄蕊长 1~1.8cm(福州引种) ············
        ·· **10. 红花木莲** *M. insignis* (Wall.) Blume
        11. 叶先端窄短尖或渐尖,侧脉 10~12 对;叶柄长 1.5~3cm;雄蕊长约 6mm(厦门、福州及三明市等地引种) ·············· **11. 灰木莲** *M. glauca* Blume
1. 蓇葖果成熟时仅基部着生在中轴上,腹缝开裂;叶倒披针形或倒披针状长圆形,长 15~19cm,干时两面网脉凸起(福州引种) ············· **12. 香木莲** *M. aromatica* Dandy

   2. 木兰属 *Magnolia* L.
   本属 90 种,中国 30 种,福建木本包括引种 14 种、1 变种、1 亚种。

分 种 检 索 表

1. 花药内向开裂;花不先叶开放,外轮花被片不退化为萼片状。
 2. 托叶与柄连生,叶柄具托叶痕。
  3. 叶常绿;托叶痕几达叶柄全长。
    4. 叶柄长 4~11cm;叶卵形或圆状卵形,长 17~32cm,幼叶下面密被长毛,后仅脉上有毛;花直立(福州引种) ··············· **1. 山玉兰** *M. delavayi* Franch.
    4. 叶柄长 0.5~3.5cm。
      5. 全株无毛;花梗弯曲,花下垂(厦门、漳州、福州等地引种) ········ **2. 夜香木兰** *M. coco* (Lour.) DC.
      5. 芽、幼枝、叶下面、花梗均被毛;花直立(福州引种) ············· **3. 长叶木兰** *M. paenetalauma* Dandy
  3. 落叶树;花蕾具 1 枚佛焰苞片。
    6. 叶集生于枝端,呈假轮生状。
      7. 叶先端短急尖或圆钝,5~7(9)片集生枝端,叶下面带灰白色,花被片较薄;聚合果基部较宽圆(分布于本省北部、西北部和中部地区) ··············· **4. 厚朴** *M. officinalis* Rehd. et Wils.

7. 叶先端具凹缺或浅裂，7～12 片集生枝端，叶下面淡绿色；花被片较厚而较短小；聚合果基部较窄（分布于武夷山、浦城等地）·· **4a. 凹叶厚朴** *M. officinalis* Rehd. et Wils. ssp. *biloba*（Rehd. et Wils.）Law

6. 叶不集生于枝端；叶柄细长（仅分布于武夷山黄岗山山顶）················ **5. 天女花** *M. sieboldii* K. Koch

2. 托叶与叶柄分离，叶柄上无托叶痕，叶常绿，厚革质，下面密被锈褐色毛或近无毛；花大，径 15～20cm，花被片近相似，雌蕊群无柄，心皮 20 以上（全省各地常见栽培）··· **6. 荷花玉兰** *M. grandiflora* L.

6a. 披针叶广玉兰 *M. grandiflora* var. *lanceolata* 叶长椭圆状披针形，叶缘不成波状，叶背锈色浅淡，毛较少。福州和厦门引种。

1. 花药侧向开裂或近侧向开裂；花先叶开放或花叶同放；外轮与内轮花被片近相似，大小近相等，或外轮花被片呈萼片状；聚合果圆柱形或长圆形，通常多少弯曲；落叶树。

8. 花被片大小近相等；花先叶开放，白色、玫瑰红色或紫色。

9. 花被片 12 或 14，外面玫瑰红色，里面较淡，有深紫色纵纹（福州引种）·· **7. 武当木兰** *M. sprengeri* Pamp.

9. 花被片 9。

10. 小枝粗，被柔毛；叶通常倒卵形、宽倒卵形；花被片白色，有时外面基部红色（全省各地常见栽培）·· **8. 玉兰** *M. denudata* Desr.

10. 小枝细，无毛；叶倒披针形、椭圆形；花被片粉红色（福州引种）····· **9. 天目木兰** *M. amoena* Cheng

8. 花被片极不相等；外轮花被片短小而呈萼片状或较小而不呈萼片状。

11. 花叶同放或稍后于叶开放；外轮花被片带绿色、披针形，长约 3cm，早落，内两轮花被片紫红色；叶椭圆状倒卵形或倒卵形，侧脉 8～10 对（福建各地多栽培）················ **10. 紫玉兰** *M. liliflora* Desr.

11. 花先叶开放，内轮花被片白色、红色或紫色。

12. 叶长圆状披针形或卵状披针形，最宽处在中部以下，脉 10～15 对；蓇葖果黑色，密被小瘤点（福州引种）·· **11. 望春玉兰** *M. biondii* Pamp.

12. 叶倒卵形或倒披针形，最宽处在中部以上。

13. 外轮花被片较小，与内两轮均为紫红色；叶倒卵形，长 6～15cm，下面多少被柔毛，侧脉 7～9 对（福建各地多栽培）···································· **12. 二乔木兰** *M. soulangeana* Soul. – Bod.

13. 外轮花被片较小而为萼片状，与内两轮不同色。

14. 幼枝被淡黄色平伏毛；叶膜质，下面被平伏短毛；花梗直立，密被淡黄色长绢毛，外轮花被片长 1.2～1.5cm（分布于泰宁、建宁、古田、屏南、建瓯、武夷山等地）·· **13. 黄山木兰** *M. cylindrica* Wils.

14. 幼枝无毛；叶纸质，微皱，叶下面沿中脉、侧脉及脉腋有白色毛，余处无毛；花梗平展，密被柔毛，外轮花被片长 1.5～4cm（福州引种）···································· **14. 日本辛夷** *M. kobus* DC.

3. 拟单性木兰属 *Parakmeria* Hu et Cheng

本属约 5 种，中国 5 种，福建木本包括引种栽培 2 种。

分 种 检 索 表

1. 叶通常中部以下最宽，卵状长圆形或卵状椭圆形（福州等地引种）·· **1. 云南拟单性木兰** *P. yunnanensis* Hu

1. 叶通常中部以上最宽，倒卵状椭圆形或窄倒卵状椭圆形（分布于永定、三明、南平、建瓯等地）·· **2. 乐东拟单性木兰** *P. lotungensis*（Chun et C. H. Tsoong）Law

4. 合果木属 *Paramichelia* Hu

本属 3 种，中国约 2 种，福建木本引种 1 种。

合果木 *P. baillonii*（Pierre）Hu 福州和厦门引种。

5. 观光木属 *Tsoongiodendron* Chun

中国特有单种属，福建木本 1 种。

观光木 *T. odorum* Chun 分布于南靖、龙岩、永定、永安、三明、沙县、南平、建阳等地。

6. 含笑属 *Michelia* L.

本属 60 种，中国 35 余种，福建木本包括引种 26 种、1 变种。

分 种 检 索 表

1. 托叶多少与叶柄贴生，叶柄上留有托叶痕。
 2. 叶柄较长，长 5mm 以上；花被片 9 ~ 13，3 ~ 4 轮。
  3. 幼嫩部分密被灰色长茸毛；叶上面中脉、小枝、果梗及蓇葖果均疏生长毛；雄蕊的药隔伸出突尖；蓇葖果倒卵形或近球形(福州引种) ·················· **1. 绒叶含笑** *M. velutina* DC.
  3. 幼嫩部分被柔毛，后残留有柔毛、平伏短毛或无毛。
   4. 叶薄革质，网脉稀疏。
    5. 花黄色；叶下面被平伏长绢毛；托叶痕为叶柄长的 1/2 以上(厦门、泉州、福州等地种植) ··········
    ··· **2. 黄兰** *M. champaca* L.
    5. 花白色；叶下面被短柔毛；托叶痕为叶柄长的 1/2 以下(本省沿海各地栽培) ··· **3. 白兰** *M. alba* DC.
   4. 叶革质，网脉致密，干时两面凸起。
    6. 叶片最宽处在中部以下；花被片 11 ~ 13(福州引种) ········· **4. 多花含笑** *M. floribunda* Finet et Gagnep.
    6. 叶片最宽处在中部以上；花被片 9(~ 12)。
     7. 幼枝、叶下面被淡褐色或白色平伏短柔毛(福州引种) ····· **5. 峨眉含笑** *M. wilsonii* Finet et Gagnep.
     7. 幼枝、叶下面被红褐色开展或直生柔毛(福州引种) ········· **6. 川含笑** *M. szechuanica* Dandy
 2. 叶柄较短，长 5mm 以下；花被片 6，2 轮，稀 12 ~ 17 片，3 ~ 4 轮。
  8. 雌蕊群被毛；蓇葖果残留有毛。
   9. 灌木，高 2 ~ 4m；花梗粗短，花深紫色。
    10. 托叶痕达叶柄顶端；花被片长椭圆形，长 1.8 ~ 2cm，宽 0.6 ~ 0.8cm；雌蕊群不伸出于雄蕊群(分布于福州等地区) ··· **7. 紫花含笑** *M. crassipes* Law
    10. 托叶痕达叶柄中部，花被片倒卵状椭圆形或卵状倒披针形，长 2.1 ~ 2.3cm，宽 0.8 ~ 1cm；雌蕊群突出于雄蕊群(分布于长汀) ··············· **8. 悦色含笑** *M. amoema* Z. F. Zheng et M. M. Lin
   9. 乔木，高达 15m；花梗细长。
    11. 托叶与叶柄合生，在叶柄上有托叶痕；花直径 1.2cm，花被片淡黄色，长圆形，长约 1.5cm；雌蕊群有毛(全省各地常见) ··· **9. 野含笑** *M. skinneriana* Dunn
    11. 托叶与叶柄离生，在叶柄上无托叶痕；花直径 1cm，花被片白色，椭圆形，长约 0.8cm；雌蕊群无毛(分布于南平来舟) ··············· **10. 鳞药含笑** *M. liyaoesis* D. C. Zhang et S. B. Zhou
  8. 雌蕊群无毛；蓇葖果无毛；花梗细长；花被片淡黄色，边缘常带紫色(全省各地常见) ··········
    ··· **11. 含笑** *M. figo*（Lour.）Spren.
1. 托叶与叶柄离生，叶柄上无托叶痕。
 12. 花被片 6，2 轮，稀 8 片。
  13. 小枝被毛；叶厚革质，宽 5 ~ 10(12)cm；蓇葖果长 2 ~ 6cm；芽鳞、幼枝、叶下面、花蕾及花梗密被褐色茸毛(分布于上杭、永安、三明、顺昌等地) ············ **12. 苦梓含笑** *M. balansae*（DC.）Dandy
  13. 小枝无毛；叶革质或薄革质；蓇葖果长 2cm 以下。

14. 芽、花梗密被淡黄色直立毛；叶两面无毛。

 15. 花淡黄色，外轮花被片倒卵状长圆形，长 4～4.5cm；雄蕊长 1.3～1.8cm；花梗粗短，长与径均约 7mm；叶倒披针形或窄倒卵状椭圆形，长 12～18cm（厦门引种） ················

  ······················ **13.** 黄心夜合 *M. martinii*（Lévl.）Dandy

 15. 花白色，外轮花被片倒卵形，长 6～7cm；雄蕊长 3～4cm；花梗较细，长 4～14mm；叶卵状椭圆形、椭圆形或倒卵状椭圆形，长 7～14cm（福州引种） ··············· **14.** 长蕊含笑 *M. longistamina* Law

14. 芽、花梗被平伏微柔毛；叶下面被平伏短毛，薄革质，倒卵形或长圆状倒卵形，干后两面淡褐色（福州引种） ································ **15.** 乐昌含笑 *M. chapensis* Dandy

12. 花被片 9～12，3～4 轮。

 16. 叶下面被平伏微毛。

  17. 叶网脉两面明显凸起，形成蜂窝状。

   18. 叶中部以下最宽，长圆状椭圆形、椭圆状卵形或宽披针形，侧脉 14～26 对；聚合果长 7～20cm。

    19. 叶基部两侧对称；花被片椭圆形或倒卵状椭圆形，长约 3cm；雄蕊药隔不伸出（福州引种） ·······

    ··· **16.** 亮叶含笑 *M. fulgens* Dandy

    19. 叶基部两侧不对称；花被片倒卵形，长 6～7cm；雄蕊药隔凸出，长约 2mm（分布于南靖、龙岩、德化、三明等地） ····················· **17.** 金叶含笑 *M. foveolata* Merr. et Dandy

     17a. 灰毛含笑 *M. foveolata* var. *cinerascens* 本变种与原种不同之处为嫩枝、叶柄及叶背被灰白色柔毛。分布于上杭、龙岩及漳平。

   18. 叶最宽在中部或中部以上，倒卵形、椭圆形或菱状椭圆形，侧脉 10～15 对；聚合果长 2～7cm。

    20. 芽、幼枝、叶下面被平伏短茸毛；叶通常倒卵状椭圆形或倒卵形；花被片匙状倒卵形或倒披针形，长 3.5～4.5cm；雄蕊长 2～2.5cm（福州引种） ··········· **18.** 醉香含笑 *M. macclurei* Dandy

    20. 芽、幼枝、叶下面被平伏微柔毛；叶通常椭圆形或菱状椭圆形；花被片匙形，长 1.8～2.2（～3.5）cm；雄蕊长 1～1.5cm（福州引种） ············ **19.** 白花含笑 *M. mediocris* Dandy

  17. 叶网脉两面不凸起或不明显凸起，不形成蜂窝状。

   21. 花被约 15 片；叶较小，长 6～11cm，宽 2.5～4cm，侧脉 8～9 对（分布于永安、三明、沙县、建瓯等地） ·············· **20.** 福建含笑 *M. fujianensis* Q. F. Zheng

   21. 花被 12 片以下；叶较大，长 11～24cm，宽 4～7cm，侧脉 9～15 对。

    22. 幼嫩部分被银灰色毛；花被片 12，长 2.5～4cm，具透明腺点（福州有引种） ·········

    ·································· **21.** 平伐含笑 *M. cavaleriei* Finet et Gagnep.

    22. 幼嫩部分被红色绢毛；花被片 9，长 5～7cm，无腺点（分布于南靖、龙岩、永安等地） ·········

    ································· **22.** 阔瓣含笑 *M. platypetala* Hand. – Mazz.

 16. 叶下面无毛，或仅中脉有平伏毛。

  23. 花被片不同形，外轮 3 片膜质，条形，内两轮肉质，窄椭圆形；叶揉碎具八角气味，倒卵形或椭圆状倒卵形，两面同色；蓇葖果聚生于果轴上部，熟时 2 果瓣向外反卷（福州引种） ···············

   ····························· **23.** 香子含笑 *M. hedyosperma* Law

  23. 花被片同形或近同形；叶两面不同色，揉碎无八角气味；蓇葖果不集生上部。

   24. 叶下面粉绿色或被白粉，网脉致密。

    25. 顶芽窄椭圆形，被橙黄色或灰色有光泽柔毛；叶倒卵状长圆形；花被片长 3～4.5cm；聚合果长 4～5cm（福州引种） ·············· **24.** 石碌含笑 *M. shiluensis* Chun et Y. F. Wu

    25. 顶芽窄葫芦形，被白粉；叶长圆状椭圆形或倒卵状椭圆形；花被片长 5～7cm；聚合果长 10～12cm（全省各地常见） ····················· **25.** 深山含笑 *M. maudiae* Dunn

   24. 叶下面绿色或暗绿色，无白粉，网脉稀疏（福州引种） ··········· **26.** 壮丽含笑 *M. lacei* W. W. Smith

7. 鹅掌楸属 *Liriodendron* L.

本属 2 种，1 产中国，1 产北美。福建木本有 1 种、引种 1 种、1 杂交种。

分 种 检 索 表

1. 小枝灰色或灰褐色；叶近基部具 1 对侧裂片，下面被乳头状的白粉点；花被片长 2 ~ 4cm，绿色，具黄色
纵条纹；花丝长 5mm；翅状小坚果先端钝或钝尖(分布于建宁、柘荣、屏南、武夷山)··················
·· **1. 中国鹅掌楸** *L. chinense* Sarg.
1. 小枝褐色或紫褐色；叶近基部具 1 ~ 2 对侧裂片，下面无白粉；花被片长 4 ~ 6cm，绿黄色，内面具橙黄色
蜜腺；花丝长 1 ~ 1.5cm；翅状小坚果先端尖(福州和厦门等地引种) ········· **2. 北美鹅掌楸** *L. tulipifera* L.
  附：**杂交鹅掌楸** *L. chinense* × *L. tulipifera* 用中国鹅掌楸为母本，与北美鹅掌楸杂交后选育而成新品种。其
  干直挺拔，叶形古朴似马褂，可作为庭院风景树和城市行道树。

14. 八角科 Illiciaceae

本科 1 属、50 种，中国 30 种，福建木本 7 种。

八角属 *Illicium* L.

本属约 50 种，中国约 30 种，福建木本 7 种。

分 种 检 索 表

1. 叶较窄小，狭长披针形或狭倒披针形，长 6.5 ~ 8.5cm，宽通常为 1.5 ~ 2cm；雄蕊约 24 枚；心皮 8 ~ 13 枚
(分布于南靖等地) ································· **1. 红花八角** *I. dunnianum* Tutch.
1. 叶较宽大，宽度通常在 2cm 以上。
 2. 心皮通常 7 ~ 8(~ 10)枚。
  3. 心皮常为 8 枚，聚合果为八角形，蓇葖顶端钝，无锐尖头，仅稍反曲；雄蕊 11 ~ 20 枚；叶椭圆形、椭
   圆状倒卵形，长 5 ~ 11cm，宽 1.5 ~ 4cm，顶端急尖；叶柄长约 10mm(本省诏安、云霄、漳浦等南部地
   区少量栽培) ··································· **2. 八角** *I. verum* Hook. f.
  3. 心皮 7 ~ 8(~ 10)枚；聚合果为 7 ~ 8(10)角形，蓇葖顶端尖，有短尖头，反曲；雄蕊 11 ~ 14 枚；叶长
   圆状披针形、披针形至倒披针形，长 10 ~ 16cm，宽 2 ~ 4.5cm，顶端长渐尖，叶柄长 7 ~ 20mm(分布于
   三明、武夷山、建阳等地) ····························· **3. 红茴香** *I. henryi* Diels
 2. 心皮通常 11 ~ 14 枚，聚合果多为 10 ~ 13 角形，蓇葖顶端尖。
  4. 雄蕊 7 ~ 12 枚；心皮 10 ~ 13 枚，花柱长 2 ~ 3mm；叶倒披针形或披针形，长 6 ~ 15cm，宽 2 ~ 4.5cm(分
   布于三明、屏南、建阳、武夷山) ··············· **4. 披针叶茴香** *I. lanceolatum* A. C. Smith
  4. 雄蕊 21 ~ 37 枚；心皮 11 ~ 14 枚，花柱长 1 ~ 3mm。
   5. 雄蕊约 25 枚以下；花被 15 片以上；花柱长 1 ~ 3mm。
    6. 雄蕊约 21 枚；花被 15 ~ 19 片；花柱长 1 ~ 1.5mm；叶厚革质，稍肉质(分布于永定、武夷山) ······
     ······································ **5. 假地枫皮** *I. jiadifengpi* Huang et B. N. Chang
    6. 雄蕊约 22 ~ 25 枚；花被(17)25 ~ 33 片；花柱长 1.5 ~ 3mm；叶薄革质至革质(分布于武夷山黄岗山)
     ······································ **6. 闽皖八角** *I. minwanease* B. N. Chang et S. D. Zhang
   5. 雄蕊 25 ~ 37 枚；花被 9 ~ 15 片；花柱长约 1mm；叶革质，侧脉干后两面均不明显，叶柄长 6 ~ 10mm；
    聚合果直径 2.5 ~ 3.3cm，果梗细长，长 2 ~ 3.5cm(分布于南靖、上杭、南平、武夷山) ··············
    ································ **7. 厚皮香八角** *I. ternstroemioides* A. C. Smith

15. 五味子科 Schisandraceae

本科 2 属、约 50 种，中国 2 属，约 30 种，福建木本 2 属、6 种。

分 属 检 索 表

1. 芽鳞常宿存；果期花托伸长，成熟心皮排成穗状的聚合果 ·················· **1. 五味子属** *Schisandra* Michx.
1. 芽鳞常早落；果期花托不伸长，成熟心皮排成球状或椭圆体状的聚合果 ·························
··········· **2. 南五味子属** *Kadsura* Kaemp f. ex Juss.

　　1. 五味子属 *Schisandra* Michx.

　　本属约 25 种，中国约 20 种，福建木本 3 种。

分 种 检 索 表

1. 枝条、特别是嫩枝常具 5 纵棱翅或纵棱角；芽鳞大，长 8～20mm，常缩存于新枝基部；叶下面有白粉（分布于泰宁、建宁、建阳、柘荣等地）·················· **1. 棱枝五味子** *S. henryi* C. B. Clarke
1. 枝条近圆柱形，无纵棱翅；芽鳞较小，通常早落，叶下面无白粉。
　2. 叶宽椭圆形、宽倒卵形，通常中部以上最宽；种皮光滑或稍有皱纹；心皮 30～50 枚（分布于永安、沙县、南平、建瓯、建阳、武夷山、浦城）·················· **2. 华中五味子** *S. sphenanthera* Rehd. et Wils.
　2. 叶卵状椭圆形，通常中部以下最宽；种皮具明显的皱纹或近乳头状或粗糙；心皮约 25 枚（分布于建阳、武夷山等地）·················· **3. 绿叶五味子** *S. viridis* A. C. Smith

　　2. 南五味子属 *Kadsura* Kaemp f. ex Juss.

　　本属约 24 种，中国约 10 种，福建木本 3 种。

分 种 检 索 表

1. 叶厚革质，全缘，网脉两面不明显，干时上面通常黑色；下面褐色；雄蕊柱圆锥状，顶端有线状钻形的附属体；聚合果大，直径 6～10cm 或更大（分布于永定等地）··· **1. 黑老虎** *K. coccinea*（Lem.）A. C. Smith
1. 叶革质，较薄，通常有腺点锯齿；雄蕊柱近球形，顶端无线状钻形的附属体；聚合果较小，直径在 6cm 以下。
　2. 叶长圆状椭圆形，有时为狭倒卵状椭圆形，侧脉 5～7 对；成熟果梗较细，长 3～15cm；小枝灰褐色或褐色（全省各地常见）·················· **2. 南五味子** *K. longipedunculata* Finet et Gagnep.
　2. 叶卵状椭圆形至阔椭圆形，侧脉 9～11 对；成熟果梗较粗壮，长 2～5cm，小枝黑色（分布于仙游等地）
·················· **3. 异形叶南五味子** *K. heteroclita*（Roxb.）Craib

16. 番荔枝科 Annonaceae

本科 120 多属、2100 多种，中国 24 属、103 种、6 变种，福建木本包括引种 8 属、13 种、1 变种、1 栽培品种。

分 属 检 索 表

1. 花瓣 6 片，排成 2 轮，内、外轮或仅内轮为覆瓦状排列；叶片被星状毛或鳞片······ **1. 紫玉盘属** *Uvaria* L.

1. 花瓣 6 片，排成 2 轮，镊合状排列，叶片被柔毛、茸毛或无毛。
  2. 外轮花瓣比内轮花瓣小，与萼片相似 ·················· **2. 亮花木属** *Phaeanthus* Hook. f. et Thoms.
  2. 外轮花瓣与内轮花瓣等大或比内轮大，稀外轮比内轮小，与萼片有明显区别。
    3. 心皮离生；小果分离。
      4. 小果细长，呈念珠状·················· **3. 假鹰爪属** *Desmos* Lour.
      4. 小果粗厚，不呈念珠状。
        5. 乔木或直立灌木。
        6. 药隔顶端平截或近圆形 ·················· **4. 暗罗属** *Polyalthia* Blume
        6. 药隔尖 ·················· **5. 依兰属** *Cananga*（DC.）Hook. f. et Thoms.
        5. 攀援状灌木。
        7. 总花梗和总果梗均弯曲呈钩状·················· **6. 鹰爪花属** *Artabotrys* R. Br. ex Ker
        7. 总花梗和总果梗均直升 ·················· **7. 瓜馥木属** *Fissistigma* Griff.
    3. 心皮合生；小果合生·················· **8. 番荔枝属** *Annona* L.

1. 紫玉盘属 *Uvaria* L.

本属约 150 种，中国 10 种、1 变种。福建木本包括引种 2 种。

分 种 检 索 表

1. 幼枝被黄褐色或黄色星状毛；叶侧脉约 13 对；花径 2 ~ 3.5cm（分布于诏安）·················· **1. 紫玉盘** *U. microcarpa* Champ. ex Benth.
1. 幼枝被锈褐色星状毛；叶侧脉约 15 对；花大，径 4 ~ 8cm（厦门有引种）··· **2. 葡匐木** *U. grandiflora* Roxb.

2. 亮花木属 *Phaeanthus* Hook. f. et Thoms.

本属 20 种，中国 1 种，福建木本引种 1 种。

囊瓣亮花木 *Ph. saccopetaloides* W. T. Wang 福州引种。

3. 假鹰爪属 *Desmos* Lour.

本属约 30 种，中国 4 种，福建木本 1 种。

假鹰爪 *D. chinensis* Lour. 分布于漳州、华安。

4. 暗罗属 *Polyalthia* Blume

本属约 120 种，中国 17 种，福建木本引种 1 栽培品种。

印度塔树 *P. longifolia* 'Pendula' 厦门引种。

5. 依兰属 *Cananga*（DC.）Hook. f. et Thoms.

本属 4 种，中国引种 1 种、1 变种，福建木本引种 1 种、1 变种。

分 种 检 索 表

1. 乔木，高达 20m；花的香味较浓（厦门引种）·················· **1. 依兰** *C. odorata*（Lamk.）Hook. f. et Thoms.
1. 灌木，高 1 ~ 2m；花的香味较淡（福建栽培）··················
·················· **1a. 小伊兰** *C. odorata*（Lamk.）Hook. f. et Thoms. var. *fruticosa*（Craib）J. Sincl.

6. 鹰爪花属 *Artabotrys* R. Br. ex Ker

本属约 100 种，中国 4 种，福建木本引种 1 种。

鹰爪花 *A. hexapetalus*（L. f.）Bhandari 厦门、泉州等地均栽培。

7. 瓜馥木属 *Fissistigma* Griff.

本属约 75 种，中国 22 种，1 变种，福建木本 3 种。

分 种 检 索 表

1. 叶下面无毛或疏被褐色伏毛。
　2. 叶下面非为苍白色，疏生毛；花 1~2 腋生；小果径达 4cm，被毛；柱头全缘(分布于南靖、三明)…… ……………………………………………………………… **1. 香港瓜馥木** *F. uonicum*（Dunn）Merr.
　2. 叶下面苍白色，总状花序顶生；小果径约 8mm，无毛；柱头 2 裂(分布于南靖、平和、三明、南平) … ……………………………………………………………… **2. 白叶瓜馥木** *F. glaucescens*（Hance）Merr.
1. 叶下面密被淡黄色柔毛(全省各地较常见) ………………………… **3. 瓜馥木** *F. oldhamii*（Hemsl.）Merr.

8. 番荔枝属 *Annona* L.

本属约 120 种，中国栽培 5 种，福建木本引种 4 种。

分 种 检 索 表

1. 侧脉两面凸起；花蕾卵圆形或近圆球形，内轮花瓣存在。
　2. 果心形，表面无刺(厦门有引种栽培) ………………………………………………… **1. 牛心果** *A. glabra* L.
　2. 果近圆球形，幼时有下弯的刺，刺随后渐脱落(厦门引种) ………………… **2. 刺果番荔枝** *A. muricata* L.
1. 侧脉在上扁平，在下面凸起；花蕾披针形，内轮花瓣退化成鳞片状。
　3. 叶下面苍白绿色；总花梗有花 1~4 朵，与叶对生或顶生；成熟心皮稍相连，但易分开(厦门有引种) … ……………………………………………………………………… **3. 番荔枝** *A. squamosa* L.
　3. 叶下面绿色；总花梗有花 2~10 朵，与叶对生或互生；成熟心皮连成一整体，不易分开(厦门有引种) ……………………………………………………………… **4. 牛心番荔枝** *A. reticulata* L.

17. 樟科 Lauraceae

本科 45 属，2000~2500 种，中国 20 属、400 种，福建木本 11 属、72 种、10 变种、1 变型。

分 属 检 索 表

1. 花两性，圆锥花序或短缩成团伞花序；苞片小，不形成总苞；或为总状花序，具总苞。
　2. 花药 4 室。
　　3. 果时花被筒形成杯状、钟状或倒圆锥状的果托，仅部分地包被果的基部。
　　　4. 圆锥花序；常绿性；叶全缘 ………………………………… **1. 樟属** *Cinnamomum* Schaeffer
　　　4. 总状花序；落叶性；叶常 3 浅裂 ……………………………… **2. 檫木属** *Sassafras* Trew
　　3. 果时花被筒不形成果托。
　　　5. 果时花被宿存；果小型。
　　　　6. 宿存花被较软，较长，反曲或开展，不紧贴果实基部 ……………… **3. 润楠属** *Machilus* Nees
　　　　6. 宿存花被片较硬、较短，直立或开展，紧贴果实基部 ……………… **4. 楠属** *Phoebe* Nees
　　　5. 果时花被脱落；果大型，长 8~18cm ……………………………… **5. 鳄梨属** *Persea* Mill.
　2. 花药 2 室。
　　7. 果不为花被筒所包被 ……………………………………………… **6. 琼楠属** *Beilschmiedia* Mill.

7. 果完全为增大而贴生的花被筒所包被，顶端仅具一小开口 ················ **7. 厚壳桂属** *Cryptocarya* R. Br

1. 花单性，伞形花序或团伞花序，稀为单花或总状至圆锥状，苞片大，形成总苞。

8. 花部 2 出数；花被裂片 4。

9. 雄花具 12 枚雄蕊，排成 3 轮，全部或第二、三轮雄蕊具腺体，花药 2 室；雌花具 4 枚退化雄蕊········

················ **8. 月桂属** *Laurus* L.

9. 雄花具 6 枚雄蕊，排成 3 轮，仅第三轮雄蕊具腺体，花药 4 室；雌花具 6 枚退化雄蕊 ············

················ **9. 新木姜子属** *Neolitsea* Merr.

8. 花部 3 出数；花被裂片 6。

10. 花药 4 室 ·································· **10. 木姜子属** *Litsea* Lam.

10. 花药 2 室 ·································· **11. 山胡椒属** *Lindera* Thunb.

1. 樟属 *Cinnamomum* Schaeffer

本属 250 种，中国 46 种、1 变型，福建木本包括引种 15 种。

分 种 检 索 表

1. 果时花被完全脱落；芽鳞明显，覆瓦状；叶互生，羽状脉，稀为离基三出脉，下面脉腋常有脉窝。

2. 老叶两面被毛（福州有引种）·································· **1. 银木** *C. septentrionale* Hand. – Mzt.

2. 老叶两面无毛或近无毛。

3. 叶干时上面黄绿色或黄褐色，脉腋有毛；花序长（2）3~5cm，少花，干时茶褐色；果椭圆形（分布于南靖、安溪、福州、永安、清流、南平、武夷山、建瓯）·········· **2. 沉水樟** *C. micranthum*（Hay.）Hay.

3. 叶干时上面不为黄绿色或黄褐色；花序伸长，多花，不呈茶褐色；果球形。

4. 叶下面侧脉脉腋具腺窝。

5. 离基三出脉，下面脉腋有明显的腺窝；叶卵形或卵状椭圆形，下面干时常带白色（分布于全省各地）

·································· **3. 樟** *C. camphora*（L.）Presl

5. 羽状脉，稀离基三出脉，叶多为椭圆形（厦门引种）·········· **4. 云南樟** *C. glanduliferum*（Wall.）Nees

4. 叶下面侧脉脉腋无腺窝，羽状脉（分布于南靖、平和、永定、宁化）·································

·································· **5. 黄樟** *C. porrectum*（Roxb.）Kosterm.

1. 果时花被宿存，或上部脱落下部留存在花被筒的边缘上；芽裸露或芽鳞不明显；叶对生或近对生，三出脉或离基三脉，下面脉腋无腺窝。

6. 叶两面无毛，或下面幼时略被毛，老时明显无毛或变无毛。

7. 花序仅有（1）3~5 朵花，常为近伞形或伞房形。

8. 花被外面无毛，边缘具小纤毛；内面被绢毛；叶披针形或长圆状披针形（分布于武夷山）··········

·································· **6. 野黄桂** *C. jensenianum* Hand. – Mzt.

8. 花被外面密被灰白色短丝毛，边缘不具小纤毛；叶卵圆形或卵圆状披针形（分布于永安、建阳、武夷山）·································· **7. 少花桂** *C. pauciflorum* Ness

7. 花序有多数花，近总状或圆锥状，具分枝，分枝末端为 1~3~5 朵花的聚伞花序。

9. 叶下面幼时疏被灰白色丝状微柔毛；果托具不规则齿裂；叶卵状椭圆形或长圆状披针形（福建有栽培）

·································· **8. 浙江桂** *C. chekingense* Nakai

9. 叶下面幼时无毛；果托具整齐 6 齿裂。

10. 花序长 2~6cm；叶卵形、椭圆形至椭圆状披针形，长 5~10cm；果卵形，长约 8mm（分布于安溪、永春、福州、永安、南平）·················· **9. 阴香** *C. burmannii*（C. G. et Th. Nees）Bl.

10. 花序长 10~16cm；叶卵圆形或卵状披针形，长 11~30cm；果椭圆形或卵形，长 1.3cm 以上。

11. 叶卵形或长圆状卵形，长 8~11（14）cm，先端锐尖，基部圆形；果托齿裂短而圆；枝、叶、树皮干

　　　　时无香气（厦门引种）······················· **10. 兰屿肉桂 C. kotoense** Kanehira et Sasaki

　　11. 叶卵形或卵状披针形，长 11 ~ 16cm，先端渐尖，基部楔形；果托齿裂先端截形或锐尖；枝叶、树皮干时具浓烈香气（厦门引种）······················ **11. 锡兰肉桂 C. zeylanicum** Bl.

　6. 叶两面尤其是下面幼时明显被毛，老时毛不脱落或渐变稀薄，极少（如辣汁树）最后变无毛，但其幼时下面密被灰白色或银色绢毛或绢状微柔毛。

　　12. 叶长圆形或椭圆形，较大，老叶长 10 ~ 16cm，宽 4.5 ~ 7.5cm。

　　　13. 三出脉或近离基三出脉，侧脉自 0 ~ 5mm 处生出；叶椭圆形，顶端渐尖或短尾状，尖头长 5 ~ 10mm（分布于上杭、武平、永春、德化、永泰、永安、三明、沙县、南平、武夷山）··················· **12. 华南桂 C. austrosinense** H. T. Chang

　　　13. 离基三出脉，侧脉自 5 ~ 10mm 处生出；叶长圆形至椭圆状披针形，顶端稍急尖（本省南部有引种）················ **13. 肉桂 C. cassia** Pressl

　　12. 叶披针形、长圆状披针形至卵状椭圆形，较小，老叶长常在 10cm 以下，宽在 4.5cm 以下。

　　　14. 小枝、芽、叶柄疏被银白色绢毛；叶披针形或长圆状披针形，长 5 ~ 10cm，宽 1.5 ~ 2.5cm，幼时下面密被浅褐色绢毛，老时变无毛（福建有分布）······· **14. 辣汁树 C. tsangii** Merr.

　　　14. 小枝、芽、叶柄密被污黄色绢毛或柔毛；叶卵状椭圆形、椭圆形至披针形，长 4 ~ 13cm，宽 2 ~ 5cm，幼时下面密被黄色平伏绢状短柔毛，老时毛渐脱落，但仍可见（分布于南靖、福州、三明、宁化、南平、武夷山）················· **15. 香桂 C. subavenium** Miq.

　　2. 檫木属 *Sassafras* Trew

　　本属有 3 种，中国 2 种，福建木本 1 种。

　　檫木 *S. tzumu*（Hesmsl.）Hemsl.

　　分布于德化、闽侯、沙县、尤溪、福安、福鼎、寿宁、南平、建阳等地。

　　3. 润楠属 *Machilus* Nees

　　本属约有 100 种，中国约 68 种、3 变种，福建木本 14 种。

分 种 检 索 表

1. 花被裂片外面无毛。

　2. 叶厚革质，椭圆形或长圆形，基部钝或近圆形，侧脉弧曲延伸至近叶缘时上弯；叶柄粗壮（分布于南靖、南平、建阳、武夷山）······················ **1. 凤凰润楠 M. phoenicis** Dunn

　2. 叶革质，倒卵形或倒卵状披针形，基部楔形，侧脉斜向直伸至近叶缘时上弯；叶柄较纤细（分布于平和、上杭、武平、德化、三明、柘荣、南平、建阳）·············· **2. 红楠 M. thunbergii** Sieb. et Zucc.

1. 花被裂片外面有毛。

　3. 花被裂片外面密被茸毛。

　　4. 叶倒卵形或倒卵状披针形，基部楔形，芽、小枝、叶柄及叶下面被锈色茸毛；叶柄较纤细，秋冬开花（分布于南靖、连城、福清、福州、永安、沙县、宁德、南平）··················· **3. 绒毛润楠 M. velutina** Champ. ex Benth.

　　4. 叶倒卵状长圆形，基部多少圆形，芽、小枝、叶柄及叶下面被黄褐色短茸毛；叶柄粗短，春季开花（分布于南靖、厦门、龙岩、连城、宁化、大田、沙县、南平、建瓯）·········· **4. 黄绒润楠 M. grijsii** Hance

　3. 花被裂片外面被小柔毛或绢毛。

　　5. 圆锥花序生于小枝下部。

　　　6. 叶下面有毛。

　　　　7. 叶下面有小柔毛、微柔毛或绢毛，在扩大镜下可见。

　　　　　8. 嫩枝被棕色茸毛；叶狭椭圆形或倒披针形，侧脉 10 ~ 12 对；叶柄长 8 ~ 10mm（分布于漳平、南平）

　　　　·· **5. 广东润楠** *M. kwangtungensis* Yang
　　8. 嫩枝无毛。
　　　9. 顶芽芽鳞外被棕色或黄棕色小柔毛；叶椭圆形或狭椭圆形或倒披针形，长 7～15cm，宽 2～4.5cm，侧脉 12～17 对，木材薄片浸水有粘液（分布于南靖、龙岩、福州、大田、沙县、南平、邵武）···
　　　　·· **6. 刨花润楠** *M. pauhoi* Kanehira
　　　9. 顶芽芽鳞外被微绢毛；叶倒卵状长圆形，长 10～24(～30)cm，宽 3.5～7cm，侧脉 14～20(～24) 对（分布于南靖、武平、连城、宁化、福州、永安、沙县、南平、武夷山）··············
　　　　·· **7. 薄叶润楠** *M. leptophylla* Hand.－Mazz
　　7. 叶下面有柔毛，小柔毛，肉眼可见。
　　　10. 叶倒卵形或倒卵状椭圆形，宽 2.8～6.3cm，下面粉绿色，被小柔毛，叶柄长 1.2～1.6(2.2)cm（分布于南靖等地）·· **8. 闽桂润楠** *M. minkweiensis* S. Lee
　　　10. 叶长椭圆形，宽 1.7～2.3cm，下面淡绿色，密被小柔毛；叶柄长 0.8～1cm（分布于福清及其附近）
　　　　·· **9. 闽润楠** *M. fukienensis* H. T. Chang ex S. Lee
　　6. 叶下面无毛，幼时下面被平伏小柔毛，叶先端尾尖，尖头镰状，叶披针形，侧脉 10～12 对（分布于福州、永安、大田）·································· **10. 浙江润楠** *M. chekiangensis* S. Lee
　5. 圆锥花序顶生或近顶生。
　　11. 叶下面被柔毛，沿叶脉较密；小枝被黄棕色茸毛；叶窄披针形；果球形（分布于南靖、安溪、永泰、福清）·································· **11. 建润楠** *M. oreophila* Hance
　　11. 叶下面无毛。
　　　12. 叶长 7～12(14.5)cm，宽 1.3～2.5cm；花被裂片两面均被灰白微毛（福州及厦门引种）············
　　　　·· **12 柳叶润楠** *M. salicina* Hance
　　　12. 叶长 10～20cm，宽 2.5～7cm。
　　　　13. 叶狭椭圆形至倒披针状椭圆形，宽 3～4(～5)cm，小枝顶芽芽鳞疤痕少而不成环，果序长 7～10cm，宿存花被长 5～6mm（分布于南平、南靖）··········· **13. 黄枝润楠** *M. versicolora* S. Lee
　　　　13. 叶倒卵状长圆形或倒披针状椭圆形，宽 3.8～7cm，小枝顶芽芽鳞疤痕有 5～6 环，果序长 5～6cm，宿存花被长 7mm（分布于南平市后坪）··········· **14. 茫荡山润楠** *M. mangdangshanensis* Q. F. Zheng

4. 楠属 *Phoebe* Nees

本属约 94 种，中国 34 种、3 变种，福建木本包括引种 4 种。

分 种 检 索 表

1. 果椭圆状卵形、椭圆形或近长圆形，长 1.1～1.5cm；宿存花被裂片紧贴果基部。
　2. 叶宽 3.5～7cm，花序、小枝密被黄褐色茸毛；种子多胚性，子叶不等大（分布于松溪、南平、邵武）···
　　·· **1. 浙江楠** *Ph. chekiangensis* C. B. Shang
　2. 叶宽 1.5～4cm；花序、小枝被柔毛；种子单胚，子叶等大。
　　3. 小枝疏生柔毛或有时近无毛；花序较紧密，不开展，长 3～7(10)cm，最下部分枝长 2～2.5cm；叶下面网脉甚明显（分布于南靖、大田、清流、南平、政和、屏南、沙县）··············
　　　·· **2. 闽楠** *Ph. bournei* (Hemsl) Yang
　　3. 小枝密被柔毛，花序开展，长 7.5～12cm；多分枝，最下部分枝长 2.5～4cm；叶下面网脉略明显（福州引种）·································· **3. 桢楠** *Ph. zhennan* S. Lee et F. N. Wei
1. 果卵形，长 1cm 以下；宿存花被裂片多少松散或有时先端略外展；叶倒卵形、椭圆状倒卵形或倒披针形，长 12～18cm，宽 4～7cm（分布于龙岩、德化、宁化、建宁、屏南、松溪、光泽）··············
　　·· **4. 紫楠** *Ph. sheareri* (Hemsl.) Gamble

5. 鳄梨属 *Persea* Mill.

本属约 50 种，中国栽培的仅 1 种，福建木本引种 1 种。

鳄梨 *P. americana* Mill 厦门、漳州、福州引种。

6. 琼楠属 *Beilschmiedia* Nees

本属约 200 种，中国 35 种、2 变种，福建木本 1 种。

广东琼楠 *B. fordii* Dunn 分布于南靖等地。

7. 厚壳桂属 *Cryptocarya* R. Br.

本属约 200 ~ 250 种，中国 19 种，福建木本 3 种。

分 种 检 索 表

1. 叶为三出脉；果球形或半球形。
  2. 果扁球形，长 12 ~ 18mm，直径 15 ~ 25mm，表面光滑或有不明显纵棱；叶长圆形或椭圆状卵形，长10 ~ 15cm，宽 5 ~ 8.5cm；幼枝、叶柄、叶下面多少有锈色毛（分布于福建西南部）……………… **1. 丛花厚壳桂 *C. densiflora* Bl.**
  2. 果球形或扁球形，长 7.5 ~ 9mm，直径 9 ~ 12mm，纵棱 12 ~ 15 条；叶片长椭圆形，长 7 ~ 13cm，宽 3 ~ 5.5cm；幼枝、叶柄、叶下面通常渐变无毛（分布于南靖、平和、华安、永春、永泰、福州）……………… **2. 厚壳桂 *C. chinensis*（Hance）Hemsl.**
1. 叶为羽状脉；果椭圆形（全省各地常见）……………………… **3. 硬壳桂 *C. chingii* Cheng**

8. 月桂属 *Laurus* L.

本属 2 种，福建木本引种 1 种。

月桂 *L. nobilis* L. 本省厦门、漳州、福州、泉州、南平等地有少量引种栽培。

9. 新木姜子属 *Neolitsea*（Benth.）Merr.

本属 85 种、8 变种，中国 45 种、8 变种，福建木本 7 种、3 变种。

分 种 检 索 表

1. 叶脉为羽状脉或有时近似离基三出脉。
  2. 枝、叶无毛；叶卵形至卵状披针形，长 5 ~ 9cm，宽 1.7 ~ 3.5cm（分布于连城、永安）……………… **1. 巫山新木姜子 *N. wushanica*（Chun）Merr.**
  2. 幼枝密被锈黄色茸毛；叶长圆状椭圆形至长圆状披针形，长 10 ~ 17cm，宽 3.5 ~ 6cm。
    3. 叶片下面密被锈黄色茸毛（分布于武平、漳平、安溪、闽清、沙县、建阳、武夷山等地）……………… **2. 锈叶新木姜子 *N. cambodiana* Lec.**
    3. 叶片下面灰白色，基部幼时疏被锈黄色柔毛，后脱落变无毛（分布于沙县、南平、建瓯、建阳、武夷山等地）……………… **2a. 香港新木姜子 *N. cambodiana* Lec. var. *glabra* Allen**
1. 叶脉为离基三出脉。
  4. 叶下面有毛或至少在幼时有毛。
    5. 叶下面被金黄色、棕黄色或淡黄色绢状毛。
      6. 幼枝、叶柄有毛。
        7. 叶椭圆形、卵状椭圆形或长圆状椭圆形，长 9 ~ 15cm，宽 2.5 ~ 5 cm，下面被褐色或黄褐色平伏绢毛（分布于连城、永安、三明、沙县、建阳、武夷山等地）……… **3. 新木姜子 *N. aurata*（Hay.）Koidz.**
        7. 叶披针形或倒披针形，长 4 ~ 12cm，宽 1 ~ 3cm，较窄，下面被金黄色或棕黄色平伏绢状毛，老时常脱落（分布于连城、武夷山、三明、沙县、建阳）………………………………

　　············ **3a. 浙江新木姜子** *N. aurata*（Hay.）Koidz. var. *chekiangensis*（Nakai）Yang et P. H. Huang

　6. 幼枝、叶柄均无毛（分布于武夷山）······························

　　·························· **3b. 浙闽新木姜子** *N. aurata*（Hay.）Koidz. var. *undulatula* Yang et P. H. Huang

　5. 叶下面被柔毛，非绢状毛。

　　8. 叶大，长 12cm 以上，最长达 35cm（分布于南靖、平和、武平、长汀、永安等地）···········

　　·· **4. 大叶新木姜子** *N. levinei* Merr.

　　8. 叶较小，长 10cm 以下，最长不超过 13cm。

　　9. 叶厚革质，上面极光亮，边缘干时无或稍呈波状皱折，叶卵形或卵状披针形，顶端尾尖（分布于南

　　　靖）·· **5. 美丽新木姜子** *N. pulchella*（Meissn.）Merr.

　　9. 叶薄革质，上面不甚光亮，边缘干时有波状皱折，叶卵形、倒卵形或卵状椭圆形，顶端尾尖或突尖

　　　（分布于沙县、将乐、南平、建瓯、建阳）········· **6. 短梗新木姜子** *N. brevipes* H. W. Li

　4. 叶两面幼时无毛，下面被白粉，长圆形或倒卵状椭圆形，长 10～17cm，宽 3～17cm（分布于南靖、平和、

　　上杭、龙岩）·································· **7. 鸭公树** *N. chuii* Merr.

10. 木姜子属 *Litsea* Lam.

本属 200 以上种，中国 72 种、18 变型、3 变种，福建木本 11 种、5 变种。

分 种 检 索 表

1. 落叶；叶纸质或膜质。

　2. 叶柄长 2～8cm，叶长 9.5～18cm，基部耳形；果卵形或椭圆形，长 1.3～1.7cm，径 1.1～1.3cm；果托

　　杯状（福州引种）······························ **1. 天目木姜子** *L. auriculata* Chien et Cheng

　2. 叶柄长在 2cm 以下。

　　3. 小枝及叶无毛（本省各地常见）··················· **2. 山鸡椒** *L. cubeba*（Lour.）Pers.

　　3. 小枝及叶下面有毛，或幼叶下面有柔毛，后脱落渐变无毛。

　　4. 芽鳞被短柔毛；2 年生枝和叶下面有毛；花序梗有毛；果梗长 3～4mm（全省各地常见）···········

　　　 2a. 毛山鸡椒 *L. cubeba*（Lour.）Pers. var. *formosana*（Nakai）Yang et P. H. Huang

　　4. 芽鳞无毛；2 年生枝和叶下面变无毛；花序梗无毛；果梗长 1～2.5cm（分布于武夷山）···········

　　　·· **3. 木姜子** *L. pungens* Hemsl.

1. 常绿；叶革质或薄革质。

　5. 花被裂片不完全或缺，雄蕊通常 15～30 枚。

　　6. 叶倒卵形、倒卵状长圆形，长 6.5～10（～20）cm；果球形，直径约 7mm；果梗长 5～6mm（分布于厦门、

　　　漳州）······································ **4. 潺槁木姜子** *L. glutinosa*（Lour.）C. B. Rob.

　　6. 叶形同上，但较小，长 3.5～6.5cm；果球形，直径约 5mm，果梗长 3mm（分布于漳州、南靖）········

　　　················ **4a. 白野槁树** *L. glutinosa*（Lour.）C. B. Rob. var. *brideliifolia*（Hay.）Merr.

　5. 花被裂片 6～8；雄蕊通常 9～12 枚。

　　7. 花被筒在果时不增大或稍增大；果托扁平或浅碟状，不包住果实。

　　8. 伞形花序及果序几无总花梗，亦无花梗和果梗；叶卵状长圆形或椭圆形，长 2～5.5cm（分布于厦门、

　　　南靖、平和、安溪、德化、莆田、福州、永泰等地）····

　　　············· **5. 豺皮樟** *L. rotundifolia*（Nees）Hemsl. var. *oblongifolia*（Nees）Allen

　　8. 伞形花序及果序有总梗，花、果也有梗，如花序及果序几无总梗，但也有花梗和果梗。

　　9. 嫩枝及幼叶均无毛。

　　10. 叶倒卵状椭圆形或倒卵状披针形，上面稍光亮，幼时中脉无毛；叶柄无毛（分布于永安、建瓯等

　　　地）······································ **6. 朝鲜木姜子** *L. coreana* Lévl.

10. 叶长圆形或披针形，上面较光亮，幼时沿中脉有柔毛；叶柄上面有柔毛，下面无毛（分布于永安、建瓯、建阳、武夷山等地） ⋯⋯ **6a. 豹皮樟** *L. coreana* Lévl var. *sinensis*（Allen）Yang et P. H. Huang

9. 嫩枝有灰黄色柔毛；幼叶两面均有灰黄色长柔毛；叶柄有长柔毛（分布于武夷山）⋯⋯⋯⋯⋯⋯⋯⋯⋯⋯⋯⋯ **6b. 毛豹皮樟** *L. coreana* Lévl var. *lanuginosa*（Migo）Yang et P. H. Huang

6. 花被筒在果时增大，成盘状或杯状果托，多少包住果实。

11. 幼枝无毛或近无毛，叶柄幼时通常无毛。

12. 叶中脉两面均显著葵起；果长圆形，较大，长 15～25mm，直径 10～14mm，果托盘状，直径约 1cm，常呈不规则开裂（分布于南靖） ⋯⋯⋯⋯⋯⋯⋯⋯⋯ **7. 大果木姜子** *L. lancilimba* Merr.

12. 叶中脉上面凹陷或平，下面突起；果椭圆形，长 7～8mm，直径 4～5mm，果托杯状，直径 5～6mm，常不开裂（分布于华安，永定，武平，三明，永安，南平，建瓯，建阳，武夷山等地） ⋯⋯⋯⋯⋯⋯⋯⋯⋯⋯ **8. 桂北木姜子** *L. subcoriacea* Yang et P. H. Huang

11. 幼枝有毛，叶柄幼时也有毛。

13. 幼枝、叶柄被短柔毛，2 年生枝近无毛；叶椭圆形或近倒披针形，长 4～13.5cm，宽 2～3.5cm，叶下面网脉明显（分布于华安，永安，武平，三明，南平，建瓯，建阳，武夷山等地） ⋯⋯⋯⋯⋯⋯⋯⋯⋯⋯⋯ **9. 华南木姜子** *L. greenmaniana* Allen

13. 幼枝、叶柄被茸毛或柔毛，2 年生枝仍有较多的毛。

14. 伞形花序数个簇生于短枝上；果梗长约 10mm；叶披针形，倒披针形或长圆状披针形（分布于南靖、德化等地） ⋯⋯⋯⋯⋯⋯⋯⋯⋯⋯⋯ **10. 尖脉木姜子** *L. acutivena* Hay.

14. 伞形花序多单生；果梗较短，长约 2～3mm。

15. 叶长圆形、长圆状披针形至倒披针形，长 6～22cm，宽 2～6cm，顶端钝或短渐尖；花序总梗较粗短，长 2～5mm（分布于长汀、永春、德化、三明、武夷山等地） ⋯⋯⋯⋯⋯⋯⋯⋯⋯⋯⋯⋯ **11. 黄丹木姜子** *L. elongata*（Wall. ex Nees）Benth. et Hook. f.

15. 叶长圆状披针形或窄披针形，长 5～16cm，宽 1.2～3.5cm，顶端尾尖或长尾尖；花序总梗较细长，长 5～10mm（分布于武夷山） ⋯⋯⋯⋯⋯⋯ **11a. 石木姜子** *L. elongata*（Wall. ex Nees）Benth. et Hook. f. var. *faberi*（Hemsl.）Yang et P. H. Huang

11. 山胡椒属 *Lindera* Thunb.

本属 100 种，中国 40 种、9 变种、2 变型，福建木本 14 种、2 变种、1 变型。

分 种 检 索 表

1. 叶为羽状脉。

2. 花序有总梗，总梗通常长于 4mm。

3. 叶集生于枝端，长 15cm 以上；果椭圆形，果托扩大成浅杯状（分布于连城、龙岩、仙游、永春、德化、宁德、屏南、南平、沙县） ⋯⋯⋯⋯⋯⋯⋯⋯⋯⋯⋯⋯ **1. 黑壳楠** *L. megaphylla* Hemsl

1a. 毛黑壳楠 *L. megaphylla* f. *touyunensis*（Le'vl.）Rehd 本变型与原种不同之处在于叶下面、叶柄、小枝均有毛。全省常见。

3. 叶于枝上疏生，长 12cm 以下，果圆球形，果托不扩大。

4. 花序总梗短于花梗；落叶。

5. 叶倒卵形或倒卵状披针形，基部楔形或窄楔形；小枝粗糙。

6. 果托增大，盘状；果梗长 0.6～1.2cm；叶基部楔形，不下延，两面网脉明显（福州有引种） ⋯⋯⋯⋯⋯⋯⋯⋯⋯⋯⋯⋯ **2. 江浙山胡椒** *L. chienii* Cheng

6. 果托不明显增大；果梗长 1.5～1.8cm；叶基部窄楔形，沿叶柄下延，两面网脉不明显（分布于武夷山、建阳、浦城） ⋯⋯⋯⋯⋯⋯⋯⋯⋯⋯⋯⋯ **3. 红果山胡椒** *L. erythrocarpa* Makino

5. 叶卵形、椭圆形或宽椭圆形，基部宽楔形或近圆形；小枝较光滑。

  7. 小枝具明显皮孔；果径 1.2~1.5cm；果梗长约 1cm，具皮孔；叶下面无毛(福州有引种) …………
    …………………………………………………………………… **4. 大果山胡椒** *L. praecox*（Sieb. et Zucc.）Blume

  7. 小枝无明显皮孔；果径约 7mm；果梗长 1.5cm，无皮孔；叶下面沿叶脉被毛(分布于长汀、宁化、
    建宁、武夷山、浦城)…………………………………………………… **5. 山橿** *L. reflexa* Hemsl.

4. 花序总梗长于花梗或至少与花果梗等长；常绿。

  8. 叶下面苍白色，侧脉在两面不明显(分布于南靖) ··· **6. 广东山胡椒** *L. kwangtungensis*（H. Liou）Allen

  8. 叶下面稍灰绿色，侧脉明显凸起(分布于南靖、永泰、南平) ·····**7. 滇粤山胡椒** *L. metcalfiana* Allen

    7a. 网叶山胡椒 *L. metcalfiana* Allen var. *dictyophylla*（Allen）H. P. Tsui 本变种与原种不同之处在于叶披
    针形，薄革质或革质，侧脉 5~8 对，干时上面紫褐色。分布于南靖。

2. 花序无总梗或有 3mm 以下不明显总梗。

 9. 幼枝黄绿色或灰白色，稍粗糙；叶纸质或近革质；落叶。

  10. 叶宽卵形至椭圆形；枝灰白色；芽鳞无脊；花时为混合芽(分布于全省各地) …………………………
    …………………………………………………………… **8. 山胡椒** *L. glauca*（Sieb. et Zucc.）Bl.

  10. 叶椭圆状拔针形或倒拔针状椭圆形；枝黄绿色；芽鳞有脊；花时不为混合芽(分布于连城、三明、清
    流、武夷山) ………………………………………………… **9. 狭叶山胡椒** *L. angustifolia* Cheng

 9. 幼枝绿色，干后棕黄色，平滑；叶革质或厚革质；常绿。

  11. 幼枝及叶下面密被锈色长柔毛，老时在脉上或枝条仍残存有长柔毛(分布于三明、龙溪、将乐、宁
    化、南平、建瓯、建阳) ………………………………… **10. 绒毛山胡椒** *L. nacusua*（D. Don）Merr.

  11. 幼枝及叶下面疏被黄白色短柔毛，老时脱落变无毛或近无毛(分布于南靖、龙岩、连城、永春、安
    溪、德化、永安、尤溪、清流、三明、将乐、沙县、古田、福安、南平) ……………………………
    …………………………………………………………………… **11. 香叶树** *L. communis* Hemsl.

1. 叶为三出脉

 12. 常绿；叶顶端长渐尖或近尾状，叶柄长 1.5~2.5cm。

  13. 叶卵圆形至椭圆形；果椭圆形(分布于南靖、长汀、德化、永安、沙县、屏南、宁德、南平) ………
    …………………………………………………………… **12. 乌药** *L. aggregata*（Sims）Kosterm.

  13. 叶拔针形至椭圆状拔针形；果近球形(分布于平和) ………………………………………………………
    ………………………… **13. 香粉叶** *L. pulcherrima*（Wall）Benth. et Hook. f. var. *attenuata* Allen

 12. 落叶；叶顶端急尖或渐尖，叶柄长 1.5cm 以下。

  14. 叶近圆形或卵圆形，通常 3 裂，顶端急尖(分布于武夷山) …………… **14. 三桠乌药** *L. obtusiloba* Bl.

  14. 叶宽卵形或卵形，全缘，顶端渐尖(分布于武夷山) ………… **15. 绿叶甘橿** *L. fruicosa* Hemsl.

18. 莲叶桐科 Hernandiaceae

本科 4 属、约 58 种，中国 2 属、15 种，福建木本 2 属、2 种。

分 属 检 索 表

1. 乔木；单叶；果为膨大的总苞所包被；花单性 ………………………………… **1. 莲叶桐属** *Hernandia* L.

1. 藤本；掌状复叶；果具 2~4 个宽翅；花两性 ……………………………………… **2. 青藤属** *Illigera* Bl.

    1. 莲叶桐属 *Hernandia* L.

    本属约 24 种，中国 1 种，福建木本引种 1 种。

    莲叶桐 *H. sonora* L. 厦门等地有引种。

2. 青藤属 *Illigera* Bl.

本属约 30 种，中国 14 种，福建木本 1 种。

小花青藤 *I. parviflora* Dunn 分布于南靖、华安等地。

19. 肉豆蔻科 Myristicaceae

本科 18 属、400 种，中国 3 属、20 种，福建木本引种 2 属、2 种。

分 属 检 索 表

1. 雄花径大于 3mm；花梗先端或中部具小苞片，脱落后留有疤痕，花密集成总状花序或假伞形花序 ……… ………………………………………………… **1. 肉豆蔻属** *Myristica* Gronov.

1. 雄花径小于 3mm；花梗不具小苞片，花序疏散，常成复合的圆锥状 ……… **2. 风吹楠属** *Horsfieldia* Willd

1. 肉豆蔻属 *Myristica* Gronov.

本属 120 种，中国 4 种，福建木本引种 1 种。

肉豆蔻 *M. fragrans* Houtt. 本省厦门有引种。

2. 风吹楠属 *Horsfieldia* Willd

本属 90 种，中国 5 种，福建木本引种 1 种。

琴叶风吹楠 *H. pandurifolia* Hu 福州有引种。

20. 五桠果科 Dilleniaceae

本科约 16 属、400 余种，中国 2 属、15 种，福建木本引种 2 属、4 种。

分 属 检 索 表

1. 匍匐或攀援藤本；花丝上部扩大；心皮成熟时干燥…………………………… **1. 锡叶藤属** *Tetracera* L.

1. 乔木或灌木；花丝上部不扩大；心皮成熟时肉质 …………………………… **2. 五桠果属** *Dillenia* L.

1. 锡叶藤属 *Tetracera* L.

本属 25 种，中国 2 种，福建木本 1 种。

锡叶藤 *T. asiatica*（Lour.）Hoogl. 分布于云霄等地。

2. 五桠果属 *Dillenia* L.

本属 5 种，中国 5 种，福建木本包括引种 3 种。

分 种 检 索 表

1. 花单生，花蕾及果实径大于 5cm，心皮 16 ~ 20（福州、厦门引种） ……………… **1. 五桠果** *D. indica* L.

1. 花 2 ~ 7 簇生或为总状花序，花蕾及果实径小于 5cm；心皮少于 16。

　2. 叶倒卵形，侧脉 15 ~ 25 对，下面被毛；花蕾径 4 ~ 5cm，心皮 8 ~ 9（福州引种） ………………… ………………………………………………… **2. 毛五桠果** *D. turbinata* Finet et Gagnep.

　2. 叶长圆形，侧脉 32 ~ 60 对，下面近无毛；花蕾径小于 2cm，心皮 5 ~ 6（厦门引种） ………… ………………………………………………… **3. 小花五桠果** *D. pentagyna* Roxb.

21. 牛栓藤科 Connaraceae

本科 24 属、340 种，中国 5 属、10 种，福建木本 1 属、2 种。

红叶藤属 *Rourea* Aubl.

本属约 46 种，中国约 5 种，福建木本有 2 种。

分 种 检 索 表

1. 叶具小叶通常 9 片以上，小叶长 1.2~4cm(分布于南部、中部常见) ····································
··· **1. 红叶藤** *R. microphylla* (Hook. et Arn.) Planch.
1. 叶具小叶通常 3~5(~7)片，小叶长 5~14cm(分布于宁德) ··· **2. 大叶红叶藤** *R. santaloides* Wight & Arn.

22. 蔷薇科 Rosaceae

本科 124 属、3300 种，中国 51 属、1000 余种，福建木本 22 属、168 种及变种、变型、栽培品种。

分 亚 科 检 索 表

1. 蓇葖果，稀瘦果；心皮 1~5(12)枚，离生或基部合生，子房上位；托叶有或缺····················
··· (一)绣线菊亚科 Spiraeoideae
1. 梨果、瘦果或核果；有托叶。
 2. 子房上位，稀下位。
  3. 心皮多数；瘦果；萼宿存；复叶，稀单叶·················· (二)蔷薇亚科 Rosoideae
  3. 心皮 1 枚，稀 2 或 5 枚；萼常脱落；核果；单叶 ·········· (三)李亚科 Prunoideae
 2. 子房下位、半下位，稀上位；梨果或浆果状，稀小核果状 ·················· (四)苹果亚科 Maloideae

(一)绣线菊亚科 Spiraeoideae

本亚科 22 属，中国 8 属，福建木本包括引种 3 属、9 种、3 变种。

分 属 检 索 表

1. 果实为开裂的蓇葖果。
 2. 蓇葖果沿腹缝线开裂；心皮(3~4)5 枚；无托叶 ···················· **1. 绣线菊属** *Spiraea* L.
 2. 蓇葖果成熟时自基部开裂；心皮 1 枚；有托叶 ·············· **2. 小米空木属** *Stephanandra* Sieb. & Zucc.
1. 蒴果；种子具翅；花径 2cm 以上；单叶；无托叶 ·················· **3. 白鹃梅属** *Exochorda* Lindl.

1. 绣线菊属 *Spiraea* L.

本属约 100 种，中国约 59 种，福建木本 7 种、3 变种。

分 种 检 索 表

1. 复伞房花序。
 2. 花白色；花序顶生于去年生长枝上发生的短枝顶端；叶卵形至椭圆状长圆形(分布于武夷山) ··········
··· **1. 川滇绣线菊** *S. schneideriana* Rehd.

2. 花紫红色；花序顶生于当年生直立的新枝上；叶卵形至长圆状披针形。

  3. 叶下面有短柔毛，顶端渐尖（分布于永安、泰宁及邵武）…… **2.** 狭叶粉花绣线菊 *S. japonica* L. f. var. *acuminata* Fr.

  3. 叶两面无毛，顶端短渐尖（分布于德化、沙县、将乐、泰宁及武夷山）…………………………………………………………………………………………………… **2a.** 光叶粉花绣线菊 *S. japonica* L. f. var. *fortunei*（Planch.）Rehd.

1. 伞形或伞形总状花序单生，常伞房状。

 4. 花序有总梗；基部常有叶。

  5. 叶片、花序和蓇葖果无毛。

   6. 叶菱状披针形至菱状长圆形，通常长(2)3～5cm，宽(0.5)1～2cm，顶端短尖。

    7. 花单瓣（分布于厦门、长乐、福州、永安及南平）………… **3.** 麻叶绣线菊 *S. cantoniensis* Lour.

    7. 花重瓣（厦门、福州、南平等地引种）…… **3a.** 重瓣麻叶绣线菊 *S. cantoniensis* Lour. var. *lanceata* Zabel

   6. 叶菱状卵形、倒卵形至近圆形，通常长2～3.5cm，宽1～2(2.5)cm，顶端圆钝，稀微尖（分布于福州、连江、南平）…………………………………………………………… **4.** 绣球绣线菊 *S. blumei* G. Don.

  5. 叶片、花序和蓇葖果被毛。

   8. 叶下面被稀疏短柔毛；花梗长1.2～2.2cm（分布于泰宁、南平）……… **5.** 疏毛绣线菊 *S. hirsuta*（Hemsl.）Schneid.

   8. 叶下面密被黄色茸毛；花梗长5～10mm（分布于福州、连城、永安、泰宁、南平）…………………………………………………………………………………………………… **6.** 中华绣线菊 *S. chinensis* Maxim.

 4. 伞形花序无总梗，簇生状。

  9. 叶卵形至长圆披针形，长1.5～3cm，宽7～14mm，下面被短柔毛（分布于漳平、福州、永安及沙县）…………………………………… **7.** 单瓣李叶绣线菊 *S. prunifolia* Sieb. & Zucc. var. *simpliciflora* Nakai

  9. 叶线状披针形，长(1～)1.5～4cm，很狭小，宽(2～)3～7mm（厦门和福州有栽培）…………………………………………………………………………………………………… **8.** 珍珠绣线菊 *S. thunbergii* Sieb. ex Bl.

   2. 小米空木属 *Stephanandra* Sieb. & Zucc.

   本属已知5种，中国2种，福建木本1种。

   华空木 *S. chinensis* Hance 分布于泰宁和武夷山。

   3. 白鹃梅属 *Exochorda* Lindl.

   本属4种，中国3种，福建木本引种1种。

   白鹃梅 *E. racemosa*（Lindl.）Rehd. 福州引种。

（二）蔷薇亚科 Rosoideae

   本亚科34属，中国19属，福建木本包括引种4属、82种及变种变型。

分 属 检 索 表

1. 瘦果生于坛状花托内，仅花柱伸出花托口外或花柱几不伸出 …………………… **1.** 蔷薇属 *Rosa* L.

1. 瘦果或小核果生于凸起、扁平至微凹的花托上。

  2. 心皮4～15枚，生于扁平或微凹的花托基部；托叶不与叶柄合生。

   3. 叶互生；花瓣5片，黄色；心皮5～8枚，各含1个胚珠…………… **2.** 棣棠花属 *Kerria* DC.

   3. 叶对生；花瓣4片，白色；心皮4枚，各含2个胚珠 ………… **3.** 鸡麻属 *Rhodotypos* Sieb. et Zucc.

  2. 心皮多数，生于凸起的球状或圆锥状的花托上；托叶与叶柄合生 ………………… **4.** 悬钩子属 *Rubus* L.

1. 蔷薇属 *Rosa* L.

本属约 100 种，中国包括引种约 100 多种，福建木本 16 种及 10 变种、2 变型。

分 种 检 索 表

1. 花托外面有明显针刺或刺毛状针刺。
  2. 羽状复叶有小叶 3（~5）片；花白色（全省习见）·························· **1. 金樱子** *R. laevigata* Michx.
    1a. 重瓣金樱子 *R. laevigata* f. *semiplena* 与原种的区别是花重瓣或半重瓣，白色，直径达 5~9cm。本省仅见福州鼓山。
  2. 羽状复叶有小叶（7~）9~13 片；花淡红色（分布于永安和宁化） ·········· **2. 缫丝花** *R. roxburghii* Tratt.
    2a. 单瓣缫丝花 *R. roxburghii* f. *normalis* 与原种的区别在于花单瓣；小叶倒卵形或椭圆形。分布于永安和宁化。
1. 花托外面无刺。
  3. 托叶离生或仅基部与叶柄贴生。
    4. 花托外面密被黄棕色茸毛；小叶（5~）7~9 片；果大，直径 2~3.5cm（分布于厦门、莆田、长乐、永泰、福州及福清）·························· **3. 硕苞蔷薇** *R. bracteata* Wendl.
      3a. 糙茎硕苞蔷薇 *R. bracteata* var. *scabriacaulis* 与原种的区别仅在于茎上除皮刺外，尚密生刚毛状细针刺。分布于厦门和武夷山。
    4. 花托外面无毛；小叶 3~5（~7）片；果小，直径 5~8mm。
      5. 花白色，单瓣，萼片边篦齿状条裂；羽状复叶有小叶（3~）5（~7）片（本省习见） ·························· **4. 小果蔷薇** *R. cymosa* Tratt.
毛叶小果蔷薇 *R. cymosa* var. *puberila* 与原种区别是小枝、叶柄、叶轴及叶片两面密被短柔毛。分布于沙县和永安。
      5. 花乳黄色，重瓣；萼片全缘；羽状复叶有小叶 3~5 片（南平栽培）·········· **5. 木香花** *R. banksiae* Ait.
        5a. 重瓣白木香 *R. banksiae* var. *albo-plena* 花白色、重瓣、芳香。福州、厦门等地引种。
        5b. 重瓣黄木香 *R. banksiae* var. *lutea* 花黄色、重瓣、芳香。福州、厦门等地有引种。
  3. 托叶明显与叶柄贴生。
    6. 花柱稍伸出并在花托口成头状或不伸出，花红色。
      7. 花单朵顶生，开花时直径达 6~8cm；叶大，长 3~6cm，宽 2.5~4cm（厦门、福州有栽培）···········
        ·························· **6. 百叶蔷薇** *R. centifolia* L.
      7. 花数朵（很少单朵）顶生，开花时直径在 4cm 以下；叶较小，长不超过 3cm。
        8. 皮刺及刺毛被茸毛；小叶质地较厚，上面有皱纹（全省各地栽培，供观赏）·····················
          ·························· **7. 玫瑰** *R. rugosa* Thunb.
        8. 皮刺及刺毛无毛；小叶质地较薄，上面无皱纹（分布于武夷山）·········· **8. 钝叶蔷薇** *R. sertata* Rolfe
    6. 花柱明显伸出花托口外。
      9. 花柱离生，长约为雄蕊之半。
        10. 花托外面密被黄棕色茸毛；有时与叶柄贴生的托叶和离生托叶同时存在（分布于厦门、莆田、长乐、永泰、福州及福清）·························· **3. 硕苞蔷薇** *R. bracteata* Wendl.
        10. 花托外面无毛。
          11. 果梨形至近球形；托叶边缘具睫毛状腺毛；花红色至粉红色，稀白色（现全省广泛栽培）···········
            ·························· **9. 月季** *R. chinensis* Jacq.
            9a. 紫月季花 *R. chinensis* var. *semperflorens* 与原种区别在于花紫色至深红色，单瓣，萼全缘。全省零散栽培。
          11. 果扁球形至近球形；托叶除顶端游离部分有腺毛外，全缘；花白色、黄色至粉红色（本省少量栽培）………………………………………………………………………… **10. 香水月季** *R. odorata*（Andr.）Sweet

9. 花柱合生成柱状，与雄蕊近等长。

12. 托叶有明显篦齿状裂齿或不规则裂齿。

13. 羽状复叶有小叶 3（~5）片，小叶披针形至条状披针形；花红色（分布于将乐、泰宁、古田、南平）………………………………………………………… **11. 银粉蔷薇** *R. anemoniflora* Fort. ex Lindl.

13. 羽状复叶有小叶 5~9 片；小叶近圆形至椭圆形。

14. 小叶近圆形或卵形，两面无毛；花白色（福建间有栽培）……… **12. 光叶蔷薇** *R. wichuraiana* Crep.

14. 小叶倒卵形至椭圆形，叶下面被柔毛。

15. 花柱被长柔毛；叶柄、叶轴密被柔毛；花瓣白色（分布于长乐和福州）…………………………………………………………………… **13. 广东蔷薇** *R. kwangtungensis* Yu et Tsai

13a. 重瓣广东蔷薇 *R. kwangtungensis* var. *kwangtungensis* f. *plena* 与原种区别在于花重瓣，开花时花直径达 2.5~3cm。福州仓山有栽培。

13b. 毛萼广东蔷薇 *R. kwangtungensis* var. *mollis* 与原种区别在于花梗、萼片密被黄色长柔毛状茸毛；小叶和叶轴密被软毛；花通常 2 朵，重瓣。产厦门。

15. 花柱无毛；叶柄、叶轴被疏柔毛及腺毛；花紫红色（分布于武夷山）…………………………………………………………………… **14. 野蔷薇** *R. multiflora* Thunb.

14a. 粉团蔷薇 *R. multiflora* var. *cathayensis* 与原种区别在于花粉红色至紫红色，单瓣；开花时直径 2~4cm；花梗无毛，有时有腺体。全省习见。

14b. 七姐妹 *R. multiflora* var. *carnea* 与原种区别在于花粉红色，重瓣，花梗无毛。福建仅见栽培。

12. 托叶近全缘。

16. 小叶 3（~5）片，披针形至条状披针形；花红色（分布于将乐、泰宁、古田及南平）…………………………………………………………… **11. 银粉蔷薇** *R. anemoniflora* Fort. ex Lindl.

16. 小叶（3~）5~7 片，倒卵形至椭圆形；花白色。

17. 成长叶下面密被柔毛（分布于武夷山）……… **15. 荼蘼花** *R. rubus* Lévl. et Vant.

17. 成长叶两面无毛（全省习见）……………… **16. 软条七蔷薇** *R. henryi* Bouleng

16a. 南软条七蔷薇 *R. henryi* var. *australis* 与原种区别在于叶较小，顶端渐尖，花序少花。全省习见。

2. 棣棠花属 *Kerria* DC.

本属仅 1 种，福建木本 1 种、1 变型。

棣棠花 *K. japonica*（L.）DC. 分布于莆田、福州、泰宁、建宁、南平、建阳、武夷山、浦城、光泽等地。

附：重瓣棣棠花 *K. japonica*（L.）DC. f. *pleniflora*（Witte）Rehd. 本省厦门有栽培。

3. 鸡麻属 *Rhodotypos* Sieb. et Zucc.

本属仅 1 种，福建木本栽培 1 种。

鸡麻 *Rh. scandens*（Thunb.）Makino 厦门和福州栽培。

4. 悬钩子属 *Rubus* L.

本属约 750 种，中国 194 种，福建木本 44 种、7 变种。

分 种 检 索 表

1. 羽状复叶。

2. 枝条、叶柄及花序或至少在花序上被头状腺毛。

3. 叶下面有明显黄色腺点；花瓣白色。

4. 小叶 5~9 片；花单朵或数朵，顶生或单朵腋生。

  5. 小叶(5~)7~9 片；嫩枝及花序被头状腺毛，成长枝、叶无毛，或仅于叶上面微柔毛(分布于武夷山) ······························· **1. 广东悬钩子** *R. tsangii* Merr.

  5. 小叶 5~7 片；枝条密被刚毛状头状腺毛，叶上面被微柔毛，下面沿脉上明显被疏毛(分布于泉州) ································· **2. 楸叶泡** *R. sorbifolius* Maxim.

4. 小叶 3(~5)片；枝条及叶密被柔毛、刚毛状头状腺毛及皮刺；花单朵顶生(全省习见) ············ **3. 泼盘** *R. hirsutus* Thunb.

3. 叶下面被柔毛或茸毛，无黄色腺点。

  6. 小叶 5~7 片；叶下面被柔毛或近无毛，聚合果长圆状椭圆形，长 1.5~2cm，直径 1~1.5cm(全省习见) ··································· **4. 红腺悬钩子** *R. sumatranus* Miq.

  6. 小叶 3~5 片；聚合果近圆球形，直径约 1cm。

    7. 小叶 3(~5)片，叶上面被柔毛及不明显腺点，下面沿脉上柔毛较密；花瓣紫红色(分布于泰宁、福鼎、武夷山) ················ **5. 腺毛莓** *R. adenophorus* Rolfe

    7. 小叶 3~5 片，叶上面被疏柔毛，下面密被灰白色至灰黄色毡茸毛；花瓣白色。

      8. 植株仅花序被头状腺毛(分布于永安、沙县、将乐、泰宁及南平) ···················· **6. 白叶莓** *R. innominatus* S. Moore

      8. 枝条、叶轴、叶柄与花序同样被头状腺毛(分布于长泰、福州) ················· **6a. 密腺白叶莓** *R. innominatus* var. *aralioides*

2. 植株被毛或无毛，但不被头状腺毛。

  9. 叶下面有腺点，成长叶近无毛；托叶基部与叶柄贴生。

    10. 枝条、叶片、叶柄及萼片外面可见细小但明显腺点。

      11. 小叶卵形至卵状披针形，长 1.5~5cm，宽 1~2.5cm，顶端渐尖，叶缘有重锯齿(分布于武夷山) ····· **7. 大红泡** *R. eustephanos* Focke ex Diels

      11. 小叶卵状披针形至长圆披针形，长 2~4cm，宽 0.5~1.5cm，顶端短尖至渐尖，叶缘锯齿较小(分布于厦门、南靖、泉州、三明、古田及南平) ·········· **8. 空心泡** *R. rosaefolius* Smith.

    10. 枝条、叶上面及花序无腺点或几无腺点，叶椭圆状披针形，长 2.5~3.5cm，宽 0.7~1.2cm，叶缘齿较疏(分布于南平) ··········· **9. 南平空心泡** *R. pararosaefolius* Metcalf

  9. 枝条、叶无腺点。

    12. 小叶 5~7 片。

      13. 花序有花多朵，总状或伞房状，顶生或腋生。

        14. 叶下面被灰白色毡茸毛(分布于武夷山) ·················· **10. 脱毛弓茎莓** *R. flosculslosus* Focke var. *etomentosus* Yu et Lu

        14. 叶两面近同色，几无毛(全省习见) ········· **11. 插田泡** *R. coreanus* Miq.

      13. 花 1(~3)朵，腋生(分布于武夷山) ·········· **12. 香莓** *R. pungens* Camb. var. *oldhamii* (Miq.) Maxim

    12. 小叶 3(~5)片。

      15. 叶下面被灰白色茸毛；小叶 3(~5)片；花瓣紫红色(全省习见) ······· **13. 茅莓** *R. parvifolius* L.

      15. 叶两面近同色，几无毛；小叶 3 片；花瓣白色。

        16. 顶生小叶比侧生小叶明显较大；宿存萼片果时下翻；聚合果与宿存萼片之间有长 2~3mm 的柱(分布于永安、三明及南平) ········ **14. 小柱悬钩子** *R. columellaris* Tutch.

        16. 顶生小叶与侧生小叶近等大或稍大；宿存萼片包住聚合果(分布于漳州和南靖) ··················· **15. 白花悬钩子** *R. leucanthus* Hance

1. 单叶。

17. 托叶与叶柄贴生，有时仅为长 1~3mm 的细尖头着生于叶柄近基部或因细尖头早落而似无托叶。

  18. 植株多少被头状腺毛。

19. 叶片盾状着生；托叶披针形；花大，直径达 5cm（分布于浦城和武夷山）……………………
　　……………………………………………………… **16.** 盾叶莓 *R. peltatus* Maxim.

19. 叶片非盾状着生；托叶仅为 1~3mm 的细尖头着生于叶柄近基部；花小，直径 1.5~3cm。

　　20. 植株密被柔毛和头状腺毛；叶卵形至椭圆形，基部常三浅裂（分布于南平和武夷山）………
　　　　……………………………………………… **17.** 光果悬钩子 *R. glabricarpus* Cheng

　　20. 植株无毛或近无毛，偶有头状腺毛；叶长圆状卵形至三角状卵形，3(~5)浅裂至深裂（分布于武夷
　　　　山）………………………………………………… **18.** 悬钩子 *R. palmatus* Thunb.

18. 植株被毛或无毛，但无头状腺毛。

　21. 叶掌状 3~7 浅裂至深裂，通常两侧裂片稍短于中间裂片，裂片顶端尾状长尖；花单朵顶生或与叶柄
　　　对生。

　　22. 叶掌状(3~)5(~7)深裂；心皮、聚合果密被灰白色微柔毛；植株无毛或被毛（分布于连城、柘荣、
　　　　武夷山及邵武）………………………………… **19.** 掌叶悬钩子 *R. chingii* Hu

　　22. 叶 3(~5)浅裂至深裂；心皮聚合果无毛；植株偶见疏生头状腺毛（分布于武夷山）…………………
　　　　……………………………………………………… **18.** 悬钩子 *R. palmatus* Thunb.

　21. 叶不裂或基部有时 3 浅裂，两侧裂片远较小或不明显。

　　23. 叶长圆形至椭圆状长圆形，长为宽的 3 倍以上。

　　　24. 叶柄长 6~12mm；叶基部心形稍耳状（分布于华安和漳平）………………………………
　　　　　…………………………………… **20.** 薄桃叶悬钩子 *R. jambosoides* Hance

　　　24. 叶柄长 2~4.5cm；叶基部圆形至近心形（分布于永安、将乐、泰宁、建阳及武夷山）…………
　　　　　………………………………………… **21.** 凹腺莓 *R. impressinervus* Metcalf

　　23. 叶卵形至披针形，长为宽的 3 倍以下。

　　　25. 花单朵顶生或与叶对生。

　　　　26. 心皮、果无毛（分布于泰宁）……………………… **22.** 中南悬钩子 *R. grayanus* Maxim.

　　　　22a. 三裂中南悬钩子 *R. grayanus* var. *trilobatus* 与原种区别在于叶 3 裂，裂片三角形，顶生裂片比
　　　　　侧生裂片长 1 倍以上，偶有在同一枝条上杂生 1~2 片不裂的叶片。原种叶片不裂，偶有杂
　　　　　生 1~2 片具浅裂的叶片。分布于泰宁和武夷山。

　　　　26. 心皮、果密被柔毛（全省习见）…………………… **23.** 山莓 *R. corchorifolius* L. f.

　　　25. 花 3~4 朵顶生或生于侧枝顶端（分布于泰宁和武夷山）……… **24.** 三花悬钩子 *R. trianthus* Focke

17. 托叶着生于叶柄基部两侧的枝条上。

　27. 托叶条形，长 8mm 以上，宽不及 2mm。

　　28. 植物体多少被头状腺毛。

　　　29. 叶 3~5(~7)浅裂，偶有浅裂不明显；成长叶下面灰黄色毡茸毛不脱落（分布于连城和沙县）……
　　　　　………………………………………………… **25.** 华南悬钩子 *R. hanceanus* Ktze.

　　　29. 叶不分裂；成长叶下面毡茸毛渐脱落或无毛。

　　　　30. 萼片外面头状腺毛长 2~3.5mm；叶基心形。

　　　　　31. 叶下面毛渐脱落，至近无毛（分布于平和、云霄及南平）………… **26.** 闽粤悬钩子 *R. dunnii* Metcalf

　　　　　31. 成长叶下面无毛（产漳州）……………… **26a.** 光叶闽粤悬钩子 *R. dunnii* var. *glabrescens*

　　　　30. 萼片外面头状腺毛长 1.5mm 以下；叶基近圆形、截形至浅心形（分布于福州、连城、永安、沙县、
　　　　　泰宁、三明、宁德、南平及武夷山）………………………… **27.** 木莓 *R. swinhoei* Hance

　　28. 植株不被头状腺毛；叶下面密被毡茸毛。

　　　32. 叶柄长 1.5~3cm；侧脉 5~6 对（分布于武夷山）……… **28.** 尾叶悬钩子 *R. caudifolius* Wuzhi

　　　32. 叶柄长 5~10mm；侧脉 8~10 对（产武夷山）……… **29.** 福建悬钩子 *R. fujianensis* Yu et Lu

　27. 托叶羽状至掌状细条裂，稀为卵形，宽大，边缘有细齿。

　　33. 植株多少被头状细腺毛。

34. 圆锥花序大型，长 10～30cm，通常有花 20 朵以上。

  35. 叶近圆形至宽卵形，5～7 浅裂，下面密被灰黄色茸毛(分布于仙游)……………………………
    ………………………………………………………………………… **30. 灰白毛莓** *R. tephrodes* Hance

  35. 叶椭圆形至长圆形，边缘不裂或稍波状。

    36. 叶两面近同色；叶柄长约 5mm(分布于武夷山)……………… **31. 乌泡子** *R. parkeri* Hance

    36. 叶下面密生灰白色细茸毛；叶柄长 1～3cm(分布于南靖)…………………………………
    …………………… **32. 钝齿悬钩子** *R. raopingensis* Yu et Lu var. *obtusidentatus* Yu et Lu

34. 总状花序少花，有花 3～5(～20)朵。

  37. 枝条、叶柄及花序有长 3～5mm 的刚毛状头状腺毛(分布于泰宁和武夷山)………………
    ……………………………………………… **33. 周毛悬钩子** *R. amphidasys* Focke ex Diels

  37. 枝条、叶柄及花序头状腺毛长 1.5mm 以下(分布于德化、福清、福州、永泰、永安、将乐、泰宁、
    南平、建阳、武夷山、邵武及光泽)……………… **34. 东南悬钩子** *R. tsangorum* Hand.－Mazz.

33. 植株不被头状腺毛。

38. 圆锥花序顶生，多花，通常有花 20 朵以上。

  39. 叶下面密被灰白色至土黄色茸毛；两面明显不同色。

    40. 叶近圆形，下面密被灰白色微茸毛；枝条、叶柄无毛(分布于沙县)………………………
    ………………………………………………………………… **35. 毛萼莓** *R. chroosepalus* Focke

    40. 叶卵状椭圆形，下面连同枝条、叶柄密被土黄色毡茸毛(分布于武夷山)…………………
    …………………………………………………… **36. 黄脉莓** *R. xanthoneurus* Focke ex Diels

  39. 叶两面近同色，被微柔毛或无毛。

    41. 叶长圆形至长圆状椭圆形，边缘不裂；叶柄长 6～15mm(分布于南靖)……………………
    ……………………………………………………………… **37. 梨叶悬钩子** *R. pirifolius* Smith.

    41. 叶卵形至椭圆形，边缘常 3～5 浅裂；叶柄长 1.5～4cm(全省习见)………………………
    ………………………………………………………………… **38. 高粱泡** *R. lambertianus* Ser.

38. 总状序少花，通常在 10 朵以下。

  42. 托叶膜质，近无毛，长 1～2cm，宽不超过 1.5cm，边缘有撕裂齿；叶下面密被土黄色糠秕状茸毛。

    43. 叶近圆形，顶端短尖，基部心形，稀为近截形(分布于福州、沙县、泰宁及武夷山)…………
    ………………………………………………………………… **39. 灰毛泡** *R. irenaeus* Focke

    43. 叶卵状心形，顶端渐尖，基部心形(分布于泰宁、武夷山及光泽)… **40. 大平莓** *R. pacificus* Hance

  42. 托叶草质，通常被柔毛，各式羽状条裂。

    44. 匍匐小灌木，高 10～25cm；萼片外面密被长 2～5mm 长的刚毛状细尖刺(分布于武夷山)……
    ………………………………………………………………… **41. 黄泡** *R. pectinellus* Maxim.

    44. 蔓性灌木，萼外面被各式毛，但无尖刺。

      45. 叶上面密生囊泡状小突起，突起上有 1 条刚毛(分布于平和、南靖、福州、南平及武夷山)……
      ………………………………………………………… **42. 粗叶悬钩子** *R. alceaefolius* Poir.

      45. 叶上面无上述小突起及刚毛。

        46. 嫩枝、叶片下面密被黄棕色至锈褐色毡茸毛；托叶条裂仅达托叶中部。

          47. 叶片不分裂或稍波状，成长叶上面无毛，下面密被贴伏毡茸毛(分布于南平)……………
          ……………………………………… **43. 攀枝莓** *R. flagelliflorus* Focke ex Diels

          47. 叶片明显 3～7 浅裂至深裂；成长叶上面除沿中脉被微柔毛外无毛，下面密被贴伏毡茸毛，沿
          脉上被疏展长柔毛。

            48. 叶卵形、长圆状卵形，3～5 浅裂，顶生裂片比侧生裂片长得多(分布于连城、南平、武夷山
            及光泽)……………………………………………………… **44. 锈毛莓** *R. reflexus* Ker.

            48. 叶宽卵形至近圆形，边缘 3～7 浅裂至深裂，顶生裂片比侧生裂片稍长或近等长。

49. 叶片 3 ~ 5 浅裂(分布于上杭、仙游、长乐、福州、永泰、连城、南平、武夷山及浦城) …
………………………… **44a. 浅裂锈毛莓** *R. refexus* Ker var. *hui*（Diels ex Hu）Metcalf

49. 叶下 5 ~ 7 深裂(分布于永安和漳平) ……………………………………………………
……………………… **44b. 深裂锈毛莓** *R. reflexus* Ker var. *lanceolobus* Metcalf

46. 植株被灰色至土黄色柔毛或仅于花序上被柔毛；托叶羽状或掌状细条裂达基部。

50. 萼片外面密被淡黄色舒展柔毛；果黑紫色(分布于上杭、连城、三明、福州、建阳及武夷山)
……………………………………………………… **45. 寒莓** *R. buergeri* Miq.

50. 萼片外面密被土黄色微柔毛；果橙红色(分布于泰宁和武夷山) ……………………
……………………………………… **46. 湖南悬钩子** *R. hunanensis* Hand. – Mazz.

（三）李亚科 Prunoideae

本亚科 4 属，中国均产，福建木本 3 属、34 种及变种、栽培品种。

分 属 检 索 表

1. 花瓣、萼片型大，可以明显识别，萼片 5 片；花瓣(除重瓣外)5 片…………… **1. 李属** *Prunus* L.
1. 花瓣、萼片细小，通常不易瓣别，或花瓣缺，通常 5 ~ 6 基数。
  2. 常绿；叶全缘；托叶，早落；花两性，心皮 1 ……………… **2. 臀形果属** *Pygeum* Gaertn.
  2. 落叶；叶具尖锯齿；花杂性，心皮 1 ~ 2 …………… **3. 假稠李属** *Maddenia* Hook. f. &. Thoms.

1. 李属 *Prunus* L.

本属约 200 种，中国约 80 种，福建木本包括引种 21 种、1 变种。

分 种 检 索 表

1. 果实无纵沟，无白粉霜。
  2. 总状花序通常有花 10 朵以上。
  3. 叶常绿；花序基部无叶。
  4. 叶下面有黑色腺点(分布于南靖、福清、福州、三明、宁德、南平、建阳及武夷山) …………
…………………………………… **1. 腺叶野樱** *P. phaeosticta*（Hance）Maxim.
  4. 叶下面无黑色腺点。
  5. 叶柄顶端有 2 枚腺体(分布于连城、永安、沙县、宁德、南平及武夷山) ………………
…………………………………………………… **2. 大叶桂樱** *P. zippeliana* Miq.
  5. 叶柄上无腺体。
  6. 叶革质，上面有光译，色较淡；全缘或叶缘有刺芒状锐齿；子房无毛(分布于上杭、德化、仙游、
永泰、连城、永安、沙县、南平、武夷山及顺昌) ………… **3. 刺叶樱** *P. spinulosa* Sieb. et Zucc.
  6. 叶薄革质，上面色深，不发亮；全缘；子房被疏柔毛或基部有毛(福建有分布) ………
……………………………………………… **4. 尖叶桂樱** *P. undulata* Buch. – Ham.
  3. 落叶性。
  7. 花序基部无叶或仅有宿存鳞片；萼片在果时宿存(分布于泰宁、顺昌) …………………
…………………………………………………… **5. 橉木稠李** *P. buergeriana* Miq.
  7. 花序基部有叶；萼片在花后脱落。
  8. 花柱长，高出雄蕊与花瓣之上；结果时果序轴几不增粗，无皮孔(分布于泰宁) ……………
………………………………………………… **6. 灰叶稠李** *P. grayana* Maxim.

8. 花柱不高出雄蕊和花瓣；结果时果序轴增粗，有皮孔(分布于武夷山) ………………………………………… **7. 绢毛稠李** *P. sericea* Koehne

2. 花单生、伞形或伞房花序状；通常有花不多于 8 朵。

9. 腋芽并生，中间为叶芽，两侧为花芽；花芽中花单生或 1～3 朵簇生。

10. 叶卵形至倒卵状披针形，中部以上最宽，顶端尾尖至尾状长渐尖，成长叶上面粗糙(从顶端向基部摸，触感明显)；叶柄长 2～4mm；花柱基部及子房顶部被毛(全省广布) ……………………………………………… **8. 毛柱樱** *P. pogonostyla* Maxim.

10. 叶卵状披针形至长圆披针形，中部或中部以下最宽，顶端短尖至渐尖，叶上面没有上述粗糙触感。

11. 叶柄长 2～3mm；花梗长 5～10mm；花柱无毛(上杭、龙岩、福州等有栽培) ……………………… **9. 郁李** *P. japonica* Thunb.

11. 叶柄长 3～6mm；花梗长 1～2cm；花柱无毛或被毛(漳州、东山、厦门、福州、南平等地栽培) … ……………………………………………………… **10. 麦李** *P. glandulosa* Thunb.

9. 腋芽单生；花单生或为少数花的伞形或伞房花序状。

12. 叶具芒状重锯齿，叶宽椭圆状卵形或倒卵状椭圆形；伞形总状花序，总梗很短；萼片具腺齿；花柱基部被疏柔毛(厦门等地引种) ……………………… **11. 日本樱花** *P. yedoensis* Matsum.

12. 叶具尖锯齿，不为芒状。

13. 花梗及萼筒无毛。

14. 萼筒长 5～6mm，宽 3～4mm；叶柄近顶部有 2 枚腺体(全省广布)……………………… ……………………………………………… **12. 福建山樱花** *P. campanulata* Maxim

14. 萼筒长 7～10mm，宽约 2mm；叶片近基部(或有时叶片与叶柄连接处)有 2 枚腺体(分布于武夷山) ……………………………………………… **13. 华中樱** *P. conradiana* Koehne

13. 花梗及萼筒被毛。

15. 花柱基部有毛；托叶线形，边缘有流苏头状腺齿。

16. 叶薄革质，上面脉网明显下凹成明晰网纹；总花梗短，长不及 2mm(分布于古田和武夷山) …… ……………………………………………………… **14. 福建樱** *P. fokienensis* Yu

16. 叶较薄，纸质，上面通常仅中脉及侧脉下凹，网脉下凹不明显；总花梗通常长 2～4mm(分布于武夷山) ……………………………………… **15. 浙闽樱** *P. schneideriana* Koehne

15. 花柱基部无毛；托叶 3～4 条裂，线形羽状(分布于武平、连城、永安及浦城) ……………… ……………………………………………………… **16. 樱桃** *P. pseudocerasus* Lindl.

1. 果实有纵沟，被茸毛或白粉霜；花单生或 2～3 朵簇生。

17. 腋芽单生。

18. 子房及果实常被白粉霜；花梗细。

19. 花 3 朵簇生；叶披针形或倒卵状披针形，叶不为紫红色(全省各地零散栽培) ……………………… ………………………………………………………………… **17. 李** *P. salicina* Lindl.

19. 花单生，稀 2 朵并生；叶卵状或倒卵状长椭圆形，叶紫红色(各地栽培供观赏) ……………………… ……………………………… **18. 红叶李** *P. cerasifera* Ehrh. var. *atropurpurea* Jacq.

18. 子房及果实被茸毛(全省各地零散栽培) ……………… **19. 梅** *P. mume* (Sieb.) Sieb. et Zucc.

17. 腋芽并生，两侧为花芽，中间为叶芽；子房及果实被茸毛。

20. 果核具沟纹和穴孔。

21. 叶锯齿钝或尖，叶柄较粗，顶端常有腺体；萼片被柔毛或茸毛；果核两侧扁平，先端尖(全省各地多有栽培) ……………………………………………………… **20. 桃** *P. persica* (L.) Batsch.

21. 叶具尖锯齿，叶柄细，先端常无腺体，叶基两侧具腺体；萼片外面无毛；果核两侧稍扁，两端圆，有穴孔及沟纹(厦门引种) ……………………… **21. 山桃** *P. davidiana* (Carr.) Franch.

20. 果核无穴孔，具宽而浅的纵沟纹(厦门引种) ……………… **22. 榆叶梅** *P. triloba* Lindl.

2. 臀形果属 *Pygeum* Gaertn.

本属约 20 种，中国 6 种，福建木本 1 种。

臀形果 *P. topengii* Merr. 分布于南靖、漳平及三明。

3. 假稠李属 *Maddenia* Hook. f. &. Thoms.

本属有 6 种，中国 4 种，福建木本 1 种。

福建假稠李 *M. fujianensis* Y. T. Chang 产武夷山县黄岗山。

（四）苹果亚科 Maloideae

本亚科 20 属，中国 16 属，福建木本 12 属、50 种及变种、变型。

分 属 检 索 表

1. 心皮成熟时为硬骨质，果实内有 1~5 个小核；单叶。
　2. 叶全缘；枝条无刺 ·· **1. 枸子属** *Cotoneaster* B. Ehrh.
　2. 叶具锯齿或缺裂、稀全缘；枝条常有刺。
　　3. 叶常绿；心皮 5 枚，各含 2 个胚珠 ··············· **2. 火棘属** *Pyracantha* Roem.
　　3. 落叶性；心皮 4~5 枚，各含 1 个胚珠 ················ **3. 山楂属** *Crataegus* L.
1. 心皮成熟时革质或纸质；梨果 1~5 室，每室有 1 或多个种子。
　4. 复伞房花序或圆锥花序，有花多朵。
　　5. 落叶性 ··· **4. 花楸属** *Sorbus* L.
　　5. 常绿。
　　　6. 心皮部分离生，子房半下位。
　　　　7. 叶全缘，果熟时心皮与萼筒分离的部分开裂 ·········· **5. 红果树属** *Stranvaesia* Lindl.
　　　　7. 叶缘有锯齿，稀全缘；果熟时心皮不开裂 ········· **6. 石楠属** *Photinia* Lindl.
　　　6. 心皮全部合生，子房下位。
　　　　8. 果期萼片宿存，果大，直径 1cm 以上，果肉白至黄色 ·········· **7. 枇杷属** *Eriobotrya* Lindl.
　　　　8. 果期萼片脱落；果小，直径通常不超过 8mm，果肉黑紫色·········· **8. 石斑木属** *Rhaphiolepis* Lindl.
　4. 伞形花序或总状花序，有时花单生。
　　9. 果小，直径通常 8mm 以下，果肉黑紫色 ·········· **8. 石斑木属** *Rhaphiolepis* Lindl.
　　9. 果较大，直径在 1cm 以上，果肉白色、黄色至橙红色。
　　　10. 每心皮内含 3 至多个种子。
　　　　11. 花柱离生；果期萼片宿存 ·················· **9. 榅桲属** *Cydonia* Mill.
　　　　11. 花柱基部合生；果期萼片脱落 ·················· **10. 木瓜属** *Chaenomeles* Lindl.
　　　10. 每心皮内含 1~2 个种子。
　　　　12. 花柱离生；果肉有多数石细胞 ·················· **11. 梨属** *Pyrus* L.
　　　　12. 花柱基部合生；果肉内无石细胞或石细胞很少 ········· **12. 苹果属** *Malus* Mill.

1. 枸子属 *Cotoneaster* B. Ehrh

本属 90 余种，中国约 50 种，福建木本引种 1 种。

平枝枸子 *C. horizontalis* Dcne. 福州和厦门引种。

2. 火棘属 *Pyracantha* Roem.

本属共 10 种，中国有 7 种，福建木本 1 种。

火棘 *P. fortuneana*（Maxim.）Li 龙海、福州、南平等地引种。

3. 山楂属 *Crataegus* L.

本属约 200 种，中国约 17 种，福建木本 1 种、1 变型。

分 种 检 索 表

1. 叶长 3~6cm，宽 1.5~3cm（分布于福清、长乐、福州等地）·············· **1. 野山楂** *C. cuneata* Sieb. et Zucc.
1. 叶长 2~3cm，宽 1~1.5cm（分布于福清、长乐、福州等地）··
······················· **1a. 小叶野山楂** *C. cuneata* Sieb. et. Zucc. f. *tang-chung-changii*（Metcalf）Y. T. Chang

4. 花楸属 *Sorbus* L.

本属约 80 种，中国有 60 种，福建木本 6 种。

分 种 检 索 表

1. 羽状复叶有小叶 11~13 片，小叶下面沿中脉被褐色柔毛（分布于武夷山）·······························
··· **1. 黄山花楸** *S. amabilis* Cheng ex Yu
1. 单叶。
　2. 叶两面近同色，无毛或仅下面脉上疏生柔毛。
　　3. 果椭圆形，明显高过于宽，外面疏生近同色斑点或斑点不明显；叶缘具锐尖重锯齿（分布于武夷山）···
　　···························· **2. 水榆花楸** *S. alnifolia*（Sieb. & Zucc.）K. Koch
　　3. 果圆球形，高稍过于宽，外面密生灰白色斑点；叶缘具稍钝单锯齿（分布于武夷山）···················
　　·· **3. 美脉花楸** *S. caloneura*（Stapf）Rehd.
　2. 叶片下面密被灰白色至灰褐色茸毛，或绵毛状毡茸毛。
　　4. 果椭圆形，长过于宽；叶片下面连同叶脉及叶柄上均密被不脱落的灰白色绵毛状毡茸毛（分布于泰宁和
　　武夷山）··· **4. 石灰花楸** *S. folgneri*（Schneid.）Rehd.
　　4. 果近圆球形，径与高近相等。
　　　5. 叶柄、叶片下面的中脉及侧脉上和花序上密被棕褐色茸毛（分布于武夷山）···················
　　　··· **5. 棕脉花楸** *S. dunnii* Rehd.
　　　5. 叶柄、叶片下面及花序上被灰白色茸毛；叶片下面中脉及侧脉及无毛（分布于武夷山）···············
　　　··· **6. 江南花楸** *S. hemsleyi*（Schneid）Rehd.

5. 红果树属 *Stranvaesia* Lindl.

本属约 5 种，中国有 4 种，福建木本 1 变种。

波叶红果树 *S. davidiana* Dcne. var. *undu-lata*（Dcne.）Rehd. & Wils. 分布于德化、泰宁、武夷山。

6. 石楠属 *Photinia* Lindl.

本属 60 余种，中国 40 余种，福建木本 12 种、1 变种。

分 种 检 索 表

1. 叶常绿；果梗无疣点；复伞房花序多花。
　2. 叶下面散生黑色腺点（分布于龙岩、永泰、德化、仙游、福清、福州、永泰、连城、永安、沙县、泰宁、
　南平）··················· **1. 桃叶石楠** *Ph. prunifolia*（Hook. et Arn.）Lindl.
　2. 叶下面无黑色腺点。

3. 嫩枝及花梗被贴伏柔毛；叶柄长 1~2cm；花瓣无毛(分布于南靖、永安、沙县、泰宁、建阳及武夷山) ······························· **2. 椤木石楠** *Ph. davidsoniae* Rehd. et Wils.

3. 嫩枝及花梗无毛。

  4. 叶柄长 2~4cm；花瓣无毛(分布厦门、仙游、福州、永泰、永安、沙县、太宁、武夷山) ·· **3. 石楠** *Ph. serrulata* Lindl.

  4. 叶柄长 1~2cm；花瓣内面基部被毛(分布于南靖、上杭、龙岩、德化、福清、福州、永泰、连城、永安、沙县、明溪、泰宁、宁德、福鼎、南平、建阳、顺昌及光泽) ······························ **4. 光叶石楠** *Ph. glabra* (Thunb.) Maxim.

1. 落叶乔木或灌木；果梗有疣状突起。

  5. 花梗明显被毛。

    6. 嫩枝、嫩叶、花序密生棕褐色柔毛，叶柄、果梗毛不脱落。

      7. 叶不裂(分布于漳平、德化、连城、永安、南平) ·········· **5. 褐毛石楠** *Ph. hirsuta* Hand. – Mazz.

      7. 叶片顶端三裂(产连城) ·········· **5a. 裂叶褐毛石楠** *Ph. hirsuta* Hand. – Mazz. var. *lobulata* Yu

    6. 嫩枝、嫩叶或花序贴生灰白色柔毛或毛近脱落。

      8. 花梗及总梗轮生或近轮生；叶倒卵形至倒卵状披针形(分布于长乐) ······························· **6. 闽粤石楠** *Ph. benthamiana* Hance

      8. 花梗及总花梗互生；叶形多变。

        9. 叶柄长 1~5mm；侧脉 5~7 对(分布于福清、福州、连城、永泰、南平、浦城、顺昌) ······························· **7. 毛叶石楠** *Ph. villosa* (Thunb.) DC.

        9. 叶柄长 6~10mm；侧脉 10~15 对(分布于福州、永安、泰宁、福鼎及武夷山) ······························· **8. 绒毛石楠** *Ph. schneideriana* Rehd. et Wils.

  5. 花梗无毛。

    10. 叶柄长 1~2mm。

      11. 果实及稍外展的宿存萼片如坛子状；侧脉 6~8 对(分布于平和、上杭及福州) ·········· **9. 陷脉石楠** *Ph. impressivena* Hayata

      11. 果实及稍内倾的宿存萼片成卵球状；侧脉 4~6 对(全省习见) ·········· **10. 小叶石楠** *Ph. parvifolia* (Pritz.) Schneid.

    10. 叶柄长 5mm 以上。

      12. 叶较小，侧脉 7~9 对(分布于古田、武夷山及光泽) ······························· **11. 福建石楠** *Ph. fokienensis* (Fr.) Fr. ex. Card.

      12. 叶较大，侧脉 9~14 对(分布于泰宁、建宁及武夷山) ········ **12. 中华石楠** *Ph. beauverdiana* Schneid.

7. 枇杷属 *Eriobotrya* Lindl.

本属约 30 种，中国 13 种，福建木本包括引种 3 种。

分 种 检 索 表

1. 叶下面密被灰棕色茸毛，成长叶的毛几不脱落(全省各地有栽培) ····· **1. 枇杷** *E. japonica* (Thunb.) Lindl.

1. 嫩叶下面疏生茸毛，成长叶两面无毛。

  2. 叶柄长 1.5cm 以上，叶长圆形、长圆状披针形或长圆状倒披针形，叶缘具浅锯齿(分布于南靖、平和、上杭、武平、龙岩、德化、连城、宁化及南平) ····· **2. 大花枇杷** *E. cavaleriei* (Lévl.) Rehd.

  2. 叶柄长 0.5~1.3cm，叶披针形、倒披针形、稀带状长圆形，先端渐尖，疏生尖锯齿(厦门有引种) ······························· **3. 窄叶枇杷** *E. henryi* Nakai

8. 石斑木属 *Rhaphiolepis* Lindl.

本属 15 种，中国 7 种，福建木本 4 种、1 变种。

分 种 检 索 表

1. 叶片下面、叶柄、枝条及花序密被锈褐色茸毛；叶全缘或疏生细尖锯齿。
　2. 叶全缘（全省习见）…………………………………………………… **1. 锈毛石斑木** *R. ferruginea* Metcalf
　2. 叶缘疏生明显锯齿（全省习见）………………… **1a. 齿叶锈毛石斑木** *R. ferruginea* Metcalf var. *serrata* Metc.
1. 成长叶、枝条无毛，花序被柔毛或近无毛；叶缘有锯齿。
　3. 叶长圆披针形至条状披针形（分布于厦门、泉州、华安、永泰及武夷山）………………………………………
　……………………………………………………………………………… **2. 柳叶石斑木** *R. salicifolia* Lindl.
　3. 叶卵形、椭圆形至倒卵状披针形。
　　4. 叶脉在上面平或微凸，偶有不明显或微凹；叶较小，长（2～）4～8cm，宽 1.5～4cm（全省习见）………
　　………………………………………………………………………… **3. 石斑木** *R. indica*（L.）Lindl.
　　4. 叶脉在上面明显下凹成肉眼可见的明显网纹；叶较大，长 7～15cm，宽 3～6cm（全省习见）………
　　…………………………………………………………………………… **4. 大叶石斑木** *R. major* Card.

9. 榅桲属 *Cydonia* Mill.

本属仅 1 种，中国许多省、区栽培，福建木本引种 1 种。

榅桲 *C. oblonga* Mill. 福建清流有栽培。

10. 木瓜属 *Chaenomeles* Lindl.

本属约 5 种，中国 5 种，福建木本包括引种 4 种。

分 种 检 索 表

1. 枝无刺；花单生，后于叶开放；萼片有齿，反折；叶片边缘齿尖及叶柄均有腺；托叶膜质，边有腺齿（南平有栽培）………………………………………………… **1. 木瓜** *C. sinensis*（Thouin）Koehne
1. 枝有刺；花簇生，先于叶或与叶同时开放；萼片直立或斜展；托叶草质。
　2. 小枝平滑，2 年生枝无疣状突起；果大型，成熟时直径 5～8cm。
　　3. 叶卵形至长椭圆形，嫩叶下面无毛或有短柔毛；叶缘有尖锐锯齿（武夷山有栽培）…………………………
　　…………………………………………………………………… **2. 皱皮木瓜** *C. speciosa*（Sweet）Nakai
　　3. 叶椭圆形至披针形，嫩叶下面被褐色茸毛；叶缘有刺芒状锯齿（福州、古田、柘荣、武夷山等地有栽培）………………………………………………… **3. 毛叶木瓜** *C. cathayensis*（Hemsl.）Schneid
　2. 小枝粗糙，2 年生枝有疣状突起；果小型，成熟时直径 3～4cm；叶下面无毛，叶缘有圆钝锯齿（永安有栽培）……………………………………… **4. 日本木瓜** *C. japonica*（Thunb.）Lind. ex Sparch.

11. 梨属 *Pyrus* L.

本属约 25 种，中国 14 种，福建木本 3 种、2 变种、1 变型。

分 种 检 索 表

1. 果实上萼片宿存；花柱 3（～4）枚；叶缘具细锐锯齿（全省习见）………… **1. 麻梨** *P. serrulata* Rehd.
1. 果实上萼片脱落或仅部分宿存；花柱 2～5 枚。
　2. 叶缘具刺芒状锯齿，齿端微向内合拢；花柱（4～）5 枚（全省各地习见栽培）…………………………………
　…………………………………………………………………… **2. 沙梨** *P. pyrifolia*（Burm. f.）Nakai

2. 叶缘具钝锯齿，花柱 2(～3)枚(全省习见) ·················· **3. 豆梨** *P. calleryana* Dcne.

  3a. 绒毛豆梨 *P. calleryana* var. *calleryana* f. *tomentella*(分布于武夷山)，其特征是嫩叶下面中脉上、花梗、花萼被棕褐色毡毛。

  3b. 楔叶豆梨 *P. calleryana* var. *koehnei*(分布于泰宁、武夷山)，其特征是叶狭卵形至菱状卵形，宽 2～3cm，顶端短尖至渐尖，基部阔楔形。

  3c. 柳叶豆梨 *P. calleryana* var. *lanceolata*(分布于泰宁和武夷山)，其特征是叶卵状披针形至长圆状披针形，叶缘具纯齿或全缘。

12. 苹果属 *Malus* Mill.

本属约 35 种，中国约 20 种，福建木本包括引种 7 种。

分 种 检 索 表

1. 结果时萼片脱落；成熟果直径小，通常在 1cm 以下。
  2. 叶片不分裂。
    3. 萼片披针形，较萼筒长(厦门引种) ·············· **1. 西府海棠** *M. micromalus* Makino
    3. 萼片三角状卵形，与萼筒等长或稍短；幼枝被柔毛，后脱落。
      4. 叶具细尖锯齿；萼片先端渐尖或尖；花柱 3(4)；果椭圆形或近球形(分布于福州、永泰、连城、沙县、泰宁、古田、南平、将乐、建阳及武夷山) ························· **2. 湖北海棠** *M. hupehensis*(Pamp.) Rehd.
      4. 叶具细钝齿；萼片先端钝；花柱 4(5)；果梨形或倒卵形(厦门等地栽培) ···················· **3. 垂丝海棠** *M. halliana* Koehne
  2. 叶片在发育枝上常 3～5 浅裂，在芽中呈对折状；果直径 6～8mm(分布于宁化) ···················· **4. 三裂海棠** *M. sieboldii*(Regel) Rehd.
1. 结果时萼片宿存；成熟果直径大，通常在 1.5cm 以上。
  5. 果实先端隆起，宿萼有长筒，果实直径 1.5～2.5cm。
    6. 叶具尖锯齿；果径 4～5.5cm，果梗被毛；宿萼具短萼(分布于永安、将乐、古田、南平、武夷山及顺昌) ·············· **5. 台湾林檎** *M. doumeri*(Bois) Chev
    6. 叶具钝锯齿；果径 1.5～2.5cm，果梗无毛；宿萼具长萼(分布于上杭、永安、将乐、泰宁、古田、南平、武夷山及顺昌) ·············· **6. 尖咀林檎** *M. melliana*(Hand.－Mazz.) Rehd.
  5. 果实先端萼洼下陷，果实直径通常在 2.5cm 以上(福建北部、中部少量试种) ··· **7. 苹果** *M. pumila* Mill.

23. 蜡梅科 Calycanthaceae

本科 2 属、7 种、2 变种，中国 2 属、4 种、2 变种，福建木本 1 属、2 种。

蜡梅属 *Chimonanthus* Lindl.

本属 3 种，中国特产，福建木本包括引种 2 种。

分 种 检 索 表

1. 落叶灌木；花大，直径 1.5～2.5cm；花被外面无毛，内轮花被基部有爪；花丝比花药长(全省各地常见栽培) ·············· **1. 蜡梅** *C. praecox*(L.) Link
1. 常绿灌木；花小，直径不超过 1cm；花被外面被短柔毛，内轮花被基部无爪；花丝比花药短(分布于武夷山和光泽) ·············· **2. 山蜡梅** *C. nitens* Oliv.

24. 苏木科 Caesalpiniaceae

本科中国 22 属、92 种，福建木本包括引种 18 属、42 种、1 变种、1 变型。

分属检索表

1. 叶为二回羽状复叶，或兼有一回羽状复叶。
 2. 花中至大型，总状或圆锥花序；子房无柄或具短柄；萼片 5，分离。
  3. 雄蕊 10(6)。
   4. 花两性。
    5. 萼裂片覆瓦状排列。
     6. 植株常具刺。
      7. 果扁平，无翅或具窄翅 ································· **1. 云实属** *Caesalpinia* L.
      7. 果具翅；膜质翅顶生并偏一侧 ················· **2. 老虎刺属** *Pterolobium* R. Br.
     6. 植株无刺；柱头盾状或盘状；果两边具窄翅 ········· **3. 双翼豆属** *Peltophorum* Walpers
    5. 萼裂片镊合状排列，花大而美丽；果大，带状扁平，木质；种子具胚乳 ··· **4. 凤凰木属** *Delonix* Raf.
   4. 花杂性或雌雄异株；种子具角质胚乳。
    8. 植株具分枝的硬刺；花排成穗形的总状花序，侧生，雄蕊 6~8 枚；果带状 ··· **5. 皂荚属** *Gleditsia* L.
    8. 植株无刺；总状花序顶生；雄蕊 10 枚(5 长 5 短)；果肥厚肉质 ·········· **6. 肥皂荚属** *Gymnocladus* L.
  3. 雄蕊 5；叶大；果带状，具长柄，腹缝具窄翅 ·········· **7. 顶果木属** *Acrocarpus* Wight ex Arn.
 2. 花小，穗状花序，萼筒短，子房具长柄，胚珠多数；果扁平，种子间有肉质组织；种子具胚乳 ········
         ············· **8. 格木属** *Erythrophleum* Afzel. ex G. Don
1. 叶为一回羽状复叶或单叶。
 9. 叶多为一回偶数羽状复叶，稀奇数羽状复叶。
  10. 萼筒短，花盘扁平。
   11. 花药基着，稀丁着，孔裂或纵裂；胚珠 6 至多数，种子具胚乳。
    12. 偶数羽状复叶，稀退化为叶状柄；雄蕊 10(5)，花药孔裂 ················· **9. 决明属** *Cassia* L.
    12. 奇数羽状复叶，雄蕊 4(5)，花药纵裂 ········· **10. 翅荚木属** *Zenia* Chun
   11. 花药背着，纵裂；萼裂片 4，外被软刺毛；花瓣 1(2)，雄蕊 10(9)，多为不孕性；果被短刺 ·······
         ········· **11. 油楠属** *Sindora* Miq.
  10. 萼筒较长，花部着生于萼筒口部。
   13. 花瓣 5(3)；雄蕊 10 或较少。
    14. 2 小叶复叶；花瓣 5，雄蕊 10，分离 ················· **12. 孪叶豆属** *Hymenaea* L.
    14. 偶数羽状复叶；花瓣 3(1)；雄蕊少于 10。
     15. 花瓣 3，余退化或缺。
      16. 叶小，多对；发育雄蕊 3，花丝短合生；果圆柱形 ······· **13. 罗晃子属** *Tamarindus* L.
      16. 叶大型，4~6 对；发育雄蕊 6~2，基部合生；果大而扁平，长倒卵形，具喙 ············
         ············· **14. 仪花属** *Lysidice* Hance
     15. 花瓣 1；余退化或缺；发育雄蕊 8~3，果斜长圆形，厚木质，种子具假种皮 ···········
         ············· **15. 缅茄属** *Afzelia* Smith
   13. 无花瓣；萼 4 裂，花瓣状；小苞片花瓣状；雄蕊 9~3；果开裂 ··········· **16. 无忧花属** *Saraca* L.
 9. 叶为单叶，全缘或顶端 2 裂，有时深裂到基部而成 2 小叶。
  17. 叶为单叶，全缘；花在老干上簇生或排成总状花序；花瓣不相等而成假蝶形花冠；荚果于腹缝线上具
   狭翅 ··············· **17. 紫荆属** *Cercis* L.

17. 叶顶端 2 裂或全裂而成 2 小叶；花大，在当年枝条上排成总状式的伞房状或圆锥花序；花瓣直立或开展，不成蝶形；荚果无翅 ·················· **18. 羊蹄甲属** *Bauhinia* L.

1. 云实属 *Caesalpinia* L.

本属约 100 种，中国约 13 种，福建木本 6 种。

分 种 检 索 表

1. 子房被毛或针刺。
  2. 子房密被针刺；荚果长椭圆形，长 10 ~ 13cm，宽 4 ~ 5cm，密被棕色针刺；种子黑色，长 1.8cm，宽 1cm（分布于云霄、福州等地）·················· **1. 南蛇簕** *C. minax* Hance
  2. 子房被毛；荚果无针刺。
    3. 乔木，刺小而少；羽片 9 ~ 13 对，小叶 8 ~ 17 对，纸质，顶端钝而微缺，无柄（分布于云霄、诏安、厦门）·················· **2. 苏木** *C. sappan* L.
    3. 攀援状灌木或木质藤本。
      4. 叶纸质；总状花序；荚果革质，长舌形，沿背缝线有狭翅（分布于南靖、仙游、将乐、永安、泰宁、南平、福州等地）·················· **3. 云实** *C. decapetala* (Roxb.) Alson
      4. 叶革质；圆锥花序；荚果木质，近菱形，顶端有喙。
        5. 羽片 8 ~ 14 对，小叶 6 ~ 9 对，椭圆形或斜卵状披针形，顶端急尖；荚果木质，近菱形；种子 2 个（分布于华安、云霄等地）·················· **4. 春云实** *C. vernalis* Champ. ex Benth.
        5. 羽片 2 ~ 3(4) 对，小叶 2 ~ 3 对，长椭圆形，顶端钝或微缺；荚果宽阔卵形，偏斜，厚革质；种子 1 个（分布于厦门、云霄、诏安龙岩等地）·················· **5. 华南云实** *C. crista* L.
1. 子房无毛；雄蕊长超出花冠 2 ~ 3 倍；荚果薄革质，近长刀形，无翅，不开裂（原产地不明，现热带地区广为栽培）·················· **6. 金凤花** *C. pulcherrima* (L.) Sm.

2. 老虎刺属 *Pterolobium* R. Br. ex Wight & Arn.

本属约 11 种，中国 4 种，福建木本 1 种。

老虎刺 *P. punctatum* Hemsl. 分布于永安和南平等地。

3. 双翼豆属 *Peltophorum* Walpers

本属约 16 种，中国包括引种 3 种，福建木本引种 2 种。

1. 小枝被红棕色茸毛；小叶侧脉约 18 对；总状花序；果宽 2.5 ~ 3cm，果柄长 2.5cm，果无条纹（福州引种）·················· **1. 银珠** *P. tonkinense* (Pierre) Gagnep.
1. 小枝被灰褐色柔毛；小叶侧脉 10 ~ 12 对；圆锥花序；果宽 1.5 ~ 2cm，果柄长 5mm，果具纵条纹（福州引种）·················· **2. 盾柱木** *P. pterocarpum* (DC.) Backer

4. 凤凰木属 *Delonix* Raf.

本属约 2 ~ 3 种，中国引种 1 种，福建木本引种 1 种。

凤凰木 *D. regia* (Boj.) Raf. 福建南部地区广为栽培。

5. 皂荚属 *Gleditsia* L.

本属约 16 种，中国 9 种，福建木本 2 种。

分 种 检 索 表

1. 刺粗壮，圆锥状；叶为羽状复叶，小叶 5 ~ 8 对，长 3 ~ 9cm，宽 1.5 ~ 3.5cm；荚果不扭转（福州、南平等地）⋯⋯⋯⋯⋯⋯⋯⋯⋯⋯⋯⋯⋯⋯⋯⋯⋯⋯⋯⋯⋯⋯⋯⋯⋯ **1. 皂荚** *G. sinensis* Lam.

1. 刺略扁；叶为一至二回羽状复叶，小叶 6 ~ 12 对，长 1.5 ~ 4cm，宽 8 ~ 20mm；荚果扭转（分布于南平等

地）⋯⋯⋯⋯⋯⋯⋯⋯⋯⋯⋯⋯⋯⋯⋯⋯⋯⋯⋯⋯⋯⋯⋯ **2. 日本皂荚** *G. japonica* Miq.

6. 肥皂荚属 *Gymnocladus* Lam.

本属约 3 ~ 4 种，福建木本 1 种。

肥皂荚 *G. chinensis* Baill. 分布于建阳。

7. 顶果木属 *Acrocarpus* Wight ex Arn.

本属约 2 种，中国 1 种，福建木本引种 1 种。

顶果木 *A. fraxinifolius* Wight 厦门引种。

8. 格木属 *Erythrophleum* Afzel. ex G. Don

本属约 15 种，中国 1 种，福建木本引种 1 种。

格木 *E. fordii* Oliv. 分布于云霄、诏安等地。

9. 决明属 *Cassia* L.

本属约 600 种，中国约 10 余种，福建木本 8 种。

分 种 检 索 表

1. 乔木或灌木。

 2. 叶柄和叶轴上无腺体。

  3. 小叶长 6 ~ 16cm，宽 3.5 ~ 8cm，顶端渐尖；荚果圆柱形，厚革质，长 30 ~ 60cm（厦门、福州及中国南部

各地栽培）⋯⋯⋯⋯⋯⋯⋯⋯⋯⋯⋯⋯⋯⋯⋯⋯⋯⋯⋯⋯ **1. 腊肠树** *C. fistula* L.

  3. 小叶长 3.5 ~ 6cm，宽 1.2 ~ 2cm，顶端微凹；荚果带状，扁平，长 25 ~ 30cm（厦门市和中国南方各地常

栽培）⋯⋯⋯⋯⋯⋯⋯⋯⋯⋯⋯⋯⋯⋯⋯⋯⋯⋯⋯⋯⋯ **2. 铁刀木** *C. siamea* Lam.

 2. 叶柄和叶轴上有腺体。

  4. 小叶长 3.5 ~ 7.5cm，顶端渐尖；荚果圆柱形，略扁（福州和厦门引种）⋯⋯⋯⋯⋯⋯⋯

⋯⋯⋯⋯⋯⋯⋯⋯⋯⋯⋯⋯⋯⋯⋯⋯⋯⋯⋯ **3. 光叶决明** *C. laevigata* Willd.

  4. 小叶长 3 ~ 5.5cm，顶端钝或微凹；荚果带状，扁平（福州和厦门栽培）⋯ **4. 黄槐** *C. surattensis* Burm. f.

1. 亚灌木状。

 5. 小叶 3 ~ 5 对，长 2 ~ 9cm，非线形。

  6. 小叶 3 ~ 10 对，在叶柄基部具 1 枚圆锥形的大腺体；荚果带状，宽约 1cm（分布于厦门、云霄、上杭、

漳平、福州、大田、连城、永安等地）⋯⋯⋯⋯⋯⋯⋯ **5. 望江南** *C. occidentalis* L.

  6. 小叶 3 对，叶柄无腺体，叶轴上的腺体小，线形；荚果近四棱形，宽约 4mm（分布于厦门、南靖、福

州、大田、沙县等地）⋯⋯⋯⋯⋯⋯⋯⋯⋯⋯⋯⋯⋯⋯⋯⋯⋯⋯ **6. 决明** *C. tora* L.

 5. 小叶 9 ~ 30 对，长不超过 1.5cm，线形。

  7. 小叶 9 ~ 25 对，长 6 ~ 13mm，宽 1.5 ~ 3mm（分布于漳浦、南靖、福清、福州、永安、浦城等地）⋯⋯

⋯⋯⋯⋯⋯⋯⋯⋯⋯⋯⋯⋯⋯⋯⋯⋯⋯ **7. 短叶决明** *C. leschenaultiana* DC.

  7. 小叶 25 ~ 30 对，长 3 ~ 5mm，宽约 1mm（分布于长汀、南平、建阳、浦城等地）⋯⋯⋯⋯⋯⋯

⋯⋯⋯⋯⋯⋯⋯⋯⋯⋯⋯⋯⋯⋯⋯⋯⋯ **8. 含羞草决明** *C. mimosoides* L.

10. 翅荚木属 *Zenia* Chun

本属 1 种，中国 1 种，福建木本引种 1 种。

任豆 *Z. insignis* Chun 厦门和福州引种。

11. 油楠属 *Sindora* Miq.

本属 20 种，中国 1 种，引入 2 种，福建木本引入 1 种。

油楠 *S. glabra* Merr. ex De Wit. 福州引种。

12. 孪叶豆属 *Hymenaea* L.

本属约 30 种，中国引入 1 种，福建木本引入 1 种。

孪叶豆 *H. courbarii* L. 厦门引种。

13. 罗晃子属 *Tamarindus* L.

本属仅 1 种，福建木本引种 1 种。

罗晃子 *T. indica* L. 厦门栽培。

14. 仪花属 *Lysidice* Hance

本属仅 1 种，福建木本引种 1 种。

仪花 *L . rhodostegia* Hance 福州栽培。

15. 缅茄属 *Afzelia* Smith

本属 30 种，福建木本引种 1 种。

缅茄 *A. xylocarpa*（Kurz）Craib 福州栽培。

16. 无忧花属 *Saraca* L.

本属约 25 种，福建木本引种 1 种。

无忧花 *S. indica* Raker 厦门栽培。

17. 紫荆属 *Cercis* L.

本属约 8 种，中国有 5 种，福建木本有 3 种、1 变型。

分 种 检 索 表

1. 总状花序。
　2. 叶两侧对称，卵圆形或近心形；花序轴短，密被锈色短柔毛 (厦门栽培) ……………………………
　………………………………………………………………… **1. 云南紫荆** *C. yunnanensis* Hu et Cheng
　2. 叶两侧不对称，卵状菱形；花序轴较长，无毛 (分布于武夷山) ………… **2. 陈氏紫荆** *C. chuniana* Metc.
1. 簇生，无总花梗 (福建各地多有栽培，供观赏用) ………………………… **3. 紫荆** *C. chinensis* Bung.
　3a. 白花紫荆 *C. chinensis* f. *alba* 本变型花白色，可以与原种区别。厦门引种。

18. 羊蹄甲属 *Bauhinia* L.

本属约 570 种，中国 35 种，福建木本 9 种、1 变种。

分 种 检 索 表

1. 乔木或灌木。
　2. 能育雄蕊 5 枚以上。
　　3. 乔木；花大，直径 4~7cm。
　　　4. 花紫红色或红色，通常不结实 (厦门一带广为栽培) ………………… **1. 红花羊蹄甲** *B. blakeana* Dunn
　　　4. 花粉红色或白色，通常结实 (厦门、泉州、漳州、福州栽培) ……………… **2. 羊蹄甲** *B. variegata* L.
　　2a. 白花洋紫荆 *B. variegata* var. *alboflava* 与原种区别在于花萼绿色，裂片佛焰苞状，外被短柔毛，顶端
　　　　全缘，2 裂或具细齿；花瓣白色，近轴的 1 片或其余各片有时杂以淡黄色斑等。厦门和福州有栽培。
　　3. 灌木；花较小，直径约 1.5cm；能育雄蕊 10 枚 (厦门栽培) ……………… **3. 马鞍羊蹄甲** *B. faberi* Oliv.

2. 能育雄蕊 3～4 枚(本省沿海各地常见栽培) ·············· **4. 紫羊蹄甲** *B. purpurea* L.
1. 木质藤本。
　5. 有卷须。
　　6. 花淡黄绿色，花萼基部的一侧凸起呈浅囊状(厦门栽培) ·········· **5. 越南羊蹄甲** *B. touranensis* Gagnep.
　　6. 花白色，花萼基部不呈浅囊状。
　　　7. 花萼钟状；子房有毛；荚果长 5～10cm，宽 2.5～3cm(分布于南靖、平和、华安、厦门、上杭、永春、德化、永泰、连城、永安、沙县、福州、宁德、南平、武夷山等地)
　　　　·············· **6. 龙须藤** *B. championii* (Benth.) Benth.
　　　7. 花萼管状，长 1.5～2cm；子房无毛。
　　　　8. 叶裂片为叶长的 2/3～3/4；荚果宽 1.5～2.5cm(分布于南平) ·········· **7. 首冠藤** *B. corymbosa* Roxb.
　　　　8. 叶裂片为叶长的 1/3～1/2；荚果宽 4～5cm(分布于南靖) ·········· **8. 粉叶羊蹄甲** *B. glauca* (Benth.) Wall. ex Benth.
　5. 无卷须；叶顶端具浅而阔的 2 裂；子房着生在花盘的一侧(分布于南靖、泰宁等地) ··········
　　　　·············· **9. 阔裂叶羊蹄甲** *B. apertilobata* Merr. et Metc.

25. 含羞草科 Mimosaceae

本科 56 属、2800 余种，中国 17 属、63 种，福建木本包括引种 12 属、28 种、1 变种。

分 属 检 索 表

1. 萼裂片覆瓦状排列；花药顶端具腺体；具退化雄蕊；二回羽状复叶，小叶多数 ·············
　··············· **1. 球花豆属** *Parkia* R. Br.
1. 萼裂片镊合状排列。
　2. 花丝分离或基部合生。
　　3. 雄蕊多数 ············· **2. 金合欢属** *Acacia* Willd.
　　3. 雄蕊 10 或 5；每药室内花粉粒多数，分离。
　　　4. 花药顶端无腺体。
　　　　5. 荚果纵裂，不成荚节；植株无刺 ············· **3. 银合欢属** *Leucaena* Benth.
　　　　5. 荚果横裂为数节，每荚节具 1 种子；植株具刺 ············· **4. 含羞草属** *Mimosa* L.
　　　4. 花药顶端具腺体。
　　　　6. 乔木或灌木；种子具胚乳。
　　　　　7. 总状或圆锥状花序，花序全为两性花；无刺 ············· **5. 海红豆属** *Adenanthera* L.
　　　　　7. 穗状花序，上部为两性花，黄色，下部为无性花，粉红或白色；具枝刺 ·············
　　　　　　·············· **6. 色穗木属** *Dichrostachys* Wight et Arn.
　　　　6. 藤本；叶最上一对羽片变为卷须；果大，内、外果皮分离，具荚节；种子无胚乳 ·········
　　　　　·············· **7. 榼藤子属** *Entada* Adans.
　2. 花丝多少连合成管状。
　　8. 荚果不开裂或很迟开裂。
　　　9. 荚果弯曲或直，种子间具横隔膜。
　　　　10. 荚果直，种子间常缢缩 ············· **8. 雨树属** *Samanea* Merr.
　　　　10. 荚果卷曲或呈马蹄形 ············· **9. 象耳豆属** *Enterolobium* Mart.
　　　9. 果扁平，种子间无缢缩 ············· **10. 合欢属** *Albizia* Durazz.
　　8. 荚果 2 瓣裂。

11. 荚果带旋卷、稀为劲直，果瓣无弹性 ································· **11. 猴耳环属** *Pithecellobium* Mart.

11. 荚果直、线形、扁平，果瓣富弹性 ································· **12. 朱樱花属** *Calliandra* Benth

1. 球花豆属 *Parkia* R. Br.

本属 60 种，中国有 1 种，福建木本引入 1 种。

臭豆 *P. speciosa* Hassk. 厦门引种。

2. 金合欢属 *Acacia* Willd.

本属约 700 种，中国包括引种 16 种，福建木本 8 种。

分 种 检 索 表

1. 乔木或灌木。

 2. 无刺乔木或灌木。

  3. 叶退化为一扁平的叶状柄。

   4. 叶状柄基部无腺体；荚果扁平、带状，非木质化（分布于全省各地）········ **1. 相思树** *A. confusa* Merr.

   4. 叶状柄基部具褐色突起的腺体；荚果木质化，呈耳状弯曲，宽约 1.5cm（厦门园林处有栽培）·········

    ················ **2. 耳叶相思** *A. auriculifomis* A. Cunn. ex Benth

  3. 叶为二回羽状复叶。

   5. 羽片 8～20 对，小叶 20～50 对，长 1～4mm，宽约 1mm（厦门、福州有栽培为观赏树）·············

    ················ **3. 黑荆** *A. mearnsii* De Willd.

   5. 羽片 4～8 对，小叶 12～25 对，长约 7mm，宽约 3cm（福建引进栽培）·············

    ················ **4. 苏门答腊合欢** *A. glauca* Moench

 2. 有刺乔木或灌木。

  6. 托叶特化呈刺状，羽片 4～8 对，小叶 10～20 对，无毛；荚果近圆柱状，长 3～7cm，宽 0.8～1.5cm（厦门、福州、南平等地栽培）················ **5. 金合欢** *A. farnesiana*（L.）Willd.

  6. 托叶不为刺状，茎和枝上的刺双生，在托叶下扁平，钩状，羽片 10～20 对，小叶 30～50 对；荚果薄、扁平，长 5～8cm，宽 1～2.5cm（厦门栽培）················ **6. 儿茶** *A. catechu*（L. f.）Willd

1. 木质藤本。

  7. 小叶 10～30 对，彼此分离（分布于华安、龙岩、连城、福州等地）·············

   ················ **7. 藤金合欢** *A. sinuata*（Lour.）Merr.

  7. 小叶 30～45 对，彼此紧靠（分布于华安、永春、莆田、龙岩等地）·············

   ················ **8. 蛇藤合欢** *A. pennata*（L.）Willd.

3. 银合欢属 *Leucaena* Benth.

本属约 40 种，中国南部有 1 种，福建木本 1 种。

银合欢 *L. leucocephala*（Lam.）de Wit

厦门、同安、泉州、等沿海各地栽培，也有逸为野生。

4. 含羞草属 *Mimosa* L.

本属约 400 种，中国引入 3 种，福建木本引入 2 种。

分 种 检 索 表

1. 茎圆柱状，具刺；掌状复叶，羽片 2 对；雄蕊 4 枚（福建南部多有逸生）··········· **1. 含羞草** *M. pudica* L.

1. 茎 5 棱，无刺；羽片 6～8 对，羽状排列；雄蕊 8 枚（厦门有逸生）·············

  ················ **2. 无刺含羞草** *M. invisa* Mart. var. *inermis* Benth.

5. 海红豆属 *Adenanthera* L.

本属约 12 种，福建木本引种 1 种。

海红豆 *A. pavonina* L. 龙海、华安有栽培。

6. 色穗木属 *Dichrostachys* Wight et Arn.

本属约 20 种，福建木本引种 1 种。

色穗木 *D. cinerea* （L.）Wight et Arn. 厦门栽培。

7. 榼藤子属 *Entada* Adans.

本属约 40 种，中国 5 种，福建木本引入 1 种。

榼藤子 *E. phaseoloides* （L.）Merr. 厦门栽培。

8. 雨树属 *Samanea* Merr.

本属 18 种，中国引入 1 种，福建木本引入 1 种。

雨树 *S. saman* Merr. 厦门栽培。

9. 象耳豆属 *Enterolobium* Mart.

本属 10 种，中国引入 2 种，福建木本引入 1 种。

象耳豆 *E. contortisiliquum* （Vell.）Morong 厦门栽培。

10. 合欢属 *Albizia* Durazz.

本属约 100 种，中国 16 种，福建木本 6 种。

分 种 检 索 表

1. 蔓性灌木；叶柄基部具 1 枚硬刺（分布于南靖、平和、泉州）········ **1. 刺藤 *A. corniculata*** （Lour.）Druce
1. 落叶乔木。
 2. 花序轴延长，呈圆柱状的穗状花序（云霄和厦门栽培）············· **2. 南洋楹 *A. falcataria*** （L.）Fosberg
 2. 花序轴短，小花密集呈头状花序或伞房状总状花序。
  3. 小叶长圆形，长 2~5cm。
   4. 叶柄和叶轴上的腺体密被短柔毛（分布于德化、南平、沙县、泰宁、武夷山、顺昌、等地）···········
   ·· **3. 山合欢 *A. kalkora*** （Bge.）P. C. Huang.
   4. 叶柄和叶轴上的腺体无毛（厦门、泉州、福州等沿海地区多栽培，并有逸为野生）·············
   ·· **4. 阔荚合欢 *A. lebbeck*** （L.）Benth.
  3. 小叶近镰形，长在 1.2cm 以下，叶脉紧贴上侧边缘。
   5. 花淡红色；总花序轴呈“之”字形弯曲；托叶线状披针形，比小叶小（分布于德化、福州、建瓯、建阳、
   武夷山等地）····································· **5. 合欢 *A. julibrissin*** Durazz.
   5. 花白色；总花序轴直；托叶心状披针形，显著比小叶大（南平栽培）········
   ·· **6. 楹树 *A. chinensis*** （Osb.）Merr.

11. 猴耳环属 *Pithecellobium* Mart.

本属约 100 种，中国有 4 种，福建木本包括引种 4 种。

分 种 检 索 表

1. 小枝有刺；羽片 1 对，小叶 1 对（厦门鼓浪屿引种场栽培）············· **1. 牛蹄豆 *P. dulce*** （Roxb.）Benth.
1. 小枝无刺；羽片和小叶均 2 对以上。

2. 小叶互生，斜卵形或长椭圆形(分布于漳州、南靖、漳平、龙岩、福州、仙游、永泰、连城、永安、沙县、福安、南平等地) ……………………………………………………… **2. 亮叶猴耳环** *P. lucidum* Benth.

2. 小叶对生，近菱形。

　3. 乔木；叶革质，羽片 3~8 对，小叶 3~12 对或更多(分布于漳州、南靖、华安、龙岩、仙游、南平等地) ……………………………………………………… **3. 猴耳环** *P. clypearia* (Jack.) Benth.

　3. 灌木；叶膜质，羽片 2~3 对，小叶 3~7 对(分布于南靖) ………… **4. 薄叶猴耳环** *P. utile* Chun et How

12. 朱缨花属 *Calliandra* Benth.

本属约 125 种，中国引种 2 种，福建木本引种 2 种。

分 种 检 索 表

1. 小枝灰棕色，被短毛；小叶卵状披针形或长圆状披针形，宽 0.5~1.3cm(厦门引种) ……………………………………………………………………………… **1. 朱缨花** *C. haematocephala* Hassk.

1. 小枝灰白色，无毛；小叶长圆形，宽 2~5mm(厦门引种) ………… **2. 美蕊花** *C. surinamensis* Benth.

26. 蝶形花科 Fabaceae

本科 480 属、12000 种，中国 118 属、1097 种，福建木本 32 属、99 种、4 变种、1 亚种。

分 属 检 索 表

1. 雄蕊分离或仅基部连合。

　2. 乔木或灌木；果瓣无网纹；奇数羽状复叶，稀为单小叶。

　　3. 荚果扁平或膨胀，从不在种子间缢缩成念珠状。

　　　4. 有顶芽；果开裂；种皮深红色或黑褐色 ………………………………… **1. 红豆属** *Ormosia* Jacks.

　　　4. 无顶芽。

　　　　5. 小叶互生；叶柄下隐芽叠生 ………………………………… **2. 香槐属** *Cladrastis* Raf.

　　　　5. 小叶对生；不为叶柄下隐芽 ………………………………… **3. 马鞍树属** *Maackia* Rupr. et Maxim.

　　3. 荚果圆筒形，在种子间缢缩为念球状 ………………………………… **4. 槐属** *Sophora* L.

　2. 木质藤本；果瓣薄革质，有网纹；叶为单叶 ………………………………… **5. 藤槐属** *Bowringia* Champ.

1. 雄蕊合生为单体或为 9+1 的二体(除紫穗槐属 *Amorpha* 外)，多数具显著的雄蕊管。

　6. 花药二型，背着药与基着药。

　　7. 花柱近轴面有纵列毛或柱头周围有须毛 ………………………………… **6. 猪屎豆属** *Crotalaria* L.

　　7. 花柱无毛 ………………………………………………………………… **7. 黎豆属** *Mucuna* Adans.

　6. 花药同型

　　8. 荚果于种子间缢缩或横裂为荚节。

　　　9. 荚果具 2 至数荚节，每荚节具 1 种子。

　　　　10. 荚果长于花萼，荚节不折叠。

　　　　　11. 花序具宿存叶状大苞片，花簇生苞腋 ………………………………… **8. 排钱草属** *Phyllodium* Desv.

　　　　　11. 苞片小、不为叶状。

　　　　　　12. 叶柄具翅；单小叶；托叶卵形，基部心形抱茎 ………………… **9. 胡芦茶属** *Tadehagi* Ohashi

　　　　　　12. 叶柄无翅；稀微具窄翅；小叶 3~7 或单小叶。

　　　　　　　13. 荚果于种子间缢缩，无关节，数荚节或 1 荚节。

　　　　　　　　14. 长总状花序或圆锥花序；3 小叶或单小叶，顶生小叶较侧生小叶大 …………………………

　　　 ··· **10.** **舞草属** *Codariocalyx* Hassk.

　　14. 短总状花序或圆锥花序或近伞形 ························· **11.** **假木豆属** *Dendrolobium* Benth.

　13. 荚果于种子间有关节。

　　15. 荚果于种子间稍缢缩或腹缝线平直；两体雄蕊 ·········· **12.** **山蚂蝗属** *Desmodium* Desv.

　　15. 荚果背缝线于种子间近全缘（深裂至腹缝线）、荚节斜三角形或宽半倒卵形，具子房柄；雄蕊单体 ·· **13.** **长柄山蚂蝗属** *Podocarpium*（Benth.）Yang et Huang

　10. 荚果包于萼内，荚节折叠 ····························· **14.** **兔尾草属** *Uraria* Desv.

　9. 荚果具 1 种子 ··· **15.** **胡枝子属** *Lespedeza* Michx.

8. 荚果于种子间不缢缩，不横裂为荚节。

　16. 雄蕊 9，单体；偶数羽状复叶，叶轴顶端刺状；攀援藤本 ········· **16.** **相思子属** *Abrus* Adans.

　16. 雄蕊 10，单体或两体，稀 5 枚发育。

　　17. 小叶互生；果扁平，不裂，枝叶无丁字毛。

　　　18. 基着药；果无翅 ····························· **17.** **黄檀属** *Dalbergia* L. f.

　　　18. 丁字药；果扁圆形，周围有翅 ················· **18.** **紫檀属** *Pterocarpus* Jacq.

　　17. 小叶对生（槐蓝属有小叶互生，但枝叶被丁字毛），或 3 小叶复叶、掌状复叶、单小叶或单叶。

　　　19. 偶数羽状复叶，小叶 8 对以上，叶轴先端不为刺状；果于种子间有横隔膜 ························· ··· **19.** **田菁属** *Sesbania* Scop.

　　　19. 不为偶数羽状复叶，如为偶数则叶轴先端刺状，或果于种子间无横隔膜。

　　　　20. 小叶下面有腺点或透明油点。

　　　　　21. 羽状或掌状 3 小叶，单小叶；花瓣 5；种子 2 至多粒。

　　　　　　22. 胚珠 3 至多数；果扁平 ····················· **20.** **木豆属** *Cajanus* DC.

　　　　　　22. 胚珠 2；果肿胀；掌状 3 小叶或单叶 ········· **21.** **千斤拔属** *Flemingia* Roxb.

　　　　　21. 奇数羽状复叶；具旗瓣，无翼瓣及龙骨瓣；种子 1 ····· **22.** **紫穗槐属** *Amorpha* L.

　　　　20. 小叶无腺点或油点。

　　　　　24. 植株被丁字毛；药隔顶端常具腺体或毛；小叶对生或互生 ········· **23.** **槐蓝属** *Indigofera* L.

　　　　　24. 植株无丁字毛；药隔顶端无附属物（鸡血藤属有腺体状附属物）。

　　　　　　25. 小叶侧脉密生、斜出；枝叶密被丝毛；奇数羽状复叶 ····· **24.** **灰毛豆属** *Tephrosia* Pers.

　　　　　　25. 小叶侧脉不密生、斜出，如密生则不为奇数羽状复叶。

　　　　　　　26. 雄蕊单体；藤本 ························· **25.** **葛属** *Pueraria* DC.

　　　　　　　26. 雄蕊两体。

　　　　　　　　27. 花序生于老枝节部或树干上；托叶刺状 ········· **26.** **刺槐属** *Robinia* L.

　　　　　　　　27. 花序生于当年生枝上。

　　　　　　　　　28. 果具窄翅（水黄皮属果无翅）。

　　　　　　　　　　29. 荚果木质，无翅，椭圆形或长圆形，略扁，有不明显的小疣凸；乔木；托叶早落 ········ ··· **27.** **水黄皮属** *Pongamia* Vent.

　　　　　　　　　　29. 荚果扁平而薄，沿腹缝线或腹背两缝线均有狭翅；木质藤本；托叶宿存 ············· ··· **28.** **鱼藤属** *Derris* Lour.

　　　　　　　　　28. 果无翅。

　　　　　　　　　　30. 核果状，不裂，长 1～2.2cm，果皮脆，黑色或褐色，有光泽；小叶网脉不明显 ········· ··· **29.** **山豆根属** *Euchresta* Benn.

　　　　　　　　　　30. 果不为核果状；小叶网状明显。

　　　　　　　　　　　31. 花瓣大小不等，旗瓣较翼瓣及龙骨瓣大；乔木或灌木；枝条具刺 ················· ··· **29.** **刺桐属** *Erythrina* L.

　　　　　　　　　　　31. 花瓣近等长。

    32. 灌木 ··· **30. 锦鸡儿属** *Caragana* Fabr.

    32. 藤本。

      33. 有花盘；圆锥花序或假总状花序，叶痕两侧无突起 ·························

         ·································· **31. 崖豆藤属** *Millettia* Wight et Arn.

      33. 无花盘；总状花序顶生下垂；叶痕两侧常有突起·············· **.32. 紫藤属** *Wisteria* Nuttt.

1. 红豆属 *Ormosia* Jacks.

本属约 120 种，中国 35 种，福建木本 10 种、1 变种。

分 种 检 索 表

1. 小叶 11～15 片，纸质，长 2～4cm，宽 1～1.5cm；荚果木质，近菱形或椭圆形，种子 3～4 个，褐色；灌木（分布于龙岩、永安等地）··················· **1. 绒毛小红豆** *O. microphylla* Merr. var. *tomentosa* R. H. Chang

1. 小叶 3～9 片，革质，长 3.3～15cm；种子红色或红褐色。

  2. 小叶下面被毛。

    3. 小叶下面、叶轴及小叶密被松展柔毛。

      4. 果肿胀；小叶 5～11（厦门引种）····················· **2. 云南红豆** *O. yunnanensis* Prain

      4. 果扁平；小叶 5～9（分布于仙游、连城、永安、三明、沙县、泰宁、武夷山等地）

        ····················· **3. 花榈木** *O. henryi* Prain

    3. 小叶下面被紧贴细柔毛。

      5. 果皮厚木质；种子 1～5，种脐长 2.5～3mm；小叶 5～7，长圆形或长圆状倒披针形（分布于上杭、泰宁、建瓯等地）····················· **4. 木荚红豆** *O. xylocarpa* Chun ex Merr. et Li Chen

      5. 果皮革质；种子 1(2)，种脐长 1.2～1.5cm；小叶 3～7，长椭圆形（分布于平和）··········

        ····················· **5. 长脐红豆** *O. balansae* Drake

  2. 叶下面无毛，稀被柔毛，或仅中脉被毛。

    6. 果长 1.5～2cm，近圆形，无毛；种子 1 个，鲜红色；小叶无毛或仅下面中脉上被疏柔毛；乔木（分布于永泰等地）····················· **6. 软荚红豆** *O. semicastrata* Hance

    6. 果长 2.3～10cm，圆形或椭圆形。

      7. 果长 (4)5～10cm，果皮内壁象牙白色，有红色斑迹，种皮干时脆壳，易与子房分离；小叶长 9～13cm（福州引种）····················· **7. 肥荚红豆** *O. fordiana* Oliv.

      7. 果不及 5cm。

        8. 种脐长 7～8mm；叶无毛或近无毛。

          9. 果圆形，果皮薄革质（分布于永安等地）·············· **8. 红豆树** *O. hosiei* Hemsl. et Wils.

          9. 果椭圆形，果皮厚木质（分布于德化、永安、浦城等地）·····················

           ····················· **9. 厚荚红豆** *O. elliptica* Q. W. Yao et R. H. Chang

        8. 种脐长不及 4mm；小叶无毛。

          10. 小叶倒披针形或披针状椭圆形（分布于华安、三明等地）··········· **10. 韧荚红豆** *O. indurata* L. Chen

          10. 小叶椭圆形或披针形（福州引种）··············· **11. 海南红豆** *O. pinnata*（Lour.）Merr.

2. 香槐属 *Cladrastis* Raf.

本属约 12 种，中国有 5 种，福建木本 2 种。

分 种 检 索 表

1. 小叶长椭圆状披针形；子房被疏柔毛；花序长可达 25cm，花长约 1.4cm，雄蕊基部稍连合（分布于武夷山等地）⋯⋯⋯⋯⋯⋯⋯⋯⋯⋯⋯⋯⋯⋯⋯⋯⋯⋯⋯⋯⋯⋯⋯⋯⋯ **1. 小花香槐** *C. sinensis* Hemsl.

1. 小叶卵形或卵状椭圆形；子房密被绢状毛，花序长约 15cm，花长约 2cm，雄蕊分离（分布于武夷山等地）
⋯⋯⋯⋯⋯⋯⋯⋯⋯⋯⋯⋯⋯⋯⋯⋯⋯⋯⋯⋯⋯⋯⋯⋯⋯ **2. 香槐** *C. wilsoni*i Takeda

3. 马鞍树属 *Maackia Rupr.* et Maxim.

本属约 12 种，中国 7 种，福建木本引种 1 种。

光叶马鞍树 *M. tenuifolia*（Hemsl.）Hand. – Mzt. 福州引种。

4. 槐属 *Sophora* L.

本属约 50 种，中国约 16 种，福建木本有 3 种、1 变种。

分 种 检 索 表

1. 乔木，小叶 9(7)~15 片；圆锥花序，花白色或黄白色，有紫脉；荚果肉质，无毛；种子肾形（厦门和南平等地栽培）⋯⋯⋯⋯⋯⋯⋯⋯⋯⋯⋯⋯⋯⋯⋯⋯⋯⋯⋯⋯⋯ **1. 槐树** *S. japonica* L.

3a. 龙爪槐 *S. japonica* var. *pendula* 与原种区别在于小枝屈曲下垂。厦门有栽培供观赏。

1. 灌木，小叶 11~29 片；总状花序；种子卵圆形。
　2. 羽状复叶长 10~14cm，小叶 11 片，椭圆形；花白色；荚果长 3cm，两端渐狭，种子 1 个（分布于福州、上杭等地）⋯⋯⋯⋯⋯⋯⋯⋯⋯⋯⋯⋯⋯⋯⋯⋯⋯⋯⋯ **2. 闽槐** *S. franchetiana* Dunn
　2. 羽状复叶长 20~25cm，小叶 25~29 片，狭卵形或线状披针形；花淡黄色；荚果革质，呈念珠状，疏被短柔毛，种子数个（分布于华安、长乐、泰宁、南平、建阳、武夷山等地）⋯⋯⋯ **3. 苦参** *S. flavescens* Ait.

5. 藤槐属 *Bowringia* Champ.

本属 2 种，中国有 1 种，福建木本 1 种。

藤槐 *B. callicarpa* Champ. 分布于南靖等地。

6. 猪屎豆属 *Crotalaria* L.

本属 550 种，中国 37 种和 1 变种，福建木本 5 种。

分 种 检 索 表

1. 叶为单叶，托叶翅状，近三角形，沿茎两侧下延（分布于永安）⋯⋯⋯⋯⋯⋯⋯⋯⋯⋯⋯⋯⋯⋯⋯
⋯⋯⋯⋯⋯⋯⋯⋯⋯⋯⋯⋯⋯⋯ **1. 翅托叶猪屎豆** *C. alata* Hamilt. ex Roxb.

1. 叶为 3 小叶；花萼宽钟形。
　2. 花萼无毛；叶长圆形至披针形（福建南部地区栽培或逸生）⋯⋯⋯⋯⋯ **2. 光萼野百合** *C. zanzibrica* Benth.
　2. 花萼有毛。
　　3. 叶长椭圆形，顶端锐尖，基部楔形（本省南部分布）⋯⋯⋯ **3. 三尖叶猪屎豆** *C. anagyroides* H. B. K.
　　3. 叶线形、线状披针形或倒卵形。
　　　4. 小叶线形或线状披针形，宽 0.5~1.5cm（福建有分布）⋯⋯⋯⋯ **4. 长果猪屎豆** *C. lanceolata* E. Mey.
　　　4. 小叶倒卵形到长圆形，宽 2~4cm（分布于厦门、南靖、龙岩、仙游、永安、沙县、南平等地）⋯⋯⋯
⋯⋯⋯⋯⋯⋯⋯⋯⋯⋯⋯⋯⋯⋯⋯⋯⋯⋯⋯⋯⋯⋯ **5. 猪屎豆** *C. pallida* Ait.

7. 黎豆属 *Mucuna* Adans.

本属约 100 种，中国有 30 种，福建木本有 3 种。

分 种 检 索 表

1. 荚果长约 9.5cm，宽约 2~3cm，表面具显著的斜褶，并具黄褐色长的刺硬毛，干后纸质；花淡紫红色（分布于武夷山等地）··· **1. 闽黎豆** *M. cyclocarpa* Metcalf

1. 荚果表面无斜褶，仅具短柔毛。

  2. 花灰白色，长 7.5~8.5cm；荚果沿两缝线有锐利的狭翅（分布于漳州、南靖、平和、龙岩、福安、南平、

    武夷山等地）··· **2. 白花黎豆** *M. birdwoodiana* Tutcher

  2. 花暗紫色，长约 6.5cm；荚果边缘无翅（分布于南靖、沙县、永安、南平等地）···························

  ·· **3. 常春黎豆** *M. sempervirens* Hemsl.

    8. 排钱草属 *Phyllodium* Desv.

    本属约 6~7 种，中国有 4 种，福建木本有 2 种。

分 种 检 索 表

1. 叶两面密被短柔毛；荚果具 3~4 节，密被银灰色绢毛（分布于南靖、平和、龙岩、连城等地）···········

  ·· **1. 毛排钱草** *P. elegan* (Lour.) Desv.

1. 叶两面近无毛或疏被短柔毛；荚果具 1~2 节，被缘毛（分布于南靖、平和、厦门、惠安、长汀、泉州、

  永春、永安、莆田等地）·· **2. 排钱草** *P. pulchellun* (L.) Desv.

    9. 胡芦茶属 *Tadehagi* Ohashi

    本属约 3 种，中国南部有 1 种、1 亚种，福建木本 1 种、1 亚种。

    1. 葫芦茶 *T. triquetrum* (L.) Ohashi（分布于南靖、云霄、大田、龙岩、连城，宁德上杭

等地）

    1a. 蔓茎葫芦茶 *T. triquetrum* subsp. *pseudotriquetrum* 本亚种和原种的主要区别在于茎匍匐

状，叶片较短且宽，卵形或卵状披针形，其长不及宽的 3 倍；荚果两面无毛，仅在两缝线密

被白色缘毛等。产福州平和、上杭等地。

    10. 舞草属 *Codariocalyx* Hassk.

    本属约 2 种，福建木本 2 种。

分 种 检 索 表

1. 荚果呈镰刀状，密被淡黄色柔毛；花序轴密被纤毛和伏毛，花梗长 5~6mm；顶生小叶倒卵状椭圆形或椭

  圆形，顶端圆钝或微凹，其长约为宽的 1.5 倍（分布于漳平等地）····································

  ··· **1. 圆叶舞草** *C. gyroides* (Roxb. ex Link) Hassk.

1. 荚果微弯或直，几无毛；花序轴密被卷柔毛，常混有长硬毛，花梗长 1~4mm；顶生小叶长圆形，顶端锐

  尖、圆或钝，其长为宽的 3.5~4 倍（分布于厦门、永安）·············· **2. 舞草** *C. motorius* (Houtt.) Ohashi

    11. 假木豆属 *Dendrolobium* Benth.

    本属约 12 种，中国 4 种，福建木本 1 变种。

    小果假木豆 *D. lanceolatum* (Dunn) Schindl. var *microcarpum* Ohashi 分布于松溪、光泽

等地。

    12. 山蚂蝗属 *Desmodium* Desv.

    本属 350 种，中国 27 种，福建木本 3 种。

分 种 检 索 表

1. 3 小叶，侧脉先端近叶缘上弯或网结。

2. 叶柄具窄翅，顶生小叶披针形或宽披针形，先端渐尖(分布于建瓯、浦城、南平等地) ……………………
　　…………………………………………………………………………… **1. 小槐花** *D. caudatum* (Thunb.) DC.

2. 叶柄无窄翅，顶生小叶椭圆形或倒卵形，稀近圆形，先端圆或钝(分布于漳浦、长乐、连城、永安、沙
　　县、南平、武夷山等地) …………………………………………… **2. 假地豆** *D. heterocarpon* (L.) DC.

1.3 小叶之侧脉先端达叶缘(分布于上杭、德化、建阳、武夷山、浦城等地) …………………………………
　　……………………………………………………………………………… **3. 多花三点金** *D. multiflorum* DC.

13. 长柄山蚂蝗属 *Podocarpium* (Benth.) Yang et Huang

本属 8 种，中国 7 种，福建木本 2 种。

分 种 检 索 表

1. 小叶 5~7，无小托叶；果具 2 荚节(分布于建阳等地) ……………………………………………………
　　………………………………………… **1. 羽叶长柄山蚂蝗** *P. oldhami* (Oliv.) Yang et Huang

1. 小叶 3，具小托叶；果 1~3 荚节(分布于武夷山等地) …………………………………………………
　　……………………………………………… **2. 长柄山蚂蝗** *P. podocarpum* (DC.) Yang et Huang

14. 兔尾豆属 *Uraria* Desv.

本属约 35 种，中国 8 种，福建木本 1 种。

猫尾草 *U. crinita* (L.) Desv. ex DC. 分布于南靖、华安、泉州、永春、德化、尤溪、上杭、南平等地。

15. 胡枝子属 *Lespedeza* Michx.

本属约 90 种，中国约 20 种，福建木本 9 种。

分 种 检 索 表

1. 花较大，长 1cm 以上；花萼 4 裂，上裂片再分裂成 2 小齿。
　2. 旗瓣与龙骨瓣近等长或较长于龙骨瓣。
　　3. 旗瓣与龙骨瓣近等长，萼齿较萼筒长，春季(4~5月)开花(分布于福州、永泰等县) …………………
　　　…………………………………………………………… **1. 春花胡枝子** *L. dunnii* Schindler
　　3. 旗瓣较龙骨瓣长，萼齿与萼筒近等长，夏季(7月以后)开花(分布于泉州、连城、永安、上杭、南平、
　　　武夷山等县) ………………………………………………… **2. 胡枝子** *L. bicolor* Turcz.
　2. 旗瓣较龙骨瓣短，萼齿较萼筒长(分布于南靖、龙岩、大田、连城、永安、沙县、泰宁、南平、建阳、
　　武夷山、浦城等地) ………………………………… **3. 美丽胡枝子** *L. formosa* (Vog.) Koehne
1. 花较小，长不超过 1cm；花萼 5 深裂。
　4. 花紫色(分布于厦门、云霄、永安等地) ………………………… **4. 多花胡枝子** *L. floribunda* Bge.
　4. 花淡黄色、白色至淡红色。
　　5. 总状花序较叶长。
　　　6. 小叶两面被柔毛；总花梗较粗壮；荚果密被白色短柔毛，网纹不明显(分布于厦门、连城、浦城等地)
　　　…………………………………………… **5. 山豆花** *L. tomentosa* (Thunb.) Sieb. ex Maxim.
　　　6. 小叶仅下面被白伏毛；总花梗细弱，呈丝状；荚果无毛或微被白色短柔毛，网纹明显(分布于福州、
　　　　长乐、连城等地) …………………………………… **6. 细梗胡枝子** *L. virgata* (Thunb.) DC.
　　5. 总状花序较叶短。
　　　7. 直立灌木，小枝被短毛；小叶长圆形、楔形或倒卵状长圆形。

    8. 叶在枝上密生，长圆形或楔形（分布于厦门、泉州、南平、武夷山等地）·················
··· **7. 截叶铁扫帚** *L. cuneata*（Dum. – Cours.）G. Don

    8. 叶在枝上疏生，倒卵状长圆形或长椭圆形（分布于上杭、永安、永泰、武夷山等地）·············
··· **8. 中华胡枝子** *L. chinensis* G. Don

  7. 亚灌木，全株被棕黄色或白色长柔毛；小叶卵圆形或倒卵圆形（分布于武夷山、浦城等地）··········
·· **9. 铁马鞭** *L. pilosa*（Thunb.）Sieb. et Zucc.

16. 相思子属 *Abrus* Adans.

本属约 12 种，中国有 4 种。福建有 2 种。

分 种 检 索 表

1. 植株各部疏被糙伏毛；荚果膨胀，种子 2 色，上部鲜红色，下部黑色（分布于漳浦、龙海等地）··········
·· **1. 相思子** *A. precatorius* L.

1. 植株各部密被开展的长柔毛；荚果扁平，种子同色，暗褐色或黑色（分布于云霄、南靖平和等地）········
··· **2. 毛相思子** *A. mollis* Hance

17. 黄檀属 *Dalbergia* L. f.

本属约 120 种，中国约 25 种，福建木本 6 种。

分 种 检 索 表

1. 乔木。
  2. 小叶 3～5 片，近圆形或倒心形；小枝和叶轴呈"之"字形弯曲（福建厦门万石植物园和厦门大学校园内也
    有栽培）·· **1. 印度檀** *D. sissoo* Roxb.
  2. 小叶（7）9～17 片，非近圆形；小枝和叶轴不呈"之"字形弯曲。
    3. 小叶 19～23（福建有引种）·································· **2. 思茅黄檀** *D. szemaoensis* Prain
    3. 小叶 4～15。
      4. 花序顶生；小叶 9～11（分布于德化、连城、永安、沙县、泰宁、宁化、南平等地）···············
··· **3. 黄檀** *D. hupeana* Hance
      4. 花序腋生或腋下生。
        5. 小叶先端尖，卵状，9～13 片（福建厦门市多栽培）············ **4. 降香黄檀** *D. odorifera* T. Chen
        5. 小叶先端圆或微凹，长圆形或倒卵状长圆形，13～17 片（分布于厦门、仙游、永安、南平等地）·····
·· **5. 南岭黄檀** *D. balansae* Prain
1. 木质藤本；小叶 7～11 片，长 0.7～2.5cm，宽 0.5～1cm，顶端钝圆而微凹（分布于南靖、厦门、龙岩、
  大田、连城、永安、沙县、福安、南平、邵武等地）················ **6. 藤黄檀** *D. hancei* Benth.

18. 紫檀属 *Pterocarpus* Jacq.

本属 30 种，中国引入 4 种，福建木本引入 3 种。

分 种 检 索 表

1. 小叶两面无毛，先端尖；花梗与花萼近等长（福州、厦门引种）·············· **1. 紫檀** *P. indicus* Willd.
1. 小叶下面被毛，先端钝或微凹；花梗较花萼短。
  2. 小叶长圆形或卵圆形，宽 3.5～5.7cm，下面疏被细毛（厦门引种）··· **2. 马拉巴紫檀** *P. marsupium* Roxb.

2. 小叶卵形、宽卵形或近圆形，宽 6~9cm，下面密被细毛(厦门引种) …… **3. 檀香紫檀** *P. santalinus* L. f.

19. 田菁属 *Sesbania* Scop.

本属约 70 种，中国 5 种，福建木本 2 种。

分 种 检 索 表

1. 小叶长 8~20mm；花长 0.9~1.51cm，花冠黄色，翼瓣和龙骨瓣基部有耳；荚果长 15~20cm(分布于厦门、长乐等地) ……………………………………………… **1. 田菁** *S. cannabina* (Retz.) Pers.
1. 小叶长 20~50mm；花长 7~10cm，花冠白色或粉红色，翼瓣和龙骨瓣无耳；荚果长 20~60cm(厦门栽培)
………………………………………………… **2. 木田菁** *S. grandiflora* (L.) Pers.

20. 木豆属 *Cajanus* DC.

本属 2 种，中国常见栽培 1 种，福建木本引入 1 种。

木豆 *C. cajan* (L.) Millsp. 厦门、泉州、永春、福州、龙岩等地栽培。

21. 千斤拔属 *Flemingia* Roxb. 约 40 种，中国 19 种，福建木本 3 种。

分 种 检 索 表

1. 叶为 3 小叶；苞片小，长 6~7mm，不包藏花序，披针形或卵形，早落。
  2. 直立灌木；小叶较大，长 6~18cm，宽 2.5~6cm，质薄；总状花序长 3~6cm(分布于南靖、福清、福州、宁德等地) ………………………………………… **1. 千斤拔** *F. macrophylla* (Willd.) Merr.
  2. 蔓性灌木；小叶较小，长 6~10cm，宽 2~3cm，质厚；总状花序长 2~2.5cm(分布于厦门、云霄、龙岩、平潭、将乐等地) ……………………… **2. 蔓性千斤拔** *F. philippinensis* Merr. & Rolfe
1. 叶为单叶；苞片大，长 1.5~3cm，膜质，宿存；聚伞花序包藏于叶状苞片内(分布于平和、永安等地)
……………………………………… **3. 球穗花千斤拔** *F. strobilifera* (L.) R. Br. ex Ait.

22. 紫穗槐属 *Amorpha* L.

本属约 25 种，中国引种 1 种，福建木本引入 1 种。

紫穗槐 *A. fruticosa* L. 福建各地栽培。

23. 槐蓝属 *Indigofera* L.

本属约 800 种，中国约 70 余种，福建木本 12 种。

分 种 检 索 表

1. 小枝被松展的柔毛。
  2. 花冠红色，荚果长 1.5~2cm(分布于厦门、诏安、惠安、长汀等地) ……………… **1. 毛槐兰** *I. hirsuta* L.
  2. 花冠淡紫色，荚果长 3~4cm(福建有分布) ……………………… **2. 浙江木蓝** *I. parkesii* Craib
1. 小枝被平伏丁字毛或无毛。
  3. 茎平卧或匍匐。
    4. 植株密被灰色伏生丁字毛；花序轴短，长 4~6mm；荚果长 2~5mm；小叶长不超过 1cm，宽 1~3.5mm(分布于厦门等地) ……………………………… **3. 九叶槐兰** *I. enneaphylla* L.
    4. 茎无毛，上部枝扁；总状花序长 5~15cm；荚果长 2~3.5cm；小叶长 1~2.5cm，宽 0.3~1cm(分布于厦门等地) ……………………………… **4. 穗花槐兰** *I. spicata* Foresk
  3. 茎直立。

5. 植株、花序被锈红色腺毛(分布于武平等地) ················· **5. 腺毛槐兰** *I. scabrida* Dunn

5. 植株无腺毛。

  6. 花冠长 1.2～1.6cm。

    7. 小叶 13～23 片(福建有分布) ················· **6. 宁波木蓝** *I. cooperi* Craib.

    7. 小叶 7～13 片(分布于云霄、武平、泰宁、南平、武夷山、浦城等地) ········ **7. 庭藤** *I. decora* Lindl.

  6. 花冠长 0.5～0.7cm。

    8. 花冠无毛；小叶 11～17(福建有分布) ············· **8. 深紫槐蓝** *I. atropurpurea* Buch. – Ham. ex Roxb.

    8. 花冠被毛。

      9. 荚果呈镰刀状弯曲，长 1～1.5cm，宽约 2mm(分布于厦门、南靖、莆田、永安、古田等地) ········

      ························· **9. 假蓝靛** *I. suffruticosa* Mill.

      9. 荚果直。

        10. 小叶下面有黑色腺点，13～19 片(分布于连城等地) ·················

        ················· **10. 黑叶槐兰** *I. nigrescens* Kurz ex King et Prain.

        10. 小叶下面无黑色腺点。

          11. 叶柄短于 1.5cm，小叶 9～11cm(分布于长汀等地) ········· **11. 马棘** *I. pseudotinctoria* Mats.

          11. 叶柄长 2cm 以上，小叶 9～13 片(福建有分布) ············· **12. 槐蓝** *I. tinctoria* L.

24. 灰毛豆属 *Tephrosia* Pers.

本属约 400 种以上，中国有 11 种，福建木本有 2 种。

分 种 检 索 表

1. 小叶长 3～6cm，下面密被平伏白色丝毛，侧脉 11～17 对(厦门、华安、云霄等地有栽培和逸生) ········

  ················· **1. 短萼灰叶** *T. candida* D. C.

1. 小叶长 1.5～3.5cm，下面微被白色丝毛，侧脉 6～11 对(闽南地区栽培或逸生) ·········

  ················· **2. 灰叶** *T. purpurea* (L.) Pers.

25. 葛属 *Pueraria* DC.

本属约 20 种以上，中国 12 种，福建木本 2 种。

分 种 检 索 表

1. 小叶全缘，长大于宽；苞片较小苞片短，花长 1.2～1.5cm，翼瓣较龙骨瓣长(分布于南靖、南平、武夷山等地) ················· **1. 越南葛藤** *P. montana* (Lour.) Merr

1. 小叶有时 3 裂，长和宽近相等；苞片线状披针形至线形，较小苞片长，花长 1.5～2cm，翼瓣较龙骨瓣短(分布于南靖、平和、连城、永安、沙县、建阳、武夷山等地) ·········· **2. 野葛** *P. lobata* (Willd.) Ohwi

26. 刺槐属 *Robinia* L.

本属约 20 种，中国引种 3 种，福建木本引入 1 种。

刺槐 *R. pseudoacacia* L. 福州有引种。

27. 水黄皮属 *Pongamia* Vent.

本属仅 1 种，中国南部也有分布，福建木本 1 种。

水黄皮 *P. pinnata* (L.) Merr. 分布于同安等地。

28. 鱼藤属 *Derris* Lour.

本属约 70 余种，中国约 20 种，福建木本 5 种。

分 种 检 索 表

1. 旗瓣基部内侧无附属物

  2. 果腹缝有翅，背缝无翅（分布于云霄）………………………………………… **1. 鱼藤** *D. trifoliata* Lour.

  2. 果两边具翅，或一边极窄，宽不及 1mm。

    3. 果背缝翅不及 1mm（分布于长汀、泰宁、三明、永安、沙县、南平等地）………………………

    ………………………………………………………………… **2. 中南鱼藤** *D. fordii* Oliver

    3. 果背缝翅宽 1mm 以上。

      4. 小叶先端钝或微凹；果长 2～5cm（厦门引种）……………… **3. 白花鱼藤** *D. albo-rubra* Hemsl.

      4. 小叶先端短尖；果长 7～10cm（福建有分布）…………… **4. 边荚鱼藤** *D. marginata*（Roxb.）Benth.

1. 旗瓣基部内侧有 2 个附属体（厦门引种）…………………… **5. 毛鱼藤** *D. elliptica*（Wall.）Benth.

29. 刺桐属 *Erythrina* L.

本属约 200 种，中国 6 种，福建木本 3 种。

分 种 检 索 表

1. 萼深裂或二唇形，口部偏斜（分布于厦门、漳浦、漳州）………………………………………………

………………………………………………………… **1. 刺桐** *E. variegata* L. var. *orientalis*（L.）Merr.

1. 萼斜截形，萼齿不明显。

  2. 旗瓣宽阔，开展；小叶长卵形，长 10～17cm，宽 3～4.5cm（厦门、福州栽培）…………………

………………………………………………………………… **2. 鸡冠刺桐** *E. crista-galli* L.

  2. 旗瓣两侧内不开展；小叶菱状卵形，长 8～12cm，宽 7～8cm（厦门、福州栽培）………………

………………………………………………………………… **3. 龙芽花** *E. corallodendron* L.

29. 山豆根属 *Euchresta* Benn.

本属 6 种，中国 5 种，福建 1 种。

山豆根 *E. japonicus* Hook. f. ex Regel 分布于永泰、永安天宝岩、长汀县圭龙山。

30. 锦鸡儿属 *Caragana* Fabr.

本属约百余种，中国约 60 余种，福建木本引种 1 种。

锦鸡儿 *C. sinica*（Buc'hoz）Rehd. 福建厦门引种。

31. 崖豆藤属 *Millettia* Wight et Arn.

本属约 200 种，中国 40 种，福建木本 6 种、1 个变种。

分 种 检 索 表

1. 叶轴无小托叶，小叶下面被褐色绢毛；荚果肿胀，长圆形或卵圆形，长 6～23cm，直径约 5cm，密布疣状
凸起（分布于上杭、龙岩、永安、南平）…………………… **1. 厚果崖豆藤** *M. pachycarpa* Benth.

1. 叶轴有小托叶。

  2. 花瓣无毛。

    3. 花萼无毛或近无毛，子房无毛；荚果条形，无毛，宽约 1cm。

      4. 花深紫色；小叶 7～9（分布于南靖、平和、长泰、武平、泉州、德化、永泰、连城、永安、南平、浦
城等地）………………………………………………… **2. 网络崖豆藤** *M. reticulata* Benth.

    4. 花绿色；小叶 5 ~ 7（分布于云霄、平和等地）······· **3. 绿花崖豆藤** *M. championii* Benth.

   3. 花萼密被茸毛，子房密被绢毛；荚果密被褐色茸毛；花白色（分布于浦城等地）··········
··· **4. 美丽崖豆藤** *M. speciosa* Champ.

  2. 花瓣密被绢毛。

    5. 小叶 11 ~ 19；果近无毛（分布于厦门等地）···
·· **5a. 疏叶崖豆藤** *M. pulchra* Kurz var. *laxior*（Dunn）Z. Wei.

    5. 小叶 5；果密被毛。

     6. 小叶上面有光泽；果被褐色茸毛，子房柄短（分布于南平、武夷山、光泽等地）·······
·· **6. 亮叶崖豆藤** *M. nitida* Benth.

     6. 小叶上面无光泽；果被灰色茸毛，子房无柄（分布于沙县、永安、泰宁、建阳、崇宁）········
·· **7. 香花崖豆藤** *M. dielsiana* Harms.

32. 紫藤属 *Wisteria* Nutt.

    本属约 10 种，中国 7 种，福建木本 3 种。

分 种 检 索 表

1. 小叶 13 ~ 19，老叶近无毛（厦门引种）··········· **1. 多花紫藤** *W. floribunda*（Willd.）DC.
1. 小叶 7 ~ 13。

  2. 花长 2.5cm 以上，花梗长 1.5 ~ 2.5cm（厦门、漳州、泉州、福州有栽培）·················
··· **2. 紫藤** *W. sinensis*（Sims）Sweet.

  2. 花长约 1.5cm，花梗长 0.6 ~ 1.2cm（福建有分布）········· **3. 短齿紫藤** *W. brevidentata* Rehd.

27. 山梅花科 Philadelphaceae

    本科 7 属、135 种，中国 2 属、50 种，福建木本 2 属、7 种、2 变种。

分 属 检 索 表

1. 植株被星状毛；叶羽状脉；花瓣 5 枚；雄蕊 10（~ 12 ~ 15）枚；蒴果 3 ~ 5 瓣裂 ··················
··· **1. 溲疏属** *Deutzia* Thunb.

1. 植株无星状毛；叶基脉 3 ~ 5 出数；花瓣 4 枚；雄蕊 20 ~ 40 枚；蒴果 4 瓣裂 ··················
·· **2. 山梅花属** *Philadelphus* L.

1. 溲疏属 *Deutzia* Thunb.

    本属约 60 种，中国 40 多种，福建木本包括引种 5 种、1 变种。

分 种 检 索 表

1. 花序伞房状；外轮雄蕊花丝顶端具 2 齿，内轮雄蕊花丝顶端不具 2 齿（分布于永安、将乐和南平）·····
··· **1. 川溲疏** *D. setchuenensis* Franch.
1. 花序圆锥状或总状。

  2. 总状花序，基部有时分枝（厦门引种）··········· **2. 小溲疏** *D. gracilis* Sieb. et Zucc.

  2. 圆锥花序。

   3. 萼筒密被锈褐色星状毛（厦门引种）··················· **3. 溲疏** *D. scabra* Thunb.

3a. 紫花重瓣溲疏 *D. scabra* var. *candidissima* 与原种的区别在于雄蕊变成花瓣状。厦门、南平等地的庭园中常有栽培。

 3. 萼筒密被或疏被灰色星状毛。

  4. 花序柄无毛或具极稀星状毛；叶下面疏被星状毛或近无毛（分布于长汀等地）…………………………………………………………………………………………………… **4. 黄山溲疏** *D. glauca* Cheng

  4. 花序柄密被星状毛；叶下面密被星状毛（分布于长汀、武夷山等地）……………………………………………………………………………………………………… **5. 宁波溲疏** *D. ningpoensis* Rehd.

 2. 山梅花属 *Philadelphus* L.

本属 75 种，中国 15 种，福建木本 1 种、1 变种，引进 1 种。

分 种 检 索 表

1. 花萼外面无毛；花序、花梗也无毛（分布于长汀）……………………………………………… **1. 疏花短序山梅花** *P. brachybotrys* Koehne ex Vill. et Bois var. *laxiflorus*（Cheng）S. Y. Hu
1. 花萼外面有毛；花梗也有毛。
 2. 叶上面无毛或有时疏被长柔毛，下面密被长柔毛或粗硬毛（厦门引种）………… **2. 山梅花** *P. incanus* Koehne
 2. 叶两面无毛或仅在下面脉上有疏毛（分布于武夷山）……………… **3. 绢毛山梅花** *P. sericanthus* Koehne

28. 绣球科 Hydrangeaceae

本科 10 属、115 种，中国 9 属、70 种，福建木本 6 属、16 种、3 变种。

分 属 检 索 表

1. 蒴果。
 2. 蒴果顶端孔裂；花柱 2～5；常具放射花。
  3. 叶互生 ……………………………………………………………… **1. 人心药属** *Cardiandra* Sieb. et Zucc.
  3. 叶对生或近于轮生。
   4. 放射花萼片 3 至 4 枚合生成四方形或三角形；花柱 2 …………… **2. 蛛网萼属** *Platycrater* Sieb. et Zucc.
   4. 放射花萼片通常 4，分离，或无放射花；花柱 2～5 ……………… **3. 绣球属** *Hydrangea* L.
 2. 蒴果室背开裂；花柱 1，短柱状；柱头头状；无放射花或放射花萼片 1。
  5. 落叶；具有 1 枚大萼片的放射花 ……………………………… **4. 钻地风属** *Schizophragma* Sieb. et Zucc.
  5. 常绿；无放射花 ………………………………………………… **5. 冠盖藤属** *Pileostegia* Hook. f. et Thoms.
1. 浆果；无放射花 …………………………………………………………… **6. 常山属** *Dichroa* Lour.

 1. 人心药属 *Cardiandra* Sieb. et Zucc.

本属约 3 种，中国 2 种，福建木本 1 种。

人心药 *C. moellendorffii*（Hance）Migo 分布于长汀、宁化。

 2. 蛛网萼属 *Platycrater* Sieb. et Zucc.

本属仅 1 种，福建木本 1 种。

蛛网萼 *P. arguta* Sieb. et Zucc. 分布于光泽和武夷山。

 3. 钻地风属 *Schizophragma* Sieb. et Zucc

本属约 8 种，中国 6 种，福建木本 1 种及 1 变种。

分 种 检 索 表

1. 叶片下面浅绿色；叶柄长 3~8cm(分布于长汀等地) ·············· **1. 钻地风** *S. integrifolium*（Franch.）Oliv.
1. 叶片下面粉绿色；叶柄长 2~3cm(分布于武夷山等地) ·············

·············· **2. 粉叶钻地风** *S. integrifolium*（Franch.）Oliv. var. *glaucescens* Rehd.

4. 绣球属 *Hydrangea* L.

本属约 80 多种，中国约 40 多种，福建木本 10 种、2 变种、1 栽培品种。

分 种 检 索 表

1. 子房半下位或近上位。
 2. 聚伞花序呈伞房状排列；叶对生；种子无翅，椭圆形。
  3. 聚伞花序呈伞形排列。
   4. 聚伞状伞形花序轴较粗壮，通常靠合，无总花梗；叶脉腋内被毛(分布于长汀、德化、南平、福鼎、武夷山等地) ···················· **1. 伞形绣球** *H. angustipetala* Hayata
   1a. 支序伞形绣球 *H. angustipetala* var. *subumbellata* 与原种的区别在于花序中央一回分枝自基部之上或近中部有 2 条分支，整个花序呈伞房状。分布于武夷山黄岗山。
   1b. 大叶伞形绣球 *H. angustipetala* var. *major* 与原种区别在于叶片较大，长达 18cm，宽达 6cm。分布于武夷山。
   4. 聚伞状伞形花序轴纤细、稍疏散，有或无总花梗；叶脉腋内无毛(分布于长汀) ···········

············ **2. 中国绣球** *H. chinensis* Maxim.
  3. 聚伞花序呈伞房状排列。
   5. 小枝、叶柄、花序、花梗均粗壮；叶片基部下延，叶柄基部扩大(分布于建阳和光泽) ···········

············ **3. 紫枝柳叶绣球** *H. stenophlla* Merr. et Chun var. *decorticata* Chun
   5. 小叶、叶柄、花序、花梗均较纤细；叶片基部楔形，叶柄基部不扩大。
    6. 小枝、叶片、叶柄及花序均被长短混生柔毛(分布于南平和武夷山) ··· **4. 福建绣球** *H. chungii* Rehd.
    6. 植株不被长短混生柔毛。
     7. 花序上不孕花占绝大多数(福建各大城市常见栽培于庭园或花盆中) ···········

············ **5. 绣球** *H. macrophylla*（Thunb.）Sering
     5a. '银边'绣球 *H. macrophylla* 'Maculata' 与原种的区别在于叶缘具白色斑块。本省厦门有栽培，供观赏。
     7. 花序上不孕花少数或无，野生植物。
      8. 叶片纸质或膜质，花序上具不孕花。
       9. 叶片纸质或薄纸质，下面脉腋内被毛；雄蕊 7~16 枚(分布于长汀、宁德、古田、福安、武夷山、浦城) ············ **6. 江西绣球** *H. jiangxiensis* W. T. Wang et Nic
       9. 叶片膜质，下面脉腋内无毛；雄蕊 10 枚(分布于长汀) ······· **2. 中国绣球** *H. chinensis* Maxim.
      8. 叶片近革质；花序上无不孕花(分布于永春、德化、永安、将乐、南平、顺昌、武夷山等地) ·····

············ **7. 林氏绣球** *H. lingii* Hoo
 2. 圆锥花序；通常 3 叶轮生；种子两端有翅(全省各地常见) ········· **8. 圆锥绣球** *H. paniculata* Sieb.
1. 子房完全下位。
 10. 灌木；花瓣分离；逐一脱落(分布于长汀、松溪、政和、浦城、武夷山等地) ···········

············ **9. 腊莲绣球** *H. strigosa* Rehd.
 10. 木质藤本；花瓣连合成冠盖状，整个脱落(分布于武夷山) ·········· **10. 冠盖绣球** *H. anomala* D. Don

5. 冠盖藤属 *Pileostegia* Hook. f. et Thoms.

本属约 3 种，中国 3 种，福建木本 2 种。

分 种 检 索 表

1. 小枝、叶下面、叶柄、花序均无星状毛；叶片基部楔形(分布于长汀、南平和武夷山) ·····················
·································· **1. 冠盖藤** *P. viburnoides* Hook. f. et Thoms.
1. 小枝、叶下面、叶柄、花序均密被锈色星状茸毛；叶片基部浅心形(分布于平和、长乐、福州、顺昌、南
平及武夷山) ·················· **2. 星毛冠盖藤** *P. tomentella* Hand. – Mazz.

6. 常山属 *Dichroa* Lour.

本属约 13 种，中国 4 种，福建木本 1 种。

常山 *D. febrifuga* Lour. 分布于南靖、华安、漳平、长汀、德化、三明、沙县、南平、武
夷山。

29. 醋栗科 Grossulariaceae

本科 1 属、约 150 种，中国约 50 种，福建木本 1 属、1 变种。

茶藨子属 *Ribes* L.

本属约 150 多种，中国约 45 种，福建木本 1 变种。

华茶藨 *R. fasciculatum* Sieb. et Zucc. var. *chinense* Maxim. 分布于南平。

30. 鼠刺科 Escalloniaceae

本科 10 属、130 种，中国 2 属、16 种，福建木本 1 属、2 种、1 变种。

鼠刺属 *Itea* L.

本属约 15 种，中国 12 种，福建木本 2 种、1 变种。

分 种 检 索 表

1. 幼枝、花序、花梗均被腺毛；小枝、叶片、叶柄通常被极稀疏腺质小凸点(分布于永安等地) ··············
··································· **1. 腺鼠刺** *I. glutinosa* Hand. – Mazz.
1. 幼枝、花序、花梗不被腺毛；小枝、叶片、叶柄通常不被腺质小凸点。
  2. 叶倒卵形或倒卵状长圆形，边全缘或仅上半部有细小锯齿(分布于南靖、平和、华安、永安、建宁等地)
··································· **2. 鼠刺** *I. chinensis* Hook. et Arn.
  2. 叶长圆形，边缘几全部密生小锯齿，花序较长，达 7~11cm(分布于南靖、龙岩、长汀、德化、永泰、永
安、三明、沙县、武夷山) ··· **2a. 长圆叶鼠刺** *I. chinensis* Hook. et Arn. var. *oblonga*（Hand. – Mazz.）Wu

31. 野茉莉科 Styracaceae

本科 12 属、180 种，中国 9 属、50 种、9 变种，福建木本 5 属、15 种。

分 属 检 索 表

1. 冬芽具鳞片；花先叶开放或与叶同时开放。
  2. 花数朵簇生或成短总状花序，萼筒具 5 齿，花冠 4 深裂；果具 2~4 纵翅，种皮脆壳质 ·····················
··································· **1. 银钟花属** *Halesia* Ellis ex L.

2. 花单生或成对腋生，萼筒 5 浅裂，花冠 4 深裂；果略具肋而无翅，内果皮木质 ……………………………………………………………………… **2. 陀螺果属** *Melliodendron* Hand. – Mazz.

1. 冬芽不具鳞片；花开于叶后。

  3. 子房上位或近上位；果不具翅或棱。

    4. 花萼与花梗之间无关节；子房上位，上部 1 室，下部 3 室；花丝仅基部连合，近等长；果肉质或干燥，不裂或不规则 3 瓣裂，种子 1～2 个，无翅 ……………………………… **3. 安息香属** *Styrax* L.

    4. 花萼与花梗之间具关节；子房近上位；5 室；花丝约一半连成管状，5 长 5 短；蒴果成熟时室背 5 瓣裂；种子多数；两端具翅 ……………………………… **4. 赤杨叶属** *Alniphyllum* Matsum

  3. 子房近下位；果具窄翅或棱 ……………………………… **5. 白辛树属** *Pterostyrax* Sieb. et Zucc.

    1. 银钟花属 *Halesia* Ellis ex L.

    本属约 5 种，中国 1 种，福建木本 1 种。

    银钟花 *H. macgregorii* Chun 分布于上杭、闽侯、永安、建瓯、建阳、武夷山、浦城、光泽等地。

    2. 陀螺果属 *Melliodendron* Hand. – Mazz. 本属 1 种，福建木本 1 种。

    陀螺果 *M. xylocarpum* Hand. – Mazz. 分布于上杭、南平等地。

    3. 安息香属 *Styrax* L. 本属 130 种，中国约 30 种、7 变种，福建木本包括引种 11 种。

分 种 检 索 表

1. 叶下面无毛或疏被星状柔毛。

  2. 花梗与花萼均无毛，花冠裂片在花蕾时呈覆瓦状排列（分布于泰宁、建瓯、武夷山等地） ……………………………………………………………………… **1. 野茉莉** *S. japonicus* Sieb. et Zucc.

  2. 花梗与花萼均密被黄色星状茸毛。

    3. 花单生，长达 3cm，果径约 2.5cm（厦门有引种） ……………………… **2. 大果安息香** *S. macrocarpus* Cheng

    3. 花序各式，长达 3cm 以上，果径不及 2.5cm。

      4. 花冠裂片在花蕾时呈覆瓦状排列，花丝中部膝曲；种子表面被褐色星状鳞片（分布于长汀、福州、三明、连城、永安、沙县、古田、南平、建瓯、建阳、武夷山、光泽等地） ……………………………………………………… **3. 芬香安息香** *S. odoratissimus* Champ.

    4. 花冠裂片在花蕾时呈镊合状排列。

      5. 小乔木，花序总状或圆锥状，顶生，腋生花序常 2 花并生或总状；叶革质。

        6. 总状花序具 3～8 朵花，花长 1.5～2.2cm；果径 0.8～1.3cm；种子表面光滑或浅凹（分布于诏安、龙岩、永春、德化、仙游、福州、永安、沙县、连江、古田、南平、建瓯、建阳、武夷山等地）… ……………………………………………………………………… **4. 赛山梅** *S. confusus* Hemsl.

        6. 圆锥花序具多花，花长 1～1.7cm；果径 5～7mm；种子表面具深皱纹（福建各地较常见） ……………………………………………………………………… **5. 垂珠花** *S. dasyanthus* Perk.

      5. 灌木；顶生总状花序具 3～5 朵花，或单生于叶腋；叶膜质或纸质。

        7. 叶柄长 3～4mm，疏被星状茸毛；花萼浅杯状，长约 3mm；果喙短而稍弯，具不规则纵皱纹（分布于泰宁、武夷山等地） ……………………………… **6. 台湾安息香** *S. formosanus* Matsum.

        7. 叶柄长 1～2mm，密被黄色星状毛；花萼杯状，长约 5mm；果顶圆或短凸尖，无皱纹（分布于莆田、三明、连城、永安、将乐、南平、建瓯、光泽等地） ……………………………… **7. 白花龙** *S. faberi* Perk.

1. 叶下面密被星状茸毛或鳞片状毛。

  8. 花冠裂片在花蕾时呈覆瓦状排列；种子密被小瘤点和微硬毛；叶片的第三级小脉近平行（分布于诏安、厦门、三明、永安、南平） ……………………………… **8. 越南安息香** *S. tonkinensis*（Pierre）Craib et Hartw.

8. 花冠裂片在花蕾时呈镊合状排列；种子无毛；叶片的第三级小脉网状或近平行。

  9. 叶纸质或近革质；叶柄长 1~8mm；花丝上部无毛，中部密被长柔毛，下部连合（分布于永安、泰宁、武夷山等地）·················· **9. 灰叶安息香** *S. calvescens* Perk.

  9. 叶革质；叶柄长 1~3cm；花丝上部分离，疏被星状毛，下部连合。

   10. 叶下面密被星状茸毛，叶脉上杂有黄褐色星状柔毛；萼壶状，萼齿卵状三角形，长达 2mm（福州有引种）·················· **10. 广西安息香** *S. megalocarpus* Hu et S. Y. Lian

   10. 叶下面密被褐色星状茸毛；萼杯状，顶端平截，波状或具齿；萼齿极短（分布于龙岩、漳平、连城、永安、沙县、将乐、福安、屏南、南平、建瓯及武夷山）·················· **11. 栓叶安息香** *S. suberifolius* Hook. et Arn.

  4. 赤杨叶属 *Alniphyllum* Matsum

  本属 3 种，中国 3 种，福建木本 1 种。

  赤杨叶 *A. fortunei*（Hemsl.）Makino 广布于福建各地。

  5. 白辛树属 *Pterostyrax* Sieb. et Zucc.

  本属 4 种，中国 2 种，福建木本 1 种。

  小叶白辛树 *P. corymbosus* Sieb. et Zucc. 分布于泰宁、南平、建瓯、建阳、武夷山光泽等地。

32. 山矾科 Symplocaceae

本科仅 1 属、约 300 种，中国约 79 种，福建木本 29 种。

山矾属 *Symplocos* Jacq.

本属约 300 种，中国约 79 种，福建木本 29 种。

分 种 检 索 表

1. 花冠深裂至近基部或有极短的花冠筒；花萼裂片与萼筒等长，或稍长或稍短于萼筒；花丝丝状，基部稍合生或连成 5 体雄蕊。

  2. 叶柄两侧具一列椭圆形半透明的腺点。

   3. 芽、嫩枝、叶下面及花序均被红褐色，丁字着生的微柔毛，且易碎成秕糠状；叶硬纸质，狭椭圆状披针形至椭圆形，基部楔形；总状花序长 2~4cm（分布于南靖等地）······ **1. 腺叶山矾** *S. adenophylla* Wall.

   3. 芽、嫩枝、嫩叶下面、叶柄及叶脉均被褐色柔毛，叶纸质，椭圆状卵形或卵形，基部圆形或阔楔形；团伞花序（分布于南平、建阳、武夷山等地）·················· **2. 腺柄山矾** *S. adenopus* Hance

  2. 叶柄两侧无上述腺点。

   4. 嫩枝有棱，无毛；叶革质或厚革质，稀为纸质。

    5. 花排成穗状花序；核果长圆形或椭圆形。

     6. 穗状花序长达 6cm，远较叶柄为长；核果长圆形，长 10~15mm，直径约 10mm（分布于永安、沙县、南平、福州等地）·················· **3. 棱角山矾** *S. tetragona* Chen ex Y. F. Wu

     6. 穗状花序约与叶柄等长或稍短于叶柄，有时缩短成团伞状。

      7. 缩短的穗状花序或呈短的团伞状；核果卵圆形或长圆形，长 5~8mm，核的骨质部分分成 3 个分核；花丝基部稍连成 5 体雄蕊（福建各地较常见）·················· **4. 四川山矾** *S. setchuensis* Brand

      7. 穗状花序与叶柄近等长；核果椭圆形，长 10~15mm，核的骨质部分不分成 3 个分核；花丝基部不连成 5 体雄蕊（分布于泰宁、武夷山等地）·················· **5. 叶萼山矾** *S. phyllocalyx* Clarke

    5. 花排成总状花序；核果球形、倒卵形或长圆状卵形。

8. 叶缘具尖锯齿；雄蕊约 25 枚；核果长圆状球形，近基部稍狭尖，长 0.5~0.6cm(分布于永安、德化等地) ……………………………………………………… **6. 枝穗山矾 S. multipes Brand**

8. 叶全缘或有疏锯齿；雄蕊 60~80 枚；核果长圆状卵形或倒卵形，长 1~1.5cm(分布于泰宁、武夷山等地) ……………………………………………… **7. 厚皮山矾 S. crassifolia Benth.**

4. 嫩枝圆柱形，无棱，被毛或无毛。

9. 花排成圆锥花序，子房 2 室；叶纸质，落叶性。

10. 嫩枝、叶下面及花序密被黄色皱曲柔毛；圆锥花序狭长，上部的花几无梗，下部的花具短梗；核果被紧贴的柔毛(福建各地多见) ……………… **8. 华山矾 S. chinensis(Lour.) Druce**

10. 嫩枝、叶两面及花序疏被柔毛或近无毛；圆锥花序开展；核果无毛(福建各地常见) ……………………………………………………… **9. 白檀 S. paniculata(Thunb.) Miq.**

9. 花排成团伞、总状或穗状花序，子房 3 室或因退化而为 2 室；叶纸质或革质，常绿。

11. 花排成团伞花序；中脉在叶上面凹下。

12. 嫩枝被红褐色茸毛或皱曲毛，小枝较粗，髓心具横隔。

13. 嫩枝被红褐色茸毛；叶厚革质，披针状椭圆形或狭长圆状椭圆形，两面无毛(福建各地常见) ………………………………………… **10. 老鼠矢 S. stellaris Brand**

13. 嫩枝被锈色皱曲毛；叶厚革质或坚纸质，长圆形或长圆状椭圆形，至少幼嫩时叶下面被锈色皱曲毛。

14. 叶厚革质，侧脉 8~13 对；花萼裂片长圆形，无缘毛(分布于永定三菜洲、龙岩倒岭及南靖和溪) ……………………………………………… **11. 卷毛山矾 S. ulotricha Ling**

14. 叶坚纸质，侧脉 7~8 对；花萼裂片圆形，外面密被锈色柔毛(分布于清流大岭、建瓯万木林等地) ……………………………………………… **12. 福建山矾 S. fukienensis Ling**

12. 嫩枝无毛或被褐色皱曲毛，小枝较细，髓心不具横隔。

15. 嫩枝完全无毛；叶披针形或狭椭圆形，长 14~19cm，宽 2.5~5cm，边缘具腺锯齿(分布于上杭、武夷山等地) …………………… **13. 宜章山矾 S. yizhangensis Y. F. Wu**

15. 嫩枝被褐色皱曲柔毛；叶椭圆形或倒卵形，长 8~10(~15)cm，宽 2~6cm，边全缘，稀有疏生细尖锯齿(福建各地多见) …………………… **14. 密花山矾 S. congesta Benth.**

11. 花排成穗状或总状花序；中脉在叶上面凹下或凸起。

16. 花序较叶柄稍长，通常不超过叶柄的 2 倍。

17. 穗状花序在花蕾时常呈团伞状；叶下面苍绿色；核果长卵形，长 15~20mm(福建各地常见) …………………… **15. 羊舌树 S. glauca(Thunb.) Koidz.**

17. 总状花序或穗状花序在花蕾时不呈团伞状；叶下面黄绿色；核果长圆形或卵圆形，长 5~10mm。

18. 嫩枝被柔毛，叶上面无毛；雄蕊约 30 枚；核果长圆形，长 7~10mm(福建各地较常见) …………………… **16. 薄叶山矾 S. anomala Brand**

18. 嫩枝和叶上面均被贴伏的细毛；雄蕊 15~20 枚；核果卵圆形，长 5~10mm(分布于南靖、上杭、连城、龙岩、漳平、三明、建瓯、古田、武夷山等地) ……………………………………………… **17. 微毛山矾 S. wikstroemiifolia Hayata.**

16. 花序长通常超过叶柄的 3 倍或更长。

19. 中脉在叶上面微凸起或平贴，但绝不凹下。

20. 嫩枝和花序均密被黄褐色长硬毛，叶薄革质，椭圆形或长圆状卵形或狭椭圆形，下面疏被长硬毛，中脉在上面微凸起；总状花序长 3~5cm；核果卵球形(分布于南靖、上杭、连城、永安、沙县、南平等地) ………………………… **18. 潮州山矾 S. mollifolia Dunn**

20. 嫩枝和花序均密被黄褐色柔毛，叶纸质或薄革质，卵形或阔披针形，下面除中脉疏被柔毛外均无毛，中脉在上面平贴；穗状花序长 1~4cm；核果近球形(福建各地常见) ……………………………………………… **19. 光叶山矾 S. lancifolia Sieb. et Zucc.**

19. 中脉在叶上面凹下或稍凹下，但绝不平贴或微凸起。

  21. 花排成穗状花序；核果球形。

    22. 叶两面均无毛。

      23. 嫩枝通常无毛；叶卵形、倒卵状椭圆形或狭椭圆形，长 7~14cm，宽 2~5cm，基部楔形或阔楔形，边缘有细锯齿，侧脉 4~5 对，叶柄长 10~15mm（福建各地常见）······················ **20. 黄牛奶树** *S. laurina*（Retz.）Wall.

      23. 嫩枝被平贴柔毛；叶倒卵形或狭倒卵形，长 4~9(~13)cm，宽 1.5~4cm，中部以下渐狭成狭楔形，边缘具细弯圆锯齿，侧脉 4~8 对，叶柄长 5~8mm（分布于平和、南靖、永春等地）······················ **21. 火灰山矾** *S. dung* Eberh. et Dub.

    22. 叶下面及其中脉均密被红褐色茸毛；叶椭圆形、倒卵状椭圆形或狭椭圆形，长 9~27cm，基部阔楔形或近圆形，边缘有细锯齿或近全缘，侧脉 7~13 对（分布于南靖、上杭、连城、龙岩、福清、永泰、南平等地） ······················ **22. 越南山矾** *S. cochinchinensis*（Lour.）S. Moore

  21. 花排成总状花序；核果坛形、卵形或长卵形。

    24. 花序轴无毛或稍被毛。

      25. 花序轴无毛；叶纸质或薄革质，卵形或卵状椭圆形，顶端渐尖或尾状渐尖，侧脉 3~5 对，在两面均不甚明显；核果狭卵形，长 6~8mm（分布于南靖、福州等地）······················ **23. 铁山矾** *S. pseudobarberina* Gontshch.

      25. 花序轴无毛或稍被毛；叶革质或稍厚；核果坛形或卵形。

        26. 核果坛形，长 6~9mm；叶卵形、椭圆形或倒卵状椭圆形，顶端具短凸尖，尖头钝，侧脉在两面均不明显（分布于武夷山等地）······················ **24. 美山矾** *S. decora* Hance

        26. 核果卵形，长约 1cm；叶狭椭圆形或椭圆形，顶端渐尖，侧脉在叶上面明显凹下（分布于武夷山等地） ······················ **25. 长花柱山矾** *S. dolichostylosa* Y. F. Wu

    24. 花序轴被明显的短柔毛。

      27. 核果卵状坛形。

        28. 嫩枝初时被开展的长柔毛，后变无毛；叶椭圆形、椭圆状披针形或倒披针形，长 7~10cm，边缘具波状齿或尖锯齿（分布于武夷山等地）········ **26. 银色山矾** *S. subconnata* Hand. – Mazz.

        28. 嫩枝无毛；叶卵形、狭倒卵形或倒披针状椭圆形，长 3.5~8cm，边缘具浅锯齿，有时近全缘（福建各地极常见）······················ **27. 山矾** *S. sumuntia* Buch. – Ham. ex D. Don.

      27. 核果圆柱状狭卵形；嫩枝无毛；叶狭椭圆形或倒披针状椭圆形，长 6~12cm，全缘或有波状齿（分布于仙游、永泰、永安、南平、武夷山等地）·········· **28. 海桐山矾** *S. heishanensis* Hayata.

1. 花冠不深裂至基部，有较长的花冠筒；花萼裂片具 3 浅圆齿；花丝粗扁，基部连合成短筒状（分布于龙岩、漳平、宁化、仙游、德化、福州、南平、武夷山）······················ **29. 南岭山矾** *S. confusa* Brand

33. 山茱萸科 Cornaceae

本科 12 属、约 100 种，中国 7 属、约 46 种，福建木本 5 属、11 种、2 变种。

分 属 检 索 表

1. 花两性；核果。

  2. 花序无总苞；果球形 ······················ **1. 梾木属** *Cornus* L.

  2. 花序具总苞；果长椭圆形、椭圆形或卵形。

    3. 头状花序；总苞苞片花瓣状，白色；果椭圆形或卵形······················ **2. 四照花属** *Dendrobenthamia* Hutch.

    3. 伞形花序；总苞苞片鳞片状，黄绿色；果长椭圆形 ······················ **3. 山茱萸属** *Macrocarpium* Nakai

1. 花单性、雌雄异株；浆果状核果。
 4. 叶对生；花 4 数；子房 1 室 ·· **4. 桃叶珊瑚属** *Aucuba* Thunb.
 4. 叶互生；花 3 ~ 5 数；子房 3 ~ 5 室 ···································· **5. 青夹叶属** *Helwingia* Willd.

1. 梾木属 *Cornus* L.

本属约 60 种，中国 28 种，福建木本 5 种。

分 种 检 索 表

1. 叶互生；果核顶端有孔穴（福建习见） ································· **1. 灯台树** *C. controversa* Hemsl.
1. 叶对生；果核顶端无孔穴。
 2. 叶较大，长 8 ~ 16cm，宽 4 ~ 8cm；侧脉 5 ~ 8 对；花柱棍棒状（福建产地不详） ··············
  ·· **2. 梾木** *C. macrophylla* Wall.
 2. 叶一般较小，通常长不超过 10cm；侧脉 3 ~ 5 对；花柱棍棒状或圆柱状。
  3. 灌木，高 2（ ~ 4）m；叶较小，长 4 ~ 7cm，宽 1 ~ 2.5cm；侧脉（2 ~ ）3（ ~ 4）对；叶柄长 5 ~ 10mm；花柱棍棒状（福建产地不详） ··· **3. 小梾木** *C. paucinervis* Hance
  3. 灌木至小乔木，高可达 14m；叶较大；侧脉 3 ~ 5 对；叶柄长 1 ~ 3cm。
   4. 树皮灰黑色，常成长条状纵裂；花柱棍棒状（福建中、北部习见） ·········· **4. 毛梾** *C. walteri* Wanger.
   4. 树皮带绿色，光滑；花柱圆柱状（分布于南平） ······················· **5. 光皮树** *C. wilsoniana* Wanger.

2. 四照花属 *Dendrobenthamia* Hutch.

本属约 12 种，中国约 10 种，福建木本 2 种、1 变种。

分 种 检 索 表

1. 叶常绿。
 2. 幼枝及幼叶疏被褐色柔毛；叶无毛，在扩大镜下，偶见疏细带褐色微毛；叶片干后两边近同色（福建习见） ·· **1. 香港四照花** *D. hongkongensis*（Hemsl.）Hutchins.
 2. 幼枝被白色微柔毛，后脱落；叶片下面密被白色丁字毛，叶片干后下面苍灰色，至少两面不同色（福建习见） ·· **2. 尖叶四照花** *D. angustata*（Chun）Fang
1. 落叶性（福州有引种） ·················· **3. 四照花** *D. japonica*（A. P. DC.）Fang var. *chinensis*（Osborn）Fang

3. 山茱萸属 *Macrocarpium* Nakai

本属 4 种，中国 2 种，福建木本引种 1 种。

山茱萸 *M. officinalis*（Sieb. et Zucc.）Nakai 厦门有引种。

4. 桃叶珊瑚属 *Aucuba* Thunb.

本属约 3 ~ 4 种，中国 2 ~ 3 种，福建木本 1 种、1 变种。

分 种 检 索 表

1. 总状圆锥花序长 10 ~ 15cm；花瓣先端尾尖长 1.5 ~ 2mm，反曲；雄蕊长 1 ~ 1.5mm；叶薄革质（福建习见） ·· **1. 桃叶珊瑚** *A. chinensis* Benth.
1. 圆锥花序长 5 ~ 10cm；花瓣先端尾尖长不及 1mm；雄蕊长约 3mm；叶厚革质或革质（厦门有引种） ······· ·· **2. 洒金叶珊瑚** *A. japonica* Thunb. var. *variegata* D'Ombr.

5. 青夹叶属 *Helwingia* Willd.

本属 4~5 种，中国均产，福建木本 2 种。

分 种 检 索 表

1. 叶卵形至椭圆形，叶缘具刺状锯齿；托叶分裂（福建习见）　·········　**1. 青夹叶** *H. japonica*（Thunb.）Dietr.
1. 叶披针形或线状披针形，叶缘具锯齿；托叶不分裂（分布于泰宁）·········　**2. 中华青夹叶** *H. chinensis* Batal.

34. 八角枫科 Alangiaceae

本科仅 1 属、30 种，中国 9 种，福建木本 3 种、3 变种。

八角枫属 *Alangium* Lam.

本属约 30 种，中国 9 种，福建木本 3 种、3 变种。

分 种 检 索 表

1. 雄蕊的药隔无毛。
2. 每花序具 1~5 朵花，花瓣长 2.5~3.5cm；叶近圆形，不分裂或分裂；核果长卵圆形，长 8~12mm（分布于三明、南平、建瓯、浦城等地）·····························　**1. 瓜木** *A. platanifolium*（Sieb. et Zucc.）Harms
2. 每花序有 7~30(~50)朵花，花瓣长 1~1.5cm；叶近圆形、椭圆形或卵形；核果卵圆形，长 5~7mm（分布于南平、建瓯等地）·····························　**2. 八角枫** *A. chinense*（Lour.）Harms
　2a. 伏毛八角枫 *A. chinense* ssp. *strigosum* 与原种区别在于小枝、花序和叶柄均被密生淡黄色粗伏毛；叶较大，近圆形，不分裂或 3~5 浅裂，下面叶脉较显著，叶柄较短，长 1~1.2cm，花瓣较小，长 0.8~1.2cm，花柱有毛，花丝两面有毛。分布于永安、沙县、泰国、南平、建瓯、浦城。
1. 雄蕊的药隔有毛；幼枝、叶片和叶柄有宿存的淡黄色微茸毛和柔毛；花序聚伞状，有 5~7 朵花；核果椭圆形，长 12~15mm（分布于上杭、长汀、永安、沙县、宁化、南平、建瓯、建阳、武夷山）·············　···　**3. 毛八角枫** *A. kurzii* Craib.
　3a. 伞形八角枫 *A. kurzii* var. *umbellatum* 与原变种区别在于：花序伞形，有 3~6 花。分布于德化、南平、建瓯、建阳等地。
　3b. 云山八角枫 *A. kurzii* var. *handelii* 与原变种区别在于：小枝无毛。叶长圆状卵形或椭圆状卵形，长 11~19cm；叶柄长 2~2.5cm，叶、叶柄幼时被毛，后脱落。分布于德化、南平、建阳等地。

35. 蓝果树科 Nyssaceae

本科 3 属、约 11 种，中国 3 属、9 种，福建木本 2 属、2 种。

分 属 检 索 表

1. 翅果；花序头状，近球形，花多数，无梗，密集　·····················　**1. 喜树属** *Camptotheca* Decne.
1. 核果；花序伞形、短总状或头状，花具短梗，较疏 ·····················　**2. 蓝果树属** *Nyssa* L.

　1. 喜树属 *Camptotheca* Decne.

　本属仅 1 种，福建木本 1 种。

　喜树 *C. acuminata* Decne. 福建习见。

　2. 蓝果树属 *Nyssa* L.

本属约 10 种，福建木本 1 种。

蓝果树 *N. sinensis* Oliv 福建习见。

36. 珙桐科 Davidiaceae

本科约有 1 属、1 种、1 变种，中国特产，福建木本 1 种、1 变种。

珙桐属 *Davidia* Baill.

本属 1 种、1 变种，中国特产，福建引种 1 种、1 变种。

分 种 检 索 表

1. 叶下面密被黄色或淡白色粗丝毛，无白粉（厦门有引种） ·············· **1. 珙桐 *D. involucrata* Baill.**
1. 叶下面无毛或幼时沿脉疏被毛，有时下面被白粉（厦门有引种） ·······················
·············· **1. 光叶珙桐 *D. involucrata* Baill. var. *vilmoriniana*（Dode）Wanger.**

37. 五加科 Araliaceae

本科 80 属、900 种，中国 22 属、160 种，福建木本包括引种 11 属、32 种、5 变种、3 栽培品种。

分 属 检 索 表

1. 直立植物，稀蔓生状灌木。
  2. 叶为复叶。
    3. 叶为羽状复叶。
      4. 植物体无刺；花瓣镊合状排列。
        5. 小叶全缘；植物体无香味；子房 2 室，花柱 2 枚；果实侧扁；野生植物 ·······················
············· **1. 幌伞枫属 *Heteropanax* Seem.**
        5. 小叶边缘具锯齿或分裂；植物体通常具香味；子房 4~8 室，花柱 4~8 枚，果实圆球形至椭圆形；栽培植物 ············· **2. 南洋参属 *Polyscias* J. R. et G. Forst.**
      4. 植物体通常具刺；花瓣覆瓦状排列 ············· **3. 楤木属 *Aralia* L.**
    3. 叶为掌状复叶或辐射状复叶。
      6. 植物体无刺；花梗具关节 ············· **4. 大参属 *Macropanax* Miq.**
      6. 植物体有刺或无刺；花梗无关节。
        7. 植物体无刺；子房 5~15 室；小叶通常 3~16 片，边缘通常无锯齿 ·······················
············· **5. 鹅掌柴属 *Schefflera* J. R. et G. Forst.**
        7. 植物体具刺，稀无刺；子房 2~5 室；小叶 3~5 片，边缘常具锯齿 ······ **6. 五加属 *Acanthopanax* Miq.**
  2. 叶为单叶，不裂或分裂。
    8. 植物体具刺 ············· **7. 刺楸属 *Kalopanax* Miq.**
    8. 植物体无刺。
      9. 叶为掌状 5~12 裂；叶片无半透明腺点，基部心形。
        10. 叶无托叶；子房 5 室或 10 室；栽培植物 ············· **8. 八角金盘属 *Fatsia* Decne et Planch.**
        10. 托叶与叶柄基部合生，离生部分锥形；子房 2 室；野生植物 ······· **9. 通脱木属 *Tetrapanax* K. Koch**
      9. 叶不裂或 3~5 裂；叶片通常具半透明、黄红色的腺点，基部钝圆形或楔形 ·······················
············· **10. 树参属 *Dendropanax* Decne. et Planch.**

1. 藤本植物。

11. 叶为单叶；茎借气根攀援 ·· **11. 常春藤属** *Hedera* L.

11. 叶为掌状复叶。

12. 植物体无刺；小叶通常5片以上，边缘通常无锯齿；子房5~15室·············
·· **5. 鹅掌柴属** *Schefflera* J. R. et G. Forst.

12. 植物体通常有刺，稀无刺；小叶通常3~5片，边缘通常具锯齿；子房2~5室·············
··· **6. 五加属** *Acanthopanax* Miq.

1. 幌伞枫属 *Heteropanax* Seem.

本属5种，中国5种，其中3种为特有种，福建木本1种。

短梗幌伞枫 *H. brevipedicellatus* Li 分布于南靖、华安、龙岩、上杭、漳平、闽侯、连城、建瓯。

2. 南洋参属 *Polyscias* J. R. et G. Forst.

本属80种，中国引入4种，福建木本栽培4种和3品种。

分 种 检 索 表

1. 叶为一回羽状复叶，稀二回羽状复叶。

2. 小叶9~15片，线状披针形，边缘浅裂至深裂，具锐锯齿，全叶同色（厦门有种植）··················
·· **1. 线叶南洋参** *P. filicifolia* (Ridley) Bailey

2. 小叶3~9片，卵状长圆形至椭圆形或为圆形，有时肾形，边缘具粗钝齿或锐锯齿，近叶缘处通常具银白色、灰黄色或具各式带白色的斑彩。

3. 小叶常5~9片，卵状长圆形至椭圆形，基部渐狭，阔楔形，边缘具锐锯齿（厦门栽培）··················
·· **2. 银边南洋参** *P. guilfoylei* (Cogn. et March.) Bailey

2a. '细裂'银边南洋参 *P. guilfoylei* 'Laciniata' 与原种区别在于小叶边缘通常具深浅不等的锯齿状裂，裂片或裂齿常具重锯齿，齿端锐尖等。福建厦门有栽培。

3. 小叶通常3片，圆形至肾形，基部心形，边缘具稀疏粗钝齿（厦门栽培）··················
·· **3. 圆叶南洋参** *P. balfouriana* Bailey

3a. '银边'圆叶南洋参 *P. balfouriana* 'Marginata' 与原种区别在于小叶近边缘处具不整齐白色斑彩。厦门栽培。

1. 叶通常为三至五回羽状复叶，小叶狭卵形或长圆披针形（厦门栽培） ··· **4. 南洋参** *P. fruticosa* (L.) Harms

4a. '羽叶'南洋参 *P. fruticosa* 'Plumata' 与原种区别在于末回小叶片小而纤细或极狭窄，边缘具各式锯齿或撕裂。厦门栽培。

3. 楤木属 *Aralia* L.

本属约有30多种，中国30种，福建木本6种、1变种。

分 种 检 索 表

1. 花具梗，排成伞形状的圆锥花序。

2. 圆锥花序主轴长，一级支轴在主轴上为总状排列。

3. 顶生伞形花序较大，直径2~4cm，花梗较长，长8~30mm。

4. 叶轴和花序轴具有多数直扁刺，并密生多数针状刺毛（分布于南靖、长泰、龙岩、永春、德化、福清、闽侯、永安、三明、沙县、南平及武夷山） ·············· **1. 长刺楤木** *A. spinifolia* Merr.

4. 叶轴和花序轴通常无刺，如有刺亦非扁刺。

  5. 小枝密生细长刺；小叶下面灰白色，无毛（分布于建宁、武夷山）············

·· **2. 棘茎楤木** *A. echinocaulis* Hand. – Mazz.

  5. 小枝疏生刺；小叶下面非灰白色，被毛（分布于厦门、南靖、华安、龙岩、长汀、福州、连江、沙县

    及光泽）···································· **3. 黄毛楤木** *A. decaisneana* Hance

4. 顶生伞形花序较小，直径 1 ~ 1.5cm，花梗较短，长 2 ~ 6mm（分布于南靖、长泰、龙岩、福清、福州、

  永安、沙县、古田、建瓯及武夷山）······································ **4. 楤木** *A. chinensis* L.

  4a. 白背楤木 *A. chinensis* var. *muda* 与原种的区别在于小叶下面灰白色，除侧脉被有短柔毛外余均无毛；

    圆锥花序主轴支轴被稀疏短柔毛或几无毛，苞片长圆形，长 6 ~ 7cm。本省分布于武夷山。

2. 圆锥花序主轴短，长约 1.5cm，一级支轴在主轴上为指状或伞房排列（分布于光泽）·············

··· **5. 糙叶楤木** *A. scaberula* Hoo

1. 花无梗或几无梗，排成头状的圆锥复花序（分布于长汀、连城、沙县、福清、闽侯、福州及光泽）·······

··· **6. 头序楤木** *A. dasyphylla* Miq.

4. 大参属 *Macropanax* Miq.

本属约有 6 ~ 7 种，中国 6 种，福建木本 1 种。

短梗大参 *M. rosthornii*（Harms）C. Y. Wu ex Hoo 分布于沙县、建瓯、建阳、武夷山。

5. 鹅掌柴属 *Schefflera* J. R. et G. Forst.

本属约 200 种，中国 39 种，福建木本 7 种。

分 种 检 索 表

1. 总状花序或穗状花序再组成圆锥花序；花柱全部合生成柱状。

  2. 穗状花序再组成圆锥花序；小叶下面密被星状茸毛（分布于龙岩、长汀、连城、永安）·············

·· **1. 穗序鹅掌柴** *S. delavayi*（Franch.）Harms ex Diels

  2. 总状花序再组成圆锥花序；小叶下面无毛（福建厦门有栽培）·············

·· **2. 海南鹅掌柴** *S. hainanensis* Merr. et Chun

1. 伞形花序或头状花序再组成圆锥花序；花柱离生或合生，有时无花柱。

  3. 花无花柱；柱头直接生于子房上；圆锥花序较小，长 15cm 以下；小叶 3 ~ 9 片。

    4. 果被橙红色腺点；花序长不及 12cm（厦门、福州、漳州等地栽培）·············

·· **3. 广西鹅掌柴** *S. kwangsiensis* Merr. ex Li

    4. 果无腺点；花序长 15cm 以上。

      5. 小叶 7 ~ 9 片，倒卵状长圆形（厦门引种）············· **4. 鹅掌藤** *S. arboricola* Hayata.

      5. 小叶 3 ~ 4 片，椭圆形（福建具体地点不明）·············. **5. 福建鹅掌柴** *S. fukienensis* Merr.

  3. 花柱合生成柱状；圆锥花序较大，长 20cm 以上；小叶 5 ~ 15 片。

    6. 小叶 5 ~ 11 片，通常椭圆状长圆形至倒卵状椭圆形，幼时被星状短柔毛；宿存花柱粗短，长 1mm 以下

      （分布于南靖、长泰、龙岩、漳平、永春、长乐、福州、永泰、宁德、福鼎及福安）·············

·· **6. 鹅掌柴** *S. octophylla* Harms

    6. 小叶 7 ~ 15 片，卵状披针形至长圆状披针形，幼时密被星状茸毛；花柱细长，长 1mm 以上（分布于南

    靖）··· **7. 星毛鸭脚木** *S. minutistellata* Merr. ex Li

6. 五加属 *Acanthopanax* Miq.

本属约 35 种，中国 26 种，福建木本 5 种。

分 种 检 索 表

1. 植物体或小枝有刺，稀无刺；子房通常5室或2室，花柱离生或合生；叶柄顶端及小叶下面脉腋内无簇毛。
　2. 小枝的刺不呈扁状；子房5室，花柱全部合生。
　　3. 小枝具细长刺，刺直；小叶两面均无毛(分布于武夷山) ……… **1. 藤五加** *A. leucorrhizus* (Oliv.) Harms
　　3. 小枝具粗壮刺，刺常弯曲；小叶两面脉上被刚毛(分布于武夷山) …… **2. 刚毛五加** *A. simonsii* Schneid.
　2. 小枝具扁刺；子房2室，花柱离生或上部离生。
　　4. 小叶倒卵形至倒披针形；伞形花序腋生或生于短枝顶端(分布于上杭、长汀、将乐、泰宁、建宁、武夷山) ……………………………………………………………… **3. 五加** *A. gracilistylus* W. W. Smith
　　4. 小叶通常椭圆状卵形至椭圆状长圆形，极少倒卵形，伞形花序顶生(福建各地常见) ………………… ………………………………………………………………… **4. 白簕** *A. trifoliatus* (L.) Merr.
1. 植物体或小枝无刺；子房2~4室，花柱仅基部合生；叶柄顶端及小叶下面脉腋内被簇毛(分布于长汀、建阳、光泽) ………………………………………… **5. 吴茱萸五加** *A. evodiaefolius* Franch.

　7. 刺楸属 *Kalopanax* Miq.
　本属1种，福建木本引种1种。
　刺楸 *K. pictus* (Thunb.) Nakai 厦门有引种。
　8. 八角金盘属 *Fatsia* Decne. et Planch.
　本属约2种，福建木本引入2种。

分 种 检 索 表

1. 叶7~9裂，无毛；子房5室(厦门引种) ………………… **1. 八角金盘** *F. japonica* (Thunb.) Decne. et Plnch.
1. 叶5~7裂，幼时被棕色茸毛；子房10室(厦门引种) ………………… **2. 多室八角金盘** *F. polycarpa* Hayata

　9. 通脱木属 *Tetrapanax* K. Koch
　本属2种，福建木本1种。
　通脱木 *T. papyrifer* (Hook.) K. Koch 厦门、长汀、福州及武夷山栽培。
　10. 树参属 *Dendropanax* Decne. et Planch.
　本属80种，中国16种，福建木本3种。

分 种 检 索 表

1. 叶具有半透明红棕色或红黄色腺点，网脉明显或不明显；花柱顶端离生或全部合生，果通常具棱。
　2. 叶革质，网脉通常两面均明显隆起；花柱顶端离生(福建各地常见) …………………………………… ………………………………………………………………… **1. 树参** *D. dentiger* (Harms) Merr.
　2. 叶纸质至厚纸质，网脉甚不明显；花柱全部合生(分布于南靖、华安、龙岩、德化、仙游、福州、永安) ………………………………………………………………… **2. 短柱树参** *D. brevistylus* Ling
1. 叶无红棕色或黄色半透明腺点，网脉不明显；花柱全部合生；果不具棱，光滑(分布于南靖、平和、龙岩、连城) ………………………………………… **3. 变叶树参** *D. proteus* (Champ.) Benth.

　11. 常春藤属 *Hedera* L.
　本属约有5种，福建木本包括2种、3栽培品种。

分 种 检 索 表

1. 植物体幼嫩部分多少被有灰褐色星状柔毛；花枝和果枝上的叶不歪斜；栽培植物(福建厦门、福州等城市也有栽培) ··· **1. 洋常春藤** *H. helix* L.

    1a. '斑叶'常春藤 *H. helix* 'Argenteo-variegata' 与原种区别在于叶片边缘具彩色斑或不整齐白色。

    1b. '黄斑叶'洋常春藤 *H. helix* 'Aureo-variegata' 与原种区别在于叶片具黄色斑块或全为黄色。

    1c. '掌状叶'洋常春藤 *H. helix* 'Digitata' 与原种区别在于叶片各式掌状分裂。

1. 植物体幼嫩部分被有鳞片，无星状毛；花枝和果枝上的叶多少歪斜；野生植物，稀有栽培(福建各地较常见) ············ **2. 常春藤** *H. nepalensis* K. Koch var. *sinensis* (Tobl.) Rehd.

38. 忍冬科 Caprifoliaceae

    本科 13 属、500 种，中国 12 属、200 种，福建木本 6 属、35 种、9 变种、1 亚种、1 变型。

分 属 检 索 表

1. 奇数羽状复叶；花药外向；子房 3~5 室，每室含能育和不育的胚珠各 1 个；核果具 3~5 核 ··· **1. 接骨木属** *Sambucus* L.

1. 单叶；花药内向。

  2. 花冠整齐，较小，通常辐状；花柱极短，具蜜腺；茎干有皮孔；子房 3 室，仅 1 室发育，胚珠 1 个，核果具 1 核 ··· **2. 荚蒾属** *Viburnum* L.

  2. 花冠多少不整齐或为二唇形，较大，长超过 1cm，花柱细长，无蜜腺；茎干无皮孔，通常纵裂。

    3. 子房 3 室，仅 1 室发育，胚珠 1 个；雄蕊 4 枚；瘦果革质，长圆形，顶端具翅状宿萼 ··· **3. 六道木属** *Abelia* R. Br.

    3. 子房的心皮全部能育，各心皮含多数胚珠；果实开裂或不开裂，种子数个至多数，无增大的宿萼。

      4. 灌木或小乔木。

        5. 蒴果；叶羽状脉 ··· **4. 锦带花属** *Weigela* Thunb.

        5. 坚果；叶具三出脉 ··· **5. 七子花属** *Heptacodium* Rehd.

      4. 常为木质藤本，稀为近直立灌木；子房 3~2 室，胚珠每室数个至多数；果为不开裂的浆果；种子少数至多数 ··· **6. 忍冬属** *Lonicera* L.

    1. 接骨木属 *Sambucus* L.

    本属约 20 余种，中国 4~5 种，福建木本包括引种 2 种。

分 种 检 索 表

1. 小枝髓心淡黄褐色；果红色或紫色(分布于武夷山三港及泰宁) ··············· **1. 接骨木** *S. williamsii* Hance

1. 小枝髓心白色；果黑色(厦门有栽培) ··············· **2. 西洋接骨木** *S. nigra* L.

    2. 荚蒾属 *Viburnum* L.

    本属约 200 种，中国 74 种，福建木本 16 种、5 变种、1 亚种、1 亚型。

分 种 检 索 表

1. 冬芽裸露，植物体被簇状毛而无鳞片。

2. 花序中间为两性花，边缘有大型不孕性花。

  3. 侧脉 5~6 对，近叶缘前互相网结，而不达齿端，无托叶；花序有总花梗；胚乳坚实（福州市偶见引种）
      ·· **1. 琼花** *V. macrocephalum* Fort f. *keteleeri*（Carr.）Rehd.

  3. 侧脉 6~8 对，直达齿端，托叶钻形，有时无托叶；花序无总花梗；胚乳深嚼烂状（分布于永安、建阳、
    武夷山等地）·· **2. 合轴荚蒾** *V. sympodiale* Graebn.

2. 花序全为两性花组成，无大型不孕性花；侧脉 5~6 对，近叶缘前互相网结（分布于永安、屏南、武夷山
  等县）··· **3. 壶花荚蒾** *V. urceolatum* Sieb. et Zucc.

1. 冬芽有 1~2 对鳞片；如为裸露，则芽、幼枝、叶下面、花序、萼、花冠及果实均被鳞片状毛。

  4. 果成熟时蓝黑色，果核近圆形或卵圆形，有 1 条极细的线状浅腹沟或无沟，叶基部阔楔形或近圆，具离
    基三出脉，基部以上两侧各有 1~2 枚腺体（分布于建瓯、武夷山等县）·······························
    ·· **4. 球核荚蒾** *V. propinquum* Hemsl.

  4. 果成熟时由红色转为黑色或红色，果核非如上述。

    5. 花序复伞形或伞状，具大型的不孕性花；果核腹面有 1 上宽下狭的沟，沟上端及背面下半部中央各有 1
      条明显隆起的脊。

      6. 侧脉 10~17 对，叶柄长 1~2cm；总花梗的第一级辐射枝 7 条（分布于武平、南平、仙游、宁德、柘
        荣、福鼎、建阳、泰宁、武夷山等县市）···
        ·· **5. 蝴蝶戏珠花** *V. plicatum* Thunb. var. *tomentosum*（Thunb.）Miq.

      6. 侧脉 5~7 对，叶柄长约 5mm；总花梗的第一级辐射枝 5 条（分布于德化、永安等县市）·············
        ·· **6. 蝶花荚蒾** *V. hanceanum* Maxim.

    5. 花序各式，无大型的不孕性花；果核非如上述。

      7. 圆锥花序；果核通常浑圆或稍扁，具 1 上宽下窄的深腹沟。

        8. 圆锥花序尖塔形；脉腋常被簇状毛和趾蹼状小孔。

          9. 侧脉 5~6 对，弧形，近叶缘弯拱而网结，不达齿端；幼枝及总花梗有小瘤状凸起（分布于诏安、南
            靖、龙岩、上杭、永安、武夷山）····················· **7. 珊瑚树** *V. odoratissimum* Ker. – Gawl.

          7a. 日本珊瑚树 *V. odoratissimum* var. *awabuki* 与原种区别在于叶边缘常有波状浅钝锯齿，侧脉 6~8
            对；圆锥花序较大，通常生于有 2 对叶的幼枝顶端，长 7~13cm；花冠筒也较长，长 3.5~
            4mm。福州有引种。

          9. 侧脉 5~7 对，至少部分直达齿端；幼枝及总花梗无小瘤状凸起（分布于武夷山）···············
            ·· **8. 巴东荚蒾** *V. henryi* Hemsl.

        8. 圆锥花序因主轴缩短而形成圆顶的伞房状；侧脉 4~6 对，大都直达齿端；叶无毛或下面被极疏簇状
          毛；花冠辐状，冠筒长不及 1mm，裂片长约 3mm（分布于武夷山、光泽等县）·····················
          ·································· **9. 伞房荚蒾** *V. corymbiflorum* Hsu et S. C. Hsu

      7. 花序复伞形或稀可为由伞形组成的圆锥状；果核通常扁，有浅的背、腹沟，有时沟退化而不明显，很
        少无沟或在腹面深陷如勾状。

        10. 冬芽有 1 对鳞片，叶片基部两侧无腺体。

          11. 侧脉 5~6 对，在近叶缘处弯拱而网结，不达齿端，叶基部楔形有些下延；果核宽椭圆形，有 1 条
            宽广腹沟和 2 条背沟（分布于南靖）·················· **10. 淡黄荚蒾** *V. lutescens* Blume

          11. 侧脉 6~9 对，弧形直达齿端，叶片基部不下延（特产本省）·········· **11. 侧花荚蒾** *V. laterale* Rehd.

        10. 冬芽有 2 对鳞片，叶片基部常有数枚腺点。

          12. 叶干后上面变黑色至黑褐色、灰黑色。

            13. 幼枝四方形；侧脉 5~6 对，最下 1 对为离基三出脉状，叶下面有细微褐色腺点，果核背面略凹，
              腹面略呈鹅毛扇状弯拱（全省各地常见）···
              ············ **12. 具毛常绿荚蒾** *V. sempervirens* K. Koch var. *trichophorum* Hand. – Mazz.

          13. 幼枝有棱，但不呈四方形，侧脉 6~8 对，羽状脉，叶下面中脉及侧脉被浅黄色长纤毛；果核卵圆

　　形,甚扁(分布于连城、上杭、屏南、福鼎、永安、南平、建瓯、建阳、建宁、泰宁、武夷山、光泽等县) ……………………………………………………… **13. 茶荚蒾** *V. setigerum* Hance

　　　　13a. 沟核茶荚蒾 *V. setigerum* var. *sulcatum* 与原种区别在于叶缘锯齿较细密和较尖锐而常反卷,果核通常较小,长 4～6mm,直径 4～6mm,卵状椭圆形,因两边腹面反卷而明显地呈纵向凹陷,背面明显凸起等。分布于泰宁、光泽等县。

　12. 叶干后上面不变黑。

　　14. 叶柄具 1 对钻形托叶(分布于武平、南平、沙县、屏南、武夷山、光泽、浦城等县) ……………………………………………………………………… **14. 宜昌荚蒾** *V. erosum* Thunb.

　14. 叶柄无托叶。

　　15. 侧脉 2～4 对,基部 1 对作离基三出脉状;叶下面有金黄色或红褐色至黑褐色两种腺点,除脉腋有时有簇毛外,无毛(分布于连城、屏南、南平等县) …………… **15. 金腺荚蒾** *V. chunii* Hsu

　　　　15a. 毛枝金腺荚蒾 *V. chunii* var. *piliferum* 与原种区别在于幼枝、叶柄和花序均密被黄褐色短伏毛,叶上面中脉疏被短伏毛,下面中脉和侧脉上疏生短毛等。分布于上杭步云。

　　15. 侧脉 5 对以上,羽状,极少似离基三出脉,叶下面有时有颜色纯一的腺点。

　　　16. 叶狭披针形至条状披针形,侧脉 7～14 对,最下 1 对,有时几为离基三出脉;果核背面突起无沟,腹面凹陷,形状如勺,有 2 条浅沟(分布于闽侯、永安、光泽、浦城等县) ……………………………………………………………… **16. 披针叶荚蒾** *V. lancifolium* Hsu

　　16. 叶不为披针形,侧脉 5～9 对;羽状;果核通常带扁。

　　　17. 总花梗无或极短,稀可长达 1.5cm;叶上面在放大镜下可见有具柄的透明微小腺点(全省各地较常见) ……………………………………………… **17. 吕宋荚蒾** *V. luzonicum* Rolfe

　　17. 总花梗长 1～5cm,极少无总花梗;叶上面无上述腺点。

　　　18. 花冠外面无毛;萼筒无毛;幼枝和叶柄无毛或被簇状短柔毛(分布于泰宁、建宁、武夷山、浦城等县) ……………………… **18. 光萼荚蒾** *V. formosanum* Hayata subsp. *leiogynum* Hsu

　　18. 花冠外面被疏或密的簇状短柔毛。

　　　19. 叶下面在放大镜下有黄色或近无毛的透明腺点,被黄色叉状或簇状毛,脉腋有簇状毛(全省各地较常见) …………………………………… **19. 荚蒾** *V. dilatatum* Thunb.

　　　19. 叶下面无腺点,被簇状毛或叉状毛,脉腋无簇状毛(全省各地较常见) ……………………………………………………………………… **20. 南方荚蒾** *V. fordiae* Hance

3. 六道木属 *Abelia* R. Br.

　　本属约 20 余种,中国 9 种,福建木本 3 种。

分 种 检 索 表

1. 由多花组成的聚伞花序生于小枝上部叶腋;花白色至红色,花萼 5 裂,雄蕊和柱头明显伸出花冠筒之外;叶柄基部不扩大,也不连合,枝节不膨大(分布于连城、龙岩) ………………… **1. 糯米条** *A. chinensis* R. Br.
1. 花单生或双生于侧枝顶部叶腋;雄蕊和柱头不伸出花冠筒之外。
　2. 花萼裂片 2 片,极少 3 片,裂片椭圆形、倒卵形或长圆形;花 1～2 朵生于侧枝上部叶腋,花粉红色至浅紫色;果冠以 2 片宿萼裂片;叶柄基部不扩大,也不连合,枝节不膨大(分布于武夷山、建阳、将乐及泰宁) ……………………………………………………… **2. 小叶六道木** *A. parvifolia* Hemsl.
　2. 花萼裂片 4 片,裂片卵状披针形或倒卵形,花 2 朵生于侧枝顶部叶腋,花冠白色,后变浅黄色,果冠以 4 片宿萼裂片;叶柄基部扩大并连合,枝节膨大(分布于武夷山等地) …………………………………………… **3. 南方六道木** *A. dielsii* (Graebn.) Rehd.

4. 锦带花属 *Weigela* Thunb.

本属约 10 余种，中国 4 种，福建木本 2 种、1 变种。

分 种 检 索 表

1. 萼裂至中部或稍下，萼齿披针形；种子近无翅（厦门引种）⋯⋯⋯⋯⋯ **1. 锦带花 *W. florida*（Bge.）A. DC.**
1. 萼深裂至基部，萼齿条形；种子稍有翅。
  2. 叶长卵形或卵状椭圆形，上面疏被糙毛，中脉较密，下面密被糙毛；花冠外面及幼枝被短糙毛或微毛
    （分布于古田、泰宁、武夷山等县）⋯⋯⋯⋯⋯ **2. 半边月 *W. japonica* Thunb. var. *sinica*（Rehd.）Bailey**
  2. 叶卵形、宽椭圆形或倒卵形，上下面叶脉疏被平伏毛；花冠外面及幼枝无毛或疏被柔毛（福州引种）⋯
    ⋯⋯⋯⋯⋯⋯⋯⋯⋯⋯⋯⋯⋯⋯⋯⋯⋯⋯⋯⋯⋯⋯⋯⋯⋯⋯ **3. 海仙花 *W. coraeensis* Thunb.**

5. 七子花属 *Heptacodium* Rehd.

本属 1 种，中国特产，福建木本引种 1 种。

七子花 *H. miconioides* Rehd. 厦门引种。

6. 忍冬属 *Lonicera* L.

本属约 200 种，中国 98 种，福建木本包括引种 11 种、3 变种。

分 种 检 索 表

1. 灌木。
  2. 小枝髓心白色（目前仅见武夷山黄岗山）⋯⋯⋯⋯⋯ **1. 庐山忍冬 *L. modesta* Rehd var. *lushanensis* Rehd.**
  2. 小枝髓心黑褐色，后中空（福州引种）⋯⋯⋯⋯⋯ **2. 金银忍冬 *L. maackii*（Rupr.）Maxim.**
1. 缠绕藤本；双花的相邻两萼筒分离，花冠基部多具细长的筒，无浅囊，相邻的两果实分离。
  3. 叶下面无毛或被疏或密的糙毛、短柔毛或短糙毛，但不密集成毡毛，毛之间有空隙（在放大镜下可见）。
    4. 萼筒密被柔毛（福州引种）⋯⋯⋯⋯⋯ **3. 华南忍冬 *L. confusa*（Sweet）DC.**
    4. 萼筒无毛。
      5. 苞片大，叶状，卵形，长 2～3cm；幼枝密被开展的直糙毛（全省各地常见）⋯⋯⋯⋯⋯⋯⋯⋯
        ⋯⋯⋯⋯⋯⋯⋯⋯⋯⋯⋯⋯⋯⋯⋯⋯⋯ **4. 忍冬 *L. japonica* Thunb.**
      5. 苞片小，非叶状。
        6. 花冠较短，长不超过 3cm。
          7. 总花梗长在 5～18mm，萼齿无毛或仅有缘毛，花柱至少中部以下被毛；幼枝、叶柄、总花梗均被通
            常卷曲的棕黄色糙毛（分布于武夷山）⋯⋯⋯⋯⋯ **5. 淡红忍冬 *L. acuminata* Wall.**
          5a. 无毛淡红忍冬 *L. acuminata* var. *depilata* 与原种区别在于植株几全无毛或叶柄被少数糙毛；叶卵状
            长圆形或椭圆形，下面带粉绿色；总花梗通常较短，一般长约 5mm。分布于屏南及武夷山。
          7. 总花梗极短或几无，长 1～4mm，萼齿外面及边缘均有毛，花柱无毛。
            8. 总花梗极短或几无，苞片远较萼齿为长，有时呈叶状，叶两面通常仅中脉有短糙毛，萼齿近三角
              形（分布于武夷山）⋯⋯⋯⋯⋯⋯⋯⋯⋯⋯ **6. 短柄忍冬 *L. pampaninii* Lévl.**
            8. 总花梗长约 4mm，苞片与萼齿几等长，叶两面密被铁透色长糙毛，萼齿条形（分布于连城、上杭、
              永安、泰宁、南平等地）⋯⋯⋯⋯⋯⋯⋯⋯ **7. 锈毛忍冬 *L. ferruginea* Rehd.**
        6. 花冠较长，长 3～14cm。
          9. 幼枝被上端弯曲的淡黄褐色短柔毛，叶下面具无柄或极短柄的橘红色蘑菇状腺（分布于武平、尤溪、
            福州、永安、沙县、南平、建瓯、光泽、浦城等地）⋯⋯⋯⋯ **8. 红腺忍冬 *L. hypoglauca* Miq.**
          9. 幼枝、叶下面被长、短两种糙毛，有时也夹杂少数橘红色短腺毛，但决非上述的蘑菇状腺（分布于
            上杭、武夷山）⋯⋯⋯⋯⋯⋯⋯⋯⋯⋯⋯ **9. 大花忍冬 *L. macrantha*（D. Don）Spreng.**

9a. 异毛忍冬 *L. macrantha* var. *heterotricha* Hsu et H. J. Wang 与原种区别在于叶下面除被有糙毛外，还密被由短糙毛组成的毡毛。本省分布于南平等地。

3. 叶或至少幼叶下面被毡毛，毛之间无空隙。

10. 幼枝、叶柄和花序均被由短糙毛组成的黄褐色毡毛；叶片因上面网脉显著凹陷而呈皱纹状（分布于武平、永定、上杭、永安、沙县、南平、福州、等地）········ **10. 皱叶忍冬** *L. rhytidophylla* Hand. – Mazz.

10. 植株被毛通常呈灰白色或灰黄色，叶上面网脉不凹陷，亦不呈皱纹状。

11. 叶下面密被灰白色薄绒状短糙伏毛，并散生暗橘黄色微腺毛，叶下面因网脉明显隆起而呈蜂窝状（分布于上杭、永安、建瓯、浦城）·········· **11. 灰毡毛忍冬** *L. macranthoides* Hand. – Maz

11. 叶下面被由细短柔毛组成的灰白色或灰黄色细毡毛，脉上有时还有开展的长糙毛，叶下面的网脉不如上述那样明显隆起，故也不呈蜂窝状（分布于南平）··········
·················· **12. 细毡毛忍冬** *L. similis* Hemsl. ex Forbes et Hemsl.

39. 金缕梅科 Hamamelidaceae

本科 28 属、140 种，中国 18 属、78 种、13 个变种，福建木本包括引种 13 属、22 种、7 变种。

分 属 检 索 表

1. 胚珠每室数个；花序头状或肉穗状；叶为掌状脉，稀羽状脉。
　2. 花部 5 数，花序具 2 花 ···················· **1. 双花木属** *Disanthus* Maxim.
　2. 花部多于 5 数，头状或肉质穗状花序。
　　3. 托叶大，长圆形或长卵形，脱落时枝上留有明显的环状托叶痕。
　　　4. 托叶 2 片；花排成头状花序；花药 2 室，子房半下位，上半部分离 ··········
　　　················· **2. 马蹄荷属** *Exbucklandia* K. R. Brown
　　　4. 托叶 1 片；花排成肉穗花序；花药 4 室，子房下位，全部合生 ·········· **3. 壳菜果属** *Mytilaria* Lec.
　　3. 托叶小，线形，脱落时枝上无环状托叶痕。
　　　5. 具宿存花柱；叶掌状分裂，具掌状脉，或不分裂而有离基三出脉；子房半下位。
　　　　6. 落叶乔木；叶 1 型，掌状 3～5 裂，两侧裂片平展，具掌状脉，基部心形；果序圆球形·············
　　　　··················· **4. 枫香树属** *Liquidambar* L.
　　　　6. 常绿乔木；叶 2 型，掌状 3 裂或单侧裂，裂片向上，或不分裂而有离基三出脉，基部阔楔形；果序半球形，基部截平 ·········· **5. 半枫荷属** *Semiliquidambar* Chang
　　　5. 无宿存花柱；叶不分裂，具羽状脉；子房下位或半下位 ·········· **6. 蕈树属** *Altingia* Noronha
1. 胚珠每室 1 个；花序总状或穗状；叶为羽状脉。
　7. 具花瓣；两性花，萼筒倒圆锥形，雄蕊定数；子房半下位或近下位。
　　8. 花瓣线形，5 或 4，退化雄蕊鳞片状；花序短穗状；果序近头状。
　　　9. 花药 4 室，2 瓣裂；叶全缘，第一对侧脉不分支 ·········· **7. 檵木属** *Loropetalum* R. Brown
　　　9. 花药 2 室，单瓣裂；叶具锯齿，第一对侧脉常分支 ·········· **8. 金缕梅属** *Hamamelis* Gronov. ex L.
　　8. 花瓣倒卵形或鳞片状；5 数，退化雄蕊有或无；花序总状或穗状。
　　　10. 花柱短，柱头不扩大，萼筒长为果之半；叶第一对侧脉分支 ···· **9. 蜡瓣花属** *Corylopsis* Sieb. et Zucc.
　　　10. 花柱长，柱头棒状，花瓣鳞片状，萼筒全包果；叶第一对侧脉不分支 ··········
　　　··················· **10. 秀柱花属** *Eustigma* Gardn. et Champ
　7. 无花瓣；花杂性同株；雄蕊不定数（4～11 枚）；子房上位。
　　11. 花下位，萼筒极短，花后脱落；蒴果基部无宿存萼筒 ············ **11. 蚊母树属** *Distylium* Sieb. et Zucc

11. 花周位，萼筒较大，呈壶形，花后增大；蒴果基部具宿存萼筒。

 12. 花序为近头状的短穗状花序，芽时为总苞所包；花单性，雌雄异序，或同序而雌花在上，雄花在下；果序具数个成熟果，果无梗，在主轴上呈螺旋状排列，最上的果非真正顶生 ……………… ……………………………………………………………… **12. 水丝梨属** *Sycopsis* Oliver

 12. 花序为总状花序，芽时不为总苞所包；花杂性，雌、雄花及两性花同序；果序通常仅具 1 个成熟果，果多少具梗，在主轴上两侧排列，最上的果为真正顶生 ………… **13. 假蚊母树属** *Distyliopsis* Endress

1. 双花木属 *Disanthus* Maxim.

本属 1 种，中国 1 变种，福建木本引种。

长柄双花木 *D. cercidifolius* Maxim. var. *longipes* Chang 福州引种。

2. 马蹄荷属 *Exbucklandia* R. W. Brown

本属约 4 种，中国 3 种，福建木本 1 种。

大果马蹄荷 *E. tonkinensis*（Lec.）Steenis 分布于平和、南靖、永安、上杭、德化、永安。

3. 壳菜果属 *Mytilaria* Lec.

本属仅 1 种，福建木本引种 1 种。

壳菜果 *M. laosensis* Lec. 福州、厦门有引种。

4. 枫香树属 *Liquidambar* L.

本属约 5 种，中国 2 种、1 变种，福建木本 2 种、1 变种。

分 种 检 索 表

1. 雌花及蒴果有刺针状的萼齿；果序具果 24 ~ 43。

 2. 叶基部心形，托叶分离；萼齿长 4 ~ 8mm（全省各地常见）…………………… **1. 枫香树** *L. formosana* Hance

 2. 叶基部平截或微心形，托叶与叶柄连生过半；萼齿短于 2mm（福州有引种）…………………… …………………………………… **1a. 山枫香树** *L. formosana* Hance var. *monticola* Rehd. et Wils.

1. 雌花及蒴果无萼齿，或有极短的钻状萼齿；果序具果 15 ~ 20（分布于武夷山）…………………… ……………………………………………………………… **2. 缺萼枫香** *L. acalycina* Chang

5. 半枫荷属 *Semiliquidambar* Chang

本属约 3 种、3 个变种，福建木本 3 种、1 变种。

分 种 检 索 表

1. 叶异形，兼具掌状分裂及不分裂的叶。

 2. 叶厚革质，叶柄粗壮；果序上的萼齿长 2 ~ 5mm；小枝无毛。

  3. 不分裂的叶卵状椭圆形，长 8cm 以上，掌状三出脉强直，离基 5 ~ 8mm，中央 1 脉有侧脉 4 ~ 5 对（分布于南靖、龙岩、永春、南平、松溪）…………………………… **1. 半枫荷** *S. cathayensis* Chang

  3. 不分裂的叶椭圆形，长不及 8cm，掌状三出脉与侧脉近等粗，离基 3 ~ 4mm，中央 1 脉有侧脉 7 ~ 8 对（分布于南靖、漳平）……………… **1a. 闽半枫荷** *S. cathayensis* Chang var. *fukienensis* Chang

 2. 叶薄革质，叶柄纤细；果序上的萼齿长不及 2mm；小枝被柔毛（分布于屏南、南平、建阳、松溪、武夷山）………………………………………………… **2. 细柄半枫荷** *S. chingii*（Metc.）Chang

1. 叶一型，卵形或卵状椭圆形，不具掌状分裂的叶（分布于沙县）………… **3. 长尾半枫荷** *S. caudata* Chang

6. 蕈树属 *Altingia* Noronha

本属约 12 种，中国 8 种，福建木本 2 种、1 变种。

分 种 检 索 表

1. 头状花序有雌花 15~25 朵；果序近球形，基部截平；嫩枝无毛；叶倒卵状长圆形或长圆形，顶端急短尖，有时略钝；叶柄较粗壮，长不超过 1cm（分布于平和、南靖、上杭、龙岩、漳平、永春、德化、仙游、永泰、连城、永安、宁德、古田、南平、松溪、武夷山、顺昌及光泽） ……………………………………………………………………………… **1. 蕈树** *A. chinensis*（Champ.）Oliv. et Hance
1. 头状花序有雌花 5~6 朵；果序倒圆锥形、基部阔楔形；嫩枝被柔毛；叶卵形至卵状披针形，顶端尾状渐尖；叶柄纤细，长 1.5~2.5cm。
 2. 叶全缘（全省各地常见） ………………………………………… **2. 细柄蕈树** *A. gracilipes* Hemsl.
 2. 叶缘有小锯齿（分布于福建，未见标本） ………… **2a. 细齿蕈树** *A. gracilipes* Hemsl var. *serrulata* Tutch.

7. 檵木属 *Loropetalum* R. Brown

本属 4 种、1 变种，中国 3 种、1 变种，福建木本包括引种 1 种、1 变种。

分 种 检 索 表

1. 叶绿色，花白色（全省各地常见） …………………………………………… **1. 檵木** *L. chinense*（R. Br.）Oliv.
1. 叶暗紫色，花紫红色（全省常见庭园栽培） ……… **1a. 红花檵木** *L. chinense*（R. Br.）Oliv. var. *rubrum* Yieh

8. 金缕梅属 *Hamamelis* Gronov. ex L.

本属 6 种，中国 2 种，福建木本引种 1 种。

金缕梅 *H. mollis* Oliv. 福州有引种。

9. 蜡瓣花属 *Corylopsis* Sieb. et Zucc.

本属 29 种，中国 20 种、6 变种，福建木本 2 种、3 变种。

分 种 检 索 表

1. 退化雄蕊顶端截平；花瓣倒披针形，宽 1.5~2mm；萼筒及子房无毛；叶顶端尖至渐尖。
 2. 嫩枝、叶下面或至少在脉上、总花梗及花序轴均被毛（分布于南靖、上杭、龙岩、漳平、永春、德化、大田、永安） ……………………………………………………………… **1. 瑞木** *C. multiflora* Hance
 2. 嫩枝、叶下面、总花梗及花序轴均无毛。
  3. 叶下面白色，被白粉，长 5.5~13cm（分布于永安、武夷山和光泽） ……………………………………… **1a. 白背瑞木** *C. multiflora* Hance var. *nivea* Chang
  3. 叶下面绿色，无白粉，长 3~5cm（分布于南平、武夷山、光泽） ……………………………………… **1b. 小叶瑞木** *C. multiflora* Hance var. *parvifolia* Chang
1. 退化雄蕊顶端 2 深裂；花瓣匙形，宽约 4mm；萼筒及子房被星状毛；叶顶端急短尖或钝。
 4. 嫩枝及顶芽外面有柔毛；叶下面被灰褐色星状柔毛（分布于连城、宁化、将乐、南平、武夷山、浦城） ………………………………………………………………… **2. 蜡瓣花** *C. sinensis* Hemsl.
 4. 嫩枝及顶芽外面无毛；叶下面无毛或仅脉上有疏毛（分布于武夷山） ……………………………………… **2a. 秃蜡瓣花** *C. sinensis* Hemsl. var. *calvescens* Rehd. et Wils.

10. 秀柱花属 *Eustigma* Gardn. et Champ.

本属 3 种，福建木本 1 种。

秀柱花 *E. oblongifolium* Gardn. et Champ. 分布于南靖、上杭、永安。

11. 蚊母树属 *Distylium* Sieb. et Zucc.

本属 18 种，中国 12 种、3 变种，福建木本 4 种、1 变种。

分 种 检 索 表

1. 嫩枝、顶芽、花序轴、萼筒、萼齿被鳞垢；幼叶下面或叶柄多少被鳞垢。
  2. 叶椭圆形或倒卵状椭圆形，长约为宽的两倍，顶端钝或略尖，基部阔楔形，全缘（分布于永安、建瓯等地，较少见）······················· **1. 蚊母树** *D. racemosum* Sieb. et Zucc.
  2. 叶长圆形或倒披针形，长约为宽的两倍半至 3 倍，顶端锐尖，基部楔形，边缘中部以上具数个小齿突（分布于莆田、福州、永泰、永安、沙县、泰宁、屏南、南平、建瓯、武夷山）·······
    ······················· **2. 杨梅叶蚊母树** *D. myricoides* Hemsl.
1. 嫩枝、顶芽、花序轴被星状茸毛或柔毛，有时无毛；萼筒及萼齿被星状茸毛；嫩叶下面或叶柄被星状茸毛。
  3. 嫩枝密被锈褐色星状茸毛；叶大，椭圆形、卵形或倒卵状椭圆形，长 5~10cm，宽 2.5~4.5cm，基部阔楔形至圆形；叶柄长 5~12mm；蒴果长 1.2~1.5cm（分布于福州、永泰、连城、连江、南平）···········
    ······················· **3. 闽粤蚊母树** *D. chungii* (Metc.) Cheng
  3. 嫩枝无毛或有时具星状柔毛；叶小，倒披针形、长圆状倒披针形或倒卵状长圆形，长 2~5cm，宽 0.7~1.5cm，基部渐狭而下延；叶柄长 1~4mm；蒴果长不及 1cm。
    4. 嫩枝无毛或疏被星状毛；叶倒披针形或长圆状倒披针形，顶端锐尖；叶柄通常无毛（分布于上杭、漳平、德化、福州、屏南、武夷山）··········· **4. 小叶蚊母树** *D. buxifolium* (Hance) Merr.
    4. 嫩枝被褐色星状毛；叶倒卵状长圆形，顶端圆或钝；叶柄被褐色茸毛（分布于古田）·······················
    ······················· **4a. 圆头蚊母树** *D. buxifolium* (Hance) Merr. var. *rotundum* Chang

12. 水丝梨属 *Sycopsis* Oliver

本属约 3 种，中国 2 种，福建木本 1 种。

水丝梨 *S. sinensis* Oliv. 分布于永安、三明。

13. 假蚊母树属 *Distyliopsis* Endress

本属约 5~6 种，中国 4~5 种，福建木本 2 种。

分 种 检 索 表

1. 叶卵状长圆形至卵状披针形，长 6~9cm，顶端锐尖至渐尖；叶柄被鳞垢（全省各地较常见）············
  ······················· **1. 假蚊母** *D. dunnii* (Hemsl.) Endress
1. 叶椭圆形或倒卵形，长 3~6cm，顶端圆或钝；叶柄秃净（分布于永定）·······················
  ······················· **2. 钝叶假蚊母** *D. tutcheri* (Hemsl.) Endress

40. 悬铃木科 Platanaceae

本科 1 属、10 种，中国栽培 1 属、3 种，福建木本引种 1 属、3 种。

悬铃木属 *Platanus* L.

本属 10 种，中国引入 3 种，福建木本引入 3 种。

分 种 检 索 表

1. 总柄具 3(2~6) 个球形果序, 宿存花柱刺尖; 叶 5~7 深裂至中部或中部以下, 裂片窄长 (福州有引种) ·· **1. 三球悬铃木** *P. orientalis* L.
1. 总柄具 1~2(3) 个果序; 叶 3~5 深裂或浅裂 。
　2. 果序 2(1~3) 个, 宿存花柱刺状; 叶 3~5 裂, 中裂片长宽近相等 (全省各地常见) ············ ·· **2. 二球悬铃木** *P. hispanica* Muenchh.
　2. 果序单生, 稀 2 个, 宿存花柱极短; 叶 3~5 浅裂, 中裂片宽大于长 (福州等地有引种) ············· ·· **3. 一球悬铃木** *P. occidentalis* L.

41. 旌节花科 Stachyuraceae

本科 1 属, 约 10 种, 中国 8~9 种, 福建木本 1 种。

旌节花属 *Stachyurus* Sieb. et Zucc.

本属 10~13 种, 中国 8~9 种, 福建木本 1 种。

中国旌节花 *S. chinensis* Fr. 福建习见。

42. 黄杨科 Buxaceae

本科 4 属、100 种, 中国 3 属、27 种, 福建木本包括引种 3 属、6 种、1 亚种、1 变种。

分 属 检 索 表

1. 叶对生 ··· **1. 黄杨属** *Buxus* L.
1. 叶互生。
　2. 灌木; 茎通常直立; 叶全缘; 头状花序或总状花序; 宿存花柱长约 2mm ························ ··· **2. 野扇花属** *Sarcococca* Lindl.
　2. 亚灌木; 茎下部匍匐, 上部直立; 叶缘常有粗锯齿; 穗状花序; 宿存花柱长 8mm 以上 ············· ··· **3. 板凳果属** *Pachysandra* Michx.

　1. 黄杨属 *Buxus* L.

本属约 70 种, 中国约 17 种, 福建木本有 4 种、1 亚种、1 变种。

分 种 检 索 表

1. 小枝和花序密被短柔毛; 至少有一部分苞片外面疏被长柔毛 (模式标本采自福建安溪) ············· ··· **1. 狭叶黄杨** *B. stenophylla* Hance
1. 小枝、花序和苞片最多是被短柔毛。
　2. 叶干后两面侧脉均明显 (分布于泰宁等地) ············ **2. 匙叶黄杨** *B. bodinieri* Lévl.
　2. 叶干后侧脉上面明显或不太明显, 下面不明显, 稀稍明显。
　　3. 叶匙形 (分布于福建闽江流城及其上游各地) ············ **3. 雀舌黄杨** *B. harlandii* Hance
　　3. 叶为其他形状 (诏安、厦门、南平引种) ············ **4. 黄杨** *B. sinica* (Rehd. et Wils.) Cheng ex M. Cheng
　4a. 尖叶黄杨 *B. sinica* ssp. *aemulans* 与原种的区别在于: 小枝被毛; 叶椭圆状披针形、椭圆形或披针形, 长 2~5cm, 宽 1~1.7cm, 顶端尖, 稀急尖, 上面侧脉多而显著。分布于连城、泰宁、建阳、松溪及武夷山。
　4b. 小叶黄杨 *B. sinica* var. *parvifolia* 与原种区别在于: 前者小枝几无毛; 叶薄革质, 阔椭圆形或阔倒卵状椭圆形，长 7～10mm，宽 5～6mm，两面及叶柄均无毛。分布于武夷山黄岗山。

2. 野扇花属 Sarcococca Lindl.

本属约 20 种，中国 8 种，福建木本 1 种。

东方野扇花 S. orientalis C. Y. Wu 分布于清流、泰宁及武夷山。

3. 板凳果属 Pachysandra Michx.

本属约 3 种，中国约 2 种，福建木本 1 种。

多毛板凳果 P. axillaris Franch. var. stylosa（Dunn）M. Cheng 分布于泰宁、建阳及武夷山。

43. 交让木科 Daphniphyllaceae

本科 1 属约 30 种，中国 10 种，福建木本 4 种。

交让木属 Daphniphyllum Bl.

本属 30 种。中国 10 种，福建木本 4 种。

分 种 检 索 表

1. 花萼及萼片不育，极少有 1～2 片线形裂片附着于雄蕊基部；果序长 7～10cm；果长 10～14mm；叶长达 25cm，侧脉达 18 对（分布于建阳、武夷山、光泽等地）························· **1. 交让木** D. macropodum Miq.
1. 花萼存在，萼片多少有些发育，果时宿存或残存，稀全脱落；果序长 2～6cm；果长 6～10mm；叶长不及 18cm，侧脉不超过 15 对。
  2. 叶不呈轮生状，叶通常不为披针形或倒披针形；果实具小疣状突起；果梗长在 5mm 以上。
    3. 萼片较小，果时通常部分宿存，稀全脱落；花柱外弯；果无白粉，长 8～10mm（全省各地常见）········ ·· **2. 虎皮楠** D. oldhamii（Hemsl.）Rosenth.
    3. 萼片显著宿存；花柱直立；果被白粉，长 7～8mm（分布于诏安、漳浦、南靖、长泰、华安、龙岩、长 汀、仙游、连城等地）························· **3. 牛耳枫** D. calycinum Benth.
  2. 叶集生于枝端呈轮生状，叶长圆状披针形或长圆状倒披针形；果实表面光滑；果梗长约 2mm（分布于南 靖、龙岩等地）······························· **4. 假轮叶虎皮楠** D. subverticillatum Merr.

44. 杨柳科 Salicaceae

本科 3 属、约 530 种，中国 3 属、约 200 种，福建木本 2 属、8 种。

分 属 检 索 表

1. 小枝通常较粗，髓心五角形；顶芽发达，芽鳞数枚至多数；雌雄花序均下垂，苞片边缘有缺刻或线裂； 花具斜杯状花盘，无腺体 ·· **1. 杨属** Populus L.
1. 小枝通常较细，髓心近圆形；无顶芽，芽鳞仅 1 枚；雌花序直立或斜展，苞片全缘；花具腺体（蜜腺）， 无杯状花盘 ·· **2. 柳属** Salix L.

1. 杨属 Populus L.

本属约 35 种，中国约 30 种，福建木本 3 种，其中引种 2 种。

分 种 检 索 表

1. 叶缘具 3～5 掌状圆裂或缺刻，叶下面密被白色茸毛（福州少量种植）················· **1. 银白杨** P. alba L.

1. 叶全缘或仅有锯齿，下面无毛，或幼时疏被毛，后变无毛。

  2. 嫩枝和叶两面均无毛；叶菱状卵圆形或三角状卵圆形，顶端突尖或短渐尖；叶柄顶端无腺体（福建内地山区常栽植作行道路）·· **2. 钻天杨 P.** *pyramidalis*（Spach）Roz.

  2. 嫩枝和叶下面幼时被柔毛，后变无毛；叶卵形或卵圆形，顶端长渐尖；叶柄顶端具 2 个显著腺体（分布于武夷山、浦城）····································· **3. 响叶杨 P.** *adenopoda* Maxim.

  2. 柳属 *Salix* L.

本属约 350 种，中国约 200 种，福建木本包括引种 5 种、1 变种。

分 种 检 索 表

1. 叶狭长披针形、线状披针形或线状长圆形，宽 1cm 以下，偶有在嫩枝上可达 2cm。

  2. 叶线状长圆形，顶端尖或钝，下面密被灰白色贴伏长绢毛（分布于连城、仙游、永春、德化、南平、古田、武夷山）····································· **1. 银叶柳 S.** *chienii* Cheng

  2. 叶狭长披针形或线状披针形，顶端长渐尖，下面无毛，或在幼时疏被柔毛，后变无毛。

    3. 小枝柔软，下垂，褐色；叶长 8～15cm，基部楔形（全省各地常见）·········· **2. 垂柳 S.** *babylonica* L.

    3. 小枝直立或开展，不下垂，黄绿色；叶长 5～8cm，基部阔楔形（福州栽培）·· **3. 旱柳 S.** *matsudana* Koidz.

    3a. 龙爪柳 S. *matsudana* var. *tortuosa* 与原种区别在于：常为小乔木，小枝卷曲或扭曲，向上或开展。福州和永安等地栽培。

1. 叶椭圆形、椭圆状长圆形或卵状披针形，宽 2cm 以上。

  4. 叶纸质，椭圆形或椭圆状披针形，顶端尖或短渐尖，有时近钝形，基部楔形或阔楔形，下面通常灰绿色，疏被柔毛或近无毛（全省各地常见，南部和西南部较少）············ **4. 长梗柳 S.** *dunnii* Schneid

  4. 叶革质，披针形或卵状披针形，顶端长渐尖，基部圆形、圆楔形或近心形，下面淡绿色，通常无毛（分布于福州、长乐、德化、永安、连城）····································· **5. 粤柳 S.** *mesnyi* Hance

45. 杨梅科 Myricaceae

本科 4 属、约 40 种，中国 1 属、4 种，福建木本 1 属、1 种。

杨梅属 *Myrica* L.

本属 4 种，福建木本 1 属、1 种。

杨梅 *M. rubra*（Lour.）Sieb et Zucc. 全省各地常见。

46. 桦木科 Betulaceae

本科 2 属、140 多种，中国 2 属、70 多种，福建木本 2 属、5 种。

分 属 检 索 表

1. 果苞木质，顶端 5 浅裂，宿存，每果苞具 2 个小坚果；雄蕊 4，药室不分离；冬芽有柄，稀无柄，芽鳞 2，稀 3～6；叶缘多具单锯齿·· **1. 桤木属 Alnus** L.

1. 果苞革质，3 裂，成熟时脱落，每果苞具 3 个小坚果；雄蕊 2，药室分离；冬芽无柄，芽鳞 3～6；叶缘多具重锯齿·· **2. 桦木属 Betula** L.

  1. 桤木属 *Alnus* Mill.

本属约 35 种，中国约 11 种，福建木本 2 种。

分 种 检 索 表

1. 叶倒卵形至椭圆状倒卵形，中部以上最宽；顶端急尖，基部圆形至阔楔形；叶柄被短柔毛（分布于福安、古田、浦城、泰宁、泰宁、建宁及上杭）······ **1. 江南桤木** *A. trabeculosa* Hand. – Mazz.

1. 叶卵形至阔披针形，中部或中部以下最宽；顶端渐尖，基部楔形；叶柄近无毛（分布于龙岩、上杭、泰宁、武夷山、浦城）······ **2. 赤杨** *A. japonica* (Thunb.) Steud.

2. 桦木属 *Betula* L.

本属约 60 种，中国 20 种，福建木本 3 种。

分 种 检 索 表

1. 果序直立，圆柱状，直径大于 1cm；果苞长 8~13cm，侧裂片发育，长圆形，长为中裂片的 1/2；果翅宽为果实的 1/2（分布于永安等地）······ **1. 华南桦** *B. austro-sinensis* Chun ex P. C. Li

1. 果序下垂，长穗状，直径不超过 1cm；果苞长约 3mm，侧裂片不发育或呈耳状，长为中裂片的 1/3 至 1/4；果翅宽为果实的 1~2 倍。

  2. 果序 3~5 枚，排成总状；果序梗长 2~3mm；树皮具条棱（分布于建瓯等地）······ **2. 西桦** *B. alnoides* Buch. – Ham. ex D. Don

  2. 果序单生，稀有 2 枚成对着生；果序梗长 1~2cm；树皮光滑（分布于连城、沙县、南平、松溪、政和、武夷山）······ **3. 亮叶桦** *B. luminifera* winkl.

47. 壳斗科 Fagaceae

本科 9 属、约 900 种，中国 6 属、约 300 种，福建木本 6 属、63 种、4 变种。

分 属 检 索 表

1. 雄花 7~11（~13）朵簇生成头状花序；雌花 2 朵簇生；壳斗（3~）4 瓣裂，坚果卵状三棱形 ······ **1. 水青冈属** *Fagus* L.

1. 雄花多数排成柔荑状或穗状花序；雌花单生、簇生或穗状；壳斗规则或不规则开裂。

  2. 柱头细小，点状；雄蕊约 12 枚；花药小型，底着或背着。

    3. 落叶性；无顶芽；子房 6 室；壳斗密被长刺 ······ **2. 栗属** *Castanea* Mill.

    3. 常绿性；有顶芽；子房 3 室。

      4. 雌花 1~3（~7）朵生于壳斗中；壳斗单个散生于花序轴上，全包坚果，很少为杯状，外被锐针刺，少有为疣状、肋状突起或鳞片；每壳斗有 1~3 坚果 ······ **3. 栲属** *Castanopsis* (D. Don.) Spach

      4. 雌花 1 朵生于壳斗中；壳斗 3~5 个成簇，少有单个散生于花序轴上，杯状或盘状，很少全包坚果；每壳斗仅有 1 个坚果 ······ **4. 石栎属** *Lithocarpus* Bl.

  2. 花柱反曲，柱头扩大、扁平或瘤状；雄蕊约 6 枚；花药大型，略底着。

    5. 壳斗外壁有连接成同心环状的环带；叶常绿 ······ **5. 青冈属** *Cyclobalanopsis* Oerst.

    5. 壳斗外壁有覆瓦状排列的鳞片或线状突起，不连接成同心环状的环带；落叶或常绿 ······ **6. 栎属** *Quercus* L.

1. 水青冈属 *Fagus* L.

本属约 10 种，中国有 5 种，福建木本 2 种。

分 种 检 索 表

1. 叶下面密被贴伏柔毛；脉上有长毛；壳斗裂瓣外被弯曲的线状突起（分布于福安、柘荣、武夷山、建阳、南平、沙县、连城）…………………………………………………… **1. 水青冈** *F. longipetiolata* Seem.
1. 叶下面除幼时脉上有毛外，均无毛；壳斗裂瓣外壁被三角形鳞片，鳞片顶端骤然缩狭为小尖头（分布于泰宁和武夷山）………………………………………………… **2. 亮叶水青冈** *F. lucida* Rehd. et Wils.

2. 栗属 *Castanea* Mill.

本属 10 种，中国有 3 种，尚有引种栽培的 1 种，福建木本 3 种。

分 种 检 索 表

1. 每壳斗具 2 ~ 3 个坚果；坚果至少有一侧近扁平；小枝有茸毛或幼枝有毛；叶下面密被或疏生星状毛，或具腺鳞；壳斗常生于雄花序基部。
  2. 叶下面有密被或疏生星状毛或柔毛；壳斗直径 6 ~ 8cm；坚果大，直径 1.5 ~ 3cm（全省各地均有栽培，品种甚多，多用嫁接繁殖）………………………………………………… **1. 板栗** *C. mollissima* Bl.
  2. 叶下面有黄褐色或淡腺鳞；壳斗直径 3 ~ 4cm；坚果小，直径在 1.5cm 以下（分布于建瓯、武夷山、建阳、浦城、将乐、宁化）…………………………………………………… **2. 茅栗** *C. seguinii* Dode
1. 每壳斗仅具 1 个坚果；坚果卵圆形或圆锥形；小枝紫褐色，无毛；叶无毛（栽培品种除外）；壳斗生于雌花序上，直径 3 ~ 3.5cm（分布于古田、沙县、三明及闽北地区）… **3. 锥栗** *C. henryi*（Skan.）Rehd. et Wils.

3. 栲属 *Castanopsis*（D. on.）Spach

本属约 120 种，中国 50 多种，福建木本 14 种、1 变种。

分 种 检 索 表

1. 壳斗外壁无针刺，仅有鳞片、疣状或肋突起。
  2. 叶较狭小，通常长 10cm 以下，宽 3cm 以下；全缘或近顶部边缘有几个浅锯齿。
    3. 壳斗近球形，全包坚果；侧脉在上面平坦或微突，近叶缘处连结（全省各地常见）………………………………………………………………………… **1. 米槠** *C. carlesii*（Hemsl.）Hayata
    3. 壳斗浅碗状，包围坚果二分之一；侧脉在上面有时有裂缝状细凹槽，近叶缘处不连结（分布于南靖、永春、永安、德化及宁化）………………………… **2. 鳞苞锥** *C. uraiana*（Hay.）Kanehira et Hatusima
  2. 叶较宽大，通常长 10cm 以上；宽 3cm 以上；叶缘有锯齿，至少中部以上有锐锯齿。
    4. 壳斗外壁有疣状突起的 6 ~ 7 个同心环；叶厚革质，侧脉 10 ~ 14 对（分布于永泰、永安、三明、沙县、南平、建瓯、浦城、宁德）…………………………………… **3. 苦槠** *C. sclerophylla*（Lindl.）Schott.
    4. 壳斗外壁有肋状突起的 3 ~ 4 条略呈倾斜的环纹；叶薄革质，侧脉 15 ~ 20 对（分布于南靖、平和、连城、永泰、仙游、永春、德化、大田、永安、沙县、尤溪、地南平、宁德及福安）………………………………………………………………………… **4. 裂斗锥** *C. fissa*（Champ. ex Benth.）Rehd. et Wils.
1. 壳斗外壁有粗细不等的针刺。
  5. 每壳斗有成熟坚果 1 ~ 3 个。
    6. 叶两面不同色，下面幼时有灰黄色鳞秕，后变浅灰色；壳斗小，连刺直径 2 ~ 2.5cm，刺长 4 ~ 6mm（全省各地常见）………………………………………………………… **5. 罗浮锥** *C. fabri* Hance
    6. 叶两面同色，下面淡绿色；壳斗较大，连刺直径 4 ~ 5cm，刺长 5 ~ 10mm（分布于南靖、平和、连城、龙岩、上杭、长汀、永安、三明、沙县、将乐、大田、德化、永泰）………… **6. 狗牙锥** *C. lamontii* Hance
    6a. 上杭锥 *C. lamontii* var. *shanghangensis* 与原种区别在于叶较小，卵状椭圆形、椭圆形至椭圆状披针形，长 8～17cm，宽 3.5～6cm，顶端尾状渐尖至渐尖，果序轴较细，直径 5～6mm，壳斗较小，卵球形，直径 2.5～3.5cm，壁较薄，厚 1.5～2mm，刺细密。本省产上杭步云。

5. 每壳斗只有成熟坚果 1 个。

 7. 叶全缘，少有近顶端有几个锯齿。

  8. 小枝有黄褐色毛或粉状鳞秕。

   9. 叶柄极短，长 1～3mm；叶下面密被黄褐色柔毛（全省各地常见）…………… **7. 南岭栲** *C. fordii* Hance

   9. 叶柄长 5mm 以上；叶下面密被黄褐色鳞秕或短柔毛。

    10. 叶柄长 1～1.5cm；壳斗刺较粗短，长 6～10mm，不完全遮盖壳斗（全省各地常见）……………………………… **8. 栲树** *C. fargesii* Franch.

    10. 叶柄长 0.5～0.8cm；壳斗刺较细长，长 8～15mm，完全遮盖壳斗（分布于南靖、平和、龙岩）…………………………… **9. 红锥** *C. hystrix* A. DC.

  8. 小枝无黄褐色毛及鳞秕。

   11. 小枝赤褐色，芽鳞无毛；壳斗成熟时规则 4 瓣裂，刺长 1.5～2.5cm（分布于三明、永安、漳平、德化、长泰、武平、永定）………………………… **10. 吊皮锥** *C. kawakamii* Hayata

   11. 小枝灰褐色，芽鳞有微柔毛；壳斗成熟时不规则开裂，刺长 1.5cm 以下。

    12. 壳斗外壁针刺中部以上分叉，基部合生，并在远轴侧排成 4～5 个鸡冠状刺环；叶下面薄被苍灰色或灰棕色蜡粉层，压干后变黑褐色（分布于龙岩、连城、上杭、沙县、永安、德化、泰宁、邵武、武夷山）…………………………… **11. 黑锥** *C. nigrescens* Champ et Huang

    12. 壳斗外壁针刺中部以下不分叉，不排成鸡冠状刺环；叶下面被光亮蜡质层，压干后不为黑褐色（全省各地常见、南部较少）……………… **12. 甜槠** *C. eyrei*（Champ ex Benth.）Tutch.

 7. 叶缘有锯齿。

  13. 小枝有毛及鳞秕；叶革质，长 7～9（～14）cm；壳斗连刺直径 1.5～2cm，不规则开裂（分布于永安、三明、南平、建瓯、建阳、松溪、将乐、建宁、泰宁、长汀）………… **13. 东南锥** *C. jucunda* Hance

  13. 小枝无毛及鳞秕；叶硬革质，长 14～22（～30）cm；壳斗连刺直径 6～8cm，4 瓣裂（全省各地常见）…………………………… **14. 大叶锥** *C. tibetana* Hance

4. 石栎属 Lithocarpus Bl.

本属约 180 种，中国 100 余种，福建木本 21 种、2 变种。

分 种 检 索 表

1. 壳斗深碗状或近球形，包围坚果一半以上至全包。

 2. 坚果的果脐突起似锅底状；壳斗内壁底部无圆形垫状突起。

  3. 果壁较壳斗壁厚，硬角质，位于壳斗下部的鳞片常连成多边形的网状花纹；叶两面同色，下面有毛。

   4. 叶缘有锯齿，下面沿中脉略被柔毛或仅脉腋及中脉上被毛；侧脉 11～12 对（分布于南靖、平和、永定、龙岩、华安、德化、尤溪）………… **1. 烟斗石栎** *L. corneus*（Lour）Rehd.

   4. 叶全缘或顶部有少数浅锯齿，下面被长柔毛；侧脉 15 对以上（分布于南靖、永定、上杭、龙岩、漳平、永安、三明、沙县、南平）………… **2. 紫玉盘石栎** *L. uvarifolius*（Hance）Rehd.

    2a. 卵叶紫玉盘石栎 *L. uvarifolius* var. *ellipticus* 与原种的区别在于叶片卵形，长 4～10cm，宽 2～5cm，顶部渐尖，通常全缘，下面被较短的柔毛，叶柄较细长，壳斗较小，高 15～20mm，宽 20～25mm。分布于南平和龙岩。

  3. 果壁较壳斗壁薄或近等厚，位于壳斗下部的鳞片或线状突起物不连成网状花纹；叶两面不同色。

   5. 坚果无毛，果脐占坚果基部面积 1/2 以上；叶下面被灰白色细鳞秕（分布于武夷山）…………………………… **3. 包石栎** *L. cleistocarpus*（Seem.）Rehd. et Wils.

5. 坚果有毛，果脐占坚果基部面积 1/3 ～ 1/2；叶下面被黄棕色鳞秕或毛。

 6. 壳斗外有线状突起物；叶下面被黄棕色茸毛(分布于永定) ······ **4. 可爱石栎** *L. amoenus* Chun et Huang

 6. 壳斗外被三角形而紧贴的鳞片；叶下面无毛。

  7. 小枝粗壮，无毛；叶狭椭圆形至倒披针状椭圆形，长 20 ～ 30cm(分布于南靖、漳平、永定) ········

                   5. 大叶苦石栎 *L. paihengii* Chun et Tsiang

  7. 小枝细，有短毛；叶披针形至椭圆状披针形，长 8 ～ 15cm。

   8. 叶下面被棕黄色鳞秕，侧脉 10 ～ 12 对(分布于漳平) ·········

      6. 漳平石栎 *L. chrysocomus* Chun et Tsiang var. *zhangpingensis* Q. F. Zheng

   8. 叶下面被灰白色细鳞秕，侧脉 12 ～ 18 对(分布于三明和永安) ·········

         7. 杏叶石栎 *L. amygdalifolius* (Skan) Hayata

2. 坚果的果脐稍凹下；壳斗内壁底部有圆形垫状突起。

 9. 叶下面无毛，或仅嫩叶下面被细茸毛，老时变无毛；侧脉 9 ～ 10 对

  10. 叶片中部以下最宽，下面被灰白色可见的细鳞秕(分布于永定) ·········

         8. 华南石栎 *L. fenestratus* (Roxb.) Rehd.

  10. 叶片中部稍上处最宽，常兼有中部最宽的叶，下面被灰白色，但仅在扩大镜下才见的雾珠状鳞秕(分布于南平) ·········· **9. 圆锥石栎** *L. paniculata* Hand. – Mztt.

 9. 叶下面有毛；侧脉 12 ～ 15 对。

  11. 顶芽被灰黄色茸毛，叶下面被分叉毛或柔毛，侧脉在上面凹下(分布于古田、永安、化、南平、建瓯、癣乐、建宁、上杭) ·········· **10. 滑皮石栎** *L. skanianus* (Dunn) Rehd.

  11. 顶芽无毛，略被蜡粉；叶下面被贴伏柔毛，侧脉在上面不凹下(分布于龙岩、上杭、永春、永安、三明) ·········· **11. 榄叶石栎** *L. oleaefolius* A. Camus

1. 壳斗碟状或盘状，包围坚果基部，或最多包住坚果一半。

 12. 壳斗单个散生，少有 2 个并生于果序轴上。

  13. 壳斗直径不超过 7mm；叶柄长 0.5 ～ 1.5cm(分布于永春、三明、武平) ·········· **12. 鼠刺叶石栎** *L. iteaphyllus* (Hance) Rehd.

  13. 壳斗直径超过 7mm；叶柄长 0.2 ～ 1cm。

   14. 壳斗直径达 20 ～ 25mm；叶柄长 2 ～ 5mm(分布于长汀) ·········· **13. 栎叶石栎** *L. quercifolius* Huang et Y. T. Chang

   14. 壳斗直径达 16 ～ 18mm；叶柄长约 1cm(分布于漳平和永安) ·········· **14. 永福石栎** *L. yongfuensis* Q. F. Zheng

 12. 壳斗 3 ～ 5 个簇生于果序轴上。

  15. 壳斗外壁密被向下弯的线状突起物；叶缘向下面显著反卷(分布于永定) ·········· **15. 泡叶石栎** *L. haipinii* Chun

 15. 壳斗外壁被紧贴鳞片。

  16. 小枝有毛。

   17. 坚果的柱座长约 3mm；叶柄通常长 8mm 以下，叶下面幼时有卷茸毛，老时渐脱落(分布于南靖、武平) ·········· **16. 卷毛石栎** *L. floccosus* Huang et Y. T. Chang.

   17. 坚果的柱座长不超过 1.5mm；叶柄长 1cm 以上，叶下面无毛。

    18. 叶硬革质，上面中脉略凹下，下面常被黄色蜡质；坚果圆锥形，稍不对称(分布于南靖、平和、龙岩、上杭、永泰.) ·········· **17. 两广石栎** *L. synbalanus* (Hance) Chun

    18. 叶革质，上面中脉略突起，下面常被灰白色蜡质层；坚果卵形或椭圆形，对称(全省各地较常见，但南部较少) ·········· **18. 石栎** *L. glaber* (Thunb.) Nakai

  16. 小枝无毛。

   19. 雄花穗状花序单个腋生，或多个生于有顶芽的枝轴上，排成假的复穗状花序；壳斗碟状，直径

1.5cm 以下；果脐直径 8mm 以下；小枝干后灰褐色。

 20. 叶厚革质，侧脉间的小脉不平行，常连成突起的蜂窝状网格，下面无鳞秕(分布于南靖、上杭、长汀、仙游、南平、福州、福安、宁德、松溪、政和、浦城、建阳、武夷山及泰宁) ……………………………………………………………………… **19. 硬斗石栎** *L. hancei* (Benth.) Rehd.

 20. 叶薄革质，侧脉间的小脉平行，不形成突起的蜂窝状网格，下面被灰白色细鳞秕(全省各地常见) ………………………………………… **20. 多穗石栎** *L. polystachyus* (Wall. ex DC.) Rehd.

19. 雄花穗状花序多个生于无顶芽的总轴上，排成圆锥形复穗状花序；壳斗盘状，直径 1.5cm 以上；果脐直径 8mm 以上；小枝干后黑褐色。

 21. 叶上面中脉略凹下，下面密被黄棕色粉状鳞秕(分布于南靖、永定) ………………………………………………………………………… **21. 美叶石栎** *L. colophyllus* Chun

 21. 叶上面中脉略突起，下面无鳞秕(分布于南靖、上杭、永春、三明、南平、顺昌、松溪、政和、建阳、建宁、浦城) ……… **22. 东南石栎** *L. harlandii* (Hance) Rehd.

5. 青冈属 *Cyclobalanopsis* Oerst.

本属约 150 种，中国约 70 余种，福建木本 15 种。

分 种 检 索 表

1. 坚果长圆形，长大于直径 2 倍以上；壳斗壁厚 2~4mm，密生黄棕色毡状茸毛，包围坚果 1/2~2/3。

 2. 叶较大，宽 4cm 以上；壳斗深杯状，直径 3cm 以上，包围坚果 2/3(分布于南平、三明、德化、漳平、永定) …………………………………… **1. 饭甑青冈** *C. fleuryi* (Hick. et A. Camus) Chun

 2. 叶较小，宽 4cm 以下；壳斗杯状，直径约 2cm，包围坚果 1/2(分布于南靖、龙岩、漳平、连城、永春、德化、仙游、福州、南平、武夷山) ………………………… **2. 卷斗青冈** *C. pachyloma* (Seem.) Schott.

1. 坚果扁球形、卵形至椭圆形，长与直径近等长或稍长；壳斗壁薄，厚不及 2mm，仅稍被短柔毛，包围坚果 1/2 以下。

 3. 小枝有茸毛；叶下面密生灰黄色星状茸毛。

  4. 坚果扁球形或卵球形，直径 1.2cm 以上；叶全缘或顶部有波状钝齿，如顶部有几个锯齿则齿尖无短芒。

   5. 侧脉 6~9 对；叶柄长 0.6~0.9cm；壳斗碗状，包围坚果 1/3~1/2(分布于南靖、永定、福清、福州) ………………………………………… **3. 岭南青冈** *C. championii* (Benth.) Oerst.

   5. 侧脉 9~15 对；叶柄长 1~2.2cm；壳斗盘状，包围坚果 1/4~1/3(分布于永泰、尤溪、南平、沙县、永安、将乐、漳平、永定) ………………… **4. 福建青冈** *C. chungii* (Metc.) Hsu et Jen

  4. 坚果卵形或椭圆形，直径 1.2cm 以下；叶中部以上有锯齿，齿尖有短芒(分布于柘荣、长汀) ………… **5. 赤皮青冈** *C. gilva* (Bl.) Oerst.

 3. 小枝无毛或仅被粉状蜡毛；叶下面有或无柔毛。

  6. 叶两面不同色，下面被灰白色蜡粉层或稍带灰白色。

   7. 果序长 7~10cm；叶大，通常长 13~20(~31)cm，宽 6~10.5cm；叶柄长 2~4cm(分布于上杭、永定、德化、建阳、武夷山、宁德) ………… **6. 大叶青冈** *C. jenseniana* (Hand. – Mazz.) Cheng et T. Hong

   7. 果序长 5cm 以下；叶较小，通常长 15cm 以下；叶柄长 2.5cm 以下。

    8. 叶缘基部以上有锯齿；侧脉通常 11~15 对。

     9. 叶下面无毛(或仅幼时被丝质毛，老时脱落)，仅被易脱落的灰白色蜡粉，压干后有时变暗灰色；壳斗环带全缘(分布于永安、三明、南平、浦城、宁化、武夷山、松溪、宁德) ………………………………………… **7. 细叶青冈** *C. myrsinaefolia* (Bl.) Oerst.

     9. 叶下面被灰白色贴伏毛及厚的蜡粉层，压干后不呈暗灰色；壳斗环带边缘有不规则齿裂。

      10. 叶柄长 1.5~2cm；壳斗为深碗状；坚果果脐 7~9mm(分布于上杭、武夷山) ………………

·················· **8. 多脉青冈** *C. multinervis* Cheng et T. Hong

 10. 叶柄长 2.5～4cm；壳斗为上宽下窄的漏斗状；坚果果脐 9～11mm（分布于永安）··········

················· **9. 永安青冈**（L. Lin et T. Huang）Y. C. Hsu et W. Jen

 8. 叶缘中部以上有锯齿或近全缘，侧脉通常 10 对以下。

 11. 叶革质，中部以上有锯齿；叶柄长 1cm 以上。

  12. 叶较宽大，长 6～15（～18）cm，宽 2.5～5（～8）cm；侧脉较粗而明显；壳环带全缘（全省各地）

··········· **10. 青冈** *C. glauca*（Thunb.）Oerst.

  12. 叶较狭小，长 4.5～9cm，宽 1.5～3cm；侧脉较细，至顶端稍不明显；壳斗环带边缘常有齿裂（分布于永泰、沙县、大田、将乐、浦城、松溪）··········

················· **11. 小叶青冈** *C. gracilis*（Rehd. et Wils.）Cheng et T. Hong

 11. 叶硬革质，全缘或顶部有波状钝齿；叶柄较短，长 2～8mm。

  13. 叶下面被鳞片状星毛及易脱落的疏毛（分布于平和）··········

················· **12. 倒卵叶青冈** *C. obovatifolia*（Huang）Q. F. Zheng

  13. 叶下面无鳞片状星毛，仅被易脱落的贴伏毛（分布于上杭）··········

················· **13. 梅花山青冈** *C. meihuashanensis* Q. F. Zheng

 6. 叶两面均为绿色，下面不呈灰白色。

 14. 叶柄短，长 0.3～1cm；叶脉在上面凹下；叶全缘或顶部有 1～6 对锯齿（分布于上杭、宁化、将乐、武夷山、浦城、福鼎、宁德）··········· **14. 云山青冈** *C. nubium*（Hand. – Mazz.）Chun

 14. 叶柄较长，长 1～2.5cm；叶脉在上面明显突起；叶缘中部或基部以上有细尖锯齿（分布于宁德、漳平）············· **15. 突脉青冈** *C. elevaticostata* Q. F. Zheng

6. 栎属 *Quercus* L.

本属约 170 种，中国 50 种以上，福建木本 8 种、1 变种。

分 种 检 索 表

1. 落叶乔木；叶革质，少有为硬革质。

 2. 叶较狭长，长圆状披针形、狭椭圆形至倒卵状狭椭圆形，顶端长渐尖，少有急尖，边缘有芒尖状锯齿；叶柄长 6mm 以上。

 3. 叶下面灰白色，密生星状细茸毛；侧脉 13～18 对；壳斗碗状，包围坚果 2/3 以上，鳞片狭披针形，反曲；坚果椭圆形或卵球形（分布于永春、德化、福州、闽清、南平、武夷山）··········· **1. 栓皮栎** *Q. variabilis* Bl.

 3. 叶下面绿色，无毛，或幼时被早落的柔毛，仅脉腋有簇毛。

  4. 叶较大，长 8～13cm，宽 2.5～4cm；壳斗较大，直径 2～3cm，鳞片较长，坚果近球形（本省闽清、沙县、厦门等地有栽培）··········· **2. 麻栎** *Q. acutissima* Carr.

  4. 叶较小，长 7～11cm，宽 2～3.5cm；壳斗较小，鳞片在基部的为三角状披针形，较短，上部的为线状披针形，稍长，直伸，或有些稍反曲（分布于沙县、建宁、宁化、泰宁、三明、永安）··········· **3. 小叶栎** *Q. chenii* Nakai

 2. 叶较宽短，倒卵形、倒卵状椭圆形至长圆形，顶端圆钝、急尖，少有短渐尖，边缘有锯齿或波状齿缺但齿端无芒尖；叶柄长 6mm 以下。

 5. 叶缘有波状钝齿，齿尖圆钝；幼时两面密生灰黄色星状茸毛，老时仅下面有星状茸毛（分布于福州、宁化、建宁、建瓯）··········· **4. 白栎** *Q. fabri* Hance

 5. 叶缘有尖锯齿或仅顶部有几个细尖齿。

  6. 小枝近无毛或仅幼枝有毛；叶下面幼时被灰白色贴伏毛，后渐脱落；壳斗鳞片长三角形（分布于武夷山、光泽、浦城）…………………………… **5. 短柄枹** *Q. serrata* Thunb var. *brevipetiolata*（DC.）Zakai

  6. 小枝密被黄褐色茸毛；叶幼时两面密被星状毛，老时仅下面疏被星状毛；壳斗鳞片线状披针形（分布
    于泰宁、武夷山）…………………………………… **6. 尖叶栎** *Q. oxyphylla*（Wils.）Hand.

1. 常绿小乔木或灌木；叶硬革质，少有为革质。

  7. 叶柄长 1~2cm；叶卵形或卵状披针形，全缘或中部以上有疏锯齿（分布于上杭、古田、武夷山）………
  ……………………………………………………………… **7. 巴东栎** *Q. engleriana* Seem.

  7. 叶柄长 2~6mm。

    8. 叶较狭，宽 1.5~2.5cm，倒卵形或倒卵状椭圆形，边缘有细尖锯齿；侧脉 9~11 对，不明显；老时仅
      两中脉基部有星状毛（分布于上杭、仙游、德化、大田、沙县、将乐、南平、武夷山、浦城）…………
    …………………………………………………… **8. 乌冈栎** *Q. phillyraeoides* A. Gray

    8. 叶较宽，宽 3~4.5cm，椭圆形或近圆形，边缘有刺尖锯齿或全缘；侧脉 6~8 对，在上面凹陷而皱曲，
      老时仅下面中脉基部有茸毛（分布于德化）………… **9. 刺叶栎** *Q. spinosa* David. ex Franch.

48. 榛科 Corylaceae

本科 4 属、67 种，中国 4 属、46 种，福建木本包括引种 2 属、5 种。

分 属 检 索 表

1. 果着生于叶状果苞基部；雄花芽为芽鳞包被 ……………………………… **1. 鹅耳枥属** *Carpinus* L.
1. 果包藏于囊状果苞之内；雄花芽裸露越冬状 ……………………………… **2. 铁木属** *Ostrya* Scop.

    1. 鹅耳枥属 *Carpinus* L.
    本属约 60 种，中国约 40 多种，福建木本 4 种。

分 种 检 索 表

1. 果苞外侧与内侧基部均具裂片。
  2. 叶柄较长，长 1~2cm；叶基部圆或心形，重锯齿较粗，具小尖头或长尖头；果苞外缘具尖锯齿（分布于
    南平、将乐、建宁、泰宁、武夷山及浦城）…………………… **1. 雷公鹅耳枥** *C. viminea* Wall.
  2. 叶柄较短，长 3~7mm，有毛；叶基部不为心形，锯齿较细密；果苞外缘疏生钝齿或全缘（分布于光泽、
    建宁及浦城）………………………………………… **2. 岷江鹅耳枥** *C. londoniana* Winkl.
1. 果苞外侧基部无裂片，内侧基部具裂片或仅边缘微内卷。
  3. 果苞内侧基部具裂片；叶缘锯齿具小尖头（分布于连城）…… **3. 阿里山鹅耳枥** *C. kawakamii* Hayata
  3. 果苞内侧基部无裂片，仅边缘微内卷；叶缘锯齿具刺毛状尖头（分布于福建西北部）…………………
  ………………………………………………………… **4. 多脉鹅耳枥** *C. polyneura* Franch.

    2. 铁木属 *Ostrya* Scop.
    本属 7 种，中国 4 种，福建木本引种 1 种。
    天目铁木 *O. rehderiana* Chun 福州有引种。

49. 胡桃科 Juglandaceae

本科 8 属、约 60 种，中国 7 属、24 种，福建木本 6 属、9 种。

分 属 检 索 表

1. 小枝髓部实心。

2. 落叶性；奇数羽状复叶，叶缘有锯齿；果序直立。

  3. 雄花序 3~15 个集生，直立；果序球果状，直立，果苞卵状披针形，坚果小，扁平，两侧具狭翅；鳞芽卵圆形，芽鳞背部有纵脊 ························· **1. 化香树属** *Platycarya* Sied. et Zucc.

  3. 雄花序三出，下垂；果单生，核果状坚果，成熟后 4 裂，木质；裸芽或鳞芽而有少数芽鳞 ·············
··· **2. 山核桃属** *Carya* Nutt.

2. 常绿性；偶数羽状复叶，少有为奇数羽状复叶，偶有疏锯齿；裸芽，无鳞片；果序长而下垂，坚果，果苞 3 裂，翅状 ··························· **3. 黄杞属** *Engelhardtia* Lesch . ex Bl.

1. 小枝髓心为层片状分隔。

  4. 小枝较小，裸芽；坚果具翅。

  5. 果翅向两侧伸展 ······································· **4. 枫杨属** *Pterocarya* Kunth.

  5. 果翅呈圆形围绕坚果 ·································· **5. 青钱柳属** *Cyclocarya* IljinsK.

  4. 小枝粗壮，多为鳞芽；果为核果状 ·················· **6. 胡桃属** *Juglans* L.

    1. 化香树属 *Platycarya* Sieb. et Zucc.

本属 2 种，福建木本 1 种。

化香树 *P. strobilacea* Sieb. et Zucc. 分布于南平、武夷山、浦城、沙县、福州、霞浦。

    2. 山核桃属 *Carya* Nutt.

本属约有 24 种，中国 3 种和引种 1 种，福建木本引种栽培 1 种。

薄壳山核桃 *C. illinoensis* （Wangenheim） K. koch 厦门、福州、莆田、邵武等地少量引种。

    3. 黄杞属 *Engelhardtia* Lesch . ex Bl.

本属约 12 种，中国约 7 种，福建木本 3 种。

分 种 检 索 表

1. 小枝暗褐色，皮孔不明显；小叶 3~5 对，侧脉 7~15 对(分布于南靖、平和) ·······························
··· **1. 黄杞** *E. roxburghiana* Wall.

1. 小枝灰白至灰褐色，皮孔显著；小叶 1~2 对，侧脉 5~12 对。

  2. 小叶 2 对，侧脉 5~7 对，老叶下面无凹点或不明显；小枝灰白色(全省各地较常见) ·······················
··· **2. 少叶黄杞** *E. fenzelii* Merr.

  2. 小叶 1 对，侧脉 9~12 对，老叶下面密被小凹点；小枝灰褐色(分布于闽清) ·····························
··· **3. 对叶黄杞** *E. unijuga* Chun ex P. Y. Chen

    4. 枫杨属 *Pterocarya* Kunth.

本属约 12 种，中国约 9 种，福建木本 1 种。

枫杨 *P. stenoptera* DC. 全省各地常见。

    5. 青钱柳属 *Cyclocarya* Iljinsk.

本属仅 1 种，福建木本 1 种。

青钱柳 *C. paliurus* （Batal） Ilkinsk 产平和、永春、建宁、武夷山、永安。

    6. 胡桃属 *Juglans* L.

本属约 16 种，中国约 6 种 1 变种，福建木本 2 种。

分 种 检 索 表

1. 小枝无毛；叶全缘或近全缘，下面仅脉腋有簇毛；雌花序有花 2~3 朵；核果近球形(福建仅有零星栽培)
··· **1. 胡桃** *J. regia* L.

1. 小枝被腺毛；叶缘有锯齿，两面有毛；雌花序有花 6～11 朵；核果顶端尖（分布于建瓯、浦城）…………
　………………………… **2. 台湾野核桃** *J. cathayensis* Dode var. *formosana*（Hayata）A. M. Lu et R. H. Chang

50. 木麻黄科 Casuarinaceae

本科仅 1 属，65 种，福建木本栽培 3 种及几个杂交种。

木麻黄属 *Casuarina* L.

本属约 65 种，福建木本栽培 3 种。

分 种 检 索 表

1. 小枝短，长 8～15（～20）cm，较柔嫩，极易自节处拔断，每节有鳞叶 7 片，少有 6 或 8 片；球果大，椭圆形，长 2cm，直径约 1.5cm，外被柔毛（福建各地普遍栽培）…………………… **1. 木麻黄** *C. equisetifolia* L.
1. 小枝较长，长 20cm 以上，较坚韧，不易自节处拔断，每节有鳞叶 8 片以上；球果较小，长不及 2cm，直径 0.8～1.3cm。
　2. 小枝等长，长（15～）20～25cm，节间短，长仅 5～7mm，每节有鳞片叶 8～10 片；球果狭椭圆形，直径约 8mm，无毛（福建厦门、福州引种栽培）………………… **2. 细枝木麻黄** *C. cunninghamiana* Miq.
　2. 小枝长，长 20～45（～100）cm，节间长 10～15mm，每节有鳞片叶 14～16 片；球果阔椭圆形，直径约 13mm，有柔毛（东山、厦门、三明栽培）………………………… **3. 粗枝木麻黄** *C. glauca* Sieb.

51. 榆科 Ulmaceae

本科 15 属、200 种，中国 8 属、65 种及变种，福建木本 7 属、20 种、1 变种、1 变型。

分 属 检 索 表

1. 花常两性，稀杂性；翅果；胚直立，子叶扁平或纵向折叠 …………………………………………… **1. 榆属** *Ulmus* L.
1. 花单性或杂性；核果或为有翅坚果；胚弯曲，子叶常折叠或内卷。
　2. 小坚果。
　　3. 花杂性，花药先端无毛；小坚果偏斜，上半部具短窄翅 ………………… **2. 刺榆属** *Hemiptelea* Planch.
　　3. 花单性，雌雄同株，花药先端有毛；小坚果周围具翅 ………………… **3. 青檀属** *Pteroceltis* Maxim.
　2. 核果或核果状。
　　4. 侧脉直，先端达锯齿。
　　　5. 叶脉羽状；果长不及 7mm，上部偏斜或稍偏斜 ………………………… **4. 榉属** *Zelkova* Spach.
　　　5. 叶基部三出脉；果长 0.8～1cm，上部不偏斜 ………………… **5. 糙叶树属** *Aphananthe* Planch.
　　4. 侧脉先端不达锯齿，在近叶缘分枝弯曲而互相连合。
　　　6. 果径不及 5mm，梗不显著 ………………………………………………… **6. 山黄麻属** *Trema* Lour.
　　　6. 果径 5mm 以上，具果梗 ……………………………………………………………… **7. 朴属** *Celtis* L.

1. 榆属 *Ulmus* L.

本属约 20 种，中国 13 种，福建木本 6 种。

分 种 检 索 表

1. 春季开花；花被钟状，浅裂；叶较大，宽 3cm 以上。
　2. 总状聚伞花序，花序轴长，长达 7cm，下垂，花梗较花被长 2～4 倍（分布于南平）…………………
　………………………………… **1. 长序榆** *U. elongata* L. K. Fu et C. S. Ding

2. 簇状聚伞花序或簇生；花序轴极短，花梗长不及 3mm。

   3. 果核位于翅果中部或近中部，上端常有不接近缺口。

     4. 翅果两面及边缘具毛；叶厚纸质，侧脉 16~20 对(分布于产大田、德化、南平、武夷山、松溪、政和及浦城) ·· **2. 杭州榆** *U. changii* Cheng

     4. 翅果顶端缺口被毛，余无毛；叶纸质，侧脉 7~16 对(厦门有栽培) ················· **3. 榆** *U. pumila* L.

   3. 果核位于翅果上部或近上部，上端接近缺口。

     5. 翅果两面及边缘被毛；侧脉 26 对以下(厦门有引种) ················· **4. 黑榆** *U. davidiana* Planch.

     5. 翅果缺口被毛，余处无毛；侧脉 26~30 对(分布于宁德、南平、建瓯、武夷山、松溪、政和) ········

       ·· **5. 多脉榆** *U. castaneifolia* Hemsl.

1. 秋季开花；花簇生或簇状聚伞花序，腋生，花被杯状，深裂至基部或中下部；叶较小，宽 1~2.5cm(全省各地常见) ··· **6. 榔榆** *U. parvifolia* Jacq.

    2. 刺榆属 *Hemiptelea* Planch.

    本属 1 种，福建引种 1 种。

    刺榆 *H. davidii* (Hance) Planch. 福州引种。

    3. 青檀属 *Pteroceltis* Maxim.

    本属仅 1 种，为中国特产，福建木本 1 种。

    青檀 *P. tatarinowii* Maxim. 福建有分布。

    4. 榉属 *Zelkova* Spach.

    本属约 6~7 种，中国 3 种，福建木本 2 种。

分 种·检 索 表

1. 小枝密生柔毛；叶下面幼时密生灰色柔毛，老时至少叶脉密生柔毛(分布于南靖、龙岩、德化、建宁、厦门、福州) ·································· **1. 榉** *Z. schneideriana* Hand. – Mazz.

1. 小枝近无毛；叶下面仅脉腋有簇毛和脉上疏生微柔毛(分布于浦城) ·····································

   ·· **2. 光叶榉** *Z. serrata* (Thunb.) Makino

    5. 糙叶树属 *Aphananthe* Planch.

    本属约 5 种，中国 2 种，福建木本 1 种。

    糙叶树 *A. aspera* (Thunb.) Planch. 全省各地常见。

    6. 山黄麻属 *Trema* Lour.

    本属约 20 余种，中国 6 种，福建木本 4 种。

分 种 检 索 表

1. 叶披针形或长圆状披针形(福州有分布) ························· **1. 狭叶山黄麻** *T. angustifolia* Blume

1. 叶卵形或长圆状卵形，稀长圆状披针形。

   2. 叶纸质，上面密被短硬毛，粗糙或稍粗糙，下面密被灰白色柔毛，侧脉 4~5(7) 对(福建除北部地区外各地较常见) ···························· **2. 异色山黄麻** *T. tomentosa* (Roxb.) Hara.

   2. 叶薄纸质，上面无毛或稍被硬毛，稍粗糙或平滑，下面近无毛或较密柔毛，侧脉 2~3 对。

     3. 叶柄长 5~8mm，叶上面无毛或幼时疏被硬毛，后脱落，平滑或微粗糙，下面沿脉疏被柔毛(全省各地较常见) ······························ **3. 光叶山黄麻** *T. cannabina* Lour.

     3. 叶柄长 2~3mm，叶上面被硬毛，粗糙或稍粗糙，下面被较密柔毛，沿脉被硬毛(分布于南靖、长汀、永春、福州、沙县、南平、建瓯、武夷山、浦城）·················· **4.** 山油麻 *T. dielsiana* Hand. – Mazz.

7. 朴属 *Celtis* L.

本属约 70 种，中国约 20 种，福建木本 5 种、1 变种、1 亚种。

分 种 检 索 表

1. 果单生或 2~3 集生；叶缘明显有锯齿。
  2. 果单生于叶腋。
    3. 1~2 年生枝、叶柄、果柄均被毛。
      4. 叶下面沿脉和脉腋被毛（全省各地常见）··· **1.** 朴 *C. tetrandra* Roxb. subsp. sinensis（Pers.）Y. C. Tang.
      4. 叶下面密被茸毛（分布于南靖、永春、德化、三明、宁德）·········· **2.** 珊瑚朴 *C. julianae* Schneid.
    3. 1~2 年生枝、叶柄、果柄无毛。
      5. 果橙黄色，径约 1.2cm（分布于南平、永安、德化、永春、宁德、建瓯、武夷山）··············
      ··················· **3.** 西川朴 *C. vandervoetiana* Schneid.
      5. 果黑色，径 6~7mm（福州引种）·················· **4.** 黑弹朴 *C. bungeana* Blume
  2. 果 2~3 个集生于叶腋。
    6. 果柄与叶柄等长或稍长 ·················· **1.** 朴 *C. tetrandra* Roxb. subsp. *sinensis*（Pers.）Y. C. Tang.
    6. 果柄较叶柄长 1.5 倍以上（除西部和北部外全省各地常见）·········· **5.** 紫弹 *C. biondii* Pamp.
    5a. 异叶紫弹 *C. biondii* var. *heterophylla* 与原种的区别在于叶倒卵形至倒卵状椭圆形，顶端尾状或平截，
      有时顶端近平截而突然缩狭成长达 4cm 的长尾状。分布厦门、同安、长乐、福州、南平及沙县。
1. 果序聚伞状；叶全缘（分布于南靖、福清）·················· **6.** 玉桂朴 *C. timorensis* Span.

52. 桑科 Moraceae

本科 53 属、1400 种，中国 16 属、150 种，福建木本 6 属、38 种、14 变种、1 变型。

分 属 检 索 表

1. 雄蕊在花蕾中内折，胚珠常生于子房顶端；叶在芽内折叠，多数具小托叶，托叶痕小或不明显。
  2. 雌花序柔荑状 ·················· **1.** 桑属 *Morus* L.
  2. 雌花序头状 ·················· **2.** 构树属 *Broussonetia* L'Herit. ex Vent.
1. 雄蕊在花蕾中直伸，胚珠生于子房顶端或近顶端；叶在芽内螺旋状折叠，具托叶，托叶痕小或成环状。
  3. 头状花序或雌花单生
    4. 雌、雄花序头状。
      5. 头状花序球形，雄蕊 4 ·················· **3.** 柘树属 *Cudrania* Trec.
      5. 头状花序长圆形，雄蕊 1 ·················· **4.** 桂木属 *Artocarpus* J. R. & G. Forst.
    4. 雄花序头状，雌花单生 ·················· **5.** 见血封喉属 *Antiaris* Lesch.
  3. 隐头花序，具雄花、瘿花、雌花及不育花·················· **6.** 榕属 *Ficus* L.

1. 桑属 *Morus* L.

本属约 12 种，中国 9 种，福建木本 3 种。

分 种 检 索 表

1. 叶缘有粗钝锯齿，叶上面疏生糙伏毛，下面密生短柔毛，花柱短，柱头 2 裂（分布于武夷山）··············
  ·················· **1.** 华桑 *M. cathayana* Hemsl.

1. 叶缘有粗锯齿。
 2. 叶上面近光滑，下面有腋毛；无花柱或花柱极短，柱头2裂（全省各地栽培） ············· **2. 桑** *M. alba* L.
 2. 叶上面粗糙，下面无腋毛；花柱明显，长约3mm，柱头2裂，与花柱等长（分布于三明、泰宁、建瓯）
 ··· **3. 鸡桑** *M. australis* Poir.

2. 构树属 *Broussonetia* L'Herit. ex Vent.
本属约4种，福建木本3种。

分 种 检 索 表

1. 乔木，枝粗壮而开展；叶柄长1.5~10cm；雄花序长3~8cm；聚花果直径1.5~2(3)cm，密生茸毛（全省各地常见） ······················· **1. 构树** *B. papyrifera* (L.) L'Herit ex Vent.
1. 灌木，枝细；叶柄长0.6~2cm；雄花序长1~1.5cm；聚花果直径不超过1cm，被钩状星毛。
 2. 雌雄同株；枝斜上而延伸，但不呈蔓性；叶卵形或阔卵形，上面被糙伏毛（分布于德化、南平、古田）
 ··· **2. 小构树** *B. kazinoki* Sieb.
 2. 雌雄异株；枝显著地伸长而呈蔓性；叶卵形至狭卵形，上面稍被毛（分布于南靖、厦门、三明、南平、连城） ··· **3. 葡蟠** *B. kaempferi* Sieb.

3. 桂木属 *Artocarpus* J. R. & G. Forst.
本属约60种，中国10种，福建木本3种。

分 种 检 索 表

1. 叶螺旋状排列，两面无毛；雌花序生于老茎上；聚花果成熟时极大，长25~60(100)cm，直径25~50cm，表面有六角形的瘤状突起（厦门、福州等地有引种） ················· **1. 波罗蜜** *A. heterophyllus* Lam.
1. 叶互生，二列，下面有毛；雌花序生于叶腋；聚花果较小，成熟时直径不超过7cm。
 2. 叶下面密被灰白色短茸毛；聚花果表面有乳头状突起（分布于南靖、华安、漳州、漳平、连城、德化、永安、三明、永泰、福清、仙游） ············· **2. 白桂木** *A. hypargyreus* Hance ex Benth.
 2. 叶下面有开展的疏柔毛；聚花果表面有散生、盾形的苞片（分布于南靖、平和、连城） ·············
 ·· **3. 胭脂** *A. tonkinensis* A. Chev. ex Gagnep.

4. 柘树属 *Cudrania* Trec.
本属约10种，中国约8种，福建木本3种。

分 种 检 索 表

1. 叶下面密生黄色短柔毛（分布于诏安、龙溪、华安、南靖、莆田、浦城） ······ **1. 毛柘** *C. pubescens* Trecul.
1. 叶下面无毛或近无毛。
 2. 直立灌木或乔木；叶卵形、阔卵形或倒卵形，全缘或有时3裂（分布于南靖、龙岩、长汀、永安、将乐、南平、浦城、福州、宁德及古田） ············· **2. 柘树** *C. tricuspidata* (Carr.) Burean ex Lavall.
 2. 直立或攀援状灌木；叶椭圆形、长椭圆形、椭圆状卵形、狭倒卵形或倒卵状披针形，全缘，不分裂（全省各地常见） ··································· **3. 莨芝** *C. cochinchinensis* (Lour.) Kudo et Masam.

5. 见血封喉属 *Antiaris* Lesch.
本属约5~6种，中国1种，福建木本引种1种。

见血封喉 *A. toxicaria* (Pers.) Lesch. 厦门有引种。

6. 榕属 *Ficus* L.

本属约 1000 种，中国约 120 种，福建木本包括引种 25 种、14 变种、1 亚种、1 变型。

分 种 检 索 表

1. 榕果生于树干或老枝。
　2. 叶上面无毛或下面被柔毛；榕果无侧生苞片。
　　3. 榕果梨形，有红晕，径 2.5～5cm，顶生苞片莲座状，基生苞片宿存（厦门有引种）…………………
　　　………………………………………………………………… **1. 大果榕** *F. auriculata* Lour.
　　3. 榕果近球形，无红晕，顶生苞片不为莲座状，基生苞片脱落（分布于南靖、平和、华安、龙海）……
　　　………………………………………… **2. 青果榕** *F. variegata* Bl. var. *chlorocarpa* (Benth.) King
　2. 叶粗糙，两面密被硬粗毛及短粗毛；榕果具侧苞片（厦门引种）……………… **3. 对叶榕** *F. hispida* L. f.
1. 榕果成对或单生叶腋或生于落叶小枝叶腋。
　4. 大乔木，具不定根及气生根或无不定根及气生根；叶多革质，无毛，稀被毛。
　　5. 榕果基生，苞片早落。
　　　6. 叶窄椭圆形或椭圆状披针形，两面无毛，干后灰绿色；榕果径 4～5mm。
　　　　7. 榕果柄长 1～5mm（分布于南靖、福州、福安、连城、龙岩、永安）……… **4. 小叶榕** *F. concinna* Miq.
　　　　7. 榕果无柄或近无柄（分布于福州等地）…………… **4a. 无柄雅榕** *F. concinna* Miq. var. *subsessilis* Corner
　　　6. 叶长椭圆形，下面无毛或微被柔毛，干后褐色；榕果径 0.7～1cm（厦门引种）……………………
　　　　………………………………………………………………… **5. 大叶水榕** *F. glaberrima* Bl.
　　5. 榕果基生，苞片宿存。
　　　8. 落叶大乔木；托叶长 5～10cm；榕果球形，径 0.7～1.2cm。
　　　　9. 叶椭圆形，先端短渐尖；榕果有柄（分布于南靖、平和、厦门、泉州、莆田、福州、闽侯、永泰、福
　　　　　安、霞浦、南平、永安）…………………………………………… **6. 山榕** *F. virens* Ait.
　　　　9. 叶近披针形，先端渐尖；榕果无柄（厦门引种）………………………………………………
　　　　　……………………………………… **6a. 大叶榕** *F. virens* Ait. var. *sublanceolata* (Miq.) Corner
　　　8. 常绿乔木。
　　　　10. 叶柄具关节，叶三角状卵形，先端尾状；榕果扁球形，径 0.8～1.5cm（厦门多栽培于寺庙旁）……
　　　　　………………………………………………………………… 菩提树 *F. religiosa* L.
　　　　10. 叶柄无关节。
　　　　　11. 侧脉疏离，初生侧脉与次生侧脉明显易分。
　　　　　　12. 侧脉与主脉成直角，叶侧脉 6～9 对，托叶红色，长 10～13cm；榕果倒卵状椭圆形，无柄（厦门引
　　　　　　　种）……………………………………………………… **8. 圆叶榕** *F. hookeriana* Corner
　　　　　　12. 侧脉与主脉不成直角。
　　　　　　　13. 叶厚革质，上面有光泽，长椭圆形，先端钝，托叶红色，长达 15cm；榕果椭圆形，稍扁（厦门、
　　　　　　　　福州栽培）…………………………………… **9. 印度胶树** *F. elastica* Roxb. ex Hernem.
　　　　　　　13. 叶革质，无光泽或稍有光泽。
　　　　　　　　14. 榕果无柄。
　　　　　　　　　15. 榕果基生苞片风帽状（厦门引种）………………………… **10. 高山榕** *F. altissima* Bl.
　　　　　　　　　15. 榕果基生苞片分离。
　　　　　　　　　　16. 具气生根；榕果扁球形；叶先端钝（分布于南靖、龙海、厦门、泉州、莆田、福州、连江）
　　　　　　　　　　　………………………………………………………… **11. 榕树** *F. microcarpa* L. f.
　　　　　　　　　　16. 无气生根；榕果球形或椭圆形，叶先端钝圆（厦门引种）……… **12. 钝叶榕** *F. curtipes* Corner

14. 榕果具柄。

  17. 榕果大，径 1.5 ~ 2.5cm(漳州引种) ·············· **13. 硬叶榕** *F. callosa* Willd.

  17. 榕果小，径 0.8 ~ 1.2cm(分布于南靖) ·············· **14. 九丁树** *F. nervosa* Heyne

11. 侧脉细密，初生侧脉与次生侧脉难分，两面凸起。

  18. 榕果径 0.8 ~ 1.2cm，无毛(厦门引种) ·············· **15. 垂枝榕** *F. benjamina* L.

  18. 榕果径 1.5 ~ 1.9cm，被丛毛(厦门引种) ·············

    ·············· **15a. 丛毛垂枝榕** *F. benjamina* L. var. *nuda* (Miq.) Barre.

4. 中乔木或灌木、攀援灌木，无不定根或气生根。

 19. 乔木或灌木。

  20. 叶有钟乳体。

   21. 幼枝及幼果被红褐色糠秕状鳞片；榕果球形，径 0.7 ~ 1.1cm；叶椭圆状披针形，侧脉 2 ~ 4 对，先端尾尖(分布于南靖、平和、龙岩、南平) ·············· **16. 尖尾榕** *F. langkokensis* Drake

   21. 幼枝及幼果无糠秕状鳞片。

    22. 榕果梨形，径 4 ~ 6cm；叶掌状分裂，下面密被短粗毛，具锯齿；叶柄长 2 ~ 5cm(全省各地栽培)

    ·············· **17. 无花果** *F. carica* L.

    22. 榕果径不及 2cm。

     23. 叶粗糙，上面被短粗毛或瘤点。

      24. 榕果单生叶腋；叶柄长 1 ~ 7cm，叶被毛(全省各地较常见) ·············

      ·············· **18. 天仙果** *F. erecta* Thunb. var. *beecheyana* (Hook. et Arn.) King

      18a. 狭叶天仙果 *F. erecta* var. *beecheyana* f. *koshunensis* 与天仙果的主要区别在于叶较狭，披针状长圆形。分布于平潭和宁德。

      24. 榕果成对腋生，稀单生；叶柄长不及 2cm。

       25. 叶下面无毛(分布于南靖、上杭、大田) ·············· **19. 冠毛榕** *F. gasparriniana* Miq.

       25. 叶下面微被毛或密被毛(分布于南靖、上杭、大田) ·············

       ·············· **19a. 长叶冠毛榕** *F. gasparriniana* Miq. var. *esquirolii* (Le'vl et Vant.) Corner

     23. 叶上面无毛，稀被微柔毛。

      26. 叶柄短。

       27. 榕果梨形，径 2 ~ 3cm，疏生白斑点，基部肥厚；叶倒披针形(分布于平和、南靖) ·············

       ·············· **20. 梨果榕** *F. pyriformis* Hook. et Arn.

       27. 榕果球形或近球形。

        28. 榕果幼时被瘤点；叶窄椭圆形至椭圆状披针形，侧脉 7 ~ 11 对(全省各地常见) ·············

        ·············· **21. 变叶榕** *F. variolosa* Lindl. ex Benth.

        28. 榕果无瘤点或稍被点；叶披针形或琴形。

         29. 叶侧脉不明显；榕果卵球形，单生叶腋。

          30. 叶倒披针形(全省各地常见) ·············· **22. 台湾榕** *F. formosana* Maxim.

          30. 叶条状披针形(全省各地常见) ·············

          ·············· **22a. 窄叶台湾榕** *F. formosana* Maxim. var. *angustifolia* (Cheng) Migo

         29. 叶侧脉明显；榕果椭圆形或球形。

          31. 叶条状披针形，侧脉 7 ~ 17 对(分布于福州、仙游、光泽) ·············

          ·············· **23. 竹叶榕** *F. stenophylla* Hemsl.

          31. 叶琴形、披针形或倒卵形，侧脉较少；榕果单生，椭圆形。

           32. 叶琴形或倒卵形，中部收缩，先端短尖，侧脉 3 ~ 5(分布于厦门、长乐、福州、闽侯、连江、连城、龙岩、永安、南平、建宁) ·············· **24. 琴叶榕** *F. pandurata* Hance

           32. 叶中部不收缩，先端渐尖(全省各地较常见) ·············

······················· **24a. 全缘榕** *F. pandurata* Hance var. *holophylla* Migo

26. 叶柄长，幼枝常被黏质、锈色硬毛或短柔毛；叶纸质，叶形多变化，两面粗糙，无毛或被疏短
　　伏毛(分布于南平、建瓯、建阳、沙县、大田、泰宁、古田、浦城及武夷山)······················
　　··· **25. 异叶榕** *F. heteromorpha* Hemsl.

20. 叶无钟乳体。

　33. 叶被毛，具细齿。

　　34. 叶形多种，下面被锈色或金黄色开展的长硬毛；花序托球形，被开展的长硬毛(全省各地常见)···
　　　　··· **26. 粗叶榕** *F. hirta* Vahl

　　34. 叶卵形、阔卵形或近圆形，下面密被黄褐色或灰白色短茸毛，脉上被金黄色长硬毛；花序托卵形
　　　　或近球形，密被长柔毛(分布于诏安、华安、南靖、平和、龙岩、上杭)···············
　　　　··· **27. 黄毛榕** *F. fulva* Reinw.

　33. 叶无毛，全缘(福建有分布)··········· **28. 变异斜叶榕** *F. tinctoria* Forst. f. ssp. *gibbosa* (Blume) Corner

19. 攀援或匍匐灌木；叶革质，全缘，下面网眼呈蜂窝状。

　35. 基生叶脉长达叶片 1/2 ~ 2/3，叶先端钝或稍渐尖；榕果大，多单生。

　　36. 叶下面被黄色柔毛；榕果梨形或近圆形，长 3 ~ 6cm(全省各地常见)　········ **29. 薜荔** *F. pumila* L.

　　36. 叶下面密被锈褐色柔毛；榕果长椭圆形，长 6 ~ 8cm(全省各地常见)···············
　　　　·· **29a. 爱玉子** *F. pumila* L. var. *awkeotsang* (Mak.) Corner

　35. 基生叶脉短，叶先端尖、渐尖或尾状；榕果小。

　　37. 叶薄革质，无毛，网脉平；榕果球形，径 6 ~ 7mm(分布于长汀、连城)······················
　　　　··········· **29a. 薄叶匍茎榕** *F. sarmentosa* Buch - Ham. ex J. E. SM var. *lacrymans* (Lévl.) Corner

　　37. 叶革质，被毛，网脉蜂窝状，被黄色柔毛。

　　38. 榕果圆锥形，近无柄，顶生苞片直立(分布于南靖、平和、龙岩、长乐、福州、永安、三明、沙
　　　　县、南平、建瓯)··
　　　　············· **29b. 珍珠莲** *F. sarmentosa* Buch - Ham. ex J. E. SM var. *henryi* (King ex D. Oliver) Corner

　　38. 榕果近球形，顶生苞片脐状。

　　　39. 榕果径 6 ~ 7mm；叶下面灰白色(分布于南靖)·····················
　　　　····· **29c. 纽榕** *F. sarmentosa* Buch - Ham. ex J. E. SM var. *impressa* (Champ. ex Benth.) Corner

　　　39. 榕果径 1 ~ 2cm(分布于南靖、连城、德化、永安、沙县、南平、福州、闽侯、福安、古田、长乐)
　　　　··········· **29d. 日本匍茎榕** *F. sarmentosa* Buch - Ham. ex J. E. SM var. *nipponica* Corner

53. 荨麻科 Urticaceae

本科 45 属、550 种，中国 21 属、200 种，福建木本 3 属、8 种、2 变种。

分 属 检 索 表

1. 茎枝无疣毛。

　2. 叶宽卵形至近圆形；团伞花序再排成圆锥状　····················· **1. 苎麻属** *Boehmeria* Jacq.

　2. 叶卵状长圆形或卵状披针形；团伞花序簇生　················· **2. 紫麻属** *Orecnide* Miq.

1. 茎枝密生红色疣毛(即软刺状的毛)，疣毛上有短柔毛 ················ **3. 水麻属** *Debregeasia* Gaub.

　1. 苎麻属 *Boehmeria* Jacq.
　本属约 100 种，中国 20 多种，福建木本 6 种、2 变种。

分 种 检 索 表

1. 穗状花序顶端具叶（分布于长汀、上杭、龙岩、连城、永安、南平、武夷山） ················
··· **1. 序叶苎麻** *B. diffusa* Wedd.
1. 穗状或圆锥花序顶端无叶。
 2. 叶互生，下面被白色毡毛；团伞花序再排成圆锥状（全省各地常见） ········· **2. 苎麻** *B. nivea*（L.）Gaud
  2a. 青叶苎麻 *B. nivea* var. *tenacissima* 与原种区别在于：茎及叶柄被平伏短毛；叶多为卵形或椭圆状卵形，
    先端长渐尖，基部多圆，下面疏被平伏短毛，绿色，间或有薄层白色毡毛。福建有分布。
 2. 叶对生，下面无毡毛；团伞花序排成穗状或圆锥状。
  3. 叶顶3浅裂，边缘上部有重齿牙；茎密生褐色柔毛（分布于仙游、将乐、南平） ················
·· **3. 山麻** *B. platanifolia* Franch. & Sav.
  3. 叶顶端不裂，有时有3个急尖头；茎密生或疏生白色短伏毛或短柔毛。
   4. 叶宽6~20cm。
    5. 叶缘为整齐的单锯齿，每侧具20~27小钝齿，叶两面密被柔毛；小枝密被淡黄褐茸毛（分布于连城、
     武夷山） ··· **4. 台湾苎麻** *B. formosana* Hay.
    4a. 福州苎麻 *B. formosana* var. *fuzhouensis* 和原种的主要区别在于叶线状披针形，瘦果卵球形或近球
     形。花期7月。分布于福州。
    5. 叶缘为不整齐的粗齿牙，上部的牙齿常为三角形，每侧具7~12牙齿，叶上面被平伏糙毛；茎上部被
     较密糙毛（分布于福州） ·· **5. 长穗苎麻** *B. longispica* Steud.
   4. 叶宽2~6(7.5)cm（福建有分布） ··· **6. 细野麻** *B. gracilis* C. H. Wright.

   2. 紫麻属 *Oreocnide* Miq.
   本属约20种，中国7种，福建木本1种。
   紫麻 *O. frutescens*（Thunb.）Miq. 分布于古田、南平、福州、沙县、永安、连城、龙岩、
南靖。
   3. 水麻属 *Debregeasia* Gaub.
   本属5种，中国4种，福建木本1种。
   鳞片水麻 *D. squamata* King ex Hook. 分布于南靖。

54. 杜仲科 Eucommiaceae

本科仅1属、1种，现已广泛栽培。
杜仲属 *Eucommia* Oliv.
本属1种，中国1种，福建木本1种。
杜仲 *E. ulmoides* Oliv. 厦门、福州、南平、顺昌、邵武等地引种。

55. 胭脂树科 Bixaceae

本科1属、4种，中国引入1种，福建木本引入1属、1种。
胭脂树属 *Bixa* L.
本属4种，中国引入1种，福建木本引入1种。
胭脂树 *B. orellana* L. 厦门有引种。

56. 半日花科 Cistaceae

本科8属、200种，中国2属、2种，福建木本引入1属、1种。

岩蔷薇属 *Cistus* L.

本属 1 种，中国 1 种，福建木本引入 1 种。

岩蔷薇 *C. ladaniferus* L. 厦门引种。

57. 大风子科 Flacourtiaceae

本科 93 属、1000 种，中国 13 属、28 种，福建木本 7 属、10 种。

分 属 检 索 表

1. 花有花瓣，两性。
  2. 花瓣内面无鳞片状附属体 ·· **1. 莉柊属** *Scolopia* Schreb.
  2. 花瓣内面基部有鳞片状附属体 ·· **2. 大风子属** *Hydnocarpus* Gaertn.
1. 花瓣缺如。
  3. 叶柄长 0.2~5(7)cm，无瘤状腺体。
    4. 子房 1 室。
      5. 花药丁字着生；侧膜胎座 3；萼片 3(4~5) ················· **3. 山桂花属** *Bennettiodendron* Merr.
      5. 花药基着；侧膜胎座 2；萼片 4~5；常具枝刺 ·············· **.4. 柞木属** *Xylosma* G. Forst.
    4. 子房完全或不完全 4~6(2~8) 室。
      6. 花两性，稀杂性；叶具羽状脉，无托叶；常具刺 ·············· **5. 刺篱木属** *Flacourtia* Comm. ex L'Hérit
      6. 花单性，雌雄异株；叶具 3 出基脉，托叶小 ·············· **6. 木莓属** *Doryalis* E. Mey. corr. Warb.
  3. 叶柄长 6~15cm，具 2~4 瘤状腺体，叶基脉掌状 5~7 出；侧膜胎座 5 ········ **7. 山桐子属** *Idesia* Maxim.

1. 莉柊属 *Scolopia* Schreb.

本属约 45 种，中国 4 种，福建木本 2 种。

分 种 检 索 表

1. 叶片(在同一枝条上的全部或绝大部分)基部或叶柄顶端有 2 枚分泌腺，顶端圆钝，稀短尖(福建习见)···
  ·· **1. 莉柊** *S. chinensis* (Lour.) Clos
1. 叶片基部无上述分泌腺或偶在近基部叶缘的齿上有 1~2 个不明显小腺，顶端短尖至短渐尖(福建中部、
  南部习见) ·· **2. 广东莉柊** *S. saeva* (Hance) Hance

2. 大风子属 *Hydnocarpus* Gaertn.

本属 44 种，中国 3 种，福建木本引入 2 种。

分 种 检 索 表

1. 叶有锯齿；果径 4~6cm(福州有引种) ·································· **1. 海南大风子** *H. hainanensis* Sleum.
1. 叶全缘；果径 7cm(厦门和福州有引种) ···························· **2. 泰国大风子** *H. anthelminthica* Pierre

3. 山桂花属 *Bennettiodendron* Merr.

本属 8 种，中国 7 种，福建木本引入 1 种。

短柄山桂花 *B. brevipes* Merr. 厦门有引种。

4. 柞木属 *Xylosma* G. Forst.

本属约 100 种，中国约有 3 种，福建木本 3 种。

分 种 检 索 表

1. 花序长 2~4cm；萼片内面密被微柔毛；果直径 3~5mm；叶椭圆形至长圆形，基部楔形至阔楔形；无枝刺（分布于平和）…………………………………………………………… **1. 南岭柞木** *X. controversa* Clos
1. 花序长 1~2cm；萼片内面无毛；有枝刺。
　2. 叶阔卵形、卵状菱形至卵状椭圆形，顶端短尖至渐尖，基部近圆形，阔楔形或稍心形，长 4~7cm；果直径 3~4mm；总花梗密被棕色毛（福建习见）………………… **2. 柞木** *X. congesta*（Lour.）Merr.
　2. 叶椭圆形至长圆状披针形，顶端渐尖，基部楔形，少有阔楔形，长 8~16cm；果直径 4~6mm；总花梗疏被毛或无毛（福建习见）…………………………………… **3. 长叶柞木** *X. longifolia* Clos

　5. 刺篱木属 *Flacourtia* Comm. ex L'Hérit
　本属 15 种，中国 4 种，福建木本引入 1 种。
　大叶刺篱木 *F. rukam* Zoll. et Mor. 福州引种。
　6. 木莓属 *Doryalis* E. Mey. corr. Warb.
　本属 30 种，中国引入 1 种，福建木本引入 1 种。
　木莓 *D. hebecarpa*（Gardn.）Warb. 厦门引种。
　7. 山桐子属 *Idesia* Maxim.
　本属仅 1 种，福建木本 1 种。
　山桐子 *I. polycarpa* Maxim. 福建习见。

58. 天料木科 Samydaceae

本科 17 属、400 种，中国 2 属、20 种，福建木本 2 属、4 种。

分 属 检 索 表

1. 花簇生或为团伞花序，稀单花，无花瓣，子房上位；种子有假种皮 ………… **1. 嘉赐树属** *Casearia* Jacq.
1. 总状或圆锥花序，有花瓣，子房半下位；种子无假种皮 ………………… **2. 天料木属** *Homalium* Jacq.

　1. 嘉赐树属 *Casearia* Jacq .
　本属约 160 种，中国 6 种，福建木本 2 种。

分 种 检 索 表

1. 成长叶下面密被黄色柔毛；小枝密被锈色柔毛（分布于南靖）…………… **1. 毛叶嘉赐树** *C. velutina* Bl.
1. 成长叶下面无毛；小枝初时被微柔毛，后变无毛（福建中部、南部习见）… **2. 嘉赐树** *C. glomerata* Roxb.

　2. 天料木属 *Homalium* Jacq.
　本属约 200 种，中国 12 种，福建木本 1 种、习见栽培 1 种。

分 种 检 索 表

1. 花瓣外面粉红色，结果时长不超过 2mm；花丝无毛；小枝无毛（福建南部习见栽培）……………………………………………………………… **1. 红花天料木** *H. ceylanicum*（Gardn.）Benth.
1. 花瓣外面白色或近白色，结果时长达 3mm；花丝中部以下被长柔毛；小枝密被微柔毛（福建中部、南部习见）……………………………………………………… **2. 天料木** *H. cochinchinense*（Lour.）Druce

59. 沉香科 Aquilariaceae

本科 6 属、44 种，中国 1 属、15 种，福建木本 1 属、1 种。

沉香属 *Aquilaria* Lam.

本属 15 种，中国 1 种，福建木本 1 种。

土沉香 *A. sinensis*（Lour.）Gilg 厦门、诏安、福州等地栽培。

60. 瑞香科 Thymelaeaceae

本科 42 属、800 种，中国 9 属、90 余种，福建木本 3 属、8 种、1 变种。

分 属 检 索 表

1. 叶常对生；萼筒内花盘深裂为 2～4 条形鳞片；总状、穗状或圆锥状花序 …… **1. 荛花属** *Wikstroemia* Endl.
1. 叶常互生；花盘不裂或浅裂。
  2. 花序短总状或头状，花柱极短或几无花柱，柱头大，头状 ………………… **2. 瑞香属** *Daphne* L.
  2. 花序头状，花柱圆柱形，柱头长，线形，密被乳头状突起 ……………… **3. 结香属** *Edgeworthia* Meissn.

1. 荛花属 *Wikstroemia* Endl.

本属约 70 种，中国约 40 种，福建木本 4 种。

分 种 检 索 表

1. 花萼和总花梗无毛，花序总状或圆锥形。
  2. 花黄绿色，花萼 4 裂，花序短总状或近头状的短总状；叶膜质、纸质或革质。
    3. 总花梗纤细，长 5～15mm；叶膜质至纸质，卵形或卵状披针形，长 2.5～8cm，宽 1.5～2.5（3.5）cm，上面深绿色，下面淡绿白色，被白粉（分布于南靖、永安等地）………… **1. 细轴荛花** *W. nutans* Champ.
    3. 总花梗粗壮，长 5～10mm；叶坚纸质至革质，卵形或椭圆状长圆形，长 1.5～5cm，宽 0.8～1.8cm，两面同色，无白粉（分布于福建各地）………………… **2. 了哥王** *W. indica*（L.）C. A. Mey.
  2. 花白色，花萼 5 裂，花排成疏散的圆锥花序；叶卵形或卵状披针形，长 1.2～3.5cm，宽 1～2.2cm（分布于厦门、福清、福州、永泰、武夷山、浦城等地）………… **3. 白花荛花** *W. alba* Hand. – Mazz.
1. 花萼和总花梗被毛，花排成顶生的伞形状短总状花序，花萼淡红色；叶纸质，卵状椭圆形至长圆形，长 3～6cm，宽 1～2.8cm，上面无毛，下面疏被细柔毛（福建各地较常见）… **4. 北江荛花** *W. monnula* Hance

2. 瑞香属 *Daphne* L.

本属约 90 多种，中国 30 余种，福建木本 3 种、1 变种。

分 种 检 索 表

1. 叶薄纸质，较小，长在 5cm 以下；花序腋生或顶生与腋生同时并存。
  2. 花大，长约 15mm，淡紫红色，先于叶开放；叶椭圆状长圆形，长 3～4.5cm，宽 0.9～1.5cm，被绢状短柔毛（福建各地均可见到）…………………………… **1. 芫花** *D. genkwa* Sieb. et Zucc
  2. 花较小，长 6～8cm，绿白色，在叶后开放；叶椭圆形，长 1～4.5cm，宽 0.8～1.8cm，两面均被丝状毛（分布于漳平、龙岩、连城、福清、南平、永安等地）………………… **2. 长柱瑞香** *D. championii* Benth.

1. 叶厚纸质或近软革质，长在 5 ~ 14cm；花序顶生或生于侧枝顶端。

  3. 幼枝和老枝均为深紫色或紫褐色；花有清香；叶较小，长 5 ~ 10cm，宽 1.5 ~ 3.5cm (福建各地较常见)

  ·· **3.** 毛瑞香 *D. odora* Thunb. var. *atrocaulis* Rehd.

  3. 枝灰色或灰褐色；花无香气；叶较大，长 9 ~ 14cm，宽 1.2 ~ 4cm (分布于福建各地) ·····················

  ·· **4.** 白瑞香 *D. papyracea* Wall. ex Steud.

  3. 结香属 *Edgeworthia* Meissn.

  本属约 5 种，中国 4 种，福建木本引入 1 种。

  结香 *E. chrysantha* Lindl. 福建偶见栽培。

61. 紫茉莉科 Nyctaginaceae

  本科 30 属、300 种，中国 5 属、10 种，福建木本引种 1 属、2 种。

  叶子花属 *Bougainvillea* Comm. ex Juss.

  本属 18 种，中国引种 2 种，福建木本引种 2 种。

分 种 检 索 表

1. 叶通常披针形或卵形，顶端渐尖至长渐尖；幼枝及叶近无毛或疏生短柔毛；苞片红色至紫色，卵形至卵状披针形，顶端渐尖至短渐尖；花萼管多少被微毛 (福建沿海各地多有栽培) ·····················

  ·· **1.** 光叶子花 *B. glabra* Choisy

1. 叶通常卵圆形至阔卵形，顶端短尖至近钝形；幼枝及叶通常密生柔毛；苞片鲜红色至砖红色，椭圆状卵圆形，顶端钝尖至短尖；花萼管密生柔毛 (福州、厦门栽培) ·············· **2.** 叶子花 *B. spectabilis* Willd.

62. 山龙眼科 Proteaceae

  本科 62 属、1050 种，中国 2 属、21 种，福建木本包括引种 3 属、5 种、1 变种。

分 属 检 索 表

1. 叶全缘或二回羽状深裂；花两性，子房具柄；蓇葖果 ·············· **1.** 银桦属 *Grevillea* R. Br.

1. 叶全缘、具齿或分裂；花两性或单性，子房无柄；坚果或核果。

  2. 叶全缘或具齿；花两性；坚果 ·············· **2.** 山龙眼属 *Helicia* Lour.

  2. 叶全缘、3 裂或羽裂；花单性；核果 ·············· **3.** 假山龙眼属 *Heliciopsis* Sleum

  1. 银桦属 *Grevillea* R. Br.

  本属约 190 种，中国引种 1 种，福建木本引种 1 种。

  银桦 *G. robusta* A. Cunn. 福建沿海各地多有栽培，生长迅速。

  2. 山龙眼属 *Helicia* Lour.

  本属约 95 种，中国 17 种，福建木本 3 种、1 变种。

分 种 检 索 表

1. 叶纸质至坚纸质；叶脉在上面不隆起，网脉也不明显。

  2. 叶纸质，较小，长圆形或椭圆形，长 5 ~ 12cm，宽 1.5 ~ 4.5cm；果椭圆状球形或长圆状球形，长约

12mm，直径约 8mm（全省各地常见）·································· **1.** **红叶树** *H. cochinchinensis* Lour.

2. 叶坚纸质，较大，椭圆状长圆形至倒卵状长圆形，长 13～25cm，宽 5.5～11.5cm；果近球形，直径约 15～19mm（分布于龙岩）··········· **2.** **广东山龙眼** *H. kwangtungensis* W. T. Wang

1. 叶革质，倒卵状长圆形至倒卵状披针形，长 11～25cm，宽 3.5～9cm；叶脉在上面明显隆起，网脉也明显；果椭圆状球形，长约 18mm，直径约 15mm（分布于南靖、漳平、永安、连城）··· **3.** **网脉山龙眼** *H. reticulata* W. T. Wang

3a. **小叶网脉山龙眼** *H. reticulata* var. *parvifolia* 与原种的区别在于叶较短小，倒卵状椭圆形，长 5～12cm，宽 2.5～5.5cm。分布于华安、漳平、龙岩。

3. 假山龙眼属 *Heliciopsis* Sleum.

本属 7 种，中国 3 种，福建木本栽培 1 种。

假山龙眼 *H. terminalis*（Kurz）Sleum. 福州引种。

63. 海桐科 Pittosporaceae

本科 9 属、360 种，中国 1 属、44 种，福建木本 1 属、6 种、4 变种。

海桐花属 *Pittosporum* Banks

本属 300 种，中国 44 种、8 变种，福建木本 6 种、4 变种。

分 种 检 索 表

1. 蒴果（2）3～5 裂。

2. 果瓣木质，厚 1～3mm；种子长 2～4mm。

3. 叶先端圆或微凹（全省各地栽培）·································· **1.** **海桐** *P. tobira*（Thunb.）Ait

1a. **秃序海桐** *P. tobira* var. *calvescens* 与原种主要区别在于嫩枝及幼叶仅疏生短毛，子房疏被微毛，花序、苞片及萼片均无毛。分布于厦门和福清等地。

3. 叶先端尖或渐尖（分布于永春、安溪、武平）·············· **2.** **少花梅桐** *P. pauciflorum* Hook. et Arn.

2. 果瓣薄木质，厚 1mm 以下；种子长 2.5～7mm。

4. 果球形或倒卵状球形；叶倒卵状披针形，边缘平或微皱（分布于永定、上杭、德化、福州、永安、泰宁、屏南、南平、武夷山）·· **3.** **海金子** *P. illicioides* Mak.

3a. **狭叶海金子** *P. illicioides* var. *stenophyllum* 与原种区别在于叶狭披针形或镰状披针形，长 10～18cm，宽 1.5～2cm。分布于武夷山。

4. 果椭圆形、长圆形或卵形。

5. 果基部无子房柄或不明显（分布于诏安、平和、南靖、永定、上杭、龙岩）·· **4.** **光叶海桐** *P. glabratum* Lindl.

4a. **狭叶海桐** *P. glabratum* var. *neriifolium* 与原种区别在于叶狭窄的长披针形，长 6～18cm，宽 1～2cm，基部楔形，边缘微波状，干后稍反卷；叶柄较短，长 5～10mm。分布于诏安、平和、上杭、德化。

5. 果基部具子房柄，子房柄 2～3cm（分布于诏安、平和、安溪、武平、上杭、龙岩、德化）·· **5.** **柄果海桐** *P. podocarpum* Gagnep.

5a. **线叶柄果海桐** *P. podocarpum* var. *angustatum* 与原种区别在于叶狭窄披针形或线形，长 8～16cm，宽 1～2cm。分布于华安、上杭、龙岩、德化。

1. 蒴果 2 裂（福州有引种）·································· **6.** **异叶海桐** *P. heterophyllum* Franch.

64. 白花菜科 Capparidaceae

本科 45 属、1000 种，中国 5 属、42 种，福建木本包括引种 2 属、4 种。

分 属 检 索 表

1. 叶为单叶；常被毛及刺；花瓣通常无爪 ···································· **1. 山柑属** *Capparis* L.
1. 叶为具 3 小叶的掌状复叶；无刺，也无毛；花瓣有爪 ·················· **2. 鱼木属** *Crateva* L.

1. 山柑属 *Capparis* L.

本属约 250 种，中国 31 种，福建木本包括引种 3 种。

分 种 检 索 表

1. 花 2~4 朵排成 1 列，腋生（分布于永安、沙县、南平、建阳和浦城） ····· **1. 独行千里** *C. acutifolia* Sweet
1. 伞房、近伞形或总状花序组成圆锥花序。
  2. 果被 4~8 条鸡冠状纵棱（厦门有引种） ···················· **2. 马槟榔** *C. masaikai* Lévl.
  2. 果无纵棱（分布于长乐、福州、连江） ················ **3. 广州山柑** *C. cantoniensis* Lour.

2. 鱼木属 *Crateva* L.

本属约 20 种，中国 4 种，福建木本 1 种。

树头菜 *C. unilocularis* Buch－Harm. 分布于长乐、福州连江。

65. 柽柳科 Tamaricaceae

本科约 5 属、100 种，中国 4 属、20 余种，福建木本栽培 1 属、1 种。

柽柳属 *Tamarix* L.

本属约 75 种，中国 16 种，福建木本引入 1 种。

柽柳 *T. chinensis* Lour. 福建沿海各地常有零星栽培。

66. 远志科 Polygalaceae

本科 13 属、1000 种，中国 5 属、50 种，福建木本 1 属、2 种。

远志属 *Polygala* L.

本属约 600 种，中国约 40 种，福建木本 2 种。

分 种 检 索 表

1. 花序与叶对生；叶宽 2~3.5(6)cm；花瓣鸡冠状附属物条裂，无柄；蒴果浆果状，具翅；种子近无毛（全省各地常见） ···································· **1. 黄花远志** *P. arillata* Buch－Ham. ex D. Don
1. 总状花序顶生或腋生；叶宽 4~6.5cm；花冠鸡冠状附属物流苏状，具柄；蒴果不为浆果状，近无翅；种子密被毛（全省各地见） ···································· **2. 假黄花远志** *P. fallax* Hemsl.

67. 番木瓜科 Caricaceae

本科 4 属、55 种，中国栽培 1 属、1 种，福建木本栽培 1 属、1 种。

番木瓜属 *Carica* L.

本属约 45 种，中国引入 1 种，福建木本引入 1 种。

番木瓜 *C. papaya* L. 福建南部习见栽培。

68. 椴树科 Tiliaceae

本科 50 属、450 种，中国 11 属、82 种，福建木本 6 属、13 种、1 变种。

分 属 检 索 表

1. 花多为两性；常有雌雄蕊柄；花瓣内侧基部常有腺体；坚果、核果或蒴果。
　2. 花瓣内侧基部无腺体；无雌雄蕊柄；坚果或核果 ·················· **1. 椴树属** *Tilia* L.
　2. 花瓣内侧基部有腺体或无；具雌雄蕊柄。
　　3. 核果；乔木或灌木。
　　　4. 核果无沟；顶生圆锥花序 ················ **2. 破布叶属** *Microcos* L.
　　　4. 核果有纵沟；腋生聚伞花序 ················ **3. 扁担杆属** *Grewia* L.
　　3. 蒴果；亚灌木。
　　　5. 果表面密生刺或钩刺 ················ **4. 刺蒴麻属** *Triumfetta* L.
　　　5. 果表面具棱或小疣突起 ················ **5. 黄麻属** *Corchorus* L.
1. 花单性，稀两性；无雌雄蕊柄；花瓣内侧无腺体，在萼片内侧无或有腺体；蒴果有翅，室间开裂 ·······
······ **6. 蚬木属** *Excentrodendron* Chang et Miau

1. 椴树属 *Tilia* L.

本属约 50 种，中国约 35 种，福建木本 4 种。

分 种 检 索 表

1. 花序的苞片无柄；叶下面密被灰白色星状微柔毛，少有老叶近无毛或肉眼看似灰白色蜡层（分布于泰宁、武夷山、浦城等地） ················ **1. 椴树** *T. tuan* Szyszyl.
1. 花序的苞片有长 1～4cm 的柄。
　2. 花序与苞片仅基部贴生，苞片基部心形；嫩枝被很快脱落的星状微柔毛。
　　3. 叶较大，长 8～14cm，宽 6～8cm，近全缘或中部以上有小齿，下面苍灰色（分布于德化、南平等地）···
　　　······ **2. 两广椴** *T. croizatii* Chun et Wong
　　3. 叶较小，长 5～11cm，宽 3.5～6cm，边缘疏生锯齿，干后两面近同色（分布于建宁）·········
　　　······ **3. 建宁椴** *T. scalenophylla* Ling
　2. 花序与苞片贴生处长超过 1cm，苞片基部两侧不等，下延，且非心形；枝无毛（分布于泰宁、永安、南平、武夷山）·········· **4. 鳞果椴** *T. leptocarya* Rehd.

2. 破布叶属 *Microcos* L.

本属约 53 种，中国约 3 种，福建木本 1 种。

破布叶 *M. paniculata* L. 厦门有分布。

3. 扁担杆属 *Grewia* L.

本属约 150 种，中国约 26 种，福建木本 3 种和 1 变种。

分 种 检 索 表

1. 叶细小，长 1～2.5cm，宽 8～18mm（分布于泉州、泰宁、建宁、南平等地） ·················
······ **1. 细叶扁担杆** *G. piscatorum* Rehd.
1. 叶较大，通常长 5cm 以上，宽 2cm 以上。

2. 叶狭卵状菱形、椭圆状披针形至倒卵状椭圆形，通常长不超过宽的 2.5 倍，顶端短尖至渐尖，基生 3 出脉的两侧脉上行通常超过叶片中部（全省习见）·················· **2. 扁担杆** *G. biloba* G. Don

2a. 扁担木 *G. biloba* var. *parviflora* 与原种区别在于叶卵状菱形或菱形，长 3 ~ 11cm，宽 2 ~ 6cm，顶端短尖，上面疏生柔毛至无毛，下面星状茸毛较密，少有近无毛。全省常见。

2. 叶倒卵状长披针形至长圆披针形，通常长超过宽的 2.5 ~ 3 倍，顶端渐尖，尖常尾状，基生 3 出脉的两侧脉上行通常不超过叶片中部（福建有分布）·········· **3. 同色扁担杆** *G. concolor* Merr.

4. 刺蒴麻属 *Triumfetta* L.

本属约 150 种，中国 6 种，福建木本 2 种。

分 种 检 索 表

1. 叶 3(~5) 浅裂；果不开裂，针刺长 2 ~ 4mm（福建南部习见）················ **1. 刺蒴麻** *T. bartramia* L.
1. 叶不分裂；蒴果开裂，针刺长 5 ~ 10mm（福建中部、南部习见）·········· **2. 毛刺蒴麻** *T. tomentosa* Boj.

5. 黄麻属 *Corchorus* L.

本属约 100 种，中国 4 种，福建木本 2 种。

分 种 检 索 表

1. 蒴果近球形，顶端平截或凹陷，无突起的喙；子房无毛（福建有引种）·········· **1. 黄麻** *C. capsularis* L.
1. 蒴果长圆柱形，顶端有 3 ~ 5 突起的喙，周围有 3 ~ 5 翅或棱；子房被毛（福建常见）·····················
·· **1. 甜麻** *C. aestuans* L.

6. 蚬木属 *Excentrodendron* Chang et Miau

本属约 5 种，中国 4 种，福建木本引入 1 种。

蚬木 *E. hsienmu*（Chun et How）Chang et Miau 厦门和福州栽培。

69. 杜英科 Elaeocarpaceae

本科 12 属、约 350 种，中国 2 属、约 50 种，福建木本 3 属、10 种。

分 属 检 索 表

1. 核果或蒴果具刺；叶革质或纸质。
 2. 核果，外果皮光滑；总状花序 ······························· **1. 杜英属** *Elaeocarpus* L.
 2. 蒴果，室背开裂成 3 ~ 5 瓣，外果皮有刺；花序各式 ················ **2. 猴欢喜属** *Sloanea* L.
1. 浆果；花单生或对生叶腋；叶草质 ···························· **3. 文定果属** *Muntingia* L.

1. 杜英属 *Elaeocarpus* L.

本属约 200 种，中国 38 种，福建木本 7 种。

分 种 检 索 表

1. 花序有叶状苞片；花药隔突出成长达 4mm 的芒刺尖；核果长 2 ~ 3cm（厦门引种）·····················
·· **1. 水石榕** *E. hainanensis* Oliv.

1. 花序苞片小，非叶状；花药顶端无芒刺；有刚毛丛或无毛。

　2. 花瓣顶端全缘或仅有 4～5 个浅齿裂，决不撕裂成流苏状；核果小，长 1～2cm。

　　3. 嫩枝、叶密被绢质柔毛，肉眼明晰可见，成长叶下面密被绢质微柔毛（分布于南靖） ························ ··· **2. 绢毛杜英** E. nitentifolius Merr. et Chun

　　3. 嫩枝、叶疏生很快脱落的绢质柔毛，成长叶两面无毛。

　　　4. 叶椭圆形至倒卵状长圆形，较大，长 7～13cm，宽 3～5.5cm，顶端渐尖，少有短尖；叶柄长 2.5～ 5.5cm（全省习见） ································· **3. 薯豆** E. japonicus Sieb. & Zucc.

　　　4. 叶披针形至倒卵状披针形，较小，长 4～8cm，宽 1.5～3cm，顶端短尖至长渐尖；叶柄长 1～2.5cm （全省习见） ············· **4. 华杜英**（Gardn. et Champ.）Hook. f. ex Benth.

　2. 花瓣顶端撕裂成流苏状。

　　5. 核果长 1～2cm，内果皮薄，无网纹。

　　　6. 叶长 4～9cm；雄蕊 15（福建南部少见） ············· **5. 山杜英** E. sylvestris（Lour.）Poir.

　　　6. 叶长 8～18cm；雄蕊 15～30（福建有分布） ············· **6. 秃瓣杜英** E. glabripetalus Merr.

　　5. 核果大，长 2cm 以上，内果皮较厚，厚 2mm 以上；萼片外面几无毛（福建全省较常见） ·········· ··· **7. 杜英** E. decipiens Hemsl.

2. 猴欢喜属 *Sloanea* L.

本属约 120 种，中国 15 种，福建木本 2 种。

分 种 检 索 表

1. 蒴果密被长不超过 3mm 的尖刺和刺毛；叶长圆状披针形至倒披针形，宽 2～4cm（福建南部少见） ········· ··· **1. 薄果猴欢喜** S. leptocarpa Diels

1. 蒴果密被长 6～15mm 的尖刺和刺毛；叶倒卵形、倒卵状椭圆形至椭圆状长圆形，宽 2～5cm（全省常见） ···· ··· **2. 猴欢喜** S. sinensis（Hance）Hemsl.

3. 文定果属 *Muntingia* L.

本属 3 种，中国栽培 1 种，福建木本栽培 1 种。

文定果 *M. colabuta* L. 厦门引种。

70. 梧桐科 Sterculiaceae

本科 68 属、1100 种，中国包括引种 19 属、82 种，福建木本 11 属、15 种。

分 属 检 索 表

1. 花单性或杂性；无花瓣。

　2. 果无翅，开裂；叶下面无鳞秕。

　　3. 果皮革质或厚革质，成熟后才开裂；叶为单叶或分裂，或为掌状复叶。

　　　4. 种皮和蓇葖果的内果皮均无毛 ································· **1. 苹婆属** *Sterculia* L.

　　　4. 种皮和蓇葖果的内果皮均被短毛 ················· **2. 瓶木属** *Brachychiton* Schott et Endl.

　　3. 果皮膜质；早在果熟前就开裂成叶片状；叶常为掌状 5～7 深裂 ········· **3. 梧桐属** *Firmiana* Marsili

　2. 果具翅或龙骨状突起，不裂；叶下面密被鳞秕 ················· **4. 银叶树属** *Heritiera* Dryand.

1. 花两性；具花瓣。

　5. 子房着生在长的雌雄蕊柄的顶端，柄长约为子房的 2 倍以上。

  6. 种子有明显的膜质长翅，连翅长约2cm以上 ················· **5. 梭罗树属** *Reevesia* Lindley

  6. 种子小，无翅，长不超过4mm ·· **6. 山芝麻属** *Helicteres* L.

 5. 子房无柄或有很短雌雄蕊柄。

  7. 无退化雄蕊，雄蕊5；蒴果膜质 ·································· **7. 蛇婆子属** *Waltheria* L.

  7. 具退化雄蕊。

   8. 花簇生粗枝或树干上；核果不裂；种子无翅 ················· **8. 可可属** *Theobroma* L.

   8. 花生于小枝；蒴果开裂。

    9. 雄蕊15，每3个集合与退化雄蕊互生。

     10. 退化雄蕊条形；种子顶部具膜质长翅；蒴果木质 ········· **9. 翅子树属** *Pterospermum* Schreber

     10. 退化雄蕊不为条形；种子无翅 ·················· **10. 昂天莲属** *Ambroma* L. f.

    9. 雄蕊5，与花瓣对生 ··································· **11. 刺果藤属** *Buttneria* Loefl.

1. 苹婆属 *Sterculia* L.

  本属约300种，中国23种、1变种，福建木本包括引种3种。

分 种 检 索 表

1. 掌状复叶，小叶7~9(厦门市有栽培) ······························· **1. 香苹婆** *S. foetida* L.

1. 单叶。

 2. 萼筒明显，萼裂片与萼筒近等长(分布于福州、福清、长乐、泉州、惠安、厦门、龙海等地) ···········

  ·· **2. 苹婆** *S. nobilis* Smith

 2. 无明显萼筒，萼深裂近基部(福州有引种) ················· **3. 假苹婆** *S. lanceolata* Cav.

2. 瓶木属 *Brachychiton* Schott et Endl.

  本属11种，中国引种6种，福建木本引种1种。

  异色瓶木 *B. discolor* F. Muell 厦门鼓浪屿栽培。

3. 梧桐属 *Firmiana* Marsili

  本属约15种，福建木本1种。

  梧桐 *F. platanifolia* (L. f.) Marsili. 福建各地较常见。

4. 银叶树属 *Heritiera* Dryand.

  本属约35种，中国有3种，福建木本引种1种。

  蝴蝶树 *H. parvifolia* Merr 厦门和福州有引种。

5. 梭罗树属 *Reevesia* Lindley

  本属约18种，中国14种、2变种，福建木本3种。

分 种 检 索 表

1. 叶无毛或幼时略被毛。

 2. 萼长约3mm，花瓣浅黄色；叶纸质(分布于将乐、三明、建瓯、武夷山、永泰等地) ···········

  ·· **1. 密花梭罗** *R. pycnantha* Ling

 2. 萼长约6mm，花瓣白色；叶革质(福建有分布) ········· **2. 两广梭罗** *R. thyrsoidea* Lindl.

1. 叶下面密被毛(分布于南靖、平和、永定、华安) ················· **3. 绒果梭罗** *R. tomentosa* Li

6. 山芝麻属 *Helicteres* L.

本属约 60 种，中国 9 种，福建木本 1 种。

山芝麻 *H. angustifolia* L. 分布于福建南部及东南沿海。

7. 蛇婆子属 *Waltheria* L.

本属约 50 种，中国 1 种，福建木本 1 种。

蛇婆子 *W. indica* Linn. 分布于福建南部沿海山地。

8. 可可属 *Theobroma* L.

本属约 30 种，中国引入 1 种，福建木本引入 1 种。

可可 *Th. cacao* L. 厦门有引种。

9. 翅子树属 *Pterospermum* Schreber

本属约 40 种，中国 9 种，福建木本 2 种。

分 种 检 索 表

1. 叶大，近圆形或长圆形，长 24 ~ 34cm，宽 14 ~ 29cm，顶端截形或近圆形；花大，萼片长达 9cm；蒴果大长圆状圆筒形，长 10 ~ 15cm（厦门市引种） ···················· **1. 翅子树** *P. acerifolium* Willd.
1. 叶较小，长圆形或卵状长圆形，长 7 ~ 15cm，宽 3 ~ 10cm，顶端钝、急尖或渐尖；花较小，萼片长约 2.8cm；蒴果也较小，长圆状卵形，长约 6cm（分布于南靖、漳平、华安、仙游、永泰、福清、福州、连江、福安等地） ···················· **2. 翻白叶树** *P. heterophyllum* Hance

10. 昂天莲属 *Ambroma* L. f.

本属约 70 种，中国 3 种，福建木本 1 种。

昂天莲 *A. augusta*（L.）L. f. 厦门有引种。

11. 刺果藤属 *Buttneria* Loefl.

本属约 70 种，中国 3 种，福建木本 1 种。

刺果藤 *B. aspera* Colebr. 分布于龙海、华安等地。

71. 木棉科 Bombacaceae

本科 20 属、180 种，中国 6 属、7 种，福建木本包括引种 6 属、6 种。

分 属 检 索 表

1. 掌状复叶；果不裂或 5 瓣裂，果瓣与隔膜（和中轴宿存）分离。
  2. 花梗长 25cm 以上；花柱突出于花丝管之上，柱头 5 ~ 15 裂；果不裂，内果皮肉质，无绵毛 ·············· **1. 猴面包树属** *Adansonia* L.
  2. 花梗长不及 10cm；柱头全缘或 5 裂；果开裂；内果皮绵毛包被种子。
    3. 花丝 5 ~ 15，萼宿存；果隔膜无毛 ···················· **2. 吉贝属** *Ceiba* Mill.
    3. 花丝 40 枚以上。
      4. 花丝管上部花丝集为多束，每束具 7 ~ 10 枚花丝；萼平截，内面无毛；种子长达 2.5cm ·············· **3. 瓜栗属** *Pachira* Aubl.
      4. 花丝管上部花丝集为 5 束或散生；萼具齿，内面被毛；种子长不及 5mm ·········· **4. 木棉属** *Bombax* L.
1. 单叶；果 5 瓣裂或不裂，隔膜连在果瓣上。
  5. 叶具掌状脉，掌状浅裂或有棱角；花丝管上部扭转，花丝不分离；果从基部向上开裂，果瓣内面密生绵

毛 ·· **5. 轻木属** *Ochroma* Swartz

5. 叶具羽状脉，全缘；花丝分离或成 4～5 束；果被锥状粗刺，果瓣分离，果皮肉质，无毛 ···············

··· **6. 榴莲属** *Durio* Adans.

1. 猴面包树属 *Adansonia* L.

本属 10 种，中国引入 1 种，福建木本引入 1 种。

猴面包树 *A. digitata* L. 厦门有引种。

2. 吉贝属 *Ceiba* Mill.

本属约 10 种，中国引入栽培 1 种，福建引入 1 种。

吉贝 *C. pentandra*（L.）Gaertn. 厦门也有少量栽培。

3. 瓜栗属 *Pachira* Aubl.

本属 2 种，中国引入 1 种，福建引入 1 种。

瓜栗 *P. aquatica* Aubl. 厦门也有引种，生长良好。

4. 木棉属 *Bombax* L.

本属 50 种，中国 2 种，福建木本 1 种。

木棉 *B. malabaricum* DC. 福建南部各县多有栽培。

5. 轻木属 *Ochroma* Swartz

本属 1 种，中国引入 1 种，福建木本引入 1 种。

轻木 *O. lagopus* Swartz 厦门有引种。

6. 榴莲属 *Durio* Adans.

本属 27 种，中国引入 3 种，福建木本引入 1 种。

榴莲 *D. zibethinus* Murr. 厦门引种。

72. 锦葵科 Malvaceae

本科 50 属、1000 种，中国 17 属、82 种、36 变种及变型，福建木本 8 属、16 种、6 变种、6 变型。

分 属 检 索 表

1. 蒴果裂成分果瓣；心皮靠合。
  2. 花柱分枝与心皮同数；雄蕊柱仅顶部着生具花药的花丝。
    3. 胚珠每室 1 个；无小苞片 ·· **1. 黄花稔属** *Sida* L.
    3. 胚珠每室 2 个以上。
      4. 花黄色或橘黄色，无小苞片；心皮 8 或更多 ··········· **2. 苘麻属** *Abutilon* Mill.
      4. 花白色或粉红色，小苞片 4～6；心皮 2～3 ············· **3. 翅果麻属** *Kydia* Roxb.
  2. 花柱分枝为心皮数的 2 倍；雄蕊柱全面着生具花药的花丝(悬铃花属有时仅顶部着生具花药的花丝)。
    5. 小苞片 5 片；分果爿具锚状刺 ··································· **4. 梵天花属** *Urena* L.
    5. 小苞片 7～12 片；分果爿合生成肉质的浆果状体，后变干而分裂，无锚状刺 ···············
    ··· **悬铃花属** *Malvaviscus* Dill. ex Adans.
1. 果为蒴果；子房通常 5 室；花柱枝或柱头与子房室同数。
  6. 花柱分枝；小苞片 5～15 片，种子肾形，稀球形 ················ **6. 木槿属** *Hibiscus* L.
  6. 花柱不分枝或分枝极短；小苞片 3 片，大型，叶状，心形；种子倒卵形或有棱角，稀肾形。

7. 植株密被头垢鳞片；雄蕊柱顶端具 5 齿裂；内果皮膜质，与外果皮分离；种子无毛 ……… **7. 密源葵属** *Lagunaria* G. Don

7. 植株常具黑褐色油腺和柔毛；雄蕊柱顶端平截；内、外果皮不分离；种子被长丝毛 ……… **8. 棉属** *Gossypium* L.

1. 黄花稔属 *Sida* L.

本属约 90 余种，中国 13 种和 4 变种，福建木本 3 种。

分 种 检 索 表

1. 小枝、叶柄及叶下面除被星状短柔毛外，混生有长柔毛；叶柄长 1cm 以上；花单生于叶腋，常集生在小枝的顶部（分布于诏安、厦门、龙海、漳平、泉州、惠安、福清、长乐、福州、永泰、连江等地）……… ……………………………………………………………………… **1. 心叶黄花稔** *S. cordifolia* L.
1. 小枝、叶柄及叶下面仅被星状短柔毛；叶柄长不及 8mm；花单生于叶腋。
  2. 雄蕊柱无毛或有时被极稀疏的腺毛；花萼仅被星状短柔毛；分果爿的芒刺无毛（分布于西南部、中部及福州以南沿海等地，但不常见）…………………………………………… **2. 白背黄花稔** *S. rhombifolia* L.
  2. 雄蕊柱被粗毛；花萼除被星状短柔毛外，脉上或至少边缘混生长柔毛；分果爿的芒刺被粗毛（分布于沿海各地、中部及西南部）………………………………………………… **3. 桤叶黄花稔** *S. alnifolia* L.

2. 苘麻属 *Abutilon* Mill.

本属约 150 种，中国 9 种，福建木本包括引种 2 种。

分 种 检 索 表

1. 茎、枝、叶柄和花梗均无毛；叶掌状 3 ~ 5 深裂；花大，花瓣长 3 ~ 5cm，橘黄色，具紫色条纹，花柱枝和分果爿 10 个（福建沿海各地也常有引种）……………………… **1. 金铃花** *A. striatum* Dickson
1. 茎、枝、叶柄和花梗均被柔毛或茸毛；叶圆心形至近圆形，不分裂；花较小，花瓣长不及 2cm，黄色或橘黄色，不具紫色条纹，花柱枝和分果爿 13 ~ 25 个（分布于福州等地）………………………………… ……………………………………………………………… **2. 恶昧苘麻** *A. hirtum*（Lamk.）Sweet Hort.

3. 翅果麻属 *Kydia* Roxb.

本属 3 种，中国 3 种，福建木本引入 1 种。

翅果麻 *K. calycina* Roxb. 福州有引种。

4. 梵天花属 *Urena* L.

本属约 6 种，中国 3 种、5 变种，福建木本 2 种、2 变种。

分 种 检 索 表

1. 叶通常 3 ~ 5 浅裂，中央裂片三角形或阔三角形，生于小枝上部的叶有时不分裂，常为长圆形或披针形，但不呈葫芦形（全省各地常见）……………………………………………… **1. 肖梵天花** *U. lobata* L.
1a. 粗叶肖梵天花 *U. lobata* var. *scabriuscula* 与原种的主要区别：茎下部的叶为阔卵形，通常宽超过长，上部的叶为卵形或近圆形，下面密被灰白色、粗细、长短不一的星状毛；小苞片密被黄色星状柔毛，通常较花萼裂片为长；花瓣较短，长 10 ~ 13mm。全省各地常见。
1b. 中华肖梵天花 *U. lobata* var. *chinensis* 与原种的主要区别在于茎下部的叶为卵形或近圆形，上部的叶通常卵形，下面及叶柄被灰黄色长柔毛，沿叶脉被长粗毛；小苞片疏被长柔毛，与花萼裂片近等长或稍长于花萼；花瓣长 12~15mm。分布于连城、大田、永安和武夷山等地。

1. 叶通常 3~5 深裂，中央裂片倒卵形或近菱形，生于小枝上部的叶仅中部浅裂而呈葫芦形(全省各地常见)
   ··· **2. 梵天花** *U. procumbens* L.

5. 悬铃花属 *Malvaviscus* Dill. ex Adans.

本属 6 种，中国引种 2 变种，福建木本引种 2 变种。

分 种 检 索 表

1. 叶卵状披针形或卵形，通常不分裂，基部阔楔形至近圆形；花大，长(3)4~6cm；花梗长 1.5~3.5(5)cm
   (福建各地栽培) ·············· **1a. 垂花悬铃花** *M. arboreus* Car. var. *penduliforus* (DC.) Schery
1. 叶阔卵形或近圆形，通常 3~5 浅裂，基部心形或阔心形；花较小，长 2~2.5cm；花梗长 4~6mm(福建厦门曾种植) ·············· **1b. 小悬铃花** *M. arboreus* Car. var. *drummondii* Schery

6. 木槿属 *Hibiscus* L.

本属 200 种，中国 24 种，16 变种及变型，福建木本 6 种、1 变种、6 变型。

分 种 检 索 表

1. 叶全缘或具细圆齿；托叶大，长椭圆形，宽 8~13mm，脱落时于枝上留有环状痕；小苞片连合成杯状或筒状。
   2. 小苞片 7~10 片，中部以下连合成杯状；花小，长 4.5~7.5cm，黄色；花萼宿存；小枝不被白霜；叶小，宽 6~15cm(连江以南沿海各地有栽培) ·············· **1. 黄槿** *H. tiliaceus* L.
   2. 小苞片 10~12 片，4/5 以下连合成筒状；花大，长 8~10cm，红色；花萼早落；小枝被白霜；叶较大，宽 12~17cm(厦门引种栽培) ·············· **2. 高红槿** *H. elatus* Sw.
1. 叶缘具粗锯齿或缺刻至浅裂；托叶线形或钻形，宽不及 3mm；小苞片仅基部合生。
   3. 花梗无毛或疏被星状毛；花通常下垂，雄蕊柱伸出花冠外；叶不分裂或少有缺刻。
     4. 花萼钟状，5 裂；花瓣顶端圆或具疏圆齿(福建各地常有种植) ·············· **3. 朱槿** *H. rosa-sinensis* L.
     3a. 重瓣朱槿 *H. rosa-sinensis* var. *rubro-plenus* 与原种主要区别在于花重瓣，红色、粉红色或橙黄色。福建各地常见栽培。
     4. 花萼筒状，常一侧开裂而顶端具 3~4 浅裂；花瓣分裂成流苏状，并向上反卷(福建各地多有栽培，尤以沿海城市较常见) ·············· **4. 吊灯花** *H. schizopetalus* (Masters) Hook.
   3. 花梗密被星状毛，有时混生长柔毛；花直立，雄蕊柱不伸出花冠外；叶掌状 5~7 裂或 3 浅裂。
     5. 叶掌状 5~7 裂，具 5~11 掌状脉，基部心形，上面疏被星状毛和小点，下面密被星状毛；花梗长 5~8cm；花柱枝疏被柔毛(全省各地栽培) ·············· **5. 木芙蓉** *H. mutabilis* L.
     5a. 重瓣木芙蓉 *H. mutabilis* f. *plenus* 与原种的主要区别在于花重瓣。福建各地有栽培。
     5. 叶 3 浅裂或不分裂，具 3~5 掌状脉，基部楔形或阔楔形，两面无毛或下面沿脉上被极疏的星状毛和短柔毛；花梗长 4~14mm；花柱枝无毛(福建各地广为栽培) ·············· **6. 木槿** *H. syriacus* L.
     6a. 短苞木槿 *H. syriacus* var. *brevibracteatus* 与原种的主要区别在于小苞片小，丝状，长 3~5mm；花单瓣，淡紫色。福建厦门有栽培。
     6b. 牡丹木槿 *H. syriacus* f. *paeoniflorus* 与原种的主要区别在于花重瓣，直径 7~9cm，粉红色或淡紫色。福建各大城市有栽培。
     6c. 大花木槿 *H. syriacus* f. *grandiflora* 与原种的主要区别在于花单瓣，玫瑰红色。福建莆田、福州、泰宁、建宁有栽培。
     6d. 白花单瓣木槿 *H. syriacus* f. *totus-albus* 与原种的主要区别在于花单瓣，白色。福建三明、南平有栽培。

6e. 白花重瓣木槿 *H. syriacus* f. *albus-plenus* 与原种的主要区别在于花重瓣，直径 6～10cm，白色。福建各地有栽培。

7. 密源葵属 *Lagunaria* G. Don

本属 1～2 种，福建木本引种 1 种。

密源葵 *L. patersonii* G. Don 福建厦门引种栽培。

8. 棉属 *Gossypium* L.

本属 20 余种，中国栽培 5 种、2 变种。福建木本引种 1 种、1 变种。

分 种 检 索 表

1. 小苞片基部合生，具 3～8 齿裂，裂齿长为宽的 1～2 倍（福州栽培）······································
 ·························· **1. 钝叶树棉** *G. arboreum* L. var. *obtusifolium*（Roxb.）Roberty.
1. 小苞片基部离生，具长渐尖的齿裂，裂齿长为宽的 3～4 倍（福建各地栽培）······················
 ·· **2. 海岛棉** *G. barbadense* L.

73. 粘木科 Ixonanthaceae

本科 1 属、11 种，中国 1 属、2 种，福建木本 1 属、1 种。

粘木属 *Ixonanthes* Jack.

本属 11 种，中国 2 种，福建木本 1 种。

粘木 *I. chinensis* Champ. 分布于南靖、华安、福州。

74. 金虎尾科 Malpighiaceae

本科 60 属、800 种，中国 6 属、17 种，福建木本 3 属、2 种、1 变种。

分 属 检 索 表

1. 果具翅；藤状灌木 ·· **1. 飞鸢果属** *Hiptage* Gaertn.
1. 果无翅；直立灌木或乔木。
 2. 花辐射对称，萼常无腺体；果为蒴果状，3 瓣裂 ····················· **2. 金英属** *Thryallis* Mart.
 2. 花两侧对称，萼被 6～10 腺体；果为核果状 ····················· **3. 金虎尾属** *Malpighia* L.

1. 飞鸢果属 *Hiptage* Gaertn.

本属约 30 种，中国 8 种，福建木本 1 种。

风车藤 *H. benghalensis*（L.）Kurz 分布于南靖、永泰、福州。

2. 金英属 *Thryallis* Mart.

本属约 12 种，中国引入 1 种，福建木本引入 1 种。

金英 *Th. glauca* Kuntze 厦门有引种。

3. 金虎尾属 *Malpighia* L.

本属约 35 种，中国引入 1 变种，福建木本引入 1 变种。

小叶金虎尾 *M. coccigera* var. *microphylla* Niedenzu 厦门引种。

75. 亚麻科 Linaceae

本科 14 属、150 余种，中国 4 属、10 种，福建木本有 2 属、2 种。

分 属 检 索 表

1. 花黄色，花瓣具楔形短爪，花丝筒短，花丝下部鞘状；果裂成 6 或 8 个分果瓣；种子肾形 ……………………………………………………………………… **1. 石海椒属** *Reinwardtia* Dum.
1. 花白色，花瓣具窄长条形爪，花丝筒较长，花丝下部窄三角形；果裂成 4 个分果瓣；种子上端有翅 …… ……………………………………………………………… **2. 青篱柴属** *Tirpitzia* Hall.

   1. 石海椒属 *Reinwardtia* Dumort

本属有 2 种，中国 1 种，福建木本栽培 1 种。

石海椒 *R. indica* Dumort 厦门栽培。

   2. 青篱柴属 *Tirpitzia* Hall.

本属有 2 种，中国有 1 种，福建木本栽培 1 种。

青篱柴 *T. sinensis*（Hemsl.）Hall. 厦门栽培。

76. 古柯科 Erythroxylaceae

本科 2 属、约 250 种，中国 1 属、2 种，福建木本 1 种。

古柯属 *Erythroxylum* P. Br.

约 250 种，中国 1 属、引入 1 种，福建木本 1 种、引入 1 种。

分 种 检 索 表

1. 小乔木（分布于上杭、邵武、武夷山等地） ……………………………… **1. 东方古柯** *E. kunthianum*（Wall.）Kurz
1. 灌木（厦门有引种） ……………………………………………………………… **2. 古柯** *E. coca* Lam.

77. 大戟科 Euphorbiaceae

本科 300 属、8000 种，中国 58 属、300 种，福建木本 28 属、73 种、4 变种、3 栽培品种。

分 属 检 索 表

1. 无乳液；子房每室 2 胚珠。
 2. 单叶。
  3. 有花瓣；雄蕊 5，具退化雌蕊 …………………………………………… **1. 土密树属** *Bridelia* Willd.
  3. 无花瓣。
   4. 有花盘或腺体。
    5. 子房 1~2 室；核果，两侧压扁 ………………………………… **2. 五月茶属** *Antidesma* L.
    5. 子房 3 室；蒴果或浆果状。
     6. 具退化雌蕊；果实干燥，成熟时开裂，或果实为浆果状，成熟时不开裂 ………………… ……………………………………………………… **3. 叶底珠属** *Securinega* Comm. ex Juss.

6. 无退化雌蕊；果为蒴果 ………………………………………………… **4. 叶下珠属** *Phyllanthus* L.

4. 雌花无花盘或腺体。

7. 叶非 2 列；雄花有花盘。

8. 复总状花序再集成圆锥花序；雄蕊 4~8，离生；有退化雌蕊 ………… **5. 木奶果属** *Baccaurea* Lour.

8. 花簇生或单生，稀总状花序；雄蕊 3，花丝合生成柱状；无退化雌蕊 …………

………………………………………………………………………… **6. 守宫木属** *Sauropus* Blume

7. 叶 2 列；雄花无花盘。

9. 萼片 4~6 片，分离；雄蕊 3~8 枚；花柱短，合生，子房 3~15 室；果开裂为 3~15 个分果爿 ……

………………………………………………………………… **7. 算盘子属** *Glochidion* J. R. et G. Forst.

9. 萼片合生；雄蕊 3 枚；花柱 3 枚；不分裂或顶端分裂，子房 3 室；果为浆果状，不开裂…………

………………………………………………………………… **8. 黑面神属** *Breynia* J. R. et G. Forst.

2. 叶为 3 出复叶 ………………………………………………………… **9. 重阳木属** *Bischofia* Bl.

1. 有乳液；子房每室 1 胚珠。

10. 具花被，不形成杯状聚伞花序。

11. 单叶。

12. 具花瓣。

13. 果为核果或核果状，不开裂；雄花的花托伸长成圆柱状。

14. 落叶乔木，无星状毛；花较大，直径约 2.5cm；子房 3~8 室 ………… **10. 油桐属** *Vernicia* Lour.

14. 常绿乔木，被星状毛；花较小，直径约 8mm；子房 2 室 ………… **11. 石栗属** *Aleurites* J. R. et G. Forst.

13. 果为蒴果，开裂；雄花的花托不伸长 ………………………………… **12. 麻疯树属** *Jatropha* L.

12. 花无花瓣或在巴豆属有时具退化成丝状花瓣。

15. 雌花具花盘或腺体。

16. 叶为掌状深裂，有 3~11 个深裂片；花萼具色彩 ………………………… **13. 木薯属** *Manihot* Adans.

16. 叶不裂或浅裂；花萼不具色彩。

17. 叶形变化极大；条形、琴形或裂成蜂腰形 ………………………… **14. 变叶木属** *Codiaeum* Juss.

17. 叶形不为上述情况。

18. 乔木；花药 4 室；具水状乳液 ………………………………… **15. 黄桐属** *Endospermum* Benth.

18. 灌木或小乔木；花药 2 室；无水状乳液 …………………………… **16. 巴豆属** *Croton* L.

15. 花无花盘或腺体。

19. 叶为掌状深裂，盾形；雄蕊多数，花丝分枝；子房 3 室 ………… **17. 蓖麻属** *Ricinus* L.

19. 叶不为掌状深裂，不为盾形，仅在野桐属和血桐属有少数种类的叶为近盾形。

20. 花药 4 室。

21. 灌木；花药长圆形或线形，蜿蜒状 ……………………………… **18. 铁苋菜属** *Acalypha* L.

21. 乔木或小乔木；花药近圆形，不为蜿蜒状。

22. 核果，不开裂；雄蕊 3~5 枚，具退化雌蕊，子房 2 室，常仅 1 室发育 …………………

………………………………………………………………… **19. 蝴蝶果属** *Cleidiocarpon* Airy-Shaw

22. 蒴果，开裂；雄蕊少数至多数，无退化雌蕊，子房通常 2~3 室，几全发育 …………

………………………………………………………………… **20. 血桐属** *Macaranga* Thou.

20. 花药 2 室。

23. 植株被星状毛；雄蕊多数。

24. 核果；叶对生 ………………………………………………… **21. 滑桃树属** *Trewia* L.

24. 蒴果；叶多互生 ……………………………………………… **22. 野桐属** *Mallotus* Lour.

23. 植株无星状毛；雄蕊 2~8 枚。

25. 雄蕊通常 8 枚；叶柄顶端具小托叶或附属物 ………………… **23. 山麻杆属** *Alchornea* Sw.

25. 雄蕊通常 2 ~ 3 枚；叶柄顶端常具腺体，无小托叶。

   26. 叶对生，如为互生即系海滩植物；花通常雌雄异株；花序总状，腋生 ·················
··· **24. 海漆属** *Excoecaria* L.

   26. 叶互生；花通常雌雄同株；花序穗状，顶生 ··················· **25. 乌桕属** *Sapium* R. Br

11. 叶为指状 3 小叶；为最优良的橡胶植物·················· **26. 橡胶树属** *Hevea* Aubl.

10. 花无花被，排成杯状聚伞花序，雌花单生于中央，周围环绕有数朵至多朵仅含 1 枚雄蕊的雄花；植物体含有浓厚的乳状汁。

   27. 茎不呈 Z 字形；杯状聚伞花序的总苞辐射对称 ·············· **27. 大戟属** *Euphorbia* L.

   27. 茎排成 Z 字形；杯状聚伞花序的总苞左右对称·········· **28. 红雀珊瑚属** *Pedilanthus* Poit.

1. 土密树属 *Bridelia* Willd.

本属约 60 种，中国 5 种，福建木本 2 种。

分 种 检 索 表

1. 小枝被黄褐色柔毛；叶顶端钝，下面灰白色；果无梗，近球形，直径 4 ~ 6mm（分布于漳浦、厦门、漳州及长泰）··· **1. 土密树** *B. tomentosa* Bl.

1. 小枝无毛；叶顶端渐尖，下面灰绿色；果有短梗，长卵形，直径 8 ~ 10mm（分布于南靖、永泰、宁德及福安）··· **2. 禾串树** *B. balansae* Tutch.

2. 五月茶属 *Antidesma* L.

本属约 160 种，中国约 16 种，福建木本 4 种。

分 种 检 索 表

1. 小枝、叶面、叶柄、托叶、花序、苞片、萼片、子房及果实均密被柔毛；叶片倒卵状椭圆形，或椭圆形至长圆形；托叶长卵形，长 7 ~ 12mm（分布于南靖、龙岩、仙游、福清、长乐、福州、宁德等地）·········
··· **1. 黄毛五月茶** *A. fordii* Hemsl.

1. 小枝无毛或初被柔毛，后脱落；子房无毛；叶片及托叶不为上述形状。

  2. 小枝、花序轴均无毛；雄花序穗状（福建有分布）··················· **2. 五月茶** *A. bunius*（L.）Spreng.

  2. 小枝初被柔毛，后脱落；花序轴被柔毛；雄花序总状。

   3. 叶片宽达 2cm 以上，叶形多变化，通常不为条状披针形（分布于南靖、平和、龙岩、德化、福州、永泰、永安、三明、福安、南平、建瓯、武夷山）··················· **3. 酸味子** *A. japonicum* Sieb. et Zucc.

   3. 叶片条状披针形，通常宽不及 2cm（分布于南靖、上杭、德化等地）··················
··· **4. 狭叶五月茶** *A. pseudomicrophyllum* Croiz.

3. 叶底珠属 *Securinega* Comm. ex Juss.

本属约 20 余种，中国约 8 种，福建木本 2 种。

分 种 检 索 表

1. 退化雌蕊圆锥形，长约 1mm，顶端 2 ~ 3 裂；蒴果干燥，成熟时 3 深裂（分布于永定、福清、长汀、福州等地）··· **1. 叶底珠** *S. suffruticosa*（Pall.）Rehd.

1. 退化雌蕊线形，上部分离部分长约 1mm；果为浆果状，成熟时不开裂（分布于东山、南靖、华安、漳州、福州等地）··· **2. 白饭树** *S. virosa*（Roxb.）Pax et Hoffm.

4. 叶下珠属 *Phyllanthus* L.

本属约 500 种，中国约 33 种，福建木本 7 种、1 变种。

分 种 检 索 表

1. 小乔木；果大，直径 1~2cm(分布于诏安、漳浦、厦门、龙海、龙岩、漳平、晋江、惠安、莆田、福清等地) ……………………………………………………………… **1. 余甘子** *P. emblica* L.

1. 灌木；果小，直径 2~7mm。

  2. 植物体高达 1m 以上；叶片较大，长 2~6cm；宽 0.8~2.2cm；花柱通常分裂。

    3. 蔓生灌木；花柱极短；子房内胚珠在 10 个以上(分布于诏安、漳州等地) ………… ……………………………………………………………… **2. 龙眼睛** *P. multiflorus* Willd.

    2a. 无毛龙眼睛 *P. multiflorus* var. *glaber* 与原种主要区别在于幼枝及叶片无毛。分布于诏安。

    3. 直立灌木；花柱较长；子房内胚珠在 10 个以下。

      4. 雌花萼片果时脱落；雄蕊常有 2~3 枚花丝合生成柱，其余分离(分布于南靖、平和、德化、永安、泰宁、建瓯、光泽等地) ………………… **3. 落萼叶下珠** *P. flexuosus* (Sieb. et Zucc) Muell. – Arg.

      4. 雌花萼片果时宿存；雄蕊花丝全部分离(分布于长汀、南平、建阳等地) ……………… ……………………………………………………… **4. 青灰叶下珠** *P. glaucus* Wall. – Arg.

  2. 植物体通常在 1m 以下；叶片较小；长 5~19mm，宽 2~9mm。

    5. 小枝不被腺质小凸点；果实光滑(分布于厦门) …………………… **5. 细枝叶下珠** *P. leptoclados* Benth.

    5. 小枝密被腺质小凸点；果被毛或无毛。

      6. 果被皱波状长柔毛；植物体不具短枝；雄花生于小枝叶腋内(分布于长汀、建宁、建阳、武夷山、浦城及闽北等地) ………………… **6. 浙江叶下珠** *P. chekiangensis* Croizat et Metcalf

      6. 果无毛；植物体具短枝；雄花生于短枝上(分布于平潭) ………………… **7. 波盘叶下珠** *P. piereyi* Bille

5. 木奶果属 *Baccaurea* Lour.

本属约 80 余种，中国 1 种，福建木本引入 1 种。

木奶果 *B. ramiflora* Lour. 厦门引种。

6. 守宫木属 *Sauropus* Blume

本属约 30 种，中国 6 种，福建木本引进栽培 2 种。

分 种 检 索 表

1. 小枝直伸，不呈蜿蜒状，具 2 棱，无毛；叶通常近卵形；托叶较小；叶痕不显著(福建厦门引种) ……… …………………………………………………………… **1. 守宫木** *S. androgynus* (L.) Merr.

1. 小枝蜿蜒状，无棱，被小柔毛；叶通常近倒卵状披针形；托叶大，草黄色，经久不落；叶痕大而显著(厦门引种) ………………………………………………… **2. 龙脷叶** *S. spatuaefolius* Beille

7. 算盘子属 *Glochidion* J. R. et G. Forst.

本属约 280 种，中国 25 种，福建木本 10 种。

分 种 检 索 表

1. 叶通常较小，基部楔形，极少圆形，纸质至薄革质；雄蕊通常 3 枚。

  2. 叶两面无毛，极少被稀疏微柔毛。

    3. 叶稍大，长 8~13cm，宽 3.7~6.5cm，通常薄革质。

　　4. 叶干时褐黄色，近革质；萼片无毛；果梗长 6～8mm(分布于南靖) ··············
　　·· **1. 大叶算盘子** *G. lanceolarium* (Roxb.) Voigt.

　　4. 叶干时暗褐色，薄革质；萼片两面被毛；果梗长 3～4mm(分布于诏安) ··········
　　··· **2. 红算盘子** *G. coccineum* Muell. – Arg.

　3. 叶稍小，长 2.5～9cm，宽 1.2～3.5cm，通常纸质或近革质。

　　5. 子房 5～8 室；叶倒卵形，顶端通常钝状，近革质(分布于厦门、漳州、莆田、福清、长乐、福州、永泰、连江等地) ······ **3. 倒卵叶算盘子** *G. obovatum* Sieb. et Zucc.

　　5. 子房 3～4 室或为多室；叶长圆形至长圆状披针形，顶端渐尖至短渐尖，纸质。

　　　6. 子房 3～4 室；叶下面粉绿色，两侧稍偏斜(分布于漳州、南靖等地) ··········
　　　··· **4. 白背算盘子** *G. wrightii* Benth.

　　　6. 子房多室；叶下面不为粉绿色，两侧通常对称(分布于武夷山) ····· **5. 湖北算盘子** *G. wilsonii* Hutch.

　2. 叶下面或两面被毛。

　　7. 子房 3～4 室；叶下面密被微柔毛，呈灰白色，两侧通常偏斜(分布于南靖、平和、宁德、福安、南平等地) ······················ **6. 尖叶算盘子** *G. triandrum* (Blanco) C. B. Rob.

　　7. 子房 5～12 室；叶不为上述情况。

　　　8. 小枝密被淡锈色长柔毛；叶通常卵形；托叶钻形；子房通常 5 室(分布于漳州、南靖、华安、上杭、龙岩、漳平、福清、福州、永泰、永安、连江等地) ··· **7. 毛果算盘子** *G. eriocarpum* Champ. ex Benth.

　　　8. 小枝被灰白色柔毛；叶通常长圆形至倒卵形；托叶近三角形；子房 8～12 室(分布于漳浦、南靖、龙岩、永春、德化、莆田、福清、福州、沙县、宁化、尤溪、将乐、连江、宁德、南平、松溪、政和、武夷山、浦城、光泽等地) ··············· **8. 算盘子** *G. puberum* (L.) Hutch.

1. 叶较大，基部浅心形，极少圆形，革质；雄蕊 4～8 枚。

　9. 枝、叶、花、果等部分或多或少被柔毛；叶长 7～15cm，宽 4～7cm(分布于漳浦、漳州、长泰、华安等地) ·· **9. 厚叶算盘子** *G. dasyphyllum* K. Koch

　9. 枝、叶、花、果等部分均无毛；叶长 5～12cm，宽 3～6cm(分布于诏安、平和、华安、同安、长乐等地) ·························· **10. 香港算盘子** *G. hongkongense* Muell. – Arg.

　　8. 黑面神属 *Breynia* J. R. et G. Forst.
　　本属约 25 种，中国 7 种，福建木本 3 种。

分 种 检 索 表

1. 果实的宿存花萼膨大；叶菱状卵形、卵形至卵状披针形，两端钝或急尖(分布于诏安、漳浦、厦门、龙海、漳州、南靖、长泰、漳平、莆田等地) ·············· **1. 黑面神** *B. fruticosa* (L.) Hook. f

1. 果实之宿存花萼不膨大或稍膨大。

　2. 果扁球形，直径 5～8mm，顶端具喙状宿存花柱；叶卵形、长圆状卵形或卵状披针形，长 2.5～4cm，顶端渐尖(分布于龙海、南靖、福清、长乐、闽侯、福州、永泰、宁德及福安) ·· **2. 喙果黑面神** *B. rostrata* Merr.

　2. 果球形，直径 3～5mm，顶端无喙状宿存花柱；叶长圆形、椭圆形或近于圆形，长 1～3.2cm，顶端钝或圆(分布于诏安、东山、厦门、长泰、莆田、福清、平潭、长乐、闽侯及福州) ·············
　　··· **3. 药用黑面神** *B. officinalis* Hemsl.

　　9. 重阳木属 *Bischofia* Bl.
　　本属 2 种，福建木本 2 种。

分 种 检 索 表

1. 落叶乔木；小叶阔卵形至椭圆状卵形，基部圆形或近心形，锯齿细，每厘米长有 4~5 齿；花序总状，花柱 2~3 枚，花期 4~5 月；果较小，直径 5~7mm，成熟时红褐色（分布于漳州、长汀、福州、建宁、泰宁、南平、武夷山等地）··· **1. 秋枫** B. *polycarpa*（Lévl.）Airy-Shaw
1. 常绿乔木；小叶长圆状椭圆形至椭圆状卵形，极少近倒卵形，基部楔形，锯齿粗，每厘米约有 2~3 齿；花序圆锥状，花柱 3~4 枚，花期 2~3 月；果较大，直径 8~15mm，成熟时蓝黑色或暗褐色（分布于厦门、漳州、南靖、长泰、平和、龙岩、永春、莆田、福清、长乐、福州、永泰、连江等地）··············· ··· **2. 重阳木** B. *javanica* Blume

10. 油桐属 *Vernicia* Lour.

本属 3 种，中国 2 种，福建木本 2 种。

分 种 检 索 表

1. 叶全缘，有时 1~3 浅裂；叶柄顶端的腺体扁平、无柄；果平滑（全省各地均有栽培）·························· ·· **1. 油桐** V. *fordii*（Hemsl）Airy-Shaw
1. 叶全缘或 3~5 深裂；叶柄顶端的腺体杯状、有柄；果有皱纹（分布于诏安、厦门、龙海、上杭、连城、福州、永安、三明、沙县、南平、建瓯及武夷山）····························· **2. 木油树** V. *montana* Lour.

11. 石栗属 *Aleurites* J. R. et G. Forst

本属 2 种，中国 1 种，福建木本 1 种。

石栗 A. *moluccana*（L.）Willd. 厦门、漳州、福州等地有栽培。

12. 麻疯树属 *Jatropha* L.

本属约有 200 种，中国引种 3 种。福建木本引种 2 种。

分 种 检 索 表

1. 叶盾状；茎的基部极膨大；花红色（厦门有栽培供观赏） ·················· **1. 佛肚树** J. *podagrica* Hook.
1. 叶非盾状；茎的基部不膨大；花绿色（厦门有栽培或半野生）················· **2. 麻疯树** J. *curcas* L.

13. 木薯属 *Manihot* Adans.

本属约 150 种，中国和福建引入栽培的 2 种、1 栽培品种。

分 种 检 索 表

1. 叶掌状 3~7 深裂或全裂，裂片倒披针形至倒卵状披针形；顶端渐尖，宽 1.8~3.8cm；叶柄顶端盾状着生于叶片下端；托叶无小齿；雄花萼里面密被粗毛；花盘不裂；果实表面粗糙，具 6 条纵向窄翅（诏安、平和、厦门、龙岩、仙游、福州等地普遍栽培）···················· **1. 木薯** M. *esculenta* Crantz
1a. ' 花叶 ' 木薯 M. *esculenta* ' Variegata '其与原种区别在于叶片白色斑彩。厦门引种。
1. 叶掌状 3~5 深裂，裂片倒卵形至椭圆形，顶端通常骤尖，宽 3.5~8cm；叶柄顶端盾状着生于叶片中心；托叶有小齿；雄花萼里面无毛；花盘分裂；果实表面不粗糙，不具翅（福建厦门有引种）··················· ·· **2. 橡胶木薯** M. *glaziovii* Muell. – Arg.

14. 变叶木属 *Codiaeum* Juss.

本属约 6 种，中国及福建通常引进栽培 1 种、数个栽培变种。

变叶木 *C. variegatum* （L.）Bl. 厦门、漳州等地引进栽培。

15. 黄桐属 *Endospermum* Benth.

本属约 12 种，中国南部及福建 1 种。

黄桐 *E. chinense* Benth. 分布于南靖。

16. 巴豆属 *Croton* L.

本属约 750 种，中国约 19 种，福建木本 3 种。

分 种 检 索 表

1. 叶脉羽状；植物体被星状鳞片（分布于厦门）⋯⋯⋯⋯⋯⋯⋯⋯⋯⋯ **1. 银叶巴豆** *C. cascarilloides* Raeusch.
1. 叶脉掌状，具 3~5 基出脉；植物体被星状毛。
  2. 腺体着生在叶片近基部的边缘上；叶幼时被疏散的星状毛，后变无毛（分布于诏安、厦门、南靖、平和、长泰、龙岩、莆田、仙游、福清、永安、宁德、福安、南平）⋯⋯⋯⋯⋯⋯⋯ **2. 巴豆** *C. tiglium* L.
  2. 腺体着生在叶柄的顶端；叶两面均被星状毛，下面更密（分布于诏安、厦门及同安）⋯⋯⋯⋯⋯
    ⋯⋯⋯⋯⋯⋯⋯⋯⋯⋯⋯⋯⋯⋯⋯⋯⋯⋯ **3. 鸡骨香** *C. crassifolius* Geisel.

17. 蓖麻属 *Ricinus* L.

本属仅 1 种，中国南北有栽培，福建也有栽培。

蓖麻 *R. communis* L. 福建各地栽培。

18. 铁苋菜属 *Acalypha* L.

本属约 400 种，中国 15 种，福建木本包括栽培 2 种、2 栽培品种。

分 种 检 索 表

1. 叶绿色；雌花序极稠密，长 8~40cm，直径 1~2cm，下垂，紫色；托叶长约 4mm（福建厦门、漳州等地有引进栽培）⋯⋯⋯⋯⋯⋯⋯⋯⋯⋯⋯⋯⋯⋯⋯ **1. 狗尾红** *A. hispida* Burm. f.
1. 叶多少杂以其它颜色，或具有白色或黄红色边缘；雌花序长 3~12cm，直径约 1cm；托叶长约 5mm（福建厦门、漳州、福州等地有引进栽培）⋯⋯⋯⋯⋯⋯⋯⋯ **2. 红桑** *A. wilkesiana* Muell. – Arg.
  2a. '金边'桑 *A. wilkesiana* 'Marginata' 其与原种区别在于叶片边缘红色至黄色。福建厦门及南部等地有引进栽培。
  2b. '银边'桑 *A. wilkesiana* 'Godseffiana' 其与原种区别在于叶片边缘白色。福建厦门及南部等地有引进栽培。

19. 蝴蝶果属 *Cleidiocarpon* Airy-Shaw

本属仅 1 种，福建木本 1 引种。

蝴蝶果 *C. cavaleriei* （Lévl.）Airy-Shaw 福建厦门引种。

20. 血桐属 *Macaranga* Thou

本属约 280 种，中国 15 种，福建木本 2 种。

分 种 检 索 表

1. 叶盾状，菱状卵形或近圆形，基部宽楔形或宽圆形，边缘有粗齿，掌状脉 7~12 条；托叶披针形；蒴果无刺(分布于南靖、华安、仙游及宁德) ················· **1. 鼎湖血桐** *M. sampsonii* Hance

1. 叶非盾状或稍盾状，椭圆形或长圆形，基部微耳状心形，全缘，稍呈波状，羽状脉 8～10 对；托叶钻形；
蒴果疏被皮刺(分布于漳州) ··········· **2. 刺果血桐** *M. auriculata* (Merr.) Airy-Shaw

21. 滑桃树属 *Trewia* L.

本属 1 种，中国 1 种，福建木本引种 1 种。

滑桃树 *T. nudiflora* L. 福州引种。

22. 野桐属 *Mallotus* Lour.

本属约 140 种，中国约 20 多种，福建木本 7 种、3 变种。

分 种 检 索 表

1. 蒴果被软刺；叶基脉(3)5～7。
 2. 叶柄盾状或稍盾状着生。
  3. 叶卵形或菱形，稍盾状，下面灰白色或黄褐色，密被灰白色或黄褐色星状茸毛；蒴果软刺粗厚(分布于南靖和永春)·············· **1. 白楸** *M. paniculatus* (Lam.) Muell. – Arg.
  3. 叶卵圆形或近于圆形，盾状，下面密被红褐色、褐色或浅褐色星状茸毛；蒴果软刺较细(分布于南靖、永春、仙游、永安、三明、南平、建瓯、武夷山及光泽)·············· **2. 东南野桐** *M. lianus* Croizt
 2. 叶柄非盾状着生。
  4. 叶下面密被白色或灰白色星状柔毛；蒴果皮刺线形，较密；雄蕊 45～75。
   5. 叶宽卵形，全缘或疏生钝齿，上部稀有裂片或圆齿，下面白色或灰白色，有黄色腺点；蒴果皮刺黄色或黄褐色(全省各地常见)·············· **3. 白背叶** *M. apelta* (Lour.) Muell-Arg.
   5. 叶卵状三角形或卵状菱形，上部各具 1 圆齿或裂片，下面有橙红色腺点；蒴果皮刺红色或红棕色(福建有分布) ·············· **4. 红腺野桐** *M. paxi* Pamp.
  4. 叶下面疏被黄色或黄褐色星状柔毛；蒴果皮刺刺状，稀疏；雄蕊 50～125。
   6. 花序短总状，不分枝；叶宽三角状圆形，常 3 裂(分布于建阳等地)·········· **5. 野桐** *M. tenuifolius* Pax
   6. 花序穗状圆锥形，多分枝；叶卵形或卵圆形，上部具 1～2 裂片(分布于泰宁、建阳及武夷山)·········
 ·············· **5. 野梧桐** *M. japonicus* (Thunb.) Muell-Arg. var. *floccosus* Hwang
1. 蒴果无软刺；叶基脉 3。
 7. 攀援状灌木或藤本；叶下面被褐黄色星状柔毛和散生黄色透明腺点；雄花有雄蕊 40～75。
  8. 叶下面密被星状柔毛；雌花序圆锥状，稀总状；果具 2(3)果瓣(分布于厦门、漳州、南靖、漳平、长汀、永春、德化、福化、福清、闽侯、福州、永泰、大田、永安、三明、漳州、沙县、将乐、建宁、宁德、南平、武夷山、浦城及光泽) ··············
 ·············· **6. 杠香藤** *M. repandus* (Willd.) Muell. – Arg. var. *chrysocarpus* (Pamp.) S. M. Hwang
  8. 幼叶密被星状柔毛，后脱落；雌花序总状；果具 3 果瓣(福建有分布)······ **7. 假新妇木** *M. illudens* Croiz.
 7. 小乔木或灌木；叶近革质；卵形、长圆形或卵状披针形，下面多少粉白色，被星状短柔毛和红色腺点；蒴果三棱状球形，密被深红色颗粒状腺点，具 3 分果爿(分布于永春、福州、永泰、连江、福安、南平及光泽) ·············· **8. 粗糠柴** *M. philippinensis* (Lam.) Muell-Arg.
  8a. 齿叶粗糠柴 *M. philippinensis* var. *reticulatus* 其与原种区别在于灌木，叶缘有粗齿。分布于南靖、长泰、福清、泰宁、南平。

23. 山麻杆属 *Alchornea* Sw.

本属约有 50 种，中国约 6 种，福建木本 1 种。

红背山麻杆 *A. trewioides* (Benth.) Muell-Arg. 分布于诏安、南靖、平和、龙岩及连城

等地。

24. 海漆属 *Excoecaria* L.

本属约 30 种，中国 5 种，福建木本包括栽培 2 种。

分 种 检 索 表

1. 叶互生，革质，两面绿色，上面基部近叶柄顶端具腺体 2 枚；苞片肥厚，全缘；海滩植物（分布于云霄、东山等地）·· **1. 海漆 *E. agallocha* L.**
1. 叶对生，极少 3 枚轮生或互生，纸质，叶下面紫红色，近叶柄顶端无腺体；苞片薄，边撕裂状；栽培植物（福建厦门庭园或花盆中常有栽培）·········· **2. 红背桂花 *E. cochinchinensis* Lour.**

25. 乌桕属 *Sapium* R. Br.

本属约 120 种以上，中国约 10 种，福建木本 4 种。

分 种 检 索 表

1. 种子被蜡层。
  2. 叶菱形至宽菱状卵形，长与宽几相等，顶端渐尖至长渐尖（全省各地常见）·· **1. 乌桕 *S. sebiferum*（L.）Roxb.**
  2. 叶椭圆状卵形，长约为宽的 2 倍，顶端短尖或钝（分布于龙海、长泰、龙岩、长汀、德化、莆田、福州、永安、将乐、福安、南平、武夷山）·············· **2. 山乌桕 *S. discolor*（Champ. ex Benth.）Muell. – Arg.**
1. 种子没有蜡层。
  3. 叶较小，椭圆状披针形至披针形，长 2～7cm，宽 1～3cm，干时下面常呈红棕色（分布于平和、龙岩、三明）·· **3. 斑子乌桕 *S. atrobadiomaculatum* Metc.**
  3. 叶较大，卵形、椭圆状卵形至倒卵形，长 6～15cm，宽 3～8cm，干时下面不为红棕色（分布于将乐、建阳、武夷山及光泽）············· **4. 白木乌桕 *S. japonicum*（Sieb. et Zucc.）Pax et Hoffm**

26. 橡胶树属 *Hevea* Aubl.

本属约有 20 种，中国引种的有 1 种，福建木本引入 1 种。

橡胶树 *H. brasiliensis*（H. B. K.）Muell. – Arg. 诏安、云霄、厦门、同安等地引种。

27. 大戟属 *Euphorbia* L.

本属约有 2000 种，中国约 60 种以上，福建木本 5 种。

分 种 检 索 表

1. 植物体肉质或稍肉质。
  2. 茎有刺。
   3. 茎上的刺单生，长 1cm 以上；总苞基部具 2 枚鲜红色肾形的苞片（福建各地也有栽培）·· **1. 铁海棠 *E. milii* Ch. des Moulins**
   3. 茎上的刺成对着生，长 1cm 以下；总苞基部无鲜红色苞片。
    4. 茎、枝圆柱形，有 3～5 条肥厚的翅；叶大，多簇生于枝的顶端（福建漳浦、厦门常栽培作绿篱或供观赏）·· **2. 霸王鞭 *E. neriifolia* L.**
    4. 茎、枝圆柱或三角形，有 3 条薄而作波浪形的翅；叶小而少，由翅缘发出（福建漳浦、厦门有栽培，供观赏或作绿篱）·········· **3. 火殃簕 *E. antiquorum* L.**
  2. 茎无刺，上部多分枝；枝圆柱形，绿色，无棱或翅；叶缺如或退化成鳞片状而不明显（本省厦门栽培为庭园观赏树）································ **4. 绿玉树** *E. tirucalli* L.

1. 植物体非肉质；叶长 7~25cm，全缘或浅波状或浅裂；花序下的叶全部呈朱红色；总苞坛状，直径约 8mm
（福建厦门、福州有栽培，供观赏）··············· **5. 一品红** *E. pulcherrima* Willd. ex Klotzsch.

28. 红雀珊瑚属 *Pedilanthus* Poit.

本属约 30 种，中国引进 2 种，福建木本引进 1 种。

红雀珊瑚 *P. tithymaloides*（L.）Poit. 福建厦门、漳州等地引种栽培。

78. 山茶科 Theaceae

本科 28 属、700 种，中国 15 属、340 种，福建木本 10 属、52 种、8 变种、1 变型、5 栽培品种。

分 属 检 索 表

1. 花两性，较大，直径 2~12cm；雄蕊多轮，稀 2 轮，花药短，常为背部着生，花丝长；果为蒴果；种子大。
  2. 萼片常多于 5 片，宿存或脱落；花瓣 5~14 片；种子大，无翅。
    3. 蒴果从上部开裂，中轴脱落；苞片、萼片，花瓣不定数，通常多于 5 数 ·········· **1. 山茶属** *Camellia* L.
    3. 蒴果从下部开裂，中轴不脱落；苞片 2 片，萼片 9~11 片，花瓣 5 片········· **2. 石笔木属** *Tutcheria* Dunn
  2. 萼片 5 片，宿存；花瓣 5 片；种子较小，种子有翅或无翅。
    4. 蒴果具宿存中轴，宿存萼片细小，不包着果实；种子小，扁而薄，周围有翅 ·····························
    ··· **3. 木荷属** *Schima* Reinw. et Bl.
    4. 蒴果无中轴，宿存萼片大，常包着或托住果实；种子有翅或无翅。
      5. 叶为落叶，叶柄不对折；种子周围通常有翅 ·············· **4. 紫茎属** *Stewartia* L.
      5. 叶为常绿，叶柄对折呈舟状；种子近无翅 ·············· **5. 折柄茶属** *Hartia* Dunn
1. 花两性或单性，细小，直径常小于 2cm，如大于 2cm，则子房半下位；雄蕊 1~2 轮，花药长圆形，常被毛，顶端有突尖，基部着生，花丝短；果为浆果或闭果。
  6. 子房下位或半下位；果实具宿萼；花药具长尖头，花丝下半部合生 ·········· **6. 红楣属** *Anneslea* Wall.
  6. 子房上位；果实通常无宿存萼片；花药仅具短的突尖，花丝离生，稀合生。
    7. 胚株少数，垂生于子房上角；花两性，稀单性，单朵生于叶腋，花药无毛 ·············
    ··· **7. 厚皮香属** *Ternstroemia* L.
    7. 胚珠多数，垂生于中轴胎座上；花两性或单性，通常 1~3 朵腋生，花药有毛或无毛。
      8. 花两性，花药有毛，不具分隔；叶通常全缘，稀有锯齿。
        9. 顶芽通常较大，无毛；花丝离生；子房 2~3 室，胚珠少数 ·········· **8. 红淡比属** *Cleyera* Thunb.
        9. 顶芽常较小，通常有毛；花丝通常合生；子房 3~5 室，胚珠多数 ····· **9. 黄瑞木属** *Adinandra* Jack.
      8. 花单性，雌雄异株；花药无毛，具分隔或不具分隔；叶排成 2 列，叶缘有锯齿 ·············
    ··· **10. 柃属** *Eurya* Thunb.

1. 山茶属 *Camellia* L.

本属约 100 余种，中国约 70 余种，福建木本 19 种、1 变种、5 栽培品种。

分 种 检 索 表

1. 苞被片未分化为苞片和萼片，数目多于 10 片，花开放时即脱落；花大，直径 5~10cm；无花梗；子房通常 3 室，稀 4 ~ 5 室。

2. 花丝分离或基部稍合生；花瓣分离或稍连合；花白色，极稀为淡红色。

 3. 果实成熟时褐色或黄褐色，果皮极厚，粗糙，厚约在 10mm 以上，具糠秕；蒴果大，直径 6.5 ~ 9.5cm；雄蕊 2 ~ 3 轮，长 2 ~ 10mm（分布于上杭、龙岩、德化、永安、沙县、三明、南平、古田、屏南、建瓯、泰宁、武夷山、浦城、松溪等地）······ **1. 八瓣糙果茶** *C. octopetala* Hu

 3. 果实成熟时黄绿色或黄色，果皮较薄，平滑，厚不超过 5mm，无糠秕；蒴果常较小，直径 2 ~ 4cm。

  4. 花白色至粉红及玫瑰色，有香气（福建各地栽培）······ **2. 茶梅** *C. sasanqua* Thunb.

  本省有下列栽培品种：

  2a. '白茶'梅 *C. sasanqua* 'Baichamei'

  2b. '浮云'茶梅 *C. sasanqua* 'Fuyunchamei'

  2c. '金晃'茶梅 *C. sasanqua* 'Jinhuangchamei'

  2d. '绿云'茶梅 *C. sasanqua* 'Luyunchamei'

  2e. '昭和荣'茶梅 *C. sasanqua* 'Zhaoherongchamei'

  4. 花白色，无香气。

   5. 嫩枝被毛或初时被毛，至少冬芽的芽鳞密被金黄色长柔毛；子房密被白色丝状毛；蒴果直径 2 ~ 3cm；雄蕊 3 ~ 6 轮，长 10 ~ 15mm（福建各地有栽培）······ **3. 油茶** *C. oleifera* Abel

   5. 嫩枝无毛，至少顶芽的芽鳞无毛；子房被毛，但不为白色丝状毛。

    6. 叶长椭圆形或椭圆形至倒披针状椭圆形，较大，长 5 ~ 10cm，边缘锯齿尖锐；花较大，直径 4 ~ 5cm，花瓣顶端深陷呈心形（分布于宁化、建宁、泰宁、沙县、南平、建瓯）····················· **4. 长瓣短柱茶** *C. grijsii* Hance

    6. 叶长椭圆形或近圆形，较小，长 2 ~ 6cm，边缘具细齿，不尖锐。

     7. 叶长椭圆形、狭椭圆形或倒披针形，顶端略钝；苞片和萼片 6 ~ 7 片；花梗上有苞片及萼片脱落后留下的 2 ~ 3 个环节（福建各地常见）······ **5. 短柱茶** *C. brevistyla* (Hay.) Cohen

     7. 叶阔椭圆形或近圆形，顶端钝；苞片和萼片 10 片；花梗上有苞片及萼片脱落后留下的 5 ~ 6 个环节（分布于武夷山）······ **6. 钝叶短柱茶** *C. obtusifolia* Chang

2. 花丝合生成短管；花瓣基部明显合生；花红色。

 8. 子房被毛。

  9. 叶椭圆形，长为宽的 2 倍（厦门和福州有引种）······ **7. 云南山茶** *C. reticulata* Lindl.

  9. 叶长卵形或卵状披针形，长为宽的 3 ~ 4 倍（分布于上杭、龙岩、连城、南平、永安、沙县、建瓯、武夷山、松溪、浦城等地）······ **8. 尖萼红山茶** *C. edithae* Hance

 8. 子房无毛。

  10. 苞片和萼片 14 ~ 16 片；种子每室 6 ~ 8 个；叶长圆形或椭圆形，长 8 ~ 12cm，上面亮绿色，有光泽（分布于建瓯、邵武、建阳、泰宁、光泽、武夷山、浦城、古田、屏南、寿宁、柘荣等地）··········· **9. 浙江红山茶** *C. chekiangoleosa* Hu

  10. 苞片和萼片 7 ~ 10 片；种子每室 1 ~ 5 个；叶倒卵形或椭圆形，长 5 ~ 10cm，上面深绿色，无光泽，不甚发亮或稍暗晦（福建广泛种植）······ **10. 山茶** *C. japonica* L.

1. 苞片和萼片分化明显；苞片宿存或脱落；萼片宿存；若苞片和萼片未分化，则均宿存；花较小，直径 2 ~ 5cm；具花梗；子房及蒴果通常 3 室，稀 1 室。

 11. 子房 3 ~ 5 室。

  12. 花金黄色（厦门和福州有引种）······ **11. 金花茶** *C. chrysantha* (Hu) Tuyama

  12. 花白色（福建各地均有栽培）······ **12. 茶** *C. sinensis* (L.) O. Kuntze

 11. 子房仅 1 室发育；果小，果皮薄，无中轴；苞片和萼片均宿存。

  13. 花丝分离或下半部合生，无毛，稀被毛，花药背部着生；子房无毛。

   14. 嫩枝和花的各部分均无毛。

15. 萼片卵圆形或近圆形，顶端圆；花瓣倒卵形或卵圆形，顶端圆而有微凹（分布于闽清、屏南、建瓯、建阳、永安、泰安、武夷山、浦城等地）········· **13. 尖连蕊茶 C. cuspidata**（Kochs）Wright ex Gard.

    13a. **浙江尖连蕊茶 C. cuspidata var. chekiangnsis** 其与原种区别在于：本变种的苞片和萼片外面多少被金黄色微毛，花梗较长，长 4~5mm，雄蕊群较短，长 1~1.5cm，花丝基部合生成 5~6mm 的短管等。产武夷山、南平、永安、宁德。

15. 萼片线状披针形或狭长披针形，顶端尾状长尖；花瓣卵形或披针状卵形，顶端锐尖（分布于泰宁龙湖乡官田村）···················· **14. 披针萼连蕊茶 C. lanceisepala** L. K. Ling

14. 嫩枝被毛。

  16. 萼片外面无毛，有时边缘有短纤毛。

    17. 叶卵形或椭圆状卵形，长 1.2~2.4cm，顶端钝；花梗长 2~4mm（分布于永泰、闽侯、福安等地）

    ················· **15. 毛枝连蕊茶 C. trichoclada**（Rehd.）Chien

    17. 叶椭圆形或卵状椭圆形，长 2~4cm，顶端略渐尖或钝；花梗长 5~9mm（分布于永定、南靖、连城、龙岩、漳平、武夷山、福州等地）··········· **16. 柃叶连蕊茶 C. euiryoides** Lindley

  16. 萼片外面被长绢毛；叶椭圆形或长圆状椭圆形，长 4~8cm，顶端钝尖；花梗长约 3mm，有毛（分布于福建西南、中部、西北部）··················· **17. 毛花连蕊茶 C. fraterna** Hance

13. 花丝大部合生，稀分离，常被毛，花药基部着生；子房被毛；蒴果无毛。

  18. 萼片线状窄披针形，长 10~15mm，被长毛；叶狭椭圆形、长圆形至披针形，基部微窄至圆形，下面被长柔毛（分布于南靖、上杭、连城、龙岩、长汀、南平、建瓯、建阳、泰宁、武夷山等地）·······

    ············· **18. 柳叶毛蕊茶 C. salicifolia** Champ. ex Benth.

  18. 萼片阔卵形至半圆形，长 1.5~2.5mm；叶长圆形或长圆状披针形，基部楔形，下面无毛（分布于福建南部）···················· **19. 长尾毛蕊茶 C. caudata** Wall.

2. 石笔木属 Tutcheria Dunn

本属约 21 种，中国约 23 种，福建木本 5 种。

分 种 检 索 表

1. 花大，直径 4~7cm；果也大，直径 2~5cm。

 2. 叶椭圆形，长 12~18cm，宽 4~6cm；果球形或卵圆形。

  3. 叶厚革质，边缘锯齿粗；花的直径 4~7cm；萼片长 2cm；果实直径 3~5cm（分布于上杭、永定、龙岩、南靖等地）··················· **1. 石笔木 T. spectabilis**（Champ. ex Benth.）Dunn

  3. 叶薄革质，边缘有锯齿；花的直径 4~5cm；萼片长 1~1.5cm；果实直径 2~2.5cm（分布于龙岩和南靖）··················· **2. 短果石笔木 T. brachycarpa** Chang

 2. 叶长圆形，长 10~14cm，宽 2.5~5cm；果椭圆形，顶端钝；果梗长 7~10mm（分布于上杭、永定）······

  ··················· **3. 长柄石笔木 T. greeniae** W. Y. Chun

1. 花小，直径 1.5~3cm；蒴果长在 2cm 以内，宽 1~1.5cm。

 4. 叶椭圆形，长 6~12cm，顶端短渐尖，蒴果三角状球形，顶端略尖（全省各地较常见，中部山区较多）

  ··················· **4. 小果石笔木 T. microcarpa** Dunn

 4. 叶倒卵形，长 4~7cm，顶端钝；蒴果倒三角状锥形，顶端凹入（分布于华安和沙县）··················

  ··················· **5. 锥果石笔木 T. symplocifolia** Merr.

3. 木荷属 Schima Reinw. ex Bl.

本属约 15 种，中国 10 多种，福建木本 1 种。

木荷 S. superba Gardn. et Champ. 全省各地极常见。

4. 紫茎属 *Stewartia* L.

本属约 10 余种，中国约 6 种，福建木本 1 种。

紫茎 *S. sinensis* Rehd. et Wils. 分布于武夷山黄岗山一带。

5. 折柄茶属 *Hartia* Dunn

本属约 100 余种，中国约 11 种，福建木本 1 种。

小花折柄茶 *H. micrantha* Chun 分布于永安等地。

6. 红楣属 *Anneslea* Wall.

本属约 3 种，中国 3 种，福建木本 1 种。

红楣 *A. fragrans* Wall. 分布于南靖、上杭、龙岩、华安、漳平、仙游、德化、大田等地。

7. 厚皮香属 *Ternstroemia* L.

本属约 90 余种，中国约 13 种，福建木本 5 种。

分 种 检 索 表

1. 叶下面有暗红褐色腺点，叶肥厚，厚革质，倒卵形、倒卵圆形或阔椭圆形，稀近圆形，顶端急缩窄呈短尖、尖头钝或近圆形；中脉粗壮，上面平贴，侧脉 5 ~ 7 对，两面不明显；果扁球形(分布于德化、将乐、泰宁、建阳、武夷山、浦城、建瓯、屏南、松溪等地) ·············· **1. 厚叶厚皮香** *T. kwangtungensis* Merr.
1. 叶下面无暗红褐色腺点。
  2. 叶片较小，倒卵形、长圆状倒卵形披针形，长 2 ~ 5cm，顶端圆或钝；果实椭圆形，两端略钝，中部最宽，长 8 ~ 10mm，直径 5 ~ 6mm；果梗纤细，长 6 ~ 10mm(分布于厦门、惠安至闽侯县川石岛等沿海) ·· **2. 小叶厚皮香** *T. microphylla* Merr.
  2. 叶片较大，形状种种，长在 5cm 以上，顶端渐尖或突然收窄呈短尖，很少近圆形或钝。
    3. 萼片长卵形或卵状披针形，顶端锐尖，并有小尖头；花梗长 2 ~ 3cm，近萼片基部一端明显粗肥且下弯，向下逐渐变纤细；叶椭圆形或椭圆状倒披针形，下面灰绿色或灰白色(分布于南靖、永定、武平、龙岩、连城) ·· **3. 尖萼厚皮香** *T. luteoflora* Hu ex L. K. Ling
    3. 萼片卵圆形或长圆形，顶端圆或钝，无上尖头；花梗常较短，亦非如上述形态。
      4. 果实长卵形，顶端尖或渐尖；果梗纤细，长 1.5 ~ 2.5cm；萼片卵形或长圆状卵形，顶端钝或略尖，两面均密被金黄色头垢状的小腺点；叶薄革质，干后常变为黑褐色(分布于龙岩、漳平、永安、南平、建瓯、建阳、福州、宁化、武夷山等地) ·············· **4. 亮叶厚皮香** *T. nitida* Merr.
      4. 果实圆球形，顶端圆；果梗长 1 ~ 1.5cm；萼片卵圆形，顶端钝或圆，两面无毛；叶革质或稍厚，干后暗红色，不为黑褐色(全省各地常见) ·············· **5. 厚皮香** *T. gymnanthera* (Wight. et Arn.) Sprague

8. 红淡比属 *Cleyera* Thunb.

本属约 20 种，中国约 8 种，福建木本 2 种。

分 种 检 索 表

1. 叶长圆形或长圆状椭圆形至椭圆形，革质，长 6 ~ 9cm，宽 2.5 ~ 3.5cm，顶端短渐尖或渐尖，全缘，下面无红色腺点；萼片卵圆形或圆形，质薄(全省各地常见) ·············· **1. 红淡比** *C. japonica* Thunb.
1. 叶长圆形，厚革质，长 8 ~ 14cm，宽 3.5 ~ 6cm，顶端钝或短钝尖，边缘疏生细锯齿，下面密生红色腺点；萼片长圆形或卵状长圆形，质厚(分布于连城、永安、武夷山等地) ··· **2. 厚叶红淡比** *C. pachyphylla* Chun et Chang

9. 黄瑞木属 Adinandra Jack.

本属约 130 余种，中国约 20 种，福建木本 1 种、3 变种。

分 种 检 索 表

1. 嫩枝、顶芽及叶片下面仅被灰褐色平伏短柔毛；花单朵腋生；花梗纤细，长 10~20mm；花柱无毛。
  2. 萼片卵状披针形或卵状三角形，顶端尖；花瓣卵状长圆形至长圆形，顶端尖，外面全无毛（全省各地常见） ·· **1. 黄瑞木** A. millettii（Hook. et Arn.）Benth. Hook. f. ex Hance
  2. 萼片阔卵形或卵圆形，顶端钝；花瓣阔卵形，顶端圆，外面中间部分密被黄褐色绢毛（全省各地常见） ········· **2. 尖叶川黄瑞木** A. bockiana Pritzl ex Diels var. acutifolia（Hand. – Mazz.）Kobuski
1. 嫩枝、顶芽及叶片下面密被锈褐色长刚毛；花通常 2~3 朵腋生；花梗粗短，长 6~15mm；萼片阔卵形，外面连同花瓣外面中间部分均密被长刚毛；花柱密被长刚毛或近顶端处无毛。
  3. 嫩枝、顶芽及叶片下面仅密被锈褐色长刚毛（分布于上杭、漳平、德化、永安、南平、将乐、武夷山等地） ··············· **3a. 大萼两广黄瑞木** A. glischroloma Hand. – Mazz. var. macrosepala（Metc.）Kobuski
  3. 嫩枝、顶芽及叶片下面，尤其是叶片边缘均密被特长的锈褐色长刚毛，毛长达 5mm（分布于漳平） ······ ·············· **3b. 美毛两广黄瑞木** A. glischroloma Hand. – Mazz. var. jubuta（Mi）Kobuski

10. 柃属 Eurya Thunb.

本属约 130 种，中国约 78 种，福建木本 16 种和 4 变种、1 变型。

分 种 检 索 表

1. 嫩枝和顶芽均被毛，至少顶芽被毛。
  2. 子房和果实均被柔毛。
    3. 嫩枝密被披散的柔毛；叶卵状披针形或卵状长圆形，长 3.5~6cm，基部圆形；萼片卵形，外面被长柔毛（分布于永定、龙岩、南靖、厦门等地） ····························· **1. 二列叶柃** E. distichophylla Hemsl.
    3. 嫩枝仅被短柔毛；叶长圆形或倒披针状长圆形，长 5~8cm，基部阔楔形至楔形；萼片卵形或长卵形，无毛（分布于永定、上杭、龙岩、连城、永安、德化等地） ··· **2. 尖萼毛柃** E. acutisepala Hu et L. K. Ling
  2. 子房和果实均无毛。
    4. 嫩枝圆柱形。
      5. 嫩枝密被开张柔毛或短柔毛，至少顶芽被短柔毛。
        6. 叶基部耳形或心形。
          7. 叶椭圆形，基部耳形抱茎（分布于上杭、连城、德化、永安、泰宁、建宁等地） ····················· ··· **3. 单耳柃** E. weissiae Chun
          7. 叶长圆状椭圆形至椭圆形，基部圆形，上面常有金黄色腺点（分布于永定、上杭、龙岩、连城、南靖、德化） ····················· **4. 粗枝腺柃** E. glandulosa Merr. var. dasyclados（Kobuski）Chang
        6. 叶基部楔形或圆形。
          8. 叶倒卵形，长 1.8~3cm，顶端圆，常有微凹（分布于东山、惠安、福清、长乐、平潭、南日岛、闽侯及连江等地） ·································· **5. 滨柃** E. emarginata（Thunb.）Makino
          8. 叶披针形或披针状长圆形，长 4.5~10cm，顶端渐尖或长渐尖（分布于西南山地） ····················· ··· **6. 岗柃** E. groffii Merr.
      5. 嫩枝和顶芽仅被微毛。
        9. 叶革质，稍厚，倒卵形，长 1.5~4cm，顶端圆；雄蕊 5 枚（分布于德化、建阳、武夷山） ········· ··················· **7a. 毛岩柃** E. saxicola Chang f. puberula Chang
        9. 叶形种，但绝非倒卵形，顶端渐尖或尖；雄蕊 10~24 枚。

10. 萼片外面无毛；雄蕊 17 ~ 24 枚；花柱分离；叶片干后下面呈红褐色(分布于武夷山等北部山区)
··· **8. 黑枬** *E. macartneyi* Champ.

10. 萼片外面被微毛或短柔毛；雄蕊 10 ~ 15 枚；花柱浅裂或深裂。

11. 嫩枝和顶芽除密被微毛外，尚混生有短柔毛，至少顶芽是如此；叶薄革质，窄椭圆形或椭圆状披针形；萼片卵形；花柱长 2 ~ 3mm(全省各地极常见) ·············· **9. 细枝枬** *E. loquaiana* Dunn

11. 嫩枝和顶芽仅被微毛；叶革质，长圆形或长圆状椭圆形；萼片圆形或卵圆形；花柱长 2 ~ 1.5mm。

12. 叶椭圆形或长圆状椭圆形；雄蕊 15 枚，花柱长约 1mm(全省各地极常见) ··············
··· **10. 微毛枬** *E. hebeclados* Ling

12. 叶卵形至卵状披针形，上面常有金黄色腺点；雄蕊 10 枚；花柱长约 1.5mm(分布于闽侯川石岛、屏南、古田等地) ·············· **9a. 金叶细枝枬** *E. loquaiana* Dunn var. *aureo-punctata* Chang

4. 嫩枝具 2 棱。

13. 嫩枝仅被微毛；叶革质，稍厚，倒卵形，顶端圆；花柱长约 1mm；雄蕊 5 枚(分布于德化、建阳、武夷山) ·············· **7a. 毛岩枬** *E. saxicola* Chang f. *puberula* Chang

13. 嫩枝被短柔毛，至少顶芽被短柔毛；叶薄革质；花柱长约 2mm；雄蕊 10 ~ 15 枚(分布于上杭、龙岩、连城、南靖、惠安、福州、福清) ·············· **11. 米碎花** *E. chinensis* R. Brown

1. 嫩枝和顶芽均无毛。

14. 嫩枝圆柱形；叶革质，椭圆形或长圆状椭圆形，基部楔形，干后下面淡绿色(全省各地较常见) ········
··· **12. 格药枬** *E. muricata* Dunn

14. 嫩枝具 2 ~ 4 棱。

15. 叶基部耳形抱茎；叶卵状披针形，长 6 ~ 18cm，干后下面红褐色(分布于永定、南靖、德化等地) ···
··· **13. 穿心枬** *E. amplexifolia* Dunn

15. 叶基部楔形或圆形。

16. 嫩枝 4 棱；叶革质，椭圆形或长圆状椭圆形，长 4 ~ 7.5cm，干后侧脉在上面常稍凹下(分布于永定、上杭、龙岩、连城、德化、永安、惠安、屏南、古田、福清、泰宁、武夷山等地) ··············
··· **14. 翅枬** *E. alata* Kobuski

16. 嫩枝具 2 棱。

17. 叶倒卵形，革质，稍厚，顶端圆，侧脉常在上面凹下(分布于德化戴云山、建阳猪姆岗、武夷山黄山岗和香炉石等附近) ·············· **15. 岩枬** *E. saxicola* Chang

17. 叶形种种，顶端渐尖或尖，有时略钝。

18. 果实长卵形；叶倒卵状披针形或倒卵状椭圆形，长 2 ~ 3.5cm，顶端钝(分布于连城、德化、永安、福清、古田、建阳、武夷山、泰宁等地) ·············· **16. 丛化枬** *E. metcalfiana* Kobuski

18. 果实圆球形。

19. 萼片革质，干后褐色；叶椭圆形，基部楔形或近圆形，干后下面常为红褐色，侧脉在上面隆起(全省各地常见) ·············· **17. 窄基红褐枬** *E. rubiginosa* Chang var. *attenuata* Chang

19. 萼片膜质，干后淡绿色。

20. 萼片边缘具明显的纤毛；叶革质，较厚，椭圆形或倒卵形，长 4 ~ 9cm(分布于永安、武夷山、泰宁、浦城等地) ·············· **18. 短柱枬** *E. brevistyla* Kobuski

20. 萼片边缘无纤毛；叶薄革质。

21. 叶倒卵状披针形或倒披针形，长 2 ~ 5.5cm，顶端钝尖，边缘密生细锯齿；花柱长 2mm(分布于福州等地) ·············· **11a. 光枝米碎花** *E. chinensis* R. Brown var. *glabra* Hu et L. K. Ling

21. 叶长圆状椭圆形或倒卵状椭圆形，长 4 ~ 6cm，边缘密生锯齿或细钝齿；花柱长 2.5 ~ 3mm(分布于全省各地) ·············· **19. 细齿叶枬** *E. nitida* Korthals

79. 水东哥科 Saurauiaceae

本科 1 属、300 余种，中国 1 属、13 种，福建木本 1 属、1 种。

水东哥属 *Saurauia* Willb.

本属约 300 种，中国 13 种，福建木本 1 种。

水东哥 *S. tristyla* DC. 分布于南靖、华安、漳平、仙游、福清、福州、永泰、宁德等地。

80. 猕猴桃科 Actinidiaceae

本科 2 属、80 余种，中国 2 属、80 种，福建木本 1 属、13 种、6 变种。

猕猴桃属 *Actinidia* Lindl.

本属约 54 种，中国约 52 种，福建木本 13 种、6 变种。

分 种 检 索 表

1. 植株多少被毛，但不被星状毛。
  2. 植株仅嫩枝、芽体、花序、花萼、子房、幼果等部被柔毛或茸毛，有时叶下面脉腋具髯毛，很少于叶上面疏生糙伏毛。
    3. 果实无斑点，顶端有喙；子房无毛。
      4. 髓心层片状，褐色或白色；叶下面脉腋具髯毛；花药黑色或暗紫色；果无宿存萼片。
        5. 叶阔椭圆形至倒阔卵形，稀为卵状长椭圆形，基部圆形或浅心形，有时阔楔形，下面绿色，不被白粉（分布于泰宁、武夷山） ·················· **1. 软枣猕猴桃** *A. arguta* (Sieb. et Zucc.) Planch. ex Miq.
          1a. **紫果猕猴桃** *A. arguta* var. *purpurea* 与原种区别在于：叶纸质，卵形或长方椭圆形，边缘锯齿浅而圆，干后常呈黑绿色；花药黑色；果成熟时紫红色。分布于武夷山。
        5. 叶椭圆形或长圆状披针形，基部楔形至阔楔形，下面被白粉，粉绿色或苍白色（分布于建宁、建阳和武夷山等地） ·· **2. 黑蕊猕猴桃** *A. melanandra* Franch.
      4. 髓心实，白色；叶下面脉腋无髯毛；花药黄色；果具宿存萼片。
        6. 萼片、花瓣各 5 片；总花梗短，长 2~6mm；叶上面散生少数小刺毛，下面沿中脉和侧脉多少被卷曲的微柔毛（分布于浦城等地） ·················· **3. 葛枣猕猴桃** *A. polygama* (Sieb. et Zucc.) Maxim.
        6. 萼片 2~3 片；花瓣 7~8 片；总花梗较长，长约 15mm；叶上面无毛，下面仅中下部的脉腋有时具髯毛（分布于建宁、屏南等地） ································ **4. 对萼猕猴桃** *A. valvata* Dunn
    3. 果实有斑点，顶端无喙；子房被茸毛。
      7. 叶较大，长 5~12cm，宽 3~6cm，下面绿色，边缘具锯齿或芒刺状小锯齿；叶柄长 2~8cm；子房被灰白色茸毛（分布于福建各地） ·················· **5a. 异色猕猴桃** *A. callosa* Lindl var. *discolor* C. F. Liang
        5b. **京梨猕猴桃** *A. callosa* var. *henryi* 与原种区别在于小枝、叶柄、总花梗、花萼两面均无毛；果圆柱形或倒卵状长椭圆形，长达 4cm 或更长。与异色猕猴桃的主要区别在于叶卵状椭圆形或长方长圆形，基部圆形或微心形，边缘锯齿细小，近相等，下面脉腋常具髯毛，干后两面近同色；果圆柱形或倒卵状长椭圆形，长达 4cm 或更长；髓心通常层片状。本省分布于泰宁、建宁、屏南、建阳、光泽、武夷山、浦城等地。
        5c. **毛叶硬齿猕猴桃** *A. callosa* var. *strigillosa* 与京梨猕猴桃很接近，主要区别在于叶片较薄，纸质或近膜质，边缘具较疏离的芒刺状小锯齿，上面散生糙伏毛；花梗较细弱，呈丝状；果卵球形、长椭圆形或倒卵状长圆形，长不超过 2cm。分布于光泽、武夷山等地。
      7. 叶较小，长 4~7cm，宽 2~3.5cm，下面灰绿色，边缘具不明显的圆锯齿；叶柄长约 2cm；子房被锈褐色茸毛（分布于南平、建阳、武夷山和光泽等地） ·················· **6. 清风藤猕猴桃** *A. sabiaefolia* Dunn
  2. 植株的幼茎、嫩枝、有时连叶柄被棕褐色至黑褐色长刚毛（分布于仙游、连城、永安、沙县、泰宁、建宁、罗源、古田、屏南、政和、松溪、建瓯、建阳、邵武、武夷山、浦城等地） ··· **7. 长叶猕猴桃** *A. hemsleyana* Dunn
1. 植株至少在叶下面被星状毛。

8. 髓心实，老时常变中空；花排成 3 ~ 4 回分歧的大型聚伞花序，每花序具 10 朵或更多的花；总花梗长 2.5 ~ 7.5cm(分布于罗源以南沿海，南平以南、以西各地) ……………………………………………… **8. 多花猕猴桃** A. *latifolia* (Gardn. et Champ.) Merr.

8. 髓心层片状，老时不中空；每花序不超过 7 朵花；总花梗长不及 2cm。

　9. 花排成 2 回分歧的聚伞花序，每花序具 5 ~ 7 花；叶基部楔形或阔楔形，下面星状毛短而密。

　　10. 髓褐色；叶椭圆状披针形或倒卵状披针形，宽 2 ~ 3cm，下面密被灰白色至灰褐色星状短茸毛；花淡绿色；果较小，长 8 ~ 10mm，球形、卵球形或倒卵球形(分布于永安、三明、沙县、尤溪、泰宁、建安、罗源、古田、屏南、南平、建阳、松溪、武夷山、浦城等地) ……………………………………………… **9. 小叶猕猴桃** A. *lanceolata* Dunn

　　10. 髓白色；叶椭圆状卵形或倒卵形，宽 3.5 ~ 6cm，下面被较蓬松、淡白色的星状毛；花淡黄色，中央橙红色；果较大，长 15 ~ 22mm，圆柱形、倒卵状圆柱形或长椭圆形(产龙岩、泰宁、屏南、南平、武夷山和浦城) ……………………………………………… **10. 安息香猕猴桃** A. *styracifolia* C. F. Liang

　9. 花排成 1 回分歧的聚伞花序，每花序仅具 1 ~ 3 花；叶基部圆形、截形至浅心形，稀钝形，下面星状毛较长而疏。

　　11. 叶上面多少被或长或短的硬伏毛或长硬毛；花白色；果较小，长 1.5 ~ 2.5cm，成熟时几无毛。

　　　12. 叶下面密被棕灰色星状茸毛，脉上密被棕黄色刚毛状茸毛或无毛，侧脉 9 ~ 10 对；叶柄长 1 ~ 3cm，连同小枝密被棕锈色刚毛状茸毛(分布于平和、南靖、永定、大田等地) ……………………………………………… **11. 黄毛猕猴桃** A. *fulvicoma* Hance

　　　11a. 厚叶猕猴桃 A. *fulvicoma* var. *pachyphylla* 与原种的区别在于叶上面仅中脉和侧脉被长糙毛，其余无毛，有时老叶完全无毛，质地较厚，近革质至厚革质，叶通常较大，长达 20cm，宽 5 ~ 7.5cm。分布于建宁。

　　　11b. 绵毛猕猴桃 A. *fulvicoma* var. *lanata* 与原种区别在于叶纸质，阔卵形或卵形，长 8 ~ 14cm，宽 4.5 ~ 10cm，上面被毡毛；小枝、叶柄、叶脉密被黄褐色绵毛，不被棕锈色或棕黄色长硬毛。福建有分布。

　　　12. 叶下面疏被(毛被覆盖度 60%，或老叶更疏)灰白色星状茸毛，脉上被柔毛、颗粒状糙毛或星状毛，侧脉 7 ~ 8 对；叶柄长 3 ~ 5cm，连同小枝被茶褐色短茸毛(产连城、建阳) ……………………………………………… **12. 长叶柄猕猴桃** A. *cinerascens* C. F. Liang var. *longipetiolata* C. F. Liang

　　11. 叶上面无毛或仅脉上被柔毛，或幼时被柔毛、糙伏毛，但很快脱落；花橙黄而中央淡红色，或白色而后变为淡黄色；果较大，长 2.5 ~ 5cm，成熟时被茸毛。

　　　13. 叶卵形、阔卵形或卵状长圆形，顶端短渐尖或急尖；叶柄粗壮，长 1.5 ~ 3cm；萼片 2 或 3 片；子房密被白色茸毛；浆果柱状或卵状圆柱形，长 2.5 ~ 4cm，密被乳白色长茸毛(全省各地极常见) ……………………………………………… **13. 毛花猕猴桃** A. *eriantha* Benth.

　　　13. 叶倒阔卵形至近圆形，顶端平截、微凹或突尖；叶柄细弱，长 3.5 ~ 6cm，有时达 12cm；萼片 5 片，有时 6 或 4 片；子房密被金黄色茸毛；浆果近球形至长圆形，长 4 ~ 5cm，疏被黄褐色短茸毛(分布于将乐、泰宁、建宁、屏南、政和、松溪、建瓯、建阳、武夷山、浦城、光泽等地) ……………………………………………… **14. 中华猕猴桃** A. *chinensis* Planch.

81. 五列木科 Pentaphylacaceae

本科 1 属、约 2 种，中国有 1 种，福建木本 1 种。

五列木属 *Pentaphylax* Gardn. et Champ.

本属约 2 种，中国 1 种，福建木本 1 种。

五列木 *P. euryoides* Gardn. et Champ.

分布于永定、南靖等地。

82. 龙脑香科 Dipterocarpaceae

本科 15 属、580 余种，中国 5 属、15 种，福建木本引种 2 属、2 种。

分 属 检 索 表

1. 萼片 2 枚发育增大成长翅，或不发育成翅；花柱基部明显膨大 ·················· **1. 坡垒属** *Hopea* Roxb.
1. 萼片发育成 3 长 2 短的翅或几相等的翅；花柱基部不膨大················ **2. 柳安属** *Parashorea* Kurz.

1. 坡垒属 *Hopea* Roxb.

本属 102 种，中国 4 种，福建木本引种 1 种。

坡垒 *H. hainanensis* Merr. et Chun 本省厦门引种。

2. 柳安属 *Parashorea* Kurz.

本属 12 种，中国有 1 种，福建木本引种 1 种。

望天树 *P. chinensis* Wang Hsie 厦门引种。

83. 桤叶树科 Clethraceae

本科仅 1 属，约 67 种，中国约 12 种，福建木本 5 种。

桤叶树属 *Clethra* Gronov. ex L.

本属约 67 种，中国约 12 种，福建木本 5 种。

分 种 检 索 表

1. 花柱单一，不分裂；花序总状，单一，花序轴和花梗具灰色伏贴单毛(分布于武夷山) ·····················
   ·· **1. 单柱桤叶树** *C. bodinieri* Lévl.
1. 花柱 3 深裂或浅裂并有 3 个柱头，或有时不裂；花序总状或圆锥状，花序轴和花梗常被星状毛或簇状毛。
   2. 花药倒箭头形或长圆状倒卵形，花梗在开花时长于萼片，花小，花瓣长 4 ~ 6mm，花丝无毛或被锈色或
      近黑色长柔毛。
      3. 总状花序单一；萼片卵状披针形，长 4 ~ 5mm，花瓣顶端常微缺。
         4. 花丝无毛，花瓣不为灰白色；叶长圆状椭圆形或卵状椭圆形，基部楔形或近钝形(分布于德化、永泰、
            南平、永安、建阳、武夷山、古田、屏南) ···························· **2. 江南桤叶树** *C. cavaleriei* Lévl.
         4. 花丝有柔毛，花瓣下半部灰白色；叶卵状椭圆形或椭圆形，基部钝或圆形(分布于建阳、武夷山、屏
            南等地) ·· **3. 南岭桤叶树** *C. esquirolii* Lévl.
      3. 总状花序再排成圆锥状；萼片卵圆形或宽卵形，长 2 ~ 2.5mm，钝头；花丝无毛；叶倒卵状椭圆形，基
         部楔形或狭楔形(分布于武夷山等地) ···················· **4. 华东桤叶树** *C. barbinervis* Sieb. et Zucc.
   2. 花药倒心形，花梗在开花时短于萼片；叶长圆状椭圆形或倒卵状长圆形，下面密被厚茸毛，边近全缘，
      仅有细尖头状的硬缘毛或尖细齿(分布于泰宁、将乐、宁化) ···
      ·· **5. 毛叶桤叶树** *C. brammeriana* Hand. – Mazz.

84. 杜鹃花科 Ericaceae

本科 92 属、1900 种，中国 22 属、780 种，福建木本 6 属、34 种、4 变种。

分 属 检 索 表

1. 蒴果；花萼干燥且宿存，但花后不增大。

2. 蒴果室间开裂；花冠通常阔钟形、漏斗形或漏斗状钟形，稀为辐状，花冠裂片有时稍左右对称；雄蕊通常外伸，花药无芒 ·· **1. 杜鹃属 Rhododendron L.**

2. 蒴果室背开裂；花冠钟形、圆筒形或壶形，花冠裂片辐射对称；雄蕊内藏，花药无芒或有芒。

  3. 常绿矮小丛生半灌木；叶片细小，瓣片状，排成紧密的交互对生的 4 行；花单生 ··· **2. 岩须属 Cassiope D. Don**

  3. 直立灌木或小乔木；叶片大，互生，彼此分开；花常排成花序。

   4. 花药无芒；蒴果缝线明显加厚 ···························· **3. 南烛属 Lyonia Nutt.**

   4. 花药有芒；蒴果缝线不加厚。

    5. 常绿灌木；花序总状或圆锥状；花冠圆筒状壶形；芒位于花药的背部 ······ **4. 马醉木属 Pieris D. Don.**

    5. 落叶灌木；伞形花序或伞形状的总状花序；花冠钟形；芒位于花药的顶部 ··· **5. 吊钟花属 Enkianthus Lour.**

1. 浆果状蒴果，花后常被肉质而增大的花萼所包围 ················ **6. 白珠树属 Gaultheria Kalm ex L.**

1. 杜鹃花属 Rhododendron L.

本属约 800 种，中国约 600 余种，福建木本 26 种、1 变种。

分 种 检 索 表

1. 植物体被鳞片（即一种鳞片状圆形腺点）；叶椭圆形或椭圆状倒卵形，长 4.5～8cm（分布于上杭、永安、武夷山等地）··· **1. 南岭杜鹃 R. levinei Merr.**

1. 植物体无鳞片。

 2. 嫩枝、叶片、花柱、子房均无毛或被刚毛状腺毛、腺体或丛卷毛，但绝无糙伏毛。

  3. 嫩枝、叶片、叶柄均无毛或被腺体、腺毛，或初时被毛后渐变无毛；叶片通常纸质或坚纸质。

   4. 蒴果长圆柱形；雄蕊 10 枚。

    5. 嫩枝、叶柄均被刚毛状黏腺毛，新鲜时富含黏质感，花芽及叶芽尤多；子房有毛。

     6. 嫩枝、叶两面、叶柄均密被刚毛状黏腺毛，叶两面较粗糙；花萼裂片线状钻形（福建各地较常见）·· **2. 刺毛杜鹃 R. championae Hook.**

     6. 嫩枝、叶缘、叶柄仅初时疏被刚毛状黏腺毛，后变无毛，叶两面光滑；花萼裂片线形，钝头（福建各地常见）·· **3. 弯蒴杜鹃 R. henryi Hance**

    5. 嫩枝、叶柄均无毛，新鲜时无黏质感；子房无毛。

     7. 叶坚纸质，稍薄，干后下面黄绿色，边缘不反卷；花萼一型。

      8. 叶长圆状披针形至倒披针状长圆形，上面有光泽；花萼裂片细圆齿状（分布于南靖、上杭及中部一带）·· **4. 东南杜鹃 R. dunnii Wils.**

      8. 叶长圆状披针形至椭圆状倒披针形，上面暗晦，无光泽；花萼裂片三角形或波状（分布于德化等地）·· **5. 毛棉杜鹃 R. moulmainense Hook.**

     7. 叶薄革质或革质，稍厚，干后下面灰绿色或红褐色，边缘反卷；花萼 2 型，裂片不明显或呈线状 5 浅齿或呈线形（福建各地常见）·················· **6. 鹿角杜鹃 R. latoucheae Franch. et Finet**

    4. 蒴果卵圆形；雄蕊 5 枚。

     9. 花萼裂片无毛，边缘啮蚀状；叶卵形至阔卵形（福建各地常见）··············· **7. 马银花 R. ovatum（Lindl.）Planch. ex Maxim.**

     9. 花萼裂片仅边缘被腺状缘毛；叶椭圆状卵形至阔椭圆形（分布于南靖、连城、德化、南平、永泰、武夷山等地）·· **8. 石壁杜鹃 R. bachii Lévl.**

  3. 嫩枝、叶下面均无毛或被丛卷毛；叶片通常厚革质。

10. 嫩枝初时疏被腺体或柔毛，迅即变无毛，叶片大，下面灰白色或黄绿色，无毛，基部近圆形或微心形（分布于德化、永安、武夷山、建阳等地） ·················· **9. 云锦杜鹃 R. fortunei Lindl.**

10. 嫩枝常被黄褐色丛卷毛；叶片较小，下面红褐色或灰褐色，密被黄褐色丛卷毛，基部通常楔形。

  11. 叶阔披针形或长圆状披针形；花萼小，具 5 枚不明显的阔三角形的齿，并被腺体；子房被短腺毛，遮盖着散生的腺体，花柱基部被毛（分布于武夷山） ·············· **10. 福建杜鹃 R. fokienense Franch.**

  11. 叶倒卵形或长圆状披针形；花萼小而狭，杯状，具不明显 5 细齿，被黄褐色茸毛；子房被星状毛和腺毛，花柱无毛，但基部有腺体（分布于上杭、永安、建阳、武夷山等地） ··· **11. 猴头杜鹃 R. simiarum Hance**

2. 嫩枝密被糙伏毛或开张的刚毛状长柔毛或刚毛状腺毛。

  12. 嫩枝被开张的刚毛状长柔毛，或刚毛状长柔毛和刚毛状腺毛同时并存。

   13. 嫩枝被开张的刚毛状长柔毛和刚毛状腺毛。

    14. 幼嫩部分有黏质；花柱无毛；花丝有微毛；叶卵状披针形，长 6 ~ 12cm，宽 3 ~ 4cm，下面密被褐色糙伏毛或腺毛（分布于南靖、南平等地） ··············· **12. 溪畔杜鹃 R. rivulare Mand. – Mazz.**

    14. 幼嫩部分无黏质；花柱无毛；花丝无毛；叶下面仅被糙伏毛或茸毛，绝无腺毛。

     15. 叶披针形至长圆状披针形，长 2 ~ 8cm，宽 0.8 ~ 2.5cm，下面仅被平贴的糙伏毛；蒴果长圆状卵圆形，长 8 ~ 10mm（分布于南平等地） ············· **13. 广东杜鹃 R. kwangtungense Merr. et Chun**

     15. 叶椭圆形，长 3.5 ~ 4.5cm，宽 1.5 ~ 2cm，下面密被红褐色刚毛状茸毛和细糙伏毛；蒴果卵圆形，长 6 ~ 8mm（分布于龙岩、德化、永安） ········· **14. 茶绒杜鹃 R. rufescens Tam**

   13. 嫩枝、幼叶初时仅被刚毛状疏长柔毛，但绝无刚毛状腺毛，毛脱落后变近无毛。

    16. 花黄色；落叶植物，花先叶开放或与叶同时开放；嫩枝、幼叶初时疏被糙伏毛；雄蕊 5 枚（分布于漳平、龙岩、永安、大田、福州、闽侯、古田、建瓯、武夷山、周宁） ··· **15. 羊踯躅 R. molle（Bl.）G. Don**

    16. 花淡红色或淡紫丁香色；通常冬季落叶，花先叶开放。

     17. 叶近革质，卵形，长 3.5 ~ 4.5cm，叶柄短或近无柄，长 2 ~ 3mm，被灰褐色长柔毛；花冠浅粉红色或淡紫丁香色；果梗稍弯；雄蕊 8 ~ 10 枚（福建各地较常见） ··········· **16. 华丽杜鹃 R. farrerae Tate**

     17. 叶坚纸质，椭圆形或阔卵形，叶柄长 4 ~ 14mm，近无毛；花冠浅玫瑰红色；果梗直立；雄蕊 10 枚（福建各地较常见） ·············· **17. 满山红 R. mariesii Hemsl. et Wils.**

  12. 嫩枝被多少开展或平贴的糙伏毛。

   18. 叶小，长 1 ~ 2.5cm。

    19. 花单朵顶生；雄蕊 5 枚，花丝被微毛；花柱中部以下被糙伏毛（本省分布于武夷山县皮坑村） ······ ··· **18. 武夷杜鹃 R. wuyishanicum L. K. Ling**

    19. 花 3 朵至多朵顶生或近顶；雄蕊 5 枚，花丝被微毛或无毛；花柱无毛。

     20. 花柱与雄蕊近等长；雄蕊 5 枚，花丝下部被微毛；花萼裂片近卵形或卵状长圆形；叶卵形或长圆状卵形，长约 2cm，侧脉两面不明显（分布于武夷山等地） ··· **19. 千针叶杜鹃 R. polyraphidoideum Tam**

     20. 花柱较雄蕊为长；雄蕊 5 枚，花丝无毛；花萼多少呈杯状，裂片微小，不明显；叶长圆状倒卵形至长圆状倒披针形，长 1 ~ 2.5cm，侧脉在下面隐约可见（分布于武夷山等地） ·············· ································ **20. 紫薇春 R. naamkwanense Merr var. cryptonerve Tam**

   18. 叶较大，长 2.5 ~ 9cm。

    21. 花芽有黏质；雄蕊 10 枚。

     22. 嫩枝密被平贴柔毛，杂有腺毛和糙伏毛；春发叶披针形至卵状披针形；花冠白色（福建各大城市也常见栽培） ··············· **21. 白杜鹃 R. mucronatum（Bl.）D. Don**

     22. 嫩枝密被平贴的糙伏毛，但无腺毛和柔毛；叶椭圆状长圆形；花冠粉红色或玫瑰紫色（福建各地栽培） ·············· **22. 锦绣杜鹃 R. pulchrum Sweet**

    21. 花芽无黏质；雄蕊 5 ~ 10 枚。

23. 雄蕊 10 枚；叶椭圆形至长圆状椭圆形（福建各地极多见）·················· **23. 杜鹃** *R. simsii* Planch.

23. 雄蕊 5 枚。

 24. 花柱基部被糙伏毛。

  25. 花丝被微毛；花萼裂片三角形，长约 1.5mm，宽约 1mm；花冠淡紫红色，冠管圆筒形，长而稍弯，长 1.8~2.5cm，宽 3~7mm（分布于安溪等地）········ **24. 忍冬杜鹃** *R. loniceraeflorum* Tam.

  25. 花丝无毛；花萼裂片不明显，近圆形；花冠白色，有玫瑰色斑点，冠管较狭短，长 0.8~2cm，直径 3~4mm（分布于永安、沙县、南平、将乐、古田、建瓯、武夷山等地）·····················

   ··························· **25. 毛果杜鹃** *R. seniavinii* Maxim.

 24. 花柱无毛。

  26. 花序具 7~12 花，花梗细长，高出于芽鳞之上，花丝无毛；叶椭圆状披针形，顶端渐尖，基部楔形（分布于福建西南至中部）·················· **26. 紫花杜鹃** *R. mariae* Hance

  26. 花序具 1~2 花，花梗短，内藏于芽鳞中，花丝被微毛；叶阔披针形或倒披针形，顶端短尖，基部狭楔形或渐狭（福州、厦门、泉州、漳州等地也多有栽培）····· **27. 西鹃** *R. indicum*（L.）Sweet

2. 岩须属 *Cassiope* D. Don

本属约 20 种，中国 11 种，福建木本 1 种。

福建岩须 *C. fujianensis* L. K. Ling et G. S. Hoo 分布于南平，模式标本采自福建南平桐坑村。

3. 南烛属 *Lyonia* Nutt.

本属约 30 种，中国约 15 种，福建木本 1 种和 2 变种。

分 种 检 索 表

1. 叶近革质；花序长 7~20cm；蒴果较大，直径 4~5mm。

 2. 叶通常卵形或椭圆形，长 5~15cm，宽 2~4.5cm，基部通常圆形；花萼裂片三角状披针形，长约 2mm（分布于上杭、永定、武夷山、浦城等地）·················· **1. 南烛** *L. ovalifolia*（Wall.）Drude

 2. 叶通常椭圆状长圆形至长圆状披针形，较狭，长 8~12cm，宽 2.5~3cm，基部通常楔形；花萼裂片披针形，长约 4mm（分布于永定、连城、永安、沙县、南平、永泰、屏南、武夷山等地）·····················

  ························· **1a. 狭叶南烛** *L. ovalifolia*（Wall.）Drude var. *lanceolata*（Wall.）Hand. – Mazz

1. 叶较薄，坚纸质，卵状椭圆形；花序长 3~6cm；蒴果较小，直径约 3mm（福建各地常见）·················

  ··············· **1b. 小果南烛** *L. ovalifolia*（Wall.）Drude var. *elliptica*（Sieb. et Zucc.）Hand. – Mazz

4. 马醉木属 *Pieris* D. Don.

本属约 10 属，中国约 6 种，福建木本 3 种。

分 种 检 索 表

1. 叶狭披针形或狭倒披针形，下面密被细腺体；总状花序顶生，单一或基部少有 2~3 分枝，长 18~25cm（分布于永定、南靖、厦门等地，模式标本采自厦门）·················· **1. 长萼马醉木** *P. swinhoei* Hemsl.

1. 叶披针形、倒披针形或椭圆状长圆形，下面无细腺体；总状花序从基部多分枝，簇生于枝顶或呈圆锥花序，长 8~15cm。

 2. 叶披针形、狭披针形至狭倒披针形，边缘仅上部有疏细锯齿，两面有光泽，侧脉及网脉两面均不甚明显；总状花序通常从基部分枝，多达 10 数枝，长 8~12cm；花萼外面通常无毛（分布于宁化、德化、永安、泰宁、邵武、武夷山、屏南）·················· **2. 马醉木** *P. polita* W. W. Smith et J. F. Jeffrey

 2. 叶披针形或椭圆状长圆形，边缘有细密的尖锯齿，上面有光泽或有时两面无光泽，侧脉及网脉在两面均明显，圆锥花序顶生，长达 10~15cm，花萼外面被密的细腺毛（分布于永安、南平等地）·················

·· **3. 美丽马醉木** *P. formosana*（Wall.）D. Don

5. 吊钟花属 *Enkianthus* Lour.

本属约 12 种，中国约 6 种，福建木本 3 种。

分 种 检 索 表

1. 伞形花序，花冠白色或淡红色；果梗直，果实直立。
  2. 叶革质，全缘或仅上部具疏细锯齿，侧脉和网脉在两面均明显且强度隆起；花序具 3～6 花（分布于德化、永安等地）·· **1. 吊钟花** *E. quinqueflorus* Lour.
  2. 叶坚纸质，边缘有细锯齿，下面沿中脉下部两侧有白色短柔毛，侧脉在两面可见，网脉不甚明显；花序具 2～5 花（分布于泰宁、建阳等地）·············· **2. 齿叶吊钟花** *E. serrulatus*（Wils.）Schneid.
1. 伞形花序或伞形状的总状花序，花冠橙色，具深色条纹；果梗弯曲，果实下垂（分布于平和、德化、永安、建瓯、泰宁、武夷山、浦城等地）······················ **3. 灯笼花** *E. chinensis* Franch.

6. 白珠树属 *Gaultheria* Kalm ex L.

本属约 100 种以上，中国约 20 种，福建木本 1 变种。

白珠树 *G. leucocarpa* Bl. var. *cumingiana*（Vidal）T. Z. Hsu 分布于上杭、连城、永安、屏南等地。

85. 越橘科 Vacciniaceae

本科 22 属、400 种，中国 2 属、100 种，福建木本 2 属、7 种、4 变种。

分 属 检 索 表

1. 小枝褐色，至少不为绿色，圆筒形；花 5 数，花冠浅裂，裂片开展外折；雄蕊 10 枚··· **1. 越橘属** *Vaccinum* L.
1. 小枝通常绿褐色且压扁；花冠管状，4 深裂近基部，裂片花后反卷；雄蕊 8 枚 ·· **2. 山小檗属** *Hugeria* Small.

1. 越橘属 *Vaccinum* L.

本属约 300 种，中国约 65 种，福建木本 7 种、3 变种。

分 种 检 索 表

1. 叶常绿。
  2. 叶厚革质，多少呈肉质状，倒卵形或广椭圆状倒卵形，长 1.4～1.7cm，边全缘；花 3～5（～7）朵排成腋生的短总状花序（分布于上杭、龙岩、永安等地）·············· **1. 广西越橘** *V. sinicum* Sleumer
  2. 叶革质或稍薄，不为肉质，边缘有齿。
    3. 小枝被短柔毛和腺状刚毛；花序轴密被长刚毛；花梗和花萼均被短柔毛（分布于平和、连城、沙县、永安、永泰、福州、建阳、武夷山等地）········· **2. 刺毛越橘** *V. trichocladum* Merr. et Metc.
    2a. **光序刺毛越橘** *V. trichocladum* var. *glabriracemosum* 与原种的主要区别在于植株被毛较少，某个别部位无毛，仅幼枝通常被腺状刚毛；花序轴、花梗及花萼筒完全无毛，苞片显著，叶缘锯齿短浅，有时近于全缘。分布于福建北部山区。
    3. 小枝无毛或被短柔毛，但绝无腺状刚毛。

4. 小枝无毛或近无毛。

  5. 小枝无毛；花序上的花稀疏；叶柄、花序轴、花梗、花萼及花冠外面均无毛，小苞片早落，苞片不显著(福建各地常见) ·· **3. 米饭花** *V. mandarinorum* Diels

    3a. 华南米饭花 *V. mandarinorum* var. *austrosinense* 与原种区别在于萼片大，长卵状披针形，长 4 ~ 15mm，宿存，药管远较药室为长，长可达 4mm 等。全省各地常见。

  5. 小枝近无毛或被微柔毛；花序上的花较密集，苞片和小苞片常显著。

    6. 叶柄、花序轴、花梗、花萼及花冠外面均被微柔毛；叶卵状椭圆形，顶端急尖，基部阔楔形，侧脉和网脉干后在两面均明显(各地常见) ···························· **4. 乌饭树** *V. bracteatum* Thunb.

      4a. 小叶乌饭树 *V. bracteatum* var. *chinense* 与原种区别在于叶片较小，卵状椭圆形或椭圆形，长 1.5 ~ 2.5cm，宽 1cm，边缘具疏细钝齿。本省分布于永安、建阳、光泽、武夷山、连江等地。

    6. 叶柄、花序轴、花梗、花萼及花冠外面近无毛或无毛；叶披针形或卵状披针形，顶端尾状渐尖，基部楔形，侧脉和网脉干后在两面均不明显(分布于福建各地，常见) ····· **5. 短尾越橘** *V. carlesii* Dunn

  4. 小枝、叶柄、花序轴、花梗及花萼均密被黄锈色短柔毛；叶椭圆形或椭圆状长圆形，长 6 ~ 8cm，宽 2 ~ 3cm，下面中脉上被残存的短柔毛(各地常见) ······················ **6. 鼠刺乌饭树** *V. iteophyllum* Hance

1. 叶脱落性，边全缘，除中脉、侧脉及叶柄有短柔毛外，均无毛；嫩枝密被柔毛；花着生于近枝顶的叶腋，几无花梗，花萼和果实均无毛(分布于永安、建阳、武夷山等地) ··········· **7. 无梗越橘** *V. henryi* Hemsl.

  2. 山小檗属 *Hugeria* Small.

本属约 3 种，中国约 2 种，福建 1 种。

山小檗 *H. vaccinioides* (Lévl) Hara 分布于上杭、德化、永安、建瓯、泰宁、屏南、武夷山等地。

86. 金丝桃科 Hypericaceae

本科 10 属、400 种，中国 3 属、60 种，福建木本包括引种 2 属、3 种。

分 属 检 索 表

1. 花白色或红色；蒴果室背开裂；种子有翅 ····················· **1. 黄牛木属** *Cratoxylum* Bl.

1. 花黄色；蒴果室间或胎座开裂；种子无翅 ························· **2. 金丝桃属** *Hypericum* L.

  1. 黄牛木属 *Cratoxylum* Bl.

本属约 15 种，中国有 3 种，福建木本引种栽培 1 种。

黄牛木 *C. cochinchinense* (Lour) Bl. 福建厦门、南平等地栽培。

  2. 金丝桃属 *Hypericum* L.

本属约 400 种，中国约 40 余种，福建木本 2 种。

分 种 检 索 表

1. 叶卵形、长卵形或卵状披针形，下面网脉不明显；具短柄；花柱完全分离，长约 5mm(分布于龙岩、泰宁、南平、建阳、武夷山等地) ························· **1. 金丝梅** *H. patulum* Thunb. ex Murray

1. 叶长椭圆形或长圆形，下面网脉明显；无柄；花柱合生，仅近顶端分裂，长约 2.5cm(分布于连城、永安、南平等地) ··· **2. 金丝桃** *H. monogynum* L.

87. 山竹子科 Clusiaceae

本科 35 属、400 种，中国 4 属、27 种，福建木本包括引种 3 属、6 种。

分 属 检 索 表

1. 花单性或杂性；子房每室 1 胚珠。
  2. 子房 1 室；核果；侧脉多，且近平行 ······················ **1. 红厚壳属** *Calophyllum* L.
  2. 子房 2 至多室；浆果；侧脉较少，不平行 ···················· **2. 山竹子属** *Garcinia* L.
1. 花两性；子房每室 2 胚珠 ···································· **3. 铁力木属** *Mesua* L.

1. 红厚壳属 *Calophyllum* L.

本属 80 种，中国有 4 种，福建木本引入 1 种。

红厚壳 *C. inophyllum* L. 厦门引种。

2. 山竹子属 *Garcinia* L.

本属约 400 种，中国约 10 种，福建木本包括栽培 4 种。

分 种 检 索 表

1. 小枝径 5~6mm，具棱或窄翅；叶长达 35cm，宽约 10cm（厦门引种）···············
  ································ **1. 大叶山竹子** *G. xanthochymus* Hook. f. ex J. Anderss.
1. 小枝径约 4mm，略有棱或扁；叶较小。
  2. 有托叶，侧脉 5~8 对，较粗；果长圆形，长达 4cm（厦门引种）····· **2. 金丝李** *G. paucinervis* Chun et How
  2. 无托叶，侧脉多数，纤细；果近球形。
    3. 花瓣长约 1.5cm；花丝合生成束（分布于上杭、龙岩、漳平、德化、永泰、连城、永安、沙县、尤溪、将乐、南平、浦城等地）············· **3. 多花山竹子** *G. multiflora* Champ. ex Benth.
    3. 花瓣不及 1cm；花丝合生成 1 束（厦门引种）············· **4. 岭南山竹子** *G. oblongifolia* Champ. ex Benth.

3. 铁力木属 *Mesua* L.

本属约 40 种，中国 1 种，福建木本引入 1 种。

铁力木 *M. ferrea* L. 厦门引种。

88. 桃金娘科 Myrtaceae

本科 100 属、3000 种，中国 8 属、89 种、引入 8 属、73 种，福建包括引种 11 属、48 种、4 变种。

分 属 检 索 表

1. 叶小，线形，顶端尖，宽不超过 1mm，对生；雄蕊 5~10 枚；果为蒴果 ········· **1. 岗松属** *Baeckea* L.
1. 叶非线形；雄蕊多数。
  2. 叶互生或在小枝上部的叶近轮生（桉属幼叶常为对生）；果为蒴果，开裂。
    3. 花萼与花冠合生成一帽状体，环裂成盖状脱落；花排成伞形花序或聚伞状圆锥花序 ···········
      ································ **2. 桉属** *Eucalyptus* L'Herit.
    3. 花萼与花冠在开花时分离；花排成密集的穗状花序。
      4. 雄蕊之花丝分离或少有在基部合生；树皮不易剥离··············· **3. 红千层属** *Callistemon* R. Br.
      4. 雄蕊之花丝合生成束，且与花瓣对生；树皮呈薄纸片状剥离··············· **4. 白千层属** *Melaleuca* L.
  2. 叶对生；果为浆果，不开裂。
    5. 叶具离基 3~5 出脉 ································ **5. 桃金娘属** *Rhodomyrtus*（DC.）Reich.

　5. 叶具羽状脉。

　　6. 萼片分离，或开花前靠合，开花时分离。

　　　7. 胚无胚乳或有少量胚乳，肾形或马蹄形，少直生。

　　　　8. 萼片在花蕾时连合；胚珠每室多数；子叶较短小 ················· **6. 番石榴属** *Psidium* L.

　　　　8. 萼片在花蕾时离生；胚珠每室多数个；子叶较大，叶状 ········· **7. 南美稔属** *Feijoa* Berg.

　　　7. 胚有丰富胚乳，球形或卵圆形，少为弯棒状。

　　　　9. 花单生于叶腋；种皮与果皮分离 ················ **8. 番樱桃属** *Engenia* L.

　　　　9. 花3朵至数朵排成聚伞花序；种皮与果皮黏合。

　　　　　10. 果无突起萼檐；花药叉开，顶孔开裂 ············· **9. 肖蒲桃属** *Acmena* DC.

　　　　　10. 果有萼檐；药室平行，纵裂 ················ **10. 蒲桃属** *Syzygium* Gaertn

　　6. 萼片连成帽盖，开花时脱落 ················ **11. 水翁属** *Cleistocalyx* Blume

　1. **岗松属** *Baeckea* L.

　本属约68种，中国及福建仅1种。

　岗松 *B. frutescens* L. 分布于漳州、同安、泉州、上杭、长汀等地。

　2. **桉属** *Eucalyptus* L'Herit.

　本属约600种，我国引入近80种，福建木本引入常见的28种、4变种。

分 种 检 索 表

1. 树皮薄，光滑，条状或片状剥落，有时树干基部有斑块状宿存树皮。

　2. 复伞形或圆锥花序，顶生或腋生；帽盖较萼管短；蒴果壶形或坛形，上端收缩。

　　3. 叶披针形，无毛；蒴果坛形。

　　　4. 枝叶有柠檬香味；树皮灰白色，平滑（福建引种地区与年均温19℃的等温线几乎相吻合，从福安、霞浦、福州、永春、漳平、龙岩和上杭一线以南皆栽培） ············· **1. 柠檬桉** *E. citriodora* Hook. f.

　　　4. 枝叶微有香气；树皮有黄褐色斑块（厦门引种） ············· **2. 斑皮桉** *E. maculata* Hook.

　　3. 叶卵形，有毛；蒴果球形，先端收窄（福建南平菜舟试验林场1981年引入苗木种植，生长良好，冬季也未受冻害，已开花结实） ············· **3. 毛叶桉** *E. torelliana* F. V. Muell.

　2. 伞形花序腋生；有时为单花或2~3聚生。

　　5. 花大，无梗或有极短的梗，常单生或有时2~3朵聚生于叶腋；花蕾表面有小瘤，被白粉（福建福州、厦门、南平、安溪等地曾引入试种，但生长不良） ············· **4. 蓝桉** *E. globulus* Labill.

　　5. 花较小，有梗，多朵排成伞形花序；花蕾表面平滑。

　　　6. 帽盖短于萼筒2倍。

　　　　7. 帽盖与萼筒等长或较短。

　　　　　8. 帽盖圆锥形或三角状圆锥形，先端尖或略尖。

　　　　　　9. 花近无柄；幼苗叶基部非心形，有短柄；大树之叶干后暗晦（福州、邵武栽培） ············· ················ **5. 柳叶桉** *E. saligna* Smith.

　　　　　　9. 花有柄：幼苗叶基部心形，无柄或抱茎；大树之叶两面有黑色斑点（厦门引种） ············· ················ **6. 直杆蓝桉** *E. maideni* F. Muell

　　　　　8. 帽盖半球形，先端圆或钝，稀具短尖喙。

　　　　　　10. 叶宽6~11cm，基部宽，下延；萼筒有2棱（厦门引种） ·········· **7. 阔叶桉** *E. platyphlla* F. Muell.

　　　　　　10. 叶宽不及4cm；萼筒无棱。

　　　　　　　11. 蒴果半球形，果缘狭窄；果瓣与萼筒口平齐（厦门引种） ········ **8. 白桉** *E. alba* Reinw. ex Blume

　　　　　　　11. 蒴果梨形或倒圆锥形，果缘内藏；果瓣稍突出，帽盖具短尖喙（厦门引种） ·············

······································· **9. 大桉** *E. grandis* W. Hill ex Maiden

7. 帽盖较萼筒长，不超过萼筒 2 倍。

  12. 帽盖圆锥形，先端尖；果缘平或稍隆起。

    13. 叶两面有黑色腺点，下面灰色；花序柄甚扁（福建龙溪、南靖等地栽培）···········

    ··································· **10. 斑叶桉** *E. punctata* DC.

    13. 叶无黑色腺点，两面稍被白粉；花序柄近圆形（厦门引种）·····················

    ··························· **11. 白皮桉** *E. dealbata* A. Cunn. ex Schau.

  12. 帽盖近半球形，顶端钝或具喙；果缘宽，边缘锐利。

    14. 帽盖先端尖。

      15. 帽盖顶端呈尖锐喙状（福建各地均有引种栽培，长汀、顺昌、南平等地有高达 30m、胸径 1m 左右的大树）··········· **12. 赤桉** *E. camaldulensis* Dehnhardt

      15. 帽盖顶端呈短尖喙状（漳州、顺昌、南平栽培）····························

      ··········· **12a. 短喙赤桉** *E. camaldulensis* Dehnhardt var. *brevirostris*（F. V. Muell.）Blakely

    14. 帽盖顶端钝。

      16. 嫩枝柔软，下垂（福建引种）·····································

      ··········· **12b. 垂枝赤桉** *E. camaldulensis* Dehnhardt var. *pendula* Blakely et Jacobs

      16. 嫩枝稍粗，稍弯垂（福建引种）····· **12c. 钝盖赤桉** *E. camaldulensis* Dehnhardt var. *obtusa* Blakely

6. 帽盖长为萼筒 2 ~ 4 倍。

  17. 果缘宽，边缘锐利；果瓣突出（龙海、厦门、长汀、顺昌栽培）··················

  ··········· **12d. 渐尖赤桉** *E. camaldulensis* Dehnhardt var. *acuminata*（Hook）Blakely

  17. 果缘窄，边缘钝。

    18. 果半球形，果缘不突起，果瓣突出：花序柄纤细：幼苗叶被白粉（厦门引种）···········

    ··································· **13. 布氏桉** *E. blakelyi* Smith

    18. 果近球形或平头球状，果缘果瓣均突起。

      19. 果序柄圆：果近球形，果瓣突起（福建各地均有栽培，对土壤、气候的适应性与赤桉相近）······

      ··································· **14. 细叶桉** *E. tereticornis* Smith

      19. 果序柄有棱或扁平；果平头球状，果瓣突起内弯（长乐、三明等地栽培）··········

      ··································· **15. 广叶桉** *E. amplifolia* Naudin

1. 树皮厚，固着，粗糙，常有裂沟，稀薄而稍固着。

  20. 复伞形、复伞房花序或兼有伞形花序。

   21. 帽盖短于萼筒。

    22. 蒴果长 5 ~ 6mm，上部稍窄。

      23. 叶及花序均被白粉；花药平头形，孔裂：蒴果平头卵状（厦门引种）···············

      ··································· **16. 多花桉** *E. polyanthermos* Schau.

      23. 叶及花序无粉白色蜡被；花药心形，基部叉开；蒴果倒卵形（厦门引种）···········

      ··································· **17. 小帽桉** *E. microcorys* F. Muell.

    22. 蒴果长 1.5 ~ 2cm，坛状；复伞房花序（厦门引种）········· **18. 伞房花桉** *E. gummifera*（Gaertn.）Hochr

   21. 帽盖与萼筒近等长，稀较短。

    24. 叶宽 1.5 ~ 2cm；蒴果顶端稍窄（厦门引种）··········· **19. 常桉** *E. crebra* F. Muell.

    24. 叶宽 2 ~ 3cm；蒴果顶端稍宽（厦门引种）··········· **20. 圆锥花桉** *E. paniculata* Smith.

  20. 伞形花序。

   25. 蒴果长 1 ~ 1.5cm；花序柄扁平。

    26. 蒴果半球形，萼筒有 2 棱，果瓣突出（厦门引种）··········· **21. 粗皮桉** *E. pellita* F. Muell.

    26. 蒴果碗状或圆筒状钟形；萼筒无棱，果瓣内藏（福建各地皆有栽培）····· **22. 大叶桉** *E. robusta* Smith.

25. 蒴果长不及 1cm；花序柄圆或扁平。

  27. 蒴果球形，径 6~7mm；果缘突出；萼筒长 2~3mm；帽盖圆锥形，长为萼筒 2~3 倍（福建各地均有栽培） ·· **23.** 窿缘桉 *E. exserta* F. V. Muell.

  27. 蒴果钟形、半球形或陀螺形；果缘内藏。

    28. 帽盖与萼筒等长或较长，先端尖；果瓣突出。

      29. 帽盖较萼筒长 1.5~2 倍；花序柄稍有棱（福州和南平引种） ···················· **24.** 野桉 *E. rudis* Endl

      29. 帽盖与萼筒近等长。

        30. 蒴果径 9mm；花序柄扁平；树皮块状开裂（厦门引种） ········· **25.** 斜脉胶桉 *E. kirtoniana* F. Mull.

        30. 蒴果径 6~7mm；花序柄扁而稍有棱；树皮纤维质，树皮、老枝皮固着（福建厦门、龙溪、三明有栽培） ·· **26.** 树脂桉 *E. resinifera* Smith.

    28. 帽盖较萼筒短，先端钝；果瓣内藏。

      31. 叶卵形或长卵形；花近无柄；蒴果钟形，长 6~8mm（厦门引种） ······ **27.** 葡萄桉 *E. botryoides* Smith.

      31. 叶披针形，两面有多数黑腺点，基部三出脉状；花有柄；蒴果半球形（厦门引种） ·················
      ·· **28.** 蜜味桉 *E. melliodora* A. Cunn.

3. 红千层属 *Callistemon* R. Br.

本属约 25 种，中国栽培的 3 种，福建木本栽培 1 种。

红千层 *C. rigidus* R. Br. 漳州、厦门、泉州、福州、南平少量栽培。

4. 白千层属 *Melaleuca* L.

本属约 100 种，中国有引入栽培 2 种，福建木本引种 2 种。

分 种 检 索 表

1. 叶长 3cm 以上，宽 1~2cm，基出脉 3~5 条，有时 7 条（漳州、厦门、泉州、福州、南平、三明等地均引种） ·· **1.** 白千层 *M. leucadendron* (L.) L.

1. 叶长在 1.8cm 以下，宽达 5mm，基出脉 7~9 条（厦门引种） ·········· **2.** 细花白千层 *M. parviflora* Lindl.

5. 桃金娘属 *Rhodomyrtus* (DC.) Reichenb.

本属约 18 种，中国及福建仅 1 种。

桃金娘 *Rh. tomentosa* (Ait.) Hassk. 分布于东南沿海各地和西南部。

6. 番石榴属 *Psidium* L.

本属约 150 种，中国引入 2 种，福建木本引入 1 种。

番石榴 *P. guajava* L. 诏安、漳州、厦门、泉州、福州、宁德、永泰、德化、上杭引种。

7. 南美稔属 *Feijoa* Berg.

本属仅有 1 种，中国引种 1 种，福建木本引入 1 种。

南美稔 *F. sellowiana* Berg. 厦门引种。

8. 番樱桃属 *Eugenia* L.

本属约 100 多种，中国引入 2 种，福建木本引入 1 种。

红果子 *E. uniflora* L. 福建厦门有引种。

9. 肖蒲桃属 *Acmena* DC.

本属 11 种，中国 1 种，福建木本引入 1 种。

肖蒲桃 *A. acuminatissama* (Blume) Merr. et Perry 福州引种。

10. 蒲桃属 *Syzygium* Gaertn.

本属约 500 种，中国约 72 种，福建木本 10 种。

分 种 检 索 表

1. 花大；萼齿肉质，长 3~10mm，宿存；果大，肉质，果皮稍厚；种子大，具丰富胚乳。

  2. 叶基部楔形，叶柄长 6~8mm(福建龙岩、厦门、泉州、福州等地引种) ⋯⋯ **1. 蒲桃** *S. jambos*（L.）Alston

  2. 叶基圆形或微心形，叶柄长不超过 4mm(福建厦门、泉州、漳州等地引种) ⋯⋯⋯⋯⋯⋯

  ⋯⋯⋯⋯⋯⋯⋯⋯⋯⋯⋯⋯⋯⋯⋯ **2. 洋蒲桃** *S. samarangense*（Blume）Merr. et Perry

1. 花小；萼齿不明显，长 1~2mm，花后脱落；果较小，果皮薄；种子中等大或较小；胚乳较薄。

  3. 嫩枝有棱。

    4. 叶常 3 叶轮生，狭披针形或狭长圆形(福建各地常见) ⋯⋯ **3. 轮叶赤楠** *S. grijsii*（Hance）Merr. et Perry

    4. 叶对生。

      5. 叶长 1~4cm，叶柄长 2mm(福建各地极常见) ⋯⋯⋯⋯⋯ **4. 赤楠** *S. buxifolium* Hook. et Arn.

      5. 叶长 4~7cm，叶柄长 3~6mm。

        6. 圆锥花序顶生，花梗长 2~5mm；叶干后绿褐色(分布于三明、南平、建瓯及武夷山) ⋯⋯⋯⋯⋯

        ⋯⋯⋯⋯⋯⋯⋯⋯ **5. 华南蒲桃** *S. austrosinense*（Merr. et Perry）Chang et Miau

        6. 圆锥花序腋生，无花梗；叶干后变黑褐色(分布于南靖和平和) ⋯⋯ **6. 红鳞蒲桃** *S. hancei* Merr. et Perry

  3. 嫩枝圆形，或有时稍压扁。

    7. 花瓣连成帽状体。

      8. 果长圆形，成熟时紫黑色；花序长 1~2cm(分布于平和、南靖、上杭、长汀及德化) ⋯⋯⋯⋯⋯⋯

      ⋯⋯⋯⋯⋯⋯⋯⋯⋯⋯⋯⋯⋯⋯⋯ **7. 红枝蒲桃** *S. rehderianum* Merr. et Perry

      8. 果球形，成熟时白色；花序长 3~5cm(分布于云霄) ⋯⋯⋯⋯ **8. 白果蒲桃** *S. album* Q. F. Zheng

    7. 花瓣离生。

      9. 圆锥花序长 4~11cm；叶片长 6~13cm(厦门引种) ⋯⋯⋯⋯⋯ **9. 乌墨** *S. cumini*（L.）Skeels

      9. 聚伞花序长 1~2cm；叶片长 3~9cm。

        10. 叶片阔椭圆形，干后灰绿色；花梗长 1~1.5mm(分布于南靖和仙游) ⋯⋯⋯⋯⋯⋯⋯⋯

        ⋯⋯⋯⋯⋯⋯⋯⋯⋯ **10. 卫矛叶蒲桃** *S. euonymifolium*（Metc.）Merr. et Perry

        10. 叶片狭椭圆形至长圆形，或为倒卵形，干后黑褐色；无花梗(分布于南靖和平和) ⋯⋯⋯⋯

        ⋯⋯⋯⋯⋯⋯⋯⋯⋯⋯⋯⋯⋯⋯ **6. 红鳞蒲桃** *S. hancei* Merr. et Perry

11. 水翁属 *Cleistocalyx* Blume

本属 20 多种，中国 2 种，福建木本引种 1 种。

水翁 *C. operculatus*（Roxb.）Merr. et Perry 厦门引种。

89. 玉蕊科 Lecythidaceae

本科约 20 属、380 种，中国 1 属、3 种，福建木本引种 1 属、2 种。

玉蕊属 *Barringtonia* J. R. et G. Forst

本属 40 种，中国 3 种，福建木本引种 2 种。

分 种 检 索 表

1. 花序直立，花较大，具长梗，萼裂片长 3~4cm，花瓣长 5.5~8.5cm；果被腺点(厦门引种) ⋯⋯⋯⋯

·· **1. 台湾玉蕊** *B. asiatica*（L.）Kurz

1. 花序下垂，花较小，萼裂片长不及 1.5cm，花瓣长不及 2.5cm；果无腺点（厦门引种）·····················
·· **2. 玉蕊** *B. racemosa*（L.）Spreng

90. 红树科 Rhizophoraceae

本科 16 属、120 种，中国 6 属、13 种，福建木本 3 属、3 种。

分 属 检 索 表

1. 海滩植物；种子在果实离开母树前发芽；棒状胚轴从果实顶端挺出；种子无胚乳。
 2. 叶顶端锐尖或渐尖；花萼裂片 7～14 片，钻状披针形，不反卷，萼筒基部无小苞片；花瓣顶端和裂缝间有刚毛状附属体；胚轴圆柱形或纺锤形 ·················· **1. 木榄属** *Bruguiera* Lamk.
 2. 叶顶端钝或圆；花萼裂片 5～6 片，线形反卷，萼筒基部有小苞片；花瓣无附属体；胚轴细长，圆柱形或棒状 ··· **2. 秋茄树属** *Kandelia* Wight et Arn.
1. 陆生植物；种子在果实离开母树后才发芽；无胚轴丛果实顶端挺出；种子有胚乳；浆果球形，1 室，稀 2 室，种子 1～3 个 ································· **3. 竹节树属** *Carallia* Roxb.

　1. 木榄属 *Bruguiera* Lamk.

本属约 7 种，中国 3 种，福建木本 1 种。

木榄 *B. gymnorhiza*（L.）Lam. 分布于云霄和漳浦。

　2. 秋茄树属 *Kandelia* Wight et Arn.

本属 1 种，中国 1 种。福建木本 1 种。

秋茄树 *K. candel*（L.）Druce. 分布于沿海各地。

　3. 竹节树属 *Carallia* Roxb.

本属约 10 种，中国 4 种，福建木本 1 种。

竹节树 *C. brachiata*（Lour.）Merr. 分布于平和。

91. 海桑科 Sonneratiaceae

本科有 2 属、4 种，福建木本引入 1 属、1 种。

八宝树属 *Duabanga* Buch. – Ham.

本属约 3 种，中国有 2 种，福建引入 1 种。

八宝树 *D. grandiflora*（Roxb. ex. DC）Walp.

厦门、同安、长泰等地引入栽培。

92. 石榴科 Punicaceae

本科 1 属、2 种，中国 1 属、1 种。福建木本 1 属、1 种。

石榴属 *Punica* L.

本属 1 种，福建引种 1 种。

安石榴 *P. granatum* L. 福建各地栽培。

93. 使君子科 Combretaceae

本科 20 属、600 种，中国 6 属、25 种，福建木本 4 属、9 种。

分 属 检 索 表

1. 花无花瓣；叶互生，常集生于枝顶，稀对生，无鳞片。
  2. 花序头状；萼管宿存 ┄┄┄┄┄┄┄┄┄┄┄┄┄┄┄┄┄ **1. 榆绿木属** *Anogeissus* Wall. ex Guill. et Perr.
  2. 花序穗状、总状或圆锥状；萼杯状或钟状，脱落 ┄┄┄┄┄┄┄┄┄┄┄┄┄┄ **2. 榄仁属** *Terminalia* L.
1. 花瓣 4~5 片；叶对生或互生，被鳞片。
  3. 花瓣大；萼管细长，常无花盘及毛环；雄蕊内藏；核果具 5 纵棱 ┄┄┄┄┄┄ **3. 使君子属** *Quisqualis* L.
  3. 花瓣小；萼管短；花盘常具粗毛环；雄蕊常突出；翅果具 4~5 翅或棱 ┄ **4. 风车子属** *Combretum* Leefl.

  1. 榆绿木属 *Anogeissus* Wall. ex Guill. et Perr.

  本属 11 种，中国 1 种，福建木本引种 1 种。

  榆绿木 *A. acumianta*（Roxb. ex DC.）Guill. et Perr. var. *lanceolata* Wall. ex Clarke 福州引种。

  2. 榄仁属 *Terminalia* L.

  本属约 250 种，中国 8 种、1 变种，福建木本引种 6 种，现本检索表收入 4 种外，尚有翅果榄仁 *T. alata* Heyne ex Roth.，莫氏榄仁 *T. muelleri* Benth. 厦门有引种。

分 种 检 索 表

1. 果具翅。
  2. 幼树树干下部具刺状枝；叶缘近基部具腺体；果无毛，翅较宽大，果连翅长 2.3~3.8cm，宽 2~3cm（厦门、漳州等地栽培）┄┄┄┄┄┄┄┄┄┄┄┄┄┄┄┄┄┄ **1. 海南榄仁** *T. nigrovenulosa* Pierre
  2. 幼树树干下部无刺状枝；腺体着生于叶柄上部或叶基部；果被毛，翅较窄小，果长 3.5~5mm（厦门引种）┄┄┄┄┄┄┄┄┄┄┄┄┄┄┄┄ **2. 千果榄仁** *T. myriocarpa* Heurck et Muell. – Arg.
1. 果无翅，具 2~5 条纵棱。
  3. 叶互生，常聚生于小枝近顶端；叶片倒卵形，基部狭心形；果稍压扁，有 2 条纵棱（福建南部许多县、市栽培）┄┄┄┄┄┄┄┄┄┄┄┄┄┄┄┄┄┄┄ **3. 榄仁树** *T. catappa* L.
  3. 叶对生或近对生；叶片卵形至椭圆形，基部近圆形；核果卵形或椭圆形，有 5 条不明显钝棱（厦门等地栽培）┄┄┄┄┄┄┄┄┄┄┄┄┄┄┄┄┄┄┄┄ **4. 诃子** *T. chebula* Retz.

  3. 使君子属 *Quisqualis* L.

  本属约 17 种，中国 2 种，福建木本 1 种。

  使君子 *Q. indica* L. 福建各地习见。

  4. 风车子属 *Combretum* Loefl.

  本属约 250 种，中国约有 12 种，福建木本栽培 1 种。

  风车子 *C. griffithii* Huerck et Muell. 福建南部几个县、市有栽培。

94. 野牡丹科 Melastomataceae

本科 240 属、3000 种，中国 25 属、160 种，福建木本 8 属、18 种、2 变种。

分 属 检 索 表

1. 叶具羽状脉；子房 1 室，胚珠 6~12 个，特立中央胎座；种子 1 个，直径 4mm 以上，胚大 ┄┄┄┄
┄┄┄┄┄┄┄┄┄┄┄┄┄┄┄┄┄┄┄┄┄┄┄┄┄┄┄┄┄┄┄┄ **1. 谷木属** *Memecylon* L.
1. 叶具基出脉，侧脉平行，多数，与基出脉近垂直；子房通常 4~5 室，胚珠多数；种子多数，极小，长约

1mm，胚极小。

2. 种子马蹄形弯曲；叶通常密被紧贴的糙伏毛或刚毛。

  3. 雄蕊同形，等长，药隔微下延成短距；蒴果，宿存萼坛状或长坛状 ·············· **2. 金锦香属** *Osbeckia* L.

  3. 雄蕊异形，不等长，其中长雄蕊的药隔基部伸长为花药长的 1/2 以上，弯曲；蒴果，宿存萼坛状球形

    ·············· **3. 野牡丹属** *Melastoma* L.

2. 种子直而不弯曲；叶通常被疏毛或无毛。

  4. 子房顶端通常具膜质冠；宿存萼近顶端不缢缩，冠常伸出宿存萼外。

    5. 花 3 数；雄蕊 3 枚或有时 6 枚；花序为蝎尾状聚伞花序 ·············· **4. 蜂斗草属** *Sonerila* Roxb.

    5. 花 4 数；雄蕊 8 枚，少有时 4 枚；花序不为蝎尾状聚伞花序。

      6. 雄蕊异形，不等长 ·············· **5. 野海棠属** *Bredia* Bl.

      6. 雄蕊同形，等长或近等长 ·············· **6. 锦香草属** *Phyllagathis* Bl.

  4. 子房顶端无膜质冠，宿存萼通常较果长，近顶端处常缢缩。

    7. 雄蕊 8 枚，异形，不等长，花药基部具刺毛；花序顶生；叶背及花萼无腺点 ··············

    ·············· **7. 棱果花属** *Barthea* Hook. f.

    7. 雄蕊（~5）4 枚，等长，花药基部无刚毛；花序顶生或腋生；叶背及花萼通常被黄色透明腺点 ·········

    ·············· **8. 柏拉木属** *Blastus* Lour.

  1. 谷木属 *Memecylon* L.

  本属约 130 种，中国 11 种，福建木本 1 种。

  谷木 *M. ligustrifolium* Champ. 分布于南靖、平和、长泰、漳平、福清。

  2. 金锦香属 *Osbeckia* L.

  本属约有 100 种，中国 12 种，福建木本 1 种。

  朝天罐 *O. opipara* C. Y. Wu et C. Chen 分布于南靖、武平、龙岩、德化、福州、永安、建阳、武夷山。

  3. 野牡丹属 *Melastoma* L.

  本属有 100 种，中国 9 种，福建木本 6 种。

分 种 检 索 表

1. 小灌木，高 10~60cm；茎匍匐上升，小枝披散；叶长 7cm 以下，宽 3cm 以下。

  2. 叶面仅边缘被糙伏毛，有时在基生脉行间具 1~2 行疏糙伏毛；花萼糙伏毛；植株高 10~30cm（福建各地常见）·············· **1. 地稔** *M. dodecandrum* Lour.

  2. 叶面密被糙伏毛；花萼被略扁的糙伏毛；植株高 30~60cm（分布于南靖、闽侯、福州及连江）·········

  ·············· **2. 细叶野牡丹** *M. intermedium* Dunn

1. 灌木，高 50cm 以上，茎直立，小枝斜上；叶长 4~23cm，宽 1.4~8cm。

  3. 茎被平展的长粗毛。

    4. 茎被展开或近展开的长粗毛及短柔毛，毛基部不膨大；果坛状球形，直径 8~10mm，密被紧贴、扁平、边缘流苏状的鳞片状糙伏毛（分布于厦门、莆田、福清、长乐、闽侯、福州及连江）··············

    ·············· **3. 展毛野牡丹** *M. normale* D. Don

    4. 茎被平展的长粗毛，毛基部膨大；果杯状球形，宿萼宽 1.5~2cm，密被长硬毛（分布于诏安、平和、长泰及华安）·············· **4. 毛稔** *M. sanguineum* Sims

  3. 茎密被紧贴的鳞片状糙伏毛。

    5. 叶披针形、卵状披针形或长椭圆形，上面被糙伏毛，但毛隐存于表皮下或尖端露出；基生脉通常 5 条（分布于南靖、华安、龙岩、永泰、福清及福州）·············· **5. 多花野牡丹** *M. affine* D. Don

5. 叶卵形或阔卵形，上面密被糙伏毛和短柔毛，毛不隐存在表皮下；基生脉通常 7 条(分布于诏安、厦门、同安、南靖、华安、泉州、长乐、福清、闽侯、福州、永泰及连江) ……………………………………………………………………………………… **6. 野牡丹** *M. candidum* D. Don

4. 蜂斗草属 *Sonerila* Roxb.

本属约 170 种，中国 12 种，福建木本 2 种。

分 种 检 索 表

1. 茎、叶柄被长粗毛及微柔毛；雄蕊较长，长约 14mm，花药长达 8mm(分布于南靖) ……………………………………………………………………………………… **1. 蜂斗草** *S. cantonensis* Stapf
1. 茎、叶柄被微柔毛，有时茎上部并混生小腺毛；雄蕊长 5.5~12mm，花药长 3~6mm(分布于南靖、平和、龙岩、漳平) ……………………………………………… **2. 溪边桑勒草** *S. rivularis* Cogn.

5. 野海棠属 *Bredia* Bl.

本属约 30 种，中国 14 种，福建木本 3 种。

分 种 检 索 表

1. 小枝、花序、总梗、花萼密被皮屑状毛及腺毛；圆锥花序(分布于连城、寿宁、政和、武夷山及浦城) ……………………………………………………………… **1. 秀丽野海棠** *B. amoena* Diels
1. 全体无毛或几无毛；聚伞花序，有时排成圆锥花序状。
  2. 叶较小，长 2.5~7cm，宽 1~3cm，基出脉 3 条；花小，聚伞花序腋生于枝条顶端，总花梗细长，丝状；小枝四棱形，棱上多少具狭翅(分布于泰宁、南平、武夷山、浦城、邵武及光泽) ……………………………………………………………… **2. 过路惊** *B. quadrangularis* Cogn.
  2. 叶较大，长 4.5~13cm，宽 1.5~6cm，基出脉 5 条；花较大，聚伞花序顶生，有时再排成圆锥花序状，总花梗粗壮；小棱略四棱形，无翅(分布于南靖、上杭、连城、德化、仙游、闽侯、永泰、永安、沙县、泰宁、霞浦、古田、南平、建阳、武夷山、浦城、顺昌、邵武及光泽) …………………………………………… **3. 鸭脚茶** *B. sinensis* (Diels) H. L. Li

6. 锦香草属 *Phyllagathis* Bl.

本属约 50 种，中国 28 种，福建木本 1 种。

叶底红 *Ph. fordii* (Hance) C. Chen 分布于平和、武平、龙岩、连城、德化、永泰、永安、三明、沙县、古田、南平、建瓯及顺昌。

7. 棱果花属 *Barthea* Hook. f.

本属中国 1 种、1 变种，福建木本 1 种。

棱果花 *B. barthei* (Hance) Krass. 分布于南平。

8. 柏拉木属 *Blastus* Lour.

本属约 8 种，中国 14 种，福建木本 3 种、2 变种。

分 种 检 索 表

1. 花序为伞状聚伞花序，腋生，总梗长约 2mm 或几无梗；花白色至粉红色；叶披针形、狭椭圆形至椭圆状披针形，顶端渐尖至长渐尖，基部楔形(分布于南靖、平和、龙岩、永春、福州、永泰及南平) ……………………………………………………………………… **1. 柏拉木** *B. cochinchinensis* Lour.

1. 花序圆锥状，顶生，总梗长 4cm 以上。

  2. 叶下面散布黄色小腺点；萼片线状三角形；花药基部呈羊角状叉开 (分布于永安、三明、清流及武夷山) ···································· **2. 线萼金花树** *B. apricus* (Hand. – Mazz.) H. L. Li

    2a. 长瓣金花树 *B. apricus* var. *longiflorus* 与原种区别在于萼裂片短三角形；花瓣长可达 4mm。分布于华安、龙岩。

  2. 叶下面仅在脉上有黄色小腺点；萼片卵形或椭圆状卵形，反折；花药基部不呈羊角状叉开 (分布于龙岩) ···································· **3. 金花树** *B. dunnianus* Lévl.

    3a. 腺毛金花树 *B. dunnianus* var. *glandulo-setosus* 与原种区别在于幼枝、花序、叶柄、有时叶下面基部被腺状刺毛。分布于平和、上杭和龙岩。

95. 冬青科 Aquifoliaceae

本科 2 属、400 种，中国 1 属、40 种、2 变种、1 个变型。

冬青属 *Ilex* L.

本属约 400 种，中国 140 多种，福建木本 40 种、3 变种。

分 种 检 索 表

1. 常绿乔木或灌木；枝无短枝，当年生枝无明显的皮孔。

  2. 雌花或雌花序均单生 (茶果冬青的雌花为 1 ~ 3 朵簇生)，雄花序单生或簇生。

    3. 叶片下面无腺点。

      4. 植株除冬芽外无毛。

        5. 叶全缘，或至多在近顶端有不明显的细齿 1 ~ 2 个。

          6. 叶纸质或薄革质，椭圆形或倒卵状椭圆形，顶端急尖或圆，边全缘，侧脉 6 ~ 9 对，网脉明显；分核背部具 3 条纹及 2 槽 (分布于南靖、诏安、德化、莆田、福清、福州、宁德、建阳、浦城、武夷山等地) ···································· **1. 铁冬青** *I. rotunda* Thunb.

          1a. 毛铁冬青 *I. rotunda* var. *microcarpa* 与原种区别在于总花梗及花梗多少被短柔毛或微柔毛。分布于龙岩、上杭、仙游、柘荣。

          6. 叶革质，长圆状椭圆形或长圆状披针形，顶端渐尖，边全缘或至多近顶端有不明显细齿 1 ~ 2 个，侧脉 10 ~ 12 对，网脉不明；分核平滑 (分布于华安、德化、三明、明溪、沙县、古田、南平及武夷山) ···································· **2. 具柄冬青** *I. pedunculosa* Miq.

        5. 叶缘有细锯齿或细钝齿。

          7. 叶柄长 5 ~ 10mm，无毛；叶片硬革质，椭圆形或长圆状椭圆形，干后上面近榄绿色或墨绿色，中脉在上面平坦或微凹，侧脉约 7 对 (分布于德化、上杭、连城、永安及南平) ···································· **3. 硬叶冬青** *I. ficifolia* C. J. Tseng

          3a. 毛硬叶冬青 *I. ficifolia* var. *daiyunshanensis* 与原种区别在于幼枝、叶柄均被短柔毛。本省分布于德化。

          7. 叶柄较长，长 10 ~ 30mm；叶片纸质、薄革质或革质。

            8. 叶纸质或薄革质，椭圆形，长圆状椭圆形，干后上面紫褐色，中脉在上面近平坦或下半部稍隆起，侧脉 7 ~ 11 对；叶柄长 10 ~ 15mm (分布于诏安、永安、沙县、长汀、泉州、仙游、连城、宁化、泰宁、三明、古田、南平、建瓯、建阳、武夷山等地) ···································· **4. 冬青** *I. purpurea* Hassk.

            8. 叶革质，卵形或卵状椭圆形，干后上面榄绿色或褐色，中脉在上面隆起，侧脉 9 ~ 12 对；叶柄长 20 ~ 30mm (分布于德化、龙岩、上杭、泰宁、武夷山等地) ··· **5. 香冬青** *I. suaveolens* (Lévl.) Loes

      4. 植株多少被毛。

9. 叶全缘。

  10. 幼枝被黄褐色粗毛或长柔毛，果实较小，直径约 6mm（分布于龙海、南靖、漳平、上杭、连城、沙县、宁化及龙溪） ································ **6. 黄毛冬青** *I. dasyphylla* Merr.

  10. 幼枝无毛。

    11. 果实直径 5~7mm；总果梗、果梗、宿萼及叶片中脉上面被短柔毛。

      12. 叶片中脉在上面被短柔毛，网脉不明显；叶柄长 1.5~2cm；多少被短柔毛；果皮干后平滑（分布于宁德、福安、建阳及武夷山） ·········· **7. 木姜叶冬青** *I. litseaefolia* H. H. Hu et Tang

      12. 叶无毛，网脉两面均明显；叶柄长 1~1.3cm，无毛；果皮干后皱缩（分布于南平、永泰、大田、连城、龙岩、仙游） ·········· **8. 显脉冬青** *I. limii* C. J. Tseng

    11. 果实直径 10~12（~15）mm；宿萼及叶片的中脉无毛，总果序梗及果梗有或无毛（分布于宁化和邵武） ·········· **9. 凸脉冬青** *I. editicostata* H. H. Hu et Tang

  9. 叶缘有锯齿，叶干后常呈黑褐色（分布于南靖、平和、上杭、武平、连于、永安、沙县、三明、福安、南平等地） ·········· **10. 广东冬青** *I. kwangtungensis* Merr.

3. 叶片下面有腺点。

  13. 果实直径 9~10mm 以上；宿存柱头圆形，直径约 2mm。

    14. 叶干后边缘上面暗榄绿色，下面黄绿色；叶柄长 6~8mm，几无毛；果实直径约 10mm，分核背部具不规则皱纹及洼穴（本省分布于宁德） ·········· **11. 宁德冬青** *I. ningdeengensis* C. J. Tseng

    14. 叶干后绿色；叶柄长 2~6mm，被微柔毛；果实直径约 9mm，分核背部有条纹或平滑（分布于浦城、建瓯、福鼎、南平、福州、仙游、上杭、漳平及南靖） ········ **12. 绿冬青** *I. viridis* Champ. ex Benth.

  13. 果实较小，直径在 8mm 以下；宿存柱头较小。

    15. 叶片较小，长 1~4cm，顶端钝或急尖（分布于上杭、德化、南平、武夷山、顺昌、光泽等地） ·········· **13. 钝齿冬青** *I. crenatus* Thunb.

    15. 叶片较大，长 4~7cm，顶端短渐尖，叶干后常呈棕色或橄榄色，纸质或薄革质；雌花 1~3（~5）朵簇生，雄花序总梗与花等长或稍短（分布于全省各地） ·········· **14. 三花冬青** *I. triflora* Bl.

    14a. 钝头冬青 *I. triflora* var. *kanehirai* 与原种区别在于叶片两面密生长柔毛，顶端钝头。分布于上杭、宁德。

2. 雌雄花序均为腋生的簇生花序。

  16. 叶厚革质，边缘具刺状锯齿，至少顶端具刺。

    17. 叶长圆状方形或长圆形，顶端常有 3 个硬刺；果梗长 8~14mm（厦门及福州有栽培） ·········· **15. 枸骨** *I. cornuta* Lindl. et Paxt.

    17. 叶非如上述形状；果梗 3mm 以下。

      18. 叶卵形或三角状卵形，边缘具 1~3 对大刺齿；分核背部具掌状线纹及槽（分布于武夷山） ·········· **16. 猫儿刺** *I. pernyi* Franch.

      18. 叶边缘密生刺状锯齿；分核背部具皱纹或窝点（分布于沙县及永安） ·········· **17. 细刺枸骨** *I. hyponoma* H. H. Hu var. *glabra* S. Y. Hu

  16. 叶缘无刺或刺状锯齿。

    19. 叶片下面有腺点。

      20. 叶倒卵状椭圆形或椭圆形，顶端短渐尖或钝，尖头微凹或微缺。

        21. 中脉在叶上面下陷成狭沟，植株无毛；果梗长约 5mm（分布于上杭、德化、仙游等县） ·········· **18. 黄杨冬青** *I. buxioides* S. Y. Hu

        21. 中脉在叶上面平贴或下半部隆起（分布于连城） ·········· **19. 凹叶冬青** *I. championii* Loes.

      20. 叶卵状椭圆形或阔椭圆形，顶端渐尖，尖头长 1~1.5cm。

        22. 中脉在叶上面稍隆起；果序每 1 分枝具 1~5 个果实，果直径约 3.5mm，分核背部具能挑开的网状条纹（分布于龙岩、连城） ·········· **20. 皱柄冬青** *I. kengii* S. Y. Hu

22. 中脉在叶上面凹陷或上半部稍隆起；果序每 1 分枝仅具 1 果实，果直径 5 ~ 6mm，分核具掌状条纹及槽(分布于南靖、建瓯及南平) ···················· **21. 庆元冬青 I.** *qingyuanensis* Zheng
19. 叶片下面无腺点。
  23. 果实较大，直径 10 ~ 12mm；叶卵形或长圆状椭圆形，中脉和侧脉在上面下陷，网脉两面不明显(分布于福建中部、西南部和西部等地) ···················· **22. 拟榕叶冬青 I.** *subficoidea* S. Y. Hu
  23. 果实较小，直径在 8mm 以下。
   24. 叶全缘。
    25. 幼枝被粗毛，或微柔毛，顶端常微凹。
     26. 叶倒卵形或倒卵状长圆形，长约 3.5cm，宽 1 ~ 2cm，中脉在上面平贴或凹陷(分布于上杭) ··· **23. 青香茶 I.** *hanceana* Maxim.
     26. 叶椭圆形、狭椭圆形或倒心形，长 1 ~ 3cm，宽 5 ~ 12mm，中脉在上面隆起(分布于南靖、德化、明溪、建宁、永泰、宁德、古田、南平、建阳、武夷山等地) ··· **24. 罗浮冬青 I.** *lohfauensis* Merr.
    25. 幼枝无毛或被微柔毛。
     27. 幼枝被微柔毛；叶长圆形、长圆状椭圆形，革质，侧脉 7 ~ 8 对(分布于南靖、连城及武夷山) ··············· **25. 壳木叶冬青 I.** *memecylifolia* Champ. ex Benth.
     27. 幼枝全无毛。
      28. 果实具明显的宿存花柱(分布于永泰、宁化、沙县、明溪、将乐、泰宁、南平、建阳、松溪、武夷山等) ·············· **26. 厚叶冬青 I.** *elmerrilliana* S. Y. Hu
      28. 果实无宿存花柱。
       29. 叶卵形，厚革质，上面有光泽(分布于福鼎、武夷山、浦城等地) ·· **27. 尾叶冬青 I.** *wilsonii* Loes.
       29. 叶卵状长圆形，革质，上面无光泽(分布于永安、南平及武夷山) ·· **28. 福建冬青 I.** *fukienensis* S. Y. Hu
   24. 叶缘有锯齿。
    30. 叶硬革质，长圆状椭圆形，长 12 ~ 23cm，宽 4 ~ 7cm(分布于漳平、德化、仙游、永泰、连城、泰宁、柘荣、南平、武夷山、浦城、邵武等地) ··············· **29. 大叶冬青 I.** *latifolia* Thunb.
    30. 叶薄革质或革质，较小，长在 10cm 以下，宽不及 3.5cm。
     31. 幼枝被短柔毛。
      32. 叶革质，下面无毛或仅沿中脉疏生微毛；侧脉 6 ~ 7 对；果实几无梗(分布于泰宁、柘荣) ·············· **30. 毛枝冬青 I.** *buergeri* Miq.
      32. 叶纸质，两面被短柔毛，侧脉 4 ~ 5 对；果梗长约 2mm(全省各地常见) ·· **31. 毛冬青 I.** *pubescens* Hook. et Arn.
     31. 幼枝无毛或几无毛。
      33. 叶薄革质，长圆形、椭圆状长圆形；叶柄粗短，长 4 ~ 7mm；柱头厚盘状(分布于南靖、上杭、龙岩、漳平、长汀、永春、德化、三明、永安、沙县、宁化、古田、南平、建瓯) ·· **32. 台湾冬青 I.** *formosana* Maxim.
      33. 叶革质，卵形或长圆状椭圆形；叶柄细长，长 10 ~ 13mm；柱头盘状(分布于南靖、龙岩、德化、闽侯、沙县、泰宁、福鼎、柘荣、武夷山、建阳等地) ····· **33. 榕叶冬青 I.** *ficoidea* Hemsl.
1. 落叶灌木或乔木；枝有长枝和短枝；当年生枝具明显皮孔。
34. 雄花簇生或单生；花簇的每一分枝为单生花或具 1 ~ 5 花的聚伞花序。
 35. 果实较小，直径在 1cm 以下；雄花簇每一分枝为单生花。
  36. 果梗短，长 4mm 以下。
   37. 叶卵形、椭圆形或卵状椭圆形，网脉两面明显，上面被微柔毛(分布于长汀、泰宁、宁德、建阳及武夷山）·· **34. 紫果冬青** *I. tsoii* Merr. et Chun

  37. 叶倒卵形或椭圆形，网脉不明显，上面疏生短糙毛（分布于武夷山、光泽及南平）··········

·· **35. 满树星** *I. aculeolata* Nakai

 36. 果梗纤细，长 2~3cm，果实成熟时黑色（全省各地常见）·······················

·········· **36. 梅叶冬青** *I. asprella* (Hook. Arn.) Champ. ex Benth.

35. 果实较大，直径在 1.2cm 以上；雄花簇每一分枝具 1~5 花的聚伞花序。

  38. 当年生枝被微柔毛；叶缘锯齿不明显；子房及柱头被微柔毛；分核背面宽 3~4mm（分布于南靖、龙
    岩、上杭、连城及沙县）··············· **37. 沙坝冬青** *I. chapaensis* Merr.

  38. 当年生枝几无毛；叶缘有明显锯齿；子房及柱头无毛；分核背面宽 2mm（福建有分布）··········

·· **38. 大果冬青** *I. macrocarpa* Oliv.

34. 雄花序为聚伞花序，雌花序为聚伞或假伞形花序，单生腋生于当年生枝上。

  39. 当年生枝密生短柔毛或微柔毛；雌、雄花序均为简单的聚伞花序；叶椭圆形或倒卵状椭圆形，长3.5~
    6cm，宽 1~2cm（分布于南平）·········· **39. 无毛落霜红** *I. serrata* Thunb. var. *sieboldi* (Miq.) Rehd.

  39. 当年生枝几无毛；雌、雄花序为 2~3 歧的聚伞或假伞形花序；叶卵形、卵状长圆形或卵状椭圆形，长
    9~12cm，宽 4.5~5.5cm（分布于龙岩、上杭、仙游及柘荣）········· **40. 小果冬青** *I. micrococca* Maxim.

96. 茶茱萸科 Icacinaceae

本科 58 属、400 种，中国 13 属、25 种，福建木本 1 属、1 种。

定心藤属 *Mappianthus* Hand. – Mazz.

本属约 2 种，福建 1 种。

定心藤 *M. iodiodes* Hand. – Mazz. 分布于永定、上杭、龙岩、漳平、三明、福州、福清、宁德等地。

97. 卫矛科 Celastraceae

本科 55 属、800 种，中国 10 属、1200 余种，福建木本 5 属、31 种。

分 属 检 索 表

1. 叶对生。

  2. 心皮 3~5 枚，常与花的其他部分同数；种子有艳色假种皮 ·············· **1. 卫矛属** *Euonymus* L.

  2. 心皮仅 2 枚，比花的其他部分数目少；种子无假种皮 ·········· **2. 假卫矛属** *Microtropis* Wall. et Meisn.

1. 叶互生。

  3. 藤状灌木；小枝常有明显皮孔。

    4. 小枝 4 棱或近圆柱形，稀 6 棱；花序为聚伞花序或圆锥状聚伞花序；种子有艳色假种皮 ·········

·· **3. 南蛇藤属** *Celastrus* L.

    4. 小枝 5~6 棱；花序为圆锥花序；种子无假种皮 ·········· **4. 雷公藤属** *Tripterygium* Hook. f.

  3. 直立灌木；小枝有刺 ································· **5. 美登木属** *Maytenus* Molina

    1. 卫矛属 *Euonymus* L.

    本属约 170 种，中国有 120 余种，福建木本有 15 种。

分 种 检 索 表

1. 果有刺。

2. 叶柄极短(分布于长汀、福州、永安、南平及武夷山) ·················· **1. 无柄卫矛** *E. subsessilis* Sprague

2. 叶柄长 4 ~ 20mm(仅见黄岗山) ························· **2. 刺果卫矛** *E. acanthocarpus* Franch.

1. 果无刺。

3. 蒴果 4 深裂或深裂几达基部。

　4. 小枝近圆柱形;叶狭长披针形, 长 7.5 ~ 22cm, 宽 1.8 ~ 2.3cm;蒴果深裂几达基部(分布于上杭、永安及古田) ·················· **3. 鸦椿卫矛** *E. euscaphis* Hand. – Mazz.

　4. 小枝有棱;蒴果深裂达中部。

　　5. 小枝具 4 棱, 棱上常具窄的木栓翅;叶柄短, 近无柄(分布于长汀、连城及南平) ···················· **4. 百齿卫矛** *E. centidens* Lévl.

　　5. 小枝有棱, 但棱上无窄翅;叶柄纤细, 长 1.5 ~ 1.7cm(厦门市有引种栽培) ················ **5. 白杜** *E. bungeanus* Maxim.

3. 蒴果不开裂或仅具 4 浅裂。

　6. 花 5 数;叶椭圆状或椭圆状披针形, 下面的侧脉和网脉均不明显;花序通常疏长(分布于南靖、龙岩、连城、永安、永泰、福州等地) ······ **6. 疏花卫矛** *E. laxiflorus* Champ. ex Benth.

　6. 花 4 数。

　　7. 蒴果倒三角形或倒卵形, 具 4 棱。

　　　8. 蒴果倒卵形, 顶端钝或圆;花大, 直径达 1.5cm, 花盘直径 6 ~ 8mm;花梗长 5 ~ 10mm;叶柄长达 2cm(分布于建宁、泰宁及武夷山) ·············· **7. 肉花卫矛** *E. carnosus* Hemsl.

　　　8. 蒴果倒三角形或倒卵形, 顶端微凹;花较小, 直径在 1cm 以下, 花盘直径 2 ~ 5mm;花梗长 3 ~ 5mm, 叶柄长 1cm 以下。

　　　　9. 叶倒卵状披针形、倒披针形或倒卵状长圆形。

　　　　　10. 叶倒卵状披针形或倒披针形;叶缘疏生锯齿;蒴果较大, 直径约 1.5cm(分布于武夷山、将乐) ····················· **8. 大果卫矛** *E. myrianthus* Hemsl.

　　　　　10. 叶倒卵形或倒卵状长圆形, 近全缘;蒴果较小, 直径约 1cm(分布于南靖、平和及诏安) ········· **9. 中华卫矛** *E. chinensis* Lindl.

　　　　9. 叶椭圆形、长圆状椭圆形或狭椭圆形。

　　　　　11. 叶纸质, 椭圆形或长圆状椭圆形, 下面被短糙毛;果较大, 倒三角形, 直径约 14mm(分布于武夷山) ··················· **10. 西南卫矛** *E. hamiltonianus* Wall.

　　　　　11. 叶薄革质, 狭椭圆形或长圆状, 下面无毛;果较小, 倒卵形, 直径 6 ~ 8mm(分布于永安、宁德) ··················· **11. 长圆叶卫矛** *E. oblongifolius* Loes. et Rehb.

　　7. 蒴果圆球形, 顶端圆。

　　　12. 直立灌木;叶厚革质, 有光泽, 椭圆形或倒卵形, 顶端钝(福建各地常见种植) ······················ **12. 冬青卫矛** *E. japonicus* Thunb.

　　　12. 匍匐或攀援灌木;小枝具气根。

　　　　13. 小枝圆形, 聚伞花序有花 11 朵以上。

　　　　　14. 叶纸质, 倒卵形;聚伞花序疏松, 分枝比花梗长(分布于武夷山) ·················· **13. 胶东卫矛** *E. kiautschovicus* Loes.

　　　　　14. 叶薄革质, 椭圆形;聚伞花序密集, 分枝比花梗短(分布于泰宁、建宁及南平) ··················· **14. 扶芳藤** *E. fortunei*(Turcz.)Hand – Mztt.

　　　　13. 小枝具 4 棱;聚伞花序有花 3 ~ 7 朵(分布于南靖、上杭、连城、沙县、泰宁、武夷山、南平、福州、连江等地) ·············· **15. 常春卫矛** *E. hederacea* Champ. ex Benth.

　2. **假卫矛属** *Microtropis* Wall. et Meisn.

　本属约 70 种, 中国 20 多种, 福建木本 2 种。

分 种 检 索 表

1. 幼枝及总花梗无毛；总花梗长 5mm（分布于南靖、福清、南平及武夷山）······················
·· **1. 福建假卫矛** *M. fokienensis* Dunn
1. 幼枝及总花梗被微柔毛；总花梗长 1~2cm（分布于南靖、华安、上杭、连城、永安、南平、武夷山及顺
昌）··· **2. 团花假卫矛** *M. gracilies* Merr. et Metc.

3. 南蛇藤属 Celastrus L.

本属约有 30 种，中国约有 20 种，福建木本有 10 种。

分 种 检 索 表

1. 常绿植物；叶革质或厚革质；果实 1 室，种子仅 1 个。
  2. 小枝有明显白色的皮孔；果椭圆形，长 1.5~2cm（分布于南靖、平和及永春）··················
  ·· **1. 单籽南蛇藤** *C. monospermus* Roxb.
  2. 小枝无明显皮孔，或有但不是白色皮孔；果近球形，长 8~10mm（分布于厦门、龙海、南靖、长泰、漳
    州、漳平、莆田、长乐、闽侯、福州、永泰及宁德）·············· **2. 青江藤** *C. hindsii* Benth.
1. 落叶植物；叶多为纸质；果实 2~4 室，种子每室 1~2 个。
  3. 冬芽大，长 6~10mm；叶下面中脉密生细柔毛（分布于德化、永安、沙县、泰宁、建宁、宁化、古田及
    武夷山）·· **3. 大芽南蛇藤** *C. gemmatus* Loes.
  3. 冬芽小，长 5mm 以下，叶下面无毛或仅脉腋有簇毛。
    4. 小枝被小刺毛或短糙毛。
      5. 小枝密生小刺毛，无刺；叶倒披针形，侧脉 7~9 对；果 2~3 室，种子每室 2 个（分布于上杭、长汀、
        永泰、沙县、宁化、武夷山、光泽等地）·············· **4. 窄叶南蛇藤** *C. oblanceifolius* Wang et Tsoong
      5. 小枝有短糙毛，常有刺；叶椭圆形或卵状椭圆形，侧脉 5 对；果 3~4 室，种子每室 1 个（分布于厦门、
        南靖、漳平、连城、永安、泉州及闽侯）·············· **5. 过山枫** *C. aculeatus* Merr.
    4. 小枝无毛或被微柔毛。
      6. 圆锥花序宽大，基部分枝与上部 1 枝近等长，长 4cm；总果梗长 1~2cm；叶下面脉腋有簇毛（分布于
        长汀、德化、沙县等地）·························· **6. 灯油藤** *C. paniculatus* Willd.
      6. 圆锥花序狭小，基部分枝较上部枝长，总果梗长 1cm 以下；叶下面无簇毛。
        7. 小枝有黑色腺点；叶小，长 2~3.5cm，宽 1.5~2cm；雌花单生或簇生（分布于厦门、长乐及福州）
        ·· **7. 黑点南蛇藤** *C. punctatus* Thunb.
        7. 小枝无腺点；叶较大，长 6cm 以上，宽 3cm 以上；雌花为聚伞花序。
          8. 叶椭圆形、长圆状椭圆形或倒卵状椭圆形，网脉不明显；叶柄长 1cm 以下（仅见于上杭）··········
          ·· **8. 短梗南蛇藤** *C. rosthornianus* Maxim.
          8. 叶阔椭圆形或近圆形，网脉明显；叶柄长 1~2cm。
            9. 小枝具 6 棱；叶下面灰白色，基部近截形或圆形，网脉稠密（分布于武夷山）··················
            ·· **9. 苦皮藤** *C. angulatus* Maxim.
            9. 小枝近圆柱形，叶下面非灰白色，基部阔楔形，网脉疏散（分布于德化和上杭）··················
            ·· **10. 圆叶南蛇藤** *C. kusanoi* Hay.

4. 雷公藤属 Tripterygium Hook. f.

本属约有 4~5 种，中国 4 种，福建木本 2 种。

分 种 检 索 表

1. 叶下面棕红色(分布于泰宁和建宁) ……………………………………… **1. 雷公藤** *T. wilfordii* Hook. f.
1. 叶下面粉绿白色(分布于武夷山和顺昌) …………………… **2. 白背雷公藤** *T. hypoglaucum* (Lévl.) Hutch.

5. 美登木属 *Maytenus* Molina

本属约 100 种，中国约 18 种，福建木本 2 种。

分 种 检 索 表

1. 叶长 5~20cm；老枝有刺，花序常无梗(厦门引种) …………………………… **1. 美登木** *M. hookeri* Loes
1. 叶长 1~4cm；枝常多刺；花序有梗(分布于厦门、漳浦) ……… **2. 细叶裸实** *M. diversifolia* (Gray) Hou

98. 铁青树科 Olacaceae

本科 25 属、250 多种，中国有 4 属、9 种，福建木本有 1 属、1 种。
青皮木属 *Schoepfia* Schreb.
本属约 35 种，中国有 3 种，福建有 1 种。
华南青皮木 *S. chinensis* Gardn. et Champ. 分布于泰宁、浦城。

99. 桑寄生科 Loranthaceae

本科约 40 属、1000 种以上，中国约 10 属、50 种，福建木本 8 属、18 种、1 变种。

分 属 检 索 表

1. 花两性，花被双层，有花萼和花冠之分。
　2. 每花有 1 片苞片和 2 片小苞片 ………………………………………………… **1. 鞘花属** *Elytranthe* Bl.
　2. 每花仅有 1 片苞片，无小苞片
　　3. 穗状花序或总状花序；花瓣分离。
　　　4. 花瓣 4~6 片，基部常不膨大；花药球形或近球形 …………………… **2. 桑寄生属** *Loranthus* L.
　　　4. 花瓣 4~5 片，基部常膨大或呈球形，常有棱；花药多少为长圆形或线形 ……………………………
　　　　………………………………………………………………… **3. 离瓣寄生属** *Helixanthera* Lour.
　　3. 聚伞花序、伞形花序或总状花序；花瓣连合。
　　　5. 花序基部有 1~4 片分离或多少连合的大苞片，常具色彩；花冠 5 裂 ………………………………
　　　　……………………………………………………… **4. 大苞寄生属** *Tolypanthus* (Bl.) Reichb.
　　　5. 花序基部无上述大苞片；花冠 4 裂。
　　　　6. 果实的基部渐狭 …………………………………………… **5. 梨果寄生属** *Scurrula* L.
　　　　6. 果实的基部不渐狭 ………………………………………… **6. 钝果寄生属** *Taxillus* Van Tiegh.
1. 花单性，花被单层。
　7. 矮小亚灌木，高 20cm 以下；花 3 基数；花药内向纵裂 ………… **7. 栗寄生属** *Korthalsella* Van Tiegh.
　7. 小灌木或亚灌木，高 20cm 以上；花 4 基数；花药内向孔裂 ……… **8. 槲寄生属** *Viscum* L.

1. 鞘花属 *Elytranthe* Bl.

本属约 50 种，中国约 6 种，福建木本 2 种。

分 种 检 索 表

1. 花两朵并生在一花序上；花冠长 3~3.5cm；叶柄极短(福建有分布) ……………………… …………………………………………………… **1. 双色鞘花** *E. bibracteolata*（Hance）Lecomte
1. 花序总状；花冠长不及 2cm；叶柄长 3~10mm(分布于南靖和仙游)……………………… ………………………………………………… **2. 枫木鞘花** *E. cochinchinensis*（Lour.）G. Don

2. 桑寄生属 *Loranthus* Jacq.

本属约有 600 种，中国约 6 种，福建木本仅 1 种。

桐树桑寄生 *L. delavayi* Van Tiegh. 分布于南靖、龙岩、连城、南平、泰宁。

3. 离瓣寄生属 *Helixanthera* Lour.

本属约 50 种，福建木本 2 种。

分 种 检 索 表

1. 叶较大，长 5~12cm，宽 2.5~5cm；总状或穗状花序，每花序有多数花；花瓣 5 片(分布于诏安、南靖、 漳州及福安) ……………………………………………… **1. 五瓣寄生** *H. parasitica* Lour.
1. 叶较小，长 2~6cm，宽 1~2.5cm；总状花序，每花序有花 2~4 朵，通常 2 朵并生；花瓣 4 片(分布于诏 安、南靖及福安) ……………………………………… **2. 油茶寄生** *H. ligustrina*（Wall.）Danser

4. 大苞寄生属 *Tolypanthus*（Bl.）Reichb.

本属约有 4 种，中国约 1 种，福建木本有 1 种。

大苞桑寄生 *T. maclurei*（Merr.）Danser 分布于德化。

5. 梨果寄生属 *Scurrula* L.

本属约有 50 种，中国约 11 种，福建木本 1 种。

红花桑寄生 *S. parasitica* L. 分布于诏安、龙溪、厦门、同安、永春、南靖、福州、永泰、 南平、连城。

6. 钝果寄生属 *Taxillus* Van Tiegh.

本属约 60 种，中国约 15 种、5 变种，福建木本 7 种。

分 种 检 索 表

1. 叶互生或簇生，但不为对生，老叶下面无毛。
　2. 叶线状倒披针形；花冠长 1~1.5cm(分布于福州) …………… **1. 华东松寄生** *T. kaempferi*（DC.）Danser
　2. 叶长圆形或倒披针形；花冠长 2~2.7cm(分布于福清) ………… **2. 松寄生** *T. caloreas*（Diels）Danser
1. 叶对生或近对生，但不为簇生。
　3. 老叶下面密被或至少被锈色星状毛。
　　4. 花芽顶部近球形，密被星状毛或叉状茸毛；花期 9~11 月(分布于南靖、龙岩、连城、永安、沙县、南 平、安溪)………………………………………… **3. 锈毛桑寄生** *T. levinei*（Merr.）H. S. Kiu
　　4. 花芽顶部无明显膨大，仅被茸毛；花期 6~8 月(分布于长汀) …… **4. 四川桑寄生** *T. sutchuenensis* Danser
　3. 老叶下面无毛。
　　5. 花冠长 2~2.5cm；花梗长 5~7mm；果实表面有明显的小瘤体；侧脉稍明显(分布于泉州) …………… ……………………………………………………… **5. 桑寄生** *T. chinensis*（DC.）Danser
　　5. 花冠长 2.5~3cm；花梗较短，长约 4mm；果实表面仅幼时有小瘤体；侧脉不明显(分布于闽侯、南平、连城及建阳）·························· **6. 木兰桑寄生** *T. limprichtii*（Gruning.）H. S. Kiu

6a. 显脉木兰桑寄生 *T. limprichtii* var. *longiflorus* 和原种的区别在于侧脉上面明显，嫩枝、叶密被栗褐色叠生星状毛以及花果期在当年 7 ~ 11 月等。本省分布于龙海、南靖、安溪、福州。

7. 栗寄生属 *Korthalsella* Van Tiegh.

本属约 10 种，中国约 6 种，福建木本 1 种。

栗寄生 *K. japonica*（Thunb.）Engl. 分布于上杭、南靖、龙岩。

8. 槲寄生属 *Viscum* L.

本属约 30 种，中国约 14 种，福建木本 4 种。

分 种 检 索 表

1. 叶宽阔。
  2. 叶长圆形或倒披针形，基生脉 3 ~ 5 条，不甚明显（产福安）····· **1. 槲寄生** *V. coloratum*（Komar.）Nakai
  2. 叶披针形或镰刀形，基生脉 5 ~ 8 条，明显（分布于福州、永泰、龙岩及上杭）··························
    ···························· **2. 多脉槲寄生** *V. multinerve*（Hayata）Hayata
1. 叶鳞片状。
  3. 小枝扁，节状，节间扁，线状倒披针形（分布于诏安、厦门、闽侯、福州、上杭、古田及松溪）·········
    ··························· **3. 扁枝槲寄生** *V. articulatum* Burm. f.
  3. 小枝近圆形，四至多棱（分布于闽侯、福州、德化、永泰、南靖、龙岩、漳平、永定、松溪、清流）···
    ··························· **4. 棱枝槲寄生** *V. augulatum* Heyne

100. 檀香科 Santalaceae

本科 30 属、400 种，中国 7 属、50 种，福建木本 3 属、3 种。

分 属 检 索 表

1. 叶对生；花两性，三歧聚伞式圆锥花序 ····························· **1. 檀香属** *Santalum* L.
1. 叶互生。
  2. 叶基脉 3 ~ 9 出；种子有深槽 ····························· **2. 寄生藤属** *Dendrotophe* Miq.
  2. 叶为羽状脉；种子无深槽 ····························· **3. 檀梨属** *Pyrularia* Michx.

1. 檀香属 *Santalum* L.

本属 20 种，中国引入 2 种，福建木本引入 1 种。

檀香 *S. album* L. 厦门、云霄、漳州和诏安引种。

2. 寄生藤属 *Dendrotophe* Miq. 本属 4 种，中国南部 2 种，福建木本 1 种。

寄生藤 *D. frutescens*（Champ. ex Benth.）Danser 全省各地常见。

3. 檀梨属 *Pyrularia* Michx.

本属 4 种，中国 1 ~ 2 种，福建木本 1 种。

檀梨 *P. edulis* A. DC 分布于福建中部、南部。

101. 胡颓子科 Elaeagnaceae

本科 3 属、80 种，中国 2 属、60 种，福建木本 1 属、10 种。

胡颓子属 *Elaeagnus* L.

本属约有 80 种，中国约 55 种，福建木本 10 种。

分 种 检 索 表

1. 常绿灌木；叶常革质或纸质；花期秋冬季，稀早春，花单生或 2～8 朵簇生，或成总状花序；果春夏成熟。
　2. 萼筒较短，四角形或杯形，在裂片基部常缢缩，裂片与萼筒等长或较长。
　　3. 花具梗，花序较叶柄长，萼裂片与萼筒等长或较长(分布于厦门、同安、龙海、漳州、长泰、泉州、福清、长乐、闽侯、福州及连江) ·················· **1. 福建胡颓子** *E. oldhami* Maxim.
　　3. 花无梗或近无梗，花序较叶柄短，萼裂片较萼筒短(厦门引种) ········· **2. 密花胡颓子** *E. conferta* Roxb
　2. 萼筒筒形、钟形或漏斗形，在裂片基部不缢缩，裂片常较萼筒短。
　　4. 蔓生或攀援灌木；叶革质或薄革质，卵状椭圆形、椭圆形，少为长椭圆形，顶端渐尖或长渐尖；萼筒漏斗形，长 4.5～5.5mm，裂片长 2～3mm(福建各地常见) ·················· **3. 蔓胡颓子** *E. glabra* Thunb.
　　4. 直立灌木，少为蔓状。
　　　5. 侧脉与中脉成 50°～60°角，上面网脉明显；花白色，萼筒筒形或漏斗状筒形(分布于漳浦、同安、永春、德化、永泰、屏南、周宁及武夷山) ·················· **4. 胡颓子** *E. pungens* Thunb.
　　　5. 侧脉与中脉成 45°～50°角，上面网脉不明显；花白色或褐色，萼筒漏斗形或钟形。
　　　　6. 花白色；叶下面银白色(分布于长泰、仙游、永安、将乐、泰宁、南平、建阳及光泽) ·················· **5. 宜昌胡颓子** *E. henryi* Warb.
　　　　6. 花深褐色；叶下面淡褐绿色或灰褐色(分布于建阳和武夷山) ··········· **6. 巴东胡颓子** *E. difficilis* Serv.
1. 落叶或半常绿灌木或乔木；叶纸质或薄纸质；花期春季，花单生或 2～7 朵簇生；果夏秋成熟。
　7. 叶下面多少具星状毛，上面侧脉常凹下。
　　8. 叶冬季部分残存，半常绿灌木；花 3～5 朵簇生，果梗长 1～2.5cm(福建特有种，产漳平、安溪及永安) ·················· **7. 多毛羊奶子** *E. grijsii* Hance
　　8. 叶冬季脱落；花单生叶腋；果梗长 3～4cm(分布于浦城) ·················· **8. 毛木半夏** *E. courtoisii* Belval
　7. 叶下面无毛，上面侧脉常不凹下。
　　9. 果梗直立，长 0.3～1.8cm(福州引种) ·················· **9. 牛奶子** *E. umbellata* Thunb.
　　9. 果梗下弯，长 1.5～4.5cm(福建有分布) ·················· **10. 木半夏** *E. multiflora* Thunb.

102. 鼠李科 Rhamnaceae

本科 58 属、900 种，中国 14 属、133 种，福建木本 8 属、27 种、5 变种。

分 属 检 索 表

1. 子房上位或半下位；果实无翅或具不开裂的翅；灌木、藤状灌木或乔木，无卷须。
　2. 果顶端无纵向翅，或周围有木栓质或木质圆翅。
　　3. 浆果状核果或蒴果状核果，外果皮软或革质，无翅，内果皮薄革质或纸质，具 2～4 分核。
　　　4. 花序轴在结果时不增大为肉质；叶具羽状脉。
　　　　5. 花无梗，稀具梗，穗状或穗状圆锥花序，顶生或兼腋生 ·················· **1. 雀梅藤属** *Sageretia* Brongn.
　　　　5. 花具梗，聚伞花序腋生 ·················· **2. 鼠李属** *Rhamnus* L.
　　　4. 花序轴在结果增大时为肉质；叶具三出脉 ·················· **3. 枳椇属** *Hovenia* Thunb.
　　3. 核果，内果皮厚骨质或木质，1～3 室，无分核。
　　　6. 叶具羽状脉，无托叶刺；核果圆柱形 ·················· **4. 勾儿茶属** *Berchemia* Neck. ex DC.
　　　6. 叶基脉 3(5) 出，常有托叶刺；核果非圆柱形。

　　7. 果环状或草帽状，周围有平展的翅，翅革质或木栓质 ·············· **5. 马甲子属** *Paliurus* Tourn. ex Mill.

　　7. 果实球形或长圆形，肉质，无翅 ······························ **6. 枣属** *Ziziphus* Mill

　2. 果实球形，不开裂，顶端具翅，翅长圆形 ······················ **7. 翼核果属** *Ventilago* Gaertn.

1. 子房下位，3 室；蒴果具 3 个翅，分裂为 3 个不开裂、脱离中轴的分果片；攀援灌木，有卷须；叶具基生

　3 出脉或羽状脉 ·· **8. 咀签属** *Gouania* Jacq.

1. 雀梅藤属 *Sageretia* Brongn.

　　本属约 34 种，中国 16 种、3 变种，福建木本 4 种、1 变种。

分 种 检 索 表

1. 叶大，长 5~15cm，宽 2~6cm，侧脉 5~10 对，通常在上面凹下，稀不下陷。

　2. 花序轴无毛，花梗也无毛；叶卵状长圆形或卵状椭圆形，长 6~12cm，宽 2.5~4cm，下面仅脉腋具髯

　　毛，侧脉 5~6 对，在上面平贴，不下陷（分布于南靖等地） ·············· **1. 亮叶雀梅藤** *S. lucida* Merr.

　2. 花序轴被茸毛或密被短柔毛，花梗无毛；侧脉在上面明显凹下。

　　3. 叶长圆形或长椭圆形，长 9~15cm，宽 4~6cm，下面仅脉腋具髯毛或初时疏被毛，后脱落，侧脉 7~10

　　　对（分布于连城、龙岩、永安、沙县、建瓯、建阳、武夷山、光泽等地）·····························

　　　·· **2. 钩刺雀梅藤** *S. hamosa*（Wall.）Brongn.

　　3. 叶卵状椭圆形或长圆形，长 5~10cm，宽 2~3.5cm，下面无毛，侧脉 5~7 对（分布于上杭、连城、南

　　　靖等地）··· **3. 刺藤子** *S. melliana* Hand. – Mazz.

1. 叶较小，椭圆形、长圆形或卵状椭圆形，长 1~4.5cm，宽 0.7~2.5cm，顶端锐尖、钝或圆形，侧脉 3~4

　对，上面不明显，也不凹下；花序轴被茸毛或短柔毛（全省各地常见）·····························

　·· **4. 雀梅藤** *S. thea*（Osbeck）Johnst.

　4a. 毛叶雀梅藤 *S. thea* var. *tomentosa* 与原种区别在于叶通常卵形、长圆卵形或卵状椭圆形，下面被茸毛，

　　后渐脱落。产地与分布和原种相同。

2. 鼠李属 *Rhamnus* L.

　　本属约 200 种，中国 57 种、14 变种，福建木本 8 种。

分 种 检 索 表

1. 枝仅具长枝，无短枝，无刺；叶互生；花 5 基数。

　2. 叶同型；顶芽裸露，无鳞片；花两性。

　　3. 叶倒卵状椭圆形、椭圆形或倒卵形，长 4~14cm，下面密被短柔毛或至少沿脉密被柔毛；花柱不分裂

　　　（全省各地极常见）································· **1. 长叶冻绿** *Rh. crenata* Sieb. et Zucc.

　　3. 叶椭圆形或长圆形，长 6~11cm，无毛或仅下面沿脉疏被硬毛；叶柄无毛或微被短毛；花柱 2 浅裂至 2

　　　半裂（分布于南靖等地） ························· **2. 长柄冻绿** *Rh. longipes* Merr. et Chun

　2. 叶大小异型，常交替互生，小叶近圆形或卵圆形，长 2~5cm，大叶阔椭圆形或椭圆状长圆形，长 6~

　　17cm，下面仅脉腋被簇毛，干后变褐黑色或黑色；小枝具多数明显的皮孔；芽具数个鳞片；花单性，雌

　　雄异株（分布于龙岩、上杭、连城、永安、沙县、南平、建阳、武夷山） ·····························

　　·· **3. 尼泊尔鼠李** *Rh. nepalensis*（Wall.）Laws.

1. 枝有长枝和短枝，枝端常具针刺；叶在长枝上对生或近对生，或互生，在短枝上簇生；花单性，雌雄异

　株，4 基数。

　　4. 叶和枝对生或近对生，稀兼具互生。

　　　5. 叶椭圆形或长圆形，长 4~15cm，宽 2~6.5cm，干后下面常变黄色，沿脉和脉腋被金黄色柔毛，侧脉

5~6 对，两面凸起，网脉下面明显(分布于上杭、德化、将乐、福清、长乐、福州、古田及建阳) …
…………………………………………………………………… **4. 冻绿** *Rh. utilis* Decne.

5. 叶倒卵形或倒卵状椭圆形，长 3~8cm，宽 2~5cm，干后下面常不变黄，仅脉腋间有簇毛，侧脉 3~5
对，上面下陷，下面凸起，网脉不明显(分布于龙岩、连城、永安、福清、长乐、福州及永泰) ………
…………………………………………………………… **5. 薄叶鼠李** *Rh. leptophylla* Schneid.

4. 叶和枝均互生，稀兼具近对生生。

6. 幼枝、叶两面、叶柄、花以及花梗均无毛。

7. 叶柄长 2~4mm；种子背面具短沟，沟长约为种子的 1/4~1/2，沟上端无沟缝线(分布于上杭、建宁、
泰宁、武夷山、浦城等地) ………………………………… **6. 山鼠李** *Rh. wilsonii* Schneid.

7. 叶柄长 5~10mm；种子背面具短沟，沟长约为种子的 1/4~1/3，沟上端具沟缝线(分布于南靖、德化
等地) ……………………………………………… **7. 钩齿鼠李** *Rh. lambrophylla* Schneid.

6. 幼枝初被短柔毛，以后多少脱落；叶上面疏被微毛或仅沿脉疏被微毛；下面无毛，侧脉 3~5 对；叶柄
疏被短毛；萼片外面和花梗均被微毛(分布于上杭、南靖、永泰、古田、武夷山等地) ……………
……………………………………………… **8. 山绿柴** *Rh. brachypoda* C. Y. Wu ex Y. L. Chen

3. 枳椇属 *Hovenia* Thunb.

本属约 3 种，中国均产，福建包括引种 3 种、1 变种。

分 种 检 索 表

1. 萼片和果实无毛，稀果疏被毛。
 2. 聚伞圆锥花序，不对称，顶生，稀兼腋生；花柱浅裂；叶具不整齐锯齿或粗锯齿(福州引种) …………
 …………………………………………………………………… **1. 北枳椇** *H. dulcis* Thunb.
 2. 二歧聚伞圆锥花序，对称，顶生和腋生；花柱半裂或深裂；叶具整齐锯齿或近全缘(全省各地常见) …
 …………………………………………………………………………… **2. 枳椇** *H. acerba* Lindl.
1. 萼片和果实密被锈色茸毛(分布于武夷山、建阳、浦城等地) … **3. 毛果枳椇** *H. trichocarpa* Chun et Tsiang
 3a. 光叶毛果枳椇 *H. trichocarpa* var. *robusta* 与原种区别在于叶两面无毛或下面沿脉被疏柔毛。分布于武夷
 山、建阳、浦城等地。

4. 勾儿茶属 *Berchemia* Neck. ex DC.

本属 31 种，中国 18 种、6 变种，福建木本 5 种、1 变种。

分 种 检 索 表

1. 叶较小，长 0.5~6.5cm，侧脉 4~9 对；花序通常为无分枝的聚伞总状花序，花序轴短或近无花序轴。
 2. 叶小，长圆形或椭圆形，长 0.5~2cm，侧脉 4~5 对；花序轴、小枝和叶柄被短柔毛(分布于诏安、东
 山、漳浦、厦门、惠安、莆田、福清、长乐、福州等地) ………………… **1. 铁包金** *B. lineata* (L.) DC.
 2. 叶较大，卵状椭圆形、卵状长圆形或椭圆形，长 1.5~6.5cm，侧脉 7~9 对；花序轴和小枝均无毛，叶
 柄无毛或被短柔毛。
 3. 叶柄较短，长 3~6mm，上面被短柔毛；果实当年成熟(福建南部沿海山坡偶见) …………………
 ………………… **2. 光枝勾儿茶** *B. polyphylla* Wall. ex Laws. var. *leioclada* (Hand. – Mazz.) Hand. – Mazz.
 3. 叶柄较长，长 6~10mm；果实次年夏季成熟(分布于泰宁、武夷山等地) …………………………
 ………………………………………………………………… **3. 牯岭勾儿茶** *B. kulingensis* Schneid.
1. 叶较大，长 6~10cm，侧脉 9~14 对；花序为具分枝的聚伞圆锥花序，花序轴长 5~20cm。

4. 叶下面淡绿色，密被黄白色短柔毛；花序轴被短柔毛(分布于泰宁峨嵋峰一带) ……………………………………………………………………………………………… **4. 大叶勾儿茶** *B. huana* Rehd.

4. 叶下面无毛或仅沿叶脉基部疏被短柔毛；花序轴无毛或疏被微毛(全省各地较常见) ………………………………………………………………… **5. 多花勾儿茶** *B. floribunda* (Wall.) Brongn.

5a. 矩叶勾儿茶 *B. floribunda* var. *oblongifolia* 与原种区别在于叶长圆形，顶端圆形以及花序轴疏被毛，极稀近无毛。分布于武夷山。

5. 马甲子属 *Paliurus* Tourn. et Mill.

本属 6 种，中国 5 种、栽培 1 种，福建木本包括栽培 3 种。

分 种 检 索 表

1. 花序被茸毛；核果小，盘状，果翅厚而窄，直径 10～17mm；果梗长 6～10 mm，被毛；叶柄基部有 2 个或 1 个托叶刺。

  2. 叶较小，长 3～5.5cm，宽 2.2～5cm，顶端钝或圆形；核果被茸毛，盘状，周围常具 3 浅裂的窄翅，直径 10～17mm，叶柄基部有 2 个斜向、细而直立的针刺(分布于南靖、连城、仙游、永安、南平、建阳、长乐及福州) ……………………………………… **1. 马甲子** *P. ramosissimus* (Lour.) Poir.

  2. 叶较大，长 4.5～10cm，宽 4～6.5cm，顶端突尖或短渐尖；核果无毛，盘状，直径 10～13mm；叶柄基部通常只有 1 个稍粗而下弯的钩状刺(分布于建阳、浦城等地) ……… **2. 硬毛马甲子** *P. hirsutus* Hemsl.

1. 花序无毛；核果大，无毛，铜钱状，果翅宽而薄，直径 20～38mm；果梗长 12～15mm；无毛；无托叶刺或仅幼树的叶柄基部有 2 个斜向直立的针刺(福州市树木园有引种，生长良好) ……………………………………………………………………………… **3. 铜钱树** *P. hemsleyanus* Rehd.

6. 枣属 *Ziziphus* Mill.

本属约 100 种，中国约 12 种、3 变种，福建木本 2 种、2 变种。

分 种 检 索 表

1. 叶下面淡绿色，无毛或仅沿脉上多少疏被微毛；核果大，长 1.5～2cm，直径 1～1.2cm；果梗长 2～5mm (福建各地常见) ………………………………………………………… **1. 枣** *Z. jujuba* Mill.

  1a. 无刺枣 *Z. jujuba* var. *inermis* 与原种区别在于长枝无刺，幼枝无托叶刺。产地同原种相同。

  1b. 酸枣 *Z. jujuba* var. *spinosa* 与原种区别在于通常为灌木，叶较小，核果也小，近球形或短的长圆形，直径 7～12mm，中果皮薄，味酸，果核两端钝等。福建厦门有一小片似为野生。

1. 叶下面灰黄色，密被黄色或灰白色茸毛；核果较小，长 1～1.2cm，直径约 1cm；果梗长 5～8mm(厦门市园林管理处有引种栽培，生长良好) …………………………………… **2. 滇刺枣** *Z. mauritiana* Lam.

7. 翼核果属 *Ventilago* Gaertn.

本属约 10 种，中国 6 种，福建木本 1 种。

翼核果 *V. leiocarpa* Benth. 分布于南靖、龙岩等地。

8. 咀签属 *Gouania* Jacq.

本属约 45 种，中国 2 种、2 变种，福建木本 1 种。

毛咀签 *G. javanica* Miq. 分布于连城。

103. 葡萄科 Vitaceae

本科 12 属、700 种，中国 8 属、约 112 种，福建木本 7 属、33 种、7 变种。

分 属 检 索 表

1. 攀援藤本，具卷须；花瓣分离，稀顶端黏合；雄蕊分离；子房 2 室，每室 2 胚珠。
  2. 花瓣顶部黏合，花谢时呈帽状脱落；圆锥花序通常狭长；树皮无皮孔；髓褐色；叶多为单叶 ………… ………………………………………………………………………………… **1. 葡萄属** *Vitis* L.
  2. 花瓣离生；通常为聚伞花序；树皮有皮孔；髓白色。
    3. 花序与叶对生或顶生。
      4. 花 4 数；叶为单叶，不分裂，少有掌状分裂，叶和小枝多少肉质 ……………… **2. 白粉藤属** *Cissus* L.
      4. 花 5 数；单叶与复叶并存；叶纸质至近革质；小枝木质。
        5. 卷须顶端膨大为吸盘，少有不存在；花盘不明显 ……………… **3. 爬山虎属** *Parthenocissus* Pl.
        5. 卷须顶端不膨大；花盘明显 ……………… **4. 蛇葡萄属** *Ampelopsis* Michx.
    3. 花序腋生，稀顶生或与叶对生；花两性或单性，4 数。
      6. 花两性；柱头小，不裂 ……………… **5. 乌蔹莓属** *Cayratia* Juss.
      6. 花单性；柱头 4 裂 ……………… **6. 崖爬藤属** *Tetrastigma* Planch.
1. 灌木或小乔木，无卷须；花瓣基部合生；雄蕊下部合生成管，与花瓣连合；子房 3~6 室，每室 1 胚珠…… …………………………………………………………………………… **7. 火筒树属** *Leea* L.

1. 葡萄属 *Vitis* L.

本属约 60 种，中国约 25 种，福建木本 14 种、2 变种。

分 种 检 索 表

1. 小枝密生皮刺；叶心状宽卵形或心形，下面仅沿脉和脉腋有褐色蛛丝状柔毛或变无毛(分布于上杭、连城、建阳、武夷山及光泽) ……………………………………… **1. 刺葡萄** *V. davidii* (Carr.) Foex.
  1a. 锈毛刺葡萄 *V. davidii* var. *ferruginea* 与原种区别在于叶下面沿脉有蛛丝柔毛和开展的短毛。本省分布于上杭、连城、建阳、武夷山、光泽。
1. 小枝无刺。
  2. 叶菱状椭圆形或菱状卵形，基部宽楔形或楔形，不分裂，下面密被柔毛(分布于古田、武夷山和浦城) ………………………………………………………………… **2. 菱叶葡萄** *V. hancockii* Hance
  2. 叶心形、宽卵形、卵形或披针形，基部心形、截形或圆形。
    3. 叶无毛。
      4. 叶薄革质，心状卵形、卵形或狭卵形，长达 19cm，下面有浓白粉，中脉和侧脉在下面稍隆起，脉网不明显(分布于长汀、永安、宁化、古田、建阳、武夷山及邵武) ……… **3. 东南葡萄** *V. chunganensis* Hu
      4. 叶坚纸质或膜质，长达 12cm，叶脉在两面隆起，脉网明显。
        5. 叶坚纸质至薄革质，三角状卵形、狭卵形或披针形，基部浅心形、截形或圆形，常被白粉(分布于南靖、上杭、龙岩、连城、长汀、德化、永安、三明、沙县、宁化、泰宁、古田、南平、建瓯、武夷山及浦城) ……………………………………………… **4. 闽赣葡萄** *V. chungii* Metcalf
        5. 叶膜质，心形，基部深心形，无白粉(分布于泰宁、武夷山及浦城) ……………………… …………………………………………………………………… **5. 小果野葡萄** *V. balanseana* Planch.
    3. 叶有毛，至少在下面有疏柔毛。
      6. 叶下面密被绵毛或毡毛，将叶的下面完全覆盖着。
        7. 叶 3 裂。
          8. 叶 3 浅裂，下面密被锈色或灰白色绵毛(分布于厦门、漳州、连城、长乐、闽侯、福州、永泰、永安、将乐及建阳) ……………………………………… **6. 小叶葡萄** *V. sinocinerea* W. T. Wang

　　8. 叶 3 深裂，下面密被锈色绵毛（分布于厦门、同安、长泰、泉州、福清、长乐、闽侯、福州、永泰、泰宁、连江、建阳及政和）⋯⋯⋯⋯⋯⋯⋯⋯⋯⋯⋯⋯ **7. 蘡薁** *V. adstricta* Hance

　7. 叶不分裂或不明显 3 浅裂，下面密被灰白色或豆沙色毡毛（分布于南靖、福州、永安、三明、沙县、泰宁及建瓯）⋯⋯⋯⋯⋯⋯⋯⋯⋯⋯⋯⋯⋯ **8. 毛葡萄** *V. quinquangularis* Rehd.

6. 叶有毛，但没有完全覆盖叶的下面。

　9. 叶 3 ~ 5 裂。

　　10. 叶 3 ~ 5 浅裂或不分裂，基部宽心形，两角开展；幼枝及叶柄淡紫红色（分布于南平）⋯⋯⋯⋯⋯⋯⋯⋯⋯⋯⋯⋯⋯⋯⋯⋯⋯⋯⋯⋯⋯⋯ **9. 山葡萄** *V. amurensis* Rupr.

　　10. 叶 3 ~ 5 裂至中部附近，基部心形，两角靠拢而遮叠；幼枝及叶柄绿色（福建有栽培）⋯⋯⋯⋯⋯⋯⋯⋯⋯⋯⋯⋯⋯⋯⋯⋯⋯⋯⋯⋯⋯⋯⋯⋯⋯ **10. 葡萄** *V. vinifera* L.

　9. 叶不分裂，间或不明显 3 浅裂。

　　11. 叶较狭，卵形、狭卵形至披针形，长 5 ~ 9cm，宽 1. 5 ~ 3cm，基部圆形或不明显浅心形，两面仅在中脉和侧脉上有短柔毛；花序长达 6cm（分布于上杭、长汀、永安、三明、沙县、泰宁、南平、建阳及武夷山）⋯⋯⋯⋯⋯⋯⋯⋯⋯⋯ **11. 狭叶葡萄** *V. tsoii* Merr.

　　11. 叶较宽，宽 3. 5 ~ 10cm。

　　　12. 叶近圆形，长和宽各为 3. 5 ~ 5. 9cm，基部宽心形或近于截平，边缘有三角状粗齿，两面均有光泽，下面仅沿脉和脉腋被蛛丝状柔毛或变无毛（厦门有引种栽培）⋯⋯⋯⋯⋯⋯⋯⋯⋯⋯⋯⋯⋯⋯⋯⋯⋯⋯ **12. 圆叶葡萄** *V. rotundifolia* Michx.

　　12. 叶心形、心状宽卵形或心状五角形。

　　　13. 叶脉两面隆起，形成明显的脉网，叶心形或心状宽卵形，下面仅沿脉有褐黄色蛛丝状毛（分布于建宁、南平及武夷山）⋯⋯⋯⋯⋯⋯⋯⋯ **13. 网脉葡萄** *V. wilsonae* Veitch ex Gard.

　　　13. 叶脉近平或稍隆起，脉网不明显。

　　　　14. 叶心形、心状五角形或肾形，长和宽各达 10cm，基部心形，下面沿中脉和侧脉有白色短毛和褐黄色蛛丝状毛（分布于永安、三明、沙县、清流、将乐、建宁）⋯⋯⋯⋯⋯⋯⋯⋯⋯⋯⋯ **14. 华东葡萄** *V. pseudoreticulata* W. T. Wang

　　　　14. 叶阔卵形或三角状卵形，长约 4. 5cm，宽约 4cm，少有长和宽达 6cm，基部浅心形或近截形，下面沿脉和脉腋有灰白色或锈色短茸毛（分布于漳州、南靖、长泰、连城、德化、福州、永安、三明、沙县、尤溪、泰宁、古田、福安、南平、建瓯、武夷山、邵武及光泽）⋯⋯⋯⋯⋯⋯⋯⋯⋯⋯ **15. 小叶葛藟** *V. flexuosa* Thunb. var. *parvifolia* (Roxb.) Gagnep.

2. 白粉藤属 *Cissus* L.

本属约有 350 种，中国约 10 种，福建木本 2 种。

分 种 检 索 表

1. 枝有 6 条纵狭翅，叶卵状三角形（分布于漳浦、厦门、同安、南靖、长泰及上杭）⋯⋯⋯⋯⋯⋯⋯⋯⋯⋯⋯⋯⋯⋯ **1. 翅茎白粉藤** *C. hexangularis* Thorel ex Planch.

1. 枝无翅，叶心形（分布于南靖、上杭、龙岩、连城、永安、南平、武夷山及光泽）⋯⋯⋯⋯⋯⋯⋯⋯⋯⋯⋯⋯⋯⋯⋯⋯⋯ **2. 苦郎藤** *C. assamica* (Laws.) Craib

3. 爬山虎属 *Parthenocissus* Pl.

本属约有 15 种，中国约 9 种，福建木本 6 种。

分 种 检 索 表

1. 单叶，顶端通常 3 裂，只有幼苗和下部枝上的叶常为 3 全裂或成 3 片小叶（分布于厦门、上杭、福州、南平及建瓯）………………………………………… **1. 爬山虎** *P. tricuspidata*（Sieb. et Zucc.）Planch.

1. 叶全为掌状复叶。

  2. 小叶 3 片。

    3. 叶异形，营养枝上的叶为单叶，心状卵形或心状圆形，老枝或花枝上的叶为三出复叶（分布于厦门、南靖、德化、仙游、福州、永安、三明、泰宁、宁德、古田、屏南、南平、建阳、武夷山及光泽）……

     ………………………………………………… **2. 异叶爬山虎** *P. heterophylla*（Bl.）Merr.

    3. 叶同形，全部为三出复叶（分布于厦门和福州）………… **3. 三叶爬山虎** *P. himalayana*（Royle）Planch.

  2. 小叶 5 片。

    4. 叶有白粉；聚伞花序与叶对生。

     5. 叶倒卵形或倒卵状披针形，顶端骤尖，边缘有少数小齿或近全缘，无毛，叶脉在下面（有时在两面）明显隆起，脉网明显（分布于福州和屏南）……………… **4. 东南爬山虎** *P. austro-orientalis* Metcalf

     5. 叶卵形至披针状卵形，顶端渐尖或长渐尖，边缘中部以上有疏锯齿，叶下面被短柔毛或近无毛，中脉和侧脉在下面稍隆起，脉网不明显（分布于屏南和光泽）……………………………

     ………………………………………………… **5. 粉叶爬山虎** *P. thomsonii*（M. Laws.）Planch.

    4. 叶无白粉，聚伞圆锥花序广展，与叶对生或顶生于侧枝上；叶倒卵形，边缘中部以上有较多齿，下面脉上被锈色或灰褐色短柔毛（分布于南靖、连城、沙县、将乐、建宁、武夷山和光泽）……………

    ………………………………………………………… **6. 绿爬山虎** *P. laetivirens* Rehd.

4. 蛇葡萄属 Ampelopsis Michx.

本属约有 60 种，中国约 15 种，福建木本 8 种、3 变种。

分 种 检 索 表

1. 单叶，不分裂或分裂，但不达基部。

  2. 叶不分裂或不明显 3 浅裂，下面淡绿色。

    3. 叶心状卵形或心形，不分裂或不明显 3 浅裂，侧裂片小，顶端钝，边缘有浅圆齿；小枝、花序及叶有较密的锈色短柔毛（分布于龙岩、连城、福清、长乐、福州、泰宁、连江和浦城）……………

    ………………………………………………………… **1. 蛇葡萄** *A. sinica*（Miq.）W. T. Wang

    1a. 光叶蛇葡萄 *A. sinica* var. *hancei* 与原种区别在于植株无毛或近无毛，或有极短的白色毛。全省常见。

    3. 叶心状五角形，3 浅裂，侧裂片常尾状渐尖，边缘有波状扁三角形浅牙齿；小枝及叶无毛或在叶下面沿脉疏生短柔毛（分布于厦门、福清、长乐、闽侯、福州、永安、三明、沙县、宁化、尤溪、泰宁、周宁、福安、南平、建瓯、政和、武夷山、浦城、邵武及光泽）……………………………………

    ……………………… **2. 牯岭蛇葡萄** *A. brevipedunculata*（Maxim.）Trautv. var. *kulingensis* Rehd.

  2. 叶 3~5 掌状中裂或近于深裂，有时 3 浅裂，下面苍白色（分布于福州和泰宁）……………………

  ………………………………………………………………… **3. 葎叶蛇葡萄** *A. humulifolia* Bge.

  3a. 异叶蛇葡萄 *A. humulifolia* var. *heterophylla* 与原种区别在于叶下面淡绿色；多数叶为深裂。分布于永春、福州、永安、泰宁、南平。

1. 叶掌状全裂，或为掌状或羽状复叶。

  4. 叶掌状全裂，或为掌状复叶。

    5. 叶为掌状复叶，小叶 3~5 片，一部分羽状分裂，一部分羽状缺刻，叶轴有阔翅（分布于漳浦和福州）

    ……………………………………………………………… **4. 白蔹** *A. japonica*（Thunb.）Makino

    5. 枝上部叶常不分裂或 3 浅裂，其他的叶多数为掌状 3 全裂（分布于厦门、长汀、泉州、福清、长乐、永安、沙县、宁化、泰宁、建宁、连江和南平）………… **5. 三裂叶蛇葡萄** *A. delavayana* Planch. ex Franch.

  4. 叶为一至二回羽状复叶。

　　6. 小叶较厚，近革质，多为椭圆形或宽椭圆形，大小不一，边缘有不明显的钝齿，干时上面褐色，下面苍白色，常被白粉（分布于全省各地）…………… **6. 广东蛇葡萄** *A. cantoniensis*（Hook. et Arn.）Planch.

　　6. 小叶草质或薄纸质，边缘有明显的粗锯齿。

　　　7. 二回羽状复叶，最下羽片有 3～7 片小叶，小叶较大，长 3.5～11cm，宽 1.5～6cm，基部圆形或宽楔形（分布于三明和南平）…………………… **7. 大叶蛇葡萄** *A. megalophylla* Diels et Gilg.

　　　　7a. 毛枝蛇葡萄 *A. megalophylla* var. *puberula* 与原种区别在于：小枝、叶和花序均密被锈色短柔毛。本省分布于武夷山。

　　　7. 二回羽状复叶，最下羽片有 3 片小叶，小叶较小，长 2.5～7cm，宽 1～3cm，基部楔形或宽楔形（分布于南靖、上杭、龙岩、连城、长汀、永安、三明、沙县、宁化、建宁、南平、建瓯、建阳、武夷山、浦城、顺昌及光泽）………………… **8. 显齿蛇葡萄** *A. grossedentata*（Hand.－Mazz.）W. T. Wang

　　5. 乌蔹莓属 *Cayratia* Juss.

　　本属约 45 种，中国约 14 种，福建木本 1 种、1 变种。

　　大叶乌蔹莓 *C. oligocarpa*（Lévl. et Vant.）Gagnep. 分布于德化、福清、永泰、泰宁、武夷山、浦城。

　　樱叶乌蔹莓 *C. oligocarpa* var. *glabra* 与原种区别在于：叶下面疏生短柔毛或无毛。

　　6. 崖爬藤属 *Tetrastigma* Planch.

　　本属约 90 种，中国约 30 种，福建木本 1 种、1 变种。

分 种 检 索 表

1. 茎呈带状压扁；掌状复叶，小叶 5 片，厚纸质，长圆状披针形或倒卵状长圆形，长 9～20cm（分布于漳浦、漳州、南靖及永泰）…………………………………… **1. 扁担藤** *T. planicaule*（Hook.）Gagnep.

1. 茎通常呈圆柱状，不压扁；小叶 5 或 3 片，膜质或纸质，长不超过 11cm（分布于福州、永泰、连江及南平）………………… **2. 无毛崖爬藤** *T. obtectum*（Wall.）Planch. var. *glabrum*（Lévl. et Vant.）Gagnep.

　　7. 火筒树属 *Leea* L.

　　本属约 40 种，中国约 8 种，福建木本引入 1 种。

　　火筒树 *L. indica*（Burm. f.）Merr. 厦门和福州引种。

104. 紫金牛科 Myrsinaceae

　　本科 35 属、1000 种，中国 6 属、120 种，福建木本 6 属、31 种、1 变种。

分 属 检 索 表

1. 子房半下位或下位，花萼基部或花梗上具 1 对小苞片；种子多数，具棱角 …… **1. 杜茎山属** *Maesa* Forsk.

1. 子房上位，花萼基部或花梗上无小苞片；种子 1 个，常为球形或圆柱形。

　2. 蒴果状浆果，呈新月状圆柱形，花药具横隔；生于江河出海口或海岸泥滩地或红树林中 …………………………………………………………………… **2. 蜡烛果属** *Aegiceras* Gaertn.

　2. 核果状，常为球形；花药无横隔。

　　3. 伞形、近伞形、伞房、聚伞花序或再组成圆锥花序，稀为总状花序，具长总花梗，或着生于侧生特殊花枝顶端；花冠裂片螺旋状排列；花两性，柱头点尖 ……… **3. 紫金牛属** *Ardisia* Swartz.

　　3. 总状、伞形花序或花簇生，后二者均无总花梗，而着生于具覆瓦状排列的苞片的小短枝顶端；花冠裂片覆瓦状或镊合状排列；花杂性，柱头各式。

　　　4. 常为攀援灌木或藤本；总状花序、伞形花序、聚伞花序或圆锥花序 …… **4. 酸藤子属** *Embelia* Burm. f.

4. 灌木或小乔木；伞形花序或花簇生。

  5. 花通常簇生，基部具 1 轮苞片；花丝较长，柱头点尖、流苏状或扁平；叶缘常具锯齿，稀全缘 …… ……………………………………………………………………………… **5. 铁仔属** *Myrsine* L.

  5. 花通常排成伞形花序或近头状花序；花丝极短或几无花丝，柱头伸长，圆柱形或中部以上扁平呈舌状；叶通常全缘 ……………………………………………… **6. 密花树属** *Rapanea* Aubl.

1. 杜茎山属 *Maesa* Forsk.

本属约 200 种，中国约 29 种，福建木本 5 种。

分 种 检 索 表

1. 小枝、花序通常无毛。

  2. 花冠裂片长约为花冠管的 1/3 或更短；叶革质，几全缘或中部以上有疏钝齿或除基部外均有疏细齿，侧脉 5 ~ 8 对，网脉不明显（福建常见） …………………… **1. 杜茎山** *M. japonica* (Thunb.) Moritzi. ex Zoll.

  2. 花冠裂片约与花冠管等长。

   3. 叶膜质或纸质，广椭圆形或菱状椭圆形，边缘除近基部全缘外均具钝齿，两面无毛，侧脉约 7 对，具不甚明显的脉状腺条纹（分布于东南沿海） ………………… **2. 软弱杜茎山** *M. tenera* Mez

   3. 叶坚纸质，椭圆形或长圆状披针形，边缘具粗锯齿或疏的波状齿，两面无毛或有时下面疏被硬毛，侧脉 8 ~ 12 对，通常无腺条纹（分布于泉州、福清、长乐、永泰、宁德、沙县等地） ………………… ………………………………………………………………………… **3. 金珠柳** *M. montana* A. DC.

1. 小枝、花序通常被毛。

  4. 叶椭圆状卵形，长 1.5 ~ 6cm，宽 1 ~ 1.8cm，上面无毛或疏被微柔毛，下面被微柔毛，侧脉约 8 对；花序被微柔毛（分布于南靖等地） ………………… **4. 小叶杜茎山** *M. parvifolia* A. DC.

  4. 叶较大，长 7 ~ 14cm，宽 3 ~ 7cm，两面或仅下面被硬毛，侧脉 7 ~ 12 对；花序被硬毛或长硬毛。

   5. 叶坚纸质，椭圆形或长圆状披针形，长 7 ~ 14cm，宽 3 ~ 7cm，上面无毛，下面几无毛或有时疏被硬毛（分布于泉州、福清、长乐、永泰、宁德、沙县） ………………… **3. 金珠柳** *M. montana* A. DC.

   5. 叶膜质或近坚纸质，广椭圆状卵形至椭圆形，长 7 ~ 11cm，宽 3 ~ 5cm，幼时两面密被长硬毛，后则上面近无毛，下面被长硬毛（分布于诏安、南靖、漳州、华安、仙游、福州等地） ………………… ……………………………………………………………………… **5. 鲫鱼胆** *M. perlarius* (Lour.) Merr.

2. 蜡烛果属 *Aegiceras* Gaertn.

本属约 2 种，中国仅 1 种，福建木本 1 种。

蜡烛果 *A. corniculatum* (L.) Blanco 分布于诏安、云霄、漳浦、厦门等东南沿海。

3. 紫金牛属 *Ardisia* Swartz.

本属约 260 余种，中国约 60 余种，福建木本 17 种、1 变种。

分 种 检 索 表

1. 叶全缘，边缘无腺点或腺点不明显。

  2. 大灌木或小乔木状，高 1 ~ 6m；叶大，倒卵形、椭圆状卵形或长圆状披针形至椭圆状披针形，长 7 ~ 16cm，宽 2 ~ 4cm。

   3. 果球形，不具棱，成熟时红色至黑色，稍肉质；叶倒卵形或椭圆状卵形，长 7 ~ 14cm，宽 2 ~ 4cm，顶端广急尖或钝，有时近圆形（分布于福建东南沿海各地） ………………… **1. 多枝紫金牛** *A. sieboldii* Miq.

   3. 果扁球形，具 5 钝棱，成熟时黄褐色，果皮干燥；叶长圆状披针形或椭圆状披针形，长 8 ~ 16cm，宽 2 ~ 4cm，顶端渐尖（福建各地较常见） ………………… **2. 罗伞树** *A. quinquegona* Bl.

2. 小灌木，高 30 ~ 60cm，具匍匐状根茎；叶较小，椭圆状披针形或倒披针形，长 2.4 ~ 5.5cm，宽 1 ~ 1.6cm（分布于全省各地）·· **3. 灰色紫金牛** *A. fordii* Hemsl.

1. 叶缘具各式齿，边缘具腺点，或不具腺点而具锯齿或啮蚀状细齿。

4. 叶缘具各式圆齿，齿间或齿尖具腺点。

5. 茎和叶两面均密被锈色卷曲长柔毛。

6. 植株具明显的直立茎，高不超过 15cm；叶倒卵形或长圆状倒披针形，基部楔形或狭圆形；花萼裂片两面被长柔毛或里面近无毛（全省各地常见）·················· **4. 虎舌红** *A. mamillata* Hance

6. 植株的茎极短或几无茎；叶椭圆形或长圆状倒卵形，基部圆形；花萼裂片仅外面被锈色长柔毛，里面无毛（本省各地常见）·················· **5. 莲座紫金牛** *A. primulaefolia* Gardn. et Champ.

5. 幼枝和叶均无毛或均被微柔毛，或细小鳞片，绝不被上述长柔毛。

7. 幼枝和叶均无毛。

8. 叶缘具粗圆齿，边缘腺点生于齿间；叶片无腺点（全省各地较常见）········ **6. 郎伞木** *A. elegans* Andr.

8. 叶缘具皱波状或波状齿，或具反卷的疏凸尖锯齿，边缘腺点生于齿尖，略突出；叶具腺点。

9. 叶较宽，长 7 ~ 10cm，宽 2 ~ 4cm，花冠长 4 ~ 6mm；花萼裂片长圆状卵形（分布于福建各地）·········· ·· **7. 朱砂根** *A. crenata* Sims

7a. 红凉伞 *A. crenata* var. *bicolor* 与原种区别在于叶下面、花、花梗等带红紫色，有时叶两面均为紫红色。福建各地较常见。

9. 叶较狭，长 10 ~ 17cm，宽 1.5 ~ 2.5cm；花冠长 6 ~ 7mm；花萼裂片卵形（分布于龙岩、永安、建瓯等地）·· **8. 大罗伞树** *A. hanceana* Mez

7. 幼枝被微柔毛或鳞片；叶两面或仅下面被微柔毛。

10. 叶通常上面无毛，下面被微柔毛。

11. 叶革质或坚纸质质，侧脉与中脉几垂直，具明显的远离边缘脉；子房被微柔毛或无毛。

12. 叶革质或厚坚纸质，长圆形至椭圆状披针形，长 10 ~ 15cm，宽 2 ~ 3.5cm，边缘齿尖具腺点；植株高 1 ~ 2m；子房被微柔毛（全省各地常见）·················· **9. 山血丹** *A. punctata* Lindl.

12. 叶坚纸质，狭卵形或卵状披针形，或椭圆形至近长圆形，长 7 ~ 14cm，宽 2.5 ~ 4.8cm，边缘腺点不明显，植株高 10 ~ 15cm 或稍高；子房无毛（福建各地常见）······ **10. 九管血** *A. brevicaulis* Diels

11. 叶近坚纸质或膜质，椭圆状披针形或狭长圆状披针形，具明显的边缘腺点；植株高 60 ~ 150cm；子房无毛（福建各地常见）·················· **11. 百两金** *A. crispa*（Thunb.）A. DC.

10. 叶两面疏被微柔毛或小鳞片，卵形、披针形至长圆状披针形，长 3.5 ~ 6cm，宽 1.5 ~ 2.3cm（分布于上杭、连城、永安、德化、闽侯、建阳、武夷山等地）··· **12. 少年红** *A. alyxiaefolia* Tsiang ex C. Chen

4. 叶缘具锯齿或啮蚀状细齿。

13. 叶片较大，膜质，椭圆形至倒卵状披针形，长 25 ~ 48cm，宽 9 ~ 17cm，边缘具紧密的啮蚀状细齿（分布于南靖、永定、上杭、龙岩等地）·················· **13. 走马胎** *A. gigantifolia* Stapf.

13. 叶片较小，长在 12cm 以下，叶缘具锯齿。

14. 茎幼时被长柔毛；叶被疏柔毛或长柔毛；花萼片披针形至披针状钻形。

15. 叶基部心形（分布于南靖、上杭、永安等地）·················· **14. 心叶紫金牛** *A. maclurei* Merr.

15. 叶基部楔形或近圆形（分布于上杭、永安、南平、将乐、福州等地）····· **15. 九节龙** *A. pusilla* A. DC.

14. 茎幼时被微柔毛，无鳞片；叶无毛或被鳞片；花萼裂片卵形或三角状卵形。

16. 茎幼时被细微柔毛，无鳞片；叶无毛或下面被微柔毛，边缘具细锯齿；花萼裂片卵形，总花梗长约 5mm（分布于三明、永安、南平、建瓯、建阳、武夷山）····· **16. 紫金牛** *A. japonica*（Thunb.）Blume

16. 茎幼时被微柔毛或鳞片；叶下面被鳞片，边全缘或中部以上具波状齿；花萼裂片三角状卵形，总花梗长达 10mm（分布于南靖、华安、龙岩、永安等地）·················· **17. 小紫金牛** *A. chinensis* Benth.

4. 酸藤子属 *Embelia* Burm. f.

本属约140余种，中国20种，福建木本6种。

分 种 检 索 表

1. 叶全缘。
　2. 叶长2cm以上，宽在1cm以上，互生，不排成2列；小枝无毛。
　　3. 圆锥花序顶生，长5~15cm，花常为5数；叶坚纸质，较薄，倒卵状椭圆形或长圆状椭圆形，上面光滑，下面常被白粉；小枝无毛（分布于南靖等地）······························ **1. 白花酸藤果** *E. ribes* Burm. f.
　　3. 总状花序腋生，长不超过2cm，花常4数；叶倒披针形至卵形或长圆状卵形。
　　　4. 叶倒披针形或狭倒卵形；花序长约1cm；果直径1~1.5cm（分布于南靖、龙岩、永安、南平、福州、永泰、宁德等地）······························ **2. 长叶酸藤子** *E. longifolia* (Benth.) Hemsl.
　　　4. 叶倒卵形或长圆状倒卵形；花序长3~8mm；果直径约5mm（分布于诏安、厦门漳州、华安、惠安等地）······························ **3. 酸藤子** *E. laeta* (L.) Mez
　2. 叶较小，长1~2cm，宽6~10mm，互生，排成2列；小枝被锈色长柔毛；花5数（分布于南靖、福清、南平等地）······························ **4. 当归藤** *E. parviflora* Wall.
1. 叶缘具锯齿。
　5. 叶缘有细密锯齿，侧脉多数，不甚明显，直达齿尖，网脉明显且隆起（分布于各地）······························ **5. 网脉酸藤子** *E. rudis* Hand. – Mazz.
　5. 叶缘有粗齿或仅上半部有粗齿，稀全缘，侧脉15~20对，与中脉几成直角，常连成不明显的边缘脉，网脉不甚明显，也不隆起（分布于南靖、上杭）······························ **6. 多脉酸藤子** *E. oblongifolia* Hemsl.

　5. 铁仔属 *Myrsine* L.
　本属约5~7种，中国4种，福建木本仅1种。
　光叶铁仔 *M. stolonifera* (Koidz.) Walker
　分布于平和、连城、上杭、永安、建阳、武夷山等地。
　6. 密花树属 *Rapanea* Aubl.
　本属约140种，中国7种，福建木本1种。
　密花树 *R. neriifolia* (Sieb. et Zucc) Mez 福建各地常见。

105. 柿树科 Ebenaceae

本科3属、500种，中国1属、50种，福建木本1属、9种、2变种。
柿属 *Diospyros* L.
本属400~500种，中国58种、7变种，福建木本9种、2变种。

分 种 检 索 表

1. 小枝有刺。
　2. 半常绿或落叶小乔木，高达5~10m；果近球形；萼片无直脉纹（分布于福州等地）······························ **1. 乌柿** *D. cathayensis* A. N. Steward
　　1a. 福州柿 *D. cathayensis* var. *foochowensis* 与原种区别在于：叶椭圆形、狭椭圆形至倒披针形，下面无毛或仅被微毛，侧脉5~10对，果时宿萼有直脉纹，但较短，长仅0.5~1cm。本省分布于福州。
　2. 落叶灌木，高达2~3m；果卵球形；萼片具明显直脉纹（分布于永泰、福州、罗源、柘荣、三明）······························ **2. 老鸦柿** *D. rhombifolia* Hemsl.
1. 小枝无刺。

3. 果实表面有柔毛或绣色毛。

  4. 树皮灰白色，光滑，片状剥落；叶两面密被灰黄色茸毛；果蒂反卷（分布于长汀、屏南、泰宁、永安、沙县、南平、建瓯、邵武、武夷山）⋯⋯⋯⋯⋯⋯⋯⋯⋯⋯⋯ **3. 油柿** *D. oleifera* Cheng

  4. 树皮鳞片状开裂，暗褐色。

    5. 叶披针形，上面深绿色，有光泽，下面沿叶脉有稀疏红褐色长柔毛，侧脉 5 ~ 7 对（分布于南靖、平和、云霄）⋯⋯⋯⋯⋯⋯⋯⋯⋯⋯⋯⋯⋯⋯⋯⋯ **4. 乌材** *D. eriantha* Champ. ex Benth.

    5. 叶长圆形或长圆状椭圆形，上面淡橄榄绿色，几乎无光泽，下面仅被锈色短柔毛或近无毛，侧脉约 4 对（分布于同安、连城、屏南、周宁、永安、南平、武夷山）⋯⋯⋯⋯ **5. 延平柿** *D. tsangii* Merr.

3. 果实表面无毛。

  6. 宿萼 4 浅裂。

    7. 常绿小乔木或灌木；叶革质，长椭圆形或卵状披针形，长 2 ~ 10cm，下面淡绿色；果成熟时浅黄色（本省各地较常见）⋯⋯⋯⋯⋯⋯⋯⋯⋯⋯⋯⋯ **6. 罗浮柿** *D. morrisiana* Hance

    7. 落叶乔木；叶近革质，椭圆形、卵形或卵状披针形，长 10 ~ 15cm，下面苍白色；果成熟时红色（分布于武平、连城、永安、泰宁、光泽、武夷山）⋯⋯⋯⋯⋯ **7. 粉叶柿** *D. glaucifolia* Metc.

  6. 宿萼 4 深裂。

    8. 雌花萼裂片宽卵形，长 8mm；果球形，直径 1 ~ 1.5cm，成熟时蓝黑色，果梗粗短，长 2 ~ 3mm，无毛（分布于长汀、建宁）⋯⋯⋯⋯⋯⋯⋯⋯⋯⋯⋯⋯⋯⋯ **8. 君迁子** *D. lotus* L.

    8. 雌花萼裂片披针形，长 6 ~ 8mm；果卵球形或扁球形，直径 5cm 以上，成熟时橙黄色，果梗长 1cm，被短柔毛（福建大部分地区都有栽培）⋯⋯⋯⋯⋯⋯⋯⋯ **9. 柿** *D. kaki* L. f.

    9a. 野柿 *D. kaki* f. var. *sylvestris* Makino 与原种区别在于：小枝及叶柄密被黄褐色短柔毛，叶较小，下面密被短柔毛，果较小，果径一般不超过 5cm。福建各地常见。

106. 山榄科 Sapotaceae

本科 35 ~ 75 属、800 种，中国有 15 属、28 种，福建木本包括引种 5 属、5 种。

分 属 检 索 表

1. 花萼 6 ~ 8 裂，排成 2 轮。

  2. 花冠（18 ~)24(~ 25)裂⋯⋯⋯⋯⋯⋯⋯⋯⋯⋯⋯⋯⋯⋯⋯⋯ **1. 牛乳树属** *Mimusops* L.

  2. 花冠 6 裂 ⋯⋯⋯⋯⋯⋯⋯⋯⋯⋯⋯⋯⋯⋯⋯⋯⋯⋯ **2. 铁线子属** *Manilkara* Adans.

1. 花萼 5(~ 7)裂，排成 1 轮。

  3. 花具退化雄蕊。

    4. 果较大，近球形或卵形；种子少数或仅 1 个，种子疤痕侧生 ⋯⋯⋯⋯⋯ **3. 蛋黄果属** *Lucuma* Molina

    4. 果较小，卵圆形或球形；种子通常仅 1 个，种子疤痕基生或近基生 ⋯⋯⋯⋯⋯⋯⋯⋯⋯⋯⋯⋯⋯⋯⋯⋯⋯⋯ **4. 铁榄属** *Sinosideroxylon*（Engl.）Aubr.

  3. 花无退化雄蕊 ⋯⋯⋯⋯⋯⋯⋯⋯⋯⋯⋯⋯⋯⋯ **5. 金叶树属** *Chrysophyllum* L.

  1. 牛乳树属 *Mimusops* L.

本属 58 种，中国引种 1 种，福建木本引种 1 种。

牛乳树 *M. elengi* L. 厦门、漳州有栽培。

  2. 铁线子属 *Manilkara* Adans.

本属约 70 种，中国包括引种 2 种，福建木本 1 种。

人心果 *M. zapota*（L.）van Royen 厦门、漳州和福州等地也有栽培。

3. 蛋黄果属 *Lucuma* Molina

本属约 100 种，中国引种 1 种，福建木本引种 1 种。

蛋黄果 *L. nervosa* A. DC. 福建厦门、漳州等地也有栽培。

4. 铁榄属 *Sinosideroxylon*（Engl.）Aubr.

本属约 4 种，中国 4 种均有，福建木本有 1 种。

铁榄 *S. wightianum*（Hook. et Arn.）Aubr. 分布于诏安、云霄、南靖、平和及仙游。

5. 金叶树属 *Chrysophyllum* L.

本属约 150 种，中国包括引种 1 种、1 变种，福建木本 1 种。

星萍果 *C. cainito* L. 分布于福建厦门，偶见栽培。

107. 肉实树科 Sarcospermataceae

本科 1 属、8~9 种，中国 4 种，福建木本 1 种。

肉实树属 *Sarcosperma* Hook. f.

本属约 9 种，中国约 4 种，福建木本 1 种。

肉实树 *S. laurinum*（Benth.）Hook. f. 分布于南靖、平和、长泰、仙游、福清、永泰及宁德。

108. 芸香科 Rutaceae

本科 180 属、1300~1600 种，中国 29 属、150 种，福建木本 15 属、39 种、2 变种、2 变型。

分属检索表

1. 叶对生。
　2. 单身复叶或单叶 ···························· **1. 山油柑属** *Acronychia* J. R & Forst.
　2. 奇数羽状复叶。
　　3. 蓇葖果，每果瓣有种子 1~2 个 ············ **2. 吴茱萸属** *Evodia* J. R & G. Forst.
　　3. 有黏胶质核果，每果有种子 4~5 个 ·········· **3. 黄柏属** *Phellodendron* Rupr.
1. 叶互生。
　4. 木质藤本，茎枝有刺。
　　5. 指状三出复叶 ······························ **4. 飞龙掌血属** *Toddalia* Juss.
　　5. 奇数羽状复叶 ······························ **5. 花椒属** *Zanthoxylum* L.
　4. 直立乔木或灌木。
　　6. 茎枝无刺。
　　　7. 幼芽、新生嫩枝、花序轴均被锈褐色粉状绵毛 ····· **6. 山小橘属** *Glycosmis* Corr.
　　　7. 有毛或无毛，有毛时非上述绵毛。
　　　　8. 单叶。
　　　　　9. 落叶性；蓇葖果开裂；雄花序下垂 ········ **7. 臭常山属** *Orixa* Thunb.
　　　　　9. 常绿性；浆质核果；花序直立 ············ **8. 茵芋属** *Skimmia* Thunb.
　　　　8. 奇数羽状复叶。
　　　　　10. 叶下面有星芒状细鳞片；果为开裂的木质蒴果，果皮有瘤状突体 ····· **9. 巨盘木属** *Flindersia* R. Br.
　　　　　10. 叶下面无上述鳞片；浆果或核果。
　　　　　　11. 花蕾圆球形或宽卵形，花柱比子房短或近等长 ····· **10. 黄皮属** *Clausena* Burm. f.

11. 花蕾圆筒状椭圆形，花柱远比子房细长 ·················· **11. 九里香属** *Murraya* Koen. ex L.
6. 茎枝有刺(若因人工栽培变为无刺的，即其果为柑果)。
12. 奇数羽状复叶或指状复叶。
13. 刺为皮刺；蓇葖果·················· **5. 花椒属** *Zanthoxylum* L.
13. 刺为枝刺；柑果 ·················· **12. 枳属** *Poncirus* Paf.
12. 单叶或单身复叶。
14. 雄蕊为花瓣数的两倍；花小，开花时直径在1cm以下 ·················· **13. 酒饼簕属** *Atalantia* Corr.
14. 雄蕊为花瓣数的3倍以上；花较大，开花时直径超过1cm。
15. 子房2~5(~6)室，每室有2个胚珠 ·················· **14. 金橘属** *Fortunella* Swing.
15. 子房7~14室，每室有4~12个胚珠 ·················· **15. 柑橘属** *Citrus* L.

1. 山油柑属 *Acronychia* J. R. & Forst.
本属约50种，中国2种，福建木本1种。
山油柑 *A. pedunculata*（L.）Miq. 分布于厦门、华安。
2. 吴茱萸属 *Euodia* J. R. & G. Forst.
本属约150种，中国25种，福建木本5种。

分 种 检 索 表

1. 指状三出叶；茎、叶无毛(全省除北部地区外广布) ·················· **1. 三叉苦** *E. lepta*（Spreng.）Merr.
1. 奇数羽状复叶。
2. 小叶片油点肉眼明晰可见(全省习见) ·················· **2. 吴茱萸** *E. rutaecarpa*（Juss.）Benth.
2. 小叶片油点不显或仅在扩大镜下隐约可见。
3. 小叶下面密被柔毛；嫩枝、叶轴、花序均被毛(分布于南靖、南平) ··················
·················· **3. 华南吴萸** *E. austrosinensis* Hand. – Mazz.
3. 小叶两面无毛或仅于下面中脉基部及腋被毛。
4. 小叶两面均无毛(分布于厦门、龙海、南靖、永春等县) ··················
·················· **4. 楝叶吴萸** *E. meliaefolia*（Hance）Benth.
4. 小叶下面中脉基部两侧被长柔毛，脉腋有丛毛(分布于泰宁、南平、武夷山) ··················
·················· **5. 臭辣吴萸** *E. fargesii* Dode

3. 黄柏属 *Phellodendron* Rupr.
本属10种，中国2种、1变种，福建木本1种、栽培1种。

分 种 检 索 表

1. 小叶薄纸质，顶端长渐尖，尖头常尾状，叶缘有整齐细钝齿及缘毛(诏安、厦门、武平等县市有栽培)
·················· **1. 黄柏** *Ph. amurense* Rupr.
1. 小叶厚纸质，顶端短尖至渐尖，叶缘具浅波状齿或全缘，无缘毛(分布于武夷山) ··················
·················· **2. 秃叶黄皮树** *Ph. chinense* Schneid. var. *glabriusculum* Schneid.

4. 飞龙掌血属 *Toddalia* Juss.
本属仅1种，中国长江以南各省区分布，福建也有分布。
飞龙掌血 *T. asiatica*（L.）Lam. 全省习见。

5. 花椒属 *Zanthoxylum* L.

本属约 250 种，中国 45 种，福建木本 11 种、2 变型。

分 种 检 索 表

1. 花被 1 轮排列，5～8 片，大小几相等，淡黄绿色；雄花有雄蕊 5～9 枚；雌花有心皮 2～4 枚，花柱向背面弓形弯曲。
  2. 叶有明显翼叶，稀仅具叶质边缘；小叶 3～5(～9) 片(全省习见) ………… **1. 竹叶花椒** *Z. armatum* DC.
    1a. 毛竹叶花椒 *Z. armatum* f. *ferrugineum* 与竹叶花椒的区别在于嫩枝及花序轴被褐色短柔毛。本省产漳州、沙县。
  2. 叶无翼叶或偶有在叶轴上面有很狭的叶质边缘；小叶 5～9(～15) 片。
    3. 小叶 9～11 片，上面散生透明凸起油点，明显易见，无刚毛状小刺；果瓣基部有突然收狭的漏斗状短柄(分布于泰宁) ………………………………………………… **2. 柄果花椒** *Z. podocarpum* Hemsl.
    3. 小叶 5～9 片，上面散生腺点不显或至少比叶缘齿间腺点小且不显，通常散生刚毛状小刺。
      4. 果瓣基部有突然收狭如漏斗状管的短柄(福建习见) ……………… **3. 野花椒** *Z. simulans* Hance
      4. 果瓣基部无上述短柄(福建民间零星栽培) ………………… **4. 花椒** *Z. bungeanum* Maxim.
1. 萼片、花瓣、雄蕊均 4～5 枚，萼片与花瓣易于识别；雌花有心皮(3～)4 枚，花柱挺直，彼此贴合。
  5. 攀援藤本
    6. 叶有小叶 13～31 片，稀较少，小叶互生，两侧不整齐；果瓣较小，直径 4.5～5.5mm(全省习见) …… ……………………………………………………………………………… **5. 花椒簕** *Z. scandens* Bl.
    6. 叶有小叶 5～11 片，小叶对生，两侧近等大；果瓣较大，直径 6～7mm(福建中部、南部习见) …… ……………………………………………………………… **6. 两面针** *Z. nitidum* (Roxb.) DC.
      6a. 毛两面针 *Z. nitidum* f. *fastuosum* 与两面针区别在于：嫩枝、嫩叶的叶轴、叶柄均被短柔毛。分布同两面针。
  5. 直立的乔木或灌木。
    7. 小叶 13～31 片，斜卵形至斜长方形，两侧明显不对称(分布同两面针) ……………………………… ………………………………………………………………… **7. 勒欓花椒** *Z. avicennae* (Lam.) DC.
    7. 小叶左右对称或生于叶轴下部小叶稍不对称。
      8. 小叶较大，通常宽在 3cm 以上；当年生枝髓部大且中空，连同花序轴散生劲直锐刺；小叶无毛。
        9. 小叶下面灰绿色或灰白色，有粉霜(全省习见) …………… **8. 椿叶花椒** *Z. ailanthoides* Sieb. et Zucc.
        9. 小叶两面同色干后暗褐色，下面无粉霜(全省习见) ………… **9. 大叶臭花椒** *Z. rhetsoides* Drake
      8. 小叶较小，宽 4～15(～30) mm，下面苍绿色；当年生枝髓部小且不空心。
        10. 小叶上面有微柔毛，至少在扩大镜下可见毛状小突起；花序较小，长 3～8cm(分布于泰宁、南平) …… ……………………………………………………… **10. 青花椒** *Z. schinifolium* Sieb. et Zucc.
        10. 小叶两面无毛；花序大，疏散，长 10～30cm(分布于泰宁、永安、武夷山) …………………………… ………………………………………………………………… **11. 岭南花椒** *Z. austrosinense* Huang

6. 山小橘属 *Glycosmis* Corr.

本属约 60 种，中国约 10 种，福建木本 1 种。

山小橘 *G. parviflora* (Sims) Little 福建中部、南部习见。

7. 臭常山属 *Orixa* Thunb.

本属仅 1 种，福建也产。

臭常山 *O. japonica* Thunb. 分布于南平。

8. 茵芋属 *Skimmia* Thunb.

本属约 7~8 种，中国 3 种，福建木本 1 种。

茵芋 *S. reevesiana* Fortune 全省习见。

9. 巨盘木属 *Flindersia* R. Br.

本属约 16 种，中国仅在福建省福州市引种 1 种。

巨盘木 *F. amboinensis* Poir. 福州有引种。

10. 黄皮属 *Clausena* Burm. f.

本属约 30 种，中国 9 种，福建木本 2 种。

分 种 检 索 表

1. 小叶 17~21 片；萼片、花瓣均 4 片（分布于福建南部山区偶见）················ **1. 假黄皮** *C. excavata* Burm. f.
1. 小叶 5~11 片；萼片、花瓣均 5 片（全省沿海各地有零星栽培）·········· **2. 黄皮** *C. lansium*（Lour.）Skeels

11. 九里香属 *Murraya* Koen. ex L.

本属约 12 种，中国 8 种，福建木本 1 种。

九里香 *M. exotica* L. 福建中部、南部习见。

12. 枳属 *Poncirus* Raf.

本属为单种属，福建木本引入 1 种。

枳 *P. trifoliata*（L.）Raf. 原分布于中国中部。全省柑、橙产区多有栽培作砧木。

13. 酒饼簕属 *Atalantia* Corr.

本属约 18 种，中国 6~8 种，福建木本 1 种。

酒饼簕 *A. buxifolia*（Poir.）Oliv. 本省南部地区有栽培，野生者少见。

14. 金橘属 *Fortunella* Swing.

本属约 6 种，中国 5 种，福建木本 4 种。

分 种 检 索 表

1. 单叶，叶柄长 1~2(~5)mm；果近圆形，直径 6~8(~10)mm；灌木，高不超过 1m（分布于永安、南平、建阳等地）··· **1. 金豆** *F. chintou*（Swing.）Huang
1. 单身复叶，稀同时兼有少数单叶，叶柄长 5mm 以上，翼叶宽达 1mm 或仅具痕迹。
  2. 果卵圆形，直径 8~10mm；叶柄长 4~10mm；灌木，高可达 2m（全省习见）·············
   ···································· **2. 山橘** *F. hindsii*（Champ. ex Benth）Swing.
  2. 果扁圆形或卵状椭圆形，直径通常在 2cm 以上；叶柄长 6~12mm。
    3. 果扁圆形，宽过于高，果皮甜，果肉酸或甜（全省习见）··········· **3. 金柑** *F. japonica*（Thunb.）Swing.
    3. 果卵状椭圆形，高过于宽，果皮甜，果肉酸（全省广泛栽培）········· **4. 金橘** *F. margarita*（Lour.）Swing.

15. 柑橘属 *Citrus* L.

本属有 20 种和上千个栽培品系，中国引种 14 种，福建木本 7 种、1 变种。

分 种 检 索 表

1. 单叶，无翼叶，叶片顶端圆，稀钝，叶缘有明显的圆或钝裂齿；果皮比果肉厚。
  2. 果不开裂（分布于福建各地有少量栽培）··· **1. 香橼** *C. medica* L.
  2. 果上部分裂成多条手指状肉条（产地分布同香橼）·····································
   ···································· **1a. 佛手柑** *C. medica* L. var. *sarcodactylis*（Noot.）Swingle

1. 单身复叶,有明显或甚狭翼叶;果肉比果皮厚。

  3. 嫩枝上部、叶下面至少在中脉下半段、花柄、花萼及子房均有柔毛,有时成熟果也有毛;翼叶大;种子有明显肋状棱;子叶和胚均白色,单胚(福建南北有种植) ················· **2. 柚** *C. grandis*(L.)Osb.

3. 各部无毛或仅嫩叶的翼叶的中脉上被毛。

  4. 花蕾和花瓣背面紫红色;雄蕊 25 枚以上,每 4 或 5 枚合生成束;果肉味酸。

    5. 翼叶甚狭或仅具痕迹;果圆球形或扁球形,果皮甚薄,较易剥离,黄色、橙黄色至橙红色;子叶及胚绿色(福建有零星栽培) ·············· **3. 橡檬** *C. limonia* Osb.

    5. 翼叶较明显;果椭圆形至卵形,一端或两端尖,果皮较厚,较难剥离,柠檬黄色;子叶及胚白色(厦门少量栽培) ················· **4. 柠檬** *C. limon*(L.)Burm. f.

  4. 花蕾及花瓣白色,稀在半野生状态时花瓣的背面带紫红色;雄蕊在 25 枚以下。

    6. 翼叶甚窄或仅具痕迹,但夏梢徒长枝上常翼叶明显;单花或 2~3 花簇生叶腋,稀较多;果皮甚易剥离;子叶及胚多为深绿色,淡绿色的较少(福建各地栽培) ·············· **5. 宽皮橘** *C. reticulata* Blanco

    6. 翼叶通常明显或较宽;通常总状花序,单花或数花簇生于叶腋;果皮较难剥离;子叶及胚均乳白色。

      7. 果肉味甜或酸甜适度,稀带苦味,果皮平滑,不易和果肉分离(福建东部、南部种植较多) ·············· **6. 甜橙** *C. sinensis*(L.)Osb.

      7. 果肉味酸,有时带苦味,果皮紧贴果肉难剥离,果心实(福建少量栽培) ····· **7. 酸橙** *C. aurantium* L.

109. 苦木科 Simaroubaceae

本科 30 属、200 种,中国 6 属、14 种,福建木本 3 属、4 种。

分 属 检 索 表

1. 果具 3~5 个分生翅果;雄蕊为花瓣的两倍 ················· **1. 臭椿属** *Ailanthus* Desf.
1. 果具 1~4 个分核果;雄蕊与花瓣同数。

  2. 花序狭长,分枝总状排列;花柱从基部分离;无托叶 ················· **2. 鸦胆子属** *Brucea* J. F. Mill.

  2. 花序宽展,复聚伞花序;花柱至中部合生;托叶早落 ················· **3. 苦木属** *Picrasma* Bl.

  1. 臭椿属 *Ailanthus* Desf.

  本属约 10 种,中国 5 种,福建 2 种。

1. 小叶全缘,无毛(分布于厦门、同安) ················· **1. 常绿臭椿** *A. fordii* Nooteboom
1. 小叶基部有 1~2 对牙齿,端有腺点,下面被微柔毛(全省常见) ········· **2. 臭椿** *A. altissima*(Mill)Swingle

  2. 鸦胆子属 *Brucea* J. F. Mill.

  本属约 6 种,中国 3 种,福建木本 1 种。

  鸦胆子 *B. javanica*(L.)Merr. 福建南部、中部习见。

  3. 苦木属 *Picrasma* Bl.

  本属约 8 种,中国 2 种,福建木本 1 种。

  苦木 *P. quassioides*(D. Don)Benn. 全省各地常见。

110. 橄榄科 Burseraceae

本科 16 属、500 种,中国 4 属、10 种,福建木本 1 属、1 种。

橄榄属 *Canarium* Stickm.

本属约 100 种，中国约有 5 种，福建产 1 种。

橄榄 *C. album*（Lour.）Raeusch. 福建近海许多地方有栽培，南部地区尚少量野生。

111. 酢浆草科 Oxalidaceae

本科 6 属、900 种，中国 3 属、约 13 种，福建木本 1 属、2 种。

阳桃属 *Averrhoa* L.

本属 2 种，中国南部栽培 1 种。福建木本引入 1 种。

分 种 检 索 表

1. 果卵形至椭圆形（福建也产）·· **1. 阳桃** *A. carambola* L.
1. 果圆柱形（福建南部地区广泛栽培）······························· **2. 比林比** *A. bilimbi* L.

112. 楝科 Meliaceae

本科 49 属、1400 种，中国 14 属、50 种，福建木本 7 属、10 种、2 变种。

分 属 检 索 表

1. 雄蕊花丝几乎全部分离；子房每室有胚珠 8~11 个；种子具膜质翅 ·············· **1. 香椿属** *Toona* Roem.
1. 雄蕊花丝合生成筒状，花药生于花冠筒上。
  2. 子房每室有胚珠 1~2 个；种子无翅。
    3. 叶为二至三回羽状复叶；果为核果状，不开裂 ···················· **2. 楝属** *Melia* L.
    3. 叶为一回羽状复叶；浆果或蒴果。
      4. 果浆果状，不开裂 ······································· **3. 米仔兰属** *Aglaia* Lour.
      4. 果蒴果状，开裂 ······································· **4. 山楝属** *Aphanamixis* Bl.
  2. 子房每室有胚珠 4~12 个或更多；种子有翅。
    5. 蒴果近圆球形，长与宽近相等；种子周围全有翅；花药着生于雄蕊管内面近顶部，不伸出雄蕊管 ······
      ·· **5. 非洲楝属** *Khaya* A. Juss.
    5. 蒴果椭圆形，长过于宽；种子仅 1 端有翅。
      6. 花药着生于雄蕊内部近顶端，不伸出雄蕊管 ·············· **6. 桃花心木属** *Swietenia* Jacq.
      6. 花药着生于雄蕊管顶端的边缘上，全部伸出雄蕊管 ·············· **7. 麻楝属** *Chukrasia* A. Juss

1. 香椿属 *Toona* Roem.

本属 6 种，中国 4 种，福建木本 3 种。

分 种 检 索 表

1. 种子仅 1 端有翅；子房及花盘无毛；雄蕊 10 枚，5 枚不育（全省可见零散生长或栽培）·····················
    ··· **1. 香椿** *T. sinensis*（A. Juss.）Roem.
1. 种子两端有翅；子房及花盘被毛；雄蕊仅 5 枚。
  2. 花白色；蒴果长 2.5~4.5cm（分布于南靖）·············· **2. 红楝子** *T. sureni*（Bl.）Merr.
  2. 花红色；蒴果长 3.5~4.5cm（分布于南靖）·············· **3. 红花香椿** *T. rubriflora* C. J. Tseng

2. 棟属 *Melia* L.

本属约 5 种，中国有 3 种，福建木本 1 种、栽培 1 种。

分 种 检 索 表

1. 小叶有明显齿缺或锯齿；果较小，长 1.5~2cm；子房 5~6 室（全省习见）………… **1. 棟** *M. azedarach* L.
1. 小叶全缘或有不明显钝齿；果较大，长达 3cm；子房 6~8 室（福建沿海地区许多县市有栽培）…………
………………………………………………………………………… **2. 川楝** *M. toosendan* Sieb. & Zucc.

3. 米仔兰属 *Aglaia* Lour.

本属约 100 种，中国约 12 种，福建木本 1 种、1 变种。

分 种 检 索 表

1. 小叶 3~5 片，宽 1~3.5cm（本省习见）……………………………… **1. 米仔兰** *A. odorata* Lour.
1. 小叶 5~7 片，宽 8~15mm（本省栽培）………… **1a. 小叶米仔兰** *A. odorata* Lour. var. *microphyllina* DC.

4. 山楝属 *Aphanamixis* Bl.

本属约 4 种，中国 3 种，福建木本广泛栽培 1 种。

山楝 *A. polystachya*（Wall.）R. N. Park. 福州以南多有栽培。

5. 非洲楝属 *Khaya* A. Juss.

本属 1 种，福建引种 1 种。

非洲楝 *K. senegalensis*（Desr.）A. Juss. 厦门少量栽培。

6. 桃花心木属 *Swietenia* Jacq.

本属 8 种，中国引入 1 种。福建木本引入 1 种。

桃花心木 *S. mahagoni* Jacq. 本省厦门有栽培。

7. 麻楝属 *Chukrasia* A. Juss.

本属 1~2 种，中国有 1 种、1 变种，福建木本引入 1 种、1 变种。

分 种 检 索 表

1. 小枝、叶被粗毛，果长 3.5~4cm（本省福州以南有栽培）……………… **1. 麻楝** *C. tabularis* A. Juss.
1. 小枝、叶被短茸毛，果长 5cm（福州栽培）………… **1a. 毛麻楝** *C. tabularis* A. Juss. var. *velutina*（Wall）King

113. 无患子科 Sapindaceae

本科 150 属、2000 种，中国 25 属、53 种，福建木本 6 属、7 种、1 变种。

分 属 检 索 表

1. 核果。
2. 果皮肉质；种子无假种皮；落叶乔木 ……………………………………… **1. 无患子属** *Sapindus* L.
2. 果皮革质，外有小瘤体或近平滑；假种皮与种皮分离；常绿乔木。
3. 果黄褐色至土黄色，近光滑；花瓣 5 片；花序、果序和花萼均被星状毛 … **2. 龙眼属** *Dimocarpus* Lour.
3. 果朱红色至绿色，外面通常有小瘤体；无花瓣；花序、果序和花萼被短茸毛…… **3. 荔枝属** *Litchi* Sonn.

1. 蒴果。

  4. 单叶；果有翅；萼片4片；无花瓣；枝、叶和花序均有胶状黏液 ·············· **4. 车桑子属** *Dodonaea* Mill.

  4. 羽状复叶；果无翅；萼片5片；枝、叶和花序均无黏液。

   5. 果膨胀，果皮膜质或纸质，有脉纹；花瓣(4)5片 ·············· **5. 栾树属** *Koelreuteria* Laxm.

   5. 果为蒴果状，果皮革质，密被茸毛；花瓣5片 ·············· **6. 伞花木属** *Eurycorymbus* Hand-Mazz.

    1. 无患子属 *Sapindus* L.

    本属13种，中国4种，福建木本1种。

    无患子 *S. mukorossi* Gaertn. 全省习见。

    2. 龙眼属 *Dimocarpus* Lour.

    本属约20种，中国4种，福建木本1种。

    龙眼 *D. longan* Lour. 福建中部、南部习见栽培。

    3. 荔枝属 *Litchi* Sonn.

    本属2种，中国有1种，福建木本1种。

    荔枝 *L. chinensis* Sonn. 福建中部、南部习见栽培。

    4. 车桑子属 *Dodonaea* Mill.

    本属约60种，中国1种，福建木本1种。

    车桑子 *D. viscosa*（L.）Jacq. 福建中部、南部习见。

    5. 栾树属 *Koelreuteria* Laxm.

    本属8种，中国3种，福建木本包括引种2种、1变种。

分 种 检 索 表

1. 一回或不完全二回羽状复叶，小叶边缘有不规则钝锯齿；蒴果圆锥形，顶端渐尖（福建习见野生或栽培）
·· **1. 栾树** *K. paniculata* Laxm.

1. 二回羽状复叶，小叶具稍密而内弯的小锯齿；蒴果椭圆形，顶端圆或钝（福建有少量栽培）··········
·· **2. 羽叶栾树** *K. bipinnata* Fr.

  2a. **全缘叶栾树** *K. bipinnata* var. *integrifoliola* 与原种区别在于：小叶全缘，偶有一侧边缘有小齿。福建习见。

    6. 伞花木属 *Eurycorymbus* Hand-Mazz.

    本属1种，福建木本1种。

    伞花木 *E. cavalerie*（Lévl.）Rehd. et Hand. – Mazz. 福建较常见。

114. 伯乐树科 Bretschneideraceae

本科1属、1种，中国1属、1种，福建木本1属、1种。

伯乐树属 *Bretschneidera* Hemsl.

本属1种，中国1种，福建木本1种。

伯乐树 *B. sinensis* Heml. 分布于南平、建宁、永安、武平、永春、武夷山。

115. 清风藤科 Sabiaceae

本科3属、150种，中国2属、40多种，福建木本2属、13种、6变种。

分 属 检 索 表

1. 攀援灌木或藤本；单叶；花辐射对称；雄蕊全部发育 ·········· **1. 清风藤属** *Sabia* Colebr.
1. 直立乔木或灌木；单叶或羽状复叶；花左右对称；雄蕊仅 2 枚发育 ·········· **2. 泡花树属** *Meliosma* Bl.

1. 清风藤属 *Sabia* Colebr.

本属约有 55 种，中国 10 多种，福建木本 6 种、2 变种。

分 种 检 索 表

1. 枝在叶柄基部下有木质化的短刺(分布于闽南、闽西、闽北及福清) ·········· **1. 清风藤** *S. japonica* Maxim.
　1a. 中华清风藤 *S. japonica* var. *sinensis* 与原种区别在于：本变种花梗、子房和果无毛。本省分布于武夷山。
1. 老枝仅具叶痕，无上述木质化短刺。
　2. 花单生；叶纸质，边缘平展(分布于沙县、南平、建阳和武夷山) ··········
　　·········· **2. 鄂西清风藤** *S. ritchieae* Rehd. et Wils.
　2. 花排成聚伞花序或圆锥花序；叶通常为薄革质，边缘反卷或稍反卷。
　　3. 花排成聚伞花序或由聚伞花序再排成伞房状花序；叶较小，长通常在9cm 以下。
　　　4. 嫩枝被黄色长柔毛；叶柄长 3～5mm(全省各地常见) ··········
　　　　·········· **3. 尖叶清风藤** *S. swinhoei* Hemsl. ex Forb. et Hemsl.
　　　4. 嫩枝无毛或有毛(如有毛，也不是黄色长柔毛)；叶柄长(5～)10～15(～20mm)。
　　　　5. 叶卵形或阔卵形，下面苍白色(分布于南靖、上杭、龙岩、连城、长汀、沙县、古田、福鼎、南平及
　　　　　武夷山。后选模式标本采自南平) ·········· **4. 白背清风藤** *S. discolor* Dunn
　　　　5. 叶长圆形或长圆状披针形，下面为其他颜色。
　　　　　6. 聚伞花序呈伞状，果梗、嫩叶两面及叶柄均无毛(分布于南靖、上杭、连城和德化) ··········
　　　　　　·········· **5. 革叶清风藤** *S. coriacea* Rehd. et Wils.
　　　　　6. 聚伞花序单生或再排成伞房状花序；果梗、嫩叶上面中脉和嫩叶的叶柄均有短柔毛(本省分布于南
　　　　　　靖) ·········· **6. 簇花清风藤** *S. fasciculata* Lec. ex L. Chen
　　3. 花排成狭长的圆锥花序；叶较大，长 9～17cm(分布于南靖及龙岩) ··········
　　　·········· **7. 毛萼清风藤** *S. limoniacea* Wall. ex Hook. f. et Thoms. var. *ardisioides* L. Chen

2. 泡花树属 *Meliosma* Bl.

本属约有 100 种，中国约 29 种，福建木本 7 种、4 变种。

分 种 检 索 表

1. 叶为单叶。
　2. 叶通常椭圆形，顶端尾状渐尖；叶柄长 3～8cm(分布于南靖、华安、上杭、德化、永泰、建瓯及武夷
　　山) ·········· **1. 绿樟** *M. squamulata* Hance
　2. 叶倒披针形、倒卵状椭圆形或长圆状倒披针形，顶端渐尖、短渐尖或稍钝；叶柄长 1～2.5cm(笔罗子
　　M. rigda 可长至5cm)。
　　3. 圆锥花序直立，主轴不左右曲折。
　　　4. 叶基不下延；花序分枝较粗且疏松；花直径 2～4mm。
　　　　5. 老枝无毛或几无毛；花直径 2.5mm 以下。
　　　　　6. 叶无光泽；侧脉直达齿端(分布于泰宁、建阳和武夷山) ··········
　　　　　　·········· **2. 多花泡花树** *M. myriantha* Sieb. et Zucc.

2a. 异色泡花树 *M. myriantha* var. *discolor* 与原种区别在于：叶下面灰白色，密被短茸毛。分布于宁化、将乐、建阳、武夷山、浦城及邵武。

2b. 柔毛泡花树 *M. myriantha* var. *pilosa* 与原种区别在于：本变种叶卵形，两面和叶柄均被长柔毛。本省有分布。

 6. 至少老叶有光泽；侧脉在叶缘处弯拱连结（分布于漳州、南靖、华安、福清及永泰）……………………………………………… **3.** 山羡叶泡花树 *M. thorelii* Lecomte

 5. 老枝被污浊色短柔毛；花直径 3mm 以上（福建各地常见）………… **4.** 笔罗子 *M. rigida* Sieb. et Zucc.

 4a. 毡毛泡花树 *M. rigida* var. *pannosa* 与原种区别在于：本变种嫩枝、叶下面、叶柄及花序均被锈色毡毛。分布于武平、沙县、泰宁、南平、建瓯、武夷山、浦城及光泽。

 4. 叶基稍下延；花序分枝细而密；花直径 1~1.5mm（分布于南靖和永春等地）……………………………………………………………… **5.** 香皮树 *M. fordii* Hemsl.

 3. 圆锥花序下垂，主轴左右曲折（本省分布于泰宁）……………… **6.** 垂枝泡花树 *M. flexuosa* Pamp.

1. 叶为羽状复叶。

 7. 小叶宽可超过 5cm，顶端渐尖，边缘平展；圆锥花序腋生，先叶（有时与叶同时）出现；子房无毛（本省分布于武夷山）……………………………… **7.** 珂楠树 *M. beaniana* Rehd. et Wils.

 7. 小叶宽不超过 4cm，顶端长渐尖，尖头稍弯，边缘反卷；圆锥花序顶生，与叶同时出现；子房被长柔毛（分布于上杭、永安、沙县、泰宁、南平、建阳及武夷山）……………………………………… **8.** 腋毛泡花树 *M. rhorifolia* Maxim. var. *babulata*（Cufod.）Law

116. 漆树科 Anacardiaceae

本科 60 属、600 种，中国 16 属、约 54 种，福建木本 8 属、14 种。

分属检索表

1. 叶为单叶。

 2. 雄蕊 8~10 枚，仅 1 枚发育；花柱侧生；核果为鸡腰状，果期下部花托肉质膨大而成陀螺形或梨形的假果……………………………… **1.** 腰果属 *Anacardium*（L.）Rottboell

 2. 雄蕊 1~5 枚，仅 1 枚或少有 2~5 枚发育；花柱顶生或近顶生；核果大，花托不膨大……………………………………………………………… **2.** 杧果属 *Mangifera* L.

1. 叶为羽状复叶或掌状 3 小叶。

 3. 子房 1 室，心皮 3 枚。

  4. 花为单被花，无花瓣 ………………………………………………… **3.** 黄连木属 *Pistacia* L.

  4. 花为两被花，有花萼和花瓣。

   5. 圆锥花序顶生；果成熟时红色，被腺毛和具节柔毛或单毛，外果皮与中果皮连合，内果皮分离 ………………………………… **4.** 盐肤木属 *Rhus*（Tourn.）L. emend. Moench

   5. 圆锥花序腋生；果成熟时黄绿色，无毛或被长刺毛，外果皮薄，与中果皮分离，中果皮与内果皮连合，蜡质，白色，褐色树脂道条纹 ……………… **5.** 漆属 *Toxicodendron*（Tourn.）Mill.

 3. 子房 5 室，心皮通常 5 枚。

  6. 花瓣在芽中为镊合状排列；子房 4~5 室，花柱 1 枚；果核木质，5 室，核果有薄壁组织消失后的大空腔与子房室互生 ……………………………… **6.** 槟榔青属 *Spondias* L.

  6. 花瓣在芽中为覆瓦状排列；子房 5 室，花柱 4~5 枚。

   7. 花两性，花柱 5 枚，上部合生，下部分离；果扁球形，果核压扁 ……… **7.** 人面子属 *Dracontomelon* Bl.

   7. 花杂性，花柱 5 枚，完全分离；果椭圆形，果核也是椭圆形，不压扁 ……………………………

...... **8. 南酸枣属** *Choerospondias* Burtt. et Hill

1. 腰果属 *Anacardium*（L.）Rottboell

本属约 15 种，中国引种 1 种，福建木本引种 1 种。

腰果 *A. occientale* L. 厦门、诏安等地少量种植。

2. 杧果属 *Mangifera* L.

本属约 50 余种，中国 5 种，福建木本 1 种。

杧果 *M. indica* L. 厦门、漳州、诏安等地引种。

3. 黄连木属 *Pistacia* L.

本属约 10 种，中国 3 种，福建木本 1 种。

黄连木 *P. chinensis* Bunge 全省各地常见，沿海各地较多。

4. 盐肤木属 *Rhus*（Tourn.）L. emend. Moench

本属约 250 种，中国 6 种，福建木本 2 种。

分 种 检 索 表

1. 小叶卵形，椭圆状卵形或长圆形，边缘有粗锯齿或圆齿；叶轴具宽的叶状翅（全省各地极多见）.. **1. 盐肤木** *R. chinensis* Mill.

1. 小叶卵状披针形至披针形，全缘或稍具粗锯齿；叶轴无翅（分布于福建西北部山区）.. **2. 白背麸杨** *R. hypoleuca* Champ. ex Benth.

5. 漆属 *Toxicodendron*（Tourn.）Mill.

本属约 20 余种，中国 15 种，福建木本 5 种。

分 种 检 索 表

1. 乔木或灌木；叶为奇数羽状复叶。

　2. 小枝、叶轴、叶柄及花序均被毛；小叶顶端渐尖或急尖。

　　3. 核果密被长刺毛，无光泽；小枝、叶轴及花序密被硬毛（分布于武夷山）.. **1. 毛漆树** *T. trichocarpum*（Miq.）O. Kuntze

　　3. 核果无毛，有光泽；小枝、叶轴及花序仅被柔毛或茸毛。

　　4. 高大乔木，高达 20m；圆锥花序与叶等长或更长；小叶较大，长 6～13cm，宽 3～6cm，下面仅沿脉上被平伏柔毛，稀近无毛，侧脉 10～15 对（分布于武夷山、邵武、建阳等地）.. **2. 漆树** *T. vernicifluum*（Stokes）F. A. Barkl.

　　4. 通常为灌木，有时可呈小乔木状，有时高可达 10m；圆锥花序长不超过叶长的一半；小叶较小，长 4～10cm，宽 2～4cm，下面密被柔毛或仅脉上较密，侧脉 15～20 对（全省各地极多见）.. **3. 木腊树** *T. sylvestre*（Sieb. et Zucc）O. Kuntze.

　2. 植株各部分均无毛；小叶薄革质，卵状披针形或长圆状椭圆形，顶端长渐尖或尾状渐尖（全省各地极常见）.. **4. 野漆** *T. succedaneum*（L.）O. Kuntze.

1. 攀援状灌木；叶为掌状 3 小叶；核果被刺毛（分布于武夷山黄岗山山顶附近）.. **5. 刺果毒漆藤** *T. radicans*（L.）O. Kuntze. ssp. *hispdum*（Engl.）Gillis

6. 槟榔青属 *Spondias* L.

本属约 10～12 种，中国 3 种，福建木本包括引种 2 种。

分 种 检 索 表

1. 小叶 5~11 对，边全缘；侧脉 8~10 对，斜展，近边缘处孤曲，不形成边缘脉；核果倒卵形或卵状方形，长 8~10mm，直径 6~7mm，成熟时带红色，果核木质，近正方形，4 个侧面略凹（分布于福州、连江、宁德、罗源等东部和南部沿海一带）···················· **1. 岭南酸枣** S. lakonensis Pierre
1. 小叶 4~9 对，边缘有细钝齿或几全缘；侧脉 14~24 对，近横出，在叶缘联接成边缘脉；核果远较大，长 6~8cm，直径 4~5cm，成熟时黄色，果核木质，近五棱形，散生刺状突起或粗细不等的纤锥状丝（近年来福建厦门有栽培，开花结实正常）···················· **2. 番橄榄** S. cytherea Sonn.

   7. 人面子属 Dracontomelon Bl.

   本属约 8 种，中国 3 种，福建木本引入 1 种。

   人面子 D. duperreanum Pierre 福建福州、厦门、泉州等地过去均栽培。

   8. 南酸枣属 Choerospondias Burtt. et Hill

   本属 1 种，中国 1 种，福建木本 1 种。

   南酸枣 Ch. axillaris（Roxb.）Burtt. et Hill 全省各地常见。

117. 槭树科 Aceraceae

本科 3 属、200 种，中国 2 属、150 多种，福建木本 1 属、19 种、4 变种。

槭属 Acer L.

本属约 200 余种，中国 150 余种，福建木本 19 种、4 变种。

分 种 检 索 表

1. 花两性或杂性，稀单性；5 数，稀 4 数；有花瓣和花盘；叶常为单叶，稀复叶。
 2. 冬芽有较多鳞片，通常呈覆瓦状排列；花序伞房状或圆锥状。
  3. 叶常为 3~5 裂，稀 7~11 裂，落叶。
  4. 翅果凸起；叶裂片边缘锯齿状，叶柄无乳状液汁。
  5. 叶常为 7 裂；伞房花序只有少数花（福州有引种）···················· **1. 鸡爪槭** A. palmatum Thunb.
   1a. 小鸡爪槭 A. palmatum var. thunbergii 本变种叶较小，宽约 4cm，常为 7 深裂，裂片狭窄，边缘有尖锐重锯齿；小坚果卵圆形，翅短小。这些不同点易与原变种区别。福建厦门有栽培。
  5. 叶 3~7 裂；伞房花序或圆锥花序具多数花。
   6. 叶 3 裂。
    7. 花序圆锥状（分布于上杭、永泰、武夷山等地）···················· **2. 岭南槭** A. tutcheri Duthie
    7. 花序伞房状（分布于厦门、仙游、永泰、福州、沙县、福鼎等地）····················
       3. 细齿密叶槭 A. confertifolium Merr. et Metc. var. serrulatum（Dunn）Fang
   6. 叶常为 5 裂。
    8. 翅果张开成锐角或直角（分布于建阳、光泽、武夷山）···················· **4. 中华槭** A. sinense Pax
    8. 翅果张开成钝角或近水平。
     9. 叶下面叶脉和叶柄有毛（分布于长汀、仙游、沙县、永泰、古田等地）····················
        ···················· **5. 毛脉槭** A. pubinerve Rehd.
     9. 叶下面叶脉和叶柄无毛（分布于仙游、三明、永安、沙县、将乐、武夷山等地）····················
        ···················· **6. 五裂槭** A. oliverianum Pax
  4. 翅果压扁；叶常为 5 裂，稀 3 裂或不裂，裂片全缘或浅波状，叶柄有乳状液汁（分布于建阳、邵武、光泽、武夷山等地）⋯⋯⋯⋯⋯⋯⋯⋯⋯⋯⋯⋯⋯⋯⋯⋯⋯ **7. 阔叶槭** *A. amplum* Rehd.

    7a. 天台阔叶槭 *A. amplum* var. *tientaiense* 与原变种的主要区别在于：叶较小，长 6～14cm，宽 7～16cm，常为较深的 3 裂，侧裂片常向侧面伸展，有时基部尚有裂片，而变为 5 裂，裂片间凹缺，钝尖。果序伞房状；翅果稍小，长 2.5～3.5cm，翅近长圆形，较细瘦，宽 6～8mm，翅张开成钝角；小坚果压扁状，长圆形，脉纹不显著。本省分布于建阳、光泽、武夷山、浦城。

3. 叶不分裂或 3 裂，多常绿。

  10. 叶常为 3 裂。

    11. 叶纸质，叶柄较短，长 5cm 以下（分布于永安、福州等地）⋯⋯⋯ **8. 三角槭** *A. buergerianum* Miq.

    11. 叶薄纸质，叶柄较长，长 7～8cm（本省分布于福州）⋯⋯⋯⋯⋯ **9. 福州槭** *A. lingii* Fang

  10. 叶不分裂。

    12. 小枝、叶柄和叶下面有毛，后渐脱落（分布于仙游、德化、福州、闽侯、福安、福鼎等地，模式标本采自福州鼓山）⋯⋯⋯⋯⋯⋯⋯⋯⋯⋯⋯ **10. 樟叶槭** *A. cinnamomifolium* Hayata.

    12. 小枝、叶柄和下面无毛。

      13. 叶厚革质，披针形（分布于将乐、武夷山等地）⋯⋯⋯⋯⋯ **11. 亮叶槭** *A. lucidum* Metc.

      13. 叶长圆形或长圆状卵形或长椭圆形。

        14. 翅果张开成锐角或近直角。

          15. 翅果张开成锐角（分布于建阳、邵武、武夷山、光泽等地。模式标本采自福建邵武）⋯⋯⋯⋯⋯⋯⋯⋯⋯⋯⋯⋯⋯⋯⋯ **12. 武夷槭** *A. wuyishanicum* Fang et Tan

          15. 翅果张开成直角或近直角。

            16. 翅果紫红色，张开成直角；果梗长 8～15mm，紫红色，被稀疏短柔毛（分布于将乐。模式标本采自福建将乐九仙山）⋯⋯⋯⋯⋯⋯ **13. 将乐槭** *A. laikuanii* Ling

            16. 翅果初时淡绿色，后变淡黄色，张开成近直角；果梗细瘦，长 10～20mm，无毛（分布于建阳、武夷山等地）⋯⋯⋯⋯⋯⋯⋯⋯⋯⋯ **14. 飞蛾槭** *A. oblongum* Wall. ex DC.

        14. 翅果张开成钝角或近水平。

          17. 叶革质；翅果张开成钝角（分布于上杭、永泰、沙县、南平）⋯⋯⋯⋯ **15. 二型叶网脉槭** *A. reticulatum* Champ. var. *dimorphifolium*（Metc.）Fang et W. K. Hu

          17. 叶纸质；翅果张开成钝角或近水平（分布于连城、南平、泰宁、武夷山、光泽等地）⋯⋯⋯⋯⋯⋯⋯⋯⋯⋯⋯⋯⋯⋯⋯⋯⋯⋯⋯ **16. 紫果槭** *A. cordatum* Pax

      16a. 小紫果槭 *A. cordatum* var. *microcordatum* 与原变种区别在于：叶较小而狭，长 3.5～7cm，宽 1.5～2cm，稀有达 2.5cm，翅果也较小，翅连同小坚果长 1.5cm，翅宽 5mm，张开成锐角。分布于连城、永安、沙县、南平、泰宁、建宁、武夷山。模式标本采自福建南平。

      16b. 长柄紫果槭 *A. cordatum* var. *subtrinervium* 与原变种的区别在于：叶柄较长，长 1.5～3.5cm，叶较狭长，基出的 1 对侧脉较短；翅果较大。长 2.5～3cm，张开成钝角。分布于浙江南部。本省分布于连城、南平。模式标本采自福建南平。

2. 冬芽鳞片仅 2 对，镊合状排列；花序总状（福建各地常见）⋯⋯⋯ **17. 青榨槭** *A. davidii* Franch.

1. 花单性，雌雄异株，4 数，花瓣和花盘缺如或微小；叶为羽状复叶。

  18. 花梗短或无花梗，花盘和花瓣细小；羽状复叶有小叶 3 片（分布于泰宁、武夷山）⋯⋯⋯⋯⋯⋯⋯⋯⋯⋯⋯⋯⋯⋯⋯⋯⋯⋯⋯⋯ **18. 建始槭** *A. henryi* Pax

  18. 花梗较长，长 15～30mm，无花盘和花瓣；羽状复叶有小叶 3～5 片，稀 7～9 片（福建厦门市近年来已有栽培）⋯⋯⋯⋯⋯⋯⋯⋯⋯⋯⋯⋯⋯⋯ **19. 梣叶槭** *A. negundo* L.

118. 七叶树科 Hippocastanaceae

本科 2 属、30 种，中国 1 属、4 种，福建木本引种 1 属、1 种。

七叶树属 *Aesculus* L.

本属约 30 余种，中国 4 种，福建引种 1 种。

天师栗 *A. wilsonii* Rehd. 福州有引种。

119. 省沽油科 Staphyleaceae

本科 5 属、60 种，中国 4 属、22 种，福建木本 4 属、6 种、1 变种。

分 属 检 索 表

1. 叶对生，羽状复叶，小叶通常 3 ~ 7 片，稀为单小叶，具托叶；萼片多少分离，从不合生为管状；花盘明显；子房每室有胚珠 2 个以上。
　2. 蒴果，膜质肿胀，雄蕊与花瓣互生，位于花盘边缘；心皮几完全合生；小叶通常 3 片 ……………………………………………………………………… **1. 省沽油属** *Staphylea* L.
　2. 蓇葖果或浆果状。
　　3. 雄蕊着生于花盘上；心皮仅基部稍合生；蓇葖果；种子具假种皮；花萼宿存 …………………………………………………………………… **2. 野鸦椿属** *Euscaphis* Sieb. et Zucc.
　　3. 雄蕊着生于花盘裂齿外面；心皮合生或分裂；果为浆果状；种子无假种皮 …………………………………………………………………………… **3. 山香圆属** *Turpinia* Vent.
1. 叶互生，羽状复叶，小叶通常 3 ~ 9 片；花萼多少合生成管状；花盘小或缺如；子房每室有胚珠 1 ~ 2 个；果为核果状浆果或浆果 ………………………………… **4. 银鹊树属** *Tapiscia* Oliv.

　1. 省沽油属 *Staphylea* L.

　本属约 11 种，中国 4 种，福建木本仅 1 种。

　省沽油 *S. bumalda* DC. 本省分布于长汀。

　2. 野鸦椿属 *Euscaphis* Sieb. et Zucc.

　本属 3 种、1 变种，中国 2 种、1 变种，福建木本 2 种、1 变种。

分 种 检 索 表

1. 小叶阔卵形、卵形至狭卵形，边缘具细锐锯齿，下面中脉或全部被灰白色柔毛；蓇葖果果皮软骨质，果径较大，开裂后不平展，外面脉纹明显，里面光滑（分布于上杭、长汀、德化、永泰、连城、沙县、尤溪、宁化、建宁、福安、武夷山、浦城等地） …………………… **1. 野鸦椿** *E. japonica*（Thunb.）Kanitz
　1a. 建宁野鸦椿 *E. japonica* var. *jianningensis* 与原种的主要区别在于：叶片下面、叶柄和小叶柄均被较密灰白柔毛；果序主轴及支轴亦被较密灰白色柔毛。本省分布于建宁。模式标本采自福建建宁。
1. 小叶长圆形至长圆状椭圆形，边缘具钝细锯齿，完全无毛；蓇葖果果皮肉质，未开裂时较狭窄，开裂后平展，外面脉纹不明显，里面不光滑（分布于漳州、南靖、平和、上杭、龙岩、长汀、永春、德化、福州、永泰、永安、三明、沙县、南平、尤溪、顺昌等地） ……………… **2. 圆齿野鸦椿** *E. konishii* Hayata.

　3. 山香圆属 *Turpinia* Vent.

　本属约 30 ~ 40 种，中国约 12 种，福建木本 2 种。

　锐齿山香圆 *T. arguta*（Lindl.）Seem. 分布于全省各地。

　此外，尚有大果山香圆 *T. pomifeta*（Roxb.）DC. 厦门有引种。它与锐齿山香圆的区别在于：羽状复叶有小叶 3 ~ 9 片。

　4. 银鹊树属 *Tapiscia* Oliv.

　本属约有 3 种，福建木本 1 种。

瘿椒树 *T. sinensis* Oliv. 分布于武夷山。

120. 马钱科 Loganiaceae

本科 6 属、600 种，中国 2 属、2 种，福建木本 1 属、1 种。

胡蔓藤属 *Gelsemium* Juss.

本属 2 种，中国 1 种，福建木本 1 种。

胡蔓藤 *G. elegans*（Gard. et Champ.）Benth. 分布于平和、永定、连城、同安、闽侯、仙游、永春等地。

121. 醉鱼草科 Buddlejaceae

本科 7 属、150 种，中国 1 属、40 种，福建木本 3 种。

醉鱼草属 *Buddleja* L.

本属约 100 种，中国约 50 余种，福建木本 3 种。

分 种 检 索 表

1. 雄蕊着生于花冠筒基部，花序穗状，冠筒弯曲（福建各地常见）……………… **1. 醉鱼草** *B. lindleyana* Fort.
1. 雄蕊着生花冠筒中部。
  2. 子房无毛，花冠白色，总状花序再组成圆锥花序；叶披针形或长披针形（福建各地常见）………………
    …………………………………………………………………………………… **2. 驳骨丹** *B. asiatica* Lour.
  2. 子房顶端被毛，花冠淡紫色至白色，圆锥聚伞花序多少呈塔形，生于长的叶枝顶端；叶长圆形或长圆状披针形（福建福州等地曾有栽培）…………………………………………… **3. 密蒙花** *B. officinalis* Maxim.

122. 马钱子科 Strychnaceae

本科 5 属、250 种，中国 2 属、15 种，福建木本 2 属、2 种。

分 属 检 索 表

1. 基生脉 3~5 出或不明显的离基 3~5 出脉；枝有钩刺；花冠裂片在芽中呈镊合状排列 ……………………
  ………………………………………………………………………… **1. 马钱属** *Strychnos* L.
1. 叶脉羽状；枝无钩刺；花近辐状；浆果 ……………………………… **2. 蓬莱葛属** *Gardneria* Wall. et Roxb.

  1. 马钱属 *Strychnos* L.

  本属约 200 种，中国 7 种，福建木本 1 种。

  牛眼马钱 *S. angustiflora* Benth. 分布于云霄、诏安。

  2. 蓬莱葛属 *Gardneria* Wall. et Roxb. 本属约 5 种，中国 3 种，福建木本 1 种。

  蓬莱葛 *G. multiflora* Makino 分布于武夷山、光泽等地。

123. 木犀科 Oleaceae

本科 29 属、600 种，中国 11 属、约 200 种，福建木本 8 属、31 种、6 变种。

分 属 检 索 表

1. 果为翅果或蒴果。

2. 果为翅果。

  3. 单叶；翅在果实周围；花序间有叶 ·· **1. 雪柳属** *Fontanesia* Labill.

  3. 复叶；翅在果实顶端伸长；花序间无叶或有叶状小苞片 ·········· **2. 白蜡树属** *Fraxinus* L.

2. 果为蒴果；种子有翅，枝空心或有片状髓；花黄色，先叶开放 ·········· **3. 连翘属** *Forsythia* Vahl.

1. 果为核果或浆果。

  4. 果为核果，内果皮骨质或硬壳质。

    5. 花冠裂片在芽中呈覆瓦状排列；花簇生于叶腋或组成短圆锥花序或聚伞花序 ·····················

                                                4. 木犀属 *Osmanthus* Lour.

    5. 花冠裂片在芽中呈镊合状排列。

      6. 花瓣分离或仅基部合生，4~6 片，长条形 ·········· **5. 流苏树属** *Chionanthus* L.

      6. 花瓣合生，有短的或长的花冠管，花冠裂片 4 裂 ·········· **6. 木犀榄属** *Olea* L.

  4. 果为浆果，内果皮膜质或纸质，少有近核果状而室背开裂。

    7. 单叶；灌木或乔木；花冠小，漏斗状，具 4 裂片 ·········· **7. 女贞属** *Ligustrum* L.

    7. 单叶、三出复叶或羽状复叶，叶柄近基部具关节；灌木或攀援状灌木；花冠大，高脚碟状，具 4~10 裂

      片 ·· **8. 素馨属** *Jasminum* L.

1. 雪柳属 *Fontanesia* Labill.

本属 2 种，中国仅 1 种，福建木本引种 1 种。

雪柳 *F. fortunei* Garr. 福建北部地区栽培。

2. 白蜡树属 *Fraxinus* L.

本属约 70 种，中国 20 余种，福建木本 6 种、1 变种。

分 种 检 索 表

1. 花序轴被柔毛或初时被黄褐色长曲毛，果时脱落变无毛。

  2. 小叶全缘，侧生小叶柄长 5~6mm；翅果长圆形或倒卵状长圆形，宿存萼齿平截，或不规则浅裂（分布于永安、南平）·· **1. 光蜡树** *F. griffithii* C. B. Clarke

  2. 小叶有锯齿；侧生小叶无柄或有极短柄；翅果倒披针形，被微柔毛（分布于福清、福鼎、武夷山）······

    ··· **2. 庐山白蜡树** *F. mariesii* Hook. f.

1. 花序轴无毛。

  3. 花无花瓣。

    4. 小叶通常 7 片，少有 9 片，椭圆形或椭圆状卵形，长 3~10cm，宽 1.2~4.5cm，近无柄或有极短柄（分布于南靖、南平、建阳、武夷山）··· **3. 白蜡树** *F. chinensis* Roxb.

    3a. 尖叶白蜡树 *F. chinensis* var. *acuminata* 与原种区别在于：小叶通常 3~5 片，卵状披针形至披针形，顶端长渐尖，边缘具锐锯齿，花序轴及幼嫩的叶密被黄褐色长曲毛，但易脱落变无毛；宿萼裂片尖锐。本省分布于德化。

    4. 小叶常 5 片，少有 3 或 7 片，宽卵形或倒卵形，少有椭圆形，长 5~12cm，宽 5~6cm，侧生小叶柄长 5~8mm（分布于永安）··· **4. 大叶白蜡树** *F. rhynchophylla* Hance

  3. 花有花瓣，少有因早落或败育而缺如。

    5. 翅果长披针形或匙形；宿萼阔钟状或杯状，裂片三角形，顶端尖锐（分布于武夷山）·············

    ··· **5. 尖萼白蜡树** *F. odontocalyx* Hand. – Mazz. ex Stib.

    5. 翅果条形；宿萼杯状，近平截或有 4 钝齿（分布于永安、南平、建瓯）·········· **6. 苦枥木** *F. insularis* Hemsl.

3. 连翘属 *Forsythia* Vahl.

本属约8种，中国4种，福建木本栽培1种。

金钟花 *F. virdissima* Lindl. 南平、柘荣、福安栽培。

4. 木犀属 *Osmanthus* Lour.

本属约40多种，中国约27种，福建木本6种、1变种。

分 种 检 索 表

1. 聚伞花序组成短小圆锥花序；药隔在花药顶端不延伸。

　2. 叶椭圆形、宽椭圆形或狭椭圆形，基部宽楔形或楔形，厚革质；花序排列紧密（分布于建宁、武夷山）
　　……………………………………………… **1. 月桂** *O. marginatus*（Champ. et Benth.）Hemsl.

　　1a. 长叶月桂 *O. marginatus* var. *longissimus* 与原变种区别在于：叶较薄，革质，狭椭圆形或披针状椭圆形，
　　长 18～26cm，宽 3～4cm，沿上面中脉两侧有泡状凸起。本省分布于建宁。

　2. 叶披针形、倒披针形或倒卵形，基部狭楔形，革质或厚纸质；花序排列疏松。

　　3. 叶倒披针形，少有倒卵形，长 5～15cm，宽 1.5～5cm，通常上半部具锯齿；叶柄长 1.5～3cm（分布于长
　　　汀、屏南、建宁、建阳、武夷山）……………………………… **2. 牛矢果** *O. matsumuranus* Hayata

　　3. 叶狭椭圆形至狭倒卵形，少有倒披针形，长 5～10cm，宽（1～）1.5～2.5（～3）cm，全缘；叶柄长 1～
　　　1.5cm（分布于南靖、长汀、永安）………………………… **3. 小叶木犀** *O. minor* P. S. Green

1. 聚伞花序簇生于叶腋；药隔在花药顶端延伸，呈小尖头状突起。

　4. 小枝、叶柄均被微柔毛；侧脉在两面均不明显（分布于建宁、泰宁、松溪、政和）……………………
　　…………………………………………………………………………… **4. 宁波木犀** *O. cooperi* Hemsl.

　4. 小枝、叶柄均无毛；叶脉在两面明显。

　　5. 苞片被柔毛；叶脉呈网状，在两面明显凸起；叶倒卵状披针形、倒卵状椭圆形至椭圆形，边缘常具尖
　　　锐锯齿（分布于武夷山）………………………………………… **5. 短丝木犀** *O. serrulatus* Rehd.

　　5. 苞片无毛；侧脉在上面凹陷，下面凸起；叶椭圆形或椭圆状披针形，全缘或上半部疏生细锯齿（分布于
　　　福建，各地均有栽培或逸生）………………………………… **6. 桂花** *O. fragrans*（Thunb.）Lour.

5. 流苏树属 *Chionanthus* L.

本属2种，中国1种，福建木本1种。

流苏树 *Ch. retusus* Lindl. et Paxt. 分布于上杭、连城、福州、永安、宁化、建宁、泰宁、
武夷山。

6. 木犀榄属 *Olea* L.

本属40余种，中国约14种，福建木本3种，其中引种栽培2种。

分 种 检 索 表

1. 花冠深裂，裂片长于花冠管；叶全缘。

　2. 叶顶端稍钝，有小凸尖，下面被银灰色秕鳞（各地曾引种）……………………… **1. 油橄榄** *O. europaea* L.

　2. 叶顶端锐尖，下面被锈色秕鳞（南平引种栽培）……………… **2. 尖叶木犀榄** *O. ferruginea* Royle

1. 花冠浅裂，裂片短于花冠管；叶全缘或具不规则疏锯齿（分布于福清、南平）……………………………
　………………………………………………………………………… **3. 异株木犀榄** *O. dioica* Roxb.

7. 女贞属 *Ligustrum* L.

本属约40种，中国24种，福建木本8种、4变种。

分 种 检 索 表

1. 花冠管与花冠裂片近等长；雄蕊伸出花冠或与花冠顶平齐。
　2. 叶披针形至条状披针形，少有长圆状披针形，宽 0.3~0.8(~2.5)cm(分布于上杭梅花山) ……………
　　　　　　　　　　　　　　　　　　　　　　　　………… **1. 纤细女贞** *L. gracile* Rehd.
　2. 叶卵形、椭圆形或长圆形。
　　3. 叶小，长 1~4(~5.5)cm，宽 0.5~2(3)cm，顶端微凹、钝或急尖，下面无毛，革质。
　　　4. 叶下面具明显的褐点腺点，顶端急尖(分布于长乐) ………… **2. 斑叶女贞** *L. punctifolium* N. C. Chang
　　　4. 叶下面腺点不明显，顶端微凹(分布于平潭) ……………… **3. 凹叶女贞** *L. retusum* Merr.
　　3. 叶大，长 2.5~17cm，宽 2~8cm，顶端急尖至渐尖，小蜡(*L. sinense*)及其变种的叶有时长小于 2.5cm，宽小于 2cm，纸质，下面被毛。
　　　5. 果非近球形。
　　　　6. 果不弯曲，长圆形或椭圆形；叶上面具明显凹陷腺点(分布于上杭、安溪、永泰、德化、永安、沙县、建宁、南平、建阳、武夷山、光泽) ………………………… **4. 李氏女贞** *L. lianum* Hsu
　　　　6. 果多少弯曲，倒卵形、椭圆形或肾形；叶上面无腺点。
　　　　　7. 植物体多少被毛；果倒卵状长圆形(分布于泰宁、邵武) … **5. 粗壮女贞** *L. robustum* (Roxb.) Blume
　　　　　7. 植物体无毛；果近肾形(福建各地常见栽培或野生) ………………………… **6. 女贞** *L. lucidum* Ait.
　　　5. 果近球形(福建各地常见)…………………………………………………… **7. 小蜡** *L. sinense* Lour.
　　　　7a. 亮叶小蜡 *L. sinense* var. *nitidum* 与原变种区别在于：幼枝被短柔毛；叶上面暗绿色，光亮；花序疏散，花序柄被微柔毛，花萼及花梗无毛。分布于漳平。
　　　　7b. 皱叶小蜡 *L. sinense* var. *rugosulum* 与原变种不同在于：叶较大，卵状披针形、椭圆形或卵状椭圆形，长 4~13cm，宽 2~5.5cm，叶上面侧脉明显凹陷而呈皱状。分布于永泰、屏南、永安、沙县、南平。
　　　　7c. 卵叶小蜡 *L. sinense* var. *stauntonii* 与原变种区别在于：叶长圆形、长圆状椭圆形至卵形，顶端钝或微凹。福建各地常见。
　　　　7d. 光萼小蜡 *L. sinense* var. *myrianthum* 与原变种区别在于：小枝、花序轴、叶柄密被褐锈色长柔毛；叶革质或薄革质，椭圆状披针形、椭圆形至卵状椭圆形，叶上面疏被短柔毛，下面密被锈色长柔毛；圆锥花序腋生，基部不长叶。分布于南靖、漳州、永安、建宁。
1. 花冠管长为花冠裂片 2 倍以上；雄蕊仅伸至花冠裂片 1/2~2/3 处；叶顶端急尖；花序长 1.5~4cm(分布于上杭、永安、武夷山) …………………………………………… **8. 蜡子树** *L. molliculum* Hance

　　8. 素馨属 *Jasminum* L.

　　本属约 300 种，中国 46 种，福建木本 5 种。

分 种 检 索 表

1. 单叶。
　2. 花萼裂片短小，钝三角形或尖三角形(福建有产) …………………… **1. 短萼素馨** *J. brevidentatum* Chia
　2. 花萼裂片较长，线形(福建各地有栽培)………………………… **2. 茉莉花** *J. sambac* (L.) Aiton.
1. 三出复叶。
　3. 小枝圆柱形，叶柄多具关节，花冠全为白色；花冠裂片较花冠管短，胚珠每室 1 个。
　　4. 顶生小叶长为侧生小叶 2 倍或近 2 倍；花萼裂片锥尖或尖三角形(分布于长汀、连城、永安、三明、南平、建瓯、武夷山、光泽) ………………………………………… **3. 华素馨** *J. sinense* Hemsl.
　　4. 顶生小叶与侧生小叶同大或略大于侧生小叶；花萼裂片甚小，不明显(福建各地较常见) ………………
　　　　　　　　　　　　　　　　　　………………………… **4. 清香藤** *J. lanceolarium* Roxb.

3. 小枝四棱形或具角棱，叶柄无关节，花冠黄色（福建各地有栽培） ········ **5. 云南黄素馨** *J. mesnyi* Hance

124. 夹竹桃科 Apocynaceae

本科 250 属、2000 多种，中国 47 属、175 种、33 变种，福建木本包括引种 22 属、38 种、3 变种、2 栽培品种。

分 属 检 索 表

1. 乔木或直立灌木（黄蝉属 *Allemanda* 的某些种类，由于枝条软而下垂呈藤状）。
　2. 植物体的枝腋内或腋间有刺 ··· **1. 假虎刺属** *Carissa* L.
　2. 植物体无刺。
　　3. 叶互生。
　　　4. 核果；花冠筒喉部具 5 枚被毛的鳞片状副花冠；雄蕊着生在花冠筒的喉部；胚珠每室 2~4 个。
　　　　5. 花萼内面基部无腺体；花冠高脚碟状；子房由 2 枚离生心皮组成；果皮厚，木质或纤维质 ···········
　　　　　　 ··· **2. 海杧果属** *Cerbera* L.
　　　　5. 花萼内面基部具多数腺体；花冠漏斗状；子房由 2 枚合生心皮组成；仅内果皮木质而坚硬 ···········
　　　　　　 ··· **3. 黄花夹竹桃属** *Thevetia* L.
　　　4. 蓇葖果；花冠筒喉部无副花冠；雄蕊着生在花冠筒的基部；胚珠每室多数 **4. 鸡蛋花属** *Plumeria* L.
　　3. 叶对生或轮生。
　　　6. 核果。
　　　　7. 花冠裂片向右覆盖；花萼 5 深裂；花盘舌状，2 枚，与心皮互生············· **5. 蕊木属** *Kopsia* Bl.
　　　　7. 花冠裂片向左覆盖；花萼钟状，5 裂；花盘环状或杯状，顶端全缘或 5 浅裂 ···················
　　　　　　 ··· **6. 萝芙木属** *Rauvolfia* L.
　　　6. 蒴果或蓇葖果。
　　　　8. 蒴果，外果皮具刺；花盘厚肉质，环状，全缘或不明显 5 浅裂；子房 1 室；种子边缘膜质或具翅 ···
　　　　　　 ··· **7. 黄蝉属** *Allemanda* L.
　　　　8. 蓇葖果，外果皮无刺；无花盘或花盘舌状，2 枚，并与心皮互生；子房 2 室；种子具种毛，或无毛也
　　　　　　 无翅。
　　　　　9. 叶腋内具针状、基部扩大而合生的假托叶；聚伞花序腋生；子房由 2 枚上合下离或上离下合的心皮
　　　　　　 组成；种子无毛 ··· **8. 狗牙花属** *Tabernaemontana* L.
　　　　　9. 无假托叶；聚伞花序顶生或近顶生；子房由 2 枚离生或合生（倒吊笔属 *Wrightia* 某些种为黏生）心皮
　　　　　　 组成；种子至少在顶端被种毛。
　　　　　　10. 花萼内面基部无腺体；花冠筒喉部无副花冠；花药长圆形或披针形，彼此互相分离，也不凑合于
　　　　　　　　 柱头上，基部圆形；花盘舌状，2 枚，并与心皮互生（福建引种 1 种，其花盘为环状）；种子两端
　　　　　　　　 被种毛 ··· **9. 鸡骨常山属** *Alstonia* R. Br.
　　　　　　10. 花萼内面具腺体；花冠筒喉部具各式副花冠；花药箭头形，彼此互相黏合，并凑合于柱头上，基
　　　　　　　　 部有耳；无花盘；种子仅顶端被种毛。
　　　　　　　11. 植物体具乳汁；叶对生；花冠裂片向左覆盖；花药伸出花冠筒喉部之外，药隔不延长；种子仅
　　　　　　　　　 顶端被种毛 ··· **10. 倒吊笔属** *Wrightia* R. Br.
　　　　　　　11. 植物体含水液，不具乳汁；叶轮生，稀对生；花冠裂片向右覆盖；花药藏于花冠筒部之内，药
　　　　　　　　　 隔延长成丝状；种子除顶端被种毛外，种皮也被短柔毛 ·········· **11. 夹竹桃属** *Nerium* L.
1. 木质藤本或攀援灌木（羊角拗属 *Strophanthus* 的国产种中为灌木或灌木的枝条顶部蔓延）。
　12. 浆果或核果。

13. 花冠筒喉部具 5 ~ 10 枚鳞片状副花冠；子房由 2 枚合生心皮组成；浆果 ······················ ·· **12. 山橙属** *Melodinus* J. R. et G. Forst.

13. 花冠筒喉部无副花冠；子房由 2 枚离生心皮组成；核果，常于种子间紧缩而成链珠状 ················· ·· **13. 链珠藤属** *Alyxia* Banks ex R. Br.

12. 蓇葖果。

14. 花药伸出花冠筒喉部之外。

15. 花冠钟状，稀辐状，花冠筒喉部宽大；花萼裂片大而呈叶状；子房由 2 枚合生心皮组成；蓇葖果 2 个 合生 ··· **14. 清明花属** *Beaumontia* Wall.

15. 花冠高脚碟状；花冠筒喉部紧缩；花萼裂片小，非叶状；子房由 2 枚离生心皮组成；蓇葖果 2 个，至 少于成熟时叉开，或并行而分离。

16. 雄蕊的花丝短而伸直；花柱中部增厚；蓇葖果线状长圆形，长在 20cm 以上(国产种) ··············· ·· **15. 帘子藤属** *Pottsia* Hook. et Arn.

16. 雄蕊的花丝膝曲；花柱线形，中部不增厚；蓇葖果圆筒形，长不及 15cm(国产种) ··············· ·· **16. 同心结属** *Parsonsia* R. Br.

14. 花药内藏，不伸出花冠筒喉部之外(络石属 *Trachelospermum* 的某些种，花药顶端露出喉部之外)。

17. 花冠裂片顶部延长成 1 个长尾而向外下垂；花冠筒喉部具 10 枚离生、舌状鳞片的副花冠；无花盘； 灌木或灌木枝条顶部蔓延 ································· **17. 羊角拗属** *Strophanthus* DC.

17. 花冠裂片顶部不延长成长尾；花冠筒喉部不具副花冠；花盘环状或杯状，通常 5 裂；木质藤本或攀援 灌木。

18. 花冠近坛状，花冠筒卵形钟状 ················· **18. 花皮胶藤属** *Ecdysanthera* Hook. et Arn.

18. 花冠高脚碟状或近高脚碟状，花冠筒圆筒形。

19. 雄蕊着生在花冠筒基部；花盘全缘，稀为不明显的 5 浅裂；蓇葖果基部膨大，上部渐尖 ··········· ·· **19. 鳝藤属** *Anodendron* A. DC.

19. 雄蕊着生在花冠筒中部或中部稍下；花盘 5 深裂，或 5 枚离生，少有 5 浅裂；蓇葖果线形或长圆状 披针形，通常中部略膨大。

20. 花大，开放时花冠直径在 2.5cm 以上；花萼筒状，顶端 5 浅裂，稀 5 深裂，裂片镊合状排列；种 子具短喙 ································· **20. 鹿角藤属** *Chonemorpha* G. Don

20. 花小，开放时花冠直径在 1.5cm 以下；花萼 5 深裂，裂片双盖覆瓦状排列；种子顶端圆。

21. 花萼内面基部有或无腺体；花冠裂片长圆形；花盘裂片较子房长；蓇葖果近圆方状，一长一短 ·· **21. 腰骨藤属** *Ichnocarpus* R. Br.

21. 花萼内面基部具 5 ~ 10 枚明显的腺体，腺体顶端通常为细齿状；花冠裂片长圆状镰刀形或斜向卵 状长圆形；花盘裂片较子房短或与子房等长；蓇葖果等长 ······ **22. 络石属** *Trachelospermum* Lem.

1. 假虎刺属 *Carissa* L.

本属约 36 种，中国连引种 4 种，福建木本栽培 2 种。

分 种 检 索 表

1. 花冠裂片较花冠筒短，向右覆盖；柱头低于雄蕊；叶两面侧脉明显；浆果较小，长 1.5 ~ 2.5cm，成熟时 黑色(福建厦门有栽培) ································· **1. 刺黄果** *C. carandas* L.

1. 花冠裂片长约为花冠筒的 2 倍，向左覆盖；柱头高出雄蕊；叶两面侧脉不明显；浆果较大，长 2 ~ 5cm， 成熟时红色(福建厦门有栽培) ················· **2. 大花假虎刺** *C. macrocarpa* (Eckl.) DC.

2. 海杧果属 *Cerbera* L.

本属约 9 种，中国 1 种，福建木本栽培 1 种。

海杧果 *C. manghas* L. 厦门有栽培。

3. 黄花夹竹桃属 *Thevetia* L.

本属 15 种，中国栽培 2 种、1 栽培变种，福建木本栽培 1 种。

黄花夹竹桃 *Th. peruviana*（Pers.）K. Schum. 福建中部，尤其东部至南部各城市常见栽培。

4. 鸡蛋花属 *Plumeria* L.

本属约 7 种，中国 1 种、1 栽培变种，福建木本 1 种、1 栽培品种。

红鸡蛋花 *P. rubra* L. 福建厦门有栽培。鸡蛋花 *P. rubra* ' Acutifolia' 与原种的主要区别在于：花冠外面白色，内面黄色，花冠筒外面及花冠裂片左边有淡红色斑点；叶柄上面及叶下面中脉两侧均无毛；总花梗幼时也无毛。福州以南有引种。

5. 蕊木属 *Kopsia* Bl.

本属约 30 种，中国 4 种，福建木本栽培 2 种。

分 种 检 索 表

1. 灌木，高达 2m；花盘舌状，比子房短或与子房等长；除花冠筒内面被柔毛外，均无毛；核果成熟时土灰色（厦门有栽培）···················· **1. 海南蕊木 *K. hainanensis* Tsiang**

1. 乔木，高 5m 以上；花盘线状披针形，比子房长 1 ~ 2 倍；总花梗、花梗及子房顶部被短柔毛；核果成熟时黑色（漳州有栽培）···················· **2. 云南蕊木 *K. officinalis* Tsiang et P. T. Li**

6. 萝芙木属 *Rauvolfia* L.

本属约 135 种，中国 12 种、3 变种，福建栽培 3 种、1 变种。

分 种 检 索 表

1. 花冠坛状，花冠筒长 2 ~ 3mm；子房由 2 枚合生心皮组成；核果 2 个合生；叶为 4 片轮生，稀 3 或 5 片轮生，大小不等（厦门等地有栽培）···················· **1. 四叶萝芙木 *R. tetraphylla* L.**

1. 花冠高脚碟状，花冠筒长 6mm 以上；子房由 2 枚离生心皮组成；核果 2 个离生；叶为 3 ~ 4 叶轮生，稀对生，大小几相等。

 2. 各级总花梗被短柔毛或第一级总花梗渐无毛；花冠筒长不及 1cm，喉部膨大，雄蕊着生在花冠筒喉部；花柱基部膨大，被短柔毛（诏安、厦门也有栽培，生长良好）····················

 ···················· **2. 催吐萝芙木 *R. vomitoria* Afzel. ex Spreng.**

 2. 各级总花梗无毛，花冠筒长 1 ~ 1.8cm，且中部膨大，雄蕊着生在花冠筒中部；花柱长圆柱状，无毛（福州有栽培）···················· **3. 萝芙木 *R. verticillata*（Lour.）Baill.**

 3a. 药用萝芙木 *R. verticillata* var. *officinalis* 与原种区别在于叶较大，花序具 30 ~ 50 花，花冠筒内面密被长柔毛等特征。诏安栽培。

7. 黄蝉属 *Allemanda* L.

本属约 15 种，中国栽培 2 种、1 变种，福建木本栽培 2 种、1 变种。

分 种 检 索 表

1. 直立灌木；花冠筒长不超过 2cm，基部膨大（福州至南部沿海及中部至西南部城市有栽培）····················

 ···················· **1. 黄蝉 *A. neriifolia* Hook.**

1. 藤状灌木；花冠筒长 2.5～4cm，基部不膨大（厦门等城市引种）…………… **2. 软枝黄蝉** *A. cathartica* L.

　2a. 大花软枝黄蝉 *A. cathartica* var. *hendersonii* 与原变种的区别在于：花较大，长 10～14cm，直径 9～14cm；花萼裂片片状，椭圆形至卵圆形，长 1～2cm，宽 0.3～1cm；花冠筒喉部具 5 个斑点，花冠裂片倒卵状长圆形，长、宽各约 4.5cm。厦门有引种。

　8. 狗牙花属 *Tabernaemontana* L.

　本属 200 种，中国 13 种、5 变种，引种 3 种，福建木本栽培 1 种、1 栽培品种。

　单瓣狗牙花 *T. divaricata*（L.）R. Br. ex Roem. et Schult. 福州等城市栽培。

　山马茶 *T. divaricata*‘Cashmere’与原种区别在于：花冠重瓣。福建东南沿海及中部至西南各城市有栽培。

　9. 鸡骨常山属 *Alstonia* R. Br.

　本属约 50 种，中国 5 种，福建木本栽培 1 种。

　糖胶树 *A. scholaris*（L.）R. Br. 福建东南沿海及中部至西南部各城市常见栽培。

　10. 倒吊笔属 *Wrightia* R. Br.

　本属约 23 种，中国 6 种，福建木本栽培 1 种。

　倒吊笔 *W. pubescens* R. Br. 福州有栽培。

　11. 夹竹桃属 *Nerium* L.

　本属约 4 种，中国引种 2 种、1 栽培变种，福建木本栽培 2 种、1 栽培品种。

分 种 检 索 表

1. 花萼直立；每枚副花冠顶端撕裂而呈线形；花具香味（福建各地有栽培）……… **1. 夹竹桃** *N. indicum* Mill.

　1a. 白花夹竹桃 *N. indicum*‘Paihua’与原种的区别在于全株花白色。各地栽培。

1. 花萼扩展；每枚副花冠不分裂；花无香味或有微香（厦门也有栽培）………… **2. 欧洲夹竹桃** *N. oleander* L.

　12. 山橙属 *Melodinus* J. R. et. G. Forst.

　本属约 53 种，中国 11 种，福建木本包括栽培 3 种。

分 种 检 索 表

1. 浆果球形，直径 5～8cm；副花冠合生呈钟形或圆筒形，顶端 5 裂；花冠裂片顶端具双齿；雄蕊着生在花冠筒中部（诏安、云霄等地有栽培）…………………………………… **1. 山橙** *M. suaveolens* Champ. ex Benth.

1. 浆果椭圆形或长圆状纺锤形，直径 2～4cm；副花冠鳞片状，鳞片顶端 2～3 裂；花冠裂片全缘；雄蕊着生在花冠筒近基部。

　2. 幼枝连同叶柄、叶两面及花序被短柔毛，后渐无毛；叶椭圆形或长圆形，稀椭圆状披针形，宽 1～5cm，侧脉 10～15 对；花萼裂片顶端急尖；疏被短柔毛（福建南部有栽培）…………………………………………………………………………………………… **2. 尖山橙** *M. fusiformis* Champ. ex Benth.

　2. 除花冠筒内面被短柔毛外，全株无毛；叶狭披针形，稀狭的长圆形，宽 5～12mm，侧脉 15～30 对；花萼裂片顶端钝或圆，仅顶部有微缘毛（分布于霞浦）……………… **3. 台湾山橙** *M. angustifolius* Hayata

　13. 链珠藤属 *Alyxia* Banks ex R. Br.

　本属约 112 种，中国产 18 种，福建木本 1 种。

　链珠藤 *A. sinensis* Champ. ex Benth. 分布于福建各地。

14. 清明花属 *Beaumontia* Wall.

本属约 15 种，中国 5 种，福建木本栽培 1 种。

清明花 *B. grandiflora* Wall. 福建福州也有栽培。

15. 帘子藤属 *Pottsia* Hook. et Arn.

本属约 5 种，中国 3 种，福建木本 2 种。

分 种 检 索 表

1. 花萼裂片外面被短柔毛；开花时，花冠裂片向上展开，卵状长圆形，长约 3mm；花柱中部增厚；子房被长柔毛(分布于平和、南靖、华安、龙岩、永泰、南平) ·············· **1. 帘子藤** *P. laxiflora*（Bl.）O. Ktze.
1. 花萼裂片外面无毛，仅具疏缘毛，开花时，花冠裂片向下反折，倒卵形，长 7~8mm；花柱基部增厚；子房无毛(分布于上杭) ·············· **2. 大花帘子藤** *P. grandiflora* Markgr.

16. 同心结属 *Parsonsia* R. Br.

本属约 100 种，中国 3 种，福建木本 1 种。

海南同心结 *P. howii* Tsiang 福建有分布。

17. 羊角拗属 *Strophanthus* DC.

本属约 60 种，中国 6 种，福建木本 1 种。

羊角拗 *S. divaricatus*（Lour.）Hook. et Arn. 分布于闽东南沿海及闽西各地。

18. 花皮胶藤属 *Ecdysanthera* Hook. et Arn.

本属约 15 种，中国 2 种，福建木本 2 种。

分 种 检 索 表

1. 叶较小，长 3.5~7cm，下面被白粉，侧脉 4~6 对，茎皮无明显皮孔；聚伞花序顶生；花粉红色；花盘顶端全缘；蓇葖果的外果皮有明显斑点(分布于长泰、华安、南靖、龙岩、德化、莆田、福清、永泰、福州、尤溪、沙县、建宁、南平、建瓯和寿宁等地) ·············· **1. 酸叶胶藤** *E. rosea* Hook. et Arn.
1. 叶较大；长 5~11cm，下面淡绿色，侧脉 3~4 对；茎皮有明显皮孔；聚伞花序顶生兼腋生；花淡黄色；花盘顶端 5 裂；蓇葖果的外果皮无明显斑点(分布于南靖) ·············· **2. 花皮胶藤** *E. utilis* Hay. et Kaw.

19. 鳝藤属 *Anodendron* A. DC.

本属约 18 种，中国 6 种、2 变种，福建木本 1 种。

鳝藤 *A. affine*（Hook et Arn.）Druce 分布于福建各地。

20. 鹿角藤属 *Chonemorpha* G. Don

本属 20 种，中国 7 种、栽培 1 种，福建木本栽培 1 种。

大叶鹿角藤 *Ch. macrophylla* G. Don 厦门也有栽培。

21. 腰骨藤属 *Ichnocarpus* R. Br.

本属 18 种，中国 2 种、1 变型，福建木本 2 种。

分 种 检 索 表

1. 小枝、叶柄、叶下面及总花梗无毛，或小枝基部 1~2 个节间、叶柄和叶下面中脉被淡黄色柔毛；花序长 3~8cm；花白色；花萼裂片内面基部具少数腺体或缺如；花盘 5 枚，近离生，长约为子房的 2 倍；蓇葖果被淡黄色柔毛；种毛白色(分布于福清) ·············· **1. 腰骨藤** *I. frutescens*（L.）W. T. Aiton

1. 小枝、叶柄、叶下面及总花梗密被锈色茸毛；花序长约 1.5cm；花红色；花萼裂片内面基部具 20 枚腺体；花盘 5 浅裂，比子房短；蓇葖果密被锈色茸毛；种毛黄色(分布于南靖等地) ……………………………………………………………… **2. 少花腰骨藤** *I. oliganthus* Tsiang

22. 络石属 *Trachelospermum* Lem.

本属约 30 种，中国 10 种、4 变种，福建木本 5 种、1 变种。

分 种 检 索 表

1. 花冠筒基部膨大；雄蕊着生在花冠部基部；植物体无毛或幼时被极疏微毛；叶顶端通常尾状渐尖。
  2. 花紫色；蓇葖果平行、黏生，老时分离，其顶端通常合生，直径 10 ~ 15mm；种子扁平，倒卵状长圆形或阔卵形，宽约 7mm；叶厚纸质，倒披针形或倒卵形，有时长椭圆形(分布于永安、沙县、南平、建阳、屏南、武夷山、光泽等地) ……………………… **1. 紫花络石** *T. axillare* Hook. f.
  2. 花白色；蓇葖果叉开，直径 3 ~ 5mm；种子线状长圆形，直径 1.5 ~ 2.5mm；叶薄纸质，狭椭圆形或椭圆状长圆形(分布于泰宁、南平、建阳、武夷山) ……………… **2. 短柱络石** *T. brevistylum* Hand. – Mazz.
1. 花冠筒喉部或中部膨大；雄蕊着生在花冠筒喉部或中部；幼枝连同叶柄被柔毛；叶顶端急尖或钝，有时微凹或渐尖。
  3. 花冠筒喉部膨大。
    4. 花冠筒内外面均无毛；花药顶端露出喉部之外(分布于上杭、德化、连城、三明、将乐、泰宁、南平等地) ……………………………………… **3. 细梗络石** *T. gracilipes* Hook. f.
    4. 花冠筒被毛；花药顶端仅达花冠筒顶口，不露出喉部之外(福建有分布) ……………………………………………… **4. 贵州络石** *T. bodinieri* (Lvel.) Woodson ex Rehd.
  3. 花冠筒中部膨大，内面在雄蕊着生处至喉部被短柔毛；雄蕊着生在花冠筒中部，花药不露出喉部之外；花蕾顶端钝；花萼外面被长柔毛，边缘具缘毛(分布于福建各地) …… **5. 络石** *T. jasminoides* (Lindl.) Lem.
  5a. 石血 *T. jasminoides* var. *heterophyllum* 与原种区别在于：茎、枝具气根，并借气根攀援于树木、岩石或墙壁上；叶异型；花萼裂片通常长圆形；花盘较子房为短。分布于厦门、安溪、福清、长乐、福州、连江、永安、三明、沙县、建瓯等地。

125. 萝藦科 Asclepiadaceae

本科 180 属、2200 种，中国 44 属、250 种，福建木本 16 属、29 种。

分 属 检 索 表

1. 肉质仙人掌状植物；枝四棱形，粗壮，粗在 1cm 以上，棱上有刺或齿 …………… **1. 豹皮花属** *Stapelia* L.
1. 灌木或藤本；茎、枝圆形，绝非仙人掌状。
  2. 蓇葖果肿胀，膀胱状，卵圆形，外果皮有软刺；直立灌木 ………… **2. 钉头果属** *Gomphocarpus* R. Br.
  2. 蓇葖果纺锤状或圆柱状，外果皮无刺(偶有软刺时，植物体为纤细藤本)。
    3. 蓇葖果有纵肋和 3 条突起的翅；花冠漏斗状，花冠筒长约 4cm ………… **3. 桉叶藤属** *Cryptostegia* R. Br.
    3. 蓇葖果及花特征非上述。
      4. 每花药有花粉块 4 个，每花药室 2 个；花药顶端无膜质附属体 ……………………………………………… **4. 弓果藤属** *Toxocarpus* Wight et Arn.
      4. 每花药有花粉块 2 个，每药室 1 个；花药顶端具膜片。
        5. 花粉块下垂。

6. 副花冠杯状或筒状，其顶端具各式浅裂片或锯齿 ·· **5. 鹅绒藤属** *Cynanchum* L.
6. 副花冠成 5 个小叶状。
  7. 直立灌木或亚灌木。
    8. 叶狭，披针形或线状披针形，长 6 ~ 14cm，宽 1 ~ 2(~ 4)cm，近无毛 ··· **6. 马利筋属** *Asclepias* L.
    8. 叶卵状长圆形至椭圆状长圆形，长 8 ~ 15(~ 20)cm，宽 3.5 ~ 6.5(~ 9)cm，被灰白色茸毛 ······
      ··· **7. 牛角瓜属** *Calotropis* R. Br.
  7. 藤本植物 ·· **8. 秦岭藤属** *Biondia* Schltr.
5. 花粉块直立或平展。
  9. 花冠高脚碟状。
    10. 花冠膜质；副花冠内有凹缺 ··· **9. 夜来香属** *Telosma* Coville
    10. 花冠近肉质；副花冠全缘。
      11. 副花冠背部加厚，裂片通常钻状 ·················· **10. 牛奶菜属** *Marsdenia* Wight et Arn.
      11. 副花冠背部扁平，裂片细小，或无副花冠 ········ **11. 黑鳗藤属** *Stephanotis* Thou.
  9. 花冠辐状或坛状。
    12. 叶肉质，肥厚且多汁；茎附生。
      13. 花冠辐状；副花冠星状；叶大，长 3.5 ~ 10cm ····················· **12. 球兰属** *Hoya* R. Br.
      13. 花冠坛状；副花冠锚状；叶小，长约 1cm ·············· **13. 眼树莲属** *Dischidia* R. Br.
    12. 叶革质、膜质或纸质；藤本或蔓性灌木。
      14. 副花冠生于花冠裂片弯缺下，厚而成硬条带，或着生在花冠筒壁上成 2 列被毛的条带；叶脉羽状
      ··· **14. 匙羹藤属** *Gymnema* R. Br.
      14. 副花冠肉质，着生于合蕊冠顶部或基部；叶基生 3 出脉或羽状脉。
        15. 花粉块在外边或内角具 1 条细小透明的膜边；叶具基生 3(~ 5)出脉 ··············
        ··· **15. 醉魂藤属** *Heterostemma* Wight et Arn.
        15. 花粉块在外边或内角无透明膜边；叶具羽状脉，稀具不明显基生 3 出脉 ··············
        ··· **16. 娃儿藤属** *Tylophora* Br.

1. 豹皮花属 *Stapelia* L.

本属约 75 种，中国习见栽培 3 种，福建木本习见栽培 2 种。

分 种 检 索 表

1. 肉质茎上软刺粗厚，三角状；花较小，开放时直径 3 ~ 5cm(福建栽培) ········· **1. 豹皮花** *S. pulchella* Mass.
1. 肉质茎上软刺短且细尖；花较大，直径 15 ~ 36cm(福建栽培) ··········· **2. 大豹皮花** *S. gigantea* N. E. Br.

2. 钉头果属 *Gomphocarpus* R. Br.

本属约 50 种，中国栽培 1 种，福建木本引种 1 种。

钉头果 *G. fruticosus*（L.）R. Br. 福建仅见栽培于南靖县船场。

3. 桉叶藤属 *Cryptostegia* R. Br.

本属 2 种，中国栽培 1 种，福建木本引种 1 种。

桉叶藤 *C. grandiflora*（Roxb.）R. Br. 福建厦门也见栽培。

4. 弓果藤属 *Toxocarpus* Wight et Arn.

本属约 70 种，中国 11 种，福建木本 1 种、1 变种。

毛弓果藤 *T. villosus*（Bl.）Decne. 福建南部星散分布。

短柱弓果藤 *T. villosus* var. *brevistylis* 与原种的区别在于：叶卵圆形，长 4.5 ~ 7cm，宽 3.2 ~ 5.6cm；柱头极短。产仙游。

5. 鹅绒藤属 *Cynanchum* L.

本属约 200 种，中国 53 种，福建木本 5 种。

分 种 检 索 表

1. 直立植物；叶基部楔形，少有近圆形。
  2. 花冠紫红色。
    3. 茎、叶被茸毛；叶宽卵形至卵状长圆形，长 5 ~ 8cm，宽 3 ~ 5cm（福建习见）…………………………………………………………………………………… **1. 白薇 *C. atratum* Bunge**
    3. 茎、叶无毛；叶线形或线状披针形，长 6 ~ 13cm，宽 3 ~ 8（~ 15）mm（福建广布）…………………………………………………………… **2. 柳叶白前 *C. stauntonii*（Decne.）Scartes**
  2. 花冠淡黄色或带黄绿色（福建习见种）………………… **3. 白前 *C. glaucescens*（Decne.）Hand. – Mazz**
1. 缠绕藤本；叶基部心形或截形，少有近圆形。
  4. 叶宽卵形至卵状长圆形，长 4 ~ 12cm，宽 4 ~ 10cm，基部心形，两侧耳状；叶柄长 3 ~ 6cm（福建习见）…………………………………………… **4. 牛皮消 *C. auriculatum* Royle ex Wight.**
  4. 叶卵状长圆形至椭圆状长圆形，长 3 ~ 4.5（~ 10）cm，宽 1.5 ~ 2（~ 5）cm，基部圆形至微心形；叶柄长 0.5 ~ 2cm（分布于福建南部）………………………… **5. 山白前 *C. fordii* Hemsl.**

6. 马利筋属 *Asclepias* L.

本属约 120 种，中国栽培 1 种，福建木本引种 1 种。

马利筋 *A. curassavica* L. 福建习见栽培。

7. 牛角瓜属 *Calotropis* R. Br.

本属约 6 种，中国 1 种，福建木本引种 1 种。

牛角瓜 *C. gigantea*（L.）Dryanad. ex Ait f. 厦门也见栽培。

8. 秦岭藤属 *Biondia* Schltr.

本属 6 种，中国特有，福建木本 1 种。

青龙藤 *B. henryi*（Warb. ex Schltr. et Diels）Tsiang et P. T. Liin 分布于永安、泰宁。

9. 夜来香属 *Telosma* Coville

本属约 10 种，中国 4 种，福建木本栽培 1 种。

夜来香 *T. cordata*（Burm. f.）Merr. 厦门和福州栽培。

10. 牛奶菜属 *Marsdenia* R. Br.

本属约 100 种，中国 22 种，福建木本 1 种。

牛奶菜 *M. sinensis* Hemsl. 福建有星散分布。

11. 黑鳗藤属 *Stephanotis* Thou.

本属约 15 种，中国 4 种，福建木本 1 种。

黑鳗藤 *S. mucronata*（Blanco）Merr. 福建有星散分布。

12. 球兰属 *Hoya* R. Br.

本属约 200 多种，中国 22 种，福建木本 1 种。

球兰 *H. carnosa*（L. f.）R. Br. 福建南部山区习见。

花叶球兰 *H. carnosa* var. *marmorata* 与原种区别在于：叶缘有黄白色斑纹。福建偶有分布。

13. 眼树莲属 *Dischidia* R. Br.

本属约 80 种，中国 7 种，福建木本 1 种。

小叶眼树莲 *D. minor*（Vahl）Merr. 福建南部星散分布。

14. 匙羹藤属 *Gymnema* R. Br.

约 25 种，中国 8 种，福建木本 1 种。

匙羹藤 *G. sylvestre*（Retz.）Schult. 福建习见。

15. 醉魂藤属 *Heterostemma* Wight et Arn.

本属约 30 种，中国 11 种，福建木本 2 种。

分 种 检 索 表

1. 叶较大，长 8~12cm，宽 4~6cm；叶柄长 2~4cm；叶脉在叶下面翅状（分布于南靖、平和、华安、永泰等县）······················· **1. 醉魂藤** *H. alatum* Wigtht.
1. 叶较小，长 4~7cm，宽 1.5~3.5cm；叶柄长 1~2cm；叶脉在叶下面平（分布于南靖）··························
·· **2. 广西醉魂藤** *H. renchangii* Tsiang

16. 娃儿藤属 *Tylophora* R. Br.

本属约 60 种，中国 32 种，福建木本 5 种。

分 种 检 索 表

1. 花紫红色。
  2. 聚伞花序，总花梗纤细曲折，多次分枝；叶较小，长 3~5cm，宽 1~2.5cm；叶柄长 5~15mm（福建习见）······················· **1. 七层楼** *T. floribunda* Miq.
  2. 聚伞花序伞房状，1~2 次分枝；叶较大，长 7.5~16cm，宽 3~13cm，叶柄长 2~6cm（分布于顺昌等地）
···················· **2. 紫花娃儿藤** *T. henryi* Warb.
1. 花白色至淡黄绿色。
  3. 叶线形至线状披针形，长 5.5~7.5cm，宽 4~11mm；叶柄长 3~5mm（分布于南靖）·····················
···················· **3. 人参娃儿藤** *T. kerrii* Craib
  3. 叶卵形、椭圆状长圆形至长圆状披针形。
    4. 茎、叶无毛；叶椭圆状长圆形至狭长圆状披针形；叶柄长 1~2（~3）cm（福建中部、南部有星散分布）
···················· **4. 通天连** *T. koi* Merr.
    4. 嫩枝、幼叶两面、成长叶下面、叶柄及总花梗、花梗均密被土黄色柔毛；叶卵形；叶柄长约 1cm（产平潭）······················ **5. 光叶娃儿藤** *T. ovata*（Lindl.）Hook.

126. 茜草科 Rubiaceae

本科 500 属、6000 多种，中国 75 属、480 多种，福建木本包括引种 28 属、63 种、3 变种、1 变型。

分 属 检 索 表

1. 花极多数，密集于球状的花序托上，形成圆球状的头状花序。
  2. 乔木或灌木；无变态为钩状的腋生枝。

3. 托叶着生于叶柄间；胚珠每室 4 至多数；种子无海绵质的假种皮。

  4. 托叶小(长不超过 1.2cm)，通常窄三角形；花序托有毛；蒴果 4 瓣裂。

    5. 顶芽不明显；托叶 2 深裂达近基部；头状花序单生，很少多达 7 个，排成圆锥状的复花序，腋生或顶生，有时二者兼有 ························· **1. 水团花属** *Adina* Salisb

    5. 顶芽圆锥形或卵圆形；托叶全缘或有时仅顶端 2 浅裂；头状花序 7 ~ 11(~ 13)个，排成顶生、圆锥状复花序，或 1 ~ 3 个腋生，很少顶生(尤其在短枝上)。

      6. 头状花序 7 ~ 11(~ 13)个，排成顶生，圆锥状复花序；花萼裂片短，三角形，密被短柔毛··········· **2. 鸡仔木属** *Sinoadina* Ridsdale

      6. 头状花序 1 ~ 3 个，腋生，很少顶生；花萼裂片线状长圆形，无毛或被疏毛；花冠无毛 ··········· **3. 槽裂木属** *Pertusadina* Ridsdale

  4. 托叶大(长超过 1.2cm)，椭圆形或披针形；花序托无毛；果实不开裂。

    7. 托叶椭圆形或倒卵形，萼管互相融合；子房 2 室；果实互相融合成一肉质的球状体 ··········· **4. 乌檀属** *Nauclea* Ridsdale

    7. 托叶披针形；萼管互相分离；子房下部 2 室，上部 4 室；果实分离，聚合成一球状体 ··········· **5. 团花属** *Arthocephalus* A. Rich.

3. 托叶着生于叶柄内；胚珠每室 1 个；种子有海绵质的假种皮 ········· **6. 风箱树属** *Cephalanthus* L.

2. 藤本或攀援状灌木，以变态为钩状的腋生枝攀援于它物上 ·············· **7. 钩藤属** *Uncaria* Schreb.

1. 花不密集于球状的花序托上，不形成圆球状头状花序。

8. 花序中的某些花，其萼檐裂片之一，极扩大成一具柄的花瓣状裂片。

  9. 乔木；花冠裂片覆瓦状排列；蒴果；种子具翅 ········· **8. 香果树属** *Emmenopterys* Oliv.

  9. 攀援状或直立灌木；花冠裂片内向镊合状排列；浆果；种子无翅 ········· **9. 玉叶金花属** *Mussaenda* L.

8. 花序中的全部花，其萼檐裂片正常，无扩大成花瓣状的裂片。

10. 乔木、灌木、藤本或攀援灌木。

  11. 乔木或灌木。

    12. 胚珠每室 2 至多数。

      13. 果为蒴果 ·································· **10. 郎德木属** *Rondeletia* L.

      13. 果为浆果。

        14. 花冠裂片覆瓦状排列；子房 5 室；叶 3 ~ 4 片轮生 ·········· **11. 长隔木属** *Hamelia* Jacq.

        14. 花冠裂片镊合状或旋转状排列；子房 1 ~ 4 室；叶对生，少有 3 叶轮生。

          15. 茎、枝具白色、海绵质的外皮；托叶叶状，具明显的脉，连同花序的苞片及花萼裂片通常有腺体；花冠裂片外向镊合状排列 ·········· **12. 腺萼木属** *Mycetia* Reinw.

          15. 茎、枝外皮正常；托叶非叶状，连同花序苞片及花萼裂片无腺体；花冠裂片旋转状排列。

            16. 子房 1 室；胚珠着生于 2 ~ 6 个侧膜胎座上 ····· **13. 黄栀子属** *Gardenia* Ellis

            16. 子房 2 ~ 4 室；胚珠着生于中轴胎座上。

              17. 柱头 2 枚或 2 裂，长圆形或线形 ····· **14. 狗骨柴属** *Tricalysia* A. Rich.

              17. 柱头全缘或 2 浅裂，棒形或纺锤形。

                18. 花排成顶生、多花的聚伞花序；无刺灌木或乔木 ····· **15. 乌口树属** *Tarenna* Gaertn.

                18. 花单生或数朵聚生，有时排成少花的聚伞花序，通常腋生，稀顶生；有刺或为无刺的灌木或乔木 ········· **16. 山黄皮属** *Randia* L.

    12. 胚珠每室 1 个。

      19. 花序顶生或有时兼腋生；花排成伞房状或圆锥状的聚伞花序；托叶基部合生成鞘，顶端非刚毛状。

        20. 花冠高脚碟状，冠管长，花冠裂片旋转状排列 ·············· **17. 龙船花属** *Ixora* L.

        20. 花冠漏斗状、管状或近钟状，冠管短，花冠裂片镊合状排列 ·········· **18. 九节木属** *Psychotria* L.

      19. 花或花序腋生，如兼有顶生，其花簇生；托叶离生，若于基部合生，则顶端刚毛状。

　　21. 花冠裂片覆瓦状排列；萼檐裂片不等长；花序具长的总花梗 ……………………………………………………………………… **19. 毛茶属** *Antirrhoea* Comm. et Juss

　　21. 花冠裂片聚合状或旋转状排列。

　　　22. 植株有刺 ……………………………………… **20. 虎刺属** *Damnacanthus* Gaertn. f.

　　　22. 植株无刺。

　　　　23. 子房 2 室，柱头 2 裂；果具 2 分核。

　　　　　24. 花冠裂片旋转状排列；浆果；托叶通常阔三角形 ……………… **21. 咖啡属** *Coffea* L.

　　　　　24. 花冠裂片镊合状排列；核果；托叶刚毛状 ……………… **22. 六月雪属** *Serissa* Comm. ex Juss

　　　　23. 子房 4 ~ 9 室；柱头 4 ~ 9 分裂；果具 4 ~ 9 分核 ……………… **23. 粗叶木属** *Lasianthus* Jack.

11. 藤本或攀援或缠绕灌木。

　　25. 花冠裂片覆瓦状排列；胚珠每室多数；蒴果 ……………… **24. 流苏子属** *Coptosapelta* Korth.

　　25. 花冠裂片镊合排列；胚珠每室 1 个；核果或聚合的核果。

　　　26. 花数朵，以萼管彼此黏合形成头状花序；聚合果由肉质、扩大、合生的花萼组成，内含具 1 种子的分核数个，或各分核合生而为一个 2 ~ 4 室的核果 ……………… **25. 巴戟天属** *Morinda* L.

　　　26. 花排成聚伞花序；核果内具 2 分核 ……………… **26. 鸡屎藤属** *Paederia* L.

10. 植株下部多少木质化的亚灌木。

　　27. 花排成伞房状花序；花萼裂片不等大；托叶顶端多裂或有数条刚毛状裂片 ……………………………………………………………………… **27. 五星花属** *Pentas* Benth.

　　27. 花排成各式聚伞花序；花萼裂片等大或近等大；托叶顶端不分裂，也无刚毛状裂片 ……………………………………………………………………… **28. 耳草属** *Hedyotis* L.

　　1. 水团花属 *Adina* Salisb

　　本属约 3 种，中国 2 种，福建木本 2 种。

分 种 检 索 表

1. 小枝近无毛；叶倒披针形或长圆状倒披针形，侧脉 7 ~ 10 对；叶柄长 3 ~ 10mm；头状花序通常腋生；花白色（分布于全省各地） ……………… **1. 水团花** *A. pilulifera* (Lam.) Franch. et Drake

1. 小枝被细柔毛；叶卵状披针形或卵状椭圆形，侧脉 3 ~ 6 对；叶无柄或具极短柄；头状花序通常顶生；花紫红色（分布于全省各地） ……………… **2. 细叶水团花** *A. rubella* Hanee

　　2. 鸡仔木属 *Sinoadina* Ridsdale

　　本属仅 1 种，福建木本 1 种。

　　鸡仔木 *S. racemosa* (Sieb. et Zucc.) Ridsdale 分布于上杭、永安和三明等地。

　　3. 槽裂木属 *Pertusadina* Ridsdale

　　本属约 4 种，中国有 1 种，福建木本 1 种。

　　槽裂木 *P. hainanensis* (How) Ridsdale 分布于南靖、泰宁等地。

　　4. 乌檀属 *Nauclea* L.

　　本属约 35 种，中国产 1 种，引入栽培 1 种，福建木本栽培 1 种。

　　东方乌檀 *N. orientalis* (L.) L. 福州曾有栽培，未见有发育良好的种子。

　　5. 团花属 *Anthocephalus* A. Rich.

　　本属 2 ~ 3 种，中国有 1 种，福建木本栽培 1 种。

　　团花 *A. chinensis* (Lamk.) A. Rich. et Walp. 厦门、福州及闽南栽培。

6. 风箱树属 *Cephalanthus* L.

本属约 17 种，中国 1 种，福建木本 1 种。

风箱树 *C. occidentalis* L. 分布于全省各地。

7. 钩藤属 *Uncaria* Schreb.

本属约 34 种，中国 10 种，福建木本 2 种。

分 种 检 索 表

1. 小枝、叶柄、托叶及钩状枝均无毛；叶仅下面脉腋有束毛；托叶裂片线形或线状披针形；蒴果直径 1.5 ~ 2mm（全省各地常见）·············· **1. 钩藤** *U. rhynchophylla*（Miq.）Miq. et Havil.

1. 小枝、叶柄、托叶及钩状枝，初时被粗毛；叶上面散生钩状小突起而粗糙，下面疏被长粗毛；托叶裂片阔三角形或阔卵形；蒴果较大，直径约 5mm（分布于南靖、闽侯）·············· **2. 毛钩藤** *U. hirsuta* Havil.

8. 香果树属 *Emmenopterys* Oliv.

本属 1 种，福建木本 1 种。

香果树 *E. henryi* Oliv. 分布于永安、南平、武夷山和浦城等地。

9. 玉叶金花属 *Mussaenda* L.

本属约 120 种，中国 28 种，福建木本 3 种。

分 种 检 索 表

1. 小枝、叶柄、叶下面、总花梗、花梗及花萼外面均被毛；枝条无皮孔或皮孔不明显。

　2. 叶长圆形或卵状长圆形，长不超过 8cm，宽不及 3cm；叶柄长 2.5 ~ 8mm；浆果小，直径 5 ~ 7mm（全省各地极常见）·············· **1. 玉叶金花** *M. pubescens* Ait. f.

　2. 叶阔卵形或阔椭圆形，长 10cm 以上，宽超过 5cm；叶柄长 1.5 ~ 4cm；浆果较大，直径约 1cm（全省除沿海外各地常见）·············· **2. 大叶白纸扇** *M. esquirolii* Lévl.

1. 小枝、叶柄、叶下面、总花梗、花梗及花萼外面均无毛；枝条具明显皮孔（分布于南靖、云霄等地）······
·············· **3. 楠藤** *M. erosa* Champ. ex Benth.

10. 郎德木属 *Rondeletia* L.

本属约 100 种以上，中国引入栽培 1 种，福建木本栽培 1 种。

郎德木 *R. odorata* Jacq. 福州有引种栽培。

11. 长隔木属 *Hamelia* Jacq.

本属约 40 种，中国引入栽培 1 种，福建木本引入 1 种。

长隔木 *H. patens* Jacq. 厦门、福州栽培。

12. 腺萼木属 *Mycetia* Reinw.

本属约 25 种，中国 10 种，福建木本 2 种。

分 种 检 索 表

1. 嫩枝、叶柄均被卷曲柔毛；叶膜质；托叶倒卵形或长圆形，具脉纹；苞片边缘条裂，近基部有黄色、具柄的腺体；花萼裂片两侧具 1 ~ 3 枚有柄腺体（分布于南靖、永春、德化等地）······
·············· **1. 华腺萼木** *M. sinensis*（Hemsl.）Craib

1. 嫩枝、叶柄均无毛；叶革质；托叶阔三角形，无脉纹；苞片通常 3 浅裂，裂片顶端具无柄腺体；花萼裂片通常无腺体（分布于云霄、南靖、永定）……………………………… **2. 硬叶腺萼木** *M. coriacea* (Dunn) Merr.

13. 黄栀子属 *Gardenia* Ellis

本属约 250 种，中国 4 种，福建木本 1 种、1 变种、1 变型。

黄栀子 *G. jasminoides* Ellis 全省各地极常见。

水栀 *G. jasminoides* var. *radicana* 与原种区别在于：植株较小，枝常平展匍地，叶小而狭长，花也较小。分布于长汀等地。

大花栀子 *G. jasminoides* f. *grandiflora* 与原种区别在于：叶较大，花大而重瓣，径 7 ~ 10cm。南平有引种。

14. 狗骨柴属 *Tricalysia* A. Rich.

本属约 100 种，中国 3 种，福建木本 1 种。

狗骨柴 *T. dubia* (Lindl.) Ohwi 全省各地常见。

15. 乌口树属 *Tarenna* Gaertn.

本属约 120 种，中国 17 种，福建木本 2 种。

分 种 检 索 表

1. 叶上面无毛或仅中脉被短硬毛，侧脉 5 ~ 7 对；花萼裂片三角形，内面无毛；花冠管长为花冠裂片的 3 ~ 3.5 倍，外面无毛；浆果成熟时无毛或近无毛（全省各地常见）………………………… **1. 尖萼乌口树** *T. acutisepala* How ex W. Q. Chen
1. 叶两面密被柔毛；侧脉 8 ~ 11 对；花萼裂片卵圆形或长圆形，内面密被柔毛；花冠管外面密被短柔毛；浆果成熟时被短柔毛（全省各地常见）………………… **2. 白花苦灯笼** *T. mollissima* (Hook. et Arn.) Roxb.

16. 山黄皮属 *Randia* L.

本属约 230 种，中国约 18 种，福建木本 7 种。

分 种 检 索 表

1. 植株无刺。
 2. 小枝、叶柄及托叶均无毛；叶下面仅脉腋小窝孔有簇毛。
  3. 总花梗长 5 ~ 10mm，连同短花梗多少被短毛；花冠钟状，冠管长约 2mm；浆果熟时紫黑色（全省各地较常见）……………………… **1. 山黄皮** *R. cochinchinensis* (Lonr.) Merr.
  3. 无总花梗或总花梗长仅 2 ~ 4mm，连同花梗均无毛；花冠高脚碟状，冠管长 8 ~ 10mm；浆果熟时红色（分布于南靖、福清、永泰、宁德等地）………………… **2. 香楠** *R. canthioides* Champ. ex Benth.
 2. 小枝、叶柄、托叶及叶下面均密被锈色或锈褐色柔毛。
  4. 叶长椭圆形或长圆状倒披针形，侧脉 9 ~ 12 对；花序具明显总花梗，长 6 ~ 13mm（分布于宁德以南沿海及闽东南各地）………………… **3. 毛山黄皮** *R. acuminatissima* Merr.
  4. 叶倒卵形或长圆形，侧脉 5 ~ 7 对；总花梗短，长约 2mm，或无总花梗（分布于南靖、南平、龙岩、永定、德化和永安等地）……………… **4. 白果山黄皮** *R. leucocarpa* Champ. ex Benth.
1. 植株有刺。
 5. 花多朵（10 朵以上）排成顶生、稠密的聚伞花序；花冠管细长，长 10mm 以上（分布于云霄、漳浦、厦门、泉州和莆田等地）………………… **5. 鸡爪簕** *R. sinensis* (Lour.) Schult.
 5. 花单生或 2 ~ 3 朵聚生于短枝上；花冠管长不超过 5mm。

6. 叶卵形、卵状长圆形，基部圆或浅心形；花冠外面无毛（分布于诏安等地） ……………………… **6. 多刺山黄皮 R. depauperata** Drake

6. 叶倒卵形，有时匙形或卵形，基部楔形；花冠外面密被绢毛（分布于漳浦、莆田等地） ……………… **7. 山石榴 R. spinosa**（Thunb.）Poir.

17. 龙船花属 *Ixora* L.

本属约 400 种，中国 11 种，福建栽培 3 种。

分 种 检 索 表

1. 花萼裂片短于萼管或与萼管近等长；总花梗和花梗均无毛；苞片、小苞片和花萼裂片革质或近革质。

  2. 花冠全无毛，红色、黄红色或橙黄色，花冠裂片倒卵形、近圆形，顶端圆形；苞片和小苞片近三角形（分布于永定等地） …………………………………………… **1. 龙船花 I. chinensis** Lam.

  2. 花冠喉部被长柔毛，白色，花冠裂片长圆形，顶端急尖；苞片和小苞片狭长圆形（福建莆田有引种） … **2. 海南龙船花 I. hainanensis** Merr.

1. 花萼裂片长约为萼管的 3 倍；总花梗及花梗疏被短柔毛；苞片、小苞片和花萼裂片近膜质（福建厦门有引种） ……………………………………………………… **3. 团花龙船花 I. cephalophora** Merr.

18. 九节木属 *Psychotria* L.

本属约 700 余种，中国约 15 种，福建 3 种。

分 种 检 索 表

1. 直立灌木；叶较大，长 7cm 以上，宽超过 2.5cm；果成熟时红色。

  2. 叶下面脉腋窝孔被缘毛；托叶顶端近圆形或具小突尖；花冠钟状，裂片三角形（全省沿海及中部至南部各地较常见） …………………………………………… **1. 九节木 P. rubra**（Lour.）Poir

  2. 叶下面脉腋无窝孔，两面无毛；托叶顶端 2 裂；花冠管状，裂片长圆状披针形（分布于南靖、龙岩、永泰和福州等地） …………………………………………… **2. 假九节 P. tutcheri** Dunn

1. 攀援藤本；小枝具 1 列短而密的气根，攀附于它物上；叶较小，长 1.5～4cm，宽 1～2cm；果成熟时白色（福建东南及南部沿海和中部地区常见） …………………… **3. 匍匐九节木 P. serpens** L.

19. 毛茶属 *Antirrhoea* Comm. et Juss

本属约 40 种，中国 1 种，福建木本 1 种。

毛茶 *A. chinensis*（Champ.）Benth. et Hook. f. 分布于诏安、南安等地。

20. 虎刺属 *Damnacanthus* Gaertn. f.

本属 10～11 种，中国 8 种、3 变种，福建木本 2 种。

分 种 检 索 表

1. 小枝和叶柄均被糙硬毛，逐节生刺；叶卵形或阔卵形，中脉在上面突起，侧脉 3～4 对（全省各地较常见，中部及南部地区较多） ………………………………… **1. 虎刺 D. indicus** Gaertn. f.

1. 小枝和叶柄均无毛，通常仅顶端具 1 对短刺；叶披针形或椭圆状披针形，中脉在上面凹陷，侧脉 6～8 对（产永安、建阳、光泽和武夷山等地） ……………… **2. 短刺虎刺 D. subspinosus** Hand. – Mazz.

21. 咖啡属 *Coffea* L.

本属约40种，中国南部和西南部引种约5种，福建木本栽培3种。

分 种 检 索 表

1. 叶较小长6~14cm，宽2.5~5.5cm；托叶着生于小枝上部的，顶端钻状长尖或芒尖(福建南部的厦门、云霄、诏安、漳浦、漳州等地) ···················· **1. 小果咖啡** *C. arabica* L.
1. 叶较大，长15~30cm，宽6~12cm；托叶着生于小枝上部的，顶端短锐尖、凸尖或钝。
  2. 叶下面脉腋无小窝孔或具无毛的小窝孔；叶卵状长圆形或长圆状披针形；浆果卵状球形，直径10~12mm，长和直径近相等(福建诏安引种) ·········· **2. 中果咖啡** *C. canephora* Pierre ex Froehn.
  2. 叶下面脉腋的小窝孔具短丛毛；叶椭圆形或倒卵状椭圆形；浆果阔椭圆形，长19~21mm，直径15~17mm(福建诏安引种) ·········· **3. 大果咖啡** *C. liberica* Bull ex Hiern

22. 六月雪属 *Serissa* Comm. ex Juss.

本属约3种，中国2种，福建木本1种。

白马骨 *S. serissoides* (DC.) Druce 全省各地常见。

23. 粗叶木属 *Lasianthus* Jack.

本属约180余种，中国约30余种，福建木本11种、1变种。

分 种 检 索 表

1. 小枝密被毛，至少嫩枝的表皮不可见。
  2. 花序无总花梗；核果熟时蓝色、黑色或紫红色。
    3. 叶基部楔形、阔楔形或钝，稀近圆形；花至少3朵簇生；无苞片或苞片长不超过2mm。
      4. 叶下面被毛；萼管钟状。
        5. 小枝、叶柄、托叶和花萼外面密被短茸毛；叶长圆形、椭圆形或长圆状披针形，侧脉10~12对(分布于南靖、永泰、福州和宁德等地) ·········· **1. 粗叶木** *L. chinensis* Benth.
        5. 小枝、叶柄、托叶和花萼外面密被粗毛；叶卵形、卵状长圆形，很少披针形，侧脉4~6对(产南靖等地) ·········· **2. 广东粗叶木** *L. kwangtungensis* Merr.
      4. 叶下面仅中脉、侧脉和横脉被毛，其余无毛；萼管陀螺状。
        6. 花萼6裂，裂片三角形，长约1mm；核果扁球形，熟时黑色，内有分核6~7个(产上杭、龙岩、永安、德化和福州等地) ·········· **3. 焕镛粗叶木** *L. chunii* Lo
        6. 花萼5裂，裂片钻形，长约2mm；核果近球形，熟时蓝色，内有分核5个(福建产南靖、仙游和福清等地) ·········· **4. 西南粗叶木** *L. henryi* Hutch.
    3. 叶基部心形，不对称；花单生或成对着生；苞片钻形，长8~14mm或更长(产南靖等地) ·········· **5. 斜基粗叶木** *L. wallichii* Wight
  2. 花序具长8~20mm的总花梗；核果熟时黄色(产南靖) ·········· **6. 长梗粗叶木** *L. filipes* Chun ex Lo
1. 小枝无毛或被疏毛，嫩枝的表皮清晰可见。
  7. 花序无总花梗(分布于南靖、连江等地) ·········· **7. 疏毛粗叶木** *L. fordii* Hance
  7. 花序有总花梗。
    8. 叶下面被皱曲柔毛(分布于武平、永安、三明、南平、福州) ····· **8. 中南粗叶木** *L. satsumensis* Matsum.
    8. 叶下面仅中脉、侧脉及网脉被贴伏毛，其余无毛，有时中脉也近无毛。
      9. 总花梗短，通常长1~2mm；叶下面中脉和侧脉疏被刚毛，小脉疏离，通常连结成不规则的网眼(全省各地较常见) ·········· **9. 污毛粗叶木** *L. hartii* Franch.
        9a. 榄绿粗叶木 *L. hartii* var. *lancilimbus* 与原种区别在于：本变种叶上面中脉无毛，下面连中脉无毛或近无毛，干后上面通常橄绿色。产全省各地。

  9. 总花梗长 2~7mm；叶下面中脉、侧脉，或连同横脉密被硬伏毛或粗毛；小脉细密，平行或近平行。

    10. 叶下面仅中脉和侧脉被硬伏毛；总花梗无毛或被疏毛；花冠外面无毛（分布于平和等地）………… ……………………………………………………………………… **10. 薄叶粗叶木** *L. microstachys* Hayata.

    10. 叶下面中脉、侧脉及横脉密被糙伏毛；总花梗被糙伏毛；花冠外面疏被短毛（分布于南靖等地）… ……………………………………………………………………… **11. 小花粗叶木** *L. micranthus* Hook. f.

  24. 流苏子属 *Coptosapelta* Korth.

本属约 13 种，中国 1 种，福建木本 1 种。

流苏子 *C. diffusa*（Champ. ex Benth.）van Steenis. 全省各地常见。

  25. 巴戟天属 *Morinda* L.

本属约 80 种，中国有 8 种及 2 变种，福建木本 5 种。

分 种 检 索 表

1. 小枝、叶柄、叶下面及总花梗密被淡黄色、扩展长柔毛；聚合果较大，直径 1~1.5cm（分布于南靖等地） ……………………………………………………………………… **1. 大果巴戟** *M. cochinchinensis* DC.

1. 小枝、叶柄、叶下面及总花梗均无毛或被短粗毛、微毛；聚合果较小，直径 6~12mm。

  2. 叶较大，长 5~12cm，长圆状披针形、长椭圆形或卵状长圆形，有时倒卵状披针形。

    3. 小枝及总花梗无毛或被粉末状微毛；叶基部楔形，仅下面脉腋有束毛（全省各地极多见）………… ……………………………………………………………………… **2. 羊角藤** *M. umbellata* L.

    3. 小枝及总花梗至少初时被短粗毛；叶基部钝或圆形，两面初时散生短粗毛。

      4. 根肉质，多少收缩呈念珠状，肉质层厚，木质心细小；聚合果的各分核仅含 1 种子（分布于武平、绍安、平和、上杭、永定、龙岩、华安、南靖等地）……………… **3. 巴戟** *M. officinalis* How

      4. 根稍肉质，不收缩呈念珠状，肉质层薄，木质心粗大且呈星状；聚合果的各分核内含 2 种子（福建南部及西南常见）…………… **4. 假巴戟** *M. shuanghuaensis* C. Y. Chen et M. S. Huang

  2. 叶较小，长 2~6cm，倒卵形或倒卵状椭圆形，很少椭圆状长圆形（福建南部沿海各地常见）………… ……………………………………………………………………… **5. 百眼藤** *M. parvifolia* Bartl. ex DC.

  26. 鸡屎藤属 *Paederia* L.

本属约 50 种，中国 11 种，福建木本 3 种、1 变种。

分 种 检 索 表

1. 花排成开展聚伞状圆锥花序，分枝多而长，末级分枝上的花呈蝎尾状排列；托叶和小苞片无毛。

  2. 叶卵形、卵状长圆形或披针形，长 5~10cm，宽 1.5~4.5cm；花淡紫色，若为白色，则叶下面密被茸毛 （全省各地极常见）…………………………………………… **1. 鸡屎藤** *P. scandens*（Lour.）Merr.

  1a. 毛鸡屎藤 *P. scandens* var. *tomentosa* 与原种区别在于本变种茎、叶、叶柄，有时连同各级总花梗密被毛，叶上面被柔毛，后渐脱落至疏被微毛，下面密被茸毛。全省各地常见。

  2. 叶狭长披针形，长 15~17cm，宽 1.5~3cm；花白色（分布于上杭等地）………………………… ……………………………………………………………………… **2. 疏花鸡屎藤** *P. laxiflora* Merr. ex Li.

1. 花排成狭窄、近穗状的聚伞花序，分枝少而短，末级分枝上的花呈簇生状排列；托叶和小苞片被毛（分布于上杭、连城等地）………………………………………… **3. 狭枝鸡屎藤** *P. stenobotrya* Merr.

27. 五星花属 *Pentas* Benth.

本属约 50 种，中国引入栽培 1 种，福建木本引入 1 种。

五星花 *P. lanceolata* K. Schum. 福建厦门、福州栽培。

28. 耳草属 *Hedyotis* L.

本属约 450 种，中国 60 多种，福建木本 1 种。

牛白藤 *H. hedyotidea*（DC.）Merr. 分布于云霄、厦门、南靖、福清等地。

127. 紫葳科 Bignoniaceae

本科 120 属、650 种，中国 22 属、60 种，福建木本 13 属、16 种。

分 属 检 索 表

1. 藤本植物。
 2. 羽状复叶有小叶 7 ~ 9(~ 11) 片；聚伞花序或圆锥花序顶生 ……………………… **1. 凌霄属** *Campsis* Lour.
 2. 复叶有小叶(1 ~)2 ~ 3 片，中轴延伸或其中 1 小叶变成 3 分叉卷须。
  3. 花单生或 2 ~ 3 朵圆锥状；幼苗或不育枝上的叶常为单叶，生花枝上的叶为具 2 小叶的复叶，有时 2 小叶柄中间延伸出 1 条 3 分叉卷须 ………………………… **2. 猫爪藤属** *Macfadyena* A. DC.
  3. 聚伞花序顶生，有时呈总状或圆锥状；复叶有小叶 1 ~ 3 片，其中 1 小叶变成 3 分叉卷须 …………………
   ………………………………………………………………………… **3. 炮仗花属** *Pyrostegia* K. B. Presl.
1. 乔木或灌木。
 4. 单叶对生、稀 3 叶轮生或单叶簇生或单叶与指状复叶同簇簇生。
  5. 单叶对生或 3 叶轮生；聚伞状圆锥花序顶生，多花；能育雄蕊 2 枚；种子两端具长毛 …………
   ………………………………………………………………………………… **4. 梓树属** *Catalpa* Scop.
  5. 单叶簇生或单叶与指状复叶同簇簇生；花单朵或 2 ~ 3 朵茎生或生于老枝上；能育雄蕊 4 枚；种子无翅也无毛 ……………………………………………………………… **5. 瓠瓜树属** *Crescentia* L.
 4. 叶为一至三回奇数羽状复叶，小叶 5 片至多数。
  6. 萼片在花蕾时闭合，开花时 1 侧开裂达基部成佛焰苞状；能育雄蕊 4 枚。
   7. 花暗紫色至紫红色，开花时檐部裂片平展；果圆筒状，密被茸毛，状如猫尾，羽状复叶基部常具 1(~ 2) 片托叶状单叶 ……………………………… **6. 猫尾木属** *Dolichandrone* Seem.
   7. 花橙红色至鲜红色，开花时檐部裂片直立；果长圆状披针形，无猫尾状茸毛；无托叶状单叶 ………
   ………………………………………………………………………… **7. 火焰树属** *Spathodea* Beauv.
  6. 萼檐部截形，浅裂至深裂，但绝不在 1 侧开裂成佛焰苞状。
   8. 叶为一回奇数羽状复叶。
    9. 圆锥花序具长梗，下垂，长可达 2m；花土黄色有黄褐色脉纹斑；果圆筒形，腊肠状，具长梗，下垂，长 25 ~ 50cm，径粗 7 ~ 10cm；大乔木 ………………… **8. 吊瓜属** *Kigelia* DC.
    9. 总状或圆锥花序直立或稍下倾，长不超 20cm；花黄色、橙黄色至橙红色；果线形条状；直立或稍蔓性灌木。
     10. 花黄色至橙黄色，雄蕊内藏，药室与花丝垂直并水平叉开；花柱内藏 ··· **9. 黄钟花属** *Tecoma* Juss.
     10. 花橙红色至橙黄色；雄蕊伸出花冠外，药室叉开、下垂；花柱伸出 …………………………………
      …………………………………………………………… **10. 硬骨凌霄属** *Tecomaria* Spach
   8. 叶为二至三回奇数羽状复叶。
    11. 蒴果近圆形至椭圆形，压扁；叶为二回、稀一回羽状复叶，有羽片 16 对以上，每羽片有小叶 14 ~ 24 对；雄蕊内藏；花冠蓝色或青紫色 ……………………… **11. 蓝花楹属** *Jacaranda* Juss.
    11. 蒴果带状、扁或圆柱状、细长；叶为二至三回羽状复叶；雄蕊内藏或稍伸出。

12. 蒴果带状、扁平,长 30~90cm;种子扁,具近圆形膜质翅;能育雄蕊 5 枚,稍伸出 ………………
…………………………………… **12. 木蝴蝶属** *Oroxylum* Vent.

12. 蒴果圆柱状,细长,常扭曲,长可达 70cm;种子扁,两端有翅;能育雄蕊 4(~5)枚,内藏 ……
………………………………… **13. 菜豆树属** *Radermachera* Zoll. &. Mor.

1. 凌霄属 *Campsis* Lour.

本属 3 种,中国 1 种,另 2 种也见栽培,福建木本习见栽培 1 种。

凌霄 *C. grandiflora*(Thunb.)K. Schum. 全省星散分布。

2. 猫爪藤属 *Macfadyena* A. DC.

本属 2~3 种,中国广东、福建木本引入栽培 1 种,供观赏。

猫爪藤 *M. unguis-cati*(L.)A. Gentry 本省厦门及福州引种。

3. 炮仗花属 *Pyrostegia* K. B. Presl.

本属 4~5 种,中国引入栽培 1 种,福建木本栽培 1 种。

炮仗花 *P. venusta*(Ker)Miers. 厦门和福州有引种。

4. 梓树属 *Catalpa* Scop.

本属约 11 种,中国 7 种,福建木本 2 种。

分 种 检 索 表

1. 花冠黄色,喉部以下有 2 条黄褐色斑纹;蒴果圆柱状,长达 30cm,宽 5~9mm;成长叶几无毛或仅上面沿脉上被微柔毛(产建阳、武夷山、光泽)………………………………… **1. 梓树** *C. ovata* G. Don.
1. 花冠白色,喉部以下有 2 条黄色条纹;蒴果带状,长 20~50cm,宽 1.3~1.8cm;成长叶上面无毛,下面被卷柔毛(福州栽培)………………… **2. 黄金树** *C. speciosa*(Ward. ex Barn.)Ward. ex Engelm.

5. 瓠瓜树属 *Crescentia* L.

本属约 5 种,中国引入栽培 2 种,福建木本栽培 2 种。

分 种 检 索 表

1. 叶具指状三小叶,小叶条形;叶柄具翅(福建厦门栽培)………………… **1. 瓠瓜树** *C. alata* H. B. K.
1. 叶为单叶,匙状倒披针形(福建南部园林部门栽培)………………… **2. 葫芦树** *C. cujete* L

6. 猫尾木属 *Dolichandrone* Seem.

本属约 9 种,中国产 2 种,福建木本栽培 1 种。

猫尾木 *D. cauda-felina*(Hance)Benth. et Hook. f. 厦门栽培。

7. 火焰树属 *Spathodea* Beauv.

本属约 2 种,中国引入栽培 1 种,福建木本引入 1 种。

火焰树 *S. campanulata* Beauv. 福建南部引种。

8. 吊瓜属 *Kigelia* DC.

本属仅 1 种,中国引种,福建木本栽培 1 种。

吊瓜树 *K. africana*(Lamk)Benth. 厦门引种。

9. 黄钟花属 *Tecoma* Juss.

本属约 3 种,中国引入栽培 1 种,福建木本引入 1 种。

黄钟花 *T. stans*（L.）H. B. K. 厦门栽培。

10. 硬骨凌霄属 *Tecomaria* Spach

本属2种，中国引入栽培1种，福建木本引入1种。

硬骨凌霄 *T. capensis*（Thunb.）Spach. 漳州、厦门栽培。

11. 蓝花楹属 *Jacaranda* Juss.

本属约50种，中国引入栽培2种，福建木本引入2种。

1. 叶被微柔毛，小羽片16对以上，每1小羽片有小叶10对以上；花长15~18cm（福建沿海县有栽培）……
……………………………………………………………………… **1. 蓝花楹 *J. mimosifolia* D. Don**
1. 叶无毛，小羽片8~15对，每1羽片有小叶8对以下；花长不超过5cm（福建沿海县、市也见栽培）……
……………………………………………………………………… **2. 尖叶蓝花楹 *J. cuspidifolia* Mart.**

12. 木蝴蝶属 *Oroxylum* Vent.

本属仅1种，福建木本引入1种。

木蝴蝶 *O. indicum*（L.）Vent. 全省少见栽培，偶有逸生者。

13. 菜豆树属 *Radermachera* Zoll. & Mor.

本属约60种，中国7种，福建木本引入1种。

菜豆树 *R. sinica*（Hance）Hemsl. 厦门、福州、南平等市栽培。

128. 厚壳树科 Ehretiaceae

本科15属、50种，中国4属、20种，福建木本2属、5种。

分 属 检 索 表

1. 花柱2裂或不裂，柱头1~2；果核常裂为2或4个分核，稀不裂；子叶扁平… **1. 厚壳树属 *Ehretia* R. Br.**
1. 花柱2次2裂，柱头4；核果具1核；子叶具褶 …………………………… **2. 破布木属 *Cordia* L.**

1. 厚壳树属 *Ehretia* R. Br.

本属约50种，中国12种，福建木本4种。

分 种 检 索 表

1. 灌木，多分枝；花柱仅于基部合生；核果成熟时不分裂成分核，有4个种子；叶小，长8~25(~40)mm
   （福建习见栽培）…………………………………………………… **1. 福建茶 *E. microphylla* Lam.**
1. 乔木；花柱合生至中部以上，核果成熟时分裂成2个具2种子或4个具1种子的分核；叶大，通常长6cm
   以上。
   2. 叶全缘；果成熟时分裂为4个具1种子的分核（分布于南靖）……… **2. 长花厚壳树 *E. longiflora* Champ.**
   2. 叶有锯齿；果成熟时分裂为2个具2种子的分核。
     3. 叶两面无毛或仅下面有疏细短毛；花冠裂片长于冠管（福建习见）…………………………
     …………………………………………………… **3. 厚壳树 *E. thyrsiflora*（Sieb. & Zucc.）Nakai.**
     3. 叶两面明显密被毛或疏被毛；花冠裂片短于冠管（福建习见）……… **4. 毛叶厚壳树 *E. macrophylla* Wall.**

2. 破布木属 *Cordia* L.

本属约 250 种，中国 5 种，福建木本 1 种。

破布木 *C. dichotoma* Forst f. 福建中部、南部习见。

129. 马鞭草科 Verbenaceae

本科 80 属、3000 种，中国 21 属、175 种、31 变种、10 变型，福建木本 12 属、41 种、2 变种、1 变型。

分 属 检 索 表

1. 海滨泥沼盐生灌木或乔木；枝圆柱形，通常有明显的关节 ·················· **1. 海榄雌属** *Avicennia* L.
1. 非海滨泥沼盐生植物；枝多少四棱形，无明显的关节。
  2. 花序为穗状、总状或短缩成近头状花序，花自花序下面或外围向顶端开放。
   3. 花序穗状或近头状；子房 2 ~ 4 室。
    4. 能育雄蕊 4 枚，药室平行；花序穗状或近头状，穗轴无凹穴 ·················· **2. 马缨丹属** *Lantana* L.
    4. 能育雄蕊 2 枚，药室叉分；穗状花序细长，穗轴有凹穴，花嵌生在凹穴中 ··················
    ···························· **3. 假马鞭属** *Stachytarpheta* Vahl
   3. 花序总状或穗状；子房 8 室；核果包藏于增大而宿存的花萼内 ·················· **4. 假连翘属** *Duranta* L.
  2. 花序为聚伞花序或由聚伞花序再组成圆锥花序，或有时单花，花自花序顶端或中心向外围开放。
   5. 果实非干燥蒴果，中果皮多少肉质。
    6. 花辐射对称；雄蕊 4 ~ 6 枚，近等长。
     7. 花 4 数，常为腋生聚伞花序；花萼结果时不增大 ·················· **5. 紫珠属** *Callicarpa* L.
     7. 花 5 ~ 6 数，为大型圆锥花序；花萼结果时增大且包住果实 ·················· **6. 柚木属** *Tectona* L. f.
    6. 花冠多少二唇形，两侧对称或偏斜；雄蕊 4 枚，多少 2 强。
     8. 花萼绿色，结果时不增大或稍增大；果实为 2 ~ 4 室的核果。
      9. 单叶；花冠下唇中裂片不特别大或仅稍大。
       10. 叶基部无大腺点；花小，长 1.5cm 以下，花萼无腺点·················· **7. 豆腐柴属** *Premna* L.
       10. 叶基部有大腺点；花大，长 2.5cm 以上，鲜艳，花萼上有大腺点 ·················· **8. 石梓属** *Gmelina* L.
      9. 掌状复叶(单叶蔓荆例外)；花冠下唇中裂片特大 ·················· **9. 牡荆属** *Vitex* L.
     8. 花萼结果时增大，常有各种颜色；果实常有 4 分核。
      11. 花萼钟状；花冠管不弯曲 ·················· **10. 大青属** *Clerodendrum* L.
      11. 花萼由基部向上扩展成喇叭状或碟状；花冠管弯曲；栽培植物 ······ **11. 冬红属** *Holmskioldia* Retz.
   5. 果为干燥开裂的蒴果 ·················· **12. 莸属** *Caryopteris* Bunge

1. 海榄雌属 *Avicennia* L.

本属约 10 种，中国 1 种，福建木本 1 种。

海榄雌 *A. marina* (Forsk) Vierh. 分布于福建东南沿海滨海地区，是海岸红树林的组成种类之一。

2. 马缨丹属 *Lantana* L.

本属约 150 种，中国引种 1 种，福建引种 1 种。

马缨丹 *L. camara* L. 福建东南沿海各地多有栽培或逸为野生。

3. 假马鞭属 *Stachytarpheta* Vahl

本属约 100 种，福建木本 1 种。

假马鞭 *S. jamaicensis*（L.）Vahl

据《中国植物志》记载，福建有产。

4. 假连翘属 *Duranta* L.

本属约有 36 种，中国引种 1 种，常逸为野生，福建木本 1 种。

假连翘 *D. repens* L. 福建各地栽培。

5. 紫珠属 *Callicarpa* L.

本属 190 种，中国 46 种，福建木本 14 种和 1 变型。

分 种 检 索 表

1. 花萼筒状，4 深裂达中部以下，裂齿线形或狭长三角形；结果时长于果实并包住果实（分布于南靖、长泰、莆田、龙岩、长汀、福州、古田、南平、武夷山、光泽等地）⋯⋯⋯⋯⋯⋯ **1. 枇杷叶紫珠** *C. kochiana* Makino
1. 花萼杯状或钟状，分裂在中部以上或几截平，结果时短于果实，果实露出花萼外。
  2. 花丝长于花冠，多至花冠的 2 倍或更长；药室纵裂。
   3. 聚伞花序具 5 次以上分歧，宽 4～10cm；总花梗粗壮，长超过 3cm。
    4. 攀援灌木；叶全缘（分布于漳平、龙岩、连城、永安等地）⋯⋯⋯ **2. 全缘叶紫珠** *C. integerrima* Champ.
    4. 直立灌木；叶缘具疏齿或微波状（福建产地不明）⋯⋯⋯⋯⋯ **3. 裸花紫珠** *C. nudiflora* Hook. et Arn.
   3. 聚伞花序具 2～5 次分歧，宽 4cm 以下；总花梗纤细，长不超过 3cm。
    5. 叶倒卵状长圆形或倒卵状披针形，中部以上最宽，基部心形或近耳形。
     6. 萼齿尖锐；叶柄长约 1cm（分布于漳平、上杭、长汀、永安、三明、南平、建瓯、建阳等地。模式标本采自福建南平）⋯⋯⋯⋯⋯⋯⋯⋯⋯⋯⋯⋯⋯⋯⋯⋯⋯⋯⋯⋯ **4. 长柄紫珠** *C. longipes* Dunn
     6. 萼齿钝三角形或不明显，长在 0.5cm 以下；叶柄极短或近无柄（分布于连城、泰宁、浦城等地）⋯⋯⋯⋯⋯⋯⋯⋯⋯⋯⋯⋯⋯⋯⋯⋯⋯⋯⋯⋯⋯⋯⋯ **5. 红紫珠** *C. rubella* Lindl.
     5a. 钝齿红紫珠 *C. rubella* f. *crenata* 与原种区别在于：小枝、花序、叶均被单毛，叶披针形，较小，长 7～10cm，宽 1.5～2.5cm，边缘具钝齿；总花梗较短。福建产云霄。
    5. 叶基部楔形、钝或圆形，中部以上渐狭。
     7. 叶下面及花萼均被星状毛。
      8. 叶具红色腺点（分布于厦门、南靖、永安、三明、建阳、邵武、武夷山等地）⋯⋯⋯⋯⋯⋯⋯⋯⋯⋯⋯⋯⋯⋯⋯⋯⋯⋯⋯⋯⋯⋯⋯⋯⋯⋯ **6. 紫珠** *C. bodinieri* Lévl.
      8. 叶具黄色腺点。
       9. 花冠及子房无毛；总花梗长于叶柄（福建常见）⋯⋯⋯⋯⋯ **7. 杜虹花** *C. formosana* Rolfe
       9. 花冠及子房有毛；总花梗不长于叶柄（分布于三明、建阳、光泽等地）⋯⋯⋯⋯⋯⋯⋯⋯⋯⋯⋯⋯⋯⋯⋯⋯⋯⋯⋯⋯⋯ **8. 老鸦糊** *C. giraldii* Hesse ex Rehd.
     7. 叶下面及花萼均无毛，或仅叶脉疏生星状毛。
      10. 小枝四棱形，疏被多细胞单毛，节上有毛环（分布于漳州、龙岩、漳平、闽侯、福州、沙县、三明、永安、南平等地）⋯⋯⋯⋯⋯⋯⋯⋯⋯ **9. 尖尾枫** *C. longissima*（Hemsl.）Merr.
      10. 小枝圆柱形，被星状毛或近无毛，节上无毛环。
       11. 叶倒卵形或椭圆状披针形，边缘仅上部具数对锯齿；总花梗较叶柄长 1 倍（分布于南靖、龙岩、福州、永安、沙县、建瓯、宁化、连城、长汀、武夷山、浦城等地）⋯⋯⋯⋯⋯⋯⋯⋯⋯⋯⋯⋯⋯⋯⋯⋯⋯⋯ **10. 白棠子树** *C. dichotoma*（Lour.）K. Koch.
       11. 叶椭圆形或倒卵状椭圆形，边缘具不明显疏齿或近全缘；总花梗与叶柄近等长（福建特有种，分布于闽江口上狮岛上）⋯⋯⋯⋯⋯⋯⋯ **11. 狮紫珠** *C. siang-saiensis* Metc.
  2. 花丝常与花冠等长或略长于花冠；药室顶孔开裂。

12. 叶及花各部分具暗红色腺点，叶下面近无毛（分布于南靖、长泰、泰宁、武夷山等地） ················· ································· **12. 华紫珠** *C. cathayana* H. C. Chang

12. 叶及花各部分具黄色腺点。
  13. 叶两面无毛（分布于南靖、龙岩、上杭等地） ················ **13. 广东紫珠** *C. kwangtunensis* Chun
  13. 叶下面脉上有星状毛（分布于泰宁等地） ············· **14. 短柄紫珠** *C. brevipes*（Benth.）Hance

    6. 柚木属 *Tectona* L. f.
    本属约 3 种，中国引种栽培 1 种，福建木本栽培 1 种。
    柚木 *T. grandis* L. f. 厦门和福州栽培。
    7. 豆腐柴属 *Premna* L.
    本属约有 200 种，中国 44 种、5 变种，福建木本 4 种。

分 种 检 索 表

1. 花萼 5 裂或明显 5 齿裂；聚伞花序组成塔形圆锥花序。
  2. 直立灌木；叶基部下延至叶柄两侧（分布于南靖、长汀、德化、永泰、泰宁、福安、南平、建瓯、沙县、浦城等地） ································· **1. 豆腐柴** *P. microphylla* Turcz.
  2. 直立或攀援灌木，或小乔木；叶基部不下延，阔楔形、圆形或微心形。
    3. 植株不密被长柔毛（分布于永泰、南平、永安等地） ············ **2. 狐臭柴** *P. puberula* Pamp.
    3. 植株密被长柔毛（分布于泰宁等地） ············· **3. 长序臭黄荆** *P. fordii* Dunn et Tutch.
1. 花萼二唇形；聚伞花序组成伞房状花序（福建有产） ······································· ································· **4. 伞序臭黄荆** *P. corymbosa*（Burn. f.）Rottl. et Willd.

    8. 石梓属 *Gmelina* L.
    本属约 35 种，中国 7 种，福建木本 1 种。
    石梓 *G. chinensis* Benth. 分布于南平、将乐、沙县等地。
    9. 牡荆属 *Vitex* L.
    本属约 250 种，中国约 20 种，福建木本 3 种、2 变种。

分 种 检 索 表

1. 花序较小，长 3 ~ 5cm；叶为 3 小叶组成的复叶和单叶并存；茎直立（分布于长乐、福州等地） ·········· ································· **1. 蔓荆** *V. trifolia* L.
  1a. 单叶蔓荆 *V. trifolia* var. *simplicifolia* 主要特征是：平卧灌木，茎匍匐，节上常生根；叶为单叶，对生，倒卵形，顶端圆形或钝圆，基部阔楔形，全缘。本省分布于厦门、福州、长乐。
1. 花序较大，长 6 ~ 30cm；叶为 3 ~ 5 片小叶组成的复叶。
  2. 小叶两面除中脉被疏柔毛外，其余均无毛（分布于南靖、龙溪、厦门、漳平、永春、永泰、仙游、福州、福安、沙县、宁化、周宁等地） ················ **2. 山牡荆** *V. quinata*（Lour.）Will.
  2. 小叶两面被柔毛，有时下面被毛更密（福建各地极常见） ················ **3. 黄荆** *V. negundo* L.
  3a. 牡荆 *V. negundo* var. *cannabifolia* 与原种区别在于：本变种的叶缘有粗锯齿，上面绿色，下面淡绿色，疏生毛。全省常见。

    10. 大青属 *Clerodendrum* L.
    本属约 400 种，中国 34 种、6 变种，福建木本 12 种。

分 种 检 索 表

1. 花序腋生，少花，常不超过 10 朵，排成聚伞花序。
　2. 花冠高脚杯状，远长于花萼(分布于厦门、福州等) ························ **1. 苦郎树** *C. inerme* (L.) Gaertn.
　2. 花冠管与花萼等长或稍长于花萼。
　　3. 蔓性灌木；花萼白色；花冠红色；叶狭卵形或卵状长圆形(福建各地栽培) ························
　　　 ·· **2. 龙吐珠** *C. thomsonae* Balf.
　　3. 直立灌木；花萼紫红色；花冠淡红色或白色；叶长圆形或倒卵状披针形(分布于南靖、华安、漳州、龙
　　　 岩、德化、永泰、安溪等地) ··· **3. 白花灯笼** *C. fortunatum* L.
1. 花序顶生，如为腋生则花序密集成头状；花序的花均在 10 朵以上，由聚伞花序组成伞房状、头状或圆锥
　 花序。
　4. 叶心形、卵形、宽卵形或椭圆形，长为宽的 2 倍以下。
　　5. 叶下面有盾状腺体。
　　　6. 叶缘 3～7 浅裂，呈角尖；花萼长约 0.5cm(分布于南靖等地) ············ **4. 圆锥大青** *C. paniculatum* L.
　　　6. 叶缘无浅裂的角；花萼长约 1cm(分布于厦门、南靖、长汀、福州、南平、沙县、永安、建阳等地)
　　　　 ··· **5. 赪桐** *C. japonicum* (Thunb.) Sweet.
　　5. 叶下面无盾状腺体。
　　　7. 聚伞花序排列松散，不呈头状。
　　　　8. 花萼外面疏生短毛和腺点(福建有分布) ························ **6. 浙江大青** *C. kaichianum* Hsu.
　　　　8. 花萼外面无短毛和腺毛(分布于南靖、华安、长泰) ············ **7. 海州常山** *C. trichotomum* Thunb.
　　　7. 聚伞花序排列紧密，呈头状。
　　　　9. 植株密被平展的长柔毛；花萼裂片阔卵形，边缘重叠，外面无盘状腺体(分布于南靖、华安、福州、
　　　　　永安、三明等地) ··· **8. 灰毛大青** *C. canescens* Wall.
　　　　9. 植株被柔毛；花萼裂片线状披针形或三角形，边缘不重叠，外面常具盘状腺体。
　　　　　10. 花萼裂片线状披针形或披针形。
　　　　　　11. 花重瓣；雄蕊常变成花瓣；花冠裂片卵圆形(分布于南靖、厦门、永安等地) ···············
　　　　　　　 ··· **9. 重瓣臭茉莉** *C. philippinum* Schauer
　　　　　　11. 花非重瓣；雄蕊不变成花瓣；花冠裂片倒卵形(分布于南靖、平和、华安、上杭、长汀、南宁、
　　　　　　　 建瓯、武夷山等地) ··················· **10. 尖齿臭茉莉** *C. lindleyi* Decne. ex Planch.
　　　　　10. 花萼裂片三角形或狭三角形(分布于南靖、连城、永泰、福州、永安、沙县、浦城等地) ···········
　　　　　　 ·· **11. 臭牡丹** *C. bungei* Steud.
　4. 叶长圆形或长圆状披针形，长为宽的 2 倍以上(分布于厦门、南靖、龙岩、上杭、连城、福州、永泰、
　　南平、沙县、永安、建宁、泰宁、浦城等地) ····················· **12. 大青** *C. cyrtophyllum* Turcz.

　　11. 冬红属 *Holmskioldia* Retz.
　　本属 3 种，中国引入 1 种，福建木本引入 1 种。
　　冬红 *H. sanguinea* Retz. 福州引种。
　　12. 莸属 *Caryopteris* Bunge
　　本属 15 种，中国 13 种、2 变种、1 变型，福建木本 1 种。
　　兰香草 *C. incana* (Thunb.) Miq. 产厦门、长泰、平潭、福州、泰宁等地。

130. 芍药科 Paeoniaceae

　　本科 1 属、35 种，中国 1 属、35 种，福建木本栽培 1 属、1 种。

芍药属 *Paeonia* L.

本属约 35 种，中国 11 种，福建木本栽培 1 种。

牡丹 *P. suffruticosa* Andr. 福建少量栽培。

131. 毛茛科 Ranunculaceae

本科 50 属、200 种，中国 42 属、725 种，福建木本 1 属、13 种。

铁线莲属 *Clematis* L.

本属约 300 种，中国约 108 种，福建木本 13 种。

分 种 检 索 表

1. 雄蕊有毛；萼片直立或斜上，花萼管状或钟状。
  2. 单叶，叶缘有刺头状小锯齿(分布于漳浦、上杭、永春、仙游、福州、明溪、宁德、福鼎、周宁、寿宁、南平、松溪、政和、武夷山、浦城) ·············· **1. 单叶铁线莲** *C. henryi* Oliv.
  2. 复叶。
    3. 植株密被锈色柔毛；聚伞花序腋生(分布于南靖、武平、长汀、闽侯、福州、闽清、永泰、永安、南平) ·············· **2. 锈毛铁线莲** *C. leschenaultiana* DC.
    3. 植株无毛；花 1~3 朵，腋生，萼片长 2.5~3cm，内面无毛(分布于武夷山) ··············
       ·············· **3. 华中铁线莲** *C. pseudootophora* M. Y. Fang
1. 雄蕊无毛；萼片开展，少数斜上而花萼呈钟状。
  4. 花药药隔顶端不突出或仅稍突出。
    5. 聚伞花序或圆锥状聚伞花序。
      6. 花药长圆形至长圆状线形，长 2~6mm；小叶片或裂片全缘。
        7. 一至二回羽状复叶，小叶 5~21 片，间有三出复叶。
          8. 子房及瘦果卵形至卵圆形，有毛；植株多少有毛；叶片纸质，干后变黑色(全省各地均产) ·············
             ·············· **4. 威灵仙** *C. chinensis* Osbeck
          8. 瘦果圆柱状锥形，黑色，无毛；植株除萼片及花柱外均无毛；叶片薄革质，干后呈黑褐色或不变黑(分布于同安、长泰、长乐、福州、永安、尤溪、泰宁、古田、南平、建阳、武夷山、浦城) ·····
             ·············· **5. 柱果铁线莲** *C. uncinata* Champ.
        7. 全为三出复叶，或间有单叶。
          9. 芽鳞小，长 5~8mm，长三角齿至三角形，或不明显；瘦果较狭，镰刀状卵形或狭倒卵形。
            10. 圆锥状聚伞花序，花多数(分布于云霄、南靖、平和、龙岩) ·················
                ·············· **6. 毛柱铁线莲** *C. meyeniana* Walp.
            10. 聚伞花序，花 1~7 朵，稀更多(全省各地常见) ·············· **7. 山木通** *C. finetiana* Lévl. et Vant
          9. 芽鳞大，长 0.8~3.5cm，三角状卵形至长圆形；瘦果扁，卵形至椭圆形(分布于宁化、南平) ·····
             ·············· **8. 小木通** *C. armandii* Franch
      6. 花药椭圆形至狭长圆形，长 1~2mm，少数长可达 2.5~5mm；小叶片或裂片有齿或全缘。
        11. 花丝干时皱缩；三出复叶，小叶片全缘(分布于南靖、南平、建阳、武夷山) ·················
            ·············· **9. 厚叶铁线莲** *C. crassifolia* Benth
        11. 花丝干时不皱缩。
          12. 叶为一至二回羽状复叶或二回三出复叶(分布于福清、宁德) ·················
              ·············· **10. 裂叶铁线莲** *C. parviloba* Gardn. et Champ
          12. 叶全为三出复叶，小叶片长 2.5~8cm，边缘有锯齿(分布于泰宁、建阳、武夷山、邵武) ·········
              ·············· **11. 女萎** *C. apiifolia* DC.

5. 花单生或簇生(产武夷山) ··· **12. 绣球藤** *C. montana* Buch. – Ham. ex DC

4. 花药药隔顶端突出,长于花药1~2倍;有退化雄蕊;三出复叶,全缘(分布于漳浦、南靖) ···········
·· **13. 丝铁线莲** *C. filamentosa* Dunn

132. 大血藤科 Sargentodoxaceae

本科1属、1种,中国1属、1种,福建木本1属、1种。

大血藤属 *Sargentodoxa* Rehd. et Wils.

本属仅1种,福建木本1种。

大血藤 *S. cuneata*(Oliv.)Rehd. et Wils.

全省各地常见。

133. 木通科 Lardizabalaceae

本科8属、50种,中国6属、40种,福建木本3属、9种、1变种、1亚种。

分 属 检 索 表

1. 花序通常具少数花,伞房状;萼片6片,绿白色或紫色;花瓣6片,微小或无花瓣;雄蕊花丝长,分离或
  合生,花药常具突尖;心皮3枚。
  2. 萼片肉质,顶端钝;花丝分离 ··· **1. 八月瓜属** *Holboellia* Wall.
  2. 萼片薄,顶端渐尖;花丝合生 ··· **2. 野木瓜属** *Stauntonia* DC.
1. 花序具多数花,总状;萼片3片,紫色或紫红色;无花瓣;几无花丝,花药钝;心皮3~9枚···········
·· **3. 木通属** *Akebia* Decne

1. 八月瓜属 *Holboellia* Wall.

本属约12种,中国约11种,福建木本2种。

分 种 检 索 表

1. 叶具3小叶,小叶具厚革质,顶端渐尖(分布于武夷山、建阳) ············· **1. 鹰爪枫** *H. coriacea* Diels
1. 叶具(3)5~7小叶,小叶薄革质,网脉不明显;顶端具短尖(分布于武夷山和建阳) ···········
··· **2. 五叶瓜藤** *H. fargesii* Reaub.

2. 野木瓜属 *Stauntonia* DC.

本属约20余种,中国约有22种,福建木本5种、1亚种。

分 种 检 索 表

1. 叶具3(5)小叶,小叶厚革质,长不超过宽的2倍,基部圆形至浅心形,基部第一对侧脉明显长于上一对
  侧脉多少成三出脉状。
  2. 叶下面无明显的白斑;萼片披针形;药隔附属体与花药近等长(福建南部) ···········
  ··· **1. 三脉野木瓜** *S. trinervia* Merr.
  2. 叶下面有明显的白斑;萼片卵状长圆形;药隔附属体长仅为花药的1/4(分布于南平和武夷山)···········
  ·· **2. 显脉野木瓜** *S. conspicua* R. H. Chang
1. 叶具(3)5~7片,小叶薄革质或纸质,长为宽的2倍以上,基部楔形至近于圆形,基部的一对侧脉短于上
  一对侧脉,为羽状脉。

3. 小叶披针形或窄椭圆形，最宽处在中部或中部以下，下面具明显的白斑；雄花外轮萼片长圆形，先端急尖(分布于南平和武夷山) ·· **3. 斑叶野木瓜** *S. maculata* Merr.

3. 小叶倒卵形，倒卵状长圆形或倒卵状披针形(仅钝药野木瓜有时呈长圆形或椭圆形)，最宽处在中部以上，下面无明显的白斑；雄花外轮萼片卵状披针形至披针形。

  4. 小叶先端急尖或钝圆，下面粉绿色，网脉于两面不明显；雄花外轮萼片卵状披针形，先端长急尖；药隔先端钝，无角状附属体(全省各地常见) ·············· **4. 钝药野木瓜** *S. obovata* Hemsl.

  4. 小叶先端骤缩成尾状，下面浅绿色，网脉于两面明显；雄花外轮萼片披针形，先端长渐尖；药隔先端具突出的角状附属体。

    5. 小叶革质，上面有光泽，先端不突出或有胼胝质小尖头；雄花具 6 枚花瓣；药隔附属体长为花药的一半以上(分布于德化、南平、建瓯、武夷山等地) ·············· **5. 野木瓜** *S. chinensis* DC.

    5. 小叶薄革质或厚纸质，上面无光泽，先端常有易断的丝状尖头；雄花无花瓣；药隔附属体长不及花药的 1/4(全省常见)········ **6. 尾叶那藤** *S. obovatifoliola* Hayata subsp. *urophylla*（Hand. – Mazz.）H. N. Qin

   3. 木通属 *Akebia* Decne

本属约 4 ~ 5 种，福建木本 2 种、1 变种。

分 种 检 索 表

1. 小叶 5 片，纸质，全缘；总状花序具 6 ~ 12 朵花；雄花长 6 ~ 10mm(分布于永春、仙游、闽侯、福州、尤溪、南平、建宁、建瓯、武夷山、福安、霞浦、福鼎) ····················· **1. 木通** *A. quinata*（Thunb.）Decne

1. 小叶 3 片，较厚，革质或近革质；总状花序具 15 ~ 30 朵花；雄花长 2.5 ~ 3mm。

  2. 小叶近革质，卵形或宽卵形，边缘具波状齿或浅裂(分布于连城、南平、建阳、泰宁) ···················· ··· **2. 三叶木通** *A. trifoliata*（Thunb.）Koidz

  2. 小叶革质，卵形至卵状长圆形，全缘(分布于南平、建阳、武夷山、泰宁等地) ························· ·················· **2a. 白木通** *A. trifoliata*（Thunb.）Koidz var. *australis*（Diels）Rehd.

134. 防己科 Menispermaceae

本科 65 属、350 种，中国 19 属、70 种，福建木本 7 属、11 种。

分 属 检 索 表

1. 叶片盾状着生；心皮 1 枚。

  2. 聚伞花序或团伞花序再排成伞形花序式；萼片 3 ~ 6 片，分离；花瓣 2 ~ 4 片················· ··· **1. 千金藤属** *Stephania* Lour.

  2. 密伞花序再排成圆锥状、总状或穗状；萼片 1 ~ 2 片，合生；花瓣 1 ~ 2 片，很少无花瓣············· ··· **2. 轮环藤属** *Cyclea* Arnott ex Wight

1. 叶片非为盾状着生；心皮 3 枚。

  3. 花被多数，不定数，萼片和花瓣稍有不同；聚伞花序小，具 3 ~ 6 花；果实成熟时通常每 1 果序仅具 1 个核果；花药纵裂 ················· **3. 夜花藤属** *Hypserpa* Miers

  3. 花被定数，轮状排列，萼片花瓣往往不同；聚伞花序或圆锥花序具多花；果实成熟时每 1 果序具少数至多数核果。

    4. 雄花有雄蕊 9 ~ 12 枚；雌花有退化雄蕊 9 枚 ············ **4. 汉防己属** *Sinomenium* Diels

    4. 雄花有雄蕊 3 ~ 6 枚，稀可达 9 枚；雌花有退化雄蕊 6 枚。

     5. 萼片有黑色斑点；花瓣顶端不裂；雄蕊 6 枚，花丝分离，花药横裂 ····· **5. 秤钩风属** *Diploclisia* Miers

5. 萼片无黑色斑点。
  6. 花瓣顶端不裂；雄蕊 6 枚，分离或合生，花药纵裂 ···················· **6. 细圆藤属** *Pericampylus* Miers
  6. 花瓣顶端 2 裂；雄蕊 6~9 枚，花丝分离，花药横裂···················· **7. 木防己属** *Cocculus* DC.

1. 千金藤属 *Stephania* Lour.
本属约 60 余种，中国约 30 种，福建木本 4 种。

分 种 检 索 表

1. 雄花序为小头状聚伞花序再排成总状花序式。
 2. 叶片三角状近圆形，两面无毛，叶柄长 5~11cm；雄花萼片 4~6 片，花瓣 3~5 片，雄蕊 6 枚（分布于长泰、长汀、福州、霞浦、古田、松溪、政和等地）··············· **1. 金钱吊乌龟** *S. cepharantha* Hayata
 2. 叶片阔三角状卵形，两面被伏生短柔毛，叶柄长 4~7.5cm；雄花萼片通常 1 片，花瓣 4 片，雄蕊 4 枚（分布于长泰、永定、惠安、南安、福清、永春、大田、尤溪、霞浦、寿宁、松溪、政和等地）·············· **2. 粉防己** *S. tetrandra* S. Moore
1. 雄花序伞形至聚伞形。
 3. 叶片长宽近相等，下面通常粉白色；花序无毛；胎座迹通常不穿孔（分布于长泰、平潭）··············· **3. 千金藤** *S. japonica* (Thunb.) Miers
 3. 叶片长明显大于宽，下面通常绿色；花序被短硬毛；胎座迹穿孔（分布于厦门、南靖、华安、福清、福州、永泰、宁德）··············· **4. 粪箕笃** *S. longa* Lour.

2. 轮环藤属 *Cyclea* Arnott ex Wight
本属约 30 种，中国约 12 种，福建木本 1 种。
轮环藤 *C. racemosa* Oliv 产长泰等地。

3. 夜花藤属 *Hypserpa* Miers
本属约 9 种，中国仅 1 种，福建木本 1 种。
夜花藤 *H. nitida* Miers 产华安、永安等地。

4. 汉防己属 *Sinomenium* Diels
本属仅 1 种，福建木本 1 种。
汉防己 *S. acutum* (Thunb.) Rehd. et Wils. 分布于长泰、连城、光泽等地。

5. 秤钩风属 *Diploclisia* Miers
本属约 2 种，中国 2 种，福建木本 1 种。
秤钩风 *D. affinis* (Oliv.) Diels 分布于永安、光泽等地。

6. 细圆藤属 *Pericampylus* Miers
本属约 7 种，中国有 1 种，福建木本 1 种。
细圆藤 *P. glaucus* (Lam.) Merr. 分布于南靖、长泰、福州等地。

7. 木防己属 *Cocculus* DC.
本属约 10 种，中国有 2 种，福建木本 2 种。

分 种 检 索 表

1. 近木质缠绕藤本，嫩枝密被柔毛；叶纸质，两面均有柔毛，基出脉侧生的 1 对仅伸至叶片中部；心皮 6 枚，花瓣基部两侧有耳并内折（全省各地极常见）··············· **1. 木防己** *C. orbiculatus* (L.) DC.

1. 直立灌木，嫩枝无毛；叶薄革质，两面均无毛，基出脉侧生的 1 对伸达叶片近顶部；心皮 3 枚，花瓣基部两侧无耳，不内折（分布于永泰等地）…………………………… **2. 樟叶木防己** *C. laurifolius* DC.

135. 南天竹科 Nandinaceae

本科 1 属、1 种，中国 1 属、1 种，福建木本 1 属、1 种。

南天竹属 *Nandina* Thunb

本属仅 1 种，福建木本 1 种。

南天竹 *N. domestica* Thunb. 分布于永安、建瓯、泰宁、武夷山等地。

136. 小檗科 Berberidaceae

本科 14 属、650 种，中国 11 属、280 种，福建木本 2 属、7 种。

分 属 检 索 表

1. 叶为单叶，枝条节部有针刺 ……………………………………………… **1. 小檗属** *Berberis* L.
1. 叶为一回羽状复叶，枝无针刺，但叶片边缘常有刺状锐齿……………… **2. 十大功劳属** *Mahonia* Nutt.

1. 小檗属 *Berberis* L.

本属约 490 种，中国约 200 种，福建木本 3 种。

分 种 检 索 表

1. 落叶灌木；花序总状或近伞形。
  2. 总状花序具总梗（分布于龙岩、长汀、三明、永安、仙游、泰宁、武夷山、古田、松溪、政和）………
    …………………………………………………… **1. 庐山小檗** *B. virgetorum* Schneid
  2. 近伞形总状花序，具总梗（分布于永安）…………………… **2. 华西小檗** *B. silva-taroucana* Schneid
1. 常绿灌木；2 ~ 25 朵花簇生。
  3. 叶缘中部以上具 2 ~ 10 对刺，稀全缘；花 2 ~ 14 朵簇生（福建有分布）…… **3. 华东小檗** *B. chingii* Cheng
  3. 叶缘具 10 ~ 20 对刺；花 10 ~ 25 朵簇生（分布于武夷山黄岗山）………… **4. 豪猪刺** *B. julianae* Schneid

2. 十大功劳属 *Mahonia* Nutt.

本属约 100 种，中国约 50 种，福建木本 3 种。

分 种 检 索 表

1. 小叶通常 3 ~ 9 片，长圆状披针形至狭披针形，长 8 ~ 12cm，宽 1.2 ~ 1.9cm，基部楔形或狭楔形，边缘每侧有 6 ~ 13 刺状锐齿；总状花序长 3 ~ 5cm（各地均有零星栽培）…… **1. 十大功劳** *M. fortunei* (Lindl.) Fedde
1. 小叶通常 9 ~ 17 片，卵形、卵状椭圆形至近卵圆形，长 4 ~ 10cm，宽 2.5 ~ 6cm，基部阔楔形、近圆形至截形，边缘每侧有 2 ~ 8 刺状锐齿。
  2. 小叶 9 ~ 15 片，卵形、广卵形至卵状椭圆形，长 4 ~ 8cm，宽 2.5 ~ 6cm，基部阔楔形或近圆形，边缘每侧有 2 ~ 5 (~ 8) 刺状锐齿；总状花序长 5 ~ 10 (~ 13) cm（全省各地常见）…………………
    ……………………………………………………………… **2. 阔叶十大功劳** *M. bealei* (Fort.) Carr.
  2. 小叶 11 ~ 17 片，卵状椭圆形，长 4 ~ 10cm，宽 2.5 ~ 3.5cm，基部圆形或近截形，边缘每侧有 2 ~ 6 粗大刺状锐齿；总状花序长 10 ~ 25cm（福建南部有零星栽培）… **3. 华南十大功劳** *M. japonica* (Thunb.) DC.

137. 马兜铃科 Aristolochiaceae

本科7属、400种，中国4属、70多种，福建木本1种。

马兜铃属 *Aristolochia* L.

本属约有350种，中国20多种，福建木本1种。

广西马兜铃 *A. kwangsiensis* Chun et How ex C. F Liang 分布于南靖。

138. 胡椒科 Piperaceae

本科约9属，3000种，中国3属、43种，福建木本1属、6种。

胡椒属 *Piper* L.

本属约2000种，中国约40多种，福建木本6种。

分 种 检 索 表

1. 花单性，少有两性，雌雄异株，或间有杂性；苞片浅杯状（福建南部也有）············· **1. 胡椒** *P. nigrum* L.
1. 花单性，雌雄异株；苞片盾状。
  2. 茎下部的叶阔卵形或卵形，基部心形，宽达5cm以上；果嵌生于肉质花序轴中。
    3. 叶膜质；雄花序长约2cm；果具4棱角，无毛（分布于南靖、厦门）········· **2. 假蒟** *P. sarmentosum* Roxb.
    3. 叶纸质或革质；雄花序长约9cm；果顶端稍突出，被茸毛（福建栽培）············· **3. 蒌叶** *P. betle* L.
  2. 叶不为上述形状，如为卵形，基部浅心形，宽常不超过5cm，少数可达7cm；果不嵌生于肉质花序轴上。
    4. 枝、叶和总花梗被短柔毛（分布于南靖）·················· **4. 毛蒟** *P. puberulum*（Benth.）Maxim.
    4. 植物体除嫩枝和花轴有时被毛外，其余常无毛。
      5. 雄花序长3~5.5cm（分布于沿海各县）·················· **5. 细叶青蒌藤** *P. kadsura*（Choisy）Ohwi
      5. 雄花序长6~10cm（全省各地较常见）·················· **6. 山蒟** *P. hancei* Maxim.

139. 金粟兰科 Chloranthaceae

本科4属、约35种，中国3属、约18种，福建木本2属、2种。

分 属 检 索 表

1. 雄蕊3枚合生成一体，具4个药室；木质部有导管 ·················· **1. 金粟兰属** *Chloranthus* Sw.
1. 雄蕊1枚，具2(~3)个药室；木质部无导管 ·················· **2. 草珊瑚属** *Sarcandra* Gardn.

1. 金粟兰属 *Chloranthus* Sw.

本属约25种，中国15种，福建木本1种。

金粟兰 *C. spicatus*（Thunb.）Makino 全省沿海各地较常见。

2. 草珊瑚属 *Sarcandra* Gardn.

本属3种，中国2种，福建木本1种。

草珊瑚 *S. glabra*（Thunb.）Nakai 全省各地常见。

140. 蓼科 Polygonaceae

本科约 40 属、850 种，中国 11 属、180 多种，福建木本 2 属、2 种。

分 种 检 索 表

1. 攀援植物，具卷须；茎圆柱形；叶正常，卵状三角形；结果时花被干膜质 ……………………
   …………………………………………………………………… **1. 珊瑚藤属** *Antigonon* Endl.
1. 直立灌木；茎枝扁平，绿色；叶有时退化；结果时花被多少肉质 ……… **2. 竹节蓼属** *Homalocladium* Bailey

    1. 珊瑚藤属 *Antigonon* Endl.

本属仅 1 种，中国各地多引种。

珊瑚藤 *A. leptopus* Hook. et Arn. 厦门和福州引种。

    2. 竹节蓼属 *Homalocladium* Bailey

本属仅 1 种，中国各地多引种。

竹节蓼 *H. platycladum*（F. Muell. ex Hook）Bailey 厦门、福州等地的庭园中栽培。

141. 千屈菜科 Lythraceae

本科 22 属、550 种，中国 11 属、47 种，福建木本包括引种 4 属、8 种、2 变型。

分 属 检 索 表

1. 花单朵腋生，或数朵生于小枝顶端和近顶端，形似总状花序。
   2. 花黄色，5 或 7 基数；萼管直立；小枝无毛 ………………………… **1. 黄薇属** *Heimia* Link et Otto
   2. 花紫色或紫红色，6 基数；萼管斜生；小枝被毛 ……………………… **2. 萼距花属** *Cuphea* Adans
1. 花多数，组成顶生圆锥花序。
   3. 花瓣 5~9 片，通常 6 片，具爪；雄蕊通常多数；蒴果通常 3~6 裂；种子顶端具翅 …………
      …………………………………………………………………… **3. 紫薇属** *Lagerstroemia* L.
   3. 花瓣 4 片；雄蕊 8 枚，每 2 枚和萼片对生；果不开裂或不规则开裂；种子无翅 …………
      ………………………………………………………………………… **4. 散沫花属** *Lawsonia* L.

    1. 黄薇属 *Heimia* Link et Otto

本属约有 3 种，中国及福建仅引入 1 种。

黄薇 *H. myrtifolia* Cham. et Schlech 厦门栽培。

    2. 萼距花属 *Cuphea* Adans

本属 300 种，中国引入 8 种，福建木本引入 1 种。

细叶萼距花 *C. hyssopifolia* H. B. K. 各地引种。

    3. 紫薇属 *Lagerstroemia* L.

本属 55 种，中国 16 种，福建木本包括引种 5 种、2 变型。

分 种 检 索 表

1. 叶较小，长在 12cm 以下，宽通常在 5cm 以下；果较小，直径在 10mm 以下。
   2. 枝、叶、花序、花梗及花萼多少被柔毛；萼片间有较大附属体(分布于厦门、莆田等地) …………
      …………………………………………………………………… **1. 福建紫薇** *L. limii* Merr.

2. 植物体通常无毛，极少部分被毛；萼片间无附属体。

  3. 花小，直径约1cm，花萼内面有环带；果小，直径约5mm(分布于长汀、三明、建阳、武夷山等地)……
…………………………………………………………………… **2. 南紫薇** *L. subcostata* Koehne

  3. 花较大，直径在3cm以上，花萼内面无环带；果较大，直径在5mm以上。

    4. 叶对生或近对生，通常椭圆形至倒卵形，顶端锐尖；花序及花萼无毛；栽培植物(福建各地也常见种植)…………………………………………………………………… **3. 紫薇** *L. indica* L.

      3a. **银薇** *L. indica* f. *alba* 花白色。福建各地栽培。

      3b. **红薇** *L. indica* f. *rubra* 花紫红色。福建各地栽培。

    4. 叶通常互生，极少近对生，椭圆状披针形，顶端尾状渐尖；花序及花萼被毛；野生植物(分布于平和)……………………………………………………… **4. 广东紫薇** *L. fordii* Oli. et Koe-Hne

1. 叶较大，长达27cm，宽达12cm；花较大，直径在5cm以上；果较大，直径在2cm以上(福建厦门市亦有引种栽培)…………………………………………… **5. 大花紫薇** *L. speciosa*(L.)Pers

    4. 散沫花属 *Lawsonia* L.

本属仅1种，中国包括福建各地普遍栽培。

散沫花 *L. inermis* L. 福建常见栽培。

142. 蓝雪科 Plumbaginaceae

本科19属、770种，中国7属、40种，福建木本包括引种1属、3种、1变种。

白花丹属 *Plumbago* L.

本属约10种，中国包括栽培3种，福建木本引入3种、1变种、1变型。

分 种 检 索 表

1. 叶柄基部扩大，具叶耳状附属物；花冠白色，花序轴有腺体(福建沿海各地栽培或逸为野生者)…………………………………………………………………… **1. 白花丹** *P. zeylanica* L.

  1a. **尖瓣白花丹** *P. zeylanica* var. *oxypetala* 与原种区别在于：本变种花檐部的裂片长圆状披针形，顶端渐尖。分布于福建。模式标本采自福建东南沿海的一个岛屿上。

1. 叶柄基部不扩大，无叶耳状附属物；花冠红色或浅蓝色，花序轴无腺体。

  2. 花序轴密被细柔毛，花萼浅绿色，长10~14mm，花冠浅蓝色，花冠管长3~4cm(福建厦门、漳州、福州等地也曾有种植)……………………………………………… **2. 蓝花丹** *P. auriculata* Lam.

    2a. **雪花丹** *P. auriculata* f. *alba* 花冠白色。福建厦门和福州有引种。

  2. 花序轴无毛，花萼红色，长8~9mm，花冠红色，花冠管长约2.0~2.5cm(福建沿海各大城市也有种植，供观赏用)……………………………………………… **3. 紫花丹** *P. indica* L.

143. 草海桐科 Goodeniaceae

本科14属、300多种，中国2属、3种，福建木本1属、1种。

草海桐属 *Scaevola* L.

本属80~100种，中国2种，福建木本1种。

草海桐 *S. taccada*(Gaertn.)Roxb. 产东山。

144. 菊科 Asteraceae

本科有1100属、25000~30000种，中国200多属、2000多种，福建木本3属、5种。

分属检索表

1. 花柱分枝细长，圆柱形钻状 ·· **1. 斑鸠菊属** *Vernonia* Schreb.
1. 花柱分枝非细长钻形。
  2. 雌花花冠丝状 ··· **2. 阔苞菊属** *Pluchea* Cass.
  2. 雌花花冠舌状 ··· **3. 旋覆花属** *Inula* L.

    1. 斑鸠菊属 *Vernonia* Schreb.

    本属约 1000 种，中国 27 种，福建木本有 3 种。

分 种 检 索 表

1. 头状花序总苞径 4~5mm；瘦果长 2~2.5mm，具 4~5 条棱（分布于漳州、龙海、南靖、平和、华安、漳
  平、福州） ··· **1. 茄叶斑鸠菊** *V. solanifolia* Benth.
1. 头状花序总苞径 7~10mm；瘦果长 3~4.5mm，具 10 条肋。
  2. 叶卵状长圆形、长圆状椭圆形或长圆状披针形，侧脉 5~7 对，下面疏被柔毛；头状花序具 18~21 个花
  （分布于龙海、南靖、华安、龙岩、福清、福州、永泰、长乐、古田） ·····························
  ·· **2. 毒根斑鸠菊** *V. cumingiana* Benth.
  2. 叶长圆形至长圆状披针形，侧脉 7~9 对，下面密被灰绿色或灰褐色茸毛；头状花序约有 10 个花（分布于
  厦门、南靖、龙岩、南平） ······························· **3. 台湾斑鸠菊** *V. gratiosa* Hance

    2. 阔苞菊属 *Pluchea* Cass.

    本属约 50 种，中国有 3 种，福建木本有 1 种。

    阔苞菊 *P. indica* （L.）Less. 分布于福建沿海各地及其一些岛屿。

    3. 旋覆花属 *Inula* L.

    本属约 100 种，中国 20 余种，福建木本 1 种。

    羊耳菊 *I. cappa* （Buch. – Ham.）DC. 全省各地极常见。

145. 茄科 Solanaceae

    本科 80 属、3000 多种，中国有 24 属、105 种，福建木本 6 属、17 种。

分 属 检 索 表

1. 果为蒴果。
  2. 花常单生于枝叉间，花和果实均较大型 ··· **1. 曼陀罗属** *Datura* L.
  2. 花腋生，花和果实均为小型 ··· **2. 番茉莉属** *Brunfelsia* Benth.
1. 果为浆果。
  3. 多棘刺蔓性灌木；花单生于叶腋或 2 至数朵簇生 ································· **3. 枸杞属** *Lycium* L.
  3. 无刺灌木或小乔木；花排成聚伞花序，极稀近单生于叶腋。
    4. 花冠狭长筒状；果实具 1 至少数种子 ··· **4. 夜香树属** *Cestrum* L.
    4. 花冠辐状；果实具多数种子。
      5. 植物体多具皮刺，若无刺则多被星状毛；叶非为卵状心形 ··············· **5. 茄属** *Solanum* L.
      5. 植物体无刺，被柔毛；叶卵状心形 ··· **6. 树番茄属** *Cyphomandra* Sendt.

1. 曼陀罗属 *Datura* L.

本属约 16 种，中国 4 种，福建木本 2 种。

分 种 检 索 表

1. 半灌木状；花直立或斜升；蒴果，表面多针刺，稀近无刺，成熟后规则或不规则 4 瓣裂（全省各地常有零星散生，尤以沿海各地为多）·· **1. 曼陀罗** *D. stramonium* L.
1. 小乔木状；花俯垂；浆果状蒴果广卵形，俯垂，表面平滑；花萼筒状，无棱角；花冠长达 23cm（福州市及厦门有栽培）·· **2. 木本曼陀罗** *D. arborea* L.

2. 番茉莉属 *Brunfelsia* Benth.

本属约 20 种，中国引种 2 种，福建木本引入 2 种。

分 种 检 索 表

1. 叶长圆形或椭圆状长圆形，长在 5cm 以下；花冠直径仅约 2cm（厦门、福州、泉州等市也有种植，是一种美丽的观赏植物）·· **1. 鸳鸯茉莉** *B. acuminata*（Pohl.）Benth.
1. 叶卵状长圆形或卵状椭圆形，长 7～10cm；花冠直径达 5cm（福州和厦门等市偶有引种，为一种美丽的庭园观赏植物）·· **2. 大鸳鸯茉莉** *B. calycina* Benth.

3. 枸杞属 *Lycium* L.

本属约 80 种，中国 7 种、3 变种，福建木本 1 种。

枸杞 *L. chinense* Mill. 福建各地常见栽培或逸为野生。

4. 夜香树属 *Cestrum* L.

本属约 160 种，中国南部常栽培 2 种，福建木本栽培 1 种。

夜香树 *C. nocturnum* L. 福建沿海各县及中部地区常栽培。

5. 茄属 *Solanum* L.

本属约 2000 种，中国 39 种，福建木本 10 种。

分 种 检 索 表

1. 植物体无刺；花药较短且厚，顶孔向上或向内，大多与药室直径相等，通常初时顶生，然后裂成侧缝。
 2. 浆果小，直径不超过 1cm。
  3. 蝎尾状聚伞状圆锥花序（全省各地较常见）·········· **1. 木龙葵** *S. suffruticosum* Schousb.
  3. 聚伞状花序顶生或腋生，极少为聚伞状圆锥花序。
   4. 叶通常为 5～9 羽状深裂，裂片卵状长圆形，全缘；植株无毛（厦门和福州种植，供观赏用）············ **2. 施青杞** *S. seaforthianum* Andrews.
   4. 叶全缘或仅在基部具 3～5 裂，裂片全缘（全省各地较常见）··· **3. 海桐叶白英** *S. pittosporifolium* Hemsl.
 2. 浆果较大，直径 1～2cm。
  4. 小乔木，密被白色、具柄的星状簇茸毛；花排成近顶生的聚伞状圆锥的平顶花序（全省沿海各地较常见）·· **4. 软毛茄** *S. erianthum* D. Don
  4. 灌木，植株无毛。
   5. 花序为蝎尾状，顶生、腋生或近腋生，花蓝紫色；果卵状椭圆形（厦门有少量栽培，偶逸为野生）··· **5. 澳洲茄** *S. aviculare* Forst.
   5. 花常单生，稀为近蝎尾状花序；果单生；花白色；浆果球形（福建沿海各县多有栽培）·············

·· **6. 珊瑚樱** *S. pseudocapsicum* L.

1. 植株有刺；花药长，并在顶端延长，顶孔细小，向外或向上。

6. 花白色；果成熟后黄色，直径 1 ~ 1.5cm。

7. 叶片较小，边缘波状或半裂，通常 5 ~ 7 裂；植株被尘土状星状毛（福建沿海各地较常见）··············

··· **7. 水茄** *S. torvum* Swarta

7. 叶片远较大，多裂至深裂；植株密被锈色、具长柄的星状毛（福州栽培）······························

··· **8. 锈黄毛茄** *S. chrysothrichum* Schlechtendal

6. 花紫色；果成熟后橙红色，直径均在 1cm 以内。

8. 茎上的皮刺长在 5mm 以上；花萼外面被星状茸毛及细直刺，宿萼外面也被细直刺（全省沿海各地常见）

··· **9. 刺天茄** *S. anguivi* Lamarck.

8. 茎上皮刺长仅 2 ~ 2.5mm，花萼及宿萼外面仅被星状毛，无细直刺（福建南部沿海常见）·················

··· **10. 山茄** *S. macaonense* Dunal

6. 树番茄属 *Cyphomandra* Sendt.

本属约 25 种，中国栽培 1 种，福建木本引入 1 种。

树番茄 *C. betacea* Sendt. 漳州市引种。

146. 旋花科 Convolvulaceae

本科 56 属、1800 多种，中国 22 属、约 128 种，福建木本 1 属、1 种。

番薯属 *Ipomoea* L.

本属约有 300 种，中国包括 20 种，福建木本 1 种。

树牵牛 *I. fistulosa* Mart. ex Choisy 厦门、福州等地有栽培供观赏。

147. 玄参科 Scrophulariaceae

本科 200 多属、3000 多种，中国约 60 属、600 多种，福建木本 1 属、3 种。

泡桐属 *Paulownia* Sieb. et Zucc.

本属 6 种、1 杂种，福建木本 3 种。

分 种 检 索 表

1. 叶长卵形，长卵状心形或卵状心形；花冠白色，长 8 ~ 12cm；蒴果大，长 6 ~ 10cm（分布于厦门、南靖、龙岩、三明、永安、沙县、泰宁、南平、建阳等地）·············· **1. 白花泡桐** *P. fortunei* (Seem.) Hemsl.

1. 叶阔卵形，心形或卵状心形；花冠淡紫色至蓝紫色，长 7cm 以内；蒴果较小，长不及 5cm。

2. 花萼深裂达一半以上；花冠长 2.5 ~ 5cm；蒴果卵圆形，长 2.5 ~ 4cm（分布于上杭、龙岩永春、三明、泰宁、古田、屏南、大田、南平、武夷山、光泽等地）··············· **2. 华东泡桐** *P. kawakamii* Ito

2. 花萼浅裂，至 1/3 处；花冠长 5 ~ 7cm；蒴果长圆状卵形至椭圆形，长 3.5 ~ 4.5cm（分布于沙县、南平等地）··············· **3. 台湾泡桐** *P. tawaniana* T. W. Hu et H. J. Chang

148. 爵床科 Acanthaceae

本科约 250 属、2500 多种，中国包括引入 61 属、178 种，福建木本 6 属、8 种。

分 属 检 索 表

1. 蒴果具坚硬的长的喙，胎座上无种钩····················· **1. 老鸦嘴属** *Thunbergia* Retz.

1. 蒴果无喙，胎座上有种钩。

  2. 叶柄基部两侧各具 1 托叶状短硬刺；叶边缘有深波状或浅波状带刺的齿；花冠单唇形，上唇极退化 ……
……………………………………………………………………………………………… **2. 老鼠簕属** *Acanthus* L.

  2. 叶柄基部两侧无刺，叶边缘也无带刺的齿；花冠 5 裂或为 2 唇形。

   3. 花萼 4 裂，两两相对，外面 2 片甚大，边缘有刺状小齿，里面 2 片小而狭 …… **3. 假杜鹃属** *Barleria* L.

   3. 花萼 5 裂，稀 4 裂。

    4. 花冠裂片近相等，或略成 2 唇形 …………………………………… **4. 可爱花属** *Eranthemum* L.

    4. 花冠显著为 2 唇形，雄蕊 2 枚。

     5. 苞片宽大而覆瓦状重叠，长 1cm 以上；花冠在雄蕊着生处有 1 圈毛，花序为密花的穗状花序 ………
……………………………………………………………………………………… **5. 鸭嘴花属** *Adhatoda* Mill.

     5. 苞片较小，长不超过 5mm；花冠在雄蕊着生处无毛；花序穗状或圆锥状 ……………………………
……………………………………………………………………………………… **6. 驳骨草属** *Gendarussa* Ners

1. 老鸦嘴属 *Thunbergia* Retz.

本属约 200 种，中国约 6 种，福建木本 2 种。

分 种 检 索 表

1. 叶阔卵形或三角状心形，顶端短渐尖或急尖，基部心形，边缘有角或浅裂，两面被硬毛（厦门、福州有栽
培供观赏）……………………………………… **1. 大花老鸦嘴** *T. grandiflora* (Roxb. ex Rottl.) Roxb.

1. 叶披针形或披针卵形，顶端长渐尖，基部浑圆，边近全缘或波状，偶有角，两面无毛或下面稍被毛（厦门
有栽培供观赏）………………………………………………………… **2. 桂叶老鸦嘴** *T. laurifolia* Lindl.

2. 老鼠簕属 *Acanthus* L.

本属约 50 种，中国 4 种，福建木本 2 种。

分 种 检 索 表

1. 叶多为长圆形，边缘有深波状带刺的齿；侧脉直贯齿端；花有苞片和小苞片（分布于云霄、漳浦、龙海）
……………………………………………………………………………………… **1. 老鼠簕** *A. ilicifolius* L.

1. 叶长椭圆形，边缘有浅波状带刺的齿；侧脉不直贯齿端；花有苞片，无小苞片（分布于漳浦、龙海）……
…………………………………………………………………… **2. 厦门老鼠簕** *A. xiamenensis* R. T. Zhang

3. 假杜鹃属 *Barleria* L.

本属约 230 种，中国 3 种，福建木本 1 种。

假杜鹃 *B. cristata* L. 分布于厦门、福州等地。

4. 可爱花属 *Eranthemum* L.

本属约 30 种，中国约 4 种，福建木本 1 种。

可爱花 *E. nervosum* R. Br. 分布于厦门、福州等地，栽培供观赏。

5. 鸭嘴花属 *Adhatoda* Mill.

本属约 20 种，中国 2 种，福建木本 1 种。

鸭嘴花 *A. vasica* Nees 厦门有栽培供观赏。

6. 驳骨草属 *Gendarussa* Nees

本属 2 种，中国 1 种，福建木本 1 种。

小驳骨 *G. vulgaris* Nees 诏安、厦门等地栽培。

149. 苦槛蓝科 Myoporaceae

本科 5 属、约 110 种，中国 1 属、1 种，福建木本也有。

苦槛蓝属 *Myoporum* Banks et Soland. ex Forst. f.

本属约 32 种，中国仅 1 种，福建木本也有。

苦槛蓝 *M. bontioides*（Sieb. et Zucc）A. Gray 分布于诏安、东山、厦门、龙海、莆田和长乐。

单子叶植物纲 Monocotyledoneae

150. 芭蕉科 Musaceae

本科 8 属、约 140 种，中国 7 属、19 种，福建木本 4 属、9 种。

分 属 检 索 表

1. 叶和苞片螺旋状排列；浆果不裂，肉质或革质。
  2. 单茎，假茎基部十分膨大呈坛状；苞片绿色；合生花被片往往 3 深裂成线形；浆果厚革质，干瘪或有很少的果肉；种子大，通常在（5～）10mm 以上 ················· **1. 象腿蕉属** *Ensete* Bruce ex Horan.
  2. 茎丛生，假茎基部不膨大或仅稍膨大；苞片通常非绿色；合生花被片往往 5(3＋2) 齿；浆果肉质或三棱状卵形且密被硬毛；种子较小，一般 (7～)6mm 以下 ················ **2. 芭蕉属** *Musa* L.
1. 叶和苞片 2 行排列；果为蒴果，开裂。
  3. 雄蕊 6 枚，花被片近等大，仅中央 1 枚，花瓣略短且狭 ············· **3. 旅人蕉属** *Ravenala* Adans.
  3. 雄蕊 5 枚；萼片与花瓣易识别，中央 1 枚花瓣小，侧生 2 枚花瓣靠合成箭头状················
  ················· **4. 鹤望兰属** *Strelitzia* Aiton

  1. 象腿蕉属 *Ensete* Bruce ex Horan.

  本属 20 种，中国栽培 1 种，福建木本引入 1 种。

  象腿蕉 *E. glaucum*（Roxb.）Cheesm. 厦门万石植物园有引种，已开花结果。

  2. 芭蕉属 *Musa* L.

  本属 40 种，我国 16 种。福建 1 种及 5 栽培种。

分 种 检 索 表

1. 栽培种，果成熟时软，可食用，无种子。
  2. 雄花苞片不脱落；假茎以上的叶柄较短，叶翼明显，张开；果稍弯曲，棱不甚明显，果皮薄，果肉香甜，含淀粉少（福建主分布于漳州、厦门两市各县及龙岩、莆田两地、市部分县）·····················
  ················· **1. 香蕉** *M. acummata* 'Dwarf' Cavendish
  2. 雄花苞片脱落；假茎以上的叶柄远较长，叶翼闭合，使外观成圆柱状；果形通常较大且直，棱角较明显，果皮较厚，果肉甜而略酸，无浓郁香蕉香味，含淀粉较多（福建除北部、西北部外，全省习见栽培）·····
  ················· **2. 粉蕉** *M. paradisiaca* 'DaJiao'
1. 野生种或栽培种，果不能食用，通常有多数种子（稀种子少）。
  3. 花序直立，每一苞片内少花，排成 1 列；苞片深红色鲜艳，花被片乳黄色（福建漳州、厦门等园林部门栽培供观赏）················· **3. 红蕉** *M. coccinea* Andr.

3. 花序下垂或半下垂，每一苞片内多花，排成 2 列；苞片色暗。

  4. 假茎上叶柄的叶翼近膜质，闭合，有细而密的皱折(漳州、厦门等地有栽培) …… **4. 蕉麻** *M. textilis* Nee

  4. 假茎上叶柄的叶翼非膜质，不具皱折。

    5. 果具约 2cm 的柄；种子扁圆形，具疣突(全省习见，最北分布至武夷山皮坑) …………………………
………………………………………………………………………… **5. 野蕉** *M. balbisiana* Colla

    5. 果近无柄；种子具不规则棱角和疣突(福建零散栽培) ………………… **6. 芭蕉** *M. basjoo* Sieb. et Zucc.

  3. 旅人蕉属 *Ravenala* Adans.

  本属 1 种，中国栽培 1 种，福建木本引入 1 种。

  旅人蕉 *R. madagascariensis* Adans 福建南部有栽培。

  4. 鹤望兰属 *Strelitzia* Aiton

  本属 5 种，中国习见栽培 3 种，福建木本习见栽培 1 种。

  大鹤望兰 *S. nicolai* Regel et Koern. 沿海各县市常见栽培。

151. 菝葜科 Smilacaceae

本科 2 属、310 种，中国 2 属、约 66 种，福建木本 2 属、13 种、3 变种。

分 属 检 索 表

1. 花被片离生 ……………………………………………………………………… **1. 菝葜属** *Smilax* L.
1. 花被片合生 ……………………………………………………………………… **2. 肖菝葜属** *Heterosmilax* L.

  1. 菝葜属 *Smilax* L.

  本属约 310 种，中国约 66 种，福建木本 13 种、1 变种。

分 种 检 索 表

1. 伞形花序排成圆锥花序(分布于福建南部各地) ……………………………… **1. 圆锥菝葜** *S. bracteata* Presl.
1. 伞形花序单生叶腋。

  2. 总花梗下有一关节；花序着生点上有一枚与叶柄相对的鳞片(分布于漳州、龙岩、上杭、沙县、建阳、
    邵武、武夷山等地) ………………………………… **2. 暗色菝葜** *S. lanceifolia* Roxb. var. *opoca* A. DC.

  2. 总花梗无关节，或偶有关节；花序着生点上一般不具与叶柄相对的鳞片。

    3. 叶脱落于叶柄中部至上部，脱落叶片带有部分叶柄，或由于叶鞘占据整个叶柄而脱落点靠在叶片基部；
      花直径 5~10mm；雄蕊较长，达花被的 1/2 或近等长。

      4. 叶鞘占据整个叶柄，鞘近半圆形或卵形；叶基部心形(分布于建阳、光泽、武夷山等地) …………
………………………………………………………………………… **3. 托柄菝葜** *S. discotis* Warb.

      4. 叶柄无鞘或仅部分有鞘，鞘较狭；叶基部圆形至楔形，极少浅心形。

        5. 叶背被毛(分布于上杭、连城、长汀等地) ………… **4. 柔毛菝葜** *S. chingii* Wang et Tang

        5. 叶背无毛。

          6. 果成熟时紫黑色(分布于武夷山等地) ………………… **5. 华东菝葜** *S. sieboldii* Miq.

          6. 果成熟时红色。

            7. 叶背绿色。

              8. 叶柄上鞘耳状，一侧宽 2~4mm；雌花有退化雄蕊 3 枚(分布于上杭、连城、泰宁等地)…………
………………………………………………………………………… **6. 小果菝葜** *S. davidiana* A. DC.

8. 叶柄上鞘非耳状，一侧宽 0.5 ~ 1mm；雌花有退化雄蕊 6 枚(分布于全省各地) ………………… **7. 菝葜** *S. china* L.

7. 叶背苍白色。

9. 花序有花 1 ~ 2 朵或 3 ~ 5 朵排成总状花序；叶小，长 2 ~ 5cm(福建产地不明) ………………… **8. 三脉菝葜** *S. trinervula* Miq.

9. 花序有花 6 至多朵；叶较大，长(4 ~)7 ~ 16cm。

10. 叶草质，干后膜质(分布于武夷山主峰黄岗山) ……………… **9. 红果菝葜** *S. polycolea* Warb.

10. 叶纸质或革质，干后非膜质(分布于全省各地) ……………… **7. 菝葜** *S. china* L.

3. 叶脱落于叶柄顶部近叶片基部，脱落叶片几乎不带叶柄；花直径 2 ~ 4mm；雄蕊较小，长不及花被的 1/2。

11. 叶柄基部两侧的鞘向前延伸为 1 对离生的披针形耳；植物体无刺；叶背苍白色。

12. 直立小灌木；叶卵状菱形；无卷须(产上杭等地) ……………… **10. 菱叶菝葜** *S. hayata* T. Koyama

12. 攀援灌木；叶卵状矩圆形至狭椭圆形；有卷须(分布于南靖、漳州、龙岩等地) ………………… **11. 粉背菝葜** *S. hypoglauca* Benth.

11. 叶柄基部两侧无鞘或具狭鞘，有时鞘向两侧延伸，但不形成披针形的耳。

13. 植株无卷须(分布于上杭、连城等地) ……………… **12. 弯梗菝葜** *S. aberrans* Gagnep.

13. 植株有卷须。

14. 总花梗与叶柄近等长；花序托膨大，连同宿存小苞片稍呈莲座状；花六棱状球形，外花被扁圆形、兜状，背面中央具纵槽(分布于连城、南安、南靖、平和、龙岩、漳州、漳平、南平、沙县、武夷山、光泽等地) ……………… **13. 土茯苓** *S. glabra* Roxb.

14. 总花梗较叶柄长 2 ~ 5 倍；花序托几不膨大或稍膨大，不呈莲座状(分布于上杭等地) ………………… **14. 尖叶菝葜** *S. arisanensis* Hay.

2. 肖菝葜属 *Heterosmilax* Kunth

本属约 10 种，中国 6 种，福建木本 1 种、1 变种。

肖菝葜 *H. japonica* Kunth. 分布于南靖、光泽、建阳、邵武、武夷山等地。

合丝肖菝葜 *H. japonica* Kunth. var. *gaudichaudiana* (Kunth) Wang et Tang 与原种区别在于：花丝几乎全部合生，花药长为花丝的 1/3 ~ 1/4。叶纸质，有时为革质，阔卵形，长 6 ~ 13cm，宽 4 ~ 10cm，叶柄长 1 ~ 3cm。分布于建宁。

152. 龙舌兰科 Agavaceae

本科 20 属、约 670 种，中国 6 属、16 种，福建木本 4 属、16 种、5 栽培品种。

分 属 检 索 表

1. 木本，具木质茎；叶非肉质；子房上位。

2. 叶厚实，坚挺，顶端有黑色的刺；花大，花被片离生，长 3 ~ 4cm ……………… **1. 丝兰属** *Yucca* L.

2. 叶顶端不具黑色刺；花较小，花被片多少合生，长仅 5 ~ 25mm。

3. 叶柄长 10 ~ 30cm 或更长；子房每室具多数胚珠 ……………… **2. 朱蕉属** *Cordyline* Comm. ex Juss.

3. 叶柄长 1 ~ 6cm 或不明显，子房每室具 1 ~ 2 个胚珠 ……………… **3. 龙血树属** *Dracaena* Vand. ex L.

1. 多年生大型肉质草本，近无茎；子房上位 ……………… **4. 龙舌兰属** *Agave* L.

1. 丝兰属 *Yucca* L.

本属约 30 种，中国引种 4 种，福建木本栽培 1 种。

凤尾丝兰 *Y. gloriosa* L. 厦门等地也有栽培，供观赏。

2. 朱蕉属 *Cordyline* Comm. ex Juss.

本属约 15 种，中国 1 种，福建木本栽培 1 种。

朱蕉 *C. fruticosa*（L.）A. Cheval. 全省各地栽培，供观赏。

3. 龙血树属 *Dracaena* Vand. ex L.

本属约 40 种，中国 5 种，福建木本引种栽培 3 种、5 栽培品种。

1. 灌木状，高 1～2m，茎单一或分枝，叶宽条形或条状倒披针形，长 10～35cm 或更长，宽 1～5.5cm。
  2. 叶缘两侧无金黄色的阔边带（福建引种栽培为庭园观赏植物）……… **1. 长花龙血树** *D. angustifolia* Roxb.
  2. 叶缘两侧有金黄色的阔边带（福建引种栽培为庭园观赏植物）…… **2.‘金边’富贵竹** *D. sanderiana* Sander.
    本种常见下列 2 个栽培品种：
    2a. 富贵竹 *D. sanderiana* ‘Virescens’ 为金边富贵竹之芽变品种。叶较宽，达 4～5cm，全部浓绿色。
    2b.‘银边’富贵竹 *D. sanderiana* ‘Margaret’ 叶片两边有银白色阔边带。
1. 乔木状，在原产地高可达 6m，盆栽者通常高 50～100cm，叶长椭圆状披针形，长 40～90cm，宽 6～10cm
  （厦门、福州等地也有栽培，供观赏）…………………………… **3. 巴西铁** *D. fragrans* Ker-Gawl.
  本种常见下列 3 个栽培品种：
  3a.‘金心’巴西铁 *D. fragrans* ‘Massangeana’ 中央有 1 金黄色宽条纹，两边绿色。
  3b.‘金边’巴西铁 *D. fragrans* ‘Victoria’ 叶片边缘有金黄色宽纵条，中央为绿色。
  3c.‘银边’巴西铁 *D. fragrans* ‘Lindeniana’ 叶片边缘为乳白色，中央为绿色。

4. 龙舌兰属 *Agave* L.

本属约 300 多种，中国 4 种，福建木本 4 种。

分 种 检 索 表

1. 叶缘通常无刺（福建南部也常见栽培）……………………………… **1. 剑麻** *A. sisalana* Perr. ex Engelm.
1. 叶缘有刺。
  2. 叶狭倒披针形，中部宽 15cm 以上（福建沿海各地常见栽培）……………… **2. 龙舌兰** *A. americana* L.
  2. 叶剑形或线状披针形，宽 10cm 以下。
    3. 叶长 80cm 以上，边缘有钩状刺，刺间距离 2～3cm，顶端硬尖刺黑色（福建东南部有栽培）……………
        3. 马盖麻 *A. cantula* Roxb.
    3. 叶长 60cm 以下，边缘为刺状锯齿，顶端硬尖刺暗褐色（福建沿海各地有少量栽培）……………
        4. 狭叶龙舌兰 *A. angustifolia* Haw.

153. 棕榈科 Arecaceae

本科约 217 属、2500 种，福建木本包括引种常见有 100 多属、200 多种，现介绍 105 属、163 种及变种。

分 亚 科 检 索 表

1. 乔木或灌木；子房及外果皮无鳞片。
  2. 花单性，雌雄同株，每花花被裂片 6 枚，线形，雄花序成蝎尾状，排在雌花序周围，雄蕊 3 枚，花丝合生；心皮 3(4) 枚，离生，仅 1 心皮发育；聚花果外无木质小瘤，每小果有 1 粒种子；生长在海边泥沼环境 ……………………………………………………………………… (四) 水椰亚科 Nypoideae

2. 花单性，雌雄异株或同株，或花两性，雌花不在花序轴上端聚成头状花序状的聚伞花序；非聚花果。

　3. 花在花序的小穗轴上单生或 2 至数朵组着生，但非中间雌花、两侧雄花组成的 3 朵花 1 组；叶掌状分裂，稀不分裂，或叶羽全裂，裂片 (羽片) 内向折叠 (V)，先端不分裂，稀外向折叠 (Λ)，或混杂内向和外向折叠，后二者叶掌状分裂 ……………………… (一) 贝叶棕亚科 Coryphoideae

　3. 花在花序的小穗轴上通常 3 朵花 1 组，即中间 1 朵雌花，两侧各 1 朵雄花，或退化为 1 朵雌花与 1 雄花并生，或花多朵成组或单朵着生；叶一或二回羽状分裂或叶不分裂，具羽状肋，羽片外向折叠，或内向折叠，后者叶先端啮蚀状。

　　4. 花单性，雌雄同株或异株，稀两性，常 3 朵 1 组或成对着生，稀少雄花着生于雌花上方，后者总苞片 1 枚；花序基部通常由 1 片总苞片和 2 至数片苞片所包裹，花的苞片退化…… (二) 槟榔亚科 Arecoideae

　　4. 花通常单性，稀两性，在花序小穗轴上常单朵，稀少 3 朵 1 组，后者雄花具梗着生于雌花下部，花序基部由 1 片总苞片及多数苞片所包裹，花的小苞片通常存在 …………… (三) 蜡材椰亚科 Ceroxyloideae

1. 藤本；子房及外果皮被倒生、螺旋状排列的鳞片所覆盖。

　5. 叶羽状，常成羽状肋 ……………………………………………… (五) 省藤亚科 Calamoideae

　5. 叶掌状分裂或不分裂，具掌状肋 ……………………… (六) 鳞果椰亚科 Lepidocaryoideae

(一) 贝叶棕亚科 Coryphoideae

分属检索表

1. 叶掌状分裂或不分裂，内向、稀外向折叠，裂片不退化成刺状。

　2. 叶掌状分裂或不分裂内向、稀外向折叠；花两性，或杂性异株，稀单性异株，后者雌雄花大小等同或稍为不同；小穗轴无深的凹穴，花着生在小穗轴上；内果皮通常薄或硬质或软骨质。

　　3. 子房由 1~3 枚离生的心皮组成；雄蕊 6~25 枚。

　　　4. 花被 2 层；子房由 1~3 枚离生的心皮组成；雄蕊 6~25 枚。

　　　　5. 心皮 3 枚，稀 2 或 4 枚。

　　　　　6. 雄蕊花丝全部离生。

　　　　　　7. 花在小穗轴上单生；叶不分裂或深裂 ………………………… **1. 长刺棕属** *Trithrinax* Mart.

　　　　　　7. 花在小穗轴上 2~4 朵聚生；叶深裂 ………………… **6. 棕榈属** *Trachycarpus* H. Wendl.

　　　　　6. 雄蕊花丝合生，或上端离生，着生在花托或花瓣上。

　　　　　　8. 花两性或杂性同株；雄蕊花丝上端离生，下部合生成杯状，着生于花托或花瓣上，胚乳均匀。

　　　　　　　9. 茎基部生有明显的根刺与支柱根；花萼裂片近似花瓣；雄蕊花丝合生，着生在花托上，花药在芽时内藏，花期成辐射状露出花冠外；心皮顶端渐尖延伸成长的花柱；叶裂片大小不规则，在叶柄顶端成 360° 放射状开张 ………………………………………… **2. 根刺棕属** *Cryosophila* Blume

　　　　　　　9. 茎基部无根刺与支柱根；花萼裂片比花瓣短；雄蕊花丝上端离生，下部合生，着生在花瓣上，花药几不露出花冠；心皮不延伸成花柱，花柱短；叶的裂片在叶柄顶端成掌状开张。

　　　　　　　　10. 叶的裂片大小规则，内向折叠，叶鞘有纤维，但非刺状 ………… **8. 棕竹属** *Rhapis* L. f. ex Ait.

　　　　　　　　10. 叶的裂片大小不规则，常间有 2 裂片合生，外向 1~2 折叠，叶鞘被针状或网状纤维 …………………………………………… **9. 石山棕属** *Guihaia* S. K. Le，F. N. Weet et J. Dransf.

　　　　　　8. 花杂性异株；雄蕊花丝扩大成三角形，并合生成碗状，着生在花托上；胚嚼烂状 ……………………………………………………………………… **7. 欧洲棕属** *Chamaerops* L.

　　　　　5. 心皮 1 枚 ……………………………………………… **3. 撕柄棕属** *Schippia* Burret

4. 花被 1 层，合生，上端具 6 裂齿；心皮 1 枚；雄蕊 6~15 枚。

 11. 叶鞘和叶柄一部分撕裂；花序从叶鞘撕裂中露出；种子脐状 ·········· **4. 扇葵属** *Thrinax* O. Swartz.

 11. 叶鞘撕裂，叶柄不撕裂；花序从叶鞘腋内伸出；种子被沟槽·········· **5. 银扇葵属** *Coccothrinax* Sarg.

3. 子房具 3 心皮，仅花柱合生，或合生达子房中部，或全部合生；雄蕊 6 枚。

12. 子房具 3 心皮，心皮离生。

 13. 叶不分裂，近菱形，羽状脉，中肋明显，叶柄和叶的基部边缘有刺和钩状齿；外果皮具瘤状突起

 ··· **11. 马来椰属** *Johannesteijsmannia* H. E. Moore

 13. 叶分裂，若不分裂则叶不呈菱形，且其基部边缘无刺及钩状齿；外果皮光滑，稀少具瘤状突起，后

  者叶分裂。

  14. 叶裂成单片，稀少几枚裂片合生，裂片先端截形，或叶不分裂 ·········· **12. 轴榈属** *Licuala* Thunb.

  14. 叶沿轴分裂成单裂片，裂片先端非截形。

   15. 花序长的花序轴，仅在花序轴顶端有分枝，或在花序基有 2~4 条近等长的分枝，在其顶端密生

    花；花冠裂片在花药露出时早落，花丝合生 ········ **13. 夏威夷棕属** *Pritchardia* Seem. & H. Windl.

   15. 花序分枝不限于花序轴顶部；花冠在花药露出时不早落，慢慢凋落，花丝离生或合生。

    16. 小穗轴的小苞片管状，开花期不撕裂成剑形的裂片；花瓣不扁平，非膜片状；花柱与子房近等

     长，或为其 2~2.5 倍长。

     17. 叶柄有刺或无刺，但不具齿；败育心皮通常在果基部；种子含同质胚乳。

      18. 胚乳被种皮嵌入。

       19. 叶中肋短、明显，整齐地深裂，呈单裂片；萼片基部合生 ········ **10. 蒲葵属** *Livistona* R. Br.

       19. 叶中肋明显或否，裂片整齐，单裂片；萼片离生 ····················· **17. 石棕属** *Brahea* Mart.

      18. 胚乳不被种皮嵌入。

       20. 茎单生，中部附近肿胀成球状体；叶柄无刺齿；雄蕊花丝合生，开花时雄蕊超出花冠外 ···

       ·· **14. 桶棕属** *Colpothrinax* Griseb et H. Wendl.

       20. 茎丛生，直立或匍匐，常有分叉，中部不膨胀成球状体；叶柄有刺，或粗疏齿；雄蕊花丝合

        生，开花时雄蕊不超出花冠外。

        21. 茎直立，多枚，丛生；花成对或单朵着生在小穗轴上端；萼片离生或基部合生；雄蕊花丝

         合生呈杯状，离生部分极短；果球形 ········ **15. 沼地棕属** *Acoelorraphe* Wendl.

        21. 茎匍匐，稀直立；花单朵或有时成对着生在小穗轴上；花萼管状，顶端 3 裂；雄蕊花丝仅基

         部合生，上部离生部分逐渐变狭；果椭圆形或近球形 ········ **16. 锯箬棕属** *Serenoa* Hook. f.

     17. 叶柄、通常其边缘或叶脉上有粗齿；败育的心皮位于果顶端；种子有嚼烂状胚乳 ··········

     ··· **18. 蜡棕属** *Copernicia* Mart.

    16. 小穗轴的小苞片剑形，下垂，在花梗一侧撕裂；花瓣大，扁平，膜片状，开花时增大；花柱延

     长约 3 倍于子房长 ········ **19. 丝葵属** *Washingtonia* H. Wendl.

12. 子房具 3 心皮，心皮合生，花柱离生或全部合生。

 22. 茎单生；小穗轴的小苞片小，三角形，不呈长管状。

  23. 植株大型；叶柄边缘有刺；花序顶生，一次性开花；花约 10 朵在小穗轴上成蝎尾状排列；子房上

   端突然收缩成一短的花柱，具 3 条纵沟 ·········· **20. 贝叶棕属** *Corypha* L.

  23. 近无茎或茎粗大、直立；叶柄边缘无刺；花序非顶生，多次开花；花多朵在小穗轴上螺旋状排列；

   子房上端不突然收缩，渐过度成粗而稍长的花柱，有 3 浅裂·········· **23. 箬棕属** *Sabal* Adans.

 22. 茎多为丛生型；小穗轴的小苞片明显，管状。

  24. 几无茎或茎直立，并分枝；一次性开花，花序具 2~3 级分枝 ··········

  ··· **21. 阿富汗棕属** *Nannorrhops* H. Wendl.

  24. 茎明显，直立，不分枝；植株多次开花，花序不分枝或具 1~2 级分枝··········

  ··· **22. 琼棕属** *Chuniophoenix* Burret

2. 叶掌状分裂，内向折叠；花单性异株；雌雄花大小不一，小穗轴有深凹穴，雄花或有时雌花均匀生在小穗轴上的深凹中，花基部与小苞片合生或贴生；内果皮厚、且硬。

25. 雌雄花序异型，花序基部具大、革质的总苞片；雄花，浅埋在小穗轴上的深凹穴中，并在小穗轴上成蝎尾状排列，每花基部具 1 苞片，小苞片无簇生的柔毛；果无梗，有 1~3 粒种子。

26. 雄花少数，在小穗轴上密集着生，花萼、花瓣着生在伸长的花托上，花瓣匙形；叶脉通常成红、黄或橙色 ···································· **24.** 红棕属 *Latania* Comm.

26. 雄花多数，在小穗轴上均匀着生，花托不伸长或伸长，后者花瓣非匙形；叶脉通常非上述颜色 ······ ·· **25.** 糖棕属 *Borassus* L.

25. 雌雄花序近同型，花序基部被小型纸质的总苞片；雄花深埋在小穗轴上的凹穴中，每花基部具 1 小苞片，小苞片具簇生的疏柔毛或小苞片缺；果具短梗；种子 1 粒，稀 2~3 粒，后者果内陷。

27. 种子无深沟，有皱花纹 ························· **26.** 叉枝棕属 *Hyphaene* Gaertn.

27. 种子具深沟，无皱花纹，叶柄红色 ··········· **27.** 霸王棕属 *Bismarckia* Berry

1. 叶羽状分裂；羽片（裂片）内向折叠，羽轴基部羽片常成刺状 ················ **28.** 刺葵属 *Phoenix* L.

1. 长刺棕属 *Trithrinax* Mart.

约 5 种，产巴西、乌拉圭及阿根廷，福建引种，现介绍 1 种。

巴西扇桐 *T. acanthocoma* Brude 厦门引种。

2. 根刺棕属 *Cryosophila* Blume

约 9 种；产中美洲及哥伦比亚，福建引种，现介绍 1 种。

根刺棕 *C. albida* H. Bartlett 厦门引种。

3. 撕柄棕属 *Schippia* Burret

1 种；产洪都拉斯，福建引种 1 种。

斯其比亚棕 *S. concolor* Burret 厦门引种。

4. 扇葵属 *Thrinax* O. Swartz.

约 7 种；产美国东南部及中部，福建引种，现介绍 1 种。

团叶扇葵 *T. radiata* Lodd. ex J. A. & J. H. Schnl. 厦门引种。

5. 银扇葵属 *Coccothrinax* Sarg.

约 50 种；产美国佛罗里达，巴哈马群岛及中美洲，福建引种，现介绍 1 种。

大银棕 *C. argentata*（N. J. Jacquin）L. H. Bailey 厦门引种。

6. 棕榈属 *Trachycarpus* H. Wendl.

本属 6 种，中国 4 种，产中国及亚洲亚热带和暖温带地区，福建引种，现介绍 3 种。

分 种 检 索 表

1. 乔木，有直干；叶簇生干端，裂片 30~60。

2. 干端密被残存叶鞘；果肾状球形（福建各地常见）················ **1.** 棕榈 *T. fortunei*（Hook. f.）H. Wendl.

2. 叶鞘纤维易脱落；树干光滑；果长圆状卵圆形（厦门引种）·· ·· **2.** 雪山棕榈 *T. martianus*（Wall.）H. Wendl.

1. 小灌木，无地上茎，具盘曲地下茎；叶径 25~35cm，裂片 24~32（厦门引种）······ **3.** 龙棕 *T. nana* Beccari

7. 欧洲棕属 *Chamaerops* L.

1 种；若干变种；产地中海沿岸，福建引种 1 种。

欧洲棕 *C. humilis* L. 厦门引种。

8. 棕竹属 *Rhapis* L. f. ex Ait.

本属约 15 种，产中国南部，中南半岛，印度尼西亚，中国约 6 种，福建木本包括引种 6 种。

分 种 检 索 表

1. 叶鞘具淡黑色、粗糙而硬的网状纤维；叶掌状分裂成 4~10 片，顶端宽，有不规则的齿缺，边缘及中脉上具稍锐利的锯齿（分布于永泰等地） ························ **1. 棕竹 *R. excelsa* (Thunb.) Henry ex Rehd.**
1. 叶鞘具褐色、较细软的网状纤维；叶裂片顶端通常渐尖，边缘及中脉上具细锯齿。
　2. 叶鞘纤维较粗壮；叶掌状深裂成 16~20 片，裂片线状披针形，长 28~36cm，常具 2 条弧形脉；叶柄两面凸圆，边缘几乎是锐尖的（厦门和福州引种） ················· **2. 多裂棕竹 *R. multifida* Burret**
　2. 叶鞘纤维纤细。
　　3. 叶掌状深裂，裂片 7~20(~24)，条形，肋脉 1~2(3)，边缘及肋脉具细锯齿，先端 2~3 浅裂，稍渐尖（厦门和福州引种） ····················· **3. 矮棕竹 *R. humilis* Bl.**
　　3. 叶掌状深裂成 2~4 裂片，长圆状披针形或条状披针形或仅中央裂片条形，肋脉 (2)3~4，先端具齿。
　　　4. 叶裂片 (1)2~4，长圆状披针形，肋脉 3~4，先端常渐窄，具不规则尖齿，边缘及肋脉具粗糙细锯齿（厦门引种） ···························· **4. 细棕竹 *R. gracilis* Burr.**
　　　4. 叶裂片 3~4，宽披针形或条状披针形，或中裂片条形。
　　　　5. 叶裂片 4，宽披针形或披针形，肋脉 3~4，先端短渐尖，具尖齿，边缘具细锯齿（厦门引种） ·················· **5. 粗棕竹 *R. robusta* Burr**
　　　　5. 叶裂片 3，条状披针形，肋脉 4，中裂片条状，肋脉 2，先端渐窄，具短齿，边缘具极细小齿（厦门引种） ····················· **6. 丝状棕竹 *R. filiformis* Burr.**

9. 石山棕属 *Guihaia* S. K. Le，F. N. Weet et J. Dransf.

2 种，产中国华南、西南；越南，福建引种，现介绍 2 种。

分 种 检 索 表

1. 株高 0.5~1.2m；叶下面密被毡状茸毛，叶鞘向上渐成针刺状纤维；果近球形（厦门引种） ················· **1. 石山棕 *G. argyrata* (S. K. Lee et F. N. Wei) S. K. Le，F. N. Weet et J. Dransf.**
1. 株高 1~1.8m；叶下面疏被点状鳞秕，叶鞘间成扁平筛状，边缘完整；果椭圆形（厦门引种） ················· **2. 两广石山棕 *G. grossefibrosa* (Gagnepain) J. Dransf，S. K. Lee et F. N. Wei**

10. 蒲葵属 *Livistona* R. Br.

本属 28 种，中国 5 种，产中国南部至热带亚洲，大洋洲和非洲，福建木本包括引种 5 种。

分 种 检 索 表

1. 叶下面具白粉（厦门引种） ························ **1. 杰钦氏蒲葵 *L. jenkinsiana* Griff.**
1. 叶下面无白粉。
　2. 叶柄中部以上有刺，刺长 2.5cm 以上。
　　3. 叶为肾形（福建各地种植） ················· **2. 蒲葵 *L. chinensis* (Jacq.) R. Br.**
　　3. 叶为圆形（厦门引种） ················· **3. 圆叶蒲葵 *L. rotundifolia* Mart.**
　2. 叶柄之全部具刺。

4. 叶裂片先端下垂（厦门引种）·························· **4. 澳洲蒲葵** *L. australis*（R. Brown）Martius

4. 叶裂片硬挺，不下垂（分布于南靖）·················· **5. 大叶蒲葵** *L. saribus*（Lour.）Merr. ex A. Chev.

11. 马来椰属 *Johannesteijsmannia* H. E. Moore

约 4 种，产马来半岛及印度，福建有引种，现介绍 1 种。

泰氏桐 *J. altifrons* H. E. Moore 厦门引种。

12. 轴榈属 *Licuala* Thunb.

约 108 种，我国产 3 种，产中国广西、云南，热带亚洲和大洋洲，福建木本包括引种 3 种。

分 种 检 索 表

1. 肉穗花序有 2 次分枝；小穗状花序长 10（~15）cm（厦门等地引种）··········· **1. 刺轴榈** *L. spinosa* Wurmb.

1. 肉穗花序 1 次分枝。

　2. 小穗状花序长 15~20cm，被丛卷毛状鳞秕，每 2~3 花聚生于小穗轴的小瘤突上（厦门和福州等地引种）

　··· **2. 穗花轴榈** *L. fordiana* Becc.

　2. 小穗状花序长 8~20cm，较粗，穗轴及花均密被深褐色鳞毛；花成 8~10 列，生于小穗轴的小瘤突上（厦门和福州等地引种）··· **3. 毛花轴榈** *L. dasyantha* Burret

13. 夏威夷棕属 *Pritchardia* Seem. & H. Windl.

约 37 种，产夏威夷、斐济及汤加，福建有引种，现介绍 1 种。

夏威夷棕 *P. gaudichaudii* H. Wendl 厦门引种。

14. 桶棕属 *Colpothrinax* Griseb et H. Wendl.

2 种，产古巴、危地马拉、巴拿马及附近岛屿，福建有引种，现介绍 1 种。

瓶棕 *C. cookii* R. W. Read 厦门引种。

15. 沼地棕属 *Acoelorraphe* Wendl.

约 8 种，产中美洲，福建有引种，现介绍 1 种。

沼地棕 *A. weightii* Wendl. 厦门引种。

16. 锯箬棕属 *Serenoa* Hook. f.

1 种，产美国东南部，福建有引种，现介绍 1 种。

锯箬棕 *S. repens*（Bartram）Small. 厦门引种。

17. 石棕属 *Brahea* Mart.

约 1 种，产美国加州，墨西哥、危地马拉，福建有引种，现介绍 2 种。

分 种 检 索 表

1. 花序比叶短（厦门引种）·························· **1. 可食岩桐** *B. edulis* H. A. Wendl. ex S. Wats.

1. 花序比叶长（厦门引种）·························· **2. 长穗桐** *B. armata* S. Wats.

18. 蜡棕属 *Copernicia* Mart.

约 40 种；产中美洲及南美洲，福建有引种，现介绍 1 种。

贝利蜡桐 *C. baileyana* Leon 厦门引种。

19. 丝葵属 *Washingtonia* H. Wendl.

本属约 2 种，产美国加州及亚利桑那州，中国引种 2 种，福建引种 2 种。

分 种 检 索 表

1. 树干基部通常不膨大，去掉枯叶后呈灰色，具明显的纵向裂缝和不太明显的环状叶痕；叶裂片边缘的丝状纤维存在于整个生命周期；叶柄绿色，仅在下部边缘具小刺，顶端的戟突三角形，边缘干膜质（福建南部有引种） ································· **1. 丝葵** *W. filifera* （Lind. ex Andre）H. Wendl.

1. 树干基部膨大，其余部分较细而高，去掉枯叶后呈淡褐色，可见明显的环状叶痕和不明显的纵向裂缝；叶裂片边缘的丝状纤维只存在于幼龄树的叶上，随年龄成长而消失；叶柄淡红褐色，边缘具粗壮的钩刺，通常幼树的刺更多，顶端的戟突纸质，渐尖，撕裂（福建南部引种） ········· **2. 大丝葵** *W. robusta* H. Wendl.

20. 贝叶棕属 *Corypha* L.

本属约 8 种，产菲律宾、缅甸、印度、斯里兰卡、马来西亚，中国栽培 2 种，福建木本有引种，现介绍 2 种。

分 种 检 索 表

1. 叶片之长度长于叶柄；核果黄绿色（厦门栽培）··································· **1. 贝叶棕** *C. umbraculifera* L.
1. 叶片之长度短于叶柄；核果绿色（厦门引种）································· **2. 吕宋糖棕** *C. utan* Lamarck

21. 阿富汗棕属 *Nannorrhops* H. Wendl.

约 82 种，产阿富汗、印度、巴基斯坦，福建有引种，现介绍 1 种。

阿富汗棕 *N. ritchiana*（Kunth）Burret 厦门引种。

22. 琼棕属 *Chuniophoenix* Burret

本属 3 种，产中国海南、广西；越南，福建木本有引种，现介绍 2 种。

分 种 检 索 表

1. 灌木至小乔木，高可达 8m，直径 4～8cm；叶裂片多而较大，14～16 片，长达 50cm；肉穗花序具第二次分枝，花紫红色（厦门及福州树木园有栽培）··························· **1. 琼棕** *C. hainanensis* Burret
1. 小灌木；高不超 2m 直径 2～3cm；叶小，裂片长不过 30cm，4～6 裂；肉穗花序仅有一次分枝，花淡黄色（厦门及福州有栽培）····························· **2. 矮琼棕** *C. nana* Burret

23. 箬棕属 *Sabal* Adans.

本属约 15 种，产美国南部，中美洲及委内瑞拉，中国引种 8 种，福建木本有引种，现介绍 4 种。

分 种 检 索 表

1. 低矮灌木；茎多匍匐状或地下横生，稀茎干直立。
  2. 叶裂片约 60，裂片弯缺有下垂丝状物（厦门引种）··················· **1. 矮箬棕** *S. etonia* Swingle ex Nash.
  2. 叶裂片（16～）30（～40），裂片弯缺无或略具下垂丝状物（厦门引种）·······················
  ···································· **2. 小箬棕** *S. minor*（N. J. Jacq.）Pers.
1. 乔木或大乔木。
  3. 树高达 13m；叶径 2～3m；花序短于叶（厦门引种）·············· **3. 百慕大箬棕** *S. bermudana* L. H. Bailey

3. 树高(17～)30m；叶径1.1～2.2m；花序长于叶(厦门引种)·······························
··· **4. 箬棕** *S. palmetto* Lodd. ex Roem. et Schult.

24. 红棕属 *Latania* Comm.

约3种，产非洲马达加斯加，马斯克林群岛及附近岛屿，福建引种3种。

分 种 检 索 表

1. 叶被以白粉(厦门引种) ·································· **1. 蓝棕榈** *L. loddigesii* Martius(厦门引种)
1. 叶不被白粉。
  2. 叶柄边缘带橙色，全段生灰白色棉毛(厦门引种)······· **2. 红棕榈** *L. lontaroides* (J. Gaertner) H. E. Moore
  2. 叶柄带红色，生之毛不多(厦门引种) ····················· **3. 黄棕榈** *L. verschaffeltii* Lemaire

25. 糖棕属 *Borassus* L.

本属约9种，产南亚各国，澳大利亚，马达加斯加及非洲北部，中国栽培2种，福建栽培1种。

糖棕 *B. flabellifer* L. 厦门栽培。

26. 叉枝棕属 *Hyphaene* Gaertn.

11种；原产印度，阿拉伯半岛，马达加斯加及非洲大陆，福建引种，现介绍1种。

非洲桐 *H. coriacea* J. Gaert. 厦门引种。

27. 霸王棕属 *Bismarckia* Berry

1种，产马达加斯加，福建引入1种。

俾斯麦桐 *B. nobilis* Hildebr. & H. Wendl. 厦门引种。

28. 刺葵属 *Phoenix* L.

本属约17种，产中国南部，亚洲、非洲的热带与亚热带地区。中国包括引种12种、1变种，福建引种，现介绍6种、1变种。

分 种 检 索 表

1. 茎短，卵状球形，鳞茎状(厦门引种) ····························· **1. 无茎刺葵** *Ph. acaulis* Roxb.
1. 茎直立，非球形。
  2. 灌木；佛焰苞软革质，较薄而脆。
    3. 茎丛生；叶裂片较宽，上面光滑，在叶轴上成4列，针刺粗硬；浆果椭圆形。
      4. 叶裂片长5～42cm；花序梗扁平；浆果长圆形，长1～1.5cm(厦门、漳州、泉州、福州等地引种) ···
      ··· **2. 刺葵** *Ph. hanceana* Naud.
      4. 叶裂片长约17.5cm；花序梗横切面三角形；浆果卵状椭圆形，长2.2cm(福建沿海各地常见栽培) ···
      ····················· **3. 台湾海枣** *Ph. hanceana* Naud. var. *formosana* Becc.
    3. 茎单生或丛生；叶裂片较窄，下面叶脉被灰白色鳞秕，在叶轴上成2列，针刺软；浆果长圆形(厦门和福州栽培) ····························· **4. 美丽刺葵** *Ph. roebelenii* O'Brien
  2. 乔木；佛焰苞硬革质或木质，较厚而硬。
    5. 茎常丛生；果序长18～20cm；果长达7cm，浆果肉质而甜；种子扁(厦门、漳州、泉州、福州等地引种) ····························· **5. 海枣** *Ph. dactylifera* L
    5. 茎常单生；果序长0.8～1m；浆果肉薄至稍厚，不甜；种子宽椭圆形。

6. 叶裂片 2 列状；浆果长 1.8 ~ 2.5cm（厦门、泉州、漳州、福州等地栽培）……………………………
……………………………………………… **6. 长叶刺葵** *Ph. canariensis* Hort. ex Chab.

6. 叶裂片互生、对生或聚生，2 ~ 4 裂；浆果长 2 ~ 3cm（厦门、泉州、漳州、福州等地栽培）……………
……………………………………………………………… **7. 林枣葵** *Ph. sylvestris* Roxb.

（二）槟榔亚科 Arecoideae

分 属 检 索 表

1. 花序基部被 1 片大型总苞片与数片苞片所包裹；叶一或二回羽状分裂，羽片内向折叠，小羽片边缘啮状。

  2. 叶一回羽状分裂，羽片（裂片）宽线形或长线状披针形；雌雄花异株，稀同花序；胚乳均匀。

    3. 多次开花或一次性开花，前者花序自茎下部向顶部开放，后者花序自茎上端向基部开放；雌雄花异花序，稀同花序，雄花花萼离生，覆瓦状排列；雄蕊 6 至多数 ………… **1. 桄榔属** *Arenga* Labill

    3. 一次性开花，花序自茎顶端向基部开放；雌雄花异花序；雄花花萼基部合生成管状；雄蕊（3 ~ ）6
（ ~15 ）……………………………………………… **3. 瓦理棕属** *Wallichia* Roxb.

  2. 叶为大型的二回羽状分裂，并成二回复叶状，小羽片（近似小叶）斜菱形或宽或狭楔形；雌雄花同花序；胚乳嚼烂状 …………………………………………… **2. 鱼尾葵属** *Caryota* L.

1. 花序基部有 1 大型总苞片或还有数片小型苞片所包裹；叶羽状分裂，有明显中轴，羽片外向折叠，形状多种，有时成啮蚀状。

  4. 羽片先端有不整齐的齿裂，常为啮蚀状，有数条主脉从基部向上射出，或有时羽片纵向分裂成 1 至数对有明显中肋的小羽片；花序具 1 枚大型的总苞片，具 1 ~ 2 级分枝，花无梗。

    5. 支柱根粗壮，通常具密而多的刺，在茎周围稀疏着生，略组成圆锥体；花序背腹压扁，芽时不折曲；总苞片 1 枚，苞片 3 ~ 6 枚；小穗轴短，稍粗壮，结实时下垂；雄蕊 20 ~ 100 枚或更多；胚顶生………
……………………………………………… **4. 高晓桐属** *Socratea* Karst.

    5. 支柱根纤细，具稀疏刺，稀无刺，围绕着茎成一圆锥体；花序圆锥形，芽时折曲，总苞片 1 枚，苞片 7 ~ 11 枚，围成管状，花序膨大时总苞片即脱落；小穗轴长，纤细，松散地下垂；雄蕊 9 ~ 20 枚；胚侧生 ………………………………………… **5. 南美椰属** *Iriartea* Ruiz et Pav.

  4. 羽片先端通常尖锐，若具齿裂或啮蚀状或纵裂，则其花序有 1 枚大的总苞片及 1（ ~2 ）枚苞片，或无此苞片，不分枝或具 2 ~ 3（ ~5 ）级分枝，花无梗或有短梗。

    6. 花通常不深埋、稀浅埋在小穗轴上的穴内；雄花花瓣离生，裂片镊合状排列；雌花花瓣覆瓦状排列，先端微呈镊合状，稀基部合生或完全镊合状排列；花柱不伸出花外。

      7. 总苞片近木质；子房具 3 心皮、3 室，均发育，具 3 个胚珠；果无浅裂，内果皮厚骨质，有 3 个、稀多个明显的孔，孔在内果皮中部或中部以下；种子 1 ~ 3 粒。

        8. 植株无刺，有时叶柄边缘有尖刺齿；雌雄花瓣宽，覆瓦状排列；内果皮厚骨质，有 3 个、稀多个明显的孔，孔不下陷，亦无填充物。

          9. 花序分枝或不分枝；花序梗基部总苞片木质；雌雄花 3 或 2 朵 1 组，或单朵着生在小穗轴上，雌花不埋或稍埋在小穗上浅凹穴中；内果皮孔在中部或中下部。

            10. 花序基部总苞片表面无纵沟，或有细纹；内果皮上的孔位于中部或中下部，但不陷入果皮中。

              11. 花序总苞片生于花序梗顶端，纵向撕裂，开花时早落；雄蕊 18 ~ 21 枚，花丝合生，着生花托上；叶柄两侧无尖齿 ………… **6. 马岛刺葵属** *Beccariophoenix* Jumelle et Perrier

              11. 花序总苞片生于花序梗基部，在远轴处撕裂，开花时不脱落；雄蕊 6 ~ 18 枚，花丝离生；叶柄两侧有或无尖齿。

                12. 叶柄近基部处无尖齿；雄蕊 18 枚 ………… **7. 智利椰属** *Jubaea* Kunth.

                12. 叶柄近基部处有尖齿；雄蕊 6 枚 ………… **8. 弓葵属** *Butia* Becc.

10. 花序基部总苞片有浅至深纵沟；内果皮孔位于基部，陷入果皮中。

  13. 花序有雌雄同序和单一雄花序，前者雌花生于其部、下部或几占大部分小穗轴，雄花生于雌花侧边，通常 3 朵 1 组，或成对或单朵着生小穗上，无梗；子房具 3 心皮、3 室，每室具 1 胚珠。

    14. 花序不分枝；花 3 朵 1 组密集着生于小穗轴顶部，雄花不对称，萼片线状披针形，先端尖或渐尖，长超过花瓣的一半；雄蕊 6 至多数 ············ **9. 多蕊椰属 Polyandrococos Barb Rodr.**

    14. 花序多少分枝；花 3 朵 1 组或单朵分散着生在小穗轴上，小穗轴上部着生雄花，或花 3 朵 1 组，其中央为雌花，两侧为雄花；雄花萼片卵形，长不及花瓣一半；雄蕊 6 枚。

      15. 雌花大，球形至卵球形，萼片和花瓣近圆形，覆瓦状排列；雄花萼片离生；果大，直径达 25cm，成熟时更大，中果皮具厚的纤维，内果皮骨质；种子通常 1 个，当幼嫩时有液状胚乳，完全成熟时液状胚乳被种子吸收，中空 ············ **10. 椰子属 Cocos L.**

      15. 雌花小，卵圆形或圆锥形，萼片尖锐，多少成盔状，花瓣通常镊合状排列；果小；种子无液状胚乳。

        16. 叶的羽片狭窄，排列紧密、整齐，背面密生白色或灰褐色茸毛；花药丁字着生；果熟时外果皮及中果皮整齐地纵裂成 3 部分，内果皮薄 ············ **11. 小穴棕属 Lytocaryum Toledo.**

        16. 叶的羽片稍宽，排列不规整，常成组聚生或排列成多列，稀少羽片有薄毛；花药非丁字着生，稀为丁字着生；果成熟时外果皮和中果皮不开裂，内果皮厚 ············
        ············ **12. 金山葵属 Syagrus Mart.**

  13. 花序多种类型，雌雄同序，并另有雄花序，或有时还有雌雄同序者雌花大，稀少基部有短的花梗，雌花侧边有孕育或不育的雄花，通常还有一些成对或单生的雄花在小穗轴顶端；雄花序有长的小穗轴，仅有雄花；子房(1～)3 心皮有时有多于 3 心皮，每心皮顶端 1 花柱，每室 1 胚珠。

    17. 花药劲直，雄蕊 6 至多数。

      18. 雄花花瓣多少平展，多为卵形、长圆形或披针形；雄蕊 6～75 枚 ············
      ············ **13. 直叶桐属 Attalea Kunth**

      18. 雄花花瓣多少呈圆形，肉质，或狭长、钻形，横切面有棱角；雄蕊通常 6 枚 ············
      ············ **14. 迤逦棕属 Scheelea Karrst.**

    17. 花药不规则地扭曲，弯形或内卷，雄蕊 6～30(50) 枚 ······ **15. 油子椰属 Orbignya Mart ex Endl.**

9. 花序分枝多而密；雌花深埋在小穗上凹穴中，雌雄花分散着生在花序小穗轴上；花序梗短，基部的总苞片纤维质或木质；内果皮上的孔位于中或中上部 ············ **16. 油棕属 Elaeis Jacq.**

8. 植株有刺，刺软或硬，或稀无刺，其雌花花瓣合生；内果皮通常在中部以上，稀在基部，孔多少深陷于内果皮中，通常被附着于内果皮上的纤维所填塞或所覆盖。

  19. 花在小穗轴上部多成对或单朵着生，或雄花成对侧生于雌花基部，3 朵 1 组，基部具膜质的小苞片；雄花花萼离生，花瓣离生或基部合生，芽时镊合状排列；雌花花萼离生、花瓣宽大，离生或最基部处合生覆瓦状排列；中果皮有丰富的短纤维，附着于内果皮上 ············
  ············ **17. 刺茎棕属 Acrocomia Mart.**

  19. 花在小穗轴上成对或 3 朵成组或单朵着生；雌花花瓣离生，覆瓦状排列或合生成浅或深碗状；雌花花瓣在长 1/3～1/2 处合生成钟状，裂片伸展或直立，或在 1/2 长处合生成一壶形，上端 3 裂，或具 3 齿，或成截形的管；中果皮无丰富的短纤维。

    20. 叶的羽片先端斜或截形，宽，顶部有粗齿；花丝不折曲，花药基着，基部成箭头，退化雌蕊存在；雌花瓣在长 1/3～1/2 处合生成钟状，裂片覆瓦状排列；退化雄蕊合生，着生在花冠管上，上端具 3～6 裂或裂齿，或成截形的管 ············ **18. 刺叶桐属 Aiphanes Willd.**

    20. 叶的羽片先端尖或有锯齿，稀不规则深裂；花丝直立，或芽时向内折曲，花药背着或丁字着生，无退化雌蕊；雌花花瓣下半部合生或全合生，上端具 3 裂片或裂齿，或成截形的管；退化雄蕊离生或合生成管，但不着生在花冠管上。

      21. 雄花着生在雌花两侧，3 朵 1 组，或不规则地着生在雌花周围，但雄花不聚生在小穗轴顶端，基

部具离生的小苞片，雄花花萼花瓣均离生；花丝芽时向内折曲或否；叶羽状分裂或 2 裂，羽片具
2 至数折叠，规整着生或不规则地聚生在中轴上，先端尖，稀啮蚀状
·· **19. 桃棕属** *Bactris* Jacq. ex Scop.

21. 雄花着生在雌花两侧，3 朵 1 组，或 2 朵成对或单朵着生在小穗轴基部或上部，每对或每花基部
具 1 杯状小苞片，雄花花萼离生，花瓣合生；花丝芽时向内折曲；叶规整或不规则地羽状分裂，
羽片单折叠，规整或成组着生在中轴两侧，先端尖 ········· **20. 星果椰属** *Astrocaryum* G. F. W. Mey

7. 花序总苞片非木质；子房具 3 心皮、3 室，每室具 1 胚珠，通常 1 室发育，后者果有浅裂纹；内果皮
通常薄，稀较厚，有时基部加厚，但无孔；种子通常 1 粒，稀 2、3 粒。

22. 子房具 2 心皮，各含 1 胚珠。

23. 茎小型，细到中等粗，无明显的叶鞘纤维；花序不分枝或偶有 1 级分枝，稀花序 2 枚并生，基部总
苞片和基部的苞片近等大，苞片近膜质或革质，具不明显的喙；雄花有雄蕊 8 ~ 40 枚，雌花具 6 ~
8 枚不育雄蕊；果的顶端有花柱残基 ·········· **21. 美兰葵属** *Reinhardtia* Liebm.

23. 茎粗壮，中至大型，叶鞘常被毛，无纤维；花序具 1 ~ 3 级分枝，基部总苞片小，不明显，苞片大，
木质，通常有喙；雄花有雄蕊 3 ~ 14 枚；雌花具 3 ~ 6 枚不育雄蕊；果的近基处有花柱残基 ········
··· **22. 毒果椰属** *Orania* Zippel.

22. 子房假 1 室，稀 2 败育心皮存在，含 1，稀数枚种子。

24. 内果皮上无加厚成一"胚盖"，覆盖着种子的胚。

25. 雌花花瓣基部合生，退化雄蕊合生成杯状，子房具 3 心皮、3 室、仅 1 室发育；果具 1 粒种子，
花柱残基在果的近基部；叶羽状分裂，羽片先端不分裂 ··········· **23. 王棕属** *Roystonea* O. F. Cook

25. 雌花花瓣离生，稀合生，退化雄蕊齿状，不成杯状，子房具 3 心皮、3 室，仅 1 室、稀 3 室均发
育；果具 1(~3)枚种子，花柱残基位于果的顶端、近基部或侧边；叶羽状分裂，羽片先端不裂或
2 裂，或叶不分裂或不规则的分裂。

26. 叶小或大，羽状分裂或不分裂；花序具 1 总苞片，基部通常无苞片，具分枝或否；雄花萼片覆瓦
状或镊合状排列，基部合生。

27. 花着生于细长小穗轴上的凹穴内，并成蝎尾状排列，花序单枚或数枚集生叶腋；雄花萼片圆
形，宽覆瓦状排列；花柱残基位于果顶端。

28. 茎单生，粗壮；羽片单折叠；雄花有 30 ~ 70 枚雄蕊；内果皮厚，软骨质，不附于种子上；胚
乳均匀 ·· **24. 荷威棕属** *Howea* Becc.

28. 茎通常丛生，细；羽片有 1 至多折叠；雄花有 6 ~ 15 枚雄蕊；内果皮薄，附着于种子上；胚乳
均匀或嚼烂状。

29. 叶的羽片单折叠；种子胚乳嚼烂状，种脊延长到整个种子的长度，有网状分枝 ··············
··· **25. 白轴棕属** *Laccospadix* H. Wendl. et Drude

29. 叶的羽片 1 至数折叠，或叶不分裂；种子胚乳均匀，种脊仅达种子长度的1/3 或更短，分枝
分散或网结 ······················· **26. 单穗棕属** *Linospadix* H. Wendl.

27. 花不着生于小穗轴凹穴中，若着生在凹穴中，其花序具分枝，花在小穗轴上不成蝎尾状排列，
开花时花序见于"冠茎"下；花萼多种形状；花柱残基位于果的不同部位。

30. 花不生于小穗轴凹穴中，若是生于凹穴内，其雄花花瓣先端尖，雄蕊多数或少数；花柱残基
位于果的近其部。

31. 雄花通常完全对称，圆球形或近圆形。

32. 叶的羽片顶端啮蚀状；花序分枝达 4 级；雄花中等大小，萼片长不及花瓣的一半，雄蕊多
数；子房 1 室；花柱残基位于果的顶端。

33. 叶羽状分裂，羽片楔形，先端截形，或倒卵形、披针形、先端尖，渐尖，或叶偏斜，不分
裂；小穗轴基部苞片与花梗基部小苞片相似，或长于花梗基部的小苞片，小苞片通常从苞
片上方伸出，两者均宿存。

34. 种子无棱脊与沟，横切面圆形。

  35. 叶的羽片宽或狭楔形，或宽披针形至倒卵形；花序苞片成管状，有明显的喙，露出总苞片外 ·· **27. 木桐属** *Drymophloeus* Zipp.

  35. 叶的羽片披针形，中等窄至狭窄；花序苞片与总苞片相似，并包围在总苞内。

    36. 叶的羽片在中部或全部宽，先端具短截形、或斜尖或渐尖，背面近中肋基部具有膜片状小秕糠；中果皮有数束纤维 ·················· **28. 斐济棕属** *Veitchia* H. Wendl.

    36. 叶的羽片狭长，通常有 2~4 短的锯齿状的尖头，中肋上无膜片状小秕糠；中果皮上纤维束粗 ·················· **29. 东澳棕属** *Carpentaria* Becc.

34. 种子有棱脊或沟，横切面有凹口。

  37. 雄花有短圆锥形的退化雌蕊；种子顶端圆形，有 5 条纵脊；内果皮薄 ·················· **32. 绉子棕属** *Ptychosperma* Labill.

  37. 雄花退化雌蕊瓶状；种子顶端急尖，有不规则的脊；内果皮厚且硬 ·················· **33. 檗果桐属** *Ptychococcus* Becc.

33. 叶羽状分裂，羽片幼时全缘，楔形，具数条脉，后羽片纵向分裂达 7~17 枚线状的小裂片；小穗轴基部苞片与花梗基部小苞片相似并包围着小穗片，两者均早落。

  38. 茎稍呈瓶状；叶的羽片 11~17 枚，排列整齐，先端具小深裂或裂齿；内果皮的外面有黑色纤维；胚乳均匀 ·················· **30. 二枝棕属** *Wodyetia* Irvine.

  38. 茎不呈瓶状；叶的羽片 7~9 枚，线形，排列密集；内果皮外面有稀疏、禾秆色的纤维；胚乳嚼烂状 ·················· **31. 黑桐属** *Normanbya* F. Mell. ex Becc.

32. 叶的羽片顶端非咬状；花序不分枝或分枝达 4 级；雄花小，花萼长近药瓣长的一半，雄蕊 6 或 3 枚；子房通常 3 室，但仅 1 室发育；花柱残基位于果的基部。

  39. 植株中等大或稍大；叶多数，羽状分裂，羽片多数，单折叠；能育雄蕊 6 枚，花药通常箭头状，通常有狭窄、伸长的药隔 ·················· **34. 散尾葵属** *Chrysalidocarpus* H. Wendl.

  39. 植株矮小；叶少数，羽状分裂、不分裂或 2 裂，能育雄蕊 3 枚，另有 3 枚退化雄蕊，花药圆形，有宽而短的药隔 ·················· **35. 拟散尾葵属** *Dypsis* Nor. et Mar.

31. 雄花通常不对称，如对称时花序基部总苞片 1 枚，或雄花非圆形或长圆形。

40. 花序有 1 级分枝，稀不分枝，花梗小苞片明显或稍明显露出于花序的苞片外，若不露出时，果上的花柱残基位于果的侧边；雄花花丝芽时向内折曲；花柱残基位于果的顶部、近基部或侧面 ·················· **36. 纤叶桐属** *Euterpe* Mar

40. 花序不分枝或分枝达 3 级，花梗小苞片如存在则不露出花序苞片外；雄花花丝芽时向内折曲或否；花柱残基位于果的顶端。

  41. 花序具 1 枚大型的总苞片和 1 枚苞片，分枝多，开展，有时下垂；花在小穗轴上螺旋状排列，开花时雄花稍大于雌花。

    42. 雄花对称，如不对称则萼片覆瓦状排列，先端尖至圆形，长小于宽的 2 倍；芽时花丝多少直立；退化雌蕊多种形状或缺；果干时表面有颗粒状突起。

      43. 雄花有退化雌蕊，芽时长于雄蕊的一半；雄蕊约 12~13 枚；种子具嚼烂状胚乳 ·················· **37. 假槟榔属** *Archontophoenix* H. Wendl et Drude

      43. 雄花无退化雌蕊；雄蕊 16~55 枚；种子具同质胚乳··· **38. 肖肯棕属** *Chambeyronia* Vieill.

    42. 雄花不对称，先端尖，萼片狭窄，尖或渐尖，呈覆瓦状排列，长为宽的 3~4 倍或更多倍；芽时花丝向内折曲；退化雌蕊与雄蕊等长；果干时表面无颗粒状突起。

      44. 花 3 朵 1 组生于小穗基部；雄花成对至单朵生在小穗上端；雄蕊 6~12 枚，先熟；退化雌蕊纤细，圆筒形；中果皮无单宁细胞 ····· **39. 直叶椰属** *Hedyscepe* H. Vendl. et Drude.

      44. 花 3 朵 1 组几满布于整个小穗轴上；雄蕊 9~12 枚；雌蕊先熟；退化雌蕊基部圆形；中果皮有单宁细胞·················· **40. 香棕属** *Rhopalostylis* H. Wendl. et Drude.

41. 花序具1片大型的总苞片，具分枝，若另具1苞片，具分枝不开展；小穗轴直立，花3朵1组，满布于小穗轴上，或在小穗轴上螺旋状排列，或排列二列，或仅在小穗轴一侧着生，当花开放时，雄花通常长于雌花3倍，或更长，若不长于3倍，则花序只有1总苞片。

  45. 花序有1枚大的总苞片和1枚苞片；花梗侧边基部留有2个圆形的痕迹；花3朵1组，在整个小穗轴上对生或轮生，稀螺旋状排列。

    46. 雌花花萼、花瓣均合生 ·················· **41. 马鲁古群岛属** *Siphokentia* Burret.

    46. 雌花萼片、花瓣均离生 ·········· **42. 水柱桐属** *Hydriastele* H. Wendl. et Drude

  45. 花序仅有1枚大的总苞片；花梗侧边仅有一个圆形的苞片的痕迹，花在小穗轴上通常3朵或2朵1组或单朵螺旋状排列或排列成二列。

    47. 花序不分枝或有1~3级分枝；花3或2朵1组或单朵在小穗上螺旋状排列，或在花序顶端单侧着生雄花 ·················· **43. 槟榔属** *Areca* L.

    47. 花序不分枝或有1级分枝；花3朵1组，二列或稀为螺旋状排列于整个小穗上··········
    ·················· **44. 山槟榔属** *Pinanga* Bl.

30. 花生于小穗轴上的凹穴中，雄花花瓣圆形，大于花萼2倍；花序有3级分枝；雄蕊9~15枚；花柱残基位于果的顶端 ·················· **45. 红柄椰属** *Cyrtostachys* Blume.

26. 叶大，2裂或不规则分裂；花序有1枚大型的总苞片及2至数枚苞片，具1级分枝，分枝短，排列紧密；雄花萼片狭窄，离生 ·················· **46. 马岛椰属** *Marojejya* Humbert.

24. 内果有明显加厚成一"胚盖"，覆盖着种子的胚。

48. 植株无刺。

49. 总苞片完全包围着花序梗基部，脱落后留一圆形的痕迹；雄蕊6枚或更多。

50. 花生于小穗轴上的凹穴中；雄花花梗被毛；花柱残基位于果侧下部1/4处；种子有脊和沟 ·····
  ·················· **47. 尼科巴桐属** *Bentinckia* Berry ex Roxb.

50. 花贴生在小穗轴上，或生于浅的凹中；雄花无梗；花柱残基在果的顶部或侧下部；种子表面无脊和沟。

51. 种子的胚乳嚼烂状。

52. 叶鞘撕裂状，不形成明显的"冠茎"；花序生于叶腋间，或开花期叶鞘脱落，花序见于上叶鞘的下部；花序梗伸长，通常与小穗轴等长或更长 ·················· **48. 异苞桐属** *Heterospathe* Scheff.

52. 叶鞘管状，形成明显的"冠茎"；花序梗通常较小穗轴短。

53. 花序下部不分枝，上端有1级分枝，分枝不与小穗轴成90°角叉开；果成熟时黑色 ··········
  ·················· **49. 金棕属** *Dictyosperma* Wendl. et Drude.

53. 花序有分枝，螺旋状排列，或再次分小枝，下部分枝与小穗轴间明显成90°角叉开；果成熟时橙黄色或红色。

54. 雄蕊(15~)24~33枚或更多，退化雌蕊小或缺；果成熟时红色 ··················
  ·················· **50. 马来桐属** *Actinorhytis* Wendl. et Drude

54. 雄蕊6~9枚，退化雌蕊明显突出；果成熟时橙色或红色
  ·················· **51. 垂叶椰属** *Rhopaloblaste* Scheff.

51. 种子的胚乳均匀 ·················· **52. 西萨摩亚棕属** *Clinostigma* Wendl.

49. 总苞片不完全包围着花序梗基部，在远轴处开放，脱落后留一不完整的痕迹；雄蕊通常6枚。

55. 种子横切面2裂，稀为肾形，无角或沟槽；茎下部无支柱根，至少无带刺的支柱根。

56. 花柱残基位于果的近顶端处；支柱根不明显发育；雄花退化雌蕊长于雄蕊，圆柱状 ··········
  53. 大洋洲刺葵属 *Cyphophoenix* H. Wendl. ex Benth et Hook. f.

56. 花柱残基位于果的侧边至近顶端处；无支柱根；雄花退化雌蕊与雄蕊等长，顶端稍膨大 ·····
  ·················· **54. 新喀里多尼亚棕属** *Basselinia* Vieill.

55. 种子横切面不规则，有棱脊或沟纹；茎下部常有带刺的支柱根 ··························

　　　　　　　　　　……………………………… **55. 裂柄棕属** *Burretiokentia* Pichi-Sermolli

48. 植株有刺，至少在幼期有刺。

　57. 叶不分裂、二裂或不规则的羽状分裂，羽片通常多于 1 条主肋，多个折叠，先端尖锐，2 裂或啮蚀状；叶鞘不形成明显的"冠茎"或"冠茎"稍明显；花序见于叶腋内或见于不明显的"冠茎"下，小穗轴芽时劲直；雄花萼片先端圆形。

　　58. "冠茎"不明显；叶的羽片先端尖或渐尖；雄花花瓣约长于萼片 4 倍，雄蕊 18 枚或更多，退化雌蕊小，顶端微 3 裂或无退化雌蕊。

　　　59. 叶羽状分裂，羽片稍开展，大多具 2 ~ 3 条肋，先端尖或渐尖；花序有 1 级分枝；雄花对称，雄蕊 40 ~ 50 枚，花丝伸长，不呈三角形，退化雌蕊小，卵形；果近球形 ………………

　　　　　…………………………………… **56. 塞舌耳椰属** *Nephrosperma* Balf. f.

　　　59. 叶非深裂，裂片先端常有 2 浅裂，具多条肋；花序具 2 级分枝；雄花不对称；雄蕊约 18 枚，花丝粗短，成长三角形，无退化雌蕊；果卵圆形 ……… **57. 凤凰椰属** *Phoenicophorium* H. Wendl.

　　58. "冠茎"不明显或稍明显；叶的羽片或叶先端啮蚀状；雄花的花瓣约为萼片长的 2 倍，雄蕊 6 枚，退化雌蕊大，几与花瓣等长，顶端截形，微 3 裂 ………… **58. 扶摇棕属** *Verschaffeltia* H. Wendl.

　57. 叶羽状分裂，羽片具 1 条主肋，单折叠，先端尖锐或渐尖，稀 2 裂；叶鞘形成一明显的"冠茎"；花序见于"冠茎"下，小穗轴劲直或在芽时扭转；雄花萼片先端尖锐。

　　60. 雄花开放早，退化雌蕊明显，纤细，伸长，3 裂；果椭圆形，花柱残基位于果的基部 ………

　　　　　…………………………………… **59. 华丽桐属** *Deckenia* H. Wendl. ex Seem.

　　60. 雄花芽时闭合，退化雌蕊短于雄蕊和花瓣；果球形至椭圆形，有侧生的花柱残基。

　　　61. 雄蕊在开花时伸出花瓣外；退化雌蕊微呈 3 裂；种子胚乳均匀

　　　　　…………………………………… **60. 刺棕属** *Acanthophoenix* H. Wendl.

　　　61. 雄蕊在开花时包在花瓣内，退化雌蕊 3 深裂；种子胚乳嚼烂状 ………

　　　　　…………………………………… **61. 瘤籽桐属** *Oncosperma* Blume.

6. 花深埋在小穗轴上的凹穴内；雌雄花花瓣的基部均合生成管状，裂片镊合状排列；花柱伸长、明显外露。

62. 近无茎或茎细小，稀中等大；叶不分裂、2 裂或不规整地分裂，稀规整地羽状分裂。

　63. 小穗轴上的小苞片完全覆盖着小穗轴上着生花的凹穴及穴内成组的花顶端，小苞片上端圆形；花药基部成箭形，基生或花丝着生在药隔上；子房 3 室 ……… **62. 单叶棕属** *Asterogyne* H. Wendl. ex Hook. f.

　63. 小穗轴上的小苞片包被小穗轴上着生花的凹穴，但不盖住穴内成组的花的顶端，小苞片上端圆形，截形或撕裂；花药叉开，"个"字着生，花丝芽时不折屈；子房 1 室 ………… **63. 苇棕属** *Geonoma* Willd.

62. 茎明显，中等大小；叶羽状分裂 ………………………… **64. 肖椰子属** *Calyptronoma* Griseb.

　　1. 桄榔属 *Arenga* Labill.

　　本属约 18 种，产中国南部、东南亚、南亚、澳大利亚，中国 4 种，福建包括引种 4 种。

分 种 检 索 表

1. 单干，高大；小叶每 4 ~ 5 枚着生于一处（厦门和福州栽培）…… **1. 砂糖椰子** *A. pinnata*（Wurmb.）Merr.
1. 短干丛生；裂叶互生。
　2. 羽片近菱形或不等边四边形（厦门引种）………………… **2. 双子棕** *A. caudata*（Lour.）H. E. Moore
　2. 羽片阔线形。
　　3. 叶长 2 ~ 2.5m；小叶长 40 ~ 70cm，宽 2 ~ 4.5cm，细锯齿缘（分布于永泰等地）…………………

　　　　　…………………………………… **3. 山棕** *A. engleri* Becc.

　　3. 叶长 5 ~ 6m；小叶长 90 ~ 100cm，宽 15 ~ 20cm，细锯齿缘（厦门引种）…………………

　　　　　…………………………………… **4. 波叶桄榔** *A. undulatifolia* Becc.

2. 鱼尾葵属 *Caryota* L.

本属约 28 种，产中国南部，琉球群岛、东南亚、南亚、澳大利亚，中国 6 种，福建引种，现介绍 4 种。

分 种 检 索 表

1. 茎丛生，矮小；果实成熟时紫红色。

  2. 茎不被微白色的毡状茸毛；叶鞘具细条纹，边缘具网状褐色纤维；佛焰苞被毡状的褐色茸毛；花序不分枝，偶而从基部分出 1 条短枝（厦门和福州栽培）……………………… **1. 单穗鱼尾葵** *C. monostachya* Becc.

  2. 茎被微白色的毡状茸毛；叶鞘边缘具网状的棕黑色纤维；佛焰苞被糠秕状鳞秕；花序分枝多而密集（厦门、漳州、泉州、福州等地栽培）……………………… **2. 短穗鱼尾葵** *C. mitis* Lour.

1. 茎单生，乔木状；果实成熟时红色。

  3. 茎绿色，被白色的毡状茸毛；雄花的盖萼片小于被盖的侧萼片，表面具疣状凸起（福建沿海各地常见栽培）……………………… **3. 鱼尾葵** *C. ochlandra* Hance

  3. 茎黑褐色，无白色的毡状茸毛；雄花的盖萼片大于被盖的侧萼片，表面不具疣状凸起（厦门和福州等地栽培）……………………… **4. 董棕** *C. obtusa* Griff.

3. 瓦理棕属 *Wallichia* Roxb.

7 种，我国有 3 种；产中国中南、西南，福建介绍引种 2 种。

分 种 检 索 表

1. 乔木，高 5~8m；叶 2 列，裂片 2~5 聚生（厦门引种）……………………… **1. 二列瓦里棕** *W. disticha* T. Anderson

1. 灌木，高 1.5~4m；叶螺旋状排列（厦门引种）……………………… **2. 密花瓦里棕** *W. densiflora* Mart.

4. 高跷桐属 *Socratea* Karst.

12 种，产热带美洲至尼加拉瓜、巴西、秘鲁及玻利维亚，福建引种，现介绍 1 种。

高跷桐 *S. exorrhiza*（Mart.）H. Wendl. 厦门引种。

5. 南美椰属 *Iriartea* Ruiz et Pav.

约 7 种，产热带美洲至哥斯达黎加及玻利维亚，福建引种，现介绍 1 种。

阿瑞尔椰 *I. deltoids* Ruiz & Pav. 厦门引种。

6. 马岛刺葵属 *Beccariophoenix* Jumelle et Perrier

1 种，产马达加斯加，福建引种 1 种。

贝加利椰 *B. madagascariensis* H. Jumelle & H. Perrier 厦门引种。

7. 智利椰属 *Jubaea* Kunth.

2 种，产智利，福建有引种，现介绍 1 种。

智利椰 *J. chilensis*（Molina）Baillon 厦门引种。

8. 弓葵属 *Butia* Becc.

约 9 种，产巴西、巴拉圭、乌拉圭、阿根廷，福建引种，现介绍 2 种。

分 种 检 索 表

1. 佛焰苞光滑（厦门引种）……………………… **1. 布迪椰子** *B. capitata*（Mart.）Becc.

  1a. 秀丽弓葵 *B. capitata* var. *elegantissima* 植株矮小、密集；果黄色。厦门引种。

1. 佛焰苞密被淡褐色细毛（厦门引种） ························· **3. 弓葵** *B. eriospatha* （Mart.）**Becc.**

 9. 多蕊椰属 *Polyandrococos* Barb Rodr.

 2 种，产巴西，福建引种，现介绍 1 种。

 多蕊椰 *P. caudescens*（Mart.）Barb. 厦门引种。

 10. 椰子属 *Cocos* L.

 本属 1 种，若干栽培品种；泛热带分布，福建木本引种 1 种。

 椰子 *C. nucifera* L. 诏安、云霄、厦门、福州等地栽培。

 11. 小穴棕属 *Lytocaryum* Toledo.

 约 3 种，产巴西，福建引种，现介绍 1 种。

 凤尾椰 *L. weddellianum*（H. Wendl.）Toleto 厦门引种。

 12. 金山葵属 *Syagrus* Mart.

 约 32 种；产小安的列斯群岛及南美洲北部，福建引种，现介绍 2 种。

分 种 检 索 表

1. 乔木，干径 25～30cm；小叶 20～40 枚（厦门和福州栽培） ······ **1. 金山葵** *S. romanzoffiana*（Cham.）**Becc.**
1. 灌木，干径 6～8cm；小叶 30～50 枚（厦门栽培） ················ **2. 裂叶桐** *S. schizophylla*（Mart.）**Glassman**

 13. 直叶桐属 *Attalea* Kunth

 约 40 种，产巴拿马、巴西、哥伦比亚、秘鲁，福建引种，现介绍 1 种。

 亚达利亚棕 *A. cohune* Mart. 厦门引种。

 14. 迤逦棕属 *Scheelea* Karrst.

 约 28 种，产中美洲及南美洲，福建引种 2 种。

 迤逦棕 *S. liebmannii* Becc. 厦门引种。

 15. 油子椰属 *Orbignya* Mart ex Endl.

 约 20 种，产中美洲、巴西、玻利维亚，福建引种，现介绍 1 种。

 巴西油椰 *O. cohune*（Mart.）Dahl. 厦门引种。

 16. 油棕属 *Elaeis* Jacq.

 本属 2 种，产热带美洲，福建有引种，现介绍 1 种。

 油棕 *E. guineensis* Jacq. 诏安、厦门、云霄等地曾有栽培。

 17. 刺茎棕属 *Acrocomia* Mart.

 约 30 种，产热带美洲，福建引种，现介绍 1 种。

 格鲁椰子 *A. aculeate*（Jacq.）Lodd. ex Mart. 厦门引种。

 18. 刺叶桐属 *Aiphanes* Willd.

 约 38 种，产小安的列斯群岛，南美洲北部及中部，福建引种，现介绍 1 种。

 刺孔雀椰子 *A. aculeata* Willd. 厦门引种。

 19. 桃榔属 *Bactris* Jacq. ex Scop.

 约 240 种，产墨西哥及南美洲北部，福建引种，现介绍 1 种。

 桃榔 *B. gasipaes* Kunth 厦门引种。

 20. 星果榈属 *Astrocaryum* G. F. W. Mey

约 50 种，产墨西哥至巴西，福建引种，现介绍 1 种。

刺皮星果椰 *A. aculeatum* G. Meyer 厦门引种。

21. 美兰葵属 *Reinhardtia* Liebm.

约 6 种，产中美洲及南美洲北部，福建有引种，现介绍 1 种。

窗孔椰子 *R. gracilis*（H. Wendl.）Drude ex Dammer 厦门引种。

22. 毒果椰属 *Orania* Zippel.

约 17 种，产菲律宾、马来西亚、印度尼西亚、马达加斯加，福建引种，现介绍 1 种。

毒果椰 *O. trispatha* H. Beent. & J. Drans. 厦门引种。

23. 王棕属 *Roystonea* O. F. Cook

本属约 17 种，产美国东南部至中美洲及南美洲，中国引种 2 种，福建木本引种 2 种。

分 种 检 索 表

1. 树干近基部膨大，而后几为直的圆柱形；叶的羽片成不整齐的 2 列排列（福州、厦门等地栽培）…………
………………………………………………………………… **1. 菜王棕** *R. oleracea*（Jacq.）O. F. Cook
1. 树干不规则地膨大，基部不膨大或膨大，近中部膨大，向上部渐狭；叶的羽片成不整齐的 4 列排列（福州、厦门等地栽培）……………………………………………… **2. 王棕** *R. regia*（Kunth）O. F. Cook

24. 荷威桐属 *Howea* Becc.

约 3 种，产澳大利亚的洛德豪岛，福建引种，现介绍 2 种。

分 种 检 索 表

1. 叶不强弓弯，小叶背面散布小鳞片状斑点（厦门引种）………………………… **1. 荷威桐** *H. belmoreana* Becc.
1. 叶弓形下弯，小叶背面无鳞片状斑点（厦门引种）…… **2. 金帝葵** *H. forsteriana*（C. Moore & F. Mueller）Becc.

25. 白轴棕属 *Laccospadix* H. Wendl. et Drude

1 种，产新几内亚岛及澳大利亚，福建引种 2 种。

澳洲隐萼椰子 *L. australasica* H. A. Wendl. & Drude 厦门引种。

26. 单穗棕属 *Linospadix* H. Wendl.

约 11 种，产新几内亚岛及澳大利亚，福建引种，现介绍 1 种。

手仗椰子 *L. monostachya* H. A. Wendl. & Drude 厦门引种。

27. 木桐属 *Drymophloeus* Zipp.

约 16 种，产新几内亚岛及南太平洋群岛，福建引种，现介绍 1 种。

木桐 *D. beguinii* Burret 厦门引种。

28. 斐济棕属 *Veitchia* H. Wendl.

约 18 种，产菲律宾及南太平洋群岛，福建引种，现介绍 1 种。

威尼椰子 *V. winin* H. E. Moore 厦门引种。

29. 东澳棕属 *Carpentaria* Becc.

1 种，产澳大利亚东北部，福建引种 1 种。

东澳棕 *C. acuminata* Becc. 厦门引种。

30. 二枝棕属 *Wodyetia* Irvine.

1 种，产澳大利亚东北部，福建引种 1 种。

狐尾棕 *W. bifurcata* A. K. Irvine 厦门引种。

31. 黑桐属 *Normanbya* F. Mell. ex Becc.

1 种，产澳大利亚东北部，福建引种 1 种。

黑狐尾椰子 *N. normanbyi* L. H. Bailey 厦门引种。

32. 绉子棕属 *Ptychosperma* Labill.

28 种，产印度尼西亚，南太平洋群岛及澳大利亚东部，福建引种，现介绍 2 种。

分 种 检 索 表

1. 干丛生（厦门引种）……………………………………………… **1. 青棕 *P. macarthurii*（H. A. Wendl.）Nich**

1. 干单生（厦门引种）……………………………………………………………… **2. 秀丽青棕 *P. elegans* Bl.**

33. 檗果桐属 *Ptychococcus* Becc.

约 7 种；产印度尼西亚、新几内亚岛、俾士麦和所罗门群岛，福建引种，现介绍 1 种。

巴布亚椰子 *P. paradoxus* Becc. 厦门引种。

34. 散尾葵属 *Chrysalidocarpus* H. Wendl.

本属约 20 种，产马达加斯加、科摩罗群岛、奔巴岛，福建引种，现介绍 1 种。

散尾葵 *Ch. lutescens* H. Wendl. 全省各地栽培。

35. 拟散尾葵属 *Dypsis* Nor. et Mart.

约 21 种，产马达加斯加，福建有引种，现介绍 5 种。

分 种 检 索 表

1. 叶在干上排成三纵列（厦门引种）………………………… **1. 三角椰子 *D. decaryi*（Jum.）Beentje & J. Drans.**

1. 叶非三纵列排列。

　2. 叶鞘被红褐色短茸毛（厦门引种）……………… **2. 红颈三角椰 *D. lastelliana*（Baill.）H. Been. & J. Drans.**

　2. 叶鞘光滑无毛。

　　3. 干簇生，高可达 7m，小叶于叶轴两边排成 V 形。

　　　4. 茎叶常带黄色（厦门引种）……………… **3. 鹿古布椰子 *D. lucubensis*（Wendl.）H. Been. & J. Dransf.**

　　　4. 叶被绿色（厦门引种）……………………… **4. 巴隆氏黄椰子 *D. baronii*（Becc.）H. Been. & J. Drans**

　　3. 单干或丛生，高可达 15m，小叶不同角度丛生于叶轴（厦门引种）………………………………………

　　　…………………………………………… **5. 马岛散尾葵 *D. madagascariensis*（Becc.）Beentje & J. Dransf.**

36. 纤叶桐属 *Euterpe* Mar

约 50 多种，产中美洲及南美洲北部，福建引种，现介绍 1 种。

纤叶椰 *E. catinga* Wallace 厦门引种。

37. 假槟榔属 *Archontophoenix* H. Wendl et Drude

本属 14 种，产澳大利亚东部，福建引种，现介绍 1 种。

假槟榔 *A. alexandrae*（F. Muell.）H. Wendl. et Drude 全省各地常见栽培。

38. 肖肯棕属 *Chambeyronia* Vieill.

约 2 种，产新喀里多尼亚和澳大利亚，福建引种，现介绍 1 种。

红叶青春葵 *Ch. macrocarpa* Vieillard ex Bell. 厦门引种。

39. 直叶椰属 *Hedyscepe* H. Vendl. et Drude.

1 种，产澳大利亚的洛德豪岛，福建引种 1 种。

伞椰子 *H. canterburyana* H. Wendl. & Drude. 厦门引种。

40. 香棕属 *Rhopalostylis* H. Wendl. et Drude.

约 3 种、2 变种；产澳大利亚的诺福克岛，坎答伍岛及新西兰和拉乌尔岛，福建有引种，现介绍 1 种。

尼卡椰子 *Rh. sapida* H. A. Wendl. & Drude. 厦门引种。

41. 马鲁古群岛属 *Siphokentia* Burret.

2 种，产印度尼西亚马鲁古群岛，福建引种，现介绍 1 种。

锡福康椰 *S. beguinii* Burr. 厦门引种。

42. 水柱桐属 *Hydriastele* H. WEndl. et Drude

约 13 种，产新几内亚岛，新不列颠岛，俾斯麦群岛和澳大利亚，福建有引种，现介绍 1 种。

水柱椰子 *H. wendlandiana* H. Wendl. et Drude. 厦门引种。

43. 槟榔属 *Areca* L.

本属约 60 种，产热带亚洲，南太平洋群岛及澳大利亚，中国 2 种，福建引种，现介绍 2 种。

分 种 检 索 表

1. 乔木，干单生；雄蕊 6 枚；果较大，卵球形，长 4~6cm，成熟时橙黄色（厦门栽培）…………………… **1. 槟榔** *A. catechu* Linn

1. 灌木，干丛生；雄蕊 3 枚；果较小，卵状纺锤形，长不超过 3cm，成熟时深红色（厦门及福州树木园引种栽培）………………………… **2. 三药槟榔** *A. triandra* Roxb. ex Buch. – Ham.

44. 山槟榔属 *Pinanga* Bl.

本属约 120 种，产中国南部，亚洲东南及南部国家，中国 8 种，福建引种，现介绍 2 种。

分 种 检 索 表

1. 叶上面深绿，下面灰白色，下面及中脉具苍白色鳞毛和褐色点状鳞片，叶脉被淡褐色条状鳞片（分布于南靖县和溪）…………………… **1. 变色山槟榔** *P. discolor* Burret

1. 叶上面白深色，下面具淡褐色鳞片和绿色细柔毛，小叶脉稍苍白色（厦门引种）…………………………………… **2. 绿色山槟榔** *P. viridis* Burr.

45. 红柄椰属 *Cyrtostachys* Blume.

约 10 种，产泰国、马来西亚、新几内亚岛及南太平洋群岛，福建有引种，现介绍 1 种。

红槟榔 *C. renda* Blume 厦门引种。

46. 马岛椰属 *Marojejya* Humbert.

约 20 种，产马达加斯加，福建引种，现介绍 1 种。

玛瑙椰子 *M. darianii* J. Drans. & N. M. Vbl 厦门引种。

47. 尼科巴桐属 *Bentinckia* Berry ex Roxb.

2 种，产印度南部尼科巴群岛，福建引种，现介绍 1 种。

尼科巴椰 *B. nobilis* Hildebr. & H. Wendl. 厦门引种。

48. 异苞椰属 *Heterospathe* Scheff.

约 32 种，产菲律宾、印度尼西亚及南太平洋群岛，福建引种，现介绍 1 种。

异苞椰 *H. elata* Scheffer. 厦门引种。

49. 金棕属 *Dictyosperma* Wendl. et Drude.

1 种、2 变种，产热带非洲及马斯克林群岛，福建引种，现介绍 1 种。

飓风椰子 *D. album*（Bory）H. A. Wendl. & Drude ex Scheffer 厦门引种。

50. 马来椰属 *Actinorhytis* Wendl. et Drude

约 3 种，产新几内亚岛和所罗门群岛，福建引种，现介绍 1 种。

马来椰 *A. calapparia*（Blume）H. Wendl. & Drude ex Scheff 厦门引种。

51. 垂叶椰属 *Rhopaloblaste* Scheff.

约 6 种，产热带亚洲及南太平洋群岛，福建引种，现介绍 1 种。

新加坡棒槟榔 *Rh. singaporensis* Behth & Hook. f. 厦门引种。

52. 西萨摩亚棕属 *Clinostigma* Wendl.

约 13 种，产南太平洋群岛及澳大利亚，福建引种，现介绍 1 种。

萨摩亚椰子 *C. samoense* H. A. Wendl. 厦门引种。

53. 大洋洲刺葵属 *Cyphophoenix* H. Wendl. ex Benth et Hook. f.

约 4 种，产卡罗林群岛及新喀里多尼亚，福建引种，现介绍 1 种。

美丽林刺葵 *C. elegans* Benth. & Hook. f. 厦门引种。

54. 新喀里多尼亚棕属 *Basselinia* Vieill.

约 10 种，产新喀里多尼亚，福建引种，现介绍 1 种。

新喀里多尼亚棕 *B. gracilis*（Brong. & Gris）Vieill. 厦门引种。

55. 裂柄棕属 *Burretiokentia* Pichi-Sermolli

2 种，产新喀里多尼亚，福建引种，现介绍 1 种。

维拉裂柄棕 *B. vieillardii*（Brong. & Gris）Pichi – Serm. 厦门引种。

56. 塞舌耳椰属 *Nephrosperma* Balf. f.

1 种，产塞舌尔群岛，福建引种 1 种。

肾实椰子 *N. vanhoutteanum* I. B. Balfour 厦门引种。

57. 凤凰椰属 *Phoenicophorium* H. Wendl.

1 种，产塞舌尔群岛，福建引种 1 种。

凤凰椰 *Ph. borsigianum* C. Koch. Stuntz. 厦门引种。

58. 扶摇棕属 *Verschaffeltia* H. Wendl.

1 种，产塞舌尔群岛，福建引种 1 种。

竹马椰子 *V. splendida* H. Wendl. 厦门引种。

59. 华丽椰属 *Deckenia* H. Wendl. ex Seem.

1 种，产塞舌尔群岛，福建引种 1 种。

华丽椰 *D. nobilis* H. A. Wendl. ex Seem. 厦门引种。

60. 刺棕属 *Acanthophoenix* H. Wendl.

约 2 种，产马斯卡林群岛，福建引种，现介绍 1 种。

红叶刺棕 *A. rubra* H. Wendl. 厦门引种。

61. 瘤籽棕属 *Oncosperma* Blume.

约 5 种；产菲律宾，中南半岛，印度尼西亚，斯里兰卡，福建引种，现介绍 1 种。

巴雅椰子 *O. horridum*（Griff.）Scheff. 厦门引种。

62. 单叶棕属 *Asterogyne* H. Wendl. ex Hook. f.

约 4 种，产中美及南美洲北部，福建引种，现介绍 1 种。

单叶棕 *A. martiana* H. Wendl. 厦门引种。

63. 苇棕属 *Geonoma* Willd.

约 75 种，产中美洲及南美洲北部，福建有引种，现介绍 1 种。

苇棕 *G. undata* Klutzsch 厦门引种。

64. 肖椰子属 *Calyptronoma* Griseb.

约 8 种，产中美洲及南美洲北部，福建引种，现介绍 1 种。

肖椰子 *C. dulcis*（Wrigh ex Grisb.）Bailey 厦门引种。

（三）蜡材桐亚科 Ceroxyloideae

分 属 检 索 表

1. 花序小穗轴下部着生两性花，上端着生细小的雄花，两种花均具长梗 ……………………………………………………………………………… **1. 肖刺葵属** *Pseudophoenix* H. Wendl. ex Sarg.
1. 花序小穗轴上均着生单性花，花无梗或具短梗。
 2. 叶鞘在茎上不形成"冠茎"；花雌雄异株，单生，具短的花梗上，基部通常有小苞片；雄花序多数，雄花早开放，其雄蕊与花瓣等长或长于花瓣 ……………………… **2. 溪棕属** *Ravenea* H. Wendl.
 2. 叶鞘在茎上形成"冠茎"或否；花雌雄同株或异株，单生或 1 朵雌花和 2 至数个雄花，或雄花、雌花均排成一纵行，花无梗，开花时基部无小苞片；雄花开放迟，开放前雄蕊内存。
  3. 植株中等大；花单性，雌雄同株。
   4. "冠茎"明显；花序见于"冠茎"下，花序梗稍短，小穗轴下垂 ………… **3. 酒瓶椰属** *Hyophorbe* Gaertn.
   4. 无"冠茎"；花序见于叶腋内，花序总梗延长，小穗轴疏展 ………… **4. 马椰桐属** *Gaussia* H. Wendl.
  3. 植株矮小；花单性，雌雄同株或异株 ……………………………… **5. 坎棕属** *Chamaedorea* Wlld.

1. 肖刺葵属 *Pseudophoenix* H. WEmdl. ex Sarg.

约 4 种及若干变种，产美国佛罗里达，巴哈马群岛、墨西哥、海地、多米尼加，福建有引种，现介绍 1 种。

樱桃椰子 *P. sargentii* H. Wendl. 厦门引种。

2. 溪棕属 *Ravenea* H. Wendl.

约 15 种，产马达加斯加及科摩罗群岛，福建引种，现介绍 1 种。

国王椰子 *R. rivularis* Jum. & Perr. 厦门引种。

3. 酒瓶椰属 *Hyophorbe* Gaertn.

本属约 5 种，产马斯克林群岛，福建引种，现介绍 2 种。

分 种 检 索 表

1. 小叶基部不隆肿或稍隆起，淡绿色（厦门引种）…… **1. 酒瓶椰子** *H. lagenicaulis*（L. H. Bailey）H. E. Moore
1. 小叶基部上部隆肿且黄色（厦门引种）……………………… **2. 棍棒椰子** *H. verschaffeltii* H. A. Wendland

4. 马椰桐属 *Gaussia* H. Wendl.

约 5 种，产墨西哥、古巴、波多黎各、危地马拉，福建引种，现介绍 1 种。

马椰桐 *G. maya*（O. F. Cook）A. G. Quero & R. W. Read 厦门引种。

5. 坎棕属 *Chamaedorea* Wlld.

约 100 种，产墨西哥最多，至南美洲北及中部，福建引种，现介绍 6 种。

分 种 检 索 表

1. 单干。
  2. 羽状裂叶，羽片每侧 11～20 枚，小叶先端尾状渐尖（厦门引种）············ **1. 袖珍椰子** *Ch. elegans* Mart.
  2. 单叶片，先端二裂（厦门引种）··················· **2. 鱼尾椰子** *Ch. metallica* O. F. Cook. ex Moore
1. 丛干。
  3. 干匍匐，分枝成丛（厦门引种）··············· **3. 璎珞椰子** *Ch. cataractarum* Mart.
  3. 干直立。
    4. 小叶披针形，宽约 3cm（厦门引种）················· **4. 小穗玲珑椰子** *Ch. microspadix* Burr.
    4. 小叶线状披针形，宽 1.5～2.5cm。
      5. 花序梗甚长（厦门引种）··············· **5. 哥斯达黎加玲珑椰子** *Ch. costaricana* Oersted
      5. 花序梗甚短（厦门引种）··············· **6. 雪佛里椰子** *Ch. seifrizii* Burr.

（四）水椰亚科 Nypoideae

水椰属 *Nypa* Steck

本属 1 种，本省木本引种 1 种。

水椰 *N. fruticana* Wurmb. 厦门引种。

（五）省藤亚科 Calamoideae

分 属 检 索 表

1. 花雌雄异株；雄花在花序的小穗轴上 2 朵并生或单着生；雌花在小穗上单朵，或 1 朵雌花和 1 朵不育的雄花并生，雌雄花基部均具 1 或 2 片合生的小苞片；果中等大或小，外果皮被多数小型的鳞片所包裹。
  2. 近无茎；花序短，芽时包在纵长的叶鞘腋内，开花时伸出；叶顶端 2 羽片合生，多折叠，羽片在中轴上规整排列，或成组簇生，并成扇形展开；叶与花序顶端无"纤鞭"与"刺鞭" ··· **1. 蛇皮果属** *Salacca* Reinw.
  2. 攀援藤本或茎大型，直立；花序时不包在纵长的叶鞘腋内；叶顶端的羽片不合生，通常单折叠，叶轴或花序轴顶端有延伸的"纤鞭"与"刺鞭"。
    3. 雌花在雌花序的小穗轴上由 1 朵不育雄花并生或两朵雌花之间还有 1 朵不育的雄花并生；雄花在雄花序的小穗轴上单生或成对着生。
      4. 花序芽时不全包或仅基部包在管状的总苞片鞘内；叶顶端或花序轴顶端通常有"纤鞭"与"刺鞭"；雌花在小穗轴上与 1 朵不育雄花并生，或两朵雌花之间有 1 朵不育的雄花并生；胚乳均匀或嚼烂状 ··· **2. 省藤属** *Calamus* L.
      4. 花序芽时全包在舟状的总苞片内；除近无茎种类外叶轴顶端通常有"纤鞭"；雌花在小穗轴上两朵并生；胚乳嚼烂状 ·············· **3. 黄藤属** *Daemonorops* Bl.

3. 雌花在花序的小穗轴上单生；雄花在小穗上成对着生。

　5. 攀援藤本；叶轴顶端具"纤鞭"；一次性开花，小穗轴基部具直立、2 列舟状的小苞片……………………
　………………………………………………………………………………… **4. 钩叶藤属** Plectocomia Mart et Blume.

　5. 大乔木，多次开花；叶鞘上有纤细、梳状纤维，柔软的刺毛；小穗轴多数、细、被毛，基部小苞片、
　　膜质、不成舟状 ……………………………………… **5. 马来西亚葵属** Pigafetta（Bl.）Mart ex Becc.

1. 花雌雄同株；雌花单朵着生在小穗轴下部，每花基部有 2 枚小苞片；雄花单朵着生在小穗轴上部，每花基
　部有 1 枚小苞片，稀少雌雄花 2 朵并生；果大，外果皮被少数大型的鳞片所包裹 ……………………………
　……………………………………………………………………………………………… **6. 酒椰属** Raphia Beauv.

　　1. 蛇皮果属 Salacca Reinw.

　　约 18 种，我国有 1 种，产中国西部，中南半岛、菲律宾、缅甸、印度尼西亚、马来西
亚，福建引种 1 种。

　　蛇皮果 S. zalacca（Gaertn.）Voss ex Vilm. 厦门引种。

　　2. 省藤属 Calamus L.

　　本属约 375 种，产中国南部，热带亚洲、南太平洋群岛及澳大利亚东北部、非洲，中国
约 40 种，福建包括引种，介绍 9 种。

分 种 检 索 表

1. 攀援藤本。
　2. 肉穗花序圆锥状，直立或稍弯垂，非鞭状；叶轴于顶端延伸成带刺的纤鞭。
　　3. 叶裂片较多，17 ~ 29 对，通常单生（指成年叶，基生叶多数 2 ~ 3 片成束聚生）；果实的鳞片新鲜时黄白
　　　色；藤新鲜时弯折有白粉，干后无横条纹（厦门引种）…………………… **1. 单叶省藤** C. simplicifolius Wei
　　3. 叶裂片较少，8 ~ 12 对，通常 2 ~ 3 片紧靠，成束聚生；果实的鳞片新鲜时呈虾肉色即乳白色微带紫红；
　　　藤新鲜时弯折无白粉，干后有横条纹（厦门引种）………………………… **2. 短叶省藤** C. egregius Burret
　2. 肉穗花序纤鞭状；叶轴顶端无纤鞭。
　　4. 肉穗花序粗长；叶鞘具多而密的粗长扁刺；初生佛焰苞紧密的管状或鞘状。
　　　5. 叶鞘和叶柄上的刺黄白色，基部极宽，散生或 2 至数个基部连合，聚生或半轮生；宿存花被片基部成
　　　　短梗状（厦门引种）…………………………………………………………… **3. 大白藤** C. faberii Becc
　　　5. 叶鞘和叶柄上的刺黑色，基部稍宽或不宽，多而密集，螺旋状排列；宿存花被片扩展，基部非梗状
　　　　（产南靖、漳浦、龙岩、华安、永定）………………………………… **4. 华南省藤** C. rhabdocladus Burret
　　4. 肉穗花序较细短；叶具稀疏、基部稍增大的单生钩刺或几乎无刺或细而密的针状直刺；初生佛焰苞疏
　　　松管状。
　　　6. 叶鞘具稀疏、单生、基部增大、顶端褐色的短钩刺或长刺或近无刺；叶裂片常 2 ~ 10 对成束着生；顶
　　　　端的小穗状花序通常最短（分布于南靖、漳浦）……………………… **5. 白藤** C. tetradactylus Hance
　　　6. 叶鞘具多而密的棕褐色针状直刺；叶裂片通常单生；最顶端的小穗状花序长。
　　　　7. 叶裂片多而狭，通常 10 片以上，顶端常 4 片聚生；果较大，直径 11mm（厦门引种）………………
　　　　……………………………………………………………………… **6. 多刺鸡藤** C. teradactyloides Burret
　　　　7. 叶裂片少而宽，通常 7 ~ 8 片，最多不超过 10 片，顶端常 2 片（极少 3 片）聚生；果较小，直径不超过
　　　　　10mm（厦门引种）………………………………………………… **7. 阔叶鸡藤** C. pulchellus Burret
1. 直立灌木；叶片顶端和叶轴均无纤鞭。
　8. 灌木，几无茎；雄花序的一级佛焰苞撕裂成纤维状，长约为分枝花序长的 1 倍；果实鳞片中央无沟槽；
　　种子椭圆形，稍扁（全省各地较常见）……………………………… **8. 毛鳞省藤** C. thysanolepis Hance
　8. 直立灌木，有茎，高达几米；雄花序的一级佛焰苞上部撕裂成片状，约与分枝花序等长或稍长于分枝花

序；果实鳞片中央凸起，有不明显的浅槽；种子扁球形或卵状半球形（全省各地较常见）⋯⋯⋯⋯
⋯⋯⋯⋯⋯⋯⋯⋯⋯⋯⋯⋯⋯⋯⋯⋯⋯⋯⋯⋯⋯⋯⋯ **9. 高毛鳞省藤** *C. hoplites* Dunn

3. 黄藤属 *Daemonorops* Bl.

本属 115 种，产中国华南、西南，亚洲东南部及南部，福建引种，现介绍 2 种。

分 种 检 索 表

1. 种子肾状扁球形，长约 1.2cm，宽约 1.6cm；佛焰苞具短而稍宽的尾状尖头，其尖头短于苞身；叶鞘和佛
焰苞上的刺较短（厦门引种）⋯⋯⋯⋯⋯⋯⋯⋯⋯⋯⋯⋯⋯⋯⋯⋯ **1. 黄藤** *D. margaritae* (Hance) Becc.

1. 种子近扁球形，长 1.4~1.5cm，宽 1.5~1.6cm，基部近截平；佛焰苞具长而细的尾状尖头，其尖头长度
几乎等于苞身或稍长于苞身；叶鞘和佛焰苞上的刺长而稠密，几乎成丛（厦门引种）⋯⋯⋯⋯⋯⋯⋯⋯
⋯⋯⋯⋯⋯⋯⋯⋯⋯⋯⋯⋯⋯⋯⋯⋯⋯⋯⋯⋯⋯⋯⋯⋯⋯ **2. 红藤** *D. jankinsianus* Mart.

4. 钩叶藤属 *Plectocomia* Mart. et Bl.

本属约 16 种，产中国华南、西南，印度、马来西亚，中国 2 种，福建木本引种 1 种。

钩叶藤 *P. microstachys* Burret 厦门引种。

5. 马来西亚葵属 *Pigafetta* (Bl.) Mart ex Becc.

1 种，产马来西亚、印度尼西亚，福建引种 1 种。

马来椰 *P. filaris* (Giseke) Becc. 厦门引种。

6. 酒椰属 *Raphia* Beauv.

约 28 种，产南非，马达加斯加，热带西非洲，中美洲及南美洲北部，福建引种，现介绍
3 种。

分 种 检 索 表

1. 果实略为倒圆锥形，果实鳞片之顶端为圆形（厦门引种）⋯⋯⋯⋯ **1. 粉酒椰** *R. farinifera* (Gaertn.) Hylander

1. 果实为圆筒形或立体椭圆形。

　2. 雄蕊 10；果实圆筒状椭圆形，鳞片有 9 条沟（厦门引种）⋯⋯⋯⋯⋯ **2. 象鼻棕** *R. vinifera* Beauv.

　2. 雄蕊 16；果实为卵状椭圆形，鳞片有 12~15 条沟（厦门引种）⋯⋯ **3. 虎克酒椰** *R. hookeri* Mann. & Perr.

（六）鳞果桐亚科 Lepidocaryoideae

巴西桐属 *Mauritiella* Burret.

约 14 种，产巴西、委内瑞拉、哥伦比亚、圭亚那，福建有引种，现介绍 1 种。

皮刺毛里斯棕 *M. aculeate* (Kunth) Burret 厦门引种。

154. 露兜树科 Pandanaceae

本科 3 属、700 种，中国 2 属、约 9 种，福建木本 1 属、1 种。

露兜树属 *Pandanus* L. f.

本属约 600 种，中国约 4 种，福建木本 1 种。

露兜树 *P. tectorius* Sol.

分布于东山、漳浦、厦门、龙海。

155. 禾本科 Poaceae(竹亚科) (Bambusoideae)

本亚科 70 余属、约 1000 种，中国 37 属、500 余种，福建木本包括引种 29 属、197 种、11 变种、3 变型、23 栽培型。

分属检索表

1. 地下茎为合轴型。
2. 地下茎因具由秆柄延伸所成的假鞭，故地面秆彼此较疏离或为多丛。
3. 生长在高海拔地带的竹类；秆壁横切面上的典型维管束为半开放型 …… **1. 玉山竹属** Yushania Keng f.
3. 生长在低海拔平原或丘陵地区的竹类；秆壁横切面上的典型维管束为紧腰型。
4. 秆壁较厚，秆梢直立或弧弯，但不下垂；箨片窄披针形，与箨鞘顶端无明显的分界，因而连同箨鞘一齐脱落；叶片广披针形(长 18 ~ 40cm、宽 2 ~ 9cm)，小横脉不明显，但近于存在；果实硕大如梨，无胚乳，能留在母株上萌芽，俗称"胎生" ……………………………………… **2. 梨竹属** Melocanna Trin.
4. 秆壁极薄，厚仅 1 ~ 2mm，秆梢下垂；箨片呈三角形，易自箨鞘上脱离；叶片椭圆形，基部歪斜，小横脉稍明显，在纵脉间斜列 ……………………………… **3. 泡竹属** Pseudostachyum Munro
2. 地下茎因秆柄不延伸，故无明显的假鞭，地面秆一般为较密的单丛。
5. 矮小或颇为纤细的竹类；秆每节仅生 1 枝；叶片基部截形 ………… **4. 单枝竹属** Monocladus Chia et al.
5. 中等或大型的竹类；秆每节分多枝，其主枝显著或不甚明显。
6. 秆攀援或梢端垂悬，因而多少有些带蔓生性。
7. 秆具硅质，表面触之甚感糙涩(至少在秆未老化时如此)，或贴生有卷曲的丝质毛茸 ……………… …………………………………………………………………… **5. 慈竹属** Schizostachyum Nees
7. 秆表面不具硅质。
8. 箨鞘宿存，质地坚硬，箨耳发达；秆节所生的主枝甚粗壮，有时(例如秆被折损后)还可代替主秆继续生长 ………………………………………………………… **6. 梨藤竹属** Melocalamus Benth.
8. 箨鞘迟落，厚纸质或近革质；秆节所生的主枝并不特别粗壮，亦不会代替主秆。
9. 箨片卵形或三角形，箨耳有繸毛时，其毛亦不作放射状开展 …………………………… …………………………………………………………… **7. 空竹属** Cephalostachyum Munro
9. 箨片披针形，箨耳的繸毛甚为发达(叶耳者亦如此)，并作放射状的开展 …………………… …………………………………………………………… **8. 悬竹属** Ampelosalamus S. L. chen et al.
6. 秆直立，梢端微弧弯或下垂如钓丝，但并不是攀援或蔓生性的。
10. 秆具硅质，其表面触之觉糙涩 ……………………………………… **5. 慈竹属** Schizostachyum Nees
10. 秆表面不具硅质，触之无糙涩感。
11. 秆和大枝的某些节上具有枝刺，后者是其节间极短缩而成，质地坚硬或较柔软，有些枝刺尚可再分出次级刺以形成枝刺簇丛 ………………………………………… **9. 箣竹属** Bambusa Retz.
11. 植株上不具枝刺。
12. 箨鞘质薄，宿存在秆上腐败，无箨耳；叶片窄长披针形，无小横脉 ……………………… …………………………………………………………… **10. 泰竹属** Thyrsostachys Gamble
12. 箨鞘质地坚韧，呈皮革质或软骨质，脱落性。
13. 箨片的基底与箨鞘顶端几同宽，箨片直立(个别种则可展开乃至外翻，是为例外)。
14. 箨耳一般较发达，但亦有型小而不显著的；叶片通常无小横脉 ………………………… …………………… **9. 箣竹属** Bambusa Retz. (孝顺竹亚属 Subgen. Leleba(Nakai)Keng f.)
14. 箨耳微弱；叶片的小横脉隐约存在 … **11. 绿竹属** Dendrocalamopsis (Chia et H. L. Fung) Keng f.
13. 箨片的基底较箨鞘顶端为窄乃至甚窄(牡竹属则为近等宽或稍窄)，其箨片多能开展或外翻；叶片的小横脉隐约存在。

15. 秆壁较薄；箨耳不明显。

16. 箨鞘顶端呈宽截形，略有下凹，其宽可为箨片基底宽的 2 ~ 3 倍（稀可较此为窄）；箨耳虽不明显，但仍然可见，横卧于箨鞘顶端与箨片的外缘侧旁；箨片披针形，常外翻；秆的节间较长（以亚属模式种粉单竹 *B. chungii* 而论）·········· **9. 箣竹属** *Bambusa* Retz.

16. 箨鞘先端略有波曲，呈"山"字形，整个鞘口宽度约为箨片基底的 1 倍左右；秆的节间长度中等；鳞被、雄蕊及柱头等项数目有一定的变化 ·········· **12. 慈竹属** *Neosinocalamus* Keng f.

15. 秆壁大都较厚；箨耳显著或小型。

17. 箨舌边缘具棕色缝毛；箨耳显著；秆壁横切面上显示其维管束的内束鞘层甚薄；叶片基部钝圆，无叶耳；花丝连合成管状 ·········· **13. 巨竹属** *Gigantochloa* Kurz ex Munro

17. 箨舌边缘生纤毛而非缝毛；箨耳虽存在，但为小型；秆节的主枝较明显；柱头 1 枚。

18. 秆环隆起，较节间为稍粗；鳞被存在 ··········
·········· **11. 绿竹属** *Dendrocalamopsis*（Chia et H. L. Fung）Keng f.

18. 秆环较平坦，节间饱满而与秆环几同粗；鳞被无或稀，可有 1 或 2 枚；假小穗常聚集成球形或头状；外稃先端具芒如小刺，但亦有不具芒刺的种类 ····· **14. 牡竹属** *Dendrocalamus* Nees

1. 成长的植株具细型地下茎（包括单轴或复轴两类型之一），有着地中横走的真鞭，后者的各节均有鳞片（鞭箨），此外还生有鞭芽和环列的根突，它们以各自生出 1 条粗根。

19. 秆每节仅具 1 主枝，惟秆上部每节有时可分枝较多，枝的基部几与秆贴生。

20. 叶片呈广披针形，质地较厚而坚韧；秆高 5 ~ 10m，其主枝或其他枝均较秆径为细 ··········
·········· **23. 茶秆竹属** *Pseudosasa* Makino

20. 叶片椭圆形或长圆状椭圆形，大型；秆较细，一般高在 2m 以下，其主枝与秆近同粗。

21. 秆节的下方无毛茸所组成的环带；秆壁横切面上的典型维管束为半开放型 ··········
·········· **15. 赤竹属** *Sasa* Makino et Shibata

21. 秆节的下方常具 1 圈锈色毛环带，秆壁横切面上的维管束为开放型····· **16. 箬竹属** *Indocalamus* Nakai

19. 秆每节分 2 枝或更多枝。

22. 秆每节分 2 枝 ·········· **17. 刚竹属** *Phyllostachys* Sieb. et Zucc.

22. 秆每节分 3 枝乃至多枝。

23. 秆每节分（3）5 ~ 7 枝或更多枝，枝均纤细而较短，通常都不再分次级枝。

24. 秆节具 2 芽；末级小枝具 2 叶时，因在下方的叶鞘长于上方，致使下方的叶片反而超出并居在上面；秆有分枝的节间常略作三棱形 ·········· **18. 倭竹属** *Shibataea* Makino

24. 秆节仅具 1 芽；末级小枝具 2 叶时其叶片亦无上述位置互相颠倒的情况；秆的节间均呈圆筒形，不具纵沟槽 ·········· **19. 井冈寒竹属** *Gelidocalamus* Wen

23. 秆每节通常分 3 枝，但以后其数目可增多或否。

25. 秆节具 3 芽。

26. 秆基部数节上生有环列的刺状气生根；秆环和枝环虽均较隆起，但尚不呈算珠状，也不在环脊处平整逐节折断，秆在有枝条的节间之一侧具贯串其全长的 3 沟槽和 2 纵脊；箨片一般很微小甚至易忽略；出箨期在秋冬，笋肉能因酶的作用而氧化变黑 ·········· **20. 寒竹属** *Chimonobambusa* Makino

26. 秆基部数节决无环列的刺状气生根；秆环和大枝环均极肿胀，隆起成脊，宛如一粒带棱角的算盘珠，并且在突起的脊上还环绕一圈细槽而成关节，使秆和大枝在幼嫩时受有外力影响下横向逐节折断，其断口极为平整；出箨期在春夏，笋肉不受酶的作用而变黑，故加工制笋干时无需漂白 ··········
·········· **21. 筇竹属** *Qiongzhuea* Hsueh et Yi

25. 秆节仅具 1 芽。

27. 秆箨宿存或迟落。

28. 秆箨迟落，致使箨环上常存有箨鞘的基部残余而形成木栓质环圈 ··· **22. 苦竹属** *Pleioblastus* Nakai

28. 秆箨宿存性。

  29. 秆分枝节待至后期终于具有粗细不等的多枝；秆壁横切面上的典型维管束为半开放型 …………………………………………………………………… **22. 苦竹属** *Pleioblastus* Nakai

  29. 秆每节一般分 3 主枝或偶可 5 枝；秆壁横切面上的典型维管束全为开放型 ………………………………………………………………… **23. 茶秆竹属** *Pseudosasa* Makino

27. 秆箨早落性。

  30. 秆壁横切面上的典型维管束为开放型；秆较高大，通直，节间一般较长；秆节分 3 主枝，彼此近同粗，均较长，在秆上斜举；末级小枝具 3 ~ 5 叶或更多叶 ……… **24. 唐竹属** *Sinobambusa* Makino

  30. 秆壁横切面上的典型维管束为半开放型 (或兼有开放型)。

    31. 秆有分枝的节间之一侧仅在其基部稍扁，其余部分仍为圆筒形；叶片大小常随体形而变异；竹鞭节间实心 …………………………………… **25. 巴山木竹属** *Bashania* Keng f. et Yi

    31. 秆有分枝的节间之一侧扁平或至少其大部分为扁平 (尤以秆上部间如此)。

      32. 秆环甚隆起，相邻的上下节间彼此稍呈"之"字形曲折，故全秆并不十分通直 (尤以秆上部如此)；秆同一节上的枝条近同粗，枝平展 …… **26. 大节竹属** *Indosasa* McClure

      32. 秆环微隆起，全秆通直；秆同一节上的枝条较细，但主枝仍属明显。

        33. 秆髓多为层横片状；秆每节通常分 3 枝或以后为更多枝，各枝均较短，但彼此却近于等长 …………………………………… **27. 短穗竹属** *Brachystachyum* Keng

        33. 秆髓为粉末状散布；秆每节分 3 ~ 5(7) 枝，其枝能生长加长，故彼此长短不齐。

          34. 地下茎单轴型；箨片通常较小，披针形或三角状披针形，雄蕊 6 枚 …………………………………………………………… **28. 酸竹属** *Acidosasa* Z. D. Chu et C. S. Chao

          34. 地下茎单轴或复轴型；箨片较大，形状多变化，三角形或三角状带形或披针形乃至线形；雄蕊 3 枚，稀可多至 4 或 5 枚 ……… **29. 少穗竹属** *Oligostachyum* Z. P. Wang et G. H. Ye

1. 玉山竹属 *Yushania* Keng f.

本属约 60 种，中国 58 种、1 变型，福建木本 7 种。

分 种 检 索 表

1. 箨耳发达。

  2. 叶下面被柔毛；箨耳椭圆形或微呈镰形，斜上举 (分布于武夷山) …………………………………………………………… **1. 毛秆玉山竹** *Y. hirticaulis* Z. P. Wang et G. H. Ye

  2. 叶下面无毛；箨耳镰形或半圆形，反转 (分布于戴云山) ……………………………………………………………… **2. 长耳玉山竹** *Y. longaurita* Q. F. Zheng et K. F. Huang

1. 箨耳缺如或仅具小突起。

  3. 秆箨背面无毛 (分布于南平后坪) ……… **3. 百山祖玉山竹** *Y. baishanzuensis* Z. P. Wang et G. H. Ye

  3. 秆箨背面被刺毛、粗毛或柔毛。

    4. 箨鞘长于节间 (分布于武夷山) ……………………… **4. 长鞘玉山竹** *Y. longissima* K. F. Huang

    4. 箨鞘短于节间。

      5. 幼秆无毛也无疣点；箨鞘纸质；箨舌高 1mm；叶次脉 5 对，叶柄无毛 (分布于建阳猪母岗) …………………………………………………… **5. 湖南玉山竹** *Y. farinosa* Z. P. Wang et G. H. Ye

      5. 幼秆有白色刺毛或硅质疣点；箨鞘薄革质；箨舌高 1 ~ 1.5mm；叶次脉 4 对，叶柄被柔毛。

        6. 箨鞘背面全部被紫色倒刺毛；箨舌撕裂状，边缘具粗细不等的长纤毛，叶片下面被柔毛 (分布于建阳猪母岗) …………………………………… **6. 撕裂玉山竹** *Y. lacera* Q. F. Zheng et K. F. Huang

        6. 箨鞘背面仅基部被倒刺毛；箨舌平截或缺齿状，边缘具较短纤毛，叶片下面无毛 (分布于建阳猪母岗）·················· **7. 武夷玉山竹** *Y. wuyishanensis* Q. F. Zheng et K. F. Huang

2. 梨竹属 *Melocanna* Trin.

本属 2 种，中国引入 1 种，福建木本引入 1 种。

梨竹 *M. baccifera*（Roxb.）Kurz 厦门、福州和华安引种。

3. 泡竹属 *Pseudostachyum* Munro

本属仅 1 种，福建木本引种 1 种。

泡竹 *P. polymorphum* Munro 福州和华安引种。

4. 单枝竹属 *Monocladus* Chia et al.

本属现知 3 种、1 变种，福建木本引种 1 种。

响子竹 *M. levigatus* Chia et al. 华安引种。

5. 篾箬竹属 *Schizostachyum* Nees

本属约 50 种，中国 8 种，福建木本包括引入 3 种。

分 种 检 索 表

1. 秆乔木状，直立或近于直立。

  2. 秆梢细长下垂，或可作攀援状；箨片较长，超过其箨鞘长度的 1/2 ~ 2/3；鞘口繸毛长 10 ~ 18mm；箨舌边缘的流苏状毛茸长 1 ~ 2mm（福州和华安引种）·············· **1. 篾箬竹** *S. pseudolima* McClure

  2. 秆梢细长不下垂；箨片较短，其长不超过箨鞘长度的 1/2；鞘口繸毛长 5mm；箨舌边缘的流苏状毛茸长 3 ~ 5mm（厦门、福州和华安引种）·············· **2. 沙罗单竹** *S. funghomii* McClure

1. 秆灌木状，攀援性；箨鞘顶端之两侧不对称，箨片长度可超过箨鞘的 1/2 或其全长（福州和华安引种）···
·················· **3. 山骨罗竹** *S. hainanense* Merr. ex McClure

6. 梨藤竹属 *Melocalamus* Benth.

本属 3 种，中国产 2 种，福建木本引种 1 种。

西藏梨藤竹 *M. elevatissimus* Hsueh et Yi 厦门引种。

7. 空竹属 *Cephalostachyum* Munro

本属约 20 种，中国 4 种，福建木本引种 1 种。

糯竹 *C. pergracilis* Mumro 厦门和华安引种。

8. 悬竹属 *Ampelocalamus* S. L. Chen et al.

本属 2 种，福建木本引入 1 种。

贵州悬竹 *A. calcareus* C. D. Chu et C. S. Chao 厦门和华安引种。

9. 箣竹属 *Bambusa* Retz.

本属 100 多种，中国 60 多种，福建木本 46 种、3 变种、8 栽培型。

分 种 检 索 表

1. 秆壁较厚，通常可达 1cm 或更厚，节间长度中等，一般长在 30cm 以下（个别种可较长）；主枝明显较粗壮；箨片基底之宽约与箨鞘顶端近相等，或较窄时亦达鞘顶端的 2/5 以上（个别种可窄至鞘顶端的 1/3）；箨片大都直立；假小穗黄绿色，孕性小花的外稃彼此近等长，仅稍宽于其内稃。

  2. 秆和大枝各节具枝刺（系小枝特化而成），其质地软或硬，硬刺者可密集成为刺丛；箨鞘常为坚韧不脆裂的牛皮质或厚革质，背部纵肋显著，有如皱纹，内面大都不具光泽（个别种例外）。

3. 秆的下部枝条于节处具有许多锐利的硬质枝刺，并能相互交织成网状，有如樊篱。

  4. 箨鞘背面仅在近基部处被有毛茸。

    5. 箨片基底与箨耳直接连通，两者间无明显界限（至少在秆下部的箨上为如此）；箨舌近于全缘，但边缘密生细短纤毛（福州和华安引种） ·················· **1. 印度簕竹** B. arundinacea（Retz.）Schreb.

    5. 箨片与箨耳两者间有明显的界限；箨舌边缘齿裂或条裂，被流苏状毛茸。

      6. 秆下部节间光滑无毛；箨鞘先端近于截形；两箨耳的大小近相等，常外翻（分布于安溪、永定等地）

      ·························· **2. 车筒竹** B. sinospinosa McClure

      6. 秆下部节间被有纵列成行的小刺毛；箨鞘先端宽拱形；箨耳彼此不等大，亦不能外翻（福州有引种）

      ························ **3. 鸡窦簕竹** B. funghomii McClure

  4. 箨鞘背面常在中部以下乃至全体被或疏或密的毛茸。

    7. 秆下部各节在箨环之上方各生有一圈白色绢毛环带，箨背部密生小刺毛；箨耳常呈新月形，能外翻（分布于安溪、南安、南靖、漳州、厦门、云霄等地） ······ **4. 簕竹** B. blumeana J. A. et J. H. Schult. f

    7. 秆下部各节在箨环之上下方均无绢毛环带，或仅在箨环下方有着一圈棕色绢毛环带。

      8. 箨鞘先端作下凹的宽弧形，其两侧的顶端向上高突，形成三角状的尖角；箨耳微弱或不见，如存在时，仅为窄线形（厦门引种） ················· **5. 小簕竹** B. flexuosa Munro

      8. 箨鞘先端作拱起的宽弧形，其两侧的顶端并无耸起的尖角；箨耳显著，卵状长圆形至卵状披针形（福州引种） ················· **3. 鸡窦簕竹** B. funghomii McClure

3. 秆的下部枝条多少具有硬质或软质的枝刺，或具其一或两者兼备，但枝不交织成网。

  9. 箨耳较大，其中的大耳宽达 1~2cm。

    10. 箨片基底约占箨鞘顶宽的 2/3~3/4。

      11. 秆基部的数节间常现紫斑，其箨环的上下方所生的毛环带均为棕色绢毛组成；箨鞘背部有毛，鞘先端近为截形；箨舌高约 3mm（福州引种） ················ **6. 黎庵高竹** B. insularis Chia et H. L. Fung

      11. 秆基部的数节间不现紫斑，其箨环上下方所生的毛环带均为灰白绢毛组成；箨鞘背面仅在基部近中央处被毛，鞘先端作拱起的宽弧形；箨舌高约 7mm（厦门和福州引种） ·················

      ·················· **7. 霞山坭** B. xiashanensis Chia et H. L. Fung

    10. 箨片基底约占箨鞘顶宽的 2/5~3/5。

      12. 秆下部节间密被毛茸；箨鞘先端近截形；两箨耳大小彼此不等，其大者约为小的 3 倍；箨片基底约占箨鞘顶宽的一半（分布于永定等地） ··············· **8. 木竹** B. rutila McClure

      12. 秆下部节间无毛；箨鞘先端通常呈拱起的宽弧形，或有时近截形；两箨耳中的大者约为小的 1.5 倍或更较大；箨片基底约占箨鞘顶宽的一半或更宽（厦门和福州引种） ·················

      ·················· **9. 油簕竹** B. lapidea McClure

  9. 箨耳较小，其大耳的宽度不及 1cm。

    13. 箨舌高 5~7mm；箨鞘先端呈歪斜而两侧不对称的拱形，两边缘的顶端均无高起的小尖角；箨耳中的大耳呈长圆形至倒披针形，小耳呈卵形至椭圆形（分布于长汀和福州） ·················

    ·················· **10. 坭簕竹** B. dissmulator McClure

    13. 箨舌高 0.5~3(4)mm。

      14. 箨片基底仅稍窄于箨鞘的顶宽，最窄的也不窄于其顶宽的 4/5。

        15. 箨鞘背部有毛或仅在近基部处有毛（或可无毛）。

          16. 秆下部各节在箨环之上下方均生有一圈灰白色绢毛环带；箨鞘背部仅在近基部处被黑褐色小刺毛或常可无毛；箨耳中的小耳常与箨片基部直接连通而无明显的界限（厦门和福州引种） ·········

          ·················· **11. 乡土竹** B. indigena Chia et H. L. Fung

          16. 秆下部各节仅在箨环之下方生有一圈淡棕色小刺毛环带，而秆基部的 1~3 节则在箨环之上方生有一圈灰白色绢毛环带；箨鞘背部贴生黑褐色小刺毛；箨耳中的较小者常为箨片基部所掩盖或被它挤皱（厦门和福州引种）·················· **12. 吊罗坭竹** B. diaoluoshanensis Chia et H. L. Fung

15. 箨鞘背部完全无毛。

  17. 秆有正常和畸型的两类；正常秆的节间为圆筒形，畸型秆的下部节间则极短缩并各在其基部肿胀如瓶肚；箨舌高 0.5 ~ 1mm（福建各地栽培） ················· **13. 佛肚竹** *B. ventricosa* McClure

  17. 秆全部正常，各节间均呈圆筒形；箨舌高 3(4)mm。

    18. 箨鞘鲜时呈绿色，但在外侧的边缘处具 1 或 2 行黄白色或淡黄绿色纵条纹，鞘先端稍作两侧不对称的广三角形或宽拱形。

      19. 秆下部节间和各节均有毛；叶片线状披针形至披针形，一般长 6.5 ~ 12cm，宽 13 ~ 17mm（厦门和福州引种） ····················· **11. 乡土竹** *B. indigena* Chia et H. L. Fung

      19. 秆下部节间和各节均无毛；叶片较窄，呈线状披针形，一般长 9 ~ 16cm，宽 10 ~ 13mm（厦门和福州引种） ············· **14. 锦竹** *B. subaequalis* H. L. Fung et C. Y. Sia

    18. 箨鞘鲜时背部并无异色纵条纹，鞘先端近截形或为斜截形（厦门、福州和华安等地引种） ······
      ····················· **15. 东兴黄竹** *B. corniculata* Chia et H. L. Fung

14. 箨片基底较窄，约占箨鞘顶宽的 1/2 ~ 3/4。

  20. 箨鞘先端斜截形，或为近斜截形而其顶部呈上拱的圆弧形或稍不对称的下凹之宽弧形。

    21. 箨鞘在内侧边缘顶端高耸，成为三角形的小尖角；箨片基部并不向内收窄，故其基部两侧边亦不为圆弧形的向内弯曲（厦门引种） ··········· **16. 坭竹** *B. gibba* McClur

    21. 箨鞘在内侧边缘之顶端仅略有隆起，但无高起的小尖角；箨片基部明显向内收窄，其基部两侧边缘能作圆弧形向内弯入（福州引种） ··········· **17. 马岭竹** *B. malingensis* McClure

  20. 箨鞘先端作上拱的宽弧形或三角形（厦门引种） ····· **18. 牛儿竹** *B. promineus* H. L. Fung et C. Y. Sia

2. 秆和枝条均不具枝刺；箨鞘硬纸质，其质地较脆，内面平滑而大都有光泽。

22. 箨耳中较大的一枚宽 1cm 或更宽，如不及 1cm 时，则秆的分枝习性很低（可在第 1 节就有分枝），或是叶片的下表面无毛，同时秆的节间较短（长 20 ~ 30cm）。

  23. 箨片基底约占箨鞘顶宽的一半或更窄。

    24. 箨耳彼此不等大；箨鞘先端作两侧不对称而上拱的宽弧形，鞘在背面仅在近内侧的边缘处被小刺毛（分布于厦门、南靖、泉州和福州） ··········· **19. 硬头黄竹** *B. rigida* Keng et Keng f.

    24. 箨耳彼此近等大；箨鞘先端凸并波曲，呈"山"字形，鞘的背部全面被毛。

      25. 箨鞘背部被淡棕色或白色绢毛；箨耳高 2.5 ~ 3mm；箨舌高 7 ~ 8mm；叶片下表面密被短柔毛（厦门引种） ··········· **20. 灰竿** *B. polymorpha* Munro

      25. 箨鞘背部被黑褐小刺毛；箨耳高 0.8 ~ 1mm；箨舌高 3 ~ 4mm；叶片下表面无毛（福建各地栽培）···
      ····················· **21. 龙头竹** *B. vulgaris* Schrad. ex Wendland

  23. 箨片基底占箨鞘顶端宽度的一半以上。

    26. 箨片基部与箨耳相接连部分 10 ~ 13mm。

      27. 箨鞘先端为拱凸的广三角形，但在顶部仍为圆拱形；箨舌高 1.5 ~ 2mm（厦门和福州引种） ········
      ····················· **22. 马甲竹** *B. tulda* Roxb.

      27. 箨鞘先端为两侧不对称的拱形或近截形；箨舌高 3 ~ 5mm（厦门和福州引种） ····················
      ····················· **23. 大眼竹** *B. eutuldoides* McClure

    26. 箨片基部与箨耳互相连接部分仅为 3 ~ 7mm。

      28. 箨鞘先端近截形，箨舌高 1.5 ~ 2mm（厦门和福州引种） ···········
      ····················· **24. 信宜石竹** *B. subtruncata* Chia et H. L. Fung

      28. 箨鞘先端为两侧不等称的弧拱形或广弧形，有时为近斜截形。

        29. 箨鞘背部多少有些被毛。

          30. 大的箨耳沿着箨鞘顶端之一侧向下斜，其末端渐细窄（分布于厦门、泉州、宁德、福鼎、尤溪、龙岩等地） ··········· **25. 撑篙竹** *B. pervariabilis* McClure

          30. 大的箨耳不沿着顶端向下倾斜，其末端为近圆形（分布于厦门、永春和福州） ··········

·························· **26. 长枝竹** *B. dolichoclada* Hayata

29. 箨鞘背部无毛。

31. 秆的下部节间不具异色纵条纹(分布于厦门、永定和福州)·········· **27. 青竿竹** *B. tuldoides* McClur

31. 秆下部节间具黄绿色或淡绿色纵纹。

32. 分枝自秆基部第一节就开始分出；箨耳中大的一枚呈倒卵状长圆形或倒披针形，其末端渐窄(分布于厦门、泉州、宁德、福鼎、尤溪、龙岩等地)·········· **25. 撑篙竹** *B. pervariabilis* Mc Cluure

32. 分枝自秆下部第三或第四节始分出；箨耳中大的一枚呈长圆形，其末端近圆形(厦门和福州引种)·········· **28. 花眉竹** *B. longispiculata* Gamble et Brandis

22. 箨耳中大的一枚宽不及 1cm，如宽达 1cm 时，则箨片底宽常不足箨鞘顶宽的1/3。

33. 叶片下表面呈粉白色或粉绿色。

34. 箨耳极微小或不明显。

35. 秆绿色或黄色，杂有异色纵条纹，中空。

36. 秆绿色，但秆的节间及个别叶片具少数白色纵条纹(厦门引种)·········· **29a. 银丝竹** *B. multiplex* 'Silverstripe'

36. 秆黄色，但在节间具绿色纵条纹。

37. 末级小枝具 5 ~ 12 叶，叶片长 4 ~ 14cm(厦门引种)··· **29b. 小琴丝竹** *B. multiplex* 'Alphonse-Karr'

37. 末级小枝下弯，具 12 ~ 20 叶，叶片长 1.6 ~ 3.8cm(福州引种)·········· **29c. 小叶琴丝竹** *B. multiplex* 'Stripestem'

35. 秆全为绿色，不杂以异色纵纹。

38. 秆实心，末级小枝具 12 ~ 23 叶(厦门和福州引种)·········· **29d. 观音竹** *B. multiplex* var. *riviereorum* R. Maire

38. 秆中空。

39. 末级小枝具 9 ~ 13 叶，叶片长 3.3 ~ 6.5cm，宽 4 ~ 7mm(厦门引种)·········· **29e. 凤尾竹** *B. multiplex* 'Fernleaf'

39. 末级小枝具 5 ~ 12 叶；叶片长 5 ~ 6(22)cm，宽 7 ~ 16(20)mm。

40. 秆的分枝下垂；叶片细长(宽长比在 1:10 以下)，一般长 10 ~ 20cm，宽 8 ~ 16mm (厦门引种)·········· **29h. 垂枝竹** *B. multiplex* 'Willowy'

40. 秆的分枝斜举而不下垂；叶片较宽短(宽长比在 1:10 以上)(全省各地常见)·········· **29. 孝顺竹** *B. multiplex* (Lour.) Raeuschel ex J. A. et J. H. Schult.

34. 箨耳较大而显著；两箨耳显然不等大，常有一部分被箨片基部所掩盖；箨鞘先端呈两侧不对称的宽拱形(厦门、福州和华安引种)·········· **30. 妈竹** *B. boniopsis* McClure

33. 叶片下表面呈绿色或淡绿色。

41. 箨片基底宽度不足箨鞘顶宽的一半；两箨耳不相等，其比例为 1:2；箨舌高 2mm；箨片底宽度约为箨鞘顶宽 1/4(福州引种)·········· **31. 破篾黄竹** *B. contracta* Chia et. H. L. Fung

41. 箨片基底宽度超过箨鞘顶宽的一半。

42. 箨鞘先端近截形，或近于截平而又呈极宽的拱形。

43. 秆分枝性低，自第 1 或第 2 节就有分枝；箨鞘背部仅在近基底处被刺毛(厦门和福州引种)·········· **32. 鱼肚腩竹** *B. gibboides* W. T. Li

43. 秆分枝习性高，自第 8 ~ 10 节才有分枝；箨鞘背部仅在内侧近边缘处被刺毛(分布于南靖、南安、晋江、福州)·········· **33. 藤枝竹** *B. lenta* Chia

42. 箨鞘先端为两侧不对称的弧拱形或宽弧拱形，或作浅波状的起伏。

44. 箨鞘背部几遍布刺毛；箨舌高 1mm(分布于永泰、南安、闽清、三明、永安、南平、上杭)·········· **34. 米筛竹** *B. pachinensis* Hayata

44. 箨鞘背部完全无毛，或仅在两侧近边缘处被刺毛；箨舌高 1.5 ~ 3mm，稀或高仅在 1mm 以内。

45. 箨鞘背部两侧近边缘处被刺毛；箨舌高 1～1.5mm（分布于福州、福清、平潭、南安、安溪、厦门、漳浦、诏安、平和、长泰、龙海等地）·················· **35. 花竹** *B. albo-lineata* Chia

45. 箨鞘背部完全无毛；箨舌高 2～3mm（福州引种） ·············· **36. 石竹仔** *B. piscatorum* McClure

1. 秆壁较薄，厚度常不及 1cm（除绵竹 *B. intermedia*、木箪竹 *B. wenchouensis*、甲竹 *B. remotiflora*、油竹 *B. surrecta* 外），节间一般甚长；主枝不甚显著，故同一秆节的各枝彼此几同粗；箨片基底之宽常仅为箨鞘顶端的一半或更窄，通常能外翻；假小穗紫褐色或古铜色，外稃背部略肿胀，较其内稃为甚宽。

46. 主枝较侧枝粗而长；秆壁厚度常超过 0.8cm。

47. 秆壁厚达 1.5～2cm。

48. 幼秆的节间微被白粉和稀疏易落的白色小刺毛；箨片背面无毛（华安引种）·······················
·················· **37. 绵竹** *B. intermedia* Hsueh et Yi

48. 幼秆的节间无白粉，但被有细柔毛；箨片两面均生细刺毛和柔毛（分布于福鼎、厦门）·················
·················· **38. 木箪竹** *B. wenchouensis*（Wen）Q. H. Dai

47. 秆壁厚在 1cm 以下。

49. 幼秆节间的毛褐色，聚成纵向条纹状；箨环无毛；箨片反折（厦门和福州引种）·················
·················· **39. 甲竹** *B. remotiflora* Kuntze

49. 幼秆节间的毛苍白色，稀疏散生；箨环具刺毛环；箨片直立（厦门和福州引种）·················
·················· **40. 油竹** *B. surrecta*（Q. H. Dai）Q. H. Dai

46. 主枝与侧枝粗细相近；秆壁较薄，厚度在 0.8cm 以下。

50. 秆梢攀援状以倚附他物（厦门引种）·················· **41. 藤单竹** *B. hainanensis* Chia et H. L. Fung

50. 秆梢劲直或弯曲但不倚附他物。

51. 幼秆无毛，但显著有白粉。

52. 幼秆的箨环无毛；箨鞘背面遍布宿存性短硬毛；箨片腹面无毛（分布于南靖和福州） ·················
·················· **42. 单竹** *B. cerosissima* McClure

52. 幼秆箨环生有向下的刺毛；箨鞘背面除基部具有宿存性的长柔毛外，其余各处的毛均易脱落而变为无毛（尤以箨鞘上部者如此）；箨片腹面被有小刺毛（厦门、福州引种）·················
·················· **43. 粉单竹** *B. chungii* McClure

51. 幼秆节间有毛（如无毛则箨片直立），无白粉或被白粉。

53. 幼秆节间被白粉及小刺毛，刺毛脱落后则在表面留有小凹痕。

54. 箨鞘背面无毛或于背面之中部无毛，无白粉；箨耳明显存在。

55. 秆箨的箨片长度约为其箨鞘全长的 2/3 或过之，箨片基稍作心形收窄；箨舌高 2mm。

56. 秆绿色（分布于南靖、泉州、德化、顺昌、漳平、龙岩）·········· **44. 青皮竹** *B. textilis* McClure

56. 秆绿色，间以紫红色斑纹或纵条。

57. 秆绿色间以紫红色条状斑纹（福州引种） ·············· **44a. 紫斑竹** *B. textilis* 'Maculata'

57. 秆绿色间以紫红色纵纹（厦门引种） ·············· **44b. 紫竿竹** *B. textilis* 'Purpurascens'

55. 秆箨的箨片长度约为其箨鞘全长的 1/2，箨片基部稍作圆形收窄；箨舌高 1～1.5mm。

58. 箨鞘背面全部无毛（厦门引种）··········· **44c. 光竿青皮竹** *B. textilis* McClure var. *glabra* McClure

58. 箨鞘背面近两侧和近基部均疏生有暗棕色刺毛 ·····························
·················· **44d. 崖州竹** *B. textilis* McClure var. *gracilis* McClur

54. 箨鞘背面有刺毛，且于幼时被白粉（厦门引种）·····························
·················· **45. 料慈竹** *B. distegia*（Keng et Keng f.）Chia et H. L. Fung

53. 幼秆节间无白粉，或仅节下有白粉，有疣基小刺毛，刺毛脱落后留有小凹痕，还有小疣点。

59. 箨片反折；箨鞘先端截平或稍凹陷，两侧近相等（福州引种）·····························
·················· **46. 桂单竹** *B. guangxiensis* Chia et H. L. Fung

59. 箨片直立；箨鞘先端深凹陷，其一肩高耸，故两侧很不对称（福州引种）·····························

·························· **47. 水单竹** *B. papillata*（Q. H. Dai）Q. H. Dai

10. 泰竹属 *Thyrsostachys* Gamble

本属有 2 种，中国引种 2 种，福建木本引入 2 种。

分 种 检 索 表

1. 秆高 10~25m，直径 5cm 以上，箨鞘先端截平，叶片较大，宽 1.5~2cm（厦门和华安引种）··············
·· **1. 大泰竹** *Th. oliveri* Gamble
1. 秆高 8~13m，直径在 5cm 以下，箨鞘先端呈"山"字形，叶片较小，宽 0.7~1.5cm（厦门、福州和华安引
种）····························· **2. 泰竹** *Th. siamensis*（Kurz ex Munro）Gamble

11. 绿竹属 *Dendrocalamopsis*（Chia et H. L. Fung）Keng f.

本属 9 种，中国 8 种、1 变型，福建木本包括引种 7 种。

分 种 检 索 表

1. 箨片完全直立，不外翻；箨鞘顶端较宽，两肩不作广圆形；箨耳较显著或稀可不显著，长圆形、卵形或
近圆形；小穗细长形、钻状圆柱形或卵状披针形，体圆乃至两侧扁。
  2. 箨片基部向内收窄，并与箨耳分离；箨耳近等大。
    3. 箨舌较高，其中央高达 3~9mm；幼秆节间绿色，夹有淡紫色纵条纹，此外还生有纵行的柔毛，以后毛
     脱落则呈现出黄色的纵条纹（南平、三明、福州等地引种）····························
·································· **1. 吊丝单** *D. vario-striata*（W. T. Lin）Keng f.
    3. 箨舌低矮，高约 1mm；秆的节间全为绿色，无异色纵条纹，亦无成纵行的柔毛（分布于漳州、南靖、厦
     门、晋江、福州、宁德、福鼎、德化、龙岩等）··············· **2. 绿竹** *D. oldhami*（Munro）Keng f.
  2. 箨片基部浅心形；箨耳大小不等；箨舌高约 1.5mm；小穗长不超过 3cm（分布于福鼎、永春、安溪、闽
   清、三明）··················· **3. 苦绿竹** *D. basihirsuta*（McClure）Keng f. et W. T. Lin
1. 箨片向外开展，以后外翻；箨鞘顶端常较窄，两肩呈广圆形，稀或箨鞘顶端宽而为稍下凹的截形；箨耳
微小，不明显，或呈狭长的线形；小穗卵状披针形，体扁乃至甚为两侧扁。
  4. 秆基部通常有 2 或 3 间节极为短缩，长仅约 1cm，但均仍具芽；分枝习性低，常在短缩节间之上的第一
   或第二节以上始有分枝；柱头单一；箨鞘顶端窄，两肩广圆形；箨片外翻，其基部宽约为箨鞘顶端宽度
   之半；箨舌近截形，高 4~5mm，上缘具细齿或细齿裂（华安引种）····························
·································· **4. 孟竹** *D. bicicatricata*（W. T. Lin）Keng f.
  4. 秆基部无特别短缩的不正常节间；分枝习性较高，通常在秆第三节以上或更高处才有分枝；柱头 1~
   3 枚。
    5. 箨耳微小或不显著，存在时呈近椭圆形（厦门和福州引种）····························
·································· **5. 吊丝球竹** *D. beecheyana*（Munro）Keng f.
    5. 箨耳窄长或呈线形，多少有些外翻。
      6. 箨鞘先端为宽弧形下凹，其宽度约为箨片基部的 3 倍；秆的节间之下部不肿大；柱头通常 3 枚，但花
       柱为 2 裂，其 1 裂有 1 柱头，另 1 裂则有 2 柱头（厦门引种）····························
·································· **6. 黄麻竹** *D. stenoaurita*（W. T. Lin）Keng f. et W. T. Lin
      6. 箨鞘先端窄，其宽度仅约箨片基部的 1 倍，两肩广圆形；秆的节间之下部通常有些肿胀；柱头单一；
       箨舌高 3~5mm，上缘细齿裂，舌的两侧边向上伸出，形成 2 个三角形小尖头，各位于箨舌顶端之一
       侧（厦门引种）··························· **7. 大绿竹** *D. daii* Keng f.

12. 慈竹属 *Neosinocalamus* Keng f.

本属 2 种及若干栽培型，福建木本 1 种、2 栽培品种。

分 种 检 索 表

1. 秆节间全为绿色(分布于厦门、长乐、福鼎等地) ································ **1. 慈竹** *N. affinis*（Rendle）Keng f.
1. 秆节间具异色纵条纹。
　2. 秆节间淡黄色，另具数条深绿色纵条纹(厦门引种) ·················· **1a. 大琴丝** *N. affinis* 'Flavidorivens'
　2. 秆节间绿色，但有淡黄色纵条纹(厦门引种) ····················· **1b. 金丝慈** *N. affinis* 'Viridiflavus'

13. 巨竹属 *Gigantochloa* Kurz ex Munro

本属 30 种，中国 5 种，福建木本引入 2 种。

分 种 检 索 表

1. 小穗含 1 或 2 朵能育小花；箨鞘背部被有小刺毛，无淡黄色纵条纹(厦门引种) ································
　 ··· **1. 黑毛巨竹** *G. nigrociliata*（Buse）Kurz
1. 小穗含 3 或 4 朵能育小花；箨鞘幼时绿色，亦间有淡黄色纵条纹，背部密被贴生的脱落性白色至棕色小刺
　 毛(厦门和华安引种) ······························· **2. 花巨竹** *G. verticillata*（Willd.）Munro

14. 牡竹属 *Dendrocalamus* Nees

本属约 40 多种，中国 29 种，福建木本包括引种 9 种。

分 种 检 索 表

1. 秆幼时梢端下垂乃至长下垂，分枝习性较高，主枝发达或否；箨鞘革质至厚革质，箨耳小或几近于无；
　 叶片较宽；假小穗以 1 至数枚簇生于花枝各节，但尚不形成球形或头状的簇团；小穗含 4 ~ 8 朵小花或稀
　 更多；外稃先端钝或具长不超过 0.5mm 的小尖头，后者不呈芒刺状；内稃背部具 2 脊；鳞被无；柱头单
　 一；果实常为囊果状，上端不具喙状尖头。
　2. 巨大型竹类，秆高 15 ~ 25(30)m，直径 10 ~ 20(30)cm；小穗先端渐尖，含小花 5 ~ 8 朵，成熟时小花之
　　 间并不疏离，各小花也不张开(厦门引种) ····························· **1. 龙竹** *D. giganteus* Munro
　2. 秆亦高大，但较之龙竹稍不及，高 15 ~ 20m、直径 10 ~ 18cm(吊丝竹更矮小)；小穗先端钝或渐尖，或为
　　 截形，含小花 2 ~ 8 朵，成熟时在小花之间常稍有疏离，而且各小花也可张开。
　　3. 箨鞘背部无毛或有易落的小刺毛，以后渐变无毛；小穗含 5 ~ 8 朵小花，全长 1 ~ 1.6(2.8)cm，宽
　　　 5 ~ 13mm。
　　　4. 幼秆被白粉，但无毛(分布于南靖、漳州、晋江、福州、福鼎等地) ········ **2. 麻竹** *D. latiflorus* Munro
　　　4. 幼秆贴生小刺毛或被微毛，亦可微被白粉(华安引种) ····· **3. 云南龙竹** *D. yunnanensis* Hsueh et D. Z. Li
　　3. 箨鞘背部常具小刺毛，有时还兼被茸毛；小穗含 4 或 5 朵小花，全长 0.5 ~ 1.2cm，宽 4 ~ 8mm(福州和
　　　 厦门引种) ··· **4. 吊丝竹** *D. minor*（McClure）Chia et H. L. Fung
1. 秆幼时梢端向外弧弯、下垂、甚至长下垂均可有之，分枝习性较低(个别种例外)，主枝发达，多为 3 主
　 枝；箨鞘厚纸质至薄革质，多数种类无箨耳；叶片较窄；假小穗以多枚密集聚生于花枝各节，形成球形
　 或头状的簇团；小穗含 1 ~ 5 朵小花；外稃先端具长为 0.5mm 或更长的芒刺状小尖头；内稃背部具 2 脊，
　 但最上方的小花之内稃圆卷而无 2 脊；鳞被无，偶或可 1 或 2 片；柱头单一，极罕有 3 裂的；果实呈坚果
　 状，其上端具喙状尖头。
　　5. 秆箨为箣竹型，即其箨片直立，三角形，基部与箨鞘先端近等宽，惟无箨耳；箨舌低，其边缘的纤毛或

缝毛很微弱(长1~5mm);主枝3;假小穗在花枝各节单生或2~10枚簇生,但不成芒刺(厦门和华安引种) ··· **5. 椅子竹** *D. bambusoides* Hsueh et D. Z. Li

5. 秆箨不为蒻竹型,箨外翻,但亦有近于直立或直立者,惟此时箨鞘顶端作广圆形,鞘口甚窄,箨片基部亦狭窄;主枝1或不显著;假小穗常以多枚聚集簇生于花枝各节,形成球形或头状的簇团;颖和外稃两者的先端均具芒刺状小尖头。

　6. 箨片直立;箨舌高2~3mm(厦门和华安引种) ······················ **6. 牡竹** *D. strictus* (Roxb.) Nees

　6. 箨片外翻;箨舌高(2)3~10mm。

　　7. 箨鞘的鞘口缝毛不很发达;箨耳常不明显,但仍在。

　　　8. 幼秆节间被白粉而无毛;假小穗通常亦无毛;叶片质薄(华安引种) ······································
　　　·· **7. 黄竹** *D. membrananceus* Munro

　　　8. 幼秆节间被茸毛;假小穗具微毛(华安引种) ················ **8. 勃氏甜龙竹** *D. brandisii* (Munro) Kurz

　　7. 箨鞘的鞘口缝毛很发达,长5~8mm;箨耳显著(华安引种) ································
　　　·· **9. 小叶龙竹** *D. barbatus* Hsueh et D. Z. Li

15. 赤竹属 *Sasa* Makino et Shibata

本属37种,中国10种,福建木本引入2种。

分 种 检 索 表

1. 植株矮小;叶片长6~15cm,两面均具白色柔毛,尤以在下表面毛较密,叶片上明显的黄色至近于白色的纵条纹(厦门和华安引种) ······································ **1. 菲白竹** *S. fortunei* (Van Houtte) Fiori

1. 植株较高大;叶片长20cm以上,叶上面无毛或沿中脉的中下部具粗毛,无黄色至近于白色的纵条纹(华安引种) ·· **2. 赤竹** *S. longiligulata* McClure

16. 箬竹属 *Indocalamus* Nakai

本属22种、6变种,福建木本包括引入7种、1变种。

分 种 检 索 表

1. 秆中部箨上的箨片广三角形、长三角形或卵状披针形,直立而紧贴秆,基部向内收窄成为近圆弧形或近截平的圆形。

　2. 箨片长三角形至卵状披针形,基部为近圆弧形。

　　3. 箨耳和叶耳为长镰形(全省各地均产) ························ **1. 箬叶竹** *I. longiauritus* Hand. – Mazz.

　　3. 箨耳和叶耳为半镰形(分布于三明、永安、南平) ································
　　　················ **1a. 半耳箬竹** *I. longiauritus* Hand. – Mazz. var. *semifalcatus* H. R. Zhao et Y. L. Yang

　2. 箨片广三角形或卵状披针形,基部为近截平的圆形。

　　4. 箨耳常不存在或微弱(分布于漳平) ············ **2. 同春箬竹** *I. tongchunensis* K. F. Huang et Z. L. Dai

　　4. 箨耳发达,呈镰形(福州引种) ······························ **3. 美丽箬竹** *I. decorus* Q. H. Dai

1. 秆中部箨上的箨片为窄披针形、线状披针形或狭三角状锥形,基部不向内收窄。

　5. 箨鞘的上部包秆较宽松,因而肿起。

　　6. 箨鞘近革质;叶片在下表面于中脉之一侧密生成1纵行的毛茸(分布于南靖、上杭、永安、邵武、德化、武夷山) ·· **4. 箬竹** *I. tessellatus* (Munro) Keng f.

　　6. 箨鞘近纸质;叶片在下表面沿中脉之两侧均无成为纵行的毛茸(分布于德化、永定、上杭、福鼎、南平、顺昌、邵武) ······························ **5. 阔叶箬竹** *I. latifolius* (Keng) McClure

　5. 箨鞘的上部包秆甚紧贴,不肿起。

7. 箨鞘长于节间，干后稍带紫色，鞘基部无疣基刺毛；叶片宽 4.5 ~ 7cm（分布于建宁）··············
·················· **6. 毛鞘箬竹** *I. hirtivaginatus* H. R. Zhao et Y. L. Yang

7. 箨鞘远短于其节间，干后呈枯草色，鞘基部密生向下的疣基刺毛；叶片宽 2.5 ~ 4cm（福州引种）······
·· **7. 胜利箬竹** *I. victorialis* Keng f.

17. 刚竹属 *Phyllostachys* Sieb. et Zucc.

本属约 60 种，福建木本有 48 种、3 变型、14 栽培型。

分 种 检 索 表

1. 秆中、下部的箨鞘背部具有密聚或稀疏的大小不等的斑点（在生长不良的瘦小秆上者，其箨鞘可不现斑点）；箨片通常外翻或开展，笋期时在笋的上端为散开的，但亦可直立相互作覆瓦状排列成为笔头状；地下茎（竹鞭）节间在横切面上无通气道或仅几个分布不均匀的通气道。

 2. 秆箨无箨耳及鞘口缝毛；箨鞘背部无刺毛（或仅在上部于脉间具微小刺毛），偶可疏生刺毛。

 3. 秆节间表面在 10 倍放大镜下可见到白色晶体状细颗粒或小凹穴，尤以节间的上部表面密。

 4. 秆环在秆下部不分枝的各节中不明显或低于其箨环（惟在瘦小秆环可较高）；箨舌在鲜时其边缘生有淡绿色或白色的纤毛。

 5. 秆在解箨时全为绿色，其节间在有分枝一侧的沟槽中不为其他颜色（分布于安溪、闽清、上杭、三明、尤溪、宁德、屏南、建瓯、邵武、浦城等地）·················· **1a. 刚竹** *Ph. sulphurea* 'Viridis'

 5. 秆在解箨时或以后呈金黄色或为绿带黄色，如为绿色则在节间沟槽为绿黄色。

 6. 秆在解箨时即为金黄色（福州引种）················ **1. 金竹** *Ph. sulphurea* 'Sulphurea'

 6. 秆在解箨后为绿黄色，或至少在节间的沟槽中为绿黄色。

 7. 秆的节间在沟槽中为绿黄色，其余部分则仍为绿色，并且不具异色纵条纹（福州引种）·············
·· **1b. 绿皮绿筋竹** *Ph. sulphurea* 'Houzeau'

 7. 秆的下部节间以绿黄色为底色，并具有数条持久不变色的绿色纵条纹（后者不出现在沟槽中）（福州引种）·············· **1c. 黄皮绿筋竹** *Ph. sulphurea* 'Robert'

 4. 秆环在秆下部不分枝的各节中明显隆起，高于其箨环或与之同高；箨舌在新鲜时其边缘生紫红色纤毛（分布于永定、福州、南平、武夷山等地）················ **2. 台湾桂竹** *Ph. makinoi* Hayata

 3. 秆的节间表面无上述晶体状细颗粒或小凹，或仅在秆节的下方处可有之。

 8. 幼秆中部的各箨环以及箨鞘背部基底密生短柔毛或稀疏的长刺毛。

 9. 秆基部或稍上部的各节间极为短缩，常呈不规则的肿胀而畸型，或节间正常，但在秆中下部各节间之上端仍有些膨大（分布于平和、福州、三明、南平、上杭等地）·············
·· **3. 人面竹** *Ph. aurea* Carr. ex A. et C. Rivier

 9. 秆的各节间都正常，无畸型或膨大。

 10. 箨鞘的上部边缘在新鲜时呈暗紫色；箨舌具长过箨舌高度的暗紫色长毛（福州引种）·············
·· **4. 红边竹** *Ph. rubromarginata* McClure

 10. 箨鞘的上部边缘在新鲜时不呈暗紫色；箨舌边缘生有短于箨舌高度的白色或近白色的纤毛（分布于德化、宁德、福鼎、南平、顺昌、武夷山）·············· **5. 毛环竹** *Ph. meyeri* McClure

 8. 幼秆中部的各箨环以及箨鞘背部的基底均无毛。

 11. 箨舌较窄而高，其宽度不大于高的 5 倍，其基底与箨鞘连接处呈截形或上拱呈弧形，两侧不下延，当稀可下延时则箨鞘背面的上部在脉间生有微小刺毛；箨片通常平整，偶可波状起伏或微皱曲。

 12. 箨鞘背面的中上部在脉间具微小刺毛，抚摸之有糙涩感；幼秆节间有晕斑，尤以节间的上部明显。

 13. 叶片下表面在基部生有长柔毛；箨舌先端截形或隆起呈弧形，两侧有不明显的下延（福州和华安引种）·· **6. 灰竹** *Ph. nuda* McClure

13. 叶片下表面在基部无毛或稀可生有长柔毛；箨舌先端作山峰状强烈隆起，两侧或仅在一侧明显下延(福州和华安引种) ·· **7. 石绿竹** *Ph. arcana* McClure

12. 箨鞘背面无微小刺毛或偶可在顶端的脉间有之，有时还可疏生刺毛；幼秆的节间无晕斑(老秆则可具紫斑)。

14. 箨舌初时在边缘生有白色短纤毛或偶可还混生几条长纤毛。

15. 箨片披针形或线状披针形；箨舌淡褐色，先端上拱呈弧形(分布于永春、德化、福鼎) ···············
··· **8. 早圆竹** *Ph. propinqua* McClure

15. 箨片呈带状或线状披针形；箨舌暗紫褐色或淡褐色，先端呈截形或微作拱形。

16. 箨舌暗紫褐色；箨鞘鲜时淡紫褐色；幼秆被厚白粉。

17. 秆绿色，无斑纹(分布于龙岩、德化、闽清、尤溪、福鼎、南平等地) ·······················
··· **9. 淡竹** *Ph. glauca* McClure

17. 秆渐次出现紫褐色斑点或斑纹(分布于宁德、屏南等地) ·····································
··· **9a. 筠竹** *Ph. glauca* McClure f. *yunzhu* J. L. Lu

16. 箨舌紫褐色至淡褐色；箨鞘鲜时绿色；幼秆微被白粉(厦门引种) ·····························
··· **10. 曲竿竹** *Ph. flexuosa* (Carr.) A. et C. Riv

14. 箨舌边缘具长纤毛，后者新鲜时为深褐色或暗紫色，若为白色时则箨鞘在鲜时为乳白色。

18. 箨鞘新鲜时其上部的边缘呈深紫色；箨片直立，平直，惟先端有皱曲(福州引种) ·················
··· **11. 东阳青皮竹** *Ph. virella* Wen

18. 箨鞘边缘在上部不呈深紫色；箨片外翻，平直，先端不皱曲。

19. 箨鞘鲜时为乳白色至淡黄色；箨舌边缘具细长的白色纤毛(福州引种) ·······················
··· **12. 黄古竹** *Ph. angusta* McClure

19. 箨鞘鲜时所具的颜色较深而带褐色；箨舌边缘生有易断的粗长褐色纤毛(厦门引种) ·············
··· **13. 曲竿竹** *Ph. flexuosa* (Carr.) A. et C. Ri

11. 箨舌常较低矮而宽，有时亦可窄长，但其基底均为上拱的弧形，两侧显著下延或微下延偶或不下延；箨片皱曲或偶可平直。

20. 箨舌弧形拱起，两侧微下延或不下延；箨鞘鲜时多少紫色或紫红色。

21. 箨舌边缘呈波状，并具白色纤毛(厦门引种) ······ **14. 花哺鸡竹** *Ph. glabrata* S. Y. Chen et C. Y. Yao

21. 箨舌边缘不呈波状，新鲜时具紫红色长纤毛。

22. 幼秆被白粉，其节处不带紫色；箨舌边缘具长纤毛(福州引种) ·····························
··· **15. 红哺鸡竹** *Ph. iridescens* C. Y. Yao et S. Y. Chen

22. 幼秆无白粉，在节处带紫色；箨舌从背部伸出长纤毛(厦门和福州引种) ·······················
··· **16. 天目早竹** *Ph. tianmuensis* Z. P. Wang et N. X. Ma

20. 箨舌强隆起或呈山峰状，两侧显著下延，若下延不明显时，则边缘具长达 5mm 或更长的纤毛；箨鞘鲜时带绿色，但也可呈褐红色。

23. 箨舌边缘密生有长达 5mm 或更长的纤毛(福州引种) ·············· **17. 角竹** *Ph. fimbriligulata* Wen

23. 箨舌所生纤毛明显较上述为短。

24. 箨片平直或略呈波状起伏；箨鞘背部疏被刺毛(华安引种) ·································
··· **18. 尖头青竹** *Ph. acuta* C. D. Chu et C. S. Chao

24. 箨片(至少是秆中部箨的)强烈皱曲；箨鞘背部无刺毛。

25. 秆中部的节间长 25cm 以上，幼时微被白粉，其节处不带紫色(厦门和福州引种) ·················
··· **19. 乌哺竹** *Ph. viax* McClure

25. 秆中部的节间长不超过 25cm，幼时厚被白粉，在节处呈紫色(厦门和福州引种) ·················
··· **20. 早竹** *Ph. praecox* C. D. Chu C. S. Chao

2. 秆箨有箨耳，耳缘生有繸毛，如果箨耳不发达，则具有鞘口繸毛，后者长在 5～10mm 以上(美竹

Ph. mannii 有时可无箨耳及繸毛，但其箨鞘鲜时质地硬脆，并在上部边缘呈紫红色）；箨鞘背部多少被刺毛，稀无毛。

26. 箨耳微小，如近于无箨耳时，则箨鞘具有较长的鞘口繸毛，偶可箨耳较大而呈镰形，此时其箨舌则密生有长达 8mm 以上的纤毛。

27. 幼秆节间密被柔毛；秆环在不分枝的各节不明显或至少是低于其箨环（在实生苗上或由母竹繁殖而尚未充分成长的细秆，则秆环可明显）。

28. 秆下部至基部的节间逐节向下依次缩短，甚至还可畸型肿胀；叶片较小，长 4~11cm。

29. 秆黄色，间还具绿色纵条纹；或色泽相反，即秆绿色而节间有黄色纵条纹。

30. 秆的节间中布有不规则相间互隔的绿色和黄色纵条纹（华安引种） ……………………………… **21a. 花毛竹** *Ph. heterocycla* 'Tao Kiang'

30. 秆绿色，但在分枝节的节间沟槽为黄色（华安引种）… **21b. 黄槽毛竹** *Ph. heterocycla* 'Luteosulcata'

29. 秆全为绿色，节间沟槽无异色。

31. 秆在下部不具分枝的节间之横切面不为浑圆形（福州和华安引种） ……………………………………… **21c. 梅花毛竹** *Ph. heterocycla* 'Obtusangula'

31. 秆在下部不具分枝，节正常间之横切面为浑圆形，即正常节间为圆筒形。

32. 秆高大，箨环和节间均属正常，或在秆下部（甚至中部以下）则为有畸型或有变异的若干节或节间。

33. 秆的节与节间全部正常（全省常见） ……………… **21d. 毛竹** *Ph. heterocycla* 'Pubescens'

33. 秆下部节和节间变为畸型或有膨大。

34. 秆在中部至基部有数个乃至多数极为短缩的节间，它们在各自的一侧作交互地肿胀，因而成为畸型的一些节间（全省常见） …… **21. 龟甲竹** *Ph. heterocycla* 'Heterocycla'

34. 秆在分枝节以下的所有节交互微有倾斜，或在各节间略为膨大。

35. 秆在分枝节以下的各节彼此交互微有倾斜，但间仍属正常，并未形成畸型（福州引种） …… ………………………………… **21e. 强竹** *Ph. heterocycla* 'Obliquinoda'

35. 秆下部约有 10 个以上的节各自在节间的中部处略有膨大而呈佛肚状，但各节并不彼此交互倾斜（华安引种）………………… **21f. 佛肚毛竹** *Ph. heterocycla* 'Ventricosa'

32. 秆在整个竹林中始终矮小，高 5~7m，直径 3~4cm；节间正常（福州和华安引种） …………… …………………………………… **21g. 金丝毛竹** *Ph. heterocycla* 'Gracili'

28. 秆基部的节间并不逐渐缩短或仅有少数短的节间；叶片较大，长 10~15cm（分布于福州、永安、南平） ………………………………………………… **22. 假毛竹** *Ph. kwangsiensis* W. Y. Hsiung et al.

27. 幼秆节间无毛或近于无毛；秆环在不分枝的各节也明显隆起，高于其箨环或与之为同高。

36. 箨鞘背部无斑点或偶有小而分散的斑点，但可在其上部有乳白色条纹；鞘口繸直立（分布于福鼎、顺昌） ……………………………………………… **23. 芽竹** *Ph. robustiramea* S. Y. Chen et C. Y. Ya

36. 箨鞘背部有斑点，无乳白色或绿紫色条纹；鞘口繸毛直立或呈放射状。

37. 幼秆被白粉；箨舌边缘有长达 10mm 的纤毛（福州引种）………… **24. 红壳雷竹** *Ph. incarnata* Wen

37. 幼秆无白粉或有不易察觉的极薄的白粉；箨舌边缘的纤毛较短。

38. 箨鞘背部密生刺毛；箨片皱曲；箨环在一、二年生的秆上密生柔毛（华安引种） ……………… …………………………………… **25. 毛壳花哺鸡竹** *Ph. circumpilis* C. Y. Yao et S. Y. Chen

38. 箨鞘背部疏生刺毛乃至几不可见；箨片平直或偶可在顶部皱曲；箨环无毛（分布于龙岩、闽清、三明、建阳、福鼎、屏南、南平、德化、武夷山） ………… **26. 桂竹** *Ph. bambusoides* Sieb. et Zucc.

26. 箨耳显著，通常呈镰形，如果无箨耳或为小型时，则箨鞘的质地硬而脆，并在鞘背部被有极为稀疏的小斑点；箨舌边缘所生的纤毛较短。

39. 幼秆间被毛；箨片直立，有波状起伏或可皱曲，常在笋尖聚集成笔头状（黄槽竹的箨片有时为散开状）。

40. 箨舌矮而宽，其宽度约为高的 10 倍，边缘较完整，不作撕裂状；箨鞘革质，其质地硬而脆，上部边
    缘为紫色(福州引种) ··· **27. 美竹** *Ph. mannii* Gamble

40. 箨舌较高，边缘常作撕裂状；箨鞘的边缘不为紫色。

  41. 箨鞘新鲜时为淡红褐色或紫黄色，背部无乳白色或灰白色的纵纹；新秆绿色，老秆紫黑色(分布于
    福州、武夷山) ··································· **28. 紫竹** *Ph. nigra* (Lodd. ex Lindl.) Munro

  41. 箨鞘新鲜时以绿色为底色，在背部有乳白色纵条纹，或在鞘上部和边缘有灰白色纵条纹。

    42. 箨鞘背部无毛，但具乳白色纵条纹；秆节间也有黄色绿色的异色纵条纹，或全为绿色或黄色而无
    异色纵条纹；竹丛中有部分竹秆的下部之节间可作"之"字形曲折。

      43. 秆全为绿色，或在有分枝各节的节间沟槽中为黄色。

        44. 秆绿色，在有分枝各节间沟槽中则为黄色(福州引种) ·······························
    ·································· **29.'黄槽'竹** *Ph. aureosulcata* 'Aureosulata'

        44. 秆全为绿色，节间沟槽中亦为绿色(福州和华安引种) ·······························
    ·································· **29a.'京'竹** *Ph. aureosulcata* 'Pekinensis'

      43. 秆全为黄色，或虽为黄色而在节间或部分节间具绿色纵条纹。

        45. 秆黄色，但其节间有着若干条绿色纵条纹(福州和华安引种) ·······················
    ·························· **29b.'金镶玉'竹** *Ph. aureosulcata* 'Spectabilis'

        45. 秆全为黄色，偶或在秆基部数节间有少数条绿色纵条纹(福州和华安引种) ···········
    ·························· **29c.'黄竿京'竹** *Ph. aureosulcata* 'Aureocaulis'

    42. 箨鞘背部被毛，在鞘的上部和边缘常具灰白色纵条纹；秆全部绿色，通直而不作"之"字形曲折。

      46. 秆仅下部箨鞘在背部被毛；箨舌边缘生短纤毛(福州引种) ·····························
    ····························· **30. 蓉城竹** *Ph. bissetii* McClure

      46. 秆中、下部的箨鞘都在背部被毛；箨舌边缘生有粗的长纤毛(厦门引种) ·················
    ····························· **31. 乌竹** *Ph. varioauriculata* S. C. Li et S. H. Wu

39. 幼秆节间无毛；箨片常强烈皱曲，在笋尖散开，稀可平直而在笋尖呈笔头状(例如红壳雷竹即是如
    此)。

  47. 箨舌高 2mm 或更高，边缘生有与箨舌高度相等或较之更甚的长纤毛(福州和华安引种) ············
    ·································· **32. 红壳雷竹** *Ph. incarnata* Wen

  47. 箨舌高不及 2mm，边缘生短纤毛。

    48. 箨鞘鲜时为淡黄色，有时还带红色或绿色，背部具稀疏的小斑点；箨耳绿色(福州引种) ··········
    ·································· **33. 白哺鸡竹** *Ph. dulcis* McClure

    48. 箨鞘鲜时不为淡黄色而是其它的颜色；箨耳不呈绿色，如为绿色时则其箨鞘背部就有大小不等的
    斑点。

      49. 箨鞘鲜时为褐红色，背部具稀疏稍紧密的小斑点，或在大笋中其背部上方的斑点可聚合成斑块，
    鞘边缘的上部呈暗紫色。

        50. 箨舌较宽(约为其高度的 10 倍)，边缘作拱形或截形；幼秆被白粉(福州引种) ·············
    ·································· **34. 灰水竹** *Ph. platyglossa* Z. P. Wang et Z. H. Yu

        50. 箨舌较窄，边缘呈拱弧形或因中部隆起而呈"山"字形；幼秆无粉或微被白粉(福州和华安引种)
    ·································· **35. 衢县红壳竹** *Ph. rutila* Wen

      49. 箨鞘鲜时不为褐红色，背部常有较密但大小悬殊的斑点，偶或仅具小斑点时，则其箨舌窄而高，
    鞘边缘在上部不呈暗紫色。

        51. 箨片平直或微皱曲，秆中部的箨鞘之箨片较窄长而呈带状；箨耳易脱落或偶可无箨耳。

          52. 秆绿色，节间不具异色斑点。

            53. 秆幼时无白粉或被不易察觉的白粉；箨鞘背部疏被淡褐色刺毛(全省常见) ···········
    ·································· **26. 桂竹** *Ph. bambusoides* Sieb. et Zucc.

53. 秆幼时微被白粉；秆鞘背部无毛(福州和华安引种)·········· **26b. 寿竹** *Ph. bambusoides* f. *shouzhu* Yi

52. 秆绿色，但节间具异色斑点(厦门、福州和华安引种)

·················· **26c. 斑竹** *Ph. bambusoides* f. *lacryma-deae* Keng f. et Wen

51. 箨片明显有皱曲。

54. 箨舌窄而高(其宽度不超过高的6倍)，边缘呈山峰状隆起或呈拱形；箨鞘背部常具散生的小斑点。

55. 箨舌边缘强烈隆起，多少呈山峰状，两侧下延；秆节间无明显的纵肋(福州引种)··········

·················· **36. 粉绿竹** *Ph. viridi-glaucescens* (Carr.) A. et C. Riv

55. 箨舌边缘为拱形隆起，两侧不下延或微下延；秆节间有隆起的纵肋(福州引种)··········

·················· **37. 甜笋竹** *Ph. elegans* McClure

54. 箨舌较宽，边缘呈截形或拱形；箨鞘背部具较密聚乃至彼此汇合的大小不等之斑点或斑块。

56. 秆各节强烈隆起，其秆环远高于箨环(福州和华安引种)··········

·················· **38. 高节竹** *Ph. prominens* W. Y. Xiong

56. 秆各节中等隆起或微隆起，其秆环等高于箨环或略高于箨环(福州引种)··········

·················· **39. 富阳乌哺鸡竹** *Ph. nigella* Wen

1. 秆中、下部的箨背部无斑点；箨片直立，平整，笋期常在笋尖端自下而上相互作覆瓦状排列而呈笔头状；地下茎(竹鞭)节间在横切面上用肉眼即可见有一圈环列的通气道。

57. 秆箨有箨耳，后者呈三角形、镰形或卵形。

58. 箨舌窄而高，在标本上其宽度通常不超过高的8倍，先端细裂成粗长的纤毛，或在蓉城竹中仅为短纤毛，毛环水竹的箨舌因较宽而为例外，但其一、二年生的秆与枝两者的箨上均具锈色硬毛。

59. 箨鞘新鲜时背面至少在其上部或在两侧具有异色纵条纹(蓉城竹可无纵条纹，但其箨舌具短纤毛)。

60. 箨鞘背面无毛，具有淡黄色纵条纹；箨耳明显地与箨片基部相连接(福州引种) ··········

·················· **29. 黄槽竹** *Ph. aureosulcata* McClure

60. 箨鞘背面被小刺毛，并具有乳白色纵条纹(蓉城竹在秆下部的箨鞘之背面被柔毛而非小刺毛)；箨耳仅在基部与箨片有些相连或不相连接。

61. 秆下部的箨鞘在背面被柔毛；箨舌先端生短细的纤毛(福州引种)······ **40. 蓉城竹** *Ph. bissetii* McClure

61. 秆中、下部的箨鞘均在背面被硬毛；箨舌先端生粗长的纤毛(分布于邵武)··········

·················· **41. 乌竹** *Ph. varioauriculata* McClure

59. 箨鞘新鲜时背面不具纵条纹，如有条纹时亦不是乳白色或淡黄色的。

62. 箨鞘红褐色；箨舌强烈隆起成拱形或作山峰状(全省常见) ··········

·················· **28. 紫竹** *Ph. nigra* (Lodd. Ex Lindl.) Munro

62. 箨鞘淡绿色；箨舌截形或稍作拱形(福州引种) ·········· **42. 毛环水竹** *Ph. aurita* J. L. Lu

58. 箨舌宽而矮，宽度为其高的8倍以上，先端生短纤毛。

63. 箨耳较大，呈三角形或窄镰形，秆在箨环上常密生柔毛或硬毛，稀可无毛。

64. 箨鞘背部有毛(福州和华安引种) ·················· **43. 箣竹** *Ph. nidularia* Munro

64. 箨鞘背部无毛(福州引种) ·········· **43a. 光箨箣竹** *Ph. nidularia* f. *glaina* (McClure) Wet

63. 箨耳小，呈卵形，若稀可较大而呈镰形时，则秆的箨环均无毛。

65. 箨鞘背部无纵条纹，亦无毛或近于无毛(分布于福州、永安、南平、松溪、武夷山等) ··········

·················· **44. 水竹** *Ph. heteroclada* Oliver

65. 箨鞘背部有紫色纵条纹，也有刺毛(产顺昌) ·········· **45. 漫竹** *Ph. stimulosa* H. R. Zhao et A. T. Li

57. 秆箨无箨耳或仅有点痕迹。

66. 箨舌边缘强下凹，呈"U"字形，淡绿色(分布于福鼎、闽清、尤溪、德化、沙县、三明、永安、明溪、顺昌、永定、上杭) ·················· **46. 红后竹** *Ph. rubicunda* Wen

66. 箨舌边缘隆起呈弧形，或不突起而为截形，若是多少下凹时，则其色暗紫。

67. 箨舌暗紫色，边缘生长纤毛，或背部衬以长毛。

  68. 箨片先端有皱曲；箨鞘背面的基部无毛(福州引种) ·················· **11. 东阳青皮竹** *Ph. virella* Wen

  68. 箨片平整而无皱曲；箨鞘背面的基部具细柔毛(至少在秆下部箨者如此)(福州引种) ···········

      ······································· **4. 红边竹** *Ph. rubromarginata* McClure

67. 箨舌绿色或淡褐色，边缘生有或长或短的纤毛，如为暗紫色，则边缘仅生短纤毛。

  69. 箨舌窄而高，其边缘的纤毛长达5mm；箨鞘的口部具几条直立的缝毛(分布于福鼎、顺昌) ·········

      ····························· **23. 芽竹** *Ph. robustiramea* S. Y. Chen et C. Y. Yao

  69. 箨舌宽而矮，其边缘的纤毛长超过3mm，当窄而高时，则其边缘具短纤毛。

    70. 箨鞘墨绿色带紫色；箨舌边缘的纤毛极短，几至于无；叶片长在20cm以上(福州引种) ···········

      ·························· **46. 乌芽竹** *Ph. atrovaginata* C. S. Chao et H. Y. Chou

    70. 箨鞘褐色或褐色带紫色，或乳白色带紫色，或绿色；箨绿色；箨舌边缘所生的短纤毛明显可见；

      叶片较短小。

      71. 箨舌边缘作截形或微凹；叶鞘多毛；幼秆节间亦有毛(分布于松溪、武夷山市、长汀、上杭) ···

        ······································· **47. 河竹** *Ph. rivalis* H. R. Zhao et A. T. Liu

      71. 箨舌边缘拱形或尖拱起；叶鞘除边缘生纤毛外，余处无毛(福州引种) ·····················

        ······························· **48. 安吉金竹** *Ph. parvifolia* C. D. Chu et H. Y. Chou

18. 倭竹属 *Shibataea* Makino et Nakai

本属7种、2变种、1栽培型，福建木本5种。

分 种 检 索 表

1. 叶片窄长披针形，先端尾尖，长度为其宽的6~10倍或更长。

 2. 叶片下表面被短柔毛(分布于沙县、武夷山) ·················· **1. 狭叶倭竹** *S. lanceifolia* C. H. Hu

 2. 叶片无毛(分布于沙县、南平、武夷山) ············· **2. 南平倭竹** *S. nanpingensis* Q. F. Zhang et K. F. Huang

1. 叶片呈卵形、卵状披针形或椭圆形，长度为其宽的4倍左右或更短。

 3. 箨鞘背部被毛茸。

  4. 叶片下表面被短柔毛(分布于永安) ·················· **3. 倭竹** *S. kumasasa* (Zoll. et Steud.) Makino

  4. 叶片无毛(福州和华安引种) ·················· **4. 江山倭竹** *S. chiangshanensis* Wen

 3. 箨鞘背部无毛；叶片无毛；叶边缘具细小锯齿(分布于福州、宁德) ··········· **5. 鹅毛竹** *S. chinensis* Nakai

19. 井冈寒竹属 *Gelidocalamus* Wen

本属9种，福建木本引入2种。

分 种 检 索 表

1. 幼秆无毛；箨耳小或微弱，但存在(华安引种) ·················· **1. 井冈寒竹** *G. stellatus* Wen

1. 幼秆被毛；箨耳无乃至颇显著(华安引种) ·················· **2. 亮竿竹** *G. annulatus* Wen

20. 寒竹属 *Chimonobambusa* Makino

本属20种，福建木本包括引种8种。

分 种 检 索 表

1. 箨鞘宿存性，薄纸质至纸质，长于其间节；秆节间圆筒形，不被疣基小刺毛，无毛或被柔毛。

2. 幼秆节间无毛；箨鞘背部具紫褐色至灰白色斑块，无毛或疏被小刺毛，向基部被毛较密。

  3. 秆高 2 ~ 3(~ 4)m，仅在基部数节环列刺状气生根；叶片长 6 ~ 15cm，宽 8 ~ 12mm(分布于福鼎、沙县、三明、顺昌、武夷山) ……………………………………………… **1. 寒竹** *Ch. marmorea* (Mitf.) Makino

  3. 秆高在 3m 以上，在分枝以下的各节均环列刺状气生根；叶片长 5 ~ 19cm，宽 5 ~ 20mm(厦门、福州和华安引种) ……………………………………………………… **2. 刺黑竹** *Ch. neopurpurea* Yi

2. 幼秆节间被白色柔毛；箨鞘背部具紫褐色斑点(或可成斑块)或灰白色斑块，所被的刺毛通常较密(分布于武夷山) …………………………………………………… **3. 武夷山方竹** *Ch. setiformis* Wen

1. 箨鞘脱落性，纸质至厚纸质，短于其节间(少数种类可例外)；秆节间为四方形或圆筒形，均被有疣基小刺毛。

  4. 箨鞘长于节间；箨鞘背部留下的疣基为棕褐色小点；叶鞘鞘口继毛发达，次脉 4 或 5 对(华安引种) ……………………………………………… **4. 缅甸方竹** *Ch. armata* (Gamble) Hsueh et Yi

  4. 箨鞘短于节间。

    5. 末级小枝仅具 1 叶；叶鞘边缘紧裹，不易剥离(福州和华安引种) …………………………………………………………………… **5. 合江方竹** *C. hejiangensis* C. D. Chu et C. S. Chao

    5. 末级小枝具 2 ~ 5 叶；叶鞘边缘包卷不很紧密，易于剥离。

      6. 箨鞘背部具黄白色斑块。

        7. 叶片狭披针形至线形，宽 5 ~ 12mm；箨鞘背部的小横脉为紫色(福州和华安引种) …………………………………………… **6. 狭叶方竹** *C. angustifolia* C. D. Chu et C. S. Chao

        7. 叶片披针形，宽 11 ~ 21mm；箨鞘背部的小横脉不为紫色(福州和华安引种) …………………………………………………………… **7. 刺竹子** *C. pachystachys* Hsueh et Yi

      6. 箨鞘背部无异色斑块，小横脉显著，呈紫色；秆基部的节间为四方形(福州和华安引种) …………………………………………………………… **8. 方竹** *C. quadrangularis* (Fenzi) Makino

    21. 筇竹属 *Qiongzhuea* Hsueh et Yi

本属 8 种、1 变型，为中国特产，福建木本引入 1 种。

筇竹 *Q. tumidinosa* Hsueh et Yi 华安引种。

    22. 苦竹属 *Pleioblastus* Nakai

本属约 70 余种，中国 20 种，福建木本 15 种、2 变种。

分 种 检 索 表

1. 地下茎以顶芽出土成秆的数量多于侧芽出土的秆数，故地面秆常为一大群密集的竹丛；秆高 3 ~ 5m；叶片宽 7 ~ 20mm(福州和厦门引种) …………………………………… **1. 大明竹** *P. gramineus* (Bean) Nakai

1. 地下茎的顶芽多数延伸成竹鞭，很少有出土成秆的，其侧芽则多能出土成秆，故地面秆为散生或众多小丛式的散生。

  2. 叶片狭长披针形或线状披针形；内稃顶端通常 2 裂。

    3. 秆绿色，每节分 2 ~ 9 枝；箨鞘淡绿带紫色(华安引种) ………………………… **2. 川竹** *P. simonii* (Carr.) Nakai

    3. 秆暗墨绿色，幼秆带紫色，每节分 3 枝至多枝(其数常在 9 枝以上)；箨鞘暗绿色(厦门引种) ………… **3. 狭叶青苦竹** *P. chino* (Franch. et Sav.) Makino var. *hisauchii* Makino

  2. 叶片披针形；内稃顶端通常不分裂。

    4. 箨鞘无显著的箨耳和鞘口继毛，若存在时也极不明显，其继毛仅 1 至数条。

      5. 箨鞘多少有些具光泽，其背部通常无毛无粉，亦无蜡质。

        6. 箨鞘淡棕色，背部还有棕色斑点，无粉但有宛如涂油似的光泽，其基部在箨环着生处具 1 圈棕色毛环(分布于福鼎、沙县、南平、邵武、武夷山、连城) ………………………………… **4. 斑苦竹** *P. maculatus* (McClure) C. D. Chu et C. S. Chao

6. 箨鞘绿色，背部通常无斑点，多少具光泽，但不似涂油状的发亮（分布于永春、安溪、闽清、南平、武夷山）…………………………………………………………………………………… **5. 油苦竹** *P. oleosus* Wen

5. 箨鞘无光泽，多少有些被粉、被蜡质或在背部生微毛。

7. 箨舌边缘通常为截形，高 1~2mm。

8. 幼秆无毛，被白粉，致使老秆上多少残留污垢色斑块；箨鞘无毛或背部微被刺毛。

9. 箨鞘背部多少有毛，基部常具棕色刺毛（分布于南靖、龙岩、德化、福州、闽清、尤溪、武夷山、顺昌、邵武）…………………………………………………………… **6. 苦竹** *P. amarus*（Keng）Keng f.

9. 箨鞘无毛或仅基部生有脱落性白色纤毛（分布于南平、顺昌）………………………………………………………………………………………………… **6a. 胖苦竹** *P. amarus* var. *tubatus* Wen

8. 幼秆被毛，箨鞘背部被有紫红色小刺毛（分布于武夷山）………… **7. 华丝竹** *P. intermedius* S. Y. Chen

7. 箨舌边缘多少隆起呈拱形，高 3~8mm。

10. 箨鞘厚纸质或薄革质，除边缘生纤毛外，背部无毛亦无斑点；箨舌高约 3mm（福州引种）…………………………………………………………………………… **8. 高舌苦竹** *P. altiligulatus* S. L. Chen et G. Y. Sheng

10. 箨鞘革质，背部被棕色或褐色疣基刺毛；箨舌高 5~8mm。

11. 箨鞘绿色，无斑点，上部边缘带肉红色，背部被厚白粉和稀疏的棕色刺毛，毛落后留下疣基或小凹痕；箨舌高约 5mm；叶舌截形至拱形，高 1~2.5mm（分布于政和、松溪）…………………………………………………………………………… **9. 绿苦竹** *P. incarnatus* S. L. Chen et G. Y. Sheng

11. 箨鞘虽为绿色，但背部具褐色斑点和被褐色疣基刺毛；箨舌高约 8mm；叶舌三角形，高 3~4mm（福州引种）………………………………… **10. 丽水苦竹** *P. maculosides* Wen

4. 箨鞘有着发达的箨耳，并在耳缘生有发达的繸毛。

12. 箨鞘除在基部被毛外，背部一般无毛。

13. 秆的节间长 29~42cm，秆壁厚约 3mm；箨鞘可在秆上宿存 2 或 3 年（分布于厦门、福州、华安和南平）…………………………………………………………… **11. 硬头苦竹** *P. longifimbriatus* S. Y. Chen

13. 秆的节间长 20~28cm，近于为实心；箨鞘稍可迟落或在秆上宿存 1 年（分布于南平、顺昌、武夷山）………………………………………………………… **12. 衢县苦竹** *P. juxianensis* Wen et al.

12. 箨鞘背部被刺毛或细毛。

14. 秆节间的中空极小或近于实心。

15. 秆节间近于实心，幼秆被糙毛及纵向细肋；叶耳不存在，繸毛亦无或仅有 1~3 条（分布于南平、顺昌）…………………………………………………………… **13. 实心苦竹** *P. solidus* S. Y. Chen

15. 秆节间中空极小，幼秆无毛，纵肋亦不明显；叶耳存在，卵形至椭圆形，耳缘生有长达 13mm 作放射状伸展的繸毛（分布于南靖、德化、莆田、南平、武夷山、顺昌）…………………………………………………………… **14. 仙居苦竹** *P. hsienchuensis* Wen

14. 秆节间显然有空心。

16. 秆的节间长达 18.5cm，秆壁厚约 3mm（分布于永春、南平、顺昌、武夷山市、龙岩）…………………………………………………………………… **15. 宜兴苦竹** *P. yixingensis* S. L. Chen et S. Y. Chen

16. 秆的节间长达 33cm，秆壁厚 7~8mm。

17. 箨舌截形，高约 1mm；箨耳呈半圆形镰形，耳缘的繸毛长 3~5mm（分布于武夷山）…………………………………………………… **16. 武夷山苦竹** *P. wuyishanensis* Q. F. Zheng et K. F. Huang

17. 箨舌弧拱，高约 10mm；箨耳卵圆形乃至椭圆形，耳缘的繸毛长约 10mm（分布于三明、平和、永春）………………………………………… **17. 三明苦竹** *P. sanmingensis* S. L. Chen et G. Y. Sheng

23. 茶秆竹属 *Pseudosasa* Nakai

本属 30 种，中国 23 种、5 变种，福建木本 11 种、2 变种。

分 种 检 索 表

1. 幼秆在节的下方大都被有毡状茸毛环带(矢竹 *P. japonica* 例外);秆中部以下各节大都仅具 1 枝。

  2. 秆高 3m 以上;箨片狭披针形或线状披针形(厦门和福州引种)·····································

        ·· **1. 矢竹** *P. japonica* (Sieb. et Zucc.) Makino

  2. 秆高 1.5~2m;箨片小,呈锥状,箨鞘长于节间;箨舌高 1.5~3.5mm(分布于武夷山)·············

        ·· **2. 长鞘茶秆竹** *P. longivaginata* H. R. Zhao et Y. L. Yang

1. 幼秆在节的下方无毛或被毛,但其毛不作毡状;秆除其部具分枝外,其中部以下的各节大都具 3 分枝。

  3. 箨片卵形或广卵形,基部向内收窄。

    4. 秆矮小,高不及 2m,直径约 4mm,最长的节间为 24cm,箨片薄纸质(分布于上杭、永定等地)········

        ················ **4. 细竿茶秆竹** *P. gracilis* S. L. Chen et G. Y. Sheng

    4. 秆高在 2m 以上,直径约 1cm(不细于 5mm),节间一般长在 20cm 以上。

      5. 叶无叶耳,但有较挺直的鞘口长繸毛;叶片有次脉 3~5 对(产漳平和福鼎等地)·················

        ·············· **5. 篁竹** *P. hindsii* (Munro) C. D. Chu et C. S. Chao

      5. 叶有叶耳,也有繸毛;叶片有次脉 5~9 对。

        6. 箨鞘背部较秃净或疏被浅棕色刺毛,鞘基部一般也较秃净(分布于三明、南平、建阳)·············

        ······································ **6. 托竹** *P. cantori* (Munro) Keng f.

        6. 箨鞘背面在上部密被白色短茸毛和散生的刺毛,在鞘基还生有较密而向下的刺毛或短茸毛(产福州等

          地)·· **7. 面秆竹** *P. orthotropa* S. L. Chen et Wen

  3. 箨片线状披针形或狭披针形;基部稍向内收窄。

    7. 箨鞘背部无斑点。

      8. 秆箨无箨耳,但有数条直立而先端波曲的繸毛,箨鞘背部密被栗色刺毛,在鞘的中下部尤为稠密。

        9. 箨鞘顶端为截形。

          10. 箨鞘革质,坚硬;小穗的颖和稃片均密被微毛(分布于南平、武平、邵武)·················

          ·· **8. 茶秆竹** *P. amabilis* (McClure) Keng f.

          10. 箨鞘质地较薄;小穗的颖和稃片均被厚白粉而所被毛茸较少乃至几无毛(分布于武夷山等地)······

        ·················· **8a. 厚粉茶秆竹** *P. amabilis* var. *farinosa* C. S. Chao

        9. 箨鞘顶端在两侧隆起。

          11. 箨鞘和叶片两者质地较厚,箨鞘背部散生刺毛,箨舌背面有白粉(分布于三明、政和)·············

        ············ **8b. 福建茶秆竹** *P. amabilis* var. *convexa* Z. P. Wang et G. H. Ye

          11. 箨鞘和叶片质地较薄,箨鞘背面在中部和基部被有明显的淡棕色刺毛,其余各处的刺毛则较稀疏,

           箨舌背面无粉(分布于三明、建宁、建瓯、武夷山)·····································

        ············ **8c. 薄箨茶秆竹** *P. amabilis* var. *tenuis* S. L. Chen et G. Y. Sheng

      8. 秆箨具椭圆形的箨耳,其上有繸毛,箨片线状披针形,外翻;叶耳椭圆形或镰形,其边缘密生灰黄色

        繸毛(厦门引种)·· **9. 笔秆竹** *P. guanxianensis* Yi

    7. 箨鞘背部多少有些具斑点。

      12. 箨鞘的斑点不很清楚;箨舌高 7~9mm 或更低矮,箨鞘背部无毛,箨耳为点状,有繸毛,箨舌低矮

        (分布于南平、建瓯)············· **10. 近实心茶秆竹** *P. subsolida* S. L. Chen et G. Y. Sheng

      12. 箨鞘的斑点明显,箨舌低矮,高在 4mm 以下,箨耳和叶耳俱缺,故亦无繸毛(分布于武夷山)·········

        ························ **11. 武夷茶秆竹** *P. wuyiensis* S. L. Chen et G. Y. Sheng

24. 唐竹属 *Sinobambusa* Makino ex Nakai

本属 13 种、4 变种,福建木本 8 种、2 变种。

分 种 检 索 表

1. 箨鞘近长圆形，先端虽略收窄，但仍较宽，背部无毛或具刺毛，其刺毛并不蜇人；秆和枝两者在节下方不具状似猪皮的小凹纹。

  2. 箨耳无，或较小而不显著，箨舌紫色；箨鞘在背面基部生有长为 2mm 的糙毛；叶片下表面被细毛（华安引种） ·· **1. 红舌唐竹** S. *rubroligula* McClure

  2. 箨耳较发达，甚至枝箨的箨耳也很显著。

    3. 幼秆和箨鞘两者均被厚白粉；箨片皱折（分布于建瓯） ············ **2. 白皮唐竹** S. *farinosa*（McClure）Wen

    3. 幼秆无粉或仅被很薄的白粉；箨片平整而不皱折。

      4. 箨耳呈肾脏形乃至椭圆形（福州和华安引种） ········ **3. 肾耳唐竹** S. *nephroaurita* C. D. Chu et C. S. Chao

      4. 箨耳呈椭圆形乃至镰刀形，但亦可箨耳不显著。

        5. 箨耳直立，具短繸毛；箨鞘背部无毛，但被白粉（分布于松溪） ············· **4. 胶南竹** S. *seminuda* Wen

        5. 箨耳斜举，生有粗长繸毛；箨鞘背部被小刺毛而无白粉。

          6. 幼秆无毛，节间于分枝一侧的下半部之一侧扁平；箨鞘背面的基部生有短刺毛；箨舌高 4mm；小穗无毛；花柱甚短，柱头 3。

            7. 叶片下表面被细柔毛。

              8. 箨舌弓状隆起，高 3~4mm，箨片绿色；鳞被具 7~9 脉（分布于安溪、福州、三明、屏南） ·· **5. 唐竹** S. *tootsik*（Sieb.）Makin

              8. 箨舌截形，较低，箨片紫色或绿带紫色；鳞被的脉较少（分布于福州、安溪、三明） ············· **5a. 满山爆竹** S. *tootsik*（Sieb.）Makino var. *laeta*（McCulure）Wen

            7. 叶片下表面无毛；箨舌先端具尖齿或重锯齿（分布于福鼎） ······················· **5b. 火管竹** S. *tootsik*（Sieb.）Makino var. *dentata* Wen

          6. 幼秆被细柔毛，节间于分枝一侧的下半部不仅扁平而且还具纵沟槽；箨鞘背面的基部生有细长的柔毛；箨舌低矮；小穗被细柔毛或有时无毛；花柱较长，柱头 2（分布于云霄、三明、南平、建瓯、顺昌、邵武、龙岩） ·· **6. 晾衫竹** S. *intermedia* McCure

1. 箨鞘近呈三角形，先端狭窄，背部通常被有蜇人刺毛；秆的各节间在节下方通常具有猪皮状的细凹纹，但亦有些种无此凹纹。

  9. 秆的各节间在节下方无猪皮状的细凹纹，但具有明显的纵肋（分布于屏南、邵武等地） ·· **7. 糙耳唐竹** S. *scabrida* Wen

  9. 秆的各节间在节下方具有猪皮状细凹纹，纵肋不明显或不甚明显（分布于福鼎分水关） ·· **8. 尖头唐竹** S. *urens* Wen

25. 巴山木竹属 *Bashania* Keng f. et Yi

本属 4 种，福建木本引入 2 种。

分 种 检 索 表

1. 叶片较大，长在 10cm 以上；箨鞘背部具疣基小刺毛或密被黑色小刺毛（华安引种） ··· **1. 巴山木竹** B. *fargesii*（E. G. Camus）Keng f. et Yi

1. 叶片细小，长不及 10cm，宽在 1.5cm 以下；箨鞘背部无毛或生有灰黄色小刺毛（华安引种） ··· **2. 冷箭竹** B. *fangiana*（A. Camus）Keng. f. et Wen

26. 大节竹属 *Indosasa* McClure

本属约 15 种，中国 13 种，福建木本引入 2 种。

分 种 检 索 表

1. 箨鞘的先端有一侧肿胀耸起，故两侧极不对称，背部仅中央区域密被小刺毛；秆壁厚，秆基部节间近实心（厦门引种）·· **1. 大节竹** *I. crassiflora* McClure

1. 箨鞘两侧对称形，背部疏被小刺毛或近于无毛；秆壁较薄（华安引种）····· **2. 摆竹** *I. shibataeoides* McClure

27. 短穗竹属 *Brachystachyum* Keng

本属 1 种、1 变种，福建木本引入 1 种、1 变种。

分 种 检 索 表

1. 箨鞘基部无一圈棕色毛环（华安引种）···················· **1. 短穗竹** *B. densiflorum*（Rendle）Keng

1. 箨鞘基部有一圈棕色毛环（华安引种）·····································
·················· **1a. 毛环短穗竹** *B. densiflorum*（Rendle）Keng var. *villosum* S. L. Chen et C. Y. Yao

28. 酸竹属 *Acidosasa* C. D. Chu et C. S. Chao

本属约 8 种，福建木本 4 种。

分 种 检 索 表

1. 秆箨之箨鞘背面无斑点。
  2. 叶面无毛，背面具细柔毛，且秆节下具猪皮状凹孔。
    3. 幼秆除节下外无白粉；箨舌基部与箨片之间无长缝毛（分布于福州、闽侯、闽清、古田、尤溪、连江、永泰、莆田、龙岩）····························· **1. 黄甜竹** *A. edulis*（Wen）Wen
    3. 幼秆全部被白粉；箨舌基部与箨片之间有长缝毛（分布于建瓯、将乐、顺昌、邵武）·················
·································· **2. 橄榄竹** *A. gigantea*（Wen）Wen
  2. 叶两面无毛，秆节下无猪皮状凹孔（分布于建瓯）····· **3. 粉酸竹** *A. chienouensis*（Wen）C. S. Chao et Wen
1. 秆箨之箨鞘背面具褐色斑点（分布于顺昌、建瓯、龙岩、南平、武夷山）··
························· **4. 福建酸竹** *A. notata*（Z. P. Wang et G. H. Ye）S. S. You

29. 少穗竹属 *Oligostachyum* Z. P. Wang et G. H. Ye

本属约 15 种，福建木本 8 种。

分 种 检 索 表

1. 箨鞘背面具淡紫红色斑点，叶舌膜质，强烈歪斜（分布于闽清、福州、永定、上杭、邵武）·················
·················· **1. 糙花少穗竹** *O. scabriflorum*（McClure）Z. P. Wang et G. H. Ye
1. 箨鞘背面无斑点。
  2. 秆环一般隆起或只有中度隆起。
    3. 具叶耳及缝毛。
      4. 箨耳常卵状，边缘具多条直立缝毛（分布于三明、福鼎、松溪）·································
·································· **2. 四季竹** *O. lubricum*（Wen）Keng f.
      4. 箨耳缺如或微弱，边缘偶具 2~3 根缝毛（分布于屏南、福鼎）·································
··························· **3. 屏南少穗竹** *O. glabrescens*（Wen）Keng f. et Wang.
    3. 无叶耳和缝毛。

5. 箨耳及繸毛缺如。

　6. 秆环一般隆起，幼秆光滑无毛(分布于闽清、上杭、德化) ……………………………
　　　　………………………………………… **4. 少穗竹** O. sulcatum. Z. P. Wang et G. H. Ye

　6. 秆环中度隆起，幼秆密被白色细柔毛(分布于上杭) ………………………………………
　　　　………………………………… **5. 斗竹** O. spongiosa（C. D. Chu et C. S. Chao）Ye et Wang.

5. 箨耳无，或仅极微弱，但繸毛发达，直立长达 8mm(分布于永安) ……………………………
　　　　……………………………………… **6. 永安少穗竹** O. yonganensis Y. M. Lin et Q. F. Zheng

2. 秆环一边强隆起而呈肿状态。

　7. 具叶耳及箨耳；小穗柄长约 1.5cm(分布于德化、福鼎、建瓯、顺昌、武夷山市) …………………
　　　　………………………… **7. 肿节少穗竹** O. oedogonatum（Wang et Ye）Q. F. Zheng et K. F. Huang

　7. 无叶耳及箨耳；小穗柄长 1～4cm(分布于武夷山) …………………………………………
　　　　………………………………………… **8. 武夷少穗竹** O. wuyishanicum S. S. You et K. F. Huang

主要参考文献

[1]中国科学院植物研究所.中国高等植物图鉴及其补编(1-5卷)[M].北京：科学出版社,1972-1983.

[2]中国科学院植物研究所.中国高等科属检索表[M].北京：科学出版社,1979.

[3]中国植物志编辑委员会.中国植物志(各卷)[M].北京：科学出版社,1963-2002.

[4]郑万钧,等.中国树木志(1-4卷)[M].北京：中国林业出版社,1983-2004.

[5]林来官,等.福建植物志(1-6卷)[M].福州：福建科学技术出版社,1982-1995.

[6]哈钦松.世界有花植物分科检索表[M].洪涛译.北京：农业出版社,1967.

[7]傅立国,洪涛,等.中国高等植物(1-12卷)[M].青岛：青岛出版社,2000-2009.

[8]汪劲武.种子植物分类学[M].北京：高等教育出版社,2009.

[9]辛格.植物系统分类学-综合理论及方法[M].刘全儒,郭延平,于明译,古尔恰.北京：科学出版社,
2008.

[10]中山大学生物系,南京大学生物系.植物学(系统分类部分)[M].北京：人民教育出版社,1978.

[11]华东师范大学,东北师范大学.植物学(系统分类部分)[M].北京：人民教育出版社,1983.

[12]树木学(南方本)编写委员会.树木学[M].北京：中国林业出版社,1994.

[13]陈有民.园林树木学[M].北京：中国林业出版社,1994.

[14]周贞英,林来官,黄友儒.福州种子植物名录[J].福建师范大学学报,1959,(1)：167-219.

[15]梁天干,黄克福,郑清芳,等.福建竹类[M].福州：福建科学技术出版社.1987,1-85.

[16]游水生,余火亮.武夷山风景区竹亚科植物区系初步分析[J].竹子研究汇刊,1993,12(1)：29-38.

[17]游水生,郭振庭.用模糊聚类探讨福建三明格氏栲自然保护区植被类型的划分[J].武汉植物学研究,
1994,12(4)：331-340.

[18]游水生.福建南平礄瞳洋自然保护区种子植物区系分析[J].福建林学院学报,1996,16(2)：119-
121.

[19]Editorial Committee of the flora of Taiwan. Flora of Taiwan . Taipei：EDcch Puhi Co, 1975~1979.

[20]吕福原,等.台湾树木图志(第1-3卷)[M].台中：方圆商业摄影印刷有限公司,2000.

[21]吕福原,等.金门植物志(第1-3卷)[M].台北：舜程印刷有限公司,2011.

[22]庄裕根.福建华安竹类植物园建设成效与问题剖析[J].福建林业科技,2008,35(1)：235-238.

[23]厦门园林植物园.厦门园林植物园植物名录.厦门：厦门植物园,2010,1-248.

[24]赖良秋等.福州树木园树木名录.福州：福州国家森林公园,1991,1-88.

[25]陈松河.厦门植物园竹类植物引种初报[J].江西农业学报2007,19(5)：44-47.

[26]林有润.略论棕榈科与新分出的省藤科的系统分类、演化、区系地理及主要的经济用途[J].2002,植
物研究,22(3)：341-365.

[27]林来官,林有润,张永田.武夷山自然保护区维管束植物名录[J].武夷科学,1981,17-78.

[28]李振宇.龙栖山植物[M].北京：中国科学技术出版社,1994,281-364.

[29]林鹏.福建黄楮林自然保护区综合科学考察报告[M].厦门：厦门大学出版社,2006,71-149.

[30]林鹏.福建藤山兰科植物与藏酋猴自然保护区综合科学考察报告[M].厦门：厦门大学出版社,2004,
103-117.

[31]陈世品.天宝岩原生药用植物[M].福州：福建科学技术出版社,2011,1-470.

植物中文名称索引

植物拉丁学名索引

后　记

本书编写过程中主要的植物标本和资料来源如下：

1979 年 12 月 10 日至 1980 年 1 月 8 日，根据福建省林业局 (79)027 号通知开展福建省三明格氏栲天然林保护区调查工作，游水生带领林学 76 级肖贤坦等 6 位同学采集植物标本 3000 多份。所得之标本均在李振琴老师帮助下鉴定完成，由游水生编写成《三明格氏栲自然保护区植物名录》(油印本)，共记载 145 科 434 属 1010 种及变种。

1980 年 4～9 月，在福建省科学技术委员会主持下，郑清芳和游水生参加张永田带领的武夷山自然保护区综合科学考察植物二组，共采集植物标本 5000 余份，编入由林来官、林有润、张永田 (1981) 编写成的《武夷山自然保护区维管束植物名录》，共记载了维管束植物 191 科 780 属 1814 种 39 亚种及变种。

1981 年 6 月 15～29 日，郑清芳和游水生带领 78 级经济林两个班同学到南平后坪野外实习，采集植物标本近 3000 份；1984 年 7～11 月，在南平植被普查中，游水生带领黄榕辉等 7 人，采集植物标本 3000 多份；1985～1990 年，游水生在南平茫荡山采集植物标本近 1000 份。所得之标本由游水生 (1994) 鉴定编写成《南平维管束植物名录》(油印本)，共记载了维管束植物 134 科 622 属 1364 种及变种。

1982 年 3～5 月，游水生带领 78 级任承辉等 6 位同学到南平后坪、闽清、福州、平潭等地采集竹类植物标本 300 多份，编入由梁天干等 (1987) 编写的《福建竹类》，共记载福建竹亚科植物 17 属 133 种及变种。

1989 年 4 月 5 日至 1992 年 12 月 20 日，游水生在武夷山风景区采集竹类标本近 500 份。所得之标本由游水生 (1993) 鉴定编写成《武夷山风景区竹类名录》(油印本)，共记载竹类植物 11 属 49 种及变种，其中包括武夷山自然保护区竹类植物。

1982 年 10 月 18 日至 11 月 5 日，在建瓯植被普查中，游水生带领 80 级林学专业的林凡等 5 位同学，采集植物标本 2500 多份。所得之标本由黄克福、李振琴和游水生鉴定编写成《建瓯维管束植物名录》（油印本），共记载了维管束植物 1100 多种及变种。

1983 年 11 月 20 日至 12 月 5 日，在永安县植被普查中，游水生带领本科生及永安林业局规划队周小白等 7 人，采集植物标本 2000 多份。所得之标本由黄克福、李振琴和游水生鉴定编写成《永安县维管束植物名录》（油印本），共记载维管束植物 900 多种及变种。

1986～1987 年，游水生参加龙栖山植物考察，采集植物标本近 1500 份。编写了《龙栖山植物名录》（油印本），记载龙栖山维管束植物 125 科 395 属 649 种。部分植物标本号被李振宇主编的《龙栖山植物》引用。

1991 年 2 月至 1997 年 1 月，兰思仁等对武夷山国家级自然保护区及其周边地区所采集的标本及名录进行整理和修订，收录记载维管束植物 2700 多种。

1992 年 7 月 10～23 日，在华安贡鸭山植被调查中，游水生和陈世品带领本科生采集植物标本 1500 多份。所得之标本由游水生（1994）鉴定编写成《华安贡鸭山维管束植物名录》（油印本），共记载了维管束植物 120 科 273 属 428 种及变种。

1993 年 3 月 20 日至 1998 年 12 月，游水生带领本科生和研究生及武平林业局吴明盛等 8 人在武平收集植物标本近 1000 份，所得之标本由游水生鉴定，共记载维管束植物 500 多种及变种。

1997 年 2 月至 2004 年 11 月，兰思仁等对原福州树木园（福州植物园）历年引种植物进行整理和名录编制，共记载植物 3000 余种。

2001 年 7 月，陈世品带领杨志坚等人在闽清黄楮林自然保护区开展资源调查，共鉴定维管束植物 174 科 622 属 1113 种。

2004～2007 年，兰思仁、董建文等对福建野生观赏植物进行调查和鉴定，共采集植物标本 2000 多份，记载植物 1700 多种。

2007 年 4 月至 2010 年 9 月，陈世品带领陈新艳等人对天宝岩自然保护区及其邻近地区的药用植物资源进行了全面调查、走访、收集和分析，由陈世品（2011）编写成《天宝岩原生药用植物》，共记载原生药用植物 179 科 548 属 881 种。

2007 年 7 月至 2009 年 12 月，游水生带领本科生和研究生在东山岛采集植物标本近 2000 份。所得之标本由游水生（2009）编写成《东山岛维管束植物名录》，共记载了种子植物 147 科 612 属 993 种，其中野生种子植物有 116 科 413 属 647 种、栽培植物有 87 科 234 属 341 种。

2011 年 7～10 月，游水生带领游章湉等本科生和研究生到南靖乐土保护区和南靖县和溪镇联桥村高山组采集植物标本近 800 份，所得之标本由游水生鉴定，共记载了维管束植物 500 多种及变种。

2011年2月至2013年3月，兰思仁、陈世品带领李明河、叶宝鉴等人开展福建农林大学校园植物调查，共采集和鉴定种子植物168科843属1458种。

2011年2月至2013年2月，兰思仁带领彭东辉、李明河等开展亚热带野生观赏植物调查和驯化研究，共采集标本近2000份，记录维管束植物1300余种。

2011～2012年，游水生带领游章湉等本科生和研究生在福州地区采集植物标本近3000多份。所得之标本由游水生鉴定，同时参考了周贞英（1959）等编写的《福州种子植物名录》、赖良秋等（1991）编写的《福州树木园树木名录》、林鹏（2004）等编写的《福建藤山兰科植物与藏酋猴自然保护区综合科学考察报告》、林鹏（2006）等编写的《福建楮林自然保护区综合科学考察报告》、福建农林大学植物多样性调查项目组（2007）编写组编写的《福州金山学区维管束植物名录》，共记载维管束植物3000多种、变种及栽培变种。

在编写棕榈科植物过程中，参考了陈榕生等（1998）编写的《我所见过的棕榈科植物》和《厦门园林植物园植物名录》，林有润（2002）撰写的《略论棕榈科与新分出的省藤科的系统分类、演化、区系地理及主要的经济用途》分类系统。

在编写竹亚科植物过程中，参考了耿伯介和王正平先生主编的《中国植物志》（第九卷）分类系统。

由于篇幅所限，在此只简要说明本书形成的重要基础和关键脉络。在书稿付梓之际，再次向为本书做出贡献的人士和单位表示诚挚的谢意！

编　者

2013年6月